21世纪高等院校规划教材

微型计算机原理与接口技术

（第二版）

主　编　杨　立

副主编　赵丑民　曲凤娟

中国水利水电出版社
www.waterpub.com.cn

内 容 提 要

本书以应用技术型本科院校的计算机类课程教学为目标，按照理论够用、可操作性和实用性强的特点，介绍了微型计算机原理与接口技术的基本知识和实际应用。全书共 14 章，主要讲解微型计算机基础知识、典型微处理器、指令系统、汇编语言程序设计、存储器系统、总线技术、输入/输出接口技术、中断控制技术、DMA 控制器、定时/计数器接口、并行接口、串行通信接口、人机交互接口技术、模拟量输入/输出接口技术等有关知识。在介绍典型知识和应用的基础上，强调专业知识与工程实践相结合，注重专业技术与技能的培养。与本书配套有学习与实验指导，为课程的学习提供强有力的帮助。

本书内容丰富，深入浅出，重点突出，应用性强，融入了作者多年的教学、科研和实践体会。可作为应用技术型本科各专业学习微机原理与接口技术的教材，也可作为高等教育自学教材，或作为从事微机硬件和软件开发的工程技术人员的学习和应用参考书。

本书配有电子教案，读者可以到中国水利水电出版社网站和万水书苑上免费下载，网址为 http://www.waterpub.com.cn/softdown/和 http://www.wsbookshow.com。

图书在版编目（CIP）数据

微型计算机原理与接口技术 / 杨立主编. -- 2版
. -- 北京 : 中国水利水电出版社, 2014.9
21世纪高等院校规划教材
ISBN 978-7-5170-2381-4

Ⅰ. ①微… Ⅱ. ①杨… Ⅲ. ①微型计算机－理论－高等学校－教材②微型计算机－接口技术－高等学校－教材
Ⅳ. ①TP36

中国版本图书馆CIP数据核字(2014)第199890号

策划编辑：雷顺加　　责任编辑：陈　洁　　加工编辑：谌艳艳　　封面设计：李　佳

书　名	21 世纪高等院校规划教材 微型计算机原理与接口技术（第二版）
作　者	主　编　杨　立 副主编　赵丑民　曲凤娟
出版发行	中国水利水电出版社 （北京市海淀区玉渊潭南路 1 号 D 座　100038） 网址：www.waterpub.com.cn E-mail：mchannel@263.net（万水） sales@waterpub.com.cn 电话：（010）68367658（发行部）、82562819（万水）
经　售	北京科水图书销售中心（零售） 电话：（010）88383994、63202643、68545874 全国各地新华书店和相关出版物销售网点
排　版	北京万水电子信息有限公司
印　刷	三河市铭浩彩色印装有限公司
规　格	184mm×260mm　16 开本　24.25 印张　597 千字
版　次	2005 年 1 月第 1 版　2005 年 1 月第 1 次印刷 2015 年 1 月第 2 版　2015 年 1 月第 1 次印刷
印　数	0001—4000 册
定　价	46.00 元

再版前言

《微型计算机原理与接口技术》自 2005 年 1 月出版以来，得到广大读者的欢迎和好评。面向实际应用是计算机基础教育最重要的理念，应用技术型本科院校各专业要根据实际需要来设计课程体系，确定教学内容，有针对性地学习计算机基础知识和应用技能，具备较强的计算机应用能力，为今后从事计算机软硬件系统的设计和开发应用奠定扎实的基础。

本版教材在第一版的组织结构上进行了修改和调整，删去一些比较浅显和累赘的内容，补充了一些实用知识和应用实例。例如，在第 1 章中增加了微机主板的介绍，充实了有关计算机系统软硬件的内容；将原书的第 3 章分解为“指令系统”和“汇编语言程序设计”两章，并扩充了相关内容的分析及应用实例；将原书的第 8 章分解为“DMA 控制器”和“定时/计数器接口”两章，介绍了 8237A 及 8253 的内部结构、工作原理、初始化编程及应用实例；将原书的第 10 章串行通信接口中的 INS8250 内容改为介绍比较常见的可编程串行接口芯片 8251A 的应用。书中补充了一些比较实际的例子对相关知识进行说明。此外，还对各章习题进行了调整和完善，将其分解为填空题、选择题、判断题、计算题、分析题、设计题等不同类别，以利于学习和课后训练。这样处理以后，使教材的各章节内容既相对独立又相互衔接，形成层次化和模块化的知识体系，便于教学的取舍。本书还配套有学习与实验指导，提供了各章知识要点复习、典型例题解析、习题解答，给出了各章实验操作内容及综合实训指导，并有 4 套模拟试题及其解答，为课程的教学、实践训练和课后复习提供强有力的帮助。

本教材的特点是注重知识体系的完整和前后内容的有机衔接，突出应用特色，与工程实践相结合，减少过多、过深的原理性分析，加大实践教学内容的比重。相关概念、理论及应用均以基本要求为主，通过阐述与分析，进行知识点的归纳总结，做到层次清晰，脉络分明。力求由浅入深，循序渐进，举一反三，突出重点。

本教材的教学参考学时为 70～80 学时（包括实训 20～30 学时左右）。全书共 14 章，分别介绍了微型计算机基础知识、典型微处理器、指令系统、汇编语言程序设计、存储器系统、总线技术、输入/输出接口技术、中断控制接口技术、DMA 控制器、定时/计数器接口、并行接口、串行通信接口、人机交互接口技术、模拟量输入/输出接口技术等有关知识。书中采用模块化结构，兼顾不同层次的需求，在具体授课时可根据各校的教学计划在内容上适当加以取舍。

本教材由杨立任主编，赵丑民、曲凤娟任副主编。各章编写分工为：第 2、3、4、8、9、10 章及附录由杨立负责编写；第 1、5、6、7 章由赵丑民负责编写；第 11、12、13、14 章由曲凤娟负责编写。参加本书大纲讨论与部分内容编写的还有金永涛、王振夺、李楠、房好帅、邹澎涛、朱蓬华、荆淑霞、邓振杰、赵辉、李杰等。全书由杨立负责组织与统稿。

本书配有电子教案，读者可以到中国水利水电出版社网站和万水书苑上免费下载，网址为 http://www.waterpub.com.cn/softdown/和 http://www.wsbookshow.com。

由于作者水平有限，书中难免出现一些错误和不妥之处，敬请读者批评指正。

编　者

2014 年 6 月

目　录

再版前言

第 1 章　微型计算机基础知识……1

本章学习目标……1

1.1　概述……1

1.1.1　计算机的发展历史……1

1.1.2　微处理器的产生与发展……4

1.1.3　微型计算机的特点……5

1.1.4　微型计算机常用术语和性能指标……6

1.2　微型计算机的硬件结构及其功能……6

1.2.1　微型计算机硬件结构及其信息交换……7

1.2.2　微型计算机硬件模块功能分析……8

1.3　微型计算机系统组成……11

1.3.1　微型计算机系统基本组成示意……11

1.3.2　微型计算机的常用软件……12

1.3.3　软硬件之间的相互关系……14

1.4　计算机中数制及其转换……15

1.4.1　数制的基本概念……15

1.4.2　计数制之间的转换……17

1.5　计算机中机器数的表示……20

1.5.1　机器数的表示方法……20

1.5.2　带符号数的原码、反码、补码表示……22

1.5.3　补码加减运算与数据溢出判断……24

1.6　字符编码……25

1.6.1　美国信息交换标准代码（ASCII 码）……25

1.6.2　二—十进制编码（BCD 码）……27

本章小结……28

习题 1……29

第 2 章　典型微处理器……32

本章学习目标……32

2.1　8086 微处理器内外部结构……32

2.1.1　8086 微处理器内部结构……32

2.1.2　8086 微处理器寄存器结构……35

2.1.3　8086 微处理器外部特性……39

2.2　8086 微处理器的存储器和 I/O 组织……42

2.2.1　存储器的组织……42

2.2.2　I/O 端口的组织……46

2.3　8086 微处理器总线周期和操作时序……47

2.3.1　8284A 时钟信号发生器……47

2.3.2　8086 微处理器总线周期……48

2.3.3　8086 微处理器工作方式……50

2.3.4　8086 微处理器操作时序……52

2.4　高档微处理器简介……56

2.4.1　Intel 80X86 微处理器……57

2.4.2　Pentium 系列微处理器……60

本章小结……62

习题 2……62

第 3 章　指令系统……65

本章学习目标……65

3.1　指令格式及寻址……65

3.1.1　指令系统与指令格式……65

3.1.2　操作数类别与寻址……66

3.2　8086 寻址方式及其应用……67

3.2.1　立即数寻址……67

3.2.2　寄存器寻址……67

3.2.3　存储器寻址……68

3.2.4　I/O 端口寻址……72

3.3　8086 指令系统……72

3.3.1　数据传送类指令……72

3.3.2　算术运算类指令……78

3.3.3　逻辑运算与移位类指令……82

3.3.4　串操作类指令……84

3.3.5　控制转移类指令……87

3.3.6　处理器控制类指令……92

3.4　Pentium 微处理器新增指令和寻址方式……93

3.4.1　Pentium 微处理器寻址方式……93

3.4.2 Pentium 系列微处理器专用指令……95
3.4.3 Pentium 系列微处理器控制指令……95
本章小结……96
习题 3……96
第 4 章 汇编语言程序设计……99
本章学习目标……99
4.1 汇编语言简述……99
4.1.1 汇编语言语句类型和格式……99
4.1.2 汇编语言的标识符、表达式和运算符……101
4.1.3 汇编语言的源程序结构……102
4.2 伪指令……104
4.2.1 数据定义伪指令……104
4.2.2 符号定义伪指令……105
4.2.3 段定义伪指令……106
4.2.4 过程定义伪指令……107
4.2.5 结构定义伪指令……108
4.2.6 模块定义伪指令……109
4.2.7 定位伪指令 ORG 和程序计数器$……109
4.3 汇编语言程序上机过程……110
4.3.1 汇编语言的工作环境……110
4.3.2 汇编语言上机操作步骤……110
4.4 基本程序设计……111
4.4.1 程序设计的步骤和程序基本结构……112
4.4.2 顺序程序设计……113
4.4.3 分支程序设计……114
4.4.4 循环程序设计……117
4.4.5 子程序设计……120
4.5 系统功能调用……123
4.5.1 DOS 功能调用……123
4.5.2 BIOS 中断调用……127
4.6 宏指令与高级汇编技术……129
4.6.1 宏指令……129
4.6.2 重复汇编……133
4.6.3 条件汇编……134
本章小结……137
习题 4……137
第 5 章 存储器系统……141
本章学习目标……141
5.1 存储器概述……141
5.1.1 存储器的分类……141
5.1.2 存储器的体系结构……143
5.1.3 主要性能指标……144
5.2 随机存取存储器（RAM）……145
5.2.1 静态 RAM（SRAM）……145
5.2.2 动态 RAM（DRAM）……148
5.3 只读存储器（ROM）……150
5.3.1 掩膜只读存储器（ROM）……150
5.3.2 可编程只读存储器（PROM）……150
5.3.3 可擦除可编程只读存储器（EPROM）……151
5.3.4 电可擦除可编程只读存储器（E^2PROM）……152
5.3.5 闪速存储器……152
5.4 存储器与 CPU 的连接……153
5.4.1 概述……153
5.4.2 典型 CPU 与存储器的连接……154
5.5 高速缓冲存储器（Cache）……157
5.5.1 Cache 的工作原理……157
5.5.2 Cache 的基本结构……159
5.5.3 Cache 的替换算法……159
5.5.4 多层次 Cache……160
5.6 虚拟存储器……160
5.6.1 虚拟存储原理……160
5.6.2 虚拟存储器的分类……161
本章小结……163
习题 5……163
第 6 章 总线技术……165
本章学习目标……165
6.1 总线的基本概念……165
6.1.1 总线概述……165
6.1.2 总线分类……166
6.1.3 总线的裁决……167
6.1.4 总线数据的传送……168
6.1.5 总线性能及标准……171
6.2 系统总线……172

6.2.1 PC 总线 ······ 172
6.2.2 ISA 总线 ······ 174
6.2.3 EISA 总线 ······ 176
6.3 局部总线 ······ 177
6.3.1 VESA 总线 ······ 177
6.3.2 PCI 总线 ······ 179
6.3.3 AGP 总线 ······ 183
6.4 外部设备总线 ······ 184
6.4.1 IEEE1394 总线 ······ 184
6.4.2 I^2C 总线 ······ 186
本章小结 ······ 188
习题 6 ······ 189
第 7 章 输入/输出接口技术 ······ 191
本章学习目标 ······ 191
7.1 输入/输出接口的概念与功能 ······ 191
7.1.1 输入输出接口的概念 ······ 191
7.1.2 输入/输出接口的结构 ······ 192
7.1.3 输入/输出接口的功能 ······ 193
7.2 CPU 与 I/O 接口间传递的信息类型及端口编址 ······ 194
7.2.1 CPU 与 I/O 接口间传递的信息类型 ·· 194
7.2.2 I/O 端口的编址方式 ······ 195
7.3 CPU 与外设间的数据传送方式 ······ 196
7.3.1 无条件传送方式 ······ 197
7.3.2 查询传送方式 ······ 198
7.3.3 中断控制方式 ······ 200
7.3.4 DMA 控制方式 ······ 201
7.3.5 I/O 处理机方式 ······ 202
本章小结 ······ 203
习题 7 ······ 204
第 8 章 中断控制技术 ······ 205
本章学习目标 ······ 205
8.1 中断技术概述 ······ 205
8.1.1 中断的概念 ······ 205
8.1.2 微机系统中的中断处理过程 ······ 207
8.1.3 中断优先级的排队及判别 ······ 209
8.2 8086 中断系统 ······ 211
8.2.1 中断的类型 ······ 211
8.2.2 中断的响应过程 ······ 214
8.2.3 中断向量表 ······ 215
8.2.4 中断管理 ······ 217
8.3 中断控制器 8259A 及其应用 ······ 218
8.3.1 8259A 的内部结构及引脚 ······ 218
8.3.2 8259A 的中断管理 ······ 221
8.3.3 8259A 的编程及应用 ······ 223
本章小结 ······ 234
习题 8 ······ 234
第 9 章 DMA 控制器 ······ 236
本章学习目标 ······ 236
9.1 8237A 的内部结构及引脚 ······ 236
9.1.1 8237A 的主要功能 ······ 236
9.1.2 8237A 的内部结构 ······ 237
9.1.3 8237A 的引脚 ······ 238
9.2 8237A 的工作方式 ······ 239
9.2.1 8237A 数据传送的工作方式 ······ 240
9.2.2 8237A 的传送类型 ······ 241
9.2.3 8237A 的优先级处理 ······ 242
9.2.4 8237A 的传送速率 ······ 242
9.3 8237A 的内部寄存器 ······ 242
9.3.1 8237A 内部寄存器的种类 ······ 242
9.3.2 8237A 内部寄存器的主要功能及格式 ······ 243
9.4 8237A 的编程及应用 ······ 247
9.4.1 8237A 编程的一般步骤 ······ 247
9.4.2 8237A 的应用 ······ 248
本章小结 ······ 250
习题 9 ······ 250
第 10 章 定时/计数器接口 ······ 251
本章学习目标 ······ 251
10.1 定时/计数器概述 ······ 251
10.2 8253 的内部结构和引脚 ······ 252
10.2.1 8253 的内部结构 ······ 252
10.2.2 8253 的引脚功能 ······ 253
10.3 8253 的工作方式 ······ 254
10.3.1 计数结束中断 ······ 254
10.3.2 可重复触发的单稳态触发器 ······ 255

10.3.3　分频器……257
10.3.4　方波发生器……257
10.3.5　软件触发的选通信号发生器……259
10.3.6　硬件触发的选通信号发生器……261
10.4　8253 的初始化及编程……262
10.4.1　8253 的初始化……262
10.4.2　8253 的编程……263
10.5　8253 在 PC 机上的应用……263
10.5.1　定时中断控制……264
10.5.2　扬声器控制……265
10.5.3　延时控制……265
10.5.4　LED 发光二极管的控制……266
本章小结……267
习题 10……267
第 11 章　并行接口……269
本章学习目标……269
11.1　概述……269
11.2　可编程并行接口芯片 8255A……270
11.2.1　8255A 内部结构及引脚特性……270
11.2.2　8255A 的工作方式……273
11.2.3　8255A 的编程……279
11.3　8255A 的应用……280
11.3.1　8255A 与打印机接口……281
11.3.2　双机并行通信……282
本章小结……285
习题 11……286
第 12 章　串行通信接口……288
本章学习目标……288
12.1　串行通信概述……288
12.1.1　串行通信的概念……288
12.1.2　串行通信的基本方式……288
12.1.3　串行通信中的基本技术……290
12.2　串行通信接口标准 RS-232C……291
12.2.1　RS-232C 概述……291
12.2.2　RS-232C 引脚……291
12.2.3　RS-232C 的连接……293
12.2.4　RS-232C 的电气特性……294
12.3　可编程串行通信接口芯片 8251A……295
12.3.1　8251A 基本性能……295
12.3.2　8251A 基本结构……295
12.3.3　8251A 编程控制……299
12.3.4　8251A 初始化和编程应用……301
12.4　USB 通用串行总线……305
12.4.1　USB 总线概述……305
12.4.2　USB 总线拓扑结构……307
12.4.3　USB 总线构成……307
12.4.4　USB 设备的接入和开发……308
本章小结……309
习题 12……309
第 13 章　人机交互接口技术……311
本章学习目标……311
13.1　键盘与鼠标接口……311
13.1.1　键盘及接口电路……311
13.1.2　鼠标及接口电路……318
13.2　视频显示接口……320
13.2.1　CRT 显示器……320
13.2.2　CRT 显示器端口编程方法……324
13.2.3　LED 显示与 LCD 显示……328
13.3　打印机接口……331
13.3.1　常用打印机及工作原理……331
13.3.2　主机与打印机的接口……333
13.3.3　打印机的中断调用……336
13.4　扫描仪原理及应用……336
13.4.1　扫描仪的结构和基本工作原理……337
13.4.2　扫描仪主要技术指标及其应用……337
13.5　数码相机原理与应用……338
13.5.1　数码相机的基本结构和工作原理……338
13.5.2　数码相机主要技术指标及应用……340
13.6　触摸屏原理与应用……341
13.6.1　触摸屏的工作特点和分类……341
13.6.2　触摸屏的结构和应用……342
本章小结……342
习题 13……343
第 14 章　模拟量输入/输出接口技术……344
本章学习目标……344
14.1　模拟接口概述……344

14.2 典型 D/A 转换器芯片 ………………………… 345
14.2.1 D/A 转换器的工作原理和主要参数 ……………………………… 345
14.2.2 DAC0832 转换器及其应用 ………… 348
14.3 典型 A/D 转换器芯片 ………………………… 353
14.3.1 A/D 转换器的工作原理和主要参数 ……………………………… 354
14.3.2 ADC0809 转换器及其应用 ………… 356
14.4 模拟接口应用实例 ………………………… 362
本章小结 ……………………………………… 365
习题 14 ……………………………………… 366
附录 ……………………………………………… 367
附录 A 8086 指令集 ……………………………… 367
附录 B DEBUG 调试命令 ………………………… 370
附录 C DOS 系统功能调用表（INT 21H）‥ 371
附录 D BIOS 功能调用表 ………………………… 376
附录 E 8086 中断向量表 ………………………… 378
参考文献 ………………………………………… 380

第 1 章　微型计算机基础知识

本章从计算机以及微处理器的产生和发展、微型计算机的特点、性能指标、微型计算机系统组成结构、计算机中常用数制及其转换、数的定点和浮点表示、机器数的表示以及字符编码等方面介绍了微型计算机的基础知识。要求掌握微型计算机的工作特点及组成结构，熟悉计算机中的数据表示，为后续内容的学习打下扎实的基础。

通过本章的学习，重点理解和掌握以下内容：

- 微处理器的产生和发展
- 微型计算机的特点及性能指标
- 微型计算机系统的软硬件组成
- 计算机中的数制及其转换
- 无符号数和带符号数的表示
- ASCII 码及 BCD 码的应用

1.1　概述

计算机的广泛应用使人类社会各方面都发生了巨大的变化，特别是随着微型计算机技术和网络技术的高速发展，计算机应用已渗透到国民经济的各个领域和人民生活的各个方面，掌握计算机基本知识和应用技术已成为人们参与社会竞争的必备条件。

1.1.1　计算机的发展历史

1. 第一台电子计算机

1946 年 2 月，由美国宾夕法尼亚大学与美国陆军阿伯丁弹道实验室联合研制的世界上第一台电子计算机 ENIAC（Electronic Numerical Integrator and Calculator，电子数字积分计算机）公诸于世。该计算机由 30 个操作台、18000 只电子管、70000 个电阻、10000 支电容等部件组成，研制时间近三年，运算速度为每秒 5000 次加减法运算，是一个重达 30 吨，占地 170 平方米，每小时耗电 150 千瓦，造价 48 万美元的庞然大物。

ENIAC 存在许多不足和明显弱点，由于其存储容量小且不能存储程序，必须根据问题的计算步骤预先编好一条条指令，再按指令连接外部线路，然后让计算机自动运行并输出结果，当所要计算的题目发生变化时，需重新连接外部线路，因此，ENIAC 的使用对象很受限制。另外，由于 ENIAC 使用的电子管太多，易出现故障，其可靠性也较差。

ENIAC 的研制成功宣告了一个新时代的开始，开创了计算机的新纪元。

2. 冯·诺依曼结构计算机

由于ENIAC在存储程序方面存在的致命弱点，1946年6月，美籍匈牙利科学家冯·诺依曼（Johe Von Neumman）提出了“存储程序”和“程序控制”的计算机设计方案。

其特点是：

（1）采用二进制数来表示数据和指令。

（2）把指令和数据存储在计算机内部的存储器中，按存放顺序自动依次执行指令。

（3）由运算器、控制器、存储器、输入设备和输出设备五大部件组成计算机基本硬件系统。

（4）由控制器来控制程序和数据的存取以及程序的执行。

（5）以运算器为核心，所有的执行都经过运算器。

冯·诺依曼型计算机的基本结构如图1-1所示。

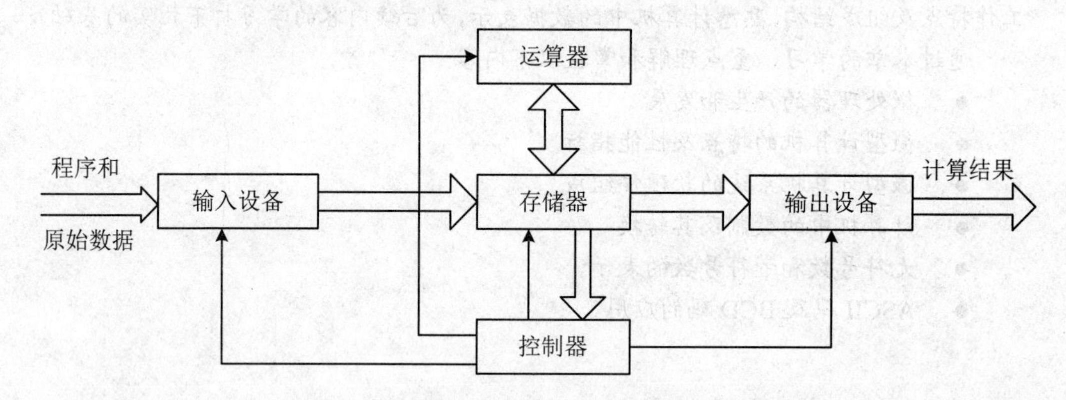

图1-1 冯·诺依曼型计算机的基本结构

图1-1中各部件的主要功能简述如下：

（1）输入设备。输入包括数据、字符和控制符等原始信息以及各类处理程序。常用的输入设备是键盘、鼠标器和扫描仪等。

（2）输出设备。输出计算机的处理结果及程序清单。常用输出设备是显示器和打印机等。

（3）运算器。对信息及数据进行处理和计算。常见运算是算术运算和逻辑运算，运算器的核心是算术逻辑部件ALU（Arithmetic and Logic Unit）。

（4）控制器。是整个计算机的指挥中心，它取出程序中的控制信息，经分析后按要求发出操作控制信号，使计算机的各部件协调一致地工作。

（5）存储器。存放程序和数据。在控制器的控制下与输入设备、输出设备、运算器、控制器等交换信息，是计算机中各种信息存储和交流的中心。

上述五大部件中，运算器和控制器是计算机的核心，称为中央处理器CPU（Central Processing Unit）。

从图1-1可以看出，计算机内部有两类信息在流动：一类是采用双线表示的数据信息流，它包括原始数据、中间结果、计算结果和程序中的指令；另一类是采用单线表示的控制信息流，它是控制器发出的各种操作命令。

冯·诺依曼提出的计算机体系结构为后人普遍接受，人们把按照这一原理设计的计算机称为冯·诺依曼型计算机。该体系结构奠定了现代计算机结构理论的基础，被誉为计算机发展史上的里程碑。

3. 计算机的发展

从第一台电子计算机面世到现在，计算机技术的发展突飞猛进。其主要电子器件相继使用了电子管、晶体管、中小规模集成电路、大规模和超大规模集成电路，引起计算机的几次更新换代。每一次更新换代都使计算机体积和耗电量大大减小，功能大大增强，应用领域进一步拓宽。

按照逻辑部件的组成来化分，计算机的发展经历了以下四个时代。

（1）第一代（1946～1958 年）：电子管阶段。

采用电子管作为计算机的逻辑元器件。此时的计算机每秒运算速度仅为几千次，内存容量仅为数 KB，数据表示主要是定点数，使用机器语言或汇编语言来编写程序。第一代电子计算机体积庞大，造价昂贵，主要用于军事和科学研究工作。

（2）第二代（1959～1964 年）：晶体管阶段。

采用晶体管作为计算机的逻辑元器件。由于电子技术的发展，计算机的运算速度提高到每秒几十万次，内存容量增至几十 KB。与此同时，计算机的软件技术也有了较大的发展，出现了 FORTRAN、COBOL、ALGOL 等高级语言。与第一代计算机相比，晶体管电子计算机体积小、成本低、功能强，可靠性有了较大的提高。第二代计算机除了完成科学计算外，还用于数据处理和事务处理。

（3）第三代（1965～1970 年）：集成电路阶段。

采用小规模集成电路作为计算机的逻辑元器件。随着固体物理技术的发展，集成电路的工艺已经可以在几平方毫米的单晶硅片上集成由十几个甚至上百个电子元器件组成的逻辑电路。此时计算机的运算速度每秒可达几十万次到几百万次，而且体积越来越小，价格越来越低，软件越来越完善，在已有监控程序的基础上发展形成了操作系统。

（4）第四代（1971 年至今）：大规模/超大规模集成电路阶段。

采用大规模和超大规模集成电路作为计算机的逻辑元器件。自 20 世纪 70 年代以来，集成电路的制作工艺取得了迅猛的发展，在硅半导体上可以集成更多的电子元器件，半导体存储器代替了磁芯存储器，使得计算机的工作速度达到每秒上亿次的浮点运算。此时，操作系统不断完善，计算机高级程序设计语言功能也更加全面。

进入 20 世纪 70 年代以后，美国 Intel 公司研制并推出了微处理器，诞生了微型计算机，使计算机的存储容量、运算速度、可靠性、性能价格比等方面都有了较大的突破。在系统结构方面发展了并行处理技术、多处理机系统、分布式计算机系统和计算机网络；在软件方面推出了各种系统软件、支撑软件、应用软件，发展了分布式操作系统和软件工程标准化，并逐渐形成了软件产业。

目前，计算机的应用已进入以计算机网络为特点的信息社会时代，计算机已成为人类社会活动中不可缺少的工具，从仪器仪表和家电的智能化，到科学计算、自动控制、办公自动化、生产自动化、数据和事务处理、计算机辅助设计、数据库应用、计算机网络应用、人工智能、计算机模拟、计算机辅助教育等各领域均得到广泛的应用。它已渗透到国民经济的各个领域，极大地改变了人们的工作、学习、生活方式，成为信息时代的主要标志。

未来计算机发展的总趋势是智能化计算机，它突出了人工智能方法和技术的应用，除了要具备现代计算机的功能之外，还要具有在某种程度上模仿人的推理、联想、学习等思维功能，并具有声音识别和图像识别能力。随着科学技术的进步和计算机的发展，人们除了继续对命令式语言进行改进外，还提出了若干非冯·诺依曼型的程序设计语言，并探索了适合于这类语言的新型计算机系统结构，寻求有利于开发高度并行功能的新型计算机模型，如光子计算机、神经网络计算机、生物计算机以及量子计算机等。

1.1.2 微处理器的产生与发展

大规模集成电路技术的发展为计算机的微型化打下良好的物质基础。20 世纪 70 年代初，美国硅谷诞生了第一片微处理器（MicroProcessor）。它将运算器和控制器等部件集成在一块大规模集成电路芯片上作为中央处理部件。微型计算机就是以微处理器为核心，配置相应的存储器、I/O 接口电路和系统总线等构成。

微型计算机一经问世，就以其体积小、重量轻、价格低廉、可靠性高、结构灵活、适应性强和应用面广等一系列优点，占领了世界计算机市场并得到广泛运用，成为现代社会不可缺少的重要工具。

由于科学技术的迅猛发展及新材料、新工艺的不断更新，微处理器大约每两年其集成度就提高 1 倍，每隔 3～5 年就会更新换代一次，根据微处理器的集成规模和处理能力形成了不同的发展阶段。

1. 第一代微处理器（1971 ~ 1973 年）

美国 Intel 公司在 1971 年研制成功字长 4 位的 Intel 4004 微处理器，该芯片集成 2300 多个晶体管，时钟频率 108kHz；随后又研制出字长 8 位的微处理器 Intel 8008，该芯片集成度 3500 晶体管/片，基本指令 48 条，时钟频率 500kHz。

这类机器的系统结构和指令系统均比较简单，运算速度较慢，主要以机器语言或简单的汇编语言为主。典型产品是 MCS-4 和 MCS-8 微型计算机，主要用于家用电器和简单的控制场合。

2. 第二代微处理器（1974 ~ 1977 年）

为字长 8 位的中高档微处理器，集成度有了较大提高。典型产品有 Intel 公司的 8080，Motorola 公司的 6800 和 Zilog 公司的 Z80 等处理器芯片。这类机器采用汇编语言或高级语言，后期配有操作系统。Intel 8080 芯片集成度为 6000 晶体管/片，时钟频率 2MHz，指令系统比较完善，寻址能力增强，运算速度提高了一个数量级。

3. 第三代微处理器（1978 ~ 1984 年）

为字长 16 位的微处理器，其性能比第二代提高近 10 倍，典型产品是 Intel 公司的 8086/8088、Motorola 公司的 MC 68000 和 Zilog 公司的 Z8000 等微处理器。1978 年推出的 Intel 8086 芯片集成度为 29000 晶体管/片，时钟频率 5MHz/8MHz/10MHz，寻址空间 1MB。1982 年推出的 Intel 80286 芯片集成度 13.4 万晶体管/片，时钟频率 20MHz。

字长 16 位的微型计算机支持多种应用，如数据处理和科学计算等。其指令系统更加丰富、完善，采用多级中断系统、多种寻址方式、段式存储器结构、硬件乘除部件等，并配有强有力的软件系统，时钟频率 5～10MHz，平均指令执行时间 1μs。

4. 第四代微处理器（1985 ~ 1992 年）

为字长 32 位的微处理器，1985 年推出的 Intel 80386 集成 27.5 万个晶体管，时钟频率

33MHz，具有 4GB 物理寻址能力，芯片集成了分段存储和分页存储管理部件，可管理 64TB 的虚拟存储空间。

1989 年推出的 Intel 80486 集成 120 万个晶体管，包含浮点运算部件和 8KB 的一级高速缓冲存储器 Cache。32 位微处理器的强大运算能力也使 PC 机的应用领域得到巨大扩展，商业办公、科学计算、工程设计、多媒体处理等应用得到迅速发展。

5. 第五代微处理器（1993 ~ 1999 年）

随着半导体技术及工艺的发展，集成电路的集成度越来越高，众多的 32 位高档微处理器被研制出来，典型产品有 Intel 公司的 Pentium、Pentium Pro、Pentium MMX、Pentium II、Pentium III、Pentium 4 等；AMD 公司的 AMD K6、AMD K6-2 等；Cyrix 公司的 6X86 等。32 位微型计算机的性能可与 20 世纪 70 年代的大、中型计算机相媲美。

6. 第六代微处理器（2000 年至今）

为 64 位微处理器，用于装备高端计算机系统。如 AMD64 位技术在原 32 位 X86 指令集上扩展了 64 位指令，Intel EM64T 技术是 IA-32 架构的扩展，EM64T 处理器可工作在传统 IA-32 模式和扩展 IA-32e 模式，而 IA-64 体系结构的开放式 64 位处理器产品是采用长指令字、指令预测、分支消除、推理装入和其他一些先进技术的全新结构微处理器。

如今，计算机正朝着微型化和巨型化两级方向发展。微型计算机的发展反映了计算机的应用普及程度，巨型计算机的发展则代表了计算机科学的发展水平。

1.1.3　微型计算机的特点

从工作原理和基本功能上来看，微型计算机与大中型和小型计算机没有本质的区别。微型计算机除具有一般计算机的运算速度快、计算精度高、具有记忆和逻辑判断能力、可自动连续工作等基本特点外，还体现出以下几方面的明显特点。

（1）功能强，可靠性高。

由于有高档次的硬件和各类软件的密切配合，使得微型计算机的功能大大增强，适合各种不同领域的实际应用。采用超大规模集成电路技术以后，微处理器及其配套系列芯片上可集成上百万个元器件，减少了系统内使用的器件数量，减少了大量焊点、连线、接插件等不可靠因素，大大提高了系统的可靠性。

（2）价格低廉，结构灵活，适应性强。

由于微处理器及其配套系列芯片集成度高，适合工厂大批量生产，因此，产品造价十分低廉，有利于微型计算机的推广和普及应用。在微型计算机系统中可方便地进行硬件扩展，且系统软件也很容易根据需求而改变。在相同系统配置下，只要对硬件和软件作某些变动就可适应不同用户的要求。制造厂家还生产各种与微处理器芯片配套的支持芯片和相关软件，为根据实际需求组成微型计算机应用系统创造了十分有利的条件。

（3）体积小，重量轻，使用维护方便。

由于微处理器芯片采用超大规模集成电路技术，从而使构成微型计算机所需的器件和部件数量大为减少，其体积大大缩小，重量减轻，功耗也随之降低，方便携带和使用。当系统出现故障时，还可采用系统自检、诊断及测试软件来及时发现并排除故障。

1.1.4 微型计算机常用术语和性能指标

微型计算机性能的优劣由其体系结构、指令系统、硬件组成、外部设备及软件配备是否齐全等因素来决定。只有综合各项指标才能正确评价与衡量计算机的性能高低。

在描述微型计算机性能的时候，通常用到以下一些术语及性能指标。

（1）位（Bit）。是计算机中所表示的最基本、最小的数据单元。是一个二进制位，由“0”和“1”两种状态构成，若干个二进制位的组合可表示各种数据、字符等信息。

（2）字节（Byte）。是计算机中通用基本存储单元。由 8 个二进制位组成，即 8 位二进制数组成一个字节。

（3）字（Word）。是计算机内部进行数据处理的基本单位。如字长 16 位的微型计算机由两个字节组成，每个字节长度为 8 位，分别称为高位字节和低位字节，组合后称为一个字；32 位微型计算机由 4 个字节组成，组合后称为双字。

（4）字长。是计算机在交换、加工和存放信息时最基本的长度，决定了系统一次传送的二进制数位数。各类微型计算机字长不相同，字长越长的计算机，处理数据的精度和速度就越高。实际应用中，通常按照微处理器能够处理的数据字长来作为微型计算机的分类标准，可分为 8 位、16 位、32 位和 64 位微型计算机等。

（5）主频。也称时钟频率，是指计算机中时钟脉冲发生器所产生的时钟信号频率，单位为 MHz（兆赫），它决定了计算机的处理速度，主频越高计算机处理速度就越快。

（6）访存空间。是衡量微型计算机处理数据能力的一个重要指标，是系统所能访问的存储单元数，由传送地址信息的地址总线条数决定。通常，访存空间采用字节数来表示其容量。对于有 16 条地址总线的微处理器，其编码方式为 2^{16}=65536 个存储单元，即 64KB 单元；具有 20 条地址总线的微处理器，访存空间为 2^{20}=1024KB，即 1MB 存储单元。

（7）指令数。计算机完成某种操作的命令被称为指令，一台微型计算机可有上百条指令，计算机完成的操作种类越多，即指令数越多，表示该类微型计算机系统的功能越强。

（8）基本指令执行时间。计算机完成一件具体操作所需的一组指令称为程序，执行程序所花的时间就是完成该任务的时间指标。由于各种微处理器的指令其执行时间是不一样的，为衡量微型计算机的速度，通常选用 CPU 中的加法指令作为基本指令，它的执行时间就作为基本指令执行时间。基本指令执行时间越短，表示微型计算机的工作速度越快。

（9）可靠性。是指在规定的时间和工作条件下，计算机正常工作不发生故障的概率。其故障率越低，说明计算机系统的可靠性越高。

（10）兼容性。是指计算机的硬件设备和软件程序可用于其他多种系统的性能。主要体现在数据处理、I/O 接口、指令系统等的可兼容性。

（11）性能价格比。这是衡量计算机产品优劣的综合性指标，包括计算机硬件和软件性能与售价的关系，通常希望以最小的成本获取最大的功能。

1.2 微型计算机的硬件结构及其功能

微型计算机硬件是指那些为组成计算机而有机连接在一起的电子、机械、光学等元部件或装置的总和，是有形的物理实体，包括主机和外围硬件设备。硬件的基本功能是接受计算机程序，并在程序的控制下完成各类信息和数据的输入、处理及输出结果等任务。

1.2.1 微型计算机硬件结构及其信息交换

通用微型计算机的硬件结构一般由微处理器、主存储器、辅助存储器、系统总线、I/O 接口电路、输入/输出设备等部件组成，如图 1-2 所示。

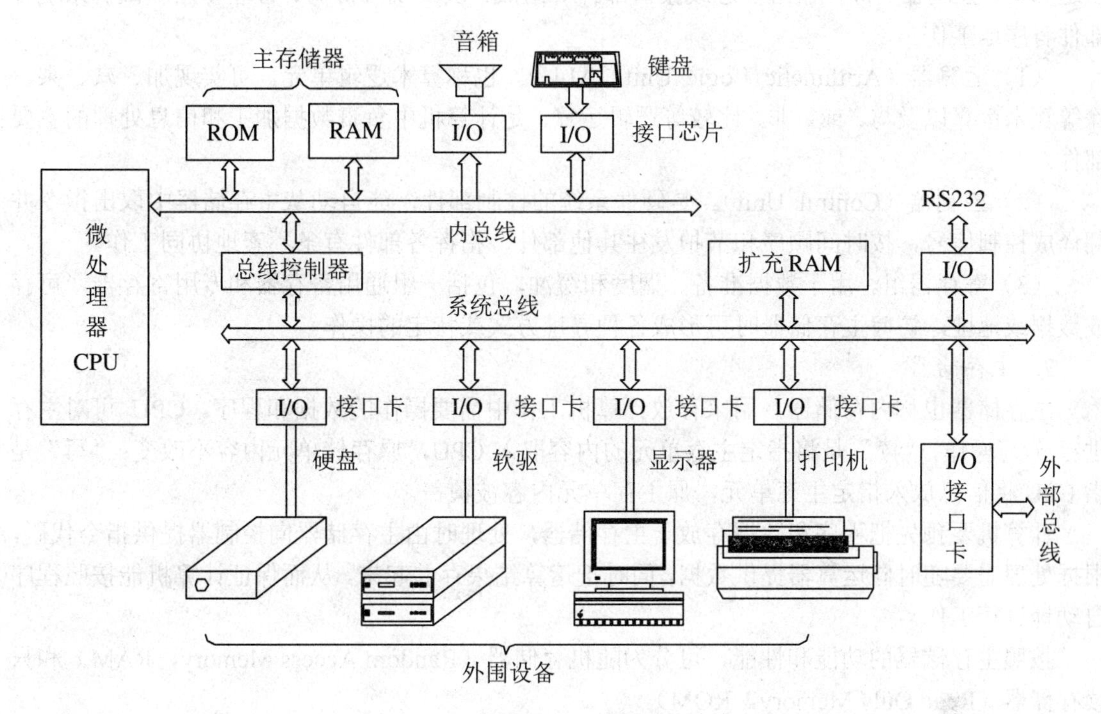

图 1-2 通用微型计算机硬件结构

图 1-2 中，各部件在计算机内部的信息交换和处理均通过总线实现。

总线是计算机系统中各部件共享的信息通道，是一条在部件与部件之间、设备与设备之间、系统与系统之间传送信息的公共通路，在物理上是一组信号线的集合。微型计算机的各种操作就是计算机内部定向的信息流和数据流在总线中流动的结果。

根据传送内容的不同，可分成以下 3 种总线：

（1）数据总线（Data Bus，DB）。传送数据，主要实现 CPU 与内存储器或 I/O 设备之间、内存储器与 I/O 设备或外存储器之间的数据传送。数据总线一般为双向总线，总线宽度等于计算机的字长。

（2）地址总线（Address Bus，AB）。传送地址，主要实现从 CPU 传送地址至内存储器和 I/O 设备，或从外存储器传送地址至内存储器等。存储器、输入/输出设备等都有各自的地址，通过给定地址进行访问。地址总线的宽度决定 CPU 的寻址能力。

（3）控制总线（Control Bus，CB）。传送控制信号、时序和状态信息等，控制信号通过控制总线送往计算机各个设备，使这些设备完成指定的操作。

1.2.2 微型计算机硬件模块功能分析

依据图 1-2，微型计算机硬件组成的主要部件功能简述如下。

1. 微处理器

微处理器也称中央处理器（Central Processing Unit，CPU），是微型计算机的核心部件，由运算器、控制器、寄存器组及总线接口部件等组成，负责统一协调、管理和控制微机系统各部件有序地工作。

（1）运算器（Arithmetic Logic Unit，ALU）。也称算术逻辑单元，可实现加、减、乘、除等算术运算以及与、或、非、比较等逻辑运算，是计算机中负责数据加工和信息处理的主要部件。

（2）控制器（Contral Unit）。是硬件系统的控制部件，能自动从主存储器中取出指令并翻译成控制信号，按时间顺序和节拍发往其他部件，指挥各部件有条不紊地协同工作。

（3）寄存器组。用于数据准备、调度和缓冲，包括一组通用寄存器和专用寄存器，可存放数据或地址，访问主存储器时可形成各种寻址方式或特定的操作。

2. 主存储器

主存储器也称内存储器，用来存放计算机工作中需要操作的数据和程序。CPU 可对主存进行读/写操作，“读”是将指定主存单元的内容取入 CPU，原存储单元内容不改变；“写”是指 CPU 将信息放入指定主存单元，原主存单元内容被覆盖。

计算机要预先把程序和数据存放于主存储器，处理时由主存储器向控制器提供指令代码，根据处理需要随时向运算器提供数据，同时把运算结果存储起来，从而保证计算机能按照程序自动地进行工作。

按照主存储器的功能和性能，可分为随机存储器（Random Access Memory，RAM）和只读存储器（Read Only Memory，ROM）。

（1）随机存储器 RAM。存放当前参与运行的程序和数据，其信息可读可写，存取方便，但信息不能长期保留，断电后会丢失。

（2）只读存储器 ROM。存放各种固定的程序和数据，如计算机开机检测程序、系统初始化程序、引导程序、监控程序等，其信息只能读出，不能重写。

3. I/O 接口电路

I/O（Input /Output）接口电路的功能是完成微机与外部设备之间的信息交换，一般由寄存器组、专用存储器和控制电路等组成。

计算机的控制指令、通信数据及外部设备状态信息等分别存放在专用存储器或寄存器组中。微机外部设备通过各自接口电路连接到系统总线上，可采用并行通信和串行通信两种方式，前者是将指定数据的各位同时传送；后者是将指定数据一位一位地顺序传送。

4. 主机板

微型计算机是由 CPU、RAM、ROM、I/O 接口电路及系统总线组成的计算机装置，简称“主机”。主机加上外部设备就构成微型计算机的硬件系统，硬件系统安装软件系统后就称为“微型计算机系统”。

主机的主体是主机板，也称系统主板或简称主板。主板上集中了微型计算机的主要电路部件和接口电路，CPU、内存条、鼠标、键盘、硬盘和各种扩充卡等都直接或通过扩充槽安装、接插在主板上。

典型微机主板结构如图 1-3 所示。主要由 CPU 插座、芯片组、内存插槽、系统 BIOS、CMOS、总线扩展槽、串/并行接口、各种跳线和一些辅助电路等硬件组成。

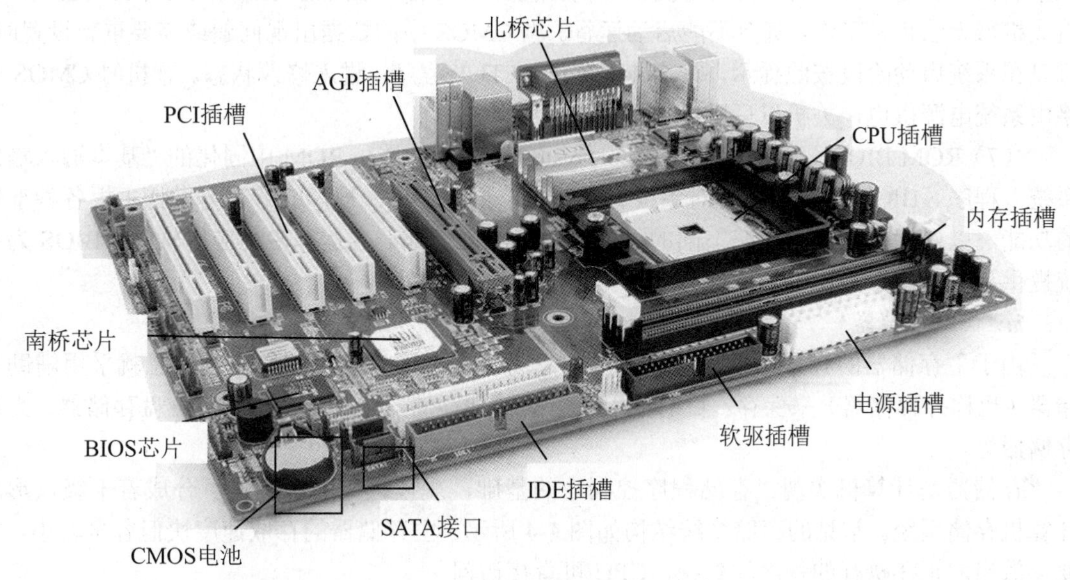

图 1-3　典型微机主板结构

（1）内存插槽。用来插入内存条。一个内存条上安装有多个 RAM 芯片。目前微型计算机的 RAM 都采用这种内存条结构，以节省主板空间并加强配置的灵活性。现在使用的内存条有 1GB、2GB、4GB、8GB 等规格。所选择内存条的读写速度要与 CPU 的工作速度相匹配。

（2）扩展槽。用来插入各种外部设备的适配卡。选择主板时要注意其扩展槽数量和总线标准。前者反映计算机的扩展能力，后者表示对 CPU 的支持程度以及对适配卡的要求。目前 Pentium 系列 CPU 多采用 ISA、PCI、AGP 等总线标准，具有并行处理能力，支持自动配置，输入/输出过程不依赖 CPU，充分满足多媒体要求等特点。

（3）跳线、跳线开关和排线。跳线是一种起“短接”作用的微型开关，与多孔微型插座配合使用。当用这个插头短接不同的插孔时，就可以调整某些相关的参数，以扩大主板的通用性。如调整 CPU 的速度、总线时钟、Cache 的容量、选择显示器的工作模式等。跳线开关是一组微型开关，它利用开关的通、断实现跳线的短路、开路作用，比跳线更加方便、可靠。新型主板大多使用跳线开关。主板上设置有若干多孔微型插座，称为排线座，用来连接电源、复位开关、各种指示灯以及喇叭等部件的插头。

（4）主控芯片组。芯片组是 CPU 与所有部件的硬件接口，按照技术规范通过主板为 CPU、内存条、图形卡等部件建立可靠、正确的安装运行环境，为各种硬盘和光驱的外部存储设备 IDE（Integrated Drive Electronics，俗称 PATA）接口以及其他外部设备提供连接。主控芯片组一般分为图 1-3 所示中的南桥芯片和北桥芯片。南桥芯片负责管理 IDE、PCI 总线与硬件监控，北桥芯片负责管理 CPU、AGP 高速图形处理总线以及内存间的数据交流。

（5）SATA（Serial ATA）接口。采用串行方式传输数据，是一种完全不同于并行 ATA 的新型硬盘接口类型。SATA总线使用嵌入式时钟信号，具备更强的纠错能力，与以往相比其最大区别在于能对传输指令（不仅仅是数据）进行检查，如发现错误会自动矫正，在很大程度上提高了数据传输的可靠性。串行接口还具有结构简单、支持热插拔的优点。

（6）CMOS 电路。CMOS 中保存有存储器和外部设备的种类、规格、当前日期、时间等大量参数，以便为系统的正常运行提供所需数据。如果这些数据记载错误，或者因故丢失，将造成机器无法正常工作，甚至不能启动运行。当 CMOS 中的数据出现问题或需要重新设置时，可以在系统启动阶段按照提示，按 Del 键启动 SETUP 程序，进入修改状态。开机时 CMOS 电路由系统电源供电，关机以后则由电池供电。

（7）ROM BIOS（Basic Input Output System）芯片。是在 ROM 中固化的“基本输入输出系统”程序。BIOS 程序的性能对主板影响较大，好的 BIOS 程序能够充分发挥主板各种部件的功能，以提高效率，并能在不同的硬件环境下，方便地兼容运行多种应用软件。BIOS 为系统提供了一个便于操作的软硬件接口。

5. 辅助存储器

由于主存储器的容量不大，且保存的信息易丢失，所以大量的数据和信息就采用辅助存储器（也称外存储器）来保存。目前使用较多的辅助存储器是磁带存储器、磁盘存储器、光盘存储器等。

存储器是计算机实现“存储程序控制”的基础，规模较大的存储器可分成若干级，形成计算机存储系统。常见的存储系统结构如图 1-4 所示。主存储器的存取速度快但容量较小，主要存放当前正在执行的程序和数据，CPU 可直接访问。

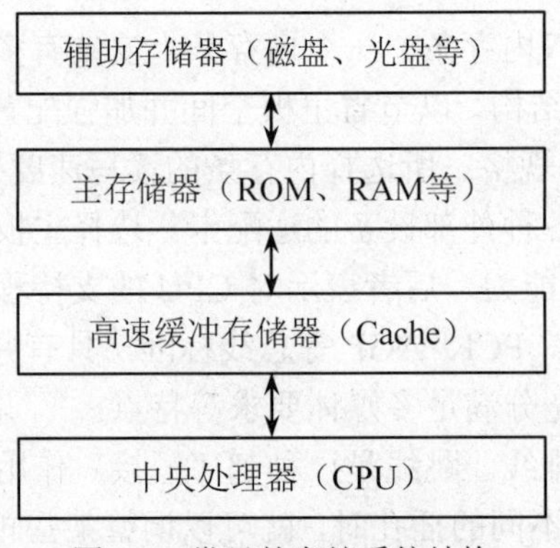

图 1-4 常见的存储系统结构

为了解决主存储器与高速 CPU 的速度匹配问题，通常在主存储器和 CPU 间增设高速缓冲存储器 Cache。Cache 的存取速度比主存更快，但容量更小，一般存放当前最急需处理的程序和数据；辅助存储器设置在主机外部，其存储容量大，价格低，存取速度较慢，主要存放暂时不参与运算的程序和数据。

6. 输入/输出设备

输入/输出设备是微型计算机系统与外部进行通信联系的主要装置。目前常用的有键盘、鼠标、显示器、打印机和扫描仪等。

（1）键盘。是最主要的输入设备，可用于输入数据、文本、程序和命令。常用键盘外形如图 1-5 所示。

多媒体键盘

无线键盘

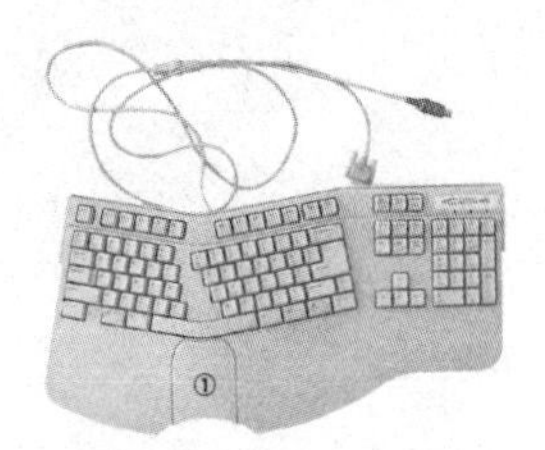

人体工程学键盘

图 1-5　微机键盘外观图

（2）鼠标。是一种屏幕标定装置。常用鼠标有机械式和光电式两种，机械式鼠标利用其下面滚动的小球在桌面上移动，使屏幕上的光标随着移动，这种光标价格便宜，但易沾灰尘，影响移动速度；光电式鼠标通过接收其下面光源发出的反射光，并转换为移动信号送入计算机，使屏幕光标随着移动。光电式鼠标功能要优于机械式鼠标。除此之外还有无线鼠标，其应用更加灵活。图 1-6 所示为使用串口、PS/2 口及 USB 接口的鼠标。

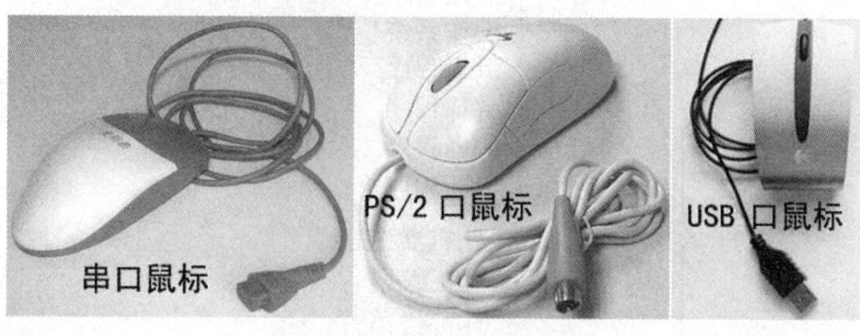

图 1-6　常见鼠标外观图

（3）显示器。是微型计算机中最重要的输入/输出设备，也是人机交互的桥梁。可显示各种状态和运行结果，编辑各种程序、文件和图形图像等。显示器通过显卡连接到系统总线上，显卡负责把需要显示的图像或数据转换成视频控制信号，使显示器显示出该图像或数据。

（4）打印机。是微型计算机常用的输出设备。打印机可将运行结果和各类信息等打印在纸上输出。常用有针式打印机、喷墨打印机和激光打印机等。

（5）扫描仪。是微型计算机输入图片使用的主要设备。它内部有一套光电转换系统，可把各种图片信息转换成计算机图像数据传送给计算机，再由计算机进行图像处理、编辑、存储、打印输出或传送给其他设备。扫描仪按色彩类别可分成单色和彩色两种；按操作方式可分为手持式和台式扫描仪。

1.3　微型计算机系统组成

一台完整的微型计算机系统由硬件和软件两大部分组成。软件系统为运行、管理和维护计算机提供服务，是用户与硬件之间的接口界面，它可以保证计算机硬件的功能得以充分发挥，完成规定的工作内容和工作流程，实现各项任务之间的调度和协调。

1.3.1　微型计算机系统基本组成示意

微型计算机系统的基本组成如图 1-7 所示。

- 微机系统
  - 硬件
    - 主机
      - 微处理器
        - 运算器
        - 控制器
        - 寄存器阵列
      - 内存储器
        - ROM
        - RAM
      - I/O 接口电路
        - 并行 I/O
        - 串行 I/O
      - 系统总线
        - 数据总线
        - 地址总线
        - 控制总线
    - 外围设备
      - 外部设备
        - 输入/输出设备
        - 外存储器
      - 过程 I/O 通道
        - 模拟量 I/O 器
        - 开关量 I/O 器
  - 软件
    - 系统软件
      - 监控程序
      - 操作系统
      - 编辑程序
      - 解释程序
      - 编译程序
      - 诊断程序
    - 程序设计语言
      - 机器语言
      - 汇编语言
      - 高级语言
    - 应用软件，如软件包、数据库等

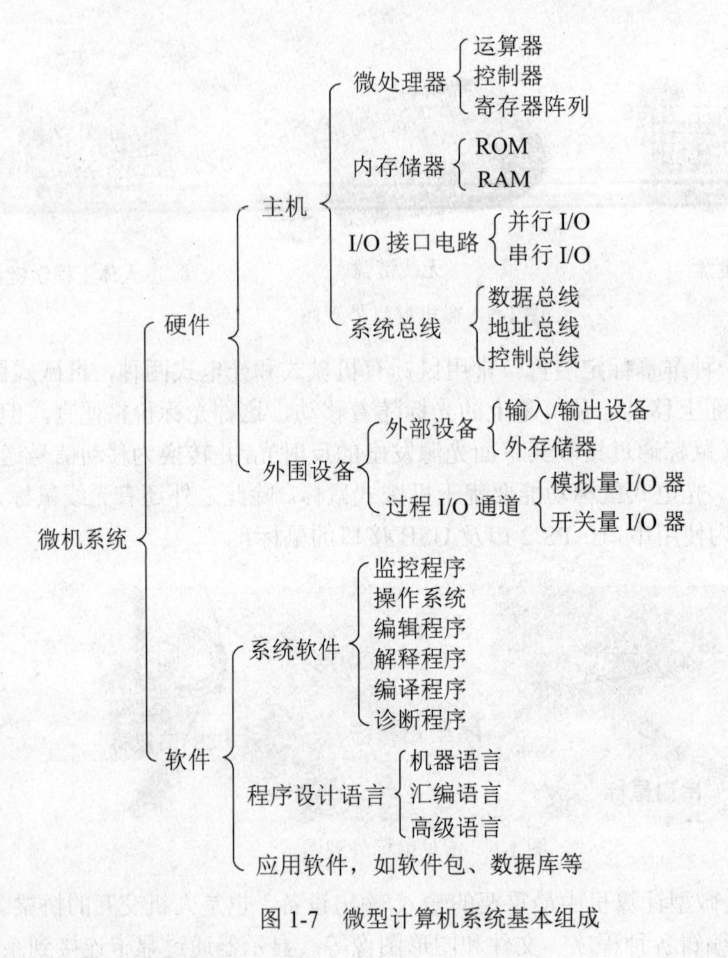

图 1-7 微型计算机系统基本组成

1.3.2 微型计算机的常用软件

计算机软件包括系统运行所需的各种程序、数据、文件、手册和有关资料，可分为系统软件和应用软件。系统软件用来支持应用软件的开发与运行；应用软件用来为用户解决某种应用问题。

软件由系统软件、程序设计语言、应用软件等组成，它们形成层次关系。处在内层的软件要向外层软件提供服务，外层软件必须在内层软件支持下才能运行。系统软件的主要功能是简化计算机操作，充分发挥硬件功能，支持应用软件的运行并提供服务。系统软件有两个主要特点：一是通用性，其算法和功能不依赖于特定的用户，无论哪个应用领域都可以使用；二是基础性，其他软件都是在系统软件的支持下进行开发和运行的。

软件系统的组成结构如图 1-8 所示，常用软件的主要功能简述如下。

用户程序 应用软件 套装软件
语言处理系统 服务型程序
操作系统
计算机硬件

图 1-8 软件系统的组成结构

1. 操作系统（Operating System，OS）

操作系统是软件中最基础的部分，支持其他软件的开发和运行。操作系统控制和管理计算机内各种硬件和软件资源，合理有效地组织计算机系统工作，提供用户和计算机系统之间的接口，用户通过操作系统中的各种命令调用有关程序来使用计算机。

操作系统由一系列具有控制和管理功能的模块组成，实现了对计算机全部资源的管理和控制，使计算机能够自动、协调、高效地工作。操作系统具有进程与处理机调度、作业管理、存储管理、设备管理、文件管理五大管理功能。操作系统本身由许多程序组成，这些程序分别管理 CPU、内存储器、磁盘、输入/输出以及中断处理等。此外，各种实用程序、语言处理程序以及应用程序都在操作系统的管理和控制下运行。

目前常用的操作系统是微软的 Windows 系列，诸如 Windows 2000、Windows XP、Windows NT、Windows 7 等版本。它为用户提供了良好的图形界面，便于操作，在安装硬件时具有"即插即用"功能，另外，它还提供了方便的网络环境，支持多任务操作等。由于 Windows 的诸多优点，使得 Windows 操作系统在个人电脑领域占据了霸主地位。Windows NT 是跨平台的多功能网络操作系统，它适用于高级工作站，能满足使用者的安全需要并更适于支持网络系统。此外，还有 Linux 操作系统和 UNIX 操作系统等。UNIX 是一个可以应用于小型机、大型机和个人计算机的多任务操作系统。由于 UNIX 对多用户系统比较理想，因此它在联机工作站或小型机系统中应用十分广泛。Linux 是一个与 UNIX 相容的操作系统，它具备多人多工及跨平台的能力。

2. 程序设计语言

程序设计是指编写一系列能为计算机所识别并执行的指令，这些指令用程序设计语言编写。程序设计语言经历了从机器语言、汇编语言、高级语言、Web 开发语言和数据库开发工具等发展历程。

（1）机器语言。计算机编程最早使用的是机器语言，采用由"0"和"1"组成的二进制代码编写程序，不需要任何翻译就能被计算机硬件理解和执行，程序执行效率高。但用二进制代码表示的机器语言编写程序十分困难，容易出错，且编写的程序也难以阅读。另外，由于机器语言只能为特定的计算机所识别，对于不同的计算机编程就要使用不同的二进制编码，不利于推广应用。

（2）汇编语言。利用特定符号组成的代码来表示"0"和"1"构成的机器语言。用汇编语言编写的源程序不能直接被计算机所识别，需由翻译程序将其编译成机器语言的目标程序。汇编语言与机器语言指令一一对应，其程序执行速度快，占用内存小，运行效率也较高。汇编语言编程需了解 CPU 结构，依赖于具体机器，是面向机器的低级语言，用其编写程序的工作量较大且无通用性。

（3）高级语言。采用类似英语单词的字符来表达指令，且与具体的计算机指令系统无关。使用高级语言的好处是无需了解计算机内部结构，不仅可提高工作效率，且易于移植。高级语言最大优点是"面向问题"而不是"面向机器"，这不仅使问题的表述更加容易，简化了程序编写和调试，能够大大提高编程效率，同时还因为这种程序与具体机器无关，所以有很强的通用性和可移植性，用高级语言编写的程序也需用编译程序将源程序编译成目标程序后才能使用。

（4）Web 开发语言和工具。用来生成或创作 Web 网页的程序设计语言称超文本标志语言 HTML。HTML 语言允许用户对整个网页进行设计，包括设计网页的背景、框架、图标、按钮、文本和字体、图形、小应用程序和与其他站点的超文本链接。目前 PHP、JavaScript 和 JSP 是网站编程较流行的开发语言。另外，Flash、Dreamweaver、ASP 和 Fireworks 也是很好的 Web 网页设计开发工具。

（5）数据库开发工具。随着计算机对于数据信息管理的比重越来越大，数据库的管理也越来越重要。为此，人们研究了用于不同数据库类型的数据库开发工具，适用于 Windows 平台下的数据库开发工具主要有 C#、PHP、Delphi、Oracle、Power Builder、SQL Server、Power Designer 等。

3. 应用软件

应用软件是指使用者、电脑制造商或软件公司为解决某些特定问题而设计的程序，如文字处理、图像处理、财务处理、办公自动化、人事档案管理软件等。目前市场上已有各种各样的商品化应用软件包，供用户合理选择使用，避免了软件编制的重复劳动。

文字处理软件常用有 Word、WPS 和方正软件等。这些软件可帮助用户撰写带有文字、图像和表格在内的各类文档，并且能够编辑排版出具有报刊杂志样式的文稿。电子表格 Excel 软件可帮助用户管理账目，统计数字、排序、制作图表等。数据库软件 Access 是一种关系型数据库管理系统，可用于诸如人事管理一类的小型数据库管理。PowerPoint 软件是目前较流行的制作演示文稿的软件，为用户演讲、产品演示及推销提供了方便。Outlook 是用来管理一些个人工作和生活等事务的软件，可非常方便地用于安排会议日程、收发邮件、记事本等。Photoshop、PhotoDraw 和 Premiere 是在影像处理中应用较广的软件。

另外，应用软件还包括 3ds max、CorelDraw、Free Hand、Maya、Poser、Rhino、Pro Enginer、AutoCAD 等，这些是绘制三维图形、矢量图或机械制图的流行软件。排版软件包括 Page Maker、Adobe InDesign、QuarkXPress 和 Publisher 等。Map Info、Map Basic 是地理信息管理软件；SPSS、SAS 是统计分析软件；Project 是项目管理软件；Mathematic、Super SAP、Mathcad 是数学计算软件。

1.3.3 软硬件之间的相互关系

通常，人们把不装备任何软件的微型计算机称为裸机。裸机只能运行机器语言程序，其功能显然得不到充分而有效地发挥。在裸机上配置若干软件后就把一台实实在在的物理机器变成一台具有抽象概念的逻辑机器，从而使人们不必更多地了解机器本身就可使用，软件在微型计算机和使用者之间架起了桥梁。

硬件是支撑软件工作的基础，没有足够的硬件支持，软件无法正常地工作。在计算机技术的发展过程中，软件随硬件技术的迅速发展而发展，反过来，软件的不断发展与完善又促进了硬件的新发展，两者的发展密切地交织在一起，缺一不可。硬件和软件是微型计算机系统互相依存的两大部分，其关系主要体现在以下几个方面。

1. 硬件和软件相互依存

硬件是软件赖以工作的物质基础，软件的正常工作是硬件发挥作用的唯一途径。计算机系统只有配备了完善的软件系统才能正常工作，才能充分发挥硬件的各种功能。

2. 硬件和软件无严格界线

随着技术的不断进步，硬件和软件在相互渗透、相互融合，硬件与软件之间的界限变得越来越模糊。原来一些由硬件实现的操作改由软件实现，增强了系统的功能和适应性，称之为硬件的软化；原来由软件实现的操作改由硬件完成，显著降低了时间上的运行开销，称之为软件的硬化。

对于程序设计人员来说，硬件和软件在逻辑上等价，一项功能的实现究竟采用何种方式，可从系统效率、价格、速度、存储容量、可靠性和资源状况等诸多方面综合考虑，最终确定哪些功能由硬件实现，哪些功能由软件实现。从发展的眼光来看，今天的软件可能是明天的硬件，今天的硬件也可能是明天的软件。因此，硬件与软件在一定意义上说没有绝对严格的界线。

3. 硬件和软件协同发展

计算机软件随着硬件技术的迅速发展而发展，而软件的不断发展与完善又促进了硬件的更新，两者密切地交织发展，缺一不可。

4. 固件（Firmware）的概念

固件是指那些存储在能永久保存信息的器件（如 ROM）中的程序，是具有软件功能的硬件。固件的性能指标介于硬件与软件之间，并吸收了硬件、软件各自的优点，其执行速度快于软件，灵活性优于硬件，可以说是软、硬件结合的产物。计算机功能的固件化将成为计算机发展的一个趋势。

5. 关于软件的兼容性

随着元器件制造技术和生产工艺的迅猛发展，新的高性能计算机在不断地研制和生产出来。作为用户，希望在新的计算机系统推出后，原先已开发的软件仍能继续在升级换代后的新型号计算机上使用，这就要求软件具有可兼容性。

通常，由一个厂家生产、有相同的系统结构但具有不同组成和实现的一系列不同型号的计算机称为系列机。从程序设计者的角度看，系列机具有相同的系统结构，主要体现在计算机的指令系统、数据格式、字符编码、中断系统、控制方式和输入/输出操作方式等多个方面保持一致，从而保证软件的兼容性。

1.4　计算机中数制及其转换

数据是一种特殊的信息表达形式，不仅可由人来进行加工处理，而且更适合计算机进行高效率的加工处理、传递及转换。计算机中的数据包括了能够处理的各种数字、文字、图画、声音和图像等。

在计算机内，不论是指令还是数据，都采用了二进制编码形式，包括图形和声音等信息，也必须转换成二进制数的形式，才能存入计算机中。

1.4.1　数制的基本概念

1. 数的表示

人们在日常生活中最熟悉、最常用的数是十进制数，它采用 0～9 共 10 个数字符号及其进位来表示数的大小。0～9 这些数字符号称为“数码”，全部数码的个数称为“基数”，用“逢基数进位”的原则进行计数，称为进位计数制。十进制数的基数是 10，所以其计数原则是“逢十进一”。

- 进位后的数字按其所在位置的前后，将代表不同的数值，表示各位有不同的“位权”。

例如：十进制数个位的“1”，代表 1，即个位的位权是 1；

十进制数十位的“1”，代表 10，即十位的位权是 10；

十进制数百位的“1”，代表 100，即百位的位权是 100；以此类推。

- 位权与基数的关系是：位权的值等于基数的若干次幂。

例如：十进制数 2518.234，可以展开为下面的多项式：

$2518.234=2\times10^3+5\times10^2+1\times10^1+8\times10^0+2\times10^{-1}+3\times10^{-2}+4\times10^{-3}$

式中：10^3、10^2、10^1、10^0、10^{-1}、10^{-2}、10^{-3} 即为该位的位权，每一位上的数码与该位权的乘积，就是该位的数值。

- 任何一种数制表示的数都可以写成按位权展开的多项式之和，其一般形式为：

$$N=d_{n-1}b^{n-1}+d_{n-2}b^{n-2}+d_{n-3}b^{n-3}+\cdots\cdots d_{-m}b^{-m}$$

式中：n——整数的总位数。

m——小数的总位数。

$d_{下标}$——表示该位的数码。

b——表示进位制的基数。

$b^{上标}$——表示该位的位权。

2. *计算机中常用进位计数制*

计算机能够直接识别的是二进制数，这就使得它所处理的数字、字符、图像、声音等信息，都是以“1”和“0”组成的二进制数的某种编码。由于二进制在表达一个数字时，位数太长，不易识别，且容易出错，因此在书写计算机程序时，经常将它们写成对应的十六进制数或人们熟悉的十进制数表示。

在计算机内部可以根据实际情况的需要分别采用二进制数、十进制数和十六进制数。

计算机中常用计数制的基数和数码及进位借位关系如表 1-1 所示。

表 1-1　计算机中常用计数制基数和数码及进位借位关系

计数制形式	基数	采用的数码	进位及借位关系
二进制	2	0、1	逢二进一、借一当二
十进制	10	0、1、2、3、4、5、6、7、8、9	逢十进一、借一当十
十六进制	16	0、1、2、3、4、5、6、7、8、9 A、B、C、D、E、F	逢十六进一、借一当十六

计算机中常用计数制数据的对应关系如表 1-2 所示。

表 1-2　计算机中常用计数制数据对应关系

十进制数	二进制数	十六进制数	十进制数	二进制数	十六进制数
0	0000	0	8	1000	8
1	0001	1	9	1001	9
2	0010	2	10	1010	A
3	0011	3	11	1011	B
4	0100	4	12	1100	C

续表

十进制数	二进制数	十六进制数	十进制数	二进制数	十六进制数
5	0101	5	13	1101	D
6	0110	6	14	1110	E
7	0111	7	15	1111	F

3．计数制的书写规则

为区分各种计数制的数据，经常采用如下的方法进行书写表达。

（1）在数字后面加写相应的英文字母作为标识。

B（Binary）：表示二进制数，二进制数的 1100 可写成 1100B；

D（Decimal）：表示十进制数，十进制数的 100 可写成 100D，通常其后缀 D 可省略；

H（Hexadecimal）：表示十六进制数，十六进制数 2A18 可写成 2A18H。

（2）在括号外面加数字下标。

$(1011)_2$：表示二进制数的 1011；

$(2168)_{10}$：表示十进制数的 2168；

$(1AF5)_{16}$：表示十六进制数的 1AF5。

1.4.2　计数制之间的转换

为方便理解和使用，将计数制之间的转换方法总结如表 1-3 所示。

表 1-3　计数制之间的转换方法

转换要求	转换方法
十进制整数转换为二进制和十六进制整数	分别用基数 2、16 连续除该十进制整数，至商等于“0”为止，然后逆序排列所得余数
十进制小数转化为二进制和十六进制小数	连续用基数 2、16 乘该十进制小数，至乘积小数部分等于“0”，然后顺序排列所得乘积整数
二进制、十六进制数转换为十进制数	用各位所对应的系数和基数，按“位权求和”的方法可得转换结果
二进制数转换为十六进制数	从小数点开始分别向左或向右，将每 4 位二进制数分成 1 组，不足位数补 0，每组用 1 位十六进制数表示
十六进制数转换为二进制数	从小数点开始分别向左或向右，将每位十六进制数用 4 位二进制数表示

下面分析一些实际应用例子来加以说明。

1．十进制数转换为二进制数

一个十进制数通常由整数部分和小数部分组成，这两部分的转换规则是不相同的，在实际应用中，整数部分与小数部分要分别进行转换。

（1）十进制整数转换为二进制整数。用基数 2 连续去除该十进制整数，直至商等于“0”为止，然后逆序排列余数，可得到与该十进制整数相应的二进制整数各位的系数值。

【例 1.1】将十进制整数 213 转换为二进制整数。

采用“除 2 倒取余”的方法，过程如下：

```
2 | 213          余数为 1
  2 | 106        余数为 0
    2 | 53       余数为 1
      2 | 26     余数为 0
        2 | 13   余数为 1
          2 | 6  余数为 0
            2 | 3   余数为 1
              2 | 1   余数为 1
                  0
```

所以，$213=(11010101)_2$

（2）十进制小数转化为二进制小数。用基数 2 连续去乘以该十进制小数，直至乘积的小数部分等于“0”，然后顺序排列每次乘积的整数部分，可得到与该十进制小数相应的二进制小数各位的系数。

【例 1.2】将十进制小数 0.8125 转换为二进制小数。

采用“乘 2 顺取整”的方法，过程如下：

$0.8125\times2=1.625$　　取整数位 1

$0.625\times2=1.25$　　取整数位 1

$0.25\times2=0.5$　　取整数位 0

$0.5\times2=1.0$　　取整数位 1

所以，$0.8125=(0.1101)_2$

如果出现乘积的小数部分一直不为“0”，则可以根据精度的要求截取一定的位数即可。

2. 十进制数转换为十六进制数

同理，十进制数转换为十六进制数时，可参照十进制数转换为二进制数的对应方法来处理。

（1）十进制整数转换为十六进制整数。采用基数 16 连续去除该十进制整数，直至商等于“0”为止，然后逆序排列所得到的余数，可得到与该十进制整数相应的十六进制整数各位的系数。

【例 1.3】将十进制整数 2845 转换为十六进制整数。

采用“除 16 倒取余”的方法，过程如下：

```
16 | 2845       余数为 13（十六进制数为 E）
  16 | 177      余数为 1
    16 | 11     余数为 11（十六进制数为 B）
          0
```

所以，$2845=(B1E)_{16}$

（2）十进制小数转换为十六进制小数。连续用基数 16 去乘以该十进制小数，直至乘积的小数部分等于“0”，然后顺序排列每次乘积的整数部分，可得到与该十进制小数相应的十六进制小数各位的系数。

【例 1.4】将十进制小数 0.5382 转换为十六进制小数。

采用“乘 16 顺取整”的方法，过程如下：

$0.5382 \times 16=8.6112$　　取整数位 8

$0.6112 \times 16=9.7792$　　取整数位 9

$0.7792 \times 16=12.4672$　　取整数位 12（十六进制数为 C）

$0.4672 \times 16=7.4752$　　取整数位 7

$0.4752 \times 16=7.6032$　　取整数位 7

若取该数据的计算精度为小数点后 5 位数，其后的数可不再计算。

所以，$0.5382=(0.89C77)_{16}$

3. 二进制数、十六进制数转换为十进制数

二进制数、十六进制数转换为十进制数时按照“位权展开求和”的方法可得到其结果。

（1）二进制数转换为十进制数。用其各位所对应的系数 1（系数为 0 时可以不必计算）来乘以基数为 2 的相应位权，可得到与二进制数相应的十进制数。

【例 1.5】将二进制数$(11010101.101)_2$ 转换为十进制数。

转换过程如下：

$$
\begin{aligned}
(11010101.101)_2 &= 1\times2^7+1\times2^6+1\times2^4+1\times2^2+1\times2^0+1\times2^{-1}+1\times2^{-3} \\
&= 128+64+16+4+1+0.5+0.125 \\
&= 213.625
\end{aligned}
$$

（2）十六进制数转换为十进制数。用其各位所对应的系数来乘以基数为 16 的相应位权，可得到与十六进制数相应的十进制数。

【例 1.6】将十六进制数$(4B5.A9)_{16}$ 转换为十进制数。

转换过程如下：

$$
\begin{aligned}
(4B5.A9)_{16} &= 4\times16^2+11\times16^1+5\times16^0+10\times16^{-1}+9\times16^{-2} \\
&= 1024+176+5+0.625+0.035 \\
&= 1205.66
\end{aligned}
$$

4. 二进制数与十六进制数之间的转换

因为 $16=2^4$，所以 1 位十六进制数相当于 4 位二进制数。从二进制数转换为十六进制数时，先要从小数点开始分别向左或向右，将每 4 位二进制数分成一组，不足 4 位的要补 0，然后将每 4 位二进制数用一位十六进制数表示即可。从十六进制数转换为二进制数时，只要将每位十六进制数用 4 位二进制数表示即可。

（1）二进制数转化为十六进制数。采用“四合一”的方法。

【例 1.7】将二进制数$(10111010010100.001100011)_2$ 转换为十六进制数。

从小数点所在位置分别向左和向右每四位一组进行划分。若小数点左侧的位数不是 4 的整数倍，则在数的最左侧补零；若小数点右侧的位数不是 4 的整数倍，则在数的最右侧补零。最后将每 4 位二进制数合成一位十六进制数，组合后即可。

转换过程如下：

```
0010  1110  1001  0100.  0011  0001  1000
  ↓     ↓     ↓     ↓      ↓     ↓     ↓
  2     E     9     4.     3     1     8
```

所以，$(10111010010100.001100011)_2=(2E94.318)_{16}$

（2）十六进制数转换为二进制数。采用“一分为四”的方法。

【例 1.8】将十六进制数$(91B8.A27)_{16}$转换为二进制数。

根据转换方法，从小数点开始分别向左和向右，将每一位十六进制数转换成对应的四位二进制数表示，组合后即为十六进制数对应的二进制数。

转换过程如下：

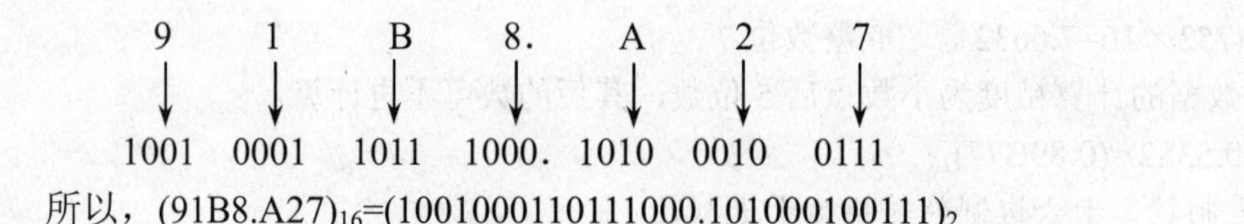

所以，$(91B8.A27)_{16}=(1001000110111000.101000100111)_2$

1.5 计算机中机器数的表示

1.5.1 机器数的表示方法

在计算机内部表示二进制数的方法通常称为数值编码。把一个数及其符号在机器中的表示加以数值化，这样的数称为机器数。机器数所代表的数称为该机器数的真值。

要全面完整地表示一个机器数，应综合考虑机器数的范围、符号以及小数点的位置三个因素。

1. 机器数的范围

通常机器数的范围由计算机的硬件决定。

当 CPU 中使用 8 位寄存器时，字长为 8 位，此时一个无符号整数的最大值是：11111111B=255，该机器数的范围是 0～255。

当 CPU 中使用 16 位寄存器时，字长为 16 位，此时一个无符号整数的最大值是：1111111111111111B=FFFFH=65535，该机器数的范围是 0～65535。

如果用 n 来表示机器的 CPU 字长，则无符号数的表示范围是：

$$0 \leqslant X \leqslant 2^n-1$$

若计算机的运算结果超出这个范围，则会产生数据溢出。

2. 机器数的符号

算术运算中，数据是有正有负的，这类数据称为带符号数。为了在计算机中正确地表示带符号数，通常规定每个字长的最高位为符号位，用“0”表示正数，用“1”表示负数。

字长为 8 位二进制时，D_7为符号位；字长为 16 位二进制数时，D_{15}为符号位。

例如：在一个 8 位字长的计算机中，带符号数据的格式如下：

D_7	D_6	D_5	D_4	D_3	D_2	D_1	D_0
0							

正数

D_7	D_6	D_5	D_4	D_3	D_2	D_1	D_0
1							

负数

其中，最高位 D_7是符号位，其余 D_6～D_0为数值位，这样把符号数字化并和数值位一起编码的方法，很好地解决了带符号数的表示方法及其计算问题。

3. 机器数中小数点的位置

任何一个二进制数 N 都可以表示为：$N=\pm 2^{\pm P}\times S$

式中 N、P、S 均为二进制数。S 称为数 N 的尾数，它表示该数的全部有效数字；2 为计数制的底数，2 前面的±号是尾数的符号；P 称为数 N 的阶码，它指明了小数点的实际位置，2 的右上方的±号是阶码的符号。

对任一个二进制数，若阶码 P 固定不变，则小数点位置是固定的，这种表示方法就是数的定点表示，该数为定点数。

当二进制数的阶码 P 不固定时，数的小数点实际位置将根据阶码值 P 相对浮动，这就是数的浮点表示，该数为浮点数。

（1）数的定点表示。

计算机中的定点数通常有两种约定：取阶码 P=0，把小数点固定在尾数的最高位之前，称为定点小数，格式如图 1-9 中（a）所示；取阶码 P=n（n 为二进制尾数的位数），把小数点约定在尾数最末位之后，称为定点整数，格式如图 1-9 中（b）所示。

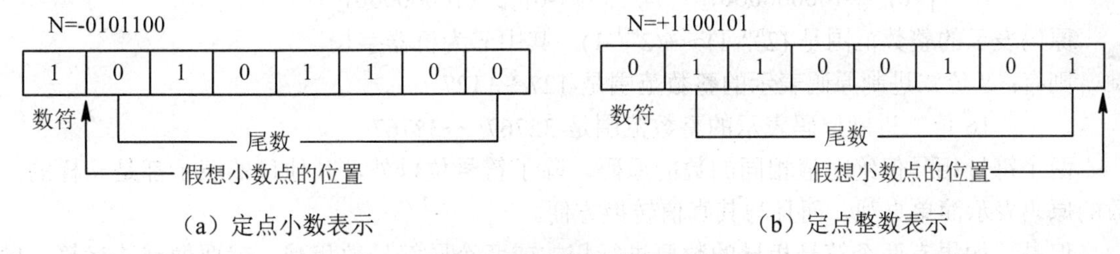

（a）定点小数表示　　（b）定点整数表示

图 1-9　定点数的表示方法

以上两种定点数的表示方法在计算机中均可采用。需要说明的是：计算机中小数点的位置是假想位置，厂家在机器设计时将数的表示形式约定好，则各种部件及运算线路均按约定的形式进行设计。

（2）数的浮点表示。

对于任一个十进制数都可以采用科学计数法来表示，例如：

$$8325.72=0.832572\times 10^{4}$$

$$-0.0000027=-0.27\times 10^{-5}$$

从中可以看出：在原数字中无论小数点前后各有几位数，它们都可以用一个纯小数与 10 的整数次幂的乘积来表示，这就是浮点数的表示方法。

从前面分析已知，一个二进制数 N 可表示为：$N=\pm 2^{\pm P}\times S$

该表示方法中要把机器数分为两部分：一部分表示数的阶码，另一部分表示数的尾数，阶码和尾数均有各自的符号位。

浮点数在机器中的编码排列如下：

阶符	阶码 P	尾符	尾数 S

阶码 P 用来表示数的实际小数点相对机器中约定小数点位置的浮动方向：如果阶符为负，则实际小数点在约定小数点的左边，反之在右边，其位置由阶码值来确定，而尾数符号则代表了浮点数的符号。所以阶符和阶码指明了小数点的位置，小数点随着 P 的符号和大小而浮动。

浮点数可以表示的数值范围要比定点数大，这是它的主要可取之处。

1.5.2 带符号数的原码、反码、补码表示

1. *原码*

正数的符号位为“0”，负数的符号位为“1”，其他位按照一般的方法来表示数的绝对值，用这样的表示方法得到的就是该数的原码。

【例 1.9】当机器字长为 8 位二进制数时，求 X_1=+105 和 X_2=-105 的原码。

按照数制的转换规律可得 8 位二进制表示的原码：

$[X_1]_{原码}=(01101001)_2$　　　　$[X_2]_{原码}=(11101001)_2$

此外：

$[+1]_{原码}=(00000001)_2$　　　　$[-1]_{原码}=(10000001)_2$

$[+127]_{原码}=(01111111)_2$　　　　$[-127]_{原码}=(11111111)_2$

在二进制数的原码表示中，“0”的表示有正负之分：

$[+0]_{原码}=(00000000)_2$　　　　$[-0]_{原码}=(10000000)_2$

原码表示的整数范围是$-(2^{n-1}-1)$～$+(2^{n-1}-1)$，其中 n 为机器字长。

则有：8 位二进制原码表示的整数范围是-127～+127

16 位二进制原码表示的整数范围是-32767～+32767

两个符号相异但绝对值相同的数的原码，除了符号位以外，其他位的表示都是一样的。数的原码表示简单直观，而且与其真值转换方便。

但是，如果有两个符号相异的数要进行相加或两个同符号数相减，就要做减法运算。做减法运算会产生借位的问题，很不方便。为了将加法运算和减法运算统一起来，以加快运算速度，就引入了数的反码和补码表示。

2. *反码*

对于一个带符号的数来说，正数的反码与其原码相同，负数的反码为其原码除符号位以外的各位按位取反。

【例 1.10】当机器字长为 8 位二进制数时：

$X=+(1011011)_2$　　$[X]_{原码}=(01011011)_2$　　$[X]_{反码}=(01011011)_2$

$Y=-(1011011)_2$　　$[Y]_{原码}=(11011011)_2$　　$[Y]_{反码}=(10100100)_2$

$[+1]_{反码}=(00000001)_2$　　　　$[-1]_{反码}=(11111110)_2$

$[+127]_{反码}=(01111111)_2$　　　　$[-127]_{反码}=(10000000)_2$

可以看出，负数的反码与负数的原码有很大的区别，反码通常用作求补码过程中的中间形式。

反码表示的整数范围与原码相同。

数据“0”在二进制数的反码表示中，有以下形式：

$[+0]_{反码}=[+0]_{原码}=(00000000)_2$

$[-0]_{反码}=(11111111)_2$

3. *补码*

正数的补码与其原码相同，负数的补码为其反码在最低位加 1。

【例 1.11】当 $X=+(1011011)_2$ 时，求其原码和补码。

$[X]_{原码}=(01011011)_2$　　$[X]_{补码}=(01011011)_2$

当$Y=-(1011011)_2$时，求其原码、反码和补码。

$[Y]_{原码}=(11011011)_2$　　$[Y]_{反码}=(10100100)_2$　　$[Y]_{补码}=(10100101)_2$

$[+1]_{补码}=(00000001)_2$　　$[-1]_{补码}=(11111111)_2$

$[+127]_{补码}=(01111111)_2$　　$[-127]_{补码}=(10000001)_2$

在二进制数的补码表示中，“0”的表示是唯一的。

即：$[+0]_{补码}=[-0]_{补码}=(00000000)_2$

采用补码的目的是为使符号位作为数参加运算，解决将减法转换为加法运算的问题，并简化计算机控制线路，提高运算速度。

由于计算机中存储数据的字节数是有限的，所以能存储的带符号数也有一定的范围。

补码表示的整数范围是-2^{n-1}～$+(2^{n-1}-1)$，其中 n 为机器字长。

则：8 位二进制补码表示的整数范围是-128～+127

　　16位二进制补码表示的整数范围是-32768～+32767

当运算结果超出这个范围时，就不能正确表示数了，此时为数据溢出。

对于 CPU 为 8 位字长的二进制数，其原码、反码、补码的对应关系如表 1-4 所示。

表 1-4　8 位二进制数原码、反码、补码的对应关系

二进制数	无符号数	带符号数		
		原码	反码	补码
00000000	0	+0	+0	+0
00000001	1	+1	+1	+1
…	…	…	…	…
01111111	127	+127	+127	+127
10000000	128	-0	-127	-128
…	…	…	…	…
11111110	254	-126	-1	-2
11111111	255	-127	-0	-1

4. 补码与真值之间的转换

已知某机器数的真值可通过补码的定义将其转换为补码。已知正数的补码，其真值等于补码的本身；已知负数的补码，可除符号位以外将补码的有效值按位求反后在末位加 1，即可得该负数补码对应的真值。

【例 1.12】 已知 X=-52，求出 X 的原码、反码和补码表示。

解：给定的数据为负数，将其转换为二进制数为：$X=-(0110100)_2$

按照上述分析可得 X 的原码、反码和补码表示：

$[X]_{原码}=(10110100)_2$

$[X]_{反码}=(11001011)_2$

$[X]_{补码}=[X]_{反}+1=(11001100)_2$

【例 1.13】 给定 $[X]_{补码}=(01011100)_2$，求真值 X。

解：由于给定$[X]_{补码}$的符号位是“0”，代表该数是正数，则其真值为：

$$
\begin{aligned}
X&=+(1011100)_2\\
&=+(1\times2^6+1\times2^4+1\times2^3+1\times2^2)\\
&=+(64+16+8+4)_{10}\\
&=+92
\end{aligned}
$$

【例 1.14】 给定$[X]_{补码}=(10101101)_2$，求真值 X。

解：由于给定$[X]_{补码}$的符号位是“1”，代表该数是负数，则其真值为：

$$
\begin{aligned}
X&=-([0101101]_{求反}+1)_2\\
&=-(1010010+1)_2\\
&=-(1010011)_2\\
&=-(1\times2^6+1\times2^4+1\times2^1+1\times2^0)\\
&=-(64+16+2+1)_{10}\\
&=-83
\end{aligned}
$$

1.5.3 补码加减运算与数据溢出判断

1. 补码加减运算

由于补码运算比较简单，而且负数用相应补码表示后，可以将减法运算转换为加法运算。所以，一般计算机中只设置加法器，减法运算是通过适当求补处理后再进行相加来实现。

给定两个带符号数 X、Y：

进行补码加法运算时：$[X+Y]_{补码}=[X]_{补码}+[Y]_{补码}$

进行补码减法运算时：$[X-Y]_{补码}=[X]_{补码}-[Y]_{补码}=[X]_{补码}+[-Y]_{补码}$

【例 1.15】已知 $X=-(110011)_2$，$Y=+(10101)_2$，求 X+Y=？

解：给定数据中 X 为负数，Y 为正数，根据补码运算规则有：

$[X]_{原码}=(10110011)_2$，$[X]_{补码}=[X]_{反码}+1=(11001101)_2$

$[Y]_{补码}=[Y]_{原码}=(00010101)_2$

所以：$[X+Y]_{补码}=[X]_{补码}+[Y]_{补码}$

$=(11001101)_2+(00010101)_2$

$=(11100010)_2$

可见，X+Y 的补码为 11101010，其中符号位为“1”表示该题的结果为负数，即 X+Y=-30，这是由于 X=-51，Y=+21，两者相加结果为负数，这与十进制的运算结果相同。

2. 数据溢出判断

运算后得到的结果若超过计算机所能表示的数值范围称为数据溢出。如 8 位带符号数取值范围是-128～+127，当 X±Y＜-128 或 X±Y＞127 时产生溢出，将导致错误结果。

可采用参加运算的两数和运算结果的符号位来判断是否产生溢出，如果两个正数相加得到的结果为负数或者两个负数相加得到的结果为正数，则产生溢出。

【例 1.16】 已知两个带符号数 $X=(01001001)_2$，$Y=(01101010)_2$，用补码运算求 X+Y 的结果，并判断其是否会产生溢出。

解：给定为两个正数，按照补码运算规则可得：

$[X]_{补码}=(01001001)_2$，$[Y]_{补码}=(01010101)_2$，

$[X+Y]_{补码}=[X]_{补码}+[Y]_{补码}=(01001001)_2+(01101010)_2=(10110011)_2$。

运算结果 10110011 的符号位为 1，表示 X+Y 的值为负数。两个正数相加得到负数显然是错误的，出错的原因是由于 X+Y=73+106=179>127，超出 8 位带符号数的取值范围，产生溢出。

当两数异号时，相加的结果只会变小，所以不会产生溢出。运算结果产生溢出时，计算机会自动进行判断，为使用户知道带符号数算术运算的结果是否产生了溢出，专门在 CPU 的标志寄存器中设置了溢出标志 OF。当 OF=“1”时表示运算结果产生了溢出，OF=“0”时表示运算结果未溢出。

1.6　字符编码

计算机除用于数值计算外，还要进行大量的文字信息处理，也就是要对表达各种文字信息的符号进行加工。如计算机和键盘、显示器、打印机之间的通信都是采用字符方式输入/输出的。字符在机器里也必须用二进制数来表示，但这种二进制数是按照特定规则编码表示的。计算机为识别和区分这些符号，作出规定：由若干位组成的二进制数代表一个符号；一个二进制数只能与一个符号唯一对应。

这样，二进制数的位数决定了符号集的规模。如 7 位二进制数可表示 128 种符号，8 位的二进制数可表示 256 种符号。这就是所谓的字符编码，由此可以看出：计算机解决任何问题都是建立在编码技术上的。目前最通用的两种字符编码分别是美国信息交换标准代码（ASCII 码）和二—十进制编码（BCD 码）。

1.6.1　美国信息交换标准代码（ASCII 码）

ASCII（American Standard Code for Information Interchange）码是美国信息交换标准代码的简称，用于给西文字符编码，包括英文字母的大小写、数字、专用字符、控制字符等。

这种编码由 7 位二进制数组合而成，可以表示 128 种字符，目前在国际上广泛流行。ASCII 码的编码内容如表 1-5 所示。

表 1-5　7 位 ASCII 码编码表

低 4 位代码		高 3 位代码							
		0	1	2	3	4	5	6	7
		000	001	010	011	100	101	110	111
0	0000	NUL	DLE	SP	0	@	P	、	p
1	0001	SOH	DC1	!	1	A	Q	a	q
2	0010	STX	DC2	“	2	B	R	b	r
3	0011	ETX	DC3	#	3	C	S	c	s
4	0100	EOT	DC4	$	4	D	T	d	t
5	0101	ENQ	NAK	%	5	E	U	e	u
6	0110	ACK	SYN	&	6	F	V	f	v

续表

低 4 位代码		高 3 位代码							
		0	1	2	3	4	5	6	7
		000	001	010	011	100	101	110	111
7	0111	BEL	ETB	’	7	G	W	g	w
8	1000	BS	CAN	（	8	H	X	h	x
9	1001	HT	EM	）	9	I	Y	i	y
A	1010	LF	SUB	*	:	J	Z	j	z
B	1011	VT	ESC	+	;	K	[	k	{
C	1100	FF	FS	,	<	L	\	l	|
D	1101	CR	GS	—	=	M	]	m	}
E	1110	SO	RS	.	>	N	↑	n	～
F	1111	SI	US	/	?	O	←	o	DEL

ASCII 码的特点分析如下：

（1）每个字符的 7 位以高 3 位和低 4 位二进制数组合而成 ASCII 码，采用十六进制数来表示。如换行“LF”的 ASCII 码是 0AH，回车“CR”的 ASCII 码是 0DH。数码“0”～“9”的 ASCII 码是 30H～39H（可见去掉高 3 位，即减去 30H 就是 BCD 码的表示）。大写字母“A”～“Z”的 ASCII 码是 41H～5AH；小写字母“a”～“z”的 ASCII 码是 61H～7AH（可见大小写字母之间 ASCII 码值相差 20H，两者之间的转换容易实现）。

（2）128 个字符的功能可分为 94 个信息码和 34 个功能码。信息码包括 10 个阿拉伯数字、52 个英文大小写字母、32 个专用符号等，可供书写程序和描述命令之用，能够显示和打印出来。功能码在计算机系统中起各种控制作用，可提供传输控制、格式控制、设备控制、信息分隔控制及其他控制等，这些控制符只表示某种特定操作，不能够显示和打印。

功能码的含义如表 1-6 所示。

表 1-6 ASCII 编码表中功能码的含义

字符	操作功能	字符	操作功能	字符	操作功能
NUL	空	FF	走纸控制	CAN	作废
SOH	标题开始	CR	回车	EM	纸尽
STX	正文结束	SO	移位输出	SUB	减
ETX	本文结束	SI	移位输入	ESC	换码
EOT	传输结束	DLE	数据链换码	FS	文字分隔符
ENQ	询问	DC1	设备控制 1	GS	组分隔符
ACK	承认	DC2	设备控制 2	RS	记录分隔符
BEL	报警符	DC3	设备控制 3	US	单元分隔符
BS	退格	DC4	设备控制 4	SP	空格

续表

字符	操作功能	字符	操作功能	字符	操作功能
HT	横向列表	NAK	否定	DEL	删除
LF	换行	SYN	空转同步		
VT	垂直制表	ETB	信息组传输结束		

34 个功能码可分成以下 5 种处理功能：

- 传输控制类字符，如 SOH、STX、ETX 等。
- 格式控制类字符，如 BS、LF、CR 等。
- 设备控制类字符，如 DC1、DC2、DC3 等。
- 信息分隔类控制字符，如 FS、RS、US 等。
- 其他控制字符，如 NUL、BEL、ESC 等。

（3）由于微型计算机基本存储单元是一个字节（byte），即 8 位二进制数，表达 ASCII 码时也采用 8 位，最高位 D_7 通常作为“0”。进行数据通信时，最高位 D_7 通常作为奇偶校验位，用来检验代码在存储和传送过程中是否发生错误。

奇校验含义：包括校验位在内的 8 位二进制码中所有“1”的个数为奇数。如字符“A ”的 ASCII 码是 41H（1000001B），加奇校验位时“A”的 ASCII 码为 C1H（11000001B）。

偶校验含义：包括校验位在内的 8 位二进制码中所有“1”的个数为偶数。如字符“A” 加偶校验时 ASCII 码依然是 41H（01000001B）。

随着信息技术的发展，为了扩大计算机处理信息的范围，IBM 公司又将 ASCII 码的位数增加了一位，由原来的 7 位变为用 8 位二进制数构成一个字符编码，共有 256 个符号。扩展后的 ASCII 码除原有的 128 个字符外，又增加了一些常用的科学符号和表格线条等。

1.6.2　二—十进制编码（BCD 码）

将一个十进制数在计算机中采用二进制编码来表示，称为 BCD（Binary-Coded Decimal）码，即“二—十进制编码”。

常用的 BCD 码是 8421-BCD 编码，采用 4 位二进制数来表示 1 位十进制数，自左至右每一个二进制位对应的位权是 8、4、2、1。

由于 4 位二进制数有 0000～1111 共 16 种状态，而十进制数 0～9 只取 0000～1001 的 10 种状态，其余 6 种不用。

8421-BCD 编码如表 1-7 所示。

表 1-7　8421-BCD 编码表

十进制数	8421-BCD 编码	十进制数	8421-BCD 编码
0	0000	8	1000
1	0001	9	1001
2	0010	10	0001　0000
3	0011	11	0001　0001

续表

十进制数	8421-BCD 编码	十进制数	8421-BCD 编码
4	0100	12	0001 0010
5	0101	13	0001 0011
6	0110	14	0001 0100
7	0111	15	0001 0101

通常，BCD 码有两种形式，即压缩 BCD 码和非压缩 BCD 码。

1. 压缩 BCD 码

表 1-7 所示的 BCD 码为压缩 BCD 码（或称组合 BCD 码），其特点是采用 4 位二进制数来表示一位十进制数，即一个字节表示两位十进制数。如十进制数 57 的压缩 BCD 码为 01010111B；二进制数 10001001，采用压缩 BCD 码表示为十进制数 89。

2. 非压缩 BCD 码

非压缩 BCD 码（或称非组合 BCD 码）表示特点是采用 8 位二进制数来表示一位十进制数，即一个字节表示 1 位十进制数，而且只用每个字节的低 4 位来表示 0～9，高 4 位设定为 0。如十进制数 89，采用非压缩 BCD 码表示为二进制数是 00001000 00001001。

BCD 码与十进制数之间转换很容易实现，如压缩 BCD 码为 1001 0101 0011.0010 0111，其十进制数值为 953.27。

BCD 码可直观地表达十进制数，也容易实现与 ASCII 码的相互转换，便于数据的输入、输出。

本章对微处理器及微型计算机的基本概念、硬件结构、系统组成、应用特点以及数据表示等各类知识作了相应的概述。

微型计算机系统包括硬件和软件。硬件主要由 CPU、存储器、系统总线、接口电路及 I/O 设备等部件组成。软件由各种程序和数据组成。在硬件基础上的系统软件是对硬件功能的扩充与完善，操作系统是配置在硬件上的第一层软件，所有系统实用程序及更上层的应用程序都在操作系统上运行，受操作系统的统一管理和控制。目前市场 Pentium 系列微机作为主流机型占据了重要位置。用户衡量一台微型计算机性能的好坏应该综合考虑 CPU 芯片、系统主板、内外存容量和速度、I/O 接口和外设、配置的系统软件和应用软件以及系统的可靠性与可扩展性等因素，实现最佳的性价比。

计算机内部的信息处理主要针对数值型数据和字符型数据，数值型数据通常采用二进制、十进制及十六进制数表示。计算机能直接识别的是二进制数据，汇编语言编程时多采用十进制和十六进制表示数据，各类数制之间相互转换有特定的规律。计算机内部将一个数及其符号数值化表示的方法称为机器数。表示一个完整的机器数需考虑数的范围、符号和小数点位置。机器数中小数点位置固定不变称“定点数”，小数点位置可浮动时称“浮点数”。计算机中参加运算的数若超过计算机所能表示的数值范围称为溢出。可根据两数的符号位或运算结果标志位来判断结果是否产生溢出。带符号数在计算机中有原码、反码和补码三种表示方法。数据处理时通常用补码来表示带符号数参加指定运算。

描述特定字符和信息也需用二进制进行编码，目前普遍采用的是美国信息交换标准代码（ASCII 码）和二—十进制编码（BCD 码）。基本 ASCII 码用一个字节中的 7 位对字符进行编码，可表示 128 种字符，最高位是奇偶校验位，用以判别数码传送是否正确。BCD 码专门解决用二进制数表示十进制数的问题。

一、单项选择题

1．冯·诺依曼计算机体系结构的基本特点是（　　）。

A．运算速度快　　B．存储程序控制

C．节约元器件　　D．采用堆栈操作

2．一台完整的微型计算机系统应包括（　　）。

A．硬件和软件　　B．运算器、控制器和存储器

C．主机和外部设备　　D．主机和实用程序

3．微型计算机硬件中最核心的部件是（　　）。

A．运算器　　B．主存储器　　C．CPU　　D．输入输出设备

4．微型计算机的性能主要取决于（　　）。

A．CPU　　B．主存储器　　C．硬盘　　D．显示器

5．当机器数采用（　　）方式时，零的表示形式是唯一的。

A．原码　　B．补码　　C．反码　　D．真值

6．带符号数在计算机中通常采用（　　）来表示。

A．原码　　B．反码　　C．补码　　D．BCD 码

7．在 8 位二进制数中，采用补码表示时其数的真值范围是（　　）。

A．–127～+127　　B．–127～+128

C．–128～+127　　D．–128～+128

8．已知某数为-128，其机器数为 10000000B，则其机内采用的是（　　）表示。

A．原码　　B．反码　　C．补码　　D．真值

9．大写字母“B”的 ASCII 码是（　　）。

A．41H　　B．42H　　C．61H　　D．62H

10．某数在计算机中用压缩 BCD 码表示为 1001 0011，其真值为（　　）。

A．10010011B　　B．93H　　C．93　　D．147

二、填空题

1．冯·诺依曼计算机体系结构的核心思想是__________，其特点表现在__________。

2．微型计算机的硬件主要包括__________、__________、__________、__________和__________。

3．微型计算机系统软件主要包括__________、__________和__________。

4．字长是指________；字长越长，计算机处理数据的________就越高。

5．计算机中的数有________两种表示方法；前者特点是________；后者特点是________。

6．计算机中带符号的数在运算处理时通常采用________表示，其好处在于________。

7．计算机中参加运算的数及运算结果都应在________范围内，如参加运算的数及运算结果________，称为数据溢出。

8．已知某数为61H，若为无符号数其真值为________；若为带符号数其真值为________；若为ASCII码其值代表________；若为BCD码其值代表________。

9．ASCII码可以表示________种字符，其中起控制作用的称为________；供书写程序和描述命令使用的称为________。

10．BCD码是一种________表示方法，按照表示形式可分为________和________两种表现形式。

三、判断题

1．由于物理器件的性能，决定了计算机中的所有信息仍以二进制方式表示。（ ）

2．计算机内部的信息处理可分为数据信息流和控制信息流两类。（ ）

3．微型计算机的硬件和软件之间无严格界线，可相互渗透、相互融合。（ ）

4．在计算机中，数据的表示范围不受计算机字长的限制。（ ）

5．计算机中带符号数采用补码表示的目的是为了提高运行速度。（ ）

6．数据溢出的原因是运算过程中最高位产生了进位。（ ）

7．计算机键盘输入的各类符号在计算机内部均表示为ASCII码。（ ）

四、简答题

1．冯·诺依曼型计算机的设计方案有哪些特点？

2．微型计算机的特点和主要性能指标有哪些？

3．常见微型计算机硬件由哪些部分组成？各部分主要功能和特点是什么？

4．什么是微型计算机总线？说明数据总线、地址总线、控制总线各自的作用。

5．什么是系统的主机板？由哪些部件组成？

6．微型计算机系统软件的主要特点是什么？它包括哪些内容？

7．计算机中有哪些常用数制和码制？如何进行数制之间的转换？

五、数制转换题

1．将下列十进制数分别转化为二进制数、十六进制数和压缩BCD码。

（1）15.32　（2）325.16　（3）68.31　（4）214.126

2．将下列二进制数分别转化为十进制数和十六进制数。

（1）10010101　（2）11001010　（3）10111.1101　（4）111001.0101

3．将下列十六进制数分别转化为二进制数、十进制数。

（1）FAH　（2）12B8H　（3）5A8.62 H　（4）2DF.2 H

4．写出下列带符号十进制数的原码、反码、补码表示（采用8位二进制数）。

（1）+38　（2）+82　（3）-57　（4）-215

5．写出下列二进制数的补码表示。

（1）+1010100　　（2）+1101101　　（3）-0110010　　（4）-1001110

6．已知下列补码求出其真值。

（1）87H　　（2）3DH　　（3）0B62H　　（4）3CF2H

7．按照字符所对应的 ASCII 码表示，查表写出下列字符的 ASCII 码。

A、g、W、*、ESC、LF、CR、%

8．把下列英文单词转换成 ASCII 编码的字符串。

（1）How　　（2）Great　　（3）Water　　（4）Good

第 2 章　典型微处理器

学习及掌握微型计算机原理首先要熟悉微处理器的内部结构及组成部件的功能，明确其工作原理和特点。本章分析有关 CPU 内部结构、寄存器组成和作用、引脚功能及应用，讨论存储器结构和 I/O 组织，分析总线操作及工作模式，介绍高档微处理器的组成结构和特点。

通过本章的学习，重点理解和掌握以下内容：

- 8086 微处理器内部组成、寄存器结构
- 8086 微处理器的外部引脚特性和作用
- 8086 微处理器的存储器和 I/O 组织
- 8086 工作方式及总线操作
- 高档微处理器的组成结构及特点

2.1　8086 微处理器内外部结构

微处理器是微型计算机的心脏，其职能是执行各种运算和信息处理，负责控制整个系统自动协调地完成各种操作。不同型号微型计算机的性能与其 CPU 内部结构、硬件配置有关。

Intel 8086 微处理器是典型的 16 位微处理器，后续推出的各种微处理器均保持与之兼容。它采用高速运算性能的 HMOS 工艺制造，芯片上集成 2.9 万只晶体管，使用单一的+5V 电源，40 条引脚双列直插式封装，有 16 根数据线和 20 根地址线，可寻址的地址空间为 1MB（2^{20}B），时钟频率 5～10MHz，基本指令的执行时间 0.3～0.6μs。

8086 通过其 16 位内部数据通路与流水线结构结合而获得较高的性能，流水线结构允许在总线空闲的时候预取指令，使取指令和执行指令的操作能够并行进行。此外，由于采用了紧凑的指令格式，在给定时间内能取出较多的指令，这也有助于提高 CPU 的性能。

8086 CPU 的特点是：采用并行流水线工作方式，通过设置指令预取队列实现；对内存空间实行分段管理，将内存分为 4 个段并设置地址段寄存器，以实现对 1MB 空间的寻址；支持多处理器系统；8086 可工作于最小和最大两种模式下，最小模式为单处理机模式，控制信号较少，一般可不必接总线控制器，最大模式为多处理机模式，控制信号较多，要通过总线控制器与总线相连；8086 还具有多重处理能力，使它能极方便地和浮点运算器 8087、I/O 处理器 8089 或其他处理器组成多处理器系统，从而极大地提高了系统的数据吞吐能力和数据处理能力。

2.1.1　8086 微处理器内部结构

在计算机中，指令的一般执行过程是取指令→指令译码→读取操作数→执行指令→存放

结果。为了实现指令的执行和数据的交换功能，Intel 8086 微处理器内部安排了两个逻辑单元，即执行部件 EU（Execution Unit）和总线接口部件 BIU（Bus Interface Unit），其组成结构如图 2-1 所示。

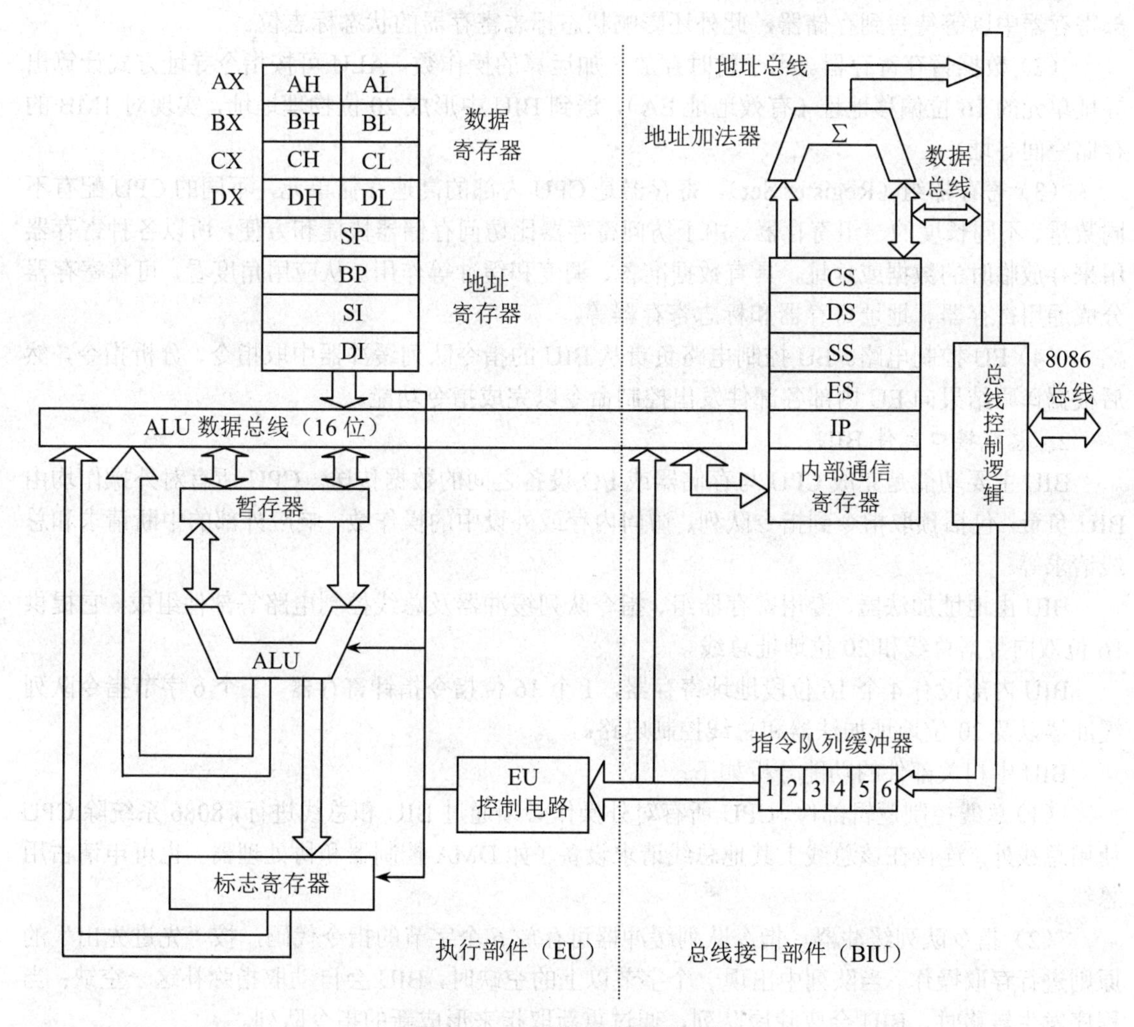

图 2-1　8086 微处理器内部结构

1．执行部件 EU

EU 的功能是负责指令的译码和执行，主要由算术逻辑运算单元 ALU、标志寄存器、数据暂存寄存器、通用寄存器组和 EU 控制电路等部件组成。

EU 可不断地从 BIU 指令队列缓冲器中取得指令并连续执行，省去了访问存储器取指令所需时间。如果指令执行过程中需要访问存储器存取数据时，只需将要访问的地址送给 BIU，等待操作数到来后再继续执行。遇到转移类指令时则将指令队列中的后续指令作废，等待 BIU 重新从存储器中取出新指令代码送入指令队列缓冲器，EU 再继续执行指令。

EU 无直接对外的接口，要译码的指令将从 BIU 的指令队列中获取，除了最终形成 20 位物理地址的运算需要 BIU 完成相应功能外，所有的逻辑运算包括形成 16 位有效地址的运算均由 EU 来完成。

EU 中主要部件的功能分析如下：

（1）算术逻辑单元 ALU（Arithmetic Logic Unit）。ALU 是加工与处理数据的功能部件，可完成 8/16 位二进制数的算术逻辑运算。运算结果通过内部总线送到通用寄存器组或 BIU 内部寄存器中以等待写到存储器，此外还影响状态标志寄存器的状态标志位。

（2）数据暂存寄存器。用于暂时存放参加运算的操作数。ALU 可按指令寻址方式计算出寻址单元的 16 位偏移地址（有效地址 EA），送到 BIU 中形成 20 位物理地址，实现对 1MB 的存储空间寻址。

（3）寄存器组（Register Set）。寄存器是 CPU 内部的高速存储单元，不同的 CPU 配有不同数量、不同长度的一组寄存器。由于访问寄存器比访问存储器快捷和方便，所以各种寄存器用来存放临时的数据或地址，具有数据准备、调度和缓冲等作用。从应用角度看，可将寄存器分成通用寄存器、地址寄存器和标志寄存器等。

（4）EU 控制电路。EU 控制电路负责从 BIU 的指令队列缓冲器中取指令、分析指令，然后根据译码结果向 EU 内部各部件发出控制命令以完成指令功能。

2. 总线接口部件 BIU

BIU 主要功能是完成 CPU 与存储器或 I/O 设备之间的数据传送。CPU 所有对外操作均由 BIU 负责，包括预取指令到指令队列、访问内存或外设中的操作数、响应外部的中断请求和总线请求等。

BIU 由地址加法器、专用寄存器组、指令队列缓冲器及总线控制电路等部件组成。它提供 16 位双向数据总线和 20 位地址总线。

BIU 内部设有 4 个 16 位段地址寄存器，1 个 16 位指令指针寄存器，1 个 6 字节指令队列缓冲器以及 20 位地址加法器和总线控制电路。

BIU 中相关部件的功能分析如下：

（1）总线控制逻辑部件。CPU 所有对外操作必须通过 BIU 和总线进行，8086 系统除 CPU 使用总线外，连接在该总线上其他总线请求设备（如 DMA 控制器和协处理器）也可申请占用总线。

（2）指令队列缓冲器。指令队列缓冲器可存放 6 个字节的指令代码，按“先进先出”的原则进行存取操作。当队列中出现一个字节以上的空缺时，BIU 会自动取指弥补这一空缺；当程序发生转移时，BIU 会废除原队列，通过重新取指来形成新的指令队列。

（3）地址加法器和段寄存器。4 个 16 位的段寄存器（代码段寄存器 CS、数据段寄存器 DS、堆栈段寄存器 SS 和附加段寄存器 ES）与地址加法器组合，用于形成存储器物理地址，完成从 16 位的存储器逻辑地址到 20 位的存储器物理地址转换运算。

（4）指令指针寄存器 IP。指令指针寄存器存放 BIU 要取的下一条指令段内偏移地址。程序不能直接对 IP 进行存取，但能在程序运行中自动修正，使之指向要执行的下一条指令。

（5）总线控制电路与内部通信寄存器。总线控制电路用于产生外部总线操作时的相关控制信号，是连接 CPU 外部总线与内部总线的中间环节，而内部通信寄存器用于暂存总线接口单元 BIU 与执行单元 EU 之间交换的信息。

传统的微处理器在执行一个程序时，通常总是依次先从存储器中取出一条指令，然后读出操作数，最后执行指令。也就是说，取指令和执行指令是串行进行的，取指期间 CPU 必须等待，其过程如图 2-2 所示。

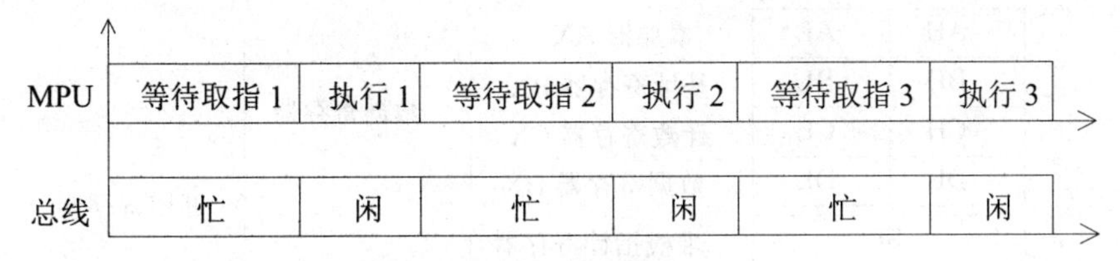

图 2-2　传统微处理器的指令执行过程

在 8086 微处理器中，BIU 和 EU 是分开的，取指令和执行指令分别由总线接口部件 BIU 和执行部件 EU 来完成，并且存在指令队列缓冲器，使 BIU 和 EU 可以并行工作，执行部件负责执行指令，总线接口部件负责提取指令、读出操作数和写入结果。这两个部件能互相独立地工作。

在大多数情况下，取指令和执行指令可以重叠进行，即在执行指令的同时进行取指令的操作，如图 2-3 所示。

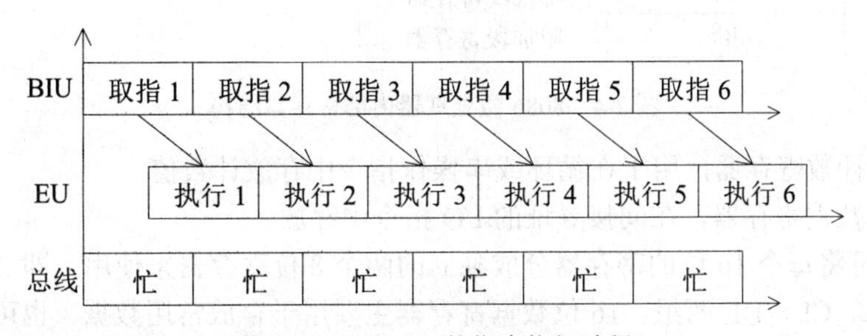

图 2-3　8086CPU 的指令执行过程

8086 微处理器中 BIU 和 EU 的这种并行工作方式，减少了 CPU 为取指令而等待的时间，在整个程序运行期间，BIU 总是忙碌的，充分利用了总线，有力地提高了 CPU 的工作效率，加快了整机的运行速度，也降低了 CPU 对存储器存取速度的要求，这成为 8086 微处理器的突出优点。

2.1.2　8086 微处理器寄存器结构

为提高 CPU 运算速度，减少访问存储器的存取操作，8086 微处理器设置了相应寄存器，用来暂存参加运算的操作数和运算的中间结果。

8086 微处理器中供编程使用的有 14 个 16 位寄存器，按用途可分为 3 类，即 8 个通用寄存器、2 个控制寄存器和 4 个段寄存器，如图 2-4 所示。

1. 通用寄存器

通用寄存器是一种面向寄存器的体系结构，操作数可以直接存放在这些寄存器中，既可减少访问存储器的次数，又可缩短程序的长度，提高了数据处理速度，占用内存空间少。

8086 的通用寄存器分为数据寄存器和指针与变址寄存器两组。

（1）数据寄存器。主要用来存放操作数或中间结果，以减少访问存储器的次数。它有 4 个 16 位的寄存器，其典型功能归纳如下：

- AX：累加器，用于完成各类运算和传送、移位等操作。
- BX：基址寄存器，在间接寻址中用于存放基地址。

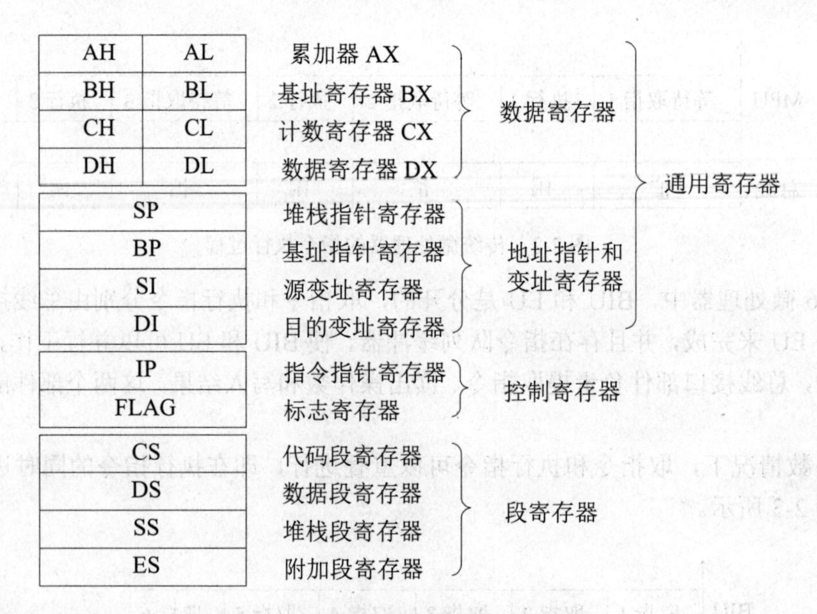

图 2-4　8086 微处理器内部寄存器结构

- CX：计数寄存器，用于在循环或串操作指令中存放计数值。
- DX：数据寄存器，在间接寻址的 I/O 指令中存放。

此外，还可将每个 16 位的寄存器分成独立的两个 8 位寄存器来使用，即 AH、BH、CH、DH 和 AL、BL、CL、DL 两组。16 位数据寄存器主要用于存放常用数据，也可存放地址，而 8 位寄存器只能用于存放数据。

（2）指针与变址寄存器。8086 的指针寄存器和变址寄存器都是 16 位寄存器，一般用来存放偏移地址，4 个寄存器的功能如下：

- SP：堆栈指针寄存器，保存位于当前堆栈段中的数据，其内容为栈顶的偏移地址。
- BP：基址指针寄存器，在访问内存时存放内存单元的偏移地址，或用来存放位于堆栈段中的一个数据区基址的偏移地址。
- SI：源变址寄存器，用来存放源操作数的偏移地址。
- DI：目的变址寄存器，用来存放目的操作数的偏移地址。

基址寄存器 BX 与基址指针寄存器 BP 在应用上有一些区别：作为通用寄存器，二者均可用于存放数据；作为基址寄存器，用 BX 表示所寻找的数据在数据段；用 BP 则表示数据在堆栈段。

变址寄存器常用于指令的间接寻址或变址寻址。特别是在串操作指令中，用 SI 存放源操作数的偏移地址，而用 DI 存放目标操作数的偏移地址。

在 CPU 指令中，这些通用寄存器有特定的用法，如表 2-1 所示。

表 2-1　通用寄存器的特定用法

寄存器	寄存器含义	操作功能
AX	16 位累加器	字乘，字除，字 I/O 处理
AL	8 位累加器	字节乘，字节除，字节 I/O 处理，查表转换，十进制运算

续表

寄存器	寄存器含义	操作功能
AH	8 位累加器	字节乘，字节除
BX	16 位基址寄存器	查表转换
CX	16 位计数寄存器	数据串操作，循环操作
CL	8 位计数寄存器	变量移位，循环移位
DX	16 位数据寄存器	字乘，字除，间接 I/O 处理
SP	16 位堆栈指针寄存器	堆栈操作
SI	16 位源变址指针寄存器	数据串操作
DI	16 位目的变址指针寄存器	数据串操作

2. 控制寄存器

两个控制寄存器分别是指令指针寄存器 IP 和标志寄存器 FLAG。

（1）指令指针寄存器 IP。是一个 16 位寄存器，存放 EU 要执行的下一条指令的偏移地址，用以控制程序中指令的执行顺序，实现对代码段指令的跟踪。正常运行时，BIU 可修改 IP 中的内容，使它始终指向 BIU 要取的下一条指令的偏移地址。

一般情况下，每取一次指令操作码 IP 就自动加 1，从而保证指令按顺序执行。应当注意，IP 实际上是指令机器码存放单元的地址指针，我们编制的程序不能直接访问 IP，即不能用指令取出 IP 或给 IP 设置给定值，但可以通过某些指令修改 IP 的内容，例如转移类指令就可以自动将转移目标的偏移地址写入 IP 中，实现程序转移。

（2）标志寄存器 FLAG。是一个 16 位寄存器，共 9 个标志，其中 6 个作状态标志用，3 个作控制标志用，如图 2-5 所示。

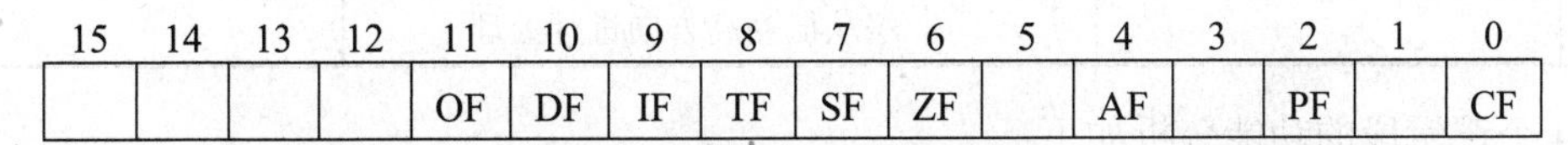

图 2-5　8086 标志寄存器 FLAG

状态标志反映 EU 执行算术和逻辑运算后的结果特征，这些标志常作为条件转移类指令的测试条件，控制程序的运行方向；控制标志用来控制 CPU 的工作方式或工作状态，一般由程序设置或由程序清除。

这 9 个标志位的名称和特点概括于表 2-2 中。

3. 段寄存器

8086CPU 具有 20 条地址线，可寻址 1MB 存储器空间。由于 8086CPU 指令中给出的地址码为 16 位，指针寄存器和变址寄存器也是 16 位，使得 8086 只能在一个特定的 64KB 范围内寻址。为了实现寻址 1MB 存储器空间的目的，8086CPU 将 1MB 的存储空间分成若干个逻辑段来进行管理，每个逻辑段最大为 64KB。为此，8086CPU 设置了 4 个 16 位的段寄存器来存放每一个逻辑段的段起始地址，各段的位置由用户指派，它们可以彼此分离，也可以首尾相连、重叠或部分重叠。

表 2-2　标志寄存器 FLAG 中标志位的含义和特点

标志类别	标志位	含义	特点	应用场合
状态标志	CF（Carry Flag）	进位标志	CF=1 结果在最高位产生一个进位或借位；CF=0 无进位或借位	加、减运算，移位和循环指令
	PF（Parity Flag）	奇偶标志	PF=1 结果低 8 位中有偶数个 1；PF=0 结果低 8 位中有奇数个 1	检查数据传送过程中是否有错误发生
	AF（Auxiliary Carry Flag）	辅助进位标志	AF=1 结果低 4 位产生一个进位或借位；AF=0 无进位或借位	BCD 码算术运算结果的调整
	ZF（Zero Flag）	零标志	ZF=1 运算结果为零；ZF=0 运算结果不为零	判断运算结果和进行控制转移
	SF（Sign Flag）	符号标志	SF=1 运算结果为负数；SF=0 运算结果为正数	判断运算结果和进行控制转移
	OF（Overflow Flag）	溢出标志	OF=1 带符号数运算时产生算术溢出；OF=0 无溢出	判断运算结果的溢出情况
控制标志	TF（Trap Flag）	陷阱标志	TF=1 CPU 处于单步工作方式 TF=0 CPU 正常执行程序	程序调试
	IF（Interrupt-Enable Flag）	中断允许标志	IF=1 允许接受 INTR 发来的可屏蔽中断请求信号；IF=0 禁止接受可屏蔽中断请求信号	控制可屏蔽中断
	DF（Direction Flag）	方向标志	DF=1 字符串操作指令按递减顺序从高到低方向进行处理；DF=0 字符串操作指令按递增顺序从低到高方向进行处理	控制字符串操作指令的步进方向

这 4 个逻辑段的功能分析如下：

（1）代码段（Code Segment）。该段用来存放程序和常数。系统在取指时将寻址代码段，其段地址和偏移地址分别由段寄存器 CS 和指令指针 IP 给出。

（2）数据段（Data Segment）。该段用于数据的保存。用户在寻址该段内的数据时，可以缺省段的说明（即缺省 DS），其偏移地址可通过多种寻址方式形成。

（3）堆栈段（Stack Segment）。“堆栈”是数据的一种存取方式，数据的存入（称为进栈）与取出（称为弹出）过程如同货物堆放的过程，最后存放的货物堆放在顶部，因而最先取出，这种方式称为“先进后出”。堆栈指针 SP 用来指示栈顶，其初值由程序员设定。堆栈为保护、调度数据提供了重要的手段。系统在执行栈操作指令时将寻址堆栈段，这时，段地址和偏移地址分别由段寄存器 SS 和堆栈指针 SP 提供。

（4）附加数据段（Extra Segment）。该段用于数据的保存。用户在访问段内的数据时，其偏移地址同样可以通过多种寻址方式来形成，但在偏移地址前要加上段的说明（即段跨越前缀 ES）。

4 个逻辑段的段地址分别存放在 CS、SS、DS、ES 四个段寄存器中，其表示符号、作用及操作类别如表 2-3 所示。

表 2-3 段寄存器的作用

段寄存器名称	作用	操作类别
CS	指向当前代码段起始地址，存放 CPU 可执行的指令	取指令操作
DS	指向程序当前使用的数据段，存放数据	数据访问操作
SS	指向程序当前所使用的堆栈段，存放数据	堆栈操作
ES	指向程序当前所使用的附加数据段，存放数据	数据访问操作

2.1.3 8086 微处理器外部特性

8086CPU 具有 40 个引脚，采用双列直插式的封装形式，其引脚的排列和引脚信号的标识如图 2-6 所示。数据总线为 16 条，地址总线为 20 条，其余为状态线、控制信号线、电源、地线等。地址/数据总线采用了分时复用方式，即一部分引脚具有双重功能，如 AD_{15}～AD_0 这 16 个引脚，有时传送数据信号，有时可输出地址信号。

一般情况下，引脚的定义方法大致有以下几种：

（1）每个引脚只传送一种信息（例如读控制信号 $\overline{RD}$ 等）。

（2）一个引脚电平的高低代表不同的信号（例如存储器/输入输出信号 M/$\overline{IO}$），通常在低电平有效的引脚名字上面加有一条横线。

（3）CPU 工作于不同方式时该引脚有不同的名称和定义（例如写控制/总线封锁信号 $\overline{WR}$/$\overline{LOCK}$）。

（4）分时复用的引脚（例如地址/数据总线 AD_{15}～AD_0）。

（5）引脚的输入和输出信号分别传送不同的信息（例如总线请求/总线请求允许信号 $\overline{RQ}$/$\overline{GT_0}$）。

8086 微处理器的引脚功能按其作用可分为以下 5 类。

1. 地址/数据总线 AD_{15} ~ AD_0（双向传输信号，三态）

AD_{15}～AD_0 这 16 条地址/数据总线是分时复用的访问存储器或 I/O 端口的地址/数据总线。传送地址时三态输出，传送数据时双向三态输入/输出。AD_7～AD_0 是低 8 位地址和数据信号分时复用信号线，传送地址信号时为单向传输，传送数据信号时为双向传输。

2. 地址/状态总线 A_{19}/S_6 ~ A_{16}/S_3（输出，三态）

A_{19}～A_{16} 是地址总线的高 4 位，S_6～S_3 是状态信号，采用多路开关分时输出，在存储器操作的总线周期第一个时钟周期输出 20 位地址的高 4 位 A_{19}～A_{16}，与 AD_{15}～AD_0 组成 20 位地址信号。访问 I/O 时不使用 A_{19}～A_{16} 这 4 条线。在其他时钟周期输出状态信号。S_3 和 S_4 和的组合表示正在使用的寄存器名，如表 2-4 所示。S_5 表示 IF 的当前状态，S_6 则始终输出低电平“0”，表示 8086 微处理器当前连接在总线上。

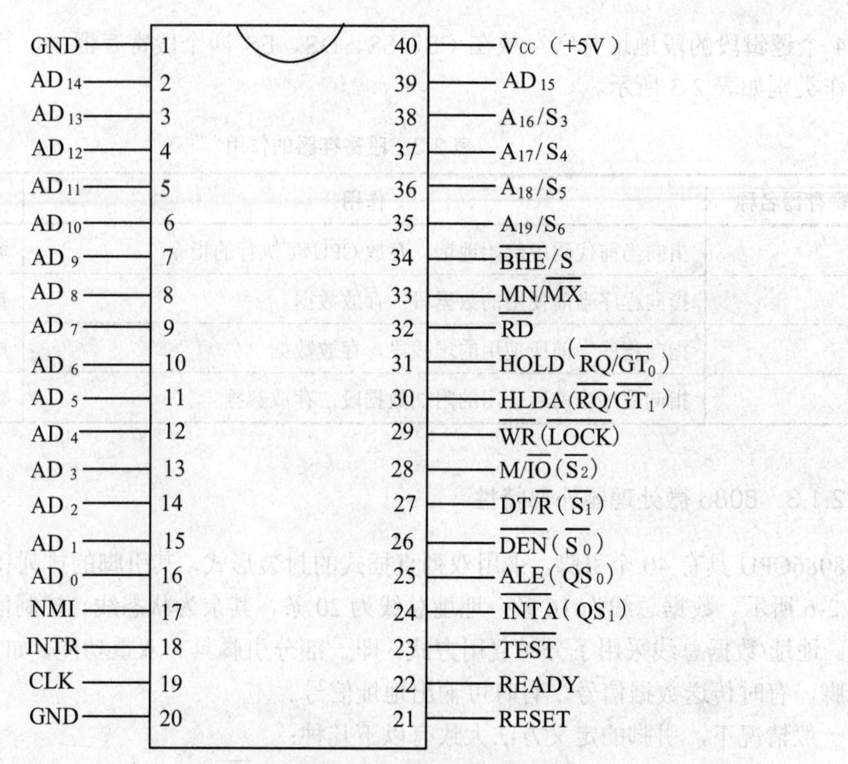

图 2-6 8086 微处理器引脚图

表 2-4 S_4、S_3 的组合代码与对应状态

S_4	S_3	工作状态
0	0	当前正在使用 ES（可修改数据）
0	1	当前正在使用 SS
1	0	当前正在使用 CS，或未使用任何段寄存器
1	1	当前正在使用 DS

3. 控制总线

（1）总线高字节允许/状态信号线 $\overline{BHE}/S_7$（输出，三态）。

在总线周期的第一个时钟周期输出总线高字节允许信号 $\overline{BHE}$，表示高 8 位数据线上的数据有效，其余时钟周期输出状态 S_7。$\overline{BHE}$ 和 A_0 配合可用来产生存储体的选择信号。

（2）读控制信号线 $\overline{RD}$（输出，三态）。

$\overline{RD}$ 有效时表示 CPU 正在进行读存储器或读 I/O 端口的操作。CPU 是读取内存单元还是读取 I/O 端口的数据，取决于 M/$\overline{IO}$ 信号。

（3）准备就绪信号 READY（输入）。

该信号是由被访问的存储器或 I/O 端口发来的响应信号，当 READY=1 时表示所寻址的存储单元或 I/O 端口已准备就绪。

（4）测试信号 $\overline{TEST}$（输入）。

由 WAIT 指令来检查。当 CPU 执行 WAIT 指令时，每隔 5 个时钟周期对该线的输入进行一次测试。若 $\overline{TEST}$=1，CPU 停止取下一条指令而进入等待状态，直到 $\overline{TEST}$=0，等待状态结束，CPU 继续执行被暂停的指令。TEST 信号用于多处理器系统中实现 8086CPU 与协处理器的同步协调。

（5）可屏蔽中断请求信号 INTR（输入）。

INTR=1 时表示外设向 CPU 提出了中断请求，8086CPU 在每个指令周期的最后一个 T 状态采样该信号。若 IF=1（中断未屏蔽）CPU 响应中断；若 IF=0（中断被屏蔽）CPU 继续执行指令队列中的下一条指令。

（6）非屏蔽中断请求信号 NMI（输入信号）。

该信号不受中断允许标志 IF 状态的影响，只要 NMI 出现，CPU 就会在结束当前指令后进入相应的中断服务程序。NMI 比 INTR 的优先级别高。

（7）复位信号 RESET（输入）。

复位信号 RESET 使 8086 微处理器立即结束当前正在进行的操作。CPU 要求复位信号至少要保持 4 个时钟周期的高电平才能结束正在进行的操作。随着 RESET 信号变为低电平，CPU 开始执行再启动过程。

复位信号保证了 CPU 在每一次启动时其内部状态的一致性。CPU 复位之后，将从 FFFF0H 单元开始取出指令，一般这个单元在 ROM 区域中，那里通常放置一条转移指令，它所指向的目的地址就是系统程序的实际起始地址。

复位后 CPU 内部各寄存器的状态如表 2-5 所示。

表 2-5　复位后 CPU 各寄存器的状态

寄存器	内容
标志寄存器 FLAG	清零
指令寄存器 IP	0000H
代码段寄存器 CS	FFFFH
数据段寄存器 DS	0000H
堆栈段寄存器 SS	0000H
附加段寄存器 ES	0000H
指令队列	空

（8）系统时钟 CLK（输入）。

为 8086 微处理器提供基本的时钟脉冲，通常与时钟发生器 8284A 的时钟输入端相连。

4. 电源线 V_{CC} 和地线 GND

电源线 V_{CC} 接入的电压为 +5V±10%，两条地线 GND 均接地。

5. 其他控制线：24～31 引脚

这 8 条控制线的性能将根据 8086 微处理器的最小/最大工作模式控制线 MN/$\overline{MX}$ 所处的工作状态而定，可参见第 2.3.2 节中的描述。

2.2 8086 微处理器的存储器和 I/O 组织

计算机中的存储器由多个存储单元组合而成，以字节为基本单位存储数据，为了区别每个字节单元，给它们设定了一个具体的存储地址。地址编号从 0 开始，顺序加 1，它是一个无符号的二进制整数，常用十六进制数来表示。

8086 系统为了向上兼容，必须能按字节进行操作，因此系统中存储器和 I/O 端口是按字节编址的。

2.2.1 存储器的组织

1. *存储器的内部结构及访问方法*

存储器内部按字节进行组织，两个相邻的字节被称为一个“字”。每个字节在内存中有一个唯一的地址码。如果按字节存放数据，数据在存储器中按顺序排列存放；如果按字存放数据，则每一个字的低字节存放在低地址中，高字节存放在高地址中，访问时以低地址作为该字的首地址。

8086CPU 存储器中，如果一个字从偶地址开始存放，称为规则字；如果一个字从奇地址开始存放，称为非规则字。对规则字的存取可在一个总线周期内完成，非规则字的存取则需要两个总线周期。

8086CPU 在组织 1MB 的存储器时，其存储空间被分成两个 512KB 的存储体：

（1）固定与 CPU 的低位字节数据线 D_7～D_0 相连的称为低字节存储体，该存储体中的每个地址均为偶数。

（2）固定与 CPU 的高位字节数据线 D_{15}～D_8 相连的称为高字节存储体，该存储体中的每个地址均为奇数。

两个存储体之间采用字节交叉编址方式，如图 2-7 所示。

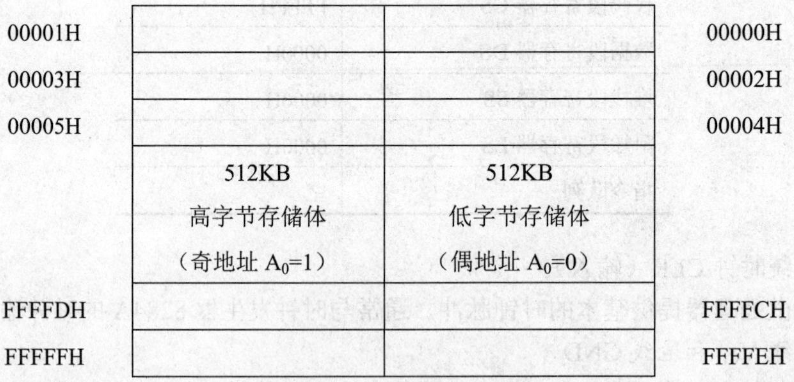

00001H			00000H
00003H			00002H
00005H			00004H
	512KB 高字节存储体 （奇地址 A_0=1）	512KB 低字节存储体 （偶地址 A_0=0）	
FFFFDH			FFFFCH
FFFFFH			FFFFEH

图 2-7 8086 存储器分体结构

地址线 A_0 和总线高位有效控制信号 $\overline{BHE}$ 相互配合以区分当前访问哪一个存储体。当 A_0=0 时，表示访问偶地址存储体；当 A_0=1 时，表示访问奇地址存储体。

$\overline{BHE}$ 和 A_0 的组合控制作用如表 2-6 所示。

表 2-6　$\overline{BHE}$ 和 A_0 的组合控制作用

$\overline{BHE}$	A_0	组合操作功能
0	0	同时访问两个存储体，读/写一个规则字的信息
0	1	只访问奇地址存储体，读/写高字节的信息
1	0	只访问偶地址存储体，读/写低字节的信息
1	1	无操作

两个存储体与 CPU 总线之间的连接关系如图 2-8 所示。奇地址存储体的片选端 $\overline{SEL}$ 由 $\overline{BHE}$ 信号来控制，偶地址存储体的片选端 $\overline{SEL}$ 由地址线 A_0 来控制。

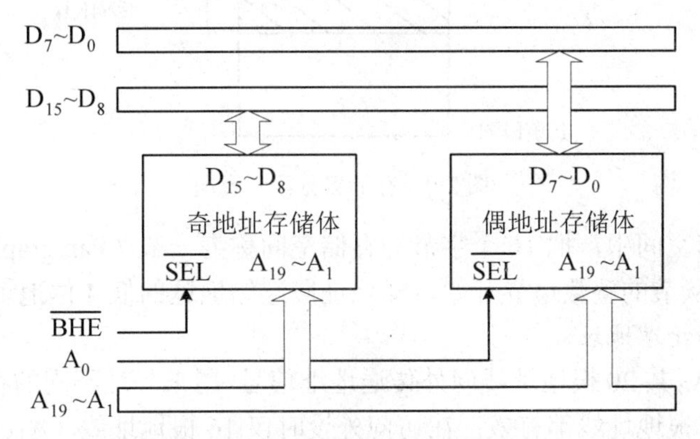

图 2-8　两个存储体与总线的连接

下面分析如何访问存储器中某个数据：

（1）当需要访问存储器中某个字节时。指令中的地址码经变换后得到 20 位物理地址。若是偶地址（A_0=0，$\overline{BHE}$=1），可由 A_0 选定偶地址存储体，A_{19}～A_1 从偶地址存储体中选定某字节的地址并读/写该地址中一个字节信息，通过数据总线低 8 位传送数据；若是奇地址（A_0=1），系统自动产生 $\overline{BHE}$=0 信号，与 A_{19}～A_1 一起选定奇地址存储体中某个字节地址并读/写该地址中一个字节信息，通过数据总线高 8 位传送数据。

（2）如果要访问存储器中的某个字时。要考虑两种情况，一种是访问规则字，从偶地址开始，可一次访问存储器来读/写一个字信息，这时 A_0=0，$\overline{BHE}$=0；另一种是访问非规则字，从奇地址开始，这时需要访问两次存储器才能读/写这个字的信息，第一次访问存储器读/写奇地址中的字节，第二次访问存储器读/写偶地址中的字节。可见，非规则字的读/写操作要占用两个总线周期，比规则字的读/写操作费时。通常都希望从偶地址开始访问存储单元，以加快程序的运行速度。

2. 存储器分段

8086 系统中采用 20 位地址线来寻址 1MB 的存储空间。由于 CPU 内所有的寄存器都只有 16 位，只能寻址 64KB（2^{16}）。因此，把整个存储空间分成若干逻辑段，每个逻辑段的容量最大为 64KB。

CPU 允许各个逻辑段在整个存储空间中浮动，它们可以紧密相连，也可以相互重叠，还可以分开一段距离，如图 2-9 所示。

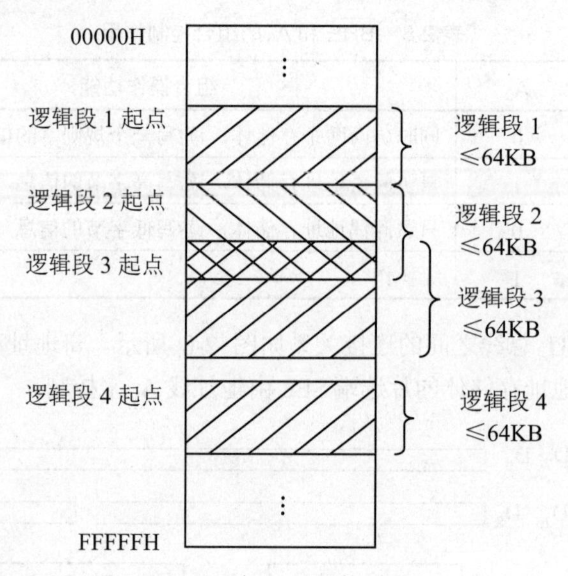

图 2-9　存储器分段示意图

在 8086 的存储空间中，把 16 个字节的存储空间称为一节（Paragraph）。为简化操作，一般要求各个逻辑段从节的整数边界开始，即保证段起始地址的低 4 位地址码为“0”。

3. 逻辑地址和物理地址

8086 有 A_{19}～A_0 共 20 根地址线向外传送地址信号，用来寻址不同的存储单元和 I/O 端口。在访问存储器时 20 根地址线都有效；在访问外设时仅 16 根地址线（A_{15}～A_0）有效。也就是说，8086 管理着 1 MB 的内存空间，同时也管理着 64 KB 的 I/O 端口空间。

既然 8086 内部的运算器、寄存器和内部数据总线均为 16 位 ，那么 20 位的物理地址是如何形成的呢？

下面先讨论与存储器地址有关的几个概念：

（1）段地址（Segment Address）：描述了要寻址的逻辑段在内存中的起始位置。通常是指段起始地址的高 16 位地址码，为一个 16 位的无符号数，一般存放在相应的段寄存器中，程序可以从 4 个段寄存器指定的逻辑段中存取代码和数据。若要从别的段存取信息，可以用指令将其设置成所要存取段的段基址。

（2）偏移地址（Offset Address）：描述了要寻址的内存单元距离本段首地址的偏移量。通常称其为“偏移量”，为一个 16 位的无符号数。在进行存储器寻址时，偏移地址可以通过很多方法形成，所以在编程中常被称作“有效地址 EA（Effective Address）”。各个逻辑段的长度不超过 64 KB，即偏移量最大不超过 FFFFH。

（3）逻辑地址（Logic Address）：是在程序中使用的地址，它由段地址和偏移地址（也称为有效地址）两部分组成。逻辑地址的表示形式为“段地址：偏移地址”。段地址和偏移地址都是无符号的 16 位二进制数，或用 4 位十六进制数表示。

（4）物理地址（Physical Address）：是存储器的实际地址，它是 CPU 和存储器进行数据交换时所使用的地址。对于 8086 系统，物理地址由 CPU 提供的 20 位地址码来表示，是唯一能代表存储空间每个字节单元的地址，在访问内存时，用户编程使用的是 16 位的逻辑地址，而 BIU 使用的是 20 位的物理地址。

逻辑地址到物理地址的转换是由 BIU 中 20 位地址加法器自动完成的，如图 2-10 所示。

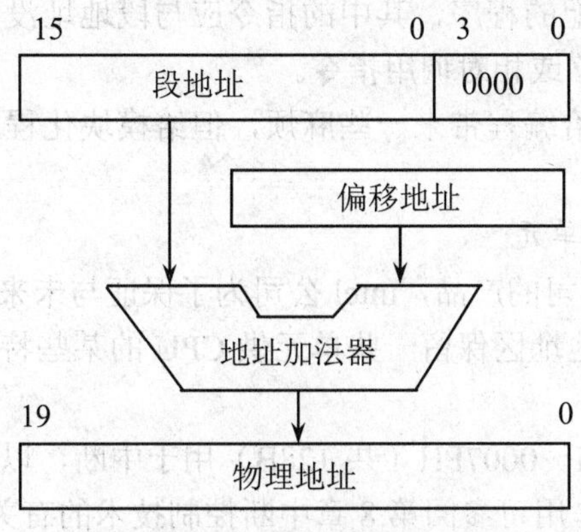

图 2-10　物理地址的形成过程

图 2-10 中，首先将段寄存器提供的 16 位段地址左移 4 位，成为 20 位地址，然后与各种寻址方式提供的 16 位有效地址相加，最终得到 20 位物理地址。

物理地址是段地址左移 4 位加偏移地址形成的，即：

物理地址（PA）=段地址×10H＋偏移地址

访问存储器时，段地址是由段寄存器提供的。8086CPU 通过 4 个段寄存器来访问不同的段。在程序中可对段寄存器的内容进行修改，来实现访问所有段。对于不同类型的操作，段地址和偏移地址的来源是不同的，表 2-7 中给出了各种存储器操作所使用的段寄存器和段内偏移地址的来源。

表 2-7　各种存储器操作的段地址和偏移地址

操作类型	约定的段寄存器	可指定的段寄存器	偏移地址
取指令	CS	无	IP
堆栈操作	SS	无	SP
串指令（源操作）	DS	CS、ES、SS	SI
串指令（目的操作）	ES	无	DI
用 BP 作基址	SS	CS、ES、SS	有效地址 EA
通用数据读/写	DS	CS、ES、SS	有效地址 EA

在使用中，段寄存器的作用可以根据实际情况由系统来约定，如通用数据存取，除由约定的 DS 给出段基址外，还可指定 CS、SS 和 ES；有些操作只能使用约定的段寄存器，不允许指定其他段寄存器，如取指令操作限定使用代码段寄存器 CS。

存储器采用分段编码方法进行组织，带来了一系列的好处。首先，程序中的指令只涉及 16 位地址，缩短了指令长度，提高了程序执行的速度。尽管 8086 的存储器空间多达 1MB，但在程序执行过程中，不需要在 1MB 空间中去寻址，多数情况下只在一个较小的存储器段中运行。而且大多数指令运行时，并不涉及段寄存器的值，只涉及 16 位的偏移量。也正因为如此，分段组织存储器也为程序的浮动装配创造了条件。这样，程序设计者完全不用为程序装配在何处而去修改指令，统一交由操作系统去管理就可以了。装配时，只要根据内存的情况确定段寄存器 CS、DS、SS 和 ES 的值就行。

应注意：能实现浮动装配的程序，其中的指令应与段地址没有关系，在出现转移指令或调用指令时都必须用相对转移或相对调用指令。

存储器分段管理的方法给编程带来一些麻烦，但给模块化程序、多道程序及多用户程序的设计创造了条件。

4. 专用和保留的存储器单元

8086 微处理器是 Intel 公司的产品，Intel 公司为了保证与未来公司产品的兼容性，规定在存储区的最低地址区和最高地址区保留一些单元供 CPU 的某些特殊功能专用，或为将来开发软件产品和硬件产品而保留。

其中：内存区域 00000H～0007FH（共 128B）用于中断，以存放中断向量，这一区域又称为中断向量表，其定义和作用可参阅第 8 章中断控制技术的有关内容。内存区域 FFFF0H～FFFFFH（共 16B）用于系统复位启动，其中存放一条无条件转移指令，可转到系统的初始化程序，在系统加电或者复位时会自动转到地址为 FFFF0H 的内存单元执行。

IBM 公司遵照这种规定，在 IBM PC/XT 通用 8086 系统中也相应规定：

（1）00000H～003FFH（共 1KB）：存放中断向量表，即中断处理服务程序的入口地址。每个中断向量占 4 个字节，前 2 个字节存放中断处理服务程序入口的偏移地址（IP），后 2 个字节存放中断服务程序入口段地址（CS）。因此，1KB 区域可存放对应于 256 个中断处理服务程序入口地址。但是，对一个具体的机器系统而言，256 级中断是用不完的，故这个区域的大部分单元是空着的。当系统启动、引导完成，这个区域的中断向量就被建立起来了。

（2）B0000H～B0FFFH（共 4KB）：单色显示器的视频缓冲区，存放单色显示器当前屏幕显示字符所对应的 ASCII 码及其属性。

（3）B8000H～BBFFFH（共 16KB）：彩色显示器的视频缓冲区，存放彩色显示器当前屏幕像素点所对应的代码。

（4）FFFF0H～FFFFFH（共 16B）：一般用来存放一条无条件转移指令，使系统在上电或复位时，会自动跳转到系统的初始化程序。这个区域被包含在系统的 ROM 范围内，在 ROM 中驻留着系统的基本 I/O 系统程序，即 BIOS。

由于专用和保留存储单元的规定，使用 Intel 公司 CPU 的各类兼容微型计算机都具有较好的兼容性。

2.2.2 I/O 端口的组织

8086 微处理器和外部设备之间是通过 I/O 接口电路进行联系，以达到相互间传输信息的目的。每个 I/O 接口都有一个端口或几个端口，所谓端口是指 I/O 接口电路中供 CPU 直接存取访问的那些寄存器或某些特定电路，一个端口通常为 I/O 接口电路内部的一个寄存器和一组寄存器。

一个 I/O 接口总要包括若干个端口，如数据端口、命令端口、状态端口、方式端口等，微机系统要为每个端口分配一个地址号，称为端口地址或端口号。各个端口地址和存储单元地址一样，应具有唯一性。

8086 微处理器用地址总线的低 16 位作为对 8 位 I/O 端口的寻址线，所以 8086 可访问的 8 位 I/O 端口有 65536（2^{16}）个。两个编号相邻的 8 位端口可以组成一个 16 位的端口。一个 8

位的 I/O 设备既可以连接在数据总线的高 8 位上，也可以连接在数据总线的低 8 位上。一般为了使数据总线的负载相平衡，接在高 8 位和低 8 位的设备数目最好相等。

8086 微处理器的 I/O 端口有以下两种编址方式。

1. 统一编址

又称“存储器映射方式”。在这种编址方式下，端口和存储单元统一编址，即将 I/O 端口地址置于 1MB 的存储器空间中，在整个存储空间中划出一部分空间给外设端口，把它们看作存储器单元对待，故称“统一编址”方式。CPU 访问存储器的各种寻址方式都可用于寻址端口，访问端口和访问存储器的指令形式上完全一样。

统一编址方式的主要优点是无需专门的 I/O 指令，对端口操作的指令类型多，从而简化了指令系统的设计。不仅可以对端口进行数据传送，还可以对端口内容进行算术/逻辑运算和移位等操作，端口操作灵活。其次是端口有比较大的编址空间。缺点是端口占用存储器的地址空间，使存储器容量更加紧张，同时端口指令的长度增加，执行时间较长，端口地址译码器较复杂。

2. 独立编址

又称“I/O 映射方式”。这种方式的端口单独编址构成一个 I/O 空间，不占用存储器地址空间，故称“独立编址”方式。CPU 设置专门的输入输出指令 IN 和 OUT 来访问端口，以对独立编址的 I/O 端口进行操作。现代的大多数微机都采用这种方式。

8086 使用 A_{15}～A_0 这 16 条地址线作端口地址线，可访问的 I/O 端口最多可达 64K 个 8 位端口或 32K 个 16 位端口。I/O 空间与存储器空间相比要小得多，但对外部数量来说还是大得多。

独立编址方式下，端口所需的地址线较少，地址译码器较简单，采用专用的 I/O 指令，端口操作指令执行时间少，指令长度短。端口操作指令形式上与存储器操作指令有明显区别，使程序编制与阅读较清晰。缺点是输入输出指令类别少，一般只能进行传送操作。

需要指出的是，8086 微处理器在采用独立编址方式时，CPU 必须提供控制信号以区别是寻址内存还是寻址 I/O 外设端口。8086 在执行访问存储器指令时，$M/\overline{IO}$ 信号为高电平，通知外部电路 CPU 访问存储器，当 8086 执行输入/输出指令时，$M/\overline{IO}$ 为低电平，以表示 CPU 在访问 I/O 端口。

2.3 8086 微处理器总线周期和操作时序

8086 微处理器由外部的一片 8284A 时钟信号发生器提供主频为 5MHz 的时钟信号，在时钟节拍作用下，CPU 一步步顺序地执行指令，因此，时钟周期是 CPU 指令执行时间的刻度。执行指令的过程中，凡需执行访问存储器和访问 I/O 端口的操作都统一交给 BIU 的外部总线完成，每一次访问都称为一个“总线周期”。若执行的是数据输出，则称为“写总线周期”，若执行的是数据输入，则称为“读总线周期”。

2.3.1 8284A 时钟信号发生器

8284A 是 Intel 公司专为 8086 设计的时钟信号发生器，能产生 8086 所需的系统时钟信号（即主频），可采用石英晶体或某一 TTL 脉冲发生器作振荡源。8284A 除提供恒定的时钟信号外，还对外界输入的就绪信号 RDY 和复位信号 $\overline{RES}$ 进行同步。

8284A 的引脚特性如图 2-11 所示。

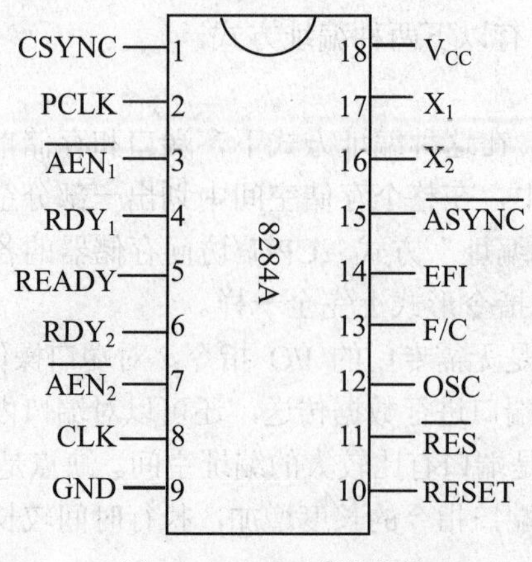

图 2-11　8284 引脚特性

外界的就绪信号 RDY 输入 8284A，经时钟下降沿同步后，输出 READY 信号作为 8086 的就绪信号 READY；同样，外界的复位信号 $\overline{\text{RES}}$ 输入 8284A，经整形并由时钟下降沿同步后，输出 RESET 信号作为 8086 的复位信号 RESET，其宽度不得小于 4 个时钟周期。外界的 RDY 和 $\overline{\text{RES}}$ 可以在任何时候发出，但送至 CPU 的信号都是经时钟同步后的信号。

根据不同的振荡源，8284A 有两种不同的连接方法：

（1）采用脉冲发生器作振荡源，这时需将脉冲发生器的输出端和 8284A 的 EFI 端相连。

（2）利用石英晶体振荡器作为振荡源，这时需将晶体振荡器连 8284A 的 X_1 和 X_2 两端。如采用前一种方法，须将 $F/\overline{C}$ 接为高电平，用后一种方法则需将 $F/\overline{C}$ 接地。

不管采用哪种方法，8284A 输出时钟 CLK 的频率均为振荡源频率的 1/3，振荡源频率经 8284A 驱动后，由 OSC 端输出，可供系统使用。

2.3.2　8086 微处理器总线周期

8086 与存储器或外部设备通信，是通过 20 位分时多路复用地址/数据总线来实现的。为了取出指令或传输数据，CPU 要执行一个总线周期。

通常把 8086 经外部总线对存储器或 I/O 端口进行一次信息的输入或输出过程称为总线操作。把执行该操作所需要的时间称为总线周期或总线操作周期。由于总线周期全部由 BIU 来完成，所以也把总线周期称为 BIU 总线周期。

为了保证总线的读/写操作，8086 的总线周期至少要由 4 个时钟周期组成，每个时钟周期称为 T 状态，用 T_1、T_2、T_3 和 T_4 表示。时钟周期是 CPU 的基本时间计量单位，由主频决定。对于 8086 来讲，其主频为 5MHz，故一个时钟周期为 200ns。

8086 总线周期的波形如图 2-12 所示。

在 T_1 状态期间，CPU 将存储地址或 I/O 端口的地址置于总线上。若要将数据写入存储器或 I/O 设备，则在 T_2～T_4 这段时间内，要求 CPU 在总线上一直保持要写的数据；若要从存储器或 I/O 设备读入信息，则 CPU 在 T_3～T_4 期间接受由存储器或 I/O 设备置于总线上的信息。T_2 时总线浮空，允许 CPU 有个缓冲时间把输出地址的写方式转换为输入数据的读方式。可见，

AD_0～AD_{15}和 A_{16}/S_3～A_{19}/S_6在总线周期的不同状态传送不同的信号，这就是 8086 的分时多路复用地址/数据总线。

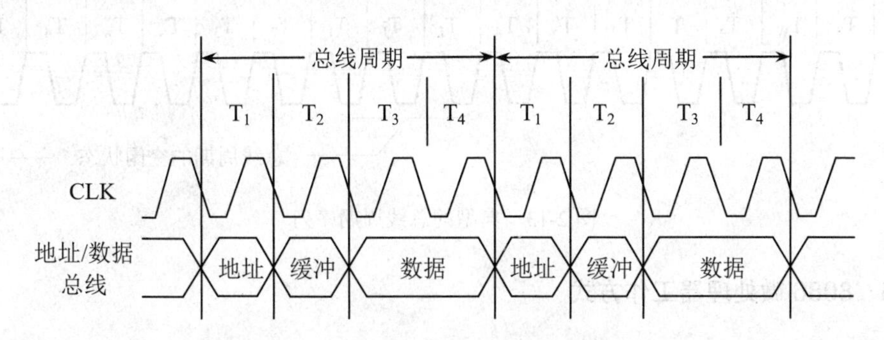

图 2-12　8086 总线周期波形图

BIU 只在下列情况下，执行一个总线周期：

（1）在指令的执行过程中，根据指令的需要，由执行单元 EU 请求 BIU 执行一个总线周期。例如，取操作数或存放指令执行结果等。

（2）当指令队列寄存器已经空出 2 个字节，BIU 必须填写指令队列的时候。

这样，在这两种总线操作周期之间，就有可能存在着 BIU 不执行任何操作的时钟周期。

1. 空闲状态 T_I（Idle State）

总线周期只用于 CPU 和存储器或 I/O 端口之间传送数据和填充指令队列。如在两个总线周期之间存在着 BIU 不执行任何操作的时钟周期，这些不起作用的时钟周期称空闲状态，用 T_I表示。

在系统总线处于空闲状态时，可包含 1 个或多个时钟周期。这期间在高 4 位的总线上，CPU 仍然输出前一个总线周期的状态信号 S_3～S_6；而在低 16 位总线上，则视前一个总线周期是写周期还是读周期来确定。若前一个总线周期为写周期，CPU 会在总线的低 16 位继续输出数据信息；若前一个总线周期为读周期，CPU 则使总线的低 16 位处于浮空状态。

空闲状态可以由几种情况引起。例如，当 8086CPU 把总线的主控权交给协处理机的时候；当 8086 执行一条长指令（如 16 位乘法指令 MUL 或除法指令 DIV），这时 BIU 有相当长的一段时间不执行任何操作，其时钟周期处于空闲状态。

2. 等待状态 T_W（Wait State）

8086 总线周期中，除了空闲状态 T_I以外，还有一种等待状态 T_W。

8086CPU 与慢速存储器和 I/O 接口交换信息时，被写入数据或被读取数据的存储器或外设在速度上跟不上 CPU 的要求，为了防止丢失数据，就会由存储器或外设通过 READY 信号线，在总线周期的 T_3和 T_4之间插入 1 个或多个必要的等待状态 T_W，用来给予必要的时间补偿。

在等待状态期间，总线上的信息保持 T_3状态时的信息不变，其他一些控制信号也都保持不变。包含了 T_I与 T_W状态的典型总线周期如图 2-13 所示。

当存储器或外设完成数据的读/写准备时，便在 READY 线上发出有效信号，CPU 接到此信号后，会自动脱离 T_W而进入 T_4状态。

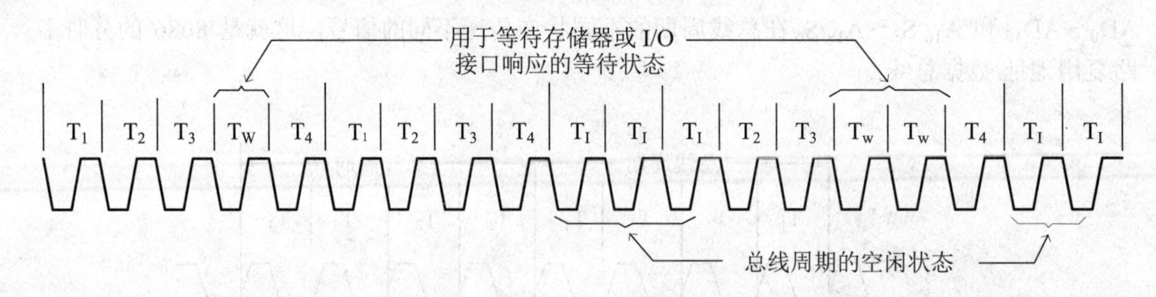

图 2-13　典型的总线周期序列

2.3.3　8086 微处理器工作方式

为构成不同规模的微型计算机，适应各种各样的应用场合，Intel 公司在设计 8086CPU 芯片时，设定了最小和最大两种工作方式。

1. 最小工作方式

把 8086CPU 的 33 引脚 MN/$\overline{\text{MX}}$ 接+5V 时，系统处于最小工作方式。

最小工作方式是指系统中只有 8086 一个微处理器，是一个单微处理器系统。在该系统中，所有总线控制信号都直接由 8086CPU 产生，系统中的总线控制逻辑电路被减到最少，这些特征就是最小方式名称的由来，该系统适合于较小规模的应用。

系统处于最小方式下，主要由 CPU、时钟发生器、地址锁存器及数据总线收发器组成。由于地址与数据、状态线分时复用，系统中需要地址锁存器。数据线连至内存及外设，负载比较重，需用数据总线收发器作驱动。而控制总线一般负载较轻，故不需要驱动，可直接从 8086CPU 引出。最小工作方式时，8086CPU 的 8 条控制引脚 24～31 的功能定义如表 2-8 所示。

表 2-8　8086 最小工作方式下控制引脚定义及功能

引脚定义	信号含义	信号特点及操作功能
$\overline{\text{INTA}}$（24 脚）	中断响应信号	输出、低电平有效；用于在中断响应周期中由 CPU 对外设的中断请求作出响应
ALE（25 脚）	地址锁存信号	输出、高电平有效；表示当前在地址/数据复用总线上输出的是地址信息，由地址锁存器 8282/8283 对地址进行锁存
$\overline{\text{DEN}}$（26 脚）	数据允许信号	输出、三态，低电平有效；用来作为总线收发控制器 8286/8287 的选通信号，表示 CPU 准备好接收或发送数据，允许数据收发器工作
DT/$\overline{\text{R}}$（27 脚）	数据发送/接收信号	输出、三态；用来控制 8286/8287 作为数据总线收发器时，其数据传送的方向，如果 DT/$\overline{\text{R}}$ 为高电平，则进行数据发送，否则进行数据接收
M/$\overline{\text{IO}}$（28 脚）	存储器/输入输出信号	输出、三态；接至存储器芯片或 I/O 接口芯片的片选端。高电平时表示 CPU 要访问存储器进行数据传输；低电平时表示 CPU 访问 I/O 端口
$\overline{\text{WR}}$（29 脚）	写控制信号	输出、低电平有效，三态；表示 CPU 对存储器或 I/O 端口执行写操作
HOLD（30 脚）	总线保持请求信号	输入、高电平有效；是系统中其他总线主控部件向 CPU 发出的请求占用总线的控制信号。请求部件完成对总线的占用后，该信号变为低电平
HLDA（31 脚）	总线保持响应信号	输出、高电平有效；总线请求部件收到 HLDA 信号后，即获得了总线控制权

2. 最大工作方式

把 8086 的 33 引脚 MN/$\overline{MX}$ 接地时，这时系统处于最大工作方式。

最大工作方式主要用在中等或大规模的 8086 系统中。该方式中总是包含有两个或多个微处理器，是多微处理器系统。其中必有一个主处理器 8086，其他处理器称协处理器。

和 8086 匹配的协处理器主要有两个：一个是专用于数值运算的处理器 8087，它能实现多种类型的数值操作，比如高精度的整数和浮点运算，还可进行三角函数、对数函数的计算。由于 8087 是用硬件方法来完成这些运算，和用软件方法来实现相比会大幅度地提高系统的数值运算速度。另一个是专用于输入/输出处理的协处理器 8089，它有一套专门的 I/O 指令系统，直接作为输入/输出设备使用，使 8086 不再承担这类工作。它将明显提高主处理器的效率，尤其是在输入/输出频繁出现的系统中。

8086 系统最大方式要用总线控制器对 CPU 发出的控制信号进行变换和组合，以得到对存储器或 I/O 端口的读/写信号和对锁存器及总线收发器的控制信号。最大工作方式时，8086CPU 的 24～31 控制引脚的功能定义如表 2-9 所示。

表 2-9 8086 最大工作方式下控制引脚的定义及功能

引脚定义	信号含义	信号特点及操作功能
$\overline{S_2}$、$\overline{S_1}$、$\overline{S_0}$（28～26 脚）	总线周期状态信号	输出、三态；表示 CPU 总线周期的操作类型。在使用总线控制器 8288 时，CPU 对状态信息进行译码，产生相应的控制信号。对应的总线操作和 8288 产生的控制命令如表 2-10 所示
QS_1，QS_0（24、25 脚）	指令队列状态信号	输出；用来提供 8086 内部指令队列的状态。QS_1、QS_0 表示的状态情况如表 2-11 所示
$\overline{LOCK}$（29 脚）	总线封锁信号	输出、三态；该信号为低电平时，表示 CPU 要独占总线，系统中其他总线的主控设备就不能使用总线
$\overline{RQ}/\overline{GT_1}$ $\overline{RQ}/\overline{GT_0}$（30、31 脚）	总线请求/总线请求允许信号	双向；用于裁决总线使用权。可供两个总线主控设备发出使用总线的请求或接收 CPU 对总线请求信号的响应。该信号为输入时表示设备向 CPU 发出请求使用总线；该信号为输出时表示 CPU 对总线请求的响应信号

表 2-10 $\overline{S_2}$、$\overline{S_1}$、$\overline{S_0}$ 与总线操作、8288 控制命令的对应关系

状态输入			CPU 总线操作	8288 控制命令
$\overline{S_2}$	$\overline{S_1}$	$\overline{S_0}$		
0	0	0	中断响应	$\overline{INTA}$
0	0	1	读 I/O 端口	$\overline{IORC}$
0	1	0	写 I/O 端口	$\overline{IOWC}$、$\overline{AIOWC}$
0	1	1	暂停	无
1	0	0	取指令周期	$\overline{MRDC}$
1	0	1	读存储器周期	$\overline{MRDC}$
1	1	0	写存储器周期	$\overline{MWTC}$、$\overline{AMWC}$
1	1	1	无源状态	无

表 2-11　QS_1、QS_0 与队列状态

QS_1	QS_0	队列状态
0	0	无操作，队列中指令未被取出
0	1	从队列中取出当前指令的第一个字节
1	0	指令队列空
1	1	从队列中取出当前指令的第二字节以后部分

2.3.4　8086 微处理器操作时序

微型计算机系统为了完成自身的功能，需要执行许多操作。这些操作均在时钟信号的同步下，按规定时序一步步地执行，这样就构成了 CPU 的操作时序。

8086 的主要操作有系统复位和启动操作、总线操作、暂停操作、中断响应操作、总线保持或总线请求/允许操作等。

1. 系统复位和启动操作

8086 复位和启动操作由 8284A 时钟发生器向其 RESET 引脚输入一个触发信号而执行。8086 要求此复位信号至少维持 4 个时钟周期的高电平。如果是初次加电引起的复位则要求此高电平持续时间不短于 50 μs。当 RESET 信号进入高电平，8086 就结束现行操作，进入复位状态，直到 RESET 信号变为低电平为止。

在复位状态下，CPU 内部各寄存器被置为初态。复位时，代码段寄存器 CS 和指令指针寄存器 IP 分别被初始化为 FFFFH 和 0000H，所以 8086 复位后重新启动时，便从内存的 FFFF0H 处开始执行指令，利用一条无条件转移指令转移到系统程序入口处，这样，系统一旦被启动仍自动进入系统程序，开始正常工作。

复位信号从高电平到低电平的跳变会触发 CPU 内部的一个复位逻辑电路，经过 7 个时钟周期之后，CPU 就完成了启动操作。

复位时，由于标志寄存器被清零，其中的中断允许标志 IF 也被清零。这样，从 INTR 端输入的可屏蔽中断就不能被接受。因此，设计程序时，应在程序中设置一条开放中断的指令 STI，使 IF=1，以开放中断。

8086 的复位操作时序如图 2-14 所示。

由图 2-14 可见，当 RESET 信号有效后，再经一个状态，将把所有具有三态的输出线（包括 AD_{15}～AD_0，A_{19}/S_6～A_{16}/S_3，$\overline{BHE}/S_7$，$M/\overline{IO}$，$DT/\overline{R}$，$\overline{DEN}$，$\overline{WR}$，$\overline{RD}$ 和 $\overline{INTA}$ 等）都置成浮空状态，直到 RESET 回到低电平，结束复位操作为止，在进入浮空前的半个状态（即时钟周期的低电平期间），这些三态输出线暂为不作用状态；把不具有三态的输出线（包括 ALE，HLDA，$\overline{RQ}/\overline{GT_1}$，$\overline{RQ}/\overline{GT_0}$，$QS_0$ 和 QS_1 等）都置为无效状态。

2. 总线操作

8086CPU 在与存储器或 I/O 端口交换数据，或者装填指令队列时，都需要执行一个总线周期，即进行总线操作。当存储器或 I/O 端口速度较慢时，由等待状态发生器发出 READY＝0（未准备就绪）信号，CPU 则在 T_3 之后插入 1 个或多个等待状态 T_W。

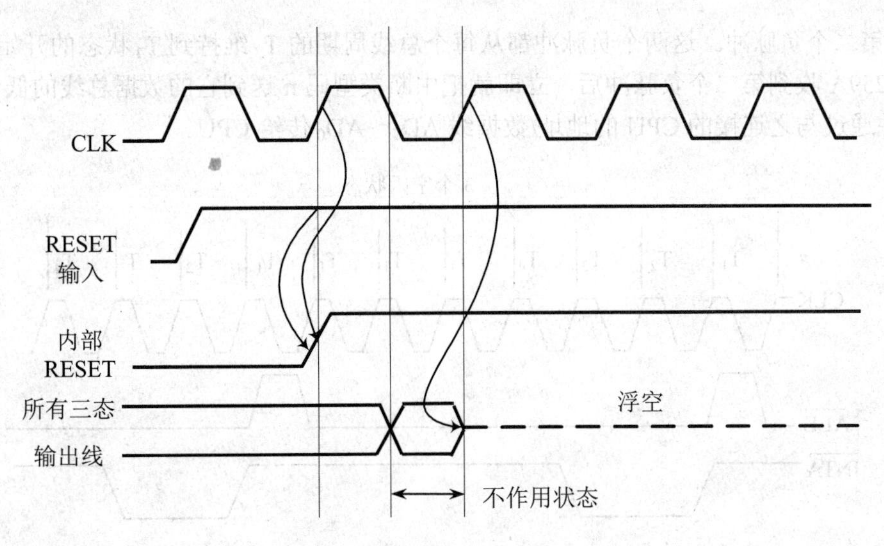

图 2-14　8086CPU 的复位操作时序

总线操作按数据传输方向可分为总线读操作和总线写操作。前者是指 CPU 从存储器或 I/O 端口读取数据，后者则是指 CPU 把数据写入到存储器或 I/O 端口。

3. 暂停操作

当 CPU 执行一条暂停指令 HLT 时，就停止一切操作，进入暂停状态。暂停状态一直保持到发生中断或对系统进行复位时为止。在暂停状态下，CPU 可接收 HOLD 线上（最小工作方式）或 $\overline{RQ}/\overline{GT}$ 线上（最大工作方式）的保持请求。当保持请求消失后，CPU 回到暂停状态。

4. 中断响应总线周期操作

8086 有一个简单而灵活的中断系统，可处理 256 种不同类型的中断，每种中断用一个中断类型码以示区别。因此，256 种中断对应的中断类型码为 0～255。这 256 种中断又分为硬件中断和软件中断两种。

硬件中断通过系统外部硬件引起，所以又称外部中断。硬件中断有两种：一种是通过 CPU 非屏蔽引脚 NMI 送入"中断请求"信号引起，这种中断不受标志寄存器中的中断允许标志 IF 的控制。另一种是外设通过中断控制器 8259A 向 CPU 的 INTR 送入"中断请求"信号引起，这种中断不仅要 INTR 信号有效（高电平），而且还要 IF＝1（中断开放）才能引起，称可屏蔽中断。硬件中断在系统中是随机产生的。

软件中断是 CPU 由程序中的中断指令 INT n（其中 n 为中断类型码）引起的，与外部硬件无关，故又称内部中断。

不管是硬件中断还是软件中断都有中断类型码，CPU 根据中断类型码乘以 4，就可以得到存放中断服务程序入口地址的指针，又称中断向量。

图 2-15 所示为 8086 中断响应的总线周期。

此总线响应周期是由外设向 CPU 的 INTR 引脚发中断申请而引起的响应周期。由图 2-15 可见，中断响应周期要花两个总线周期。如果在前一个总线周期中，CPU 接收到外部中断请求 INTR，又当中断允许标志 IF＝1，且正好执行完一条指令时，那么 8086 会在当前总线周期和下一个总线周期中间产生中断响应周期，CPU 从 $\overline{INTA}$ 引脚上向外设端口（一般是向 8259A 中断控制器）先发一个负脉冲，表明其中断申请已得到允许，然后插入 3 个或 2 个空闲状态

T_I，再发第二个负脉冲。这两个负脉冲都从每个总线周期的 T_2 维持到 T_4 状态的开始。当外设端口的 8259A 收到第二个负脉冲后，立即就把中断类型码 n 送到它的数据总线的低 8 位 D_7～D_0 上，并通过与之连接的 CPU 的地址/数据线 AD_7～AD_0 传给 CPU。

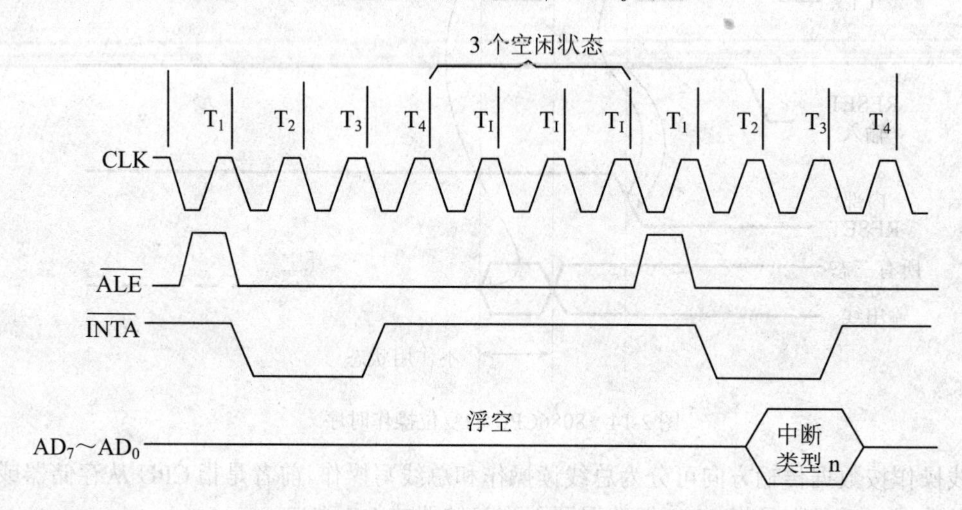

图 2-15　8086 的中断响应总线周期

在这两个总线周期的其余时间，AD_7～AD_0 处于浮空，同时 $\overline{BHE}/S_7$ 和地址/状态线 A_{19}/S_6～A_{16}/S_3 也处于浮空，M/$\overline{IO}$ 处于低电平，而 ALE 引脚在每个总线周期的 T_1 状态输出一个有效的电平脉冲，作为地址锁存信号。

对于 8086 的中断响应总线周期的时序还需注意以下几点：

（1）8086 要求外设通过 8259A 向 INTR 中断请求线发的中断请求信号是一个电平信号，必须维持 2 个总线周期的高电平，否则当 CPU 的 EU 执行完一条指令后，如果 BIU 正在执行总线操作周期，则会使中断请求得不到响应，而继续执行其他的总线操作周期。

（2）8086 分别工作在最小方式和最大方式时，$\overline{INTA}$ 响应信号是从不同地方向外设端口的 8259A 发出的。最小方式下直接从 CPU 的 $\overline{INTA}$ 引脚发出；最大方式下是通过总线控制器 8288 的 $\overline{INTA}$ 引脚发出的。

（3）8086 还有一条优先级别更高的总线保持请求信号 HOLD（最小工作方式下）或 $\overline{RQ}/\overline{GT}$ 线（最大工作方式下）。当 CPU 已进入中断响应周期，即使外部发来总线保持请求信号，但还是要在完成中断响应后才响应它。如果中断请求和总线保持请求是同时发向 CPU 的，则 CPU 应先对总线保持请求服务，然后再进入中断响应总线周期。

5. *总线保持请求/保持响应操作*

（1）最小工作方式下的总线保持请求/保持响应操作。

当系统中具有多个总线主模块时，除 CPU 之外的其他总线主模块为获得对总线的控制，需向 CPU 发出总线保持请求信号，CPU 接到此请求信号并同意让出总线时，就向发出该请求的主模块发出响应信号。

8086 在最小工作方式下提供的总线控制联络信号为总线保持请求信号 HOLD 和总线保持响应信号 HLDA。

最小工作方式下的总线保持请求和保持响应操作的时序如图 2-16 所示。

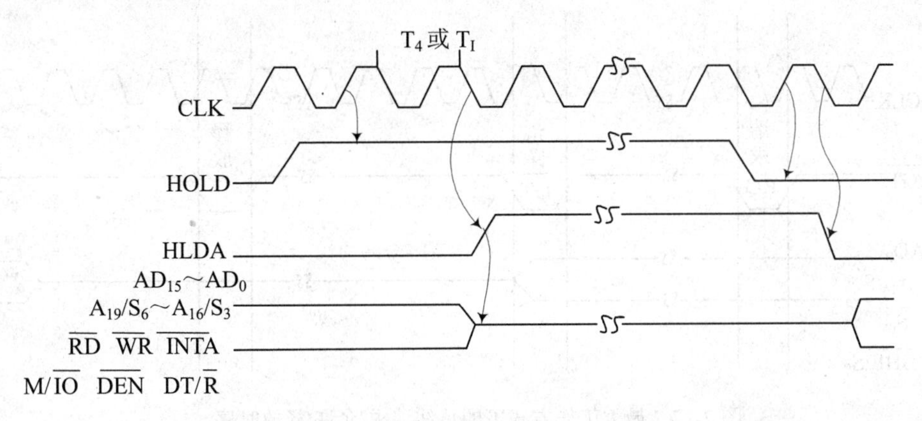

图 2-16　总线保持请求/保持响应时序（最小工作方式）

由图 2-16 可见，CPU 在每个时钟周期的上升沿对 HOLD 引脚进行检测，若 HOLD 已变为高电平（有效），则在总线周期的 T_4 状态或空闲状态 T_I 之后的下一个状态，由 HLDA 引脚发出响应信号。同时，CPU 把总线控制权转让给发出 HOLD 的设备，直到发出 HOLD 信号的设备再将 HOLD 变为低电平（无效），CPU 才又收回总线控制权。如 8237A DMA（直接存储器存取）就是一种代表外设向 CPU 发要求获得对总线控制权的器件。

当 8086 一旦让出总线控制权，便将所有具有三态的输出线 AD_{15}～AD_0，A_{19}/S_6～A_{16}/S_3，$\overline{RD}$，$\overline{WR}$，$\overline{INTA}$，$M/\overline{IO}$，$\overline{DEN}$ 及 $DT/\overline{R}$ 都置于浮空状态，即 CPU 暂时与总线断开。但这里要注意，输出信号 ALE 是不浮空的。

对于总线保持请求/保持响应操作时序，有下面几点需要注意：

①当某一总线主模块向 CPU 发来的 HOLD 信号变为高电平（有效）后，CPU 将在下一个时钟周期的上升沿检测到，若随后的时钟周期正好为 T_4 或 T_I，则在其下降沿处将 HLDA 变为高电平；若 CPU 检测到 HOLD 后不是 T_4 或 T_I，则可能会延迟几个时钟周期，等到下一个 T_4 或 T_I 出现时，才发出 HLDA 信号。

②在总线保持请求/响应周期中，因三态输出线处于浮空状态，这将直接影响 8086 的 BIU 部件的工作，但是执行部件 EU 将继续执行指令队列中的指令，直到遇到一条需要使用总线的指令时，EU 才停止工作；或者当把指令队列中指令执行完，也会停止工作。由此可见，CPU 和获得总线控制权的其他主模块之间，在操作上有一段小小的重叠。

③当 HOLD 变为无效后，CPU 也将 HLDA 变为低电平。但不会马上驱动已变为浮空的输出引脚，只有等到 CPU 新执行一个总线操作周期时才结束这些引脚的浮空状态。因此，可能出现有一小段时间总线没有任何总线主模块的驱动，这种情况会导致这些线上的控制电平漂移到最小电平以下。为此，在控制线 HLDA 和电源之间需连接一个上拉电阻。

（2）最大工作方式下的总线请求/允许/释放操作。

8086 在最大工作方式下提供的总线控制联络信号不再是 HOLD 和 HLDA，而是把这两个引脚变成功能更加完善的两个具有双向传输信号的引脚 $\overline{RQ}/\overline{GT_1}$ 和 $\overline{RQ}/\overline{GT_0}$，称为总线请求/允许/释放信号，它们可分别连接到两个其他的总线主模块。在最大工作方式下，可发出总线请求的总线主模块包括协处理器和 DMA 控制器等。

图 2-17 所示为 8086 在最大工作方式下的总线请求/允许/释放的操作时序。

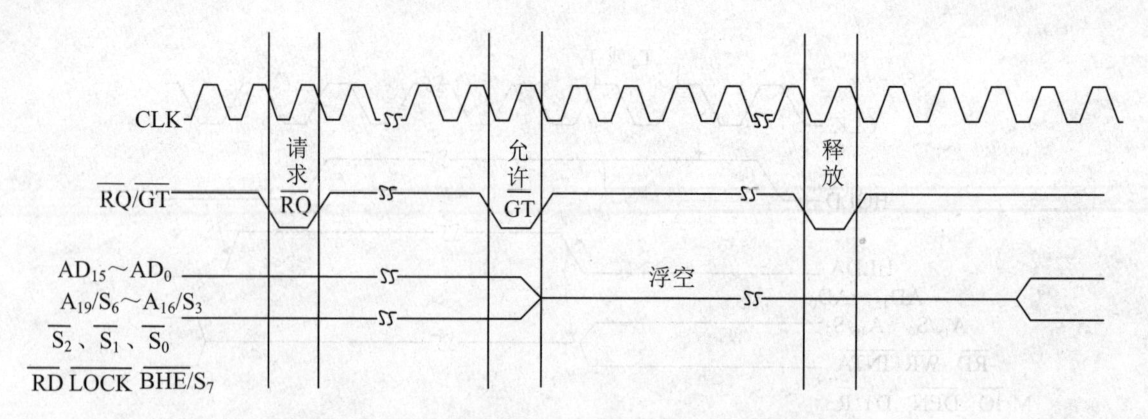

图 2-17　最大工作方式下的总线请求/允许/释放时序

由图 2-17 可见，CPU 在每个时钟周期的上升沿对 $\overline{RQ}/\overline{GT}$ 引脚进行检测，当检测到外部向 CPU 送来一个“请求”负脉冲时（宽度为一个时钟周期），则在下一个 T_4 状态或 T_I 状态从同一引脚上由 CPU 向请求总线使用权的主模块回发一个“允许”负脉冲（宽度仍为一个时钟周期），这时全部具有三态的输出线（包括 AD_{15}～AD_0、A_{19}/S_6～A_{16}/S_3、$\overline{RD}$、$\overline{LOCK}$、$\overline{S_2}$、$\overline{S_1}$、$\overline{S_0}$、$\overline{BHE}/S_7$ 等）都进入浮空状态，CPU 暂时与总线断开。

外部主模块得到总线控制权后，可对总线占用一个或几个总线周期，当外部主模块准备释放总线时，又从 $\overline{RQ}/\overline{GT}$ 线上向 CPU 发一个“释放”负脉冲（其宽度仍为一个时钟周期）。CPU 检测到释放脉冲后，于下一个时钟周期收回对总线的控制权。

概括起来，由 $\overline{RQ}/\overline{GT}$ 线上的三个负脉冲（即请求—允许—释放），就构成了最大工作方式下的总线请求/允许/释放操作。三个脉冲虽都是负的，宽度也都为一个时钟周期。但是，它们的传输方向并不相同。

对于此操作，有下面两点需注意：

①8086 有两条 $\overline{RQ}/\overline{GT_1}$ 和 $\overline{RQ}/\overline{GT_0}$，其功能完全相同，但后者的优先级高于前者。当两条引脚都同时向 CPU 发总线请求时，CPU 将会在 $\overline{RQ}/\overline{GT_0}$ 上先发允许信号，等到 CPU 再次得到总线控制权时，才去响应 $\overline{RQ}/\overline{GT_1}$ 引脚上的请求。不过，当接于 $\overline{RQ}/\overline{GT_1}$ 上的总线主模块已得到了总线的控制权时，也只有等到该主模块释放了总线，CPU 收回了总线控制权后，才会去响应 $\overline{RQ}/\overline{GT_0}$ 引脚上的总线。

②与最小方式下执行总线保持请求/保持响应操作一样，8086 通过 $\overline{RQ}/\overline{GT}$ 发出响应负脉冲，CPU 让出了对总线的控制权后，CPU 内部的 EU 仍可继续执行指令队列中的指令，直到遇到一条需执行总线操作周期的指令为止。另外，当 CPU 收到其他主模块发出的释放脉冲后，也并不是立即恢复驱动总线的。和 HLDA 控制线不同的是，$\overline{RQ}/\overline{GT_0}$ 和 $\overline{RQ}/\overline{GT_1}$ 都设置了上拉电阻与电源相连，如果系统中不用它们，则可将之悬空。

2.4　高档微处理器简介

随着计算机技术的发展，Intel 公司相继推出了 80286、80386、80486 等微处理器及性能更为强大的 Pentium 系列微处理器和双核微处理器。从 80386 开始，X86 系列微处理器的性能有了明显提升，但它们的工作方式、寻址方式、寄存器结构等基本相似。

2.4.1 Intel 80X86 微处理器

32 位 Intel 80X86 微处理器包括 80386、80486 等微处理器。

1. 80386 微处理器

1985 年 Intel 公司推出的 32 位微处理器 80386 与 8086、80286 兼容。该芯片以 132 条引线网格阵列式封装，数据引脚和地址引脚各 32 条，时钟频率 12.5 MHz 或 16 MHz。

（1）80386 的特点。

80386 具有段页式存储器管理部件，4 级保护机构（0、1 和 2 级用于操作系统程序，3 级用于用户程序），有实地址方式、虚地址保护方式和虚拟 8086 三种工作方式。实地址方式下 80386 相当于一个高速 8086CPU；虚地址保护方式下 80386 可寻址 4GB 物理地址空间和 64TB 虚拟地址空间。

80386 存储器按段组织，每段最长 4GB，对 64TB 虚拟存储空间允许每个任务可用 16 K 个段。在虚拟 8086 方式下，可在实地址方式下运行 8086 应用程序的同时利用 80386 的虚拟保护机构运行多用户操作系统及程序（即可同时运行多个用户程序）。这种情况下，每个用户都如同有一个完整的计算机。

（2）80386 的内部功能结构。

80386 的内部结构如图 2-18 所示，主要由总线接口、指令预取、指令译码、执行、分段和分页等 6 个独立的处理部件组成。

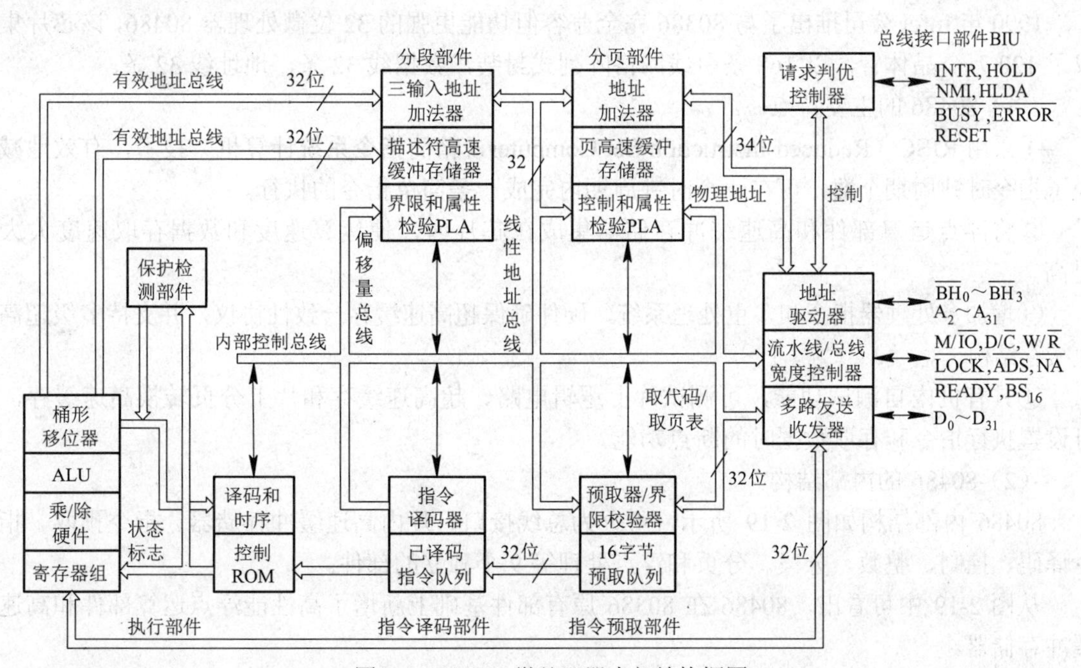

图 2-18　80386 微处理器内部结构框图

各部件功能简要分析如下：

①总线接口部件。是 CPU 与外部器件之间的高速接口，负责 CPU 外部总线与内部部件之间的信息交换。当取指令、取数据、系统部件和分段部件请求同时有效时，该部件能按优先权

加以选择，最大限度地利用总线为各项请求服务。

②指令预取部件。由预取单元及预取队列组成，其作用是从存储器中预取出指令并存放在16字节指令队列中。如预取队列有空字节或发生一次转移时，预取单元通过分页部件向总线接口部件发出指令预取请求信号，再由总线接口部件从内存中预取指令代码放入预取队列中。

③指令译码部件。负责从指令预取队列中读取指令并译码，译码后的指令放在译码器指令队列中供执行部件使用。

④执行部件。在控制器的控制下执行数据操作和处理，包含1个算术逻辑部件（ALU）、8个32位通用寄存器、1个64位桶形移位器和1个乘法器。

⑤分段部件。由三输入地址加法器、段描述符高速缓冲存储器等组成，把逻辑地址转换成线性地址，实现有效地址的计算。

⑥分页部件。由加法器、页描述符高速缓冲存储器等组成。将分段部件或代码预取部件产生的线性地址转换成物理地址并送给总线接口部件，执行存储器或I/O存取操作。

（3）80386的寄存器。

80386共有八大类33个寄存器，分别是8个32位通用寄存器（EAX、EBX、ECX、EDX、ESP、EBP、ESI、EDI）；6个16位段寄存器（CS、DS、SS、ES、FS和GS）；指令指针寄存器（EIP）；32位标志寄存器（EFLAGS）；3个控制寄存器（CR_0、CR_2、CR_3，其中CR_1保留）；4个系统地址寄存器（GDTR、IDTR、LDTR、TR）；8个调试寄存器（DR_0～DR_7）；2个32位的测试寄存器（TR_6和TR_7）。

2. 80486微处理器

1990年Intel公司推出了与80386完全兼容但功能更强的32位微处理器80486，该芯片集成了120万个晶体管，以168条引线网格阵列式封装，数据线32条，地址线32条。

（1）80486的主要特点。

①采用RISC（Reduced Instruction Set Computer，精简指令系统计算机）技术，有效地减少了指令时钟周期个数，可在一个时钟周期内完成一条简单指令的执行。

②将浮点运算部件和高速缓冲存储器集成在芯片内，使运算速度和数据存取速度大大提高。

③增加多处理器指令和多重处理系统，硬件确保超高速缓存一致性协议，并支持多级超高速缓存结构。

④具有机内自测试功能，可测试片上逻辑电路、超高速缓存和片上分页转换高速缓存，可设置执行指令和存取数据时的断点功能。

（2）80486的内部结构。

80486内部结构如图2-19所示，可分为总线接口、片内高速缓冲存储器、指令预取、指令译码、控制、整数、分段、分页和浮点处理等9个独立的部件。

从图2-19中可看出，80486在80386原有部件基础上新增了高性能浮点运算部件和高速缓冲存储器。

①高性能浮点运算部件。可处理超越函数和复杂实数的运算，以极高的速度进行单精度或多精度浮点运算。

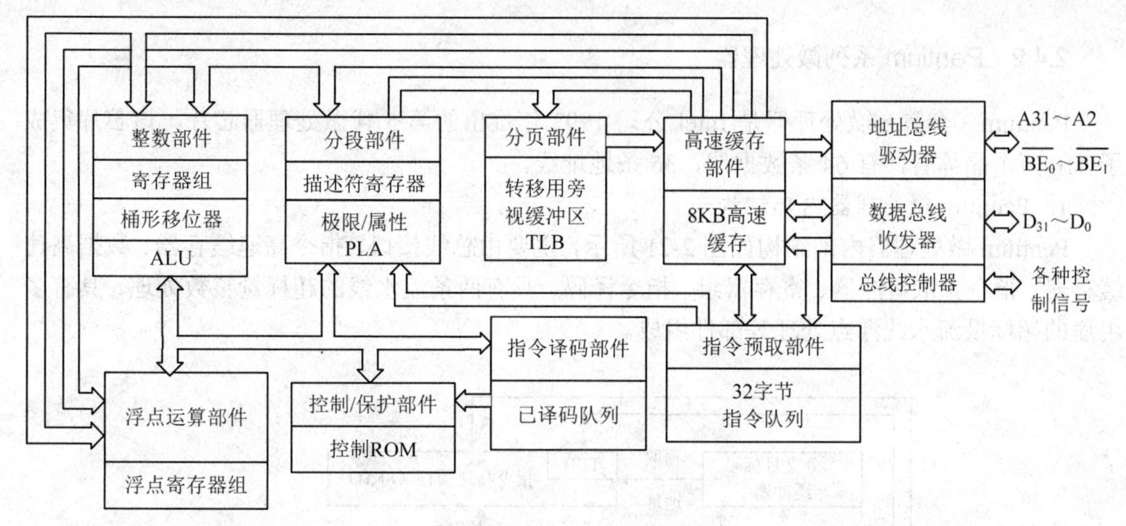

图 2-19　80486 内部结构框图

②片内高速缓冲存储器。是数据和指令共用的高速缓存，共 8KB。存放的是 CPU 最近要使用的主存储器中的信息。处理器中其他部件产生的所有总线访问请求在送达总线接口部件之前先经过高速缓存部件。

（3）80486 的工作方式。

80486 有如图 2-20 所示的 3 种工作方式，即实地址方式（Real）、保护方式（Protected）和虚拟方式（Virtual 8086）。

如果对 CPU 进行复位或者加电时，就进入实地址方式进行工作。80486 在实地址方式下的工作原理与 8086 相同。主要区别是 80486 可以访问 32 位寄存器，在这种方式下，其最大的寻址空间为 1MB。

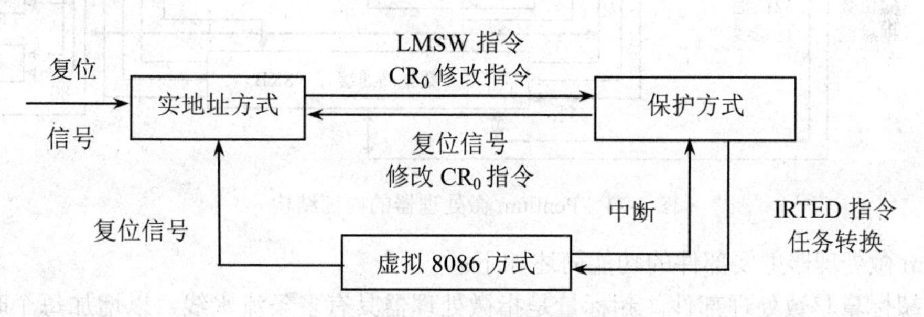

图 2-20　80486 的三种工作方式

保护方式又称保护的虚地址方式。修改 CR_0 和 MSM 控制寄存器，80486 就由实地址方式转移到保护方式，或由保护方式转移到实地址方式。在保护方式下，CPU 可以访问 4GB（2^{32}B）的物理存储空间，而虚拟空间可达 64TB（2^{46}B）。在这种方式中，可以对存储器实施保护功能（禁止程序非法操作）和特权级的保护功能（主要保护操作系统的数据不被应用程序修改）。引入了软件可占用空间的虚拟存储器的概念。

虚拟 8086 方式是一种既能有效利用保护功能，又能执行 8086 代码的工作方式。CPU 与保护方式下工作原理相同，但程序指定的逻辑地址按 8086 方式进行解释。

2.4.2 Pentium 系列微处理器

Pentium（奔腾）微处理器是 Intel 公司 1993 年推出的第 5 代微处理器芯片。该芯片集成了 310 万个晶体管，有 64 条数据线，36 条地址线。

1. Pentium 微处理器内部结构

Pentium 微处理器内部结构如图 2-21 所示，主要由总线接口、指令高速缓存器、数据高速缓存器、指令预取缓冲器、寄存器组、指令译码、具有两条流水线的超标量整数处理、具有多用途的超标量流水线浮点处理等部件组成。

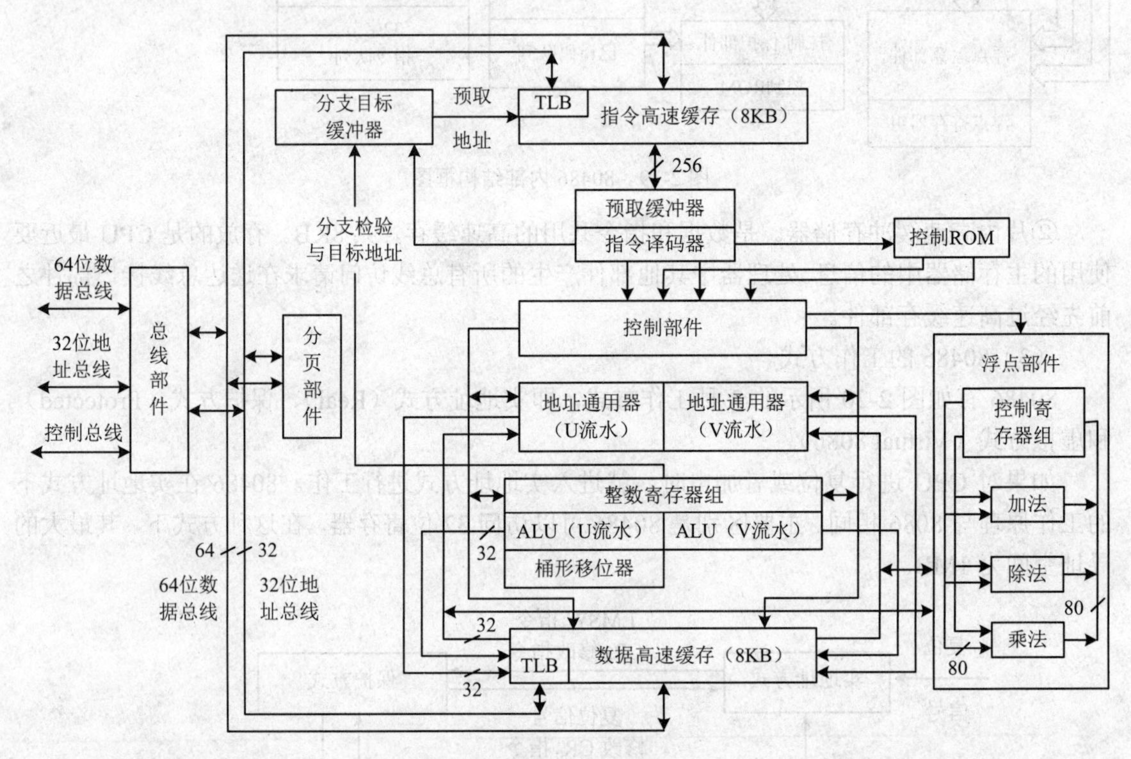

图 2-21 Pentium 微处理器的内部结构

Pentium 微处理器主要部件的功能简述如下：

（1）超标量整数处理部件。超标量是指微处理器具有多条流水线，以增加每个时钟周期可执行的指令数，使运行速度成倍提高。Pentium 微处理器有两条指令流水线，一条是 U 流水线，另一条是 V 流水线。两条流水线都可执行整数指令，U 流水线还可执行浮点指令。能够在每个时钟周期内同时执行两条整数指令或在每个时钟周期内执行一条浮点指令。

（2）超标量流水线浮点处理部件。Pentium 微处理器中浮点操作被高度流水线化，并与整数流水线集成在一起。微处理器内部流水线进一步分割成若干个小而快的级段，使指令能在其中以更快的速度通过。每一个超级流水线级段都以数倍于时钟周期的速度运行。

（3）独立的数据和指令高速缓冲存储器。Pentium 中有两个独立的 8KB 指令 Cache 和 8KB 数据 Cache，并可扩展到 12KB。允许两个 Cache 同时存取，使得内部传输效率更高。指令 Cache 和数据 Cache 采用 32×8 线宽，是对 Pentium 外部 64 位数据总线的有力支持。Pentium

的数据 Cache 有两个接口，分别通向 U 和 V 两条流水线，以便能同时与两个独立的流水线进行数据交换。

（4）指令预取缓冲器。Pentium 有两个 32 字节的指令预取缓冲器，通过预取缓冲器顺序地处理指令地址，直到它取到一条分支指令，分支目标缓冲器将对预取到的分支指令是否导致分支进行预测。

（5）分支预测部件。Pentium 在指令预取处理中增加了分支预测逻辑，提供分支目标缓冲器来预测程序的转移。每产生一次程序转移时就将该指令和转移目标地址存起来，可利用存放在分支目标缓冲器中的转移记录来预测下一次程序转移，以保证流水线的指令预取不会空置。

2．Pentium 微处理器的技术特点

（1）Pentium 采用了新的体系结构，其内部浮点部件在 80486 的基础上重新进行了设计。Pentium 中的两条流水线与浮点部件能够独立工作，两个超高速缓冲存储器（指令 Cache 和数据 Cache）比只有一个指令与数据合用的超高速缓冲存储器的 80486 更为先进。Pentium 还将常用指令固化，如将 MOV、INC、PUSH、POP、JMP、NOP、SHIFT、TEST 等指令的执行由硬件实现，从而大大提高了指令的执行速度。

（2）Pentium 的内部总线仍为 32 位，但其外部数据总线却为 64 位，在一个总线周期内，将数据传送量增加了一倍。Pentium 还支持多种类型的总线周期，其中包括一种突发模式，该模式下可在一个总线周期内装入 256 位数据。

（3）Pentium 对 80486 寄存器做了扩充，标志寄存器增加了 3 位，即 VIF（19 位）、VIP（20 位）和 ID（21 位），其中 VIF 和 VIP 用于控制 Pentium 的虚拟 8086 方式部分的虚拟中断；控制寄存器中增加了一个 CR4；增加了几个专用寄存器，用来控制可测试性、执行跟踪、性能监测和机器检查错误的功能等。

（4）Pentium 还对数据 Cache 增加了回写能力，延迟写操作一方面使处理器可用这段时间去进行别的计算，另一方面也减少了连接 Cache 和主存的总线总的使用时间，在多个处理器共享存储器时这一点尤为重要。

（5）Pentium 处理器使用了一种新型的浮点指令部件，其中三个最常用的浮点操作（加、乘和除）是用硬件实现的，大大提高了运算速度，大多数浮点指令都可在一个时钟周期内完成，比 80486 的浮点性能提高了许多倍。在工作方式方面，它除了有 80486 所具有的工作方式之外，还增加了系统管理方式，以实现对电源和操作系统进行管理的高级功能。在软件方面，它兼容 80486 的全部指令且有所扩充。

上述这些特性使 Pentium 微处理器大大高于 Intel 系列的其他微处理器，也为微处理器体系结构和 PC 机的性能引入全新的概念。

3. Pentium 4 微处理器

2000 年问世的 Pentium 4 微处理器是 Intel 公司采用 NetBurst 架构的新一代高性能 32 位微处理器，能更好地处理互联网用户的需求，在数据加密、视频压缩等方面的性能都有较大幅度的提高。

Pentium 4 微处理器有以下主要特点：

（1）拥有 4200 万个晶体管，比 Pentium III 多了 50%。

（2）采用超级流水线技术，指令流水线深度达到 20 级，使 CPU 指令的运算速度成倍增长，在同一时间内可执行更多的指令，显著提高了处理器时钟频率及其他性能。

（3）采用快速执行引擎技术，使处理器的算术逻辑单元达到双倍内核频率，可用于频繁处理诸如加、减运算之类的重复任务，实现了更高的执行吞吐量，缩短了等待时间。

（4）执行追踪缓存，用来存储和转移高速处理所需的数据。

（5）采用高级动态执行，可使微处理器识别平行模式，并且对要执行的任务区分先后次序，以提高整体性能。

（6）具备 400MHz 系统总线，使数据以更快的速度进出微处理器，此总线在 Pentium 4 微处理器和内存控制器之间提供了3.2GB 的传输速度，是现有的最高带宽台式机系统总线，具备了响应更迅速的系统性能。

（7）增加了 114 条新指令，主要用来增强微处理器在视频和音频等方面的多媒体性能。

8086 微处理器从功能结构上可划分为执行部件 EU 和总线接口部件 BIU，这两个部件并行操作，取指令和执行指令同时进行，减少了 CPU 等待时间，充分利用了总线，从而提高了 CPU 的工作效率，加快了整机运行速度。

8086 微处理器的寄存器使用非常灵活，可供编程使用的有 14 个 16 位寄存器，按其用途分为通用寄存器、段寄存器、指针和标志寄存器，各种寄存器的功能和应用场合有其特定的规则，编程处理时要遵循相关约定。

要理解 8086 引脚信号功能及应用，弄清楚这些信号的使用特点，注意某些信号在不同场合定义为输入、输出或双向信号，有些信号分别定义为高电平有效或低电平有效，在访问内存或 I/O 接口时，也有相关控制信号的定义。要熟悉 8086 总线操作和时序的工作原理，掌握 8086 系统最大和最小工作方式的特点及应用。

8086 存储器内部按照分段进行管理，这种方式有利于程序的设计和指令的执行。8086 将 1MB 存储空间（物理地址为 00000H ~ FFFFFH）分为若干个 64KB 的不同段，由 4 个段寄存器引导，编程时要考虑指令的寻址方式和物理地址的计算。要掌握存储器的分段管理、物理地址和逻辑地址换算及 I/O 端口的编址方式。熟悉数据在内存单元中的存放方式，以及如何分别访问高字节和低字节的数据。要理解 8086 总线操作和时序的工作原理，明确指令周期、总线周期和时钟周期的定义及相应关系。

本章最后介绍了 80X86 系列产品等高档微处理器的特点及基本结构，以方便读者了解和应用。目前 PC 机市场占有份额最多的是 Pentium 系列微型计算机，它们在结构上有较大的改进，不仅增加了数据总线、地址总线的位数，而且采用了指令高速缓存与数据高速缓存分离、分支预测、超标量流水线等许多新技术，增加了支持多媒体的指令集，使微处理器性能大大增强，成为计算机市场上的佼佼者。

一、单项选择题

1. 执行部件 EU 中起数据加工与处理作用的功能部件是（ ）。

A．ALU　　B．数据暂存器　　C．数据寄存器　　D．EU 控制电路

2．总线接口部件 BIU 中不包含以下（　　）功能部件。

A．地址加法器　　B．地址寄存器　　C．段寄存器　　D．指令队列缓冲器

3．指令指针寄存器 IP 中存放的内容是（　　）。

A．指令　　B．指令地址　　C．操作数　　D．操作数地址

4．以下寄存器中，可用作数据寄存器的是（　　）。

A．SI　　B．DI　　C．SP　　D．DX

5．下面 4 个标志中属于符号标志的是（　　）。

A．DF　　B．TF　　C．ZF　　D．SF

6．堆栈操作中用于指示栈基址的寄存器是（　　）。

A．SS　　B．SP　　C．BP　　D．CS

7．8086 系统可访问的内存空间范围是（　　）。

A．0000H～FFFFH　　B．00000H～FFFFFH

C．$0 \sim 2^{16}$　　D．$0 \sim 2^{20}$

8．8086 最大和最小工作方式的主要差别是（　　）。

A．数据总线的位数不同　　B．地址总线的位数不同

C．I/O 端口数的不同　　D．单处理器与多处理器的不同

二、填空题

1．8086 微处理器内部结构由__________和__________组成，前者功能是__________，后者功能是__________。

2．8086 有__________条地址线，可直接寻址__________容量的内存空间，其物理地址范围是__________。

3．8086 取指令时，会选取__________作为段基值，再加上由__________提供的偏移地址形成 20 位物理地址。

4．8086CPU 中的指令队列的作用是__________，其长度是__________字节。

5．8086 标志寄存器共有__________个标志位，分为__________个__________标志位和__________个__________标志位。

6．8086CPU 为访问 1MB 内存空间，将存储器进行__________管理；其__________地址是唯一的；偏移地址是指__________；逻辑地址常用于__________。

7．逻辑地址为 2000H:0480H 时，其物理地址是__________，段地址是__________，偏移量是__________。

8．8086 的存储器采用__________结构，数据在内存中的存放规定是__________，规则字是指__________，非规则字是指__________。

9．时钟周期是指__________，总线周期是指__________，总线操作是指__________。

10．8086 工作在最大方式时 CPU 引脚 MN/$\overline{MX}$ 应接__________；最大和最小工作方式的应用场合分别是__________。

三、判断题

1．8086 访问内存的 20 位地址总线是在 BIU 中由地址加法器实现的。（　　）

2．IP 中存放的是正在执行的指令的偏移地址。（　　）

3．EU 执行算术和逻辑运算后的结果特征由状态标志位反映。 （ ）

4．指令执行中插入 T_I 和 T_W 是为了解决 CPU 与外设之间的速度差异。 （ ）

5．8086 系统复位后重新启动时从内存的 FFFF0H 处开始执行。 （ ）

四、简答题

1．8086CPU 内部寄存器有哪几种？各自的特点和作用是什么？

2．8086 系统中的存储器分为几个逻辑段？各段之间的关系如何？每个段寄存器的作用是什么？

3．解释逻辑地址、偏移地址、有效地址、物理地址的含义，8086 存储器的物理地址是如何形成的？

4．I/O 端口有哪两种编址方式，各自的优缺点是什么？

5．8086 的最大工作方式和最小工作方式的主要区别是什么？如何进行控制？

6．什么是总线周期？8086CPU 的读/写总线周期各包含多少个时钟周期？什么情况下需要插入等待周期 T_W，什么情况下会出现空闲状态 T_I？

7．简述 Pentium 微处理器的内部组成结构和主要部件的功能，有哪些主要特点。

五、分析题

1．在内存中有一个由 20 个字节组成的数据区，其起始地址为 1100H:0020H。计算出该数据区在内存的首末单元的实际地址。

2．已知两个 16 位的字数据 268AH 和 357EH，它们在 8086 存储器中的地址分别为 00120H 和 00124H，试画出它们的存储示意图。

3．找出字符串“Pentium”的 ASCII 码，将它们依次存入从 00510H 开始的字节单元中，画出它们存放的内存单元示意图。

4．在内存中保存有一个程序段，其位置为（CS）=33A0H，（IP）=0130H，当计算机执行该程序段指令时，分析实际启动的物理地址是多少。

5．已知堆栈段寄存器（SS）=2400H，堆栈指针（SP）=1200H，计算该堆栈栈顶的实际地址，并画出堆栈示意图。

第3章　指令系统

每种 CPU 芯片都配置有相应的指令系统，供用户编程使用。本章从指令格式、寻址的概念着手，具体讨论 8086 系统中采用的寻址方式，分析 8086 指令系统中各类指令的功能、特点及应用，并引申到 Pentium 微处理器新增指令和寻址方式的特点。

通过本章的学习，重点理解和掌握以下内容：

- 指令格式及寻址的有关概念
- 8086 指令系统的寻址方式及其应用
- 8086 各类指令的表示、具体功能、特点及其应用
- Pentium 微处理器新增指令和寻址方式介绍

3.1　指令格式及寻址

计算机在解决计算或处理信息等问题时，需由人们事先把各类问题转换为计算机能识别和执行的操作命令。这种能被计算机执行的各种操作用命令形式写下来，就成为计算机指令。通常一条指令对应一种基本操作，如加减运算、数据传送和移位处理等。目前，一般小型或微型计算机系统可以包括几十种或百余种指令。

3.1.1　指令系统与指令格式

1. 指令系统的概念

计算机中的指令以二进制编码形式存放在存储器中，用二进制编码形式表示的指令称为机器指令，CPU 可直接识别机器指令。

对于使用者来说，机器指令的理解、记忆和阅读都比较困难，也容易出错，为此，人们采用一些助记符——通常是指令功能的英文单词的缩写，如数据传送指令用助记符 MOV（MOVE 的缩写）表示，这样表示的指令称为符号指令，也称为汇编指令。

汇编指令具有直观、易理解、好记忆的特点。在计算机中，汇编指令与机器指令具有一一对应的关系。

不同的 CPU 赋予的指令助记符不同，而且各自的指令系统中包含的操作类型也有不同。每种 CPU 指令系统的指令都有几十条、上百条之多。8086 指令系统对 Intel 公司后继机型具有很好的向上兼容性，用户编写的各种汇编语言源程序可以在其环境下运行。

指令系统是计算机系统结构中非常重要的组成部分。从计算机组成层次结构来说，计算机指令有机器指令、伪指令和宏指令之分。指令系统是计算机硬件和软件之间的桥梁，是汇编语言程序设计的基础。

2. 指令格式

计算机中的汇编指令由操作码字段和操作数字段两部分组成。

（1）操作码字段。操作码表示计算机要执行的某种指令功能，由它来规定指令的操作类型，说明计算机要执行的具体操作，例如传送、运算、移位、跳转等操作。同时还指出操作数的类型、操作数的传送方向、寄存器编码或符号扩展等，是指令中必不可少的组成部分。

计算机执行指令时，首先将操作码从指令队列取入执行部件中的控制单元，经指令译码器识别后，产生执行本指令操作所需的时序控制信号，控制计算机完成规定的操作。

（2）操作数字段。操作数表示计算机在操作中所需要的数据，或者所需数据的存放位置（也称为地址码），还可以是指向操作数的地址指针或其他有关操作数据的信息。

操作数字段可以有一个、二个或三个，分别称为单地址指令、双地址指令和三地址指令。单地址指令操作只需一个操作数，如加1指令“INC　AX”。大多数运算型指令都需两个操作数，如加法指令“ADD　AX,BX”中，AX为被加数，BX为加数，运算结果送到AX中，因此，AX称为目的操作数，BX称为源操作数。对于三地址指令则是在二地址指令的基础上再指定存放运算结果的地址。

计算机通过执行指令来处理各类信息，为了指出信息的来源、操作结果的去向以及所执行的操作，事先要规定好指令格式，每条指令中一般要包含操作码和操作数等字段。

8086CPU的指令格式如图3-1所示，指令的长度范围是1～6个字节。其中，操作码字段为1～2个字节（B_1、B_2），操作数字段为0～4个字节（B_3～B_6）。每条具体指令的长度将根据指令的操作功能和操作数的形式而定。

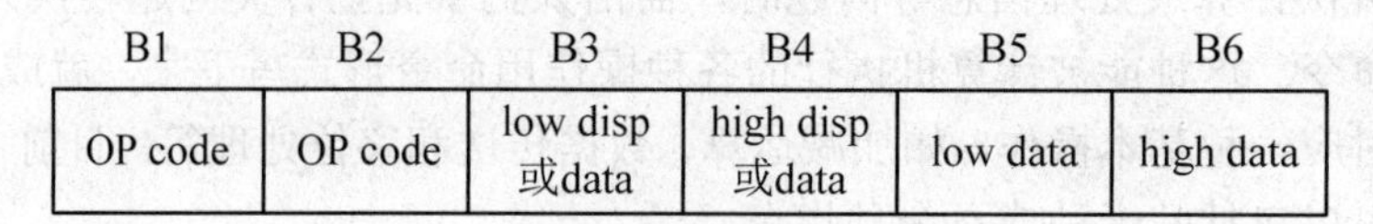

图3-1　8086CPU的指令格式

3.1.2 操作数类别与寻址

计算机的指令中通常要指定操作数的位置，即给出操作数的地址信息，在执行时需要根据这个地址信息找到需要的操作数，这种寻找操作数的过程称为寻址。寻址方式就是指寻找操作数或操作数地址的方式。

不同机器的指令系统都规定了一些寻址方式以供编程时选择使用，根据给定的寻址方式，就可以方便地访问各类操作数。

一般来说，8086CPU指令中的操作数有以下三种：

（1）立即操作数。操作数直接在指令中，即跟随在指令操作码之后，指令的操作数部分就是操作数本身。

（2）寄存器操作数。操作数存放在CPU的某个内部寄存器中，这时指令的操作数部分是CPU内部寄存器的一个编码。

（3）存储器操作数。操作数存放在内存储器的数据区中，这时指令的操作数部分包含此操作数所在的内存地址。

为了简便和易于理解，我们以8086为参考机型，分析7种基本的数据寻址方式，它们是：

立即数寻址、寄存器寻址、直接寻址、寄存器间接寻址、寄存器相对寻址、基址变址寻址、相对基址变址寻址方式。

此外，还有一种在指令中无操作数的固定寻址方式，即操作对象是固定的，在指令助记符中已经隐含了操作对象。如 DAA 指令，该指令中没有操作数，采用固定寻址方式，它对寄存器 AL 的内容进行操作，结果存于 AL 寄存器中。

3.2　8086 寻址方式及其应用

8086CPU 提供了与操作数有关的立即数寻址、寄存器寻址、直接寻址、寄存器间接寻址、寄存器相对寻址、基址变址寻址和相对基址变址寻址等 7 种寻址方式。此外，还规定了与输入/输出有关的端口地址寻址方式。

3.2.1　立即数寻址

立即数寻址方式是指操作数直接存放在给定的指令中，紧跟在操作码之后。立即数总是和操作码一起被取入 CPU 的指令队列，在指令执行时不需要访问存储器。

立即数可以是 8 位或 16 位二进制数。如果是 16 位操作数，则低位字节存放在低地址单元中，高位字节存放在高地址单元中。这种方式通常用于给寄存器或存储单元赋初值，该数可以是数值型常数，也可以是字符型常数。在指令格式中，它只能用于源操作数字段，不能用于目的操作数字段。

立即数可采用二进制数、十进制数以及十六进制数来表示。在非十进制的立即数末尾需要使用字母加以标识，一般情况下十进制数不需要加标识。

立即数寻址因操作数直接从指令中取得，不执行总线周期，所以该寻址方式的显著特点是执行速度快。

【例 3.1】分析以下立即数寻址方式的指令操作功能。

```
MOV  AL,25H              ;将十六进制数 25H 送 AL
MOV  AX,263AH            ;将十六进制数 263AH 送 AX
MOV  CL,50               ;将十进制数 50 送 CL
MOV  AL,10100110B        ;将二进制数 10100110B 送 AL
```

3.2.2　寄存器寻址

寄存器寻址方式是在指令中直接给出寄存器名，寄存器中的内容即为所需操作数。在寄存器寻址方式下，操作数存在于指令规定的 8 位、16 位寄存器中。寄存器可用来存放源操作数，也可用来存放目的操作数。

对于 8 位操作数，寄存器可以是 AH、AL、BH、BL、CH、CL、DH、DL 等。

对于 16 位操作数，寄存器可以是 AX、BX、CX、DX、SI、DI、SP、BP 等。

【例 3.2】分析以下寄存器寻址方式的指令操作功能。

```
MOV  AL,BL               ;将 BL 中保存的源操作数传送到目的操作数 AL
ADD  AX,BX               ;两个 16 位寄存器操作数相加，结果放在 AX
INC  CX                  ;对寄存器 CX 中的内容进行加 1 处理
```

寄存器寻址方式属于 CPU 内部的操作，不需要访问总线周期，因此指令的执行速度比较快。

3.2.3 存储器寻址

立即数寻址和寄存器寻址两种寻址方式中，操作数是从指令或寄存器中直接获得的，而在实际的程序运行中，大多数操作数需要从内存中获得。

用存储器寻址的指令，其操作数一般位于代码段之外的数据段、堆栈段或附加段的存储器中，指令中给出的是存储器单元的地址或产生存储器单元地址的信息。

执行这类指令时，CPU 先根据操作数字段提供的地址信息，由执行部件计算出有效地址 EA，再由总线接口部件根据公式计算出物理地址 PA，执行总线周期访问存储器取得操作数，最后再执行指令规定的基本操作。

注意：采用存储器寻址的指令中只能有一个存储器操作数，或者是源操作数，或者是目的操作数，且指令书写时将存储器操作数的地址放在方括号[]之中。

常见有以下 5 种存储器寻址方式。

1. 直接寻址方式

直接寻址方式是一种针对内存的寻址方式。该寻址方式下，指令中给出的地址码即为操作数的有效地址 EA，它是一个 8 位或 16 位的位移量。在默认方式下，操作数存放在数据段 DS 中，如果要对除 DS 段之外的其他段如 CS、ES、SS 中的数据寻址，应在指令中增加前缀，指出段寄存器名，这称为段跨越。

直接寻址方式的指令中，操作数的有效地址 EA 已经给出，则操作数的物理地址为：

PA=(DS)×10H+EA

【例 3.3】给定指令：MOV AX,[1002H]，当（DS）=2000H 时，操作数在内存中的存储形式如图 3-2 所示，计算操作数的物理地址并分析指令的执行结果。

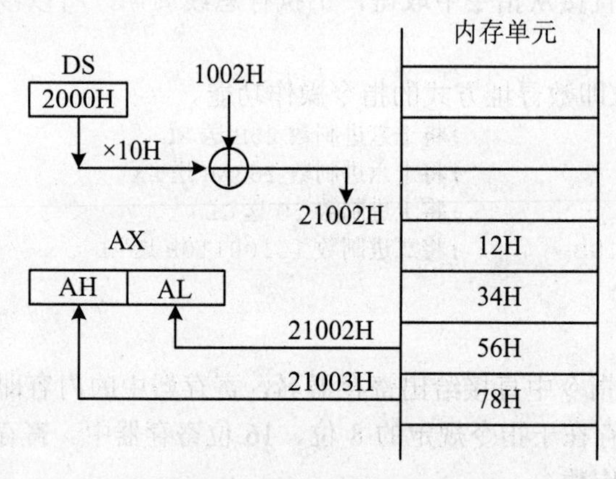

图 3-2 例 3.3 直接寻址分析

解：该指令为直接寻址，有效地址为 16 位，指令的操作数要占两个字节，其存储方式应该按“字”来存放。根据指令中给定的有效地址 EA=1002H 和物理地址的计算公式，可以得到该指令对应的操作数物理地址为：

PA=(DS)×10H+EA

=2000H×10H+1002H

=21002H

由于指令中目的操作数是 16 位寄存器，因此要取出 21002H 单元的字节数据 56H 送 AL 寄存器，21003H 单元的字节数据 78H 送 AH 寄存器。

指令执行后寄存器的内容为：(AX)=7856H。

8086 指令系统中规定，存储器直接寻址方式如果不加说明，操作数一定在数据段。若操作数在规定段以外的其他段，则必须在地址前加以说明。

例如：MOV　AL,ES:[0002H]

该指令指明源操作数存放于附加段寄存器 ES 中，则物理地址 PA=(ES)×10H+EA。

2. 寄存器间接寻址方式

寄存器间接寻址方式是指操作数的有效地址 EA 在指定的寄存器中，这种寻址方式是在指令中给出寄存器，寄存器中的内容为操作数的有效地址。

16 位操作数寻址时，EA 放在基址寄存器 BX、BP 或变址寄存器 SI、DI 中，所以该方式下操作数的物理地址计算公式有以下几个：

PA=(DS)×10H+(BX)

PA=(DS)×10H+(DI)

PA=(DS)×10H+(SI)

PA=(SS)×10H+(BP)

前三个式子表示操作数在数据段，最后一个式子表示操作数在堆栈段。

【例 3.4】已知指令为：MOV　AX,[BX]，给定(DS)=2000H，(BX)=1000H，数据在内存中的存放位置如图 3-3 所示，计算该指令中操作数的物理地址并分析指令的执行结果。

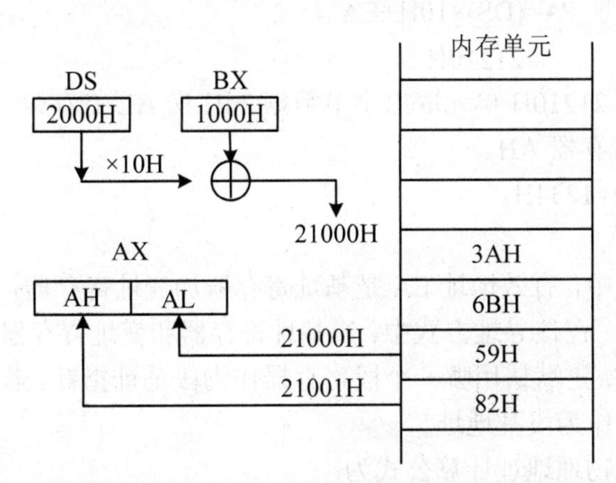

图 3-3　例 3.4 寄存器间接寻址分析

解：该指令采用寄存器间接寻址方式，指令中操作数的物理地址计算如下：

PA=(DS)×10H+(BX)

=2000H×10H+1000H

=21000H

由于目的操作数为 16 位寄存器，根据图 3-2 所示，指令执行时从内存 21000H 单元取出字节数据 59H 送 AL，从 21001H 单元取出字节数据 82H 送 AH，最后组合成 1 个字数据 8259H 传送到寄存器 AX 中。

即指令执行后的结果为：(AX)=8259H。

在该寻址方式下，当指令中指定的寄存器为BX、SI、DI时，操作数存放在数据段中，则段地址是数据段寄存器DS中的内容；若指令中指定的寄存器为BP时，操作数存放在堆栈段中，段地址是堆栈段寄存器SS中的内容；若指令中指定了跨越前缀，则可以从指定的段中获得操作数。

执行直接寻址时，操作数的有效地址EA在指令中，它是一个常量；执行间接寻址时，操作数的有效地址EA在寄存器中，寄存器的内容由它之前的指令确定，因而是一个变量。

3. 寄存器相对寻址方式

这种寻址方式是在指令中给定一个基址寄存器或变址寄存器和一个8位或16位的相对偏移量，两者之和作为操作数的有效地址。当选择间址寄存器BX、SI、DI时，指示的是数据段中的数据，选择BP作间址寄存器时，指示的是堆栈段中的数据。

有效地址为：EA=(reg)+8位或16位偏移量；其中reg为给定寄存器。

物理地址为：PA=(DS)×10H+EA　　（使用BX、SI、DI间址寄存器）

PA=(SS)×10H+EA　　（使用BP作为间址寄存器）

【例3.5】已知指令 MOV AX,[BX+0010H]，给定寄存器内容为(BX)=1200H，(DS)=2000H，存储单元内容为(21210H)=34H，(21211H)=12H；分析指令执行后的结果和计算操作数的有效地址及物理地址。

解：该题的功能是传送指定地址中的字数据到累加器中，属于寄存器相对寻址方式。

则：操作数的有效地址EA=(BX)+0010H

=1210H

操作数的物理地址PA=(DS)×10H+EA

=21210H

指令执行后，从内存21210H单元取出字节数据34H送AL寄存器，从内存21211H单元中取出字节数据12H送寄存器AH。

最后的结果为：(AX)=1234H。

4. 基址变址寻址方式

在基址变址寻址方式中，有效地址EA是基址寄存器加变址寄存器，即两个寄存器的内容之和为操作数的有效地址。在该寻址方式中，当基址寄存器和变址寄存器的默认段寄存器不同时，一般由基址寄存器来决定默认用哪一个段寄存器作为段基址指针。若在指令中规定了段跨越，则可以用其他寄存器作为段基地址。

基址变址寻址方式的物理地址计算公式为：

物理地址PA=(DS)×10H+(BX)+(SI)

物理地址PA=(SS)×10H+(BP)+(DI)

【例3.6】给定指令：MOV AX,[BX+SI]，寄存器保存的内容为(DS)=2000H，(BX)=1000H，(SI)=0050H，内存中的数据存放如图3-4所示，计算操作数地址并分析指令的执行情况。

解：该题为基址变址寻址方式，将指定的内存单元内容传送到寄存器AX中。

操作数的物理地址为：

PA=(DS)×10H+(BX)+(SI)

=2000H×10H+1000H+0050H

=21050H

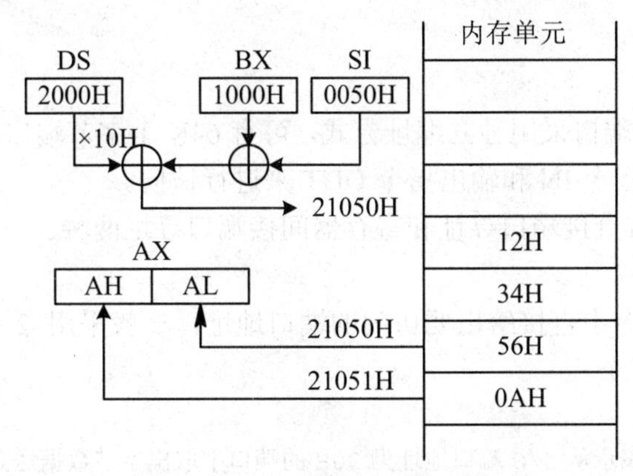

图 3-4　例 3.6 基址变址寻址分析

指令的执行结果是将内存 21050H 单元的数据传送到寄存器 AL 中，将内存 21051H 单元的数据传送到寄存器 AH 中。

指令执行完毕后：(AX)=0A56H

在基址变址寻址方式中，也可以使用段跨越前缀标识操作数所在的段。

如：MOV　AX,ES:[BX+DI]

则物理地址计算为：PA= (ES)×10H+(BX)+(DI)

在基址变址寻址方式中，基址寄存器可取 BX 或 BP，变址寄存器可取 SI 或 DI，但指令中不能同时出现两个基址寄存器或两个变址寄存器。

若基址寄存器为 BX，则段寄存器使用 DS；若基址寄存器用 BP，则段寄存器使用 SS。

5. 相对基址变址寻址方式

这种寻址方式是在指令中给出一个基址寄存器、一个变址寄存器和 8 位或 16 位的偏移量，三者之和作为操作数的有效地址。

基址寄存器可取 BX 或 BP，变址寄存器可取 SI 或 DI。

若基址寄存器采用 BX，则段寄存器使用 DS；

若基址寄存器采用 BP，则段寄存器使用 SS。

其物理地址为：PA=(DS)×10H+(BX)+(SI)或(DI)+偏移量

PA=(SS)×10H+(BP)+(SI)或(DI)+偏移量

【例 3.7】给定指令：MOV　AX,[1100H+BX+SI]，已知寄存器内容(DS)=2000H，(BX)=0100H，(SI)=0002H，存储单元内容(21202H)=B5H，(21203H)=37H，试分析指令执行后，AX 寄存器中的内容。

解：该指令为相对基址变址寻址方式，采用基址寄存器 BX 和变址寄存器 SI，给定的 16 位的偏移量为 1100H，则操作数的物理地址计算如下：

PA=(DS)×10H+(BX)+(SI)+偏移量

=2000H×10H+0100H+0002H+1100H

=21202H

指令的执行结果是将内存 21202H 单元的字节数据 B5H 传送到寄存器 AL 中，将内存 21203H 单元的字节数据 37H 传送到寄存器 AH 中。

最后的执行结果为：(AX)=37B5H

3.2.4 I/O 端口寻址

由于 8086CPU 的 I/O 端口采用独立编址方式，可有 64K 个字节端口或 32K 个字端口。指令系统中设有专门的输入指令 IN 和输出指令 OUT 来进行访问。

I/O 端口的寻址方式有直接端口寻址和寄存器间接端口寻址两种。

1. 直接端口寻址

直接端口寻址是在指令中直接给出要访问的端口地址，一般采用 2 位十六进制数表示，可访问的端口数为 0～255 个。

例如：

```
IN  AL，30H    ;表示从 I/O 端口地址为 30H 的端口中取出字节数据送到 8 位寄存器 AL 中
IN  AX，50H    ;表示从 I/O 端口地址为 50H 和 51H 的两个相邻端口中取出字数据送到 16 位寄
               存器 AX 中
```

OUT 指令和 IN 指令一样，提供了字节或字两种使用方式，由端口的宽度来决定，当端口宽度只有 8 位时，只能用字节指令。

直接端口地址也可以用符号地址表示，例如：

```
OUT  PORT，AL    ;通过符号地址 PORT 表示的端口进行字节输出
OUT  PORT，AX    ;通过符号地址 PORT 表示的端口进行字输出
```

2. 寄存器间接端口寻址

当访问的端口地址数≥256 时，直接端口寻址不能满足要求，要采用 I/O 端口的间接寻址方式。它是把 I/O 端口的地址先送到寄存器 DX 中，用 16 位的 DX 作为间接寻址寄存器。此种方式可访问的端口数为 0～65535 个。

例如：

```
MOV  DX，283H    ;将端口地址 283H 送到 DX 寄存器
OUT  DX，AL      ;将 AL 中的内容输出到 DX 所指定的端口中
```

又如：

```
MOV  DX，280H    ;将端口地址 280H 送到 DX 寄存器中
IN  AX，DX       ;从(DX)和(DX)+1 所指的两个端口输入一个字，低地址端口输入到 AL，
                 高地址端口输入到 AH
```

3.3 8086 指令系统

8086 指令系统是 80X86/Pentium 微处理器的基本指令集。指令的操作数可以是 8 位或 16 位，偏移地址是 16 位。按功能可将指令分成数据传送、算术运算、逻辑运算与移位、串操作、控制转移和处理器控制等六大类指令。

本节在介绍指令的基本情况基础上，着重于对指令功能的理解和应用。在学习指令时，要注意掌握各类指令的助记符、书写格式、操作功能、寻址方式、指令对标志位的影响等方面，再通过实验操作来全面而准确地理解每条指令的功能和用法，为编制汇编语言源程序打下牢固基础。

3.3.1 数据传送类指令

数据传送类指令的基本功能是把操作数或操作数的地址传送到指定的寄存器或存储单

元中。

数据传送类指令共有 14 条，根据传送的内容可分成以下 4 组：

（1）通用数据传送指令。

（2）累加器专用传送指令。

（3）地址传送指令。

（4）标志寄存器传送指令。

数据传送类指令是计算机中最基本、最常用、最重要的一类操作。可用于在寄存器与存储器、寄存器与寄存器、累加器与 I/O 端口之间传送数据、地址等信息，也可以将立即数传送到寄存器或存储器中。为此，指令中必须指明数据起始存放的源地址和数据传送的目标地址。源操作数可以是累加器、寄存器、存储器操作数和立即数；而目的操作数可以是累加器、寄存器和存储器。

1. 通用数据传送指令

（1）传送指令 MOV。

格式：MOV dst,src

MOV 指令的功能是把源操作数 src 传送至目的操作数 dst，执行后源操作数内容不变，目的操作数内容与源操作数内容相同。

源操作数可以是通用寄存器、段寄存器、存储器以及立即数，目标操作数可以是通用寄存器、段寄存器（CS 除外）或存储器。

采用 MOV 指令时，各类数据之间的传送关系如图 3-5 所示。

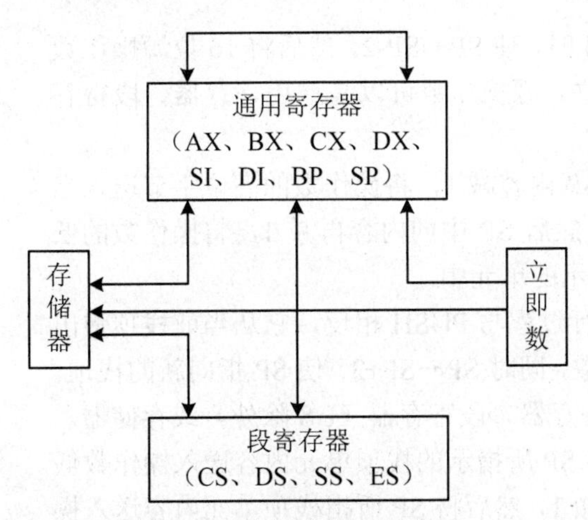

图 3-5 数据之间的传送关系

使用 MOV 指令进行数据传送时要注意以下几点：

- 段寄存器 CS 及立即数不能作为目标操作数。
- 两个存储单元之间不允许直接传送数据。
- 立即数不能直接传送到段寄存器。
- 两个段寄存器之间不能直接传送数据。
- 传送数据的类型必须匹配。
- MOV 指令不影响标志位。

【例 3.8】给定如下 MOV 指令的形式，分析其操作功能。

```
MOV  AL,34H           ;8位立即数34H送AL寄存器
MOV  BL,'A'           ;字符'A'的ASCII码送BL寄存器
MOV  SI,COUNT         ;COUNT为一个符号常数，其值送SI寄存器
MOV  DX,2175H         ;16位立即数2175H送DX寄存器
MOV  AX,BX            ;16位寄存器BX内容传送到累加器AX
MOV  DH,BH            ;8位寄存器BH内容传送到DH
MOV  AX,[2365H]       ;将指定存储单元2365H中的数据传送到AX寄存器中
MOV  [3200H],SI       ;将SI寄存器中的内容传送到指定的存储单元3200H中
MOV  ARRAY,21H        ;将立即数21H送指定符号地址的内存单元ARRAY
MOV  DS,AX            ;将累加器AX中的内容传送到数据段寄存器DS中
MOV  [SI],DS          ;将DS中的内容传送到SI所指示的字单元中
MOV  ES,[BX]          ;将BX所指示的存储单元中的内容传送到ES中
```

（2）堆栈操作指令 PUSH/POP。

进栈指令：PUSH　opr　　　;SP←SP-2，将源操作数 opr 压入堆栈

出栈指令：POP　opr　　　;栈顶弹出字数据到目标操作数 opr，SP←SP+2

前面已经讨论过，堆栈是存储器中的一个特殊区域，主要用于存入和取出数据，堆栈是以“先进后出”的工作方式进行数据操作的。在 8086 堆栈组织中，堆栈从高地址向低地址方向生长，它只有一个出入口，堆栈指针寄存器 SP 始终指向堆栈的栈顶单元。

堆栈操作时栈顶的位置将发生变化，即堆栈指针寄存器 SP 的内容会被修改，并始终指向的是栈顶位置。操作时按照字数据进行，即每次入栈或出栈都按 2 个字节单元来处理，堆栈的示意如图 3-6 所示。

执行进栈指令 PUSH 时，使 SP←SP-2，然后将 16 位源操作数压入堆栈，先高位后低位。源操作数可以是通用寄存器、段寄存器和存储器。

操作过程是：首先 SP 内容减 1，将操作数的高位字节送入当前 SP 所指示的单元中；然后 SP 中的内容再减 1，将操作数的低位字节送入当前 SP 所指示的单元中。

出栈指令 POP 的执行过程与 PUSH 相反，它从当前栈顶弹出 16 位操作数到目标操作数，同时 SP←SP+2，使 SP 指向新的栈顶。目标操作数可以是通用寄存器、段寄存器（CS 除外）或存储器。

操作过程是：首先将 SP 所指示的栈顶单元内容送入操作数低位字节单元，SP 的内容加 1，然后将 SP 所指栈顶单元内容送入操作数的高位字节单元，SP 的内容再加 1。

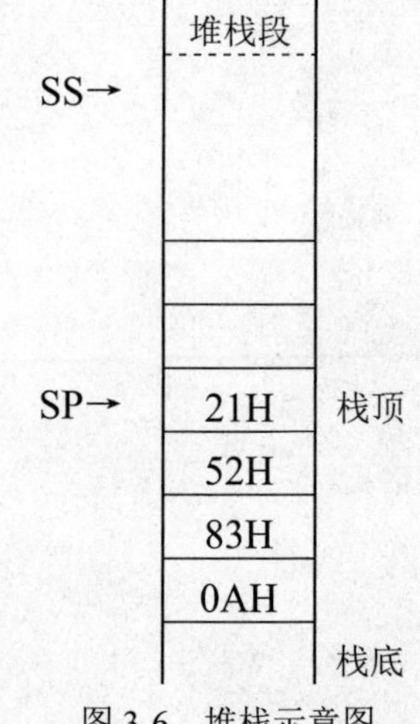

图 3-6　堆栈示意图

【例 3.9】给定堆栈操作指令和环境如下，分析其操作功能。

1）已知(SP)=00F8H，(SS)=2000H，(AX)=3485H，执行指令 PUSH　AX。

2）已知(SS)=2000H，(SP)=0100H，(BX)=1234H，(20100H)=53H，(20101H)=2AH，执行指令 POP　BX。

解：1）执行进栈指令 PUSH　AX。

堆栈指针变化为(SP)←(SP)-2

即(SP)=00F8H-2=00F6H

目的操作数的物理地址为：PA=(SS)×10H+(SP)

=2000H×10H+00F6H

=200F6H

该指令将累加器AX中的字数据3485H压入堆栈区域200F6H单元开始的字存储区，执行后，(200F6H)=85H，(200F7H)=34H。

2）执行出栈指令POP　BX。

堆栈区数据的物理地址为：PA=(SS)×10H+(SP)

=2000H×10H+0100H

=20100H

该指令将堆栈区域20100H单元开始的字存储区数据2A53H弹出到寄存器BX中，即(BX)=2A53H。此时堆栈指针变化为SP←SP+2，即(SP)=0100H+2=0102H。

堆栈在子程序调用或中断处理时常用于保护当前的断点地址和现场数据，以便子程序执行完毕后正确返回到主程序。

堆栈操作时，PUSH和POP指令不影响标志位。

（3）交换指令XCHG。

XCHG指令用来将源操作数和目的操作数的内容进行交换。它可以实现字节数据交换，也可以实现字数据交换。

该指令的操作数必须有一个是在寄存器中，即可以在两个通用寄存器之间或寄存器与存储器之间交换数据，但不能在两个存储器之间交换数据。指令执行结果不影响标志位。

例如：若给定(AX)=1234H，(BX)=5678H，执行指令：XCHG　AX,BX，该指令将寄存器AX的内容与寄存器BX的内容互相交换位置，则指令执行后：(AX)=5678H，(BX)=1234H。

2. 累加器专用传送指令

8086指令系统中将累加器AX作为数据传输的核心，系统的输入/输出指令IN/OUT和换码指令XLAT就是专门通过累加器来执行的，称之为累加器专用传送指令。

下面分析相关指令的功能。

输入指令：IN　Acc,src　　;Acc为8位或16位累加器

输出指令：OUT　dst,Acc

使用I/O指令时需注意：

（1）IN和OUT指令只能用累加器进行输入和输出数据，不能采用其他寄存器。

（2）直接端口寻址的I/O指令端口范围为0～FFH，在一些规模较小的微机系统已经够用了。

（3）在一些功能较强的微机系统会使用大于FFH的端口数，这时需通过DX采用寄存器间接端口寻址方式。

例如，将12位A/D转换器所得数字量输入。A/D转换器使用一个字端口，地址设为2F0H。输入数据程序段为：

```
MOV  DX, 02F0H
IN   AX, DX
```

换码指令：XLAT

XLAT指令的功能是根据累加器AL中的一个值去查内存表格，将查到某一个值送回AL中。

使用XLAT指令之前，要先将表格的首地址送入BX寄存器，将待查的值放入AL中，用

它来表示表中某一项与表首址的距离。执行时，BX 和 AL 的内容相加得到一个地址，再将该地址单元的值取到 AL 中，即为查表转换的结果。换码指令通常用于无规律代码之间的转换，又称为查表转换指令。

【例 3.10】给定累加器专用传送指令如下，分析其操作功能。

```
IN   AL,20H          ;将 20H 端口中的数据读入到 AL 中
IN   AX,25H          ;将 25H 端口数据读入到 AL 中，将 26H 端口数据读入到 AH 中
OUT  DX,AL           ;AL 中的内容输出到 DX 所指示的字节端口
XLAT                 ;执行操作 AL←(BX+AL)
```

3. 地址传送指令

8086 的地址传送指令用于控制寻址机构，它可将存储器操作数的地址传送到 16 位目标寄存器中。

这类指令有以下 3 种形式。

（1）有效地址送寄存器指令：LEA　reg,src。

LEA 指令功能是将存储器操作数 src 的有效地址传送到 16 位的通用寄存器 reg。

例如：LEA　BX,[SI+BP]

该指令的功能是将(SI)+(BP)的值送到 BX 中。

（2）地址指针送寄存器和 DS 指令：LDS　reg,src。

该指令完成一个 32 位的地址指针传送，地址指针包括段地址和偏移地址两部分。执行的操作是将存储器操作数 src 指定的 4 个字节地址指针传送到两个目标寄存器，其中，地址指针的前两个字节单元的内容送入指令所指定的 16 位通用寄存器中，src＋2 所指示的两个字节单元的内容送入寄存器 DS 中。

【例 3.11】若给定(SI)=0010H，(DS)=2000H，(BX)=3572H，(20130H)=80H，(20131H)=12H，(20132H)=42H，(20133H)=21H。

执行指令：LDS　BX,0120H[SI]，分析其操作功能。

解：该指令执行后，由指令的寻址方式计算出操作数的起始物理地址为：

PA=(DS)×10H+(SI)+0120H
　=2000H×10H+0010H+0120H
　=20130H

指令从 20130H 单元开始取出 4 个字节的内容，分别送入规定的寄存器中。

执行结果为：(BX)=1280H，(DS)=2142H。

（3）地址指针送寄存器和 ES 指令：LES　reg,src。

LES 指令执行的操作与 LDS 指令相似，不同之处是以 ES 代替 DS。

【例 3.12】若给定(DS)=2000H，(BX)=0010H，(ES)=4000H，(20010H)=25H，(20011H)=31H，(20012H)=00H，(20013H)=25H。

执行指令：LES　DI,[BX]，分析其操作功能。

解：该指令执行后，由指令的寻址方式计算出操作数的起始物理地址为：

PA=(DS)×10H+(BX)
　=2000H×10H+0010H
　=20010H

指令从 20010H 单元开始取出 4 个字节的内容，分别送入规定的寄存器中。

则指令执行后：(DI)=3125H，(ES)=2500H。

4. 标志寄存器传送指令

8086 可通过这类指令读出当前标志寄存器中各标志位的内容，也可以重新设置各标志位的值。标志寄存器的传送指令共有 4 条，均为单字节指令，指令的操作数以隐含形式出现，隐含为 AH 寄存器。

（1）取标志指令 LAHF。

该指令将 16 位标志寄存器 FLAG 中的低 8 位取到 AH 中，即将 SF、ZF、AF、PF、CF 这 5 个状态标志位分别取出传送到 AH 的对应位，如图 3-7 所示。

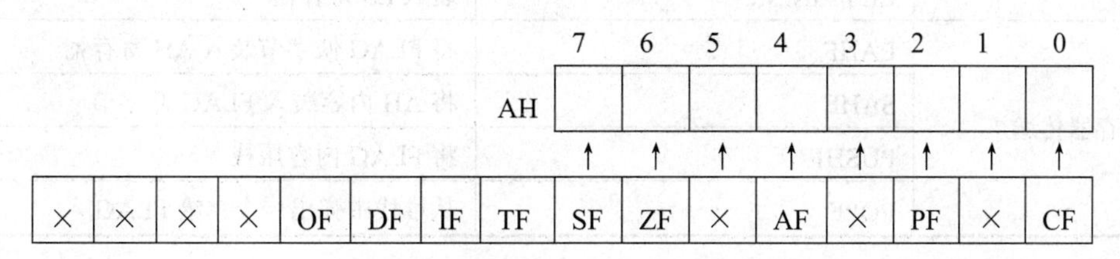

图3-7　LAHF指令执行过程示意图

（2）置标志位指令 SAHF。

SAHF 指令的操作与 LAHF 正好相反，它是将 AH 寄存器中的内容分别传送到标志寄存器的低 8 位。FLAG 中的 SF、ZF、AF、PF 和 CF 将被修改成 AH 寄存器所对应位的值，但 OF、DF、IF 和 TF 等 4 个标志位不受影响。

（3）标志寄存器入栈指令 PUSHF。

PUSHF 指令先将堆栈指针 SP 减 2，然后将 16 位 FLAG 中的内容压入堆栈中。指令执行后，标志寄存器的内容不变。

（4）标志寄存器出栈指令 POPF。

POPF 指令的操作与 PUSHF 指令正好相反，它将堆栈顶部的一个字弹出到标志寄存器 FLAG，然后修改堆栈指针 SP 加 2。该指令执行后，将改变标志寄存器的内容。

置标志位指令 SAHF 和标志寄存器出栈指令 POPF 指令对状态标志位有影响，其他两条指令执行后对标志位没有影响。

PUSHF 和 POPF 指令一般用在子程序和中断服务程序中，可保护或恢复主程序的标志位的值。

为方便使用，我们将数据传送类指令的格式和功能归纳如表 3-1 所示。表中 dst 表示目的操作数，src 表示源操作数。

表 3-1　数据传送类指令的格式及功能

指令类型	指令格式	指令功能
通用数据传送	MOV　dst,src	字节或字传送
	PUSH　src	字压入堆栈
	POP　dst	字弹出堆栈
	XCHG　dst,src	字节或字交换

续表

指令类型	指令格式	指令功能
累加器专用传送	IN　Acc,src	从指定端口将数据送累加器
	OUT　dst,Acc	将累加器中的数据送指定端口
	XLAT	换码指令
地址传送	LEA　dst,src	装入有效地址
	LDS　dst,src	装入 DS 寄存器
	LES　dst,src	装入 ES 寄存器
标志寄存器传送	LAHF	将 FLAG 低字节装入 AH 寄存器
	SAHF	将 AH 内容装入 FLAG 低字节
	PUSHF	将 FLAG 内容压栈
	POPF	从堆栈中弹出一个字给 FLAG

3.3.2　算术运算类指令

8086 的算术运算类指令包括加、减、乘、除 4 种基本运算指令，以及为进行 BCD 码十进制数运算而设置的各种较正指令。

8086 的基本算术运算指令中，除加 1 和减 1 指令外，其余均为双操作数指令，两个操作数中除了源操作数可为立即数外，必须有一个操作数在寄存器中，而单操作数指令则不允许采用立即数方式。

算术运算指令涉及的操作数从数据形式来分有 8 位和 16 位的操作数两种，这些操作数从类型来分又有无符号数和带符号数两种类型数据。在进行加减运算时可采取同一套指令，而乘除运算则各自有不同的指令。

加减法运算在执行过程中会产生溢出，无符号数运算时，如果加法运算最高位向前产生进位或减法运算最高位向前有借位，则表示出现溢出，采用标志位 CF=1 来表示；带符号数采用补码运算时，符号位也参与运算，出现溢出则表示运算结果发生了错误，采用标志位 OF=1 来表示。

算术运算指令除加 1 指令 INC 不影响 CF 标志外，其余指令对 CF、OF、ZF、SF、PF、AF 等 6 个标志位均可产生影响，其规则如下：

- 无符号数运算产生溢出时，CF=1。
- 带符号数运算产生溢出时，OF=1。
- 当运算结果为 0 时，ZF=1。
- 当运算结果为负数时，SF=1。
- 当运算结果中有偶数个 1 时，PF=1。
- 当操作数为 BCD 码，低 4 位出现进位 1 时，AF=1。

下面分别介绍 6 种基本算术运算指令的功能和应用特点。

1．加法指令

（1）不带进位加法指令：ADD　dst,src。

指令功能为：(dst)←(dst)+(src)

使用时要注意两个操作数类型保持一致，而且不能对两个存储器操作数直接相加，段寄存器不能参加运算。

ADD 指令可采用的格式如下：

```
ADD  AL,BL                  ;两个寄存器的字节数据相加
ADD  AL,[0123H]             ;内存单元与寄存器的字节数据相加
ADD  [SI],AX                ;寄存器与内存单元的字数据相加
ADD  BYTE  PTR[SI],24H      ;立即数与内存单元的字节数据相加
```

（2）带进位的加法指令：ADC　dst,src。

指令功能为：(dst)←(dst)+(src)+CF

与 ADD 指令不同的是要加进位标志 CF 的值， ADC 指令主要用于多字节或多字的加法运算中。

（3）加 1 指令：INC　opr。

指令功能为：(opr)←(opr)+1

opr 只能为通用寄存器或存储器，不能对立即数或段寄存器加 1。该指令也叫增量指令，通常在循环程序中用作循环计数器。

INC 指令的用法如下：

```
INC  AL                     ;对 8 位寄存器 AL 中的内容加 1
INC  CX                     ;对 16 位寄存器 CX 中的内容加 1
INC  BYTE  PTR  [SI][BX]    ;对指定内存的字节单元的内容加 1
```

2. 减法指令

（1）不带借位的减法指令：SUB　dst,src。

指令功能为：(dst)←(dst)−(src)

例如：

```
SUB  AX,BX       ;将 AX 内容减去 BX 内容，结果送到 AX 中
```

（2）带借位的减法指令：SBB　dst,src。

指令功能为：(dst)←(dst)−(src)−CF

与 SUB 不同之处在于还要减去借位 CF 的值，SBB 指令通常用于多精度数的减法运算。

例如：

```
SBB  DX,CX       ;执行(DX)-(CX)-CF，结果送到 DX 中
```

（3）减 1 指令：DEC　opr

指令功能为：(opr)←(opr)−1

此指令通常用于循环程序中修改指针和循环次数。

DEC 指令使用形式如下：

```
DEC  CX                  ;将 CX 中的内容减 1 后结果再送回 CX
DEC  BYTE  PTR[SI]       ;将 SI 所指示字节单元中的内容减 1 后结果送回该单元
```

（4）求补指令：NEG　opr。

该指令将 opr 中的内容取 2 的补码，相当于将 opr 中的内容按位取反后末位加 1。

（5）比较指令：CMP　opr1,opr2。

指令功能为：(opr1)−(opr2)

该指令与 SUB 指令一样进行减法操作，但不保存结果，指令执行后两个操作数的内容不会改变。CMP 指令通常根据操作的结果来设置标志位，按比较结果使程序产生条件转移。

3. 乘法运算指令

乘法指令包括无符号数和带符号数相乘的指令，指令中只给出乘数，被乘数隐含给出。两个 8 位数相乘时被乘数放入 AL 中，16 位数的乘积存放到 AX 中；两个 16 位数相乘时被乘数先放入 AX 寄存器中，32 位数的乘积放到 DX 和 AX 两个寄存器中，规定 DX 中存放高 16 位，AX 中存放低 16 位。

（1）无符号数乘法指令：MUL src。

若 src 为字节数据，执行 AX←(AL)×(src)；

若 src 为字数据，执行 DX、AX←(AX)×(src)。

src 可采用寄存器和存储器，但不能使用立即数和段寄存器。

指令使用形式如下：

```
MUL  AL            ;完成(AL)×(AL)操作，结果送AX
MUL  BX            ;完成(AX)×(BX)操作，结果分别送DX和AX
```

（2）带符号数乘法指令：IMUL src。

该指令的执行功能与 MUL 相同，此处不再重复。

4. 除法运算指令

除法指令可用来实现两个无符号数或带符号数的除法运算，包括字和字节两种操作，该指令隐含使用 AX 和 DX 作为一个操作数，指令中给出的源操作数为除数。

（1）无符号数除法指令：DIV src。

DIV 指令的被除数、除数、商和余数全部为无符号数。

（2）带符号数除法指令：IDIV src。

IDIV 指令的被除数、除数、商和余数均为带符号数，且余数的符号位同被除数。

两条指令执行的操作功能如下：

当除数 src 为字节数据时，用 AX 除以 src，得到的 8 位商保存在 AL 中，8 位余数保存在 AH 中。

当除数 src 为字数据时，用 DX、AX 除以 src，得到的 16 位商保存在 AX 中，16 位余数保存在 DX 中。

这里需要注意的是，DIV 指令在除数为 0，或者字节操作时其商超过 8 位，字操作时其商超过 16 位，会产生除法溢出；同样，IDIV 指令在除数为 0，或者字节操作时其商超过-128～+127 范围，字操作时其商超过-32727～+32728 范围，也会产生除法溢出。

5. 符号扩展指令

符号扩展指令是指用一个操作数的符号位形成另一个操作数，后一个操作数的各位是全 0（正数）或全 1（负数），符号扩展指令虽然使数据位数加长，但数据的大小并没有改变。该指令的执行不影响标志位。

（1）字节转换为字指令 CBW。

该指令的功能是将 AL 中的符号位 D_7 扩展到 AH 中。

如果 AL 中的最高位 D_7=0，则转换后(AH)=00H；如果 AL 中的 D_7=1，则转换后(AH)=FFH，AL 的值不变。

（2）字转换为双字指令 CWD。

该指令的功能是将 AX 中的符号位扩展到 DX 中。

如果 AX 中的最高位 D_{15}=0，则转换后(DX)=0000H，如果 AX 中的 D_{15}=1，则转换后(DX)=FFFFH。

符号扩展指令常用来获得带符号数的倍长数据，而无符号数通常采用直接使高 8 位或高 16 位清 0 的方法来获得倍长数据。

6. 十进制调整指令

十进制数在计算机中是采用二进制数来表示的，这就是 BCD 码，要对十进制的 BCD 码进行算术运算，必须对得到的结果进行调整，否则结果无意义。

8086 指令系统提供了以下两类十进制调整指令。

（1）组合 BCD 码加法、减法调整指令。

```
DAA   ;组合 BCD 码加法调整指令，将 AL 中的和调整为组合 BCD 码
DAS   ;组合 BCD 码减法调整指令，将 AL 中的差调整为组合 BCD 码
```

DAA 和 DAS 分别用于加法指令（ADD、ADC）或减法指令（SUB、SBB）之后，执行时先对 AL 中保存的结果进行测试，若结果中的低 4 位＞09H，或者标志位 AF=1，则进行 AL←(AL)±06H 修正；如果 AL 寄存器中所保存结果的高 4 位＞09H，或者标志位 CF=1，则进行 AL←(AL)±60H 修正。该指令会影响 OF 以外的其他状态标志位。

【例 3.13】给定寄存器的保存内容为：(AL)=28H，(BL)=69H。

执行指令：

```
ADD  AL,BL
DAA
```

分析指令的操作结果。

解：执行 ADD 指令后，(AL)=91H，AF=1。可见，AL 中保存的结果不符合组合 BCD 码要求，出现了误差。

执行 DAA 调整指令时，由于 AF=1，要作 AL←(AL)+06H 的调整操作，调整后 AL 中的内容为 97H，符合要求；而 AL 的高 4 位≤09H，则不必进行调整。

【例 3.14】给定寄存器的保存内容为：(AL)=97H，(AH)=39H

执行指令：

```
SUB  AL,AH
DAS
```

分析指令的操作结果。

解：执行 SUB 指令后，(AL)=5EH，AF=1，可见，AL 中的内容不是组合 BCD 码格式，需要对其进行调整。

执行 DAS 指令，完成 AL←(AL)-06H 后，(AL)=58H，CF=0 且 AL 中高 4 位≤09H，不必进行调整。

（2）非组合 BCD 加法、减法调整指令。

```
AAA  ;非组合 BCD 加法调整指令，将 AL 中的和调整为非组合 BCD 码
AAS  ;非组合 BCD 减法调整指令，将 AL 中的差调整为非组合 BCD 码
```

AAA 和 AAS 分别用于加法指令（ADD、ADC）或减法指令（SUB、SBB）之后，执行时对 AL 进行测试，若 AL 中的低 4 位＞09H，或 AF=1，则进行 AL←(AL)±06H 修正；AL 的高 4 位为 0，同时 AH←(AH)±1；CF=AF=1。调整后的结果放在 AX 中。

【例 3.15】给定寄存器的保存内容为：(AX)=0505H，(BL)=09H。

执行指令：

```
ADD  AL,BL
AAA
```

分析指令的执行结果。

解：执行 ADD 指令后，(AL)=0EH，可见 AL 的低 4 位＞09H，该结果不是非组合 BCD 码，要进行调整。

执行 AAA 指令，进行 AL←(AL)+06H 的修正，最终结果为(AX)=0104H，是 14 的非组合 BCD 码表示。

各类算术运算指令的格式、功能及对标志位的影响归纳如表 3-2 所示。

表 3-2　算术运算指令格式、功能及对标志位的影响

类别	指令书写格式（助记符）	指令名称	状态标志					
			OF	SF	ZF	AF	PF	CF
加法	ADD dst,src	加法（字节/字）	¤	¤	¤	¤	¤	¤
	ADC dst,src	带进位加法（字节/字）	¤	¤	¤	¤	¤	¤
	INC dst	加 1（字节/字）	¤	¤	¤	¤	¤	—
减法	SUB dst,src	减法（字节/字）	¤	¤	¤	¤	¤	¤
	SBB dst,src	带借位减法（字节/字）	¤	¤	¤	¤	¤	¤
	DEC dst	减 1	¤	¤	¤	¤	¤	—
	NEC dst	求补	¤	¤	¤	¤	¤	¤
	CMP dst,src	比较	¤	¤	¤	¤	¤	¤
乘法	MUL src	不带符号乘法（字节/字）	¤	※	※	※	※	¤
	IMUL src	带符号乘法（字节/字）	¤	※	※	※	※	¤
除法	DIV src	不带符号除法（字节/字）	※	※	※	※	※	※
	IDIV src	带符号除法（字节/字）	※	※	※	※	※	※
符号扩展	CBW	字节扩展	—	—	—	—	—	—
	CWD	字扩展	—	—	—	—	—	—
十进制调整	AAA	非组合 BCD 码加法调整	※	※	※	¤	※	¤
	DAA	组合 BCD 码加法调整	※	¤	¤	¤	¤	¤
	AAS	非组合 BCD 码减法调整	※	※	※	¤	※	¤
	DAS	组合 BCD 码减法调整	※	¤	¤	¤	¤	¤

注：表中“¤”表示运算结果影响标志位；“—”表示运算结果不影响标志位；“※”表示标志位为任意值。

3.3.3　逻辑运算与移位类指令

1. 逻辑运算指令

有以下 5 条逻辑运算指令，它们可对 8 位或 16 位操作数按位进行逻辑运算。

（1）逻辑与指令：AND　dst,src。

该指令将源操作数 src 和目的操作数 dst 按位进行逻辑“与”运算，运算结果送回 dst。指

令执行结果会影响 CF、OF、SF、PF 和 ZF 标志位，使 CF=0，OF=0，其他标志位按结果进行设置。

利用 AND 指令可将操作数中的某些位保持不变，而使其他一些特定位清 0，称为屏蔽。

例如：

```
AND  AL,0FH
```

如果给定(AL)=52H，则指令执行后，(AL)=02H，屏蔽了 AL 中的高 4 位。

（2）逻辑或指令：OR　dst,src。

实现 src 和 dst 按位进行逻辑“或”运算，运算结果送回 dst。指令执行结果会影响状态标志位，与 AND 指令相同。

利用 OR 指令可将操作数中的某些位保持不变，而使其他一些位置 1。

例如：

```
OR  AL,F0H
```

如果给定(AL)=43H，则指令执行后，(AL)=F3H，达到将字节的高 4 位置 1 的目的。

（3）逻辑异或指令：XOR　dst,src。

实现 src 和 dst 按位进行逻辑“异或”运算，将运算结果送回 dst。指令执行结果会影响标志位，与 AND 指令相同。

例如：

```
XOR  AX,AX        ;该指令执行后将累加器清 0，同时 CF=0。
```

（4）逻辑非指令：NOT　dst。

为单操作数指令，对给定的操作数 dst 逐位取反，结果送回 dst。该指令执行后不影响任何标志位。

例如：

```
NOT  AL
```

若给定(AL)=01111000B，则指令执行后，(AL)=10000111B。

（5）测试指令：TEST　dst,src。

两个操作数执行“与”操作，结果不回送 dst，只影响标志位。该指令常用来检测操作数的某一位或某几位是“0”还是“1”。

例如：

```
TEST  AL,80H  ;检测 AL 中的数据是正数还是负数，当 D7=0 时为正数，ZF=1；否则为负数，
              ZF=0
```

2. 移位指令

移位操作类指令可以对字节或字数据中的各位进行算术移位、逻辑移位或循环移位。

移位指令的格式为：　SHL/SAL/SHR/SAR　dst,1/ CL

循环移位指令的格式为：ROL/ ROR/ RCL/ RCR　dst,1/ CL

上述指令分别对操作数进行逻辑左移 SHL、算术左移 SAL、逻辑右移 SHR、算术右移 SAR、循环左移 ROL、循环右移 ROR、带进位的循环左移 RCL、带进位的循环右移 RCR 等操作。操作数可以是字节或字操作。

图 3-8 所示为各种移位操作的功能示意。指令中操作数可由任何寻址方式获得，位移次数可以取 1，也可以将位移的次数送到 CL 寄存器中。

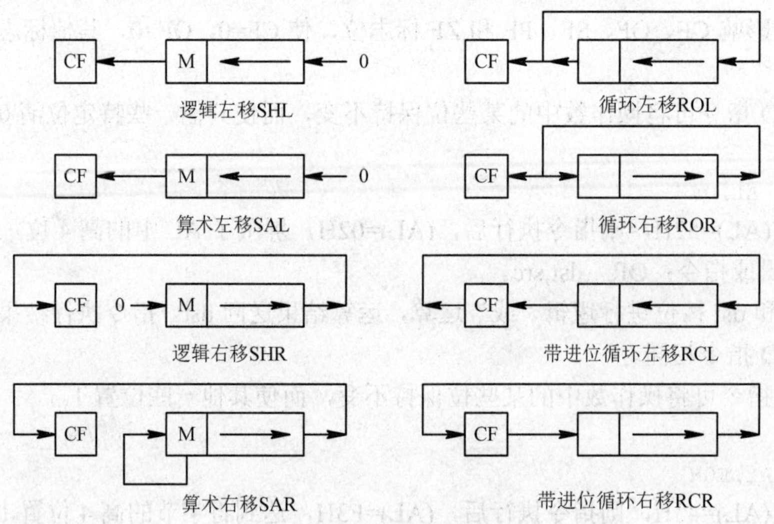

图 3-8 移位指令的操作功能示意

移位指令对各标志位的影响如下：

（1）CF 标志位要根据各种移位指令而定。OF 标志位可表示移位后的符号位与移位前是否相同，即当位移为 1，移位后的最高有效位的值发生变化时，OF 置“1”，否则清“0”。

（2）循环移位指令均影响 CF、OF、SF、ZF、PF 标志位。

（3）移位指令根据移位后的结果设置 SF、ZF、PF 标志位，AF 标志位无定义。

在程序设计中，常常用逻辑左移和逻辑右移指令来实现将无符号操作数乘以 2 或除以 2 的操作。要进行将带符号的数乘以 2 或除以 2 的运算，可以通过算术左移和算术右移指令来实现。

【例 3.16】分析以下移位指令的操作功能。

```
SHL   AL,1             ;AL 中内容向左移动 1 位，执行(AL)×2 操作
MOV   CL,4             ;移位次数送 CL 保存
SHL   AL,CL            ;AL 中内容向左移动 CL 中指定的 4 位，空出位补 0
SHR   AX,1             ;AX 中内容向右移动 1 位，执行(AX)/2 操作
```

注意：用左、右移位指令实现乘、除运算要比用乘、除法指令实现所需时间短得多。此外，循环移位指令可用来检测寄存器或存储单元中数据含 1 或 0 的个数，因为用循环移位指令循环 8 次，数据又恢复了，只要对 CF 进行检测，就可计算出 1 或 0 的个数。

3.3.4 串操作类指令

数据串是存储器中的一串字节或字的数据序列。8086 指令系统中设置了串操作指令，其操作对象是内存中地址连续的字节串或字串。在每次操作后能够自动修改地址指针，为下一次操作作准备。

基本串操作指令有串传送（MOVS）、串比较（CMPS）、串扫描（SCAS）、串存取（LODS、STOS）等。任何一个基本串操作指令的前面都可以加一个重复操作前缀，使指令操作重复，这样在处理长数据串时要比用循环程序速度快得多。

串操作指令具有以下几个共同的特点：

（1）约定以 DS:SI 寻址源串，以 ES:DI 寻址目标串。指令中不必指明操作数。其中源串

的段寄存器DS可通过加段超越前缀而改变，但目标串的段寄存器ES不能超越。源操作数常用在现行的数据段，隐含段寄存器DS；目的操作数总是在现行的附加段，隐含段寄存器ES。

（2）采用方向标志规定串处理方向。若方向标志DF＝0，则从低地址向高地址方向处理，地址指针增量，字节操作时地址指针加1，字操作时地址指针加2；若DF＝1，则处理方向相反，地址指针减量，字节操作时地址指针减1，字操作时地址指针减2。每一次操作以后修改地址指针，源串、目标串的两个地址指针SI和DI都将根据方向标志DF的值自动增量或减量，以指向串中下一项。

（3）可在串操作指令前加重复前缀用来对一个以上的串数据进行操作。这时必须用CX作为重复次数计数器，存放被处理数据串的元素个数（字节个数或字个数）。串操作指令每执行一次，CX值自动减1，直至减为0则停止串操作。

（4）重复的数据串处理过程可以被中断。CPU在处理数据串中的下一元素之前识别中断并转入中断服务程序。在中断返回以后，重复过程从中断点继续执行下去。

（5）若串操作指令的基本操作影响标志ZF（如CMPS、SCAS），则可加重复前缀REPE/REPZ或REPNE/REPNZ，此时操作重复进行的条件不仅要求（CX）≠0，而且同时要求ZF的值满足重复前缀中的规定。

（6）除了串比较指令和串搜索指令外，其余串操作指令均不影响标志位。

1. 串传送指令

指令格式：MOVS　dst，src　　;用于字串或字节串传送，由给定的数据类型确定
　　　　　MOVSB　　　　　　;字节串传送，SI和DI的内容±1
　　　　　MOVSW　　　　　　;字串传送，SI和DI的内容±2

该指令的操作功能为：将位于DS段的由SI所指示的存储单元的内容传送到位于ES段由DI所指示的存储单元，然后修改地址指针SI和DI，以指向串中的下一个元素。

串传送指令在执行前，都必须把SI指向源操作数，DI指向目的操作数，并将DF置1或清0。

2. 串存储指令

指令格式：STOS　dst　　　;用于字串或字节串存储，由给定的数据类型确定
　　　　　STOSB　　　　　;字节存储
　　　　　STOSW　　　　　;字存储

该指令的操作功能为：把AL或AX中的内容存入由DI指示的ES段中的字节数据或字数据，并根据DF的值及数据类型来修改DI中的内容。在该指令执行前，要将存入的内容预先放到AL或AX中，并设置DF、DI初始值。

STOS指令的执行不影响标志位。这条指令和REP指令配合使用，可用来将存储区中的某一连续区域放入相同的内容。

3. 取串指令

指令格式：LODS　src　　　;用于字串或字节串的取出，由给定的数据类型确定
　　　　　LODSB　　　　　;取字节串
　　　　　LODSW　　　　　;取字串

该指令的操作功能为：把SI指示的DS段中的字节数据或字数据传送至AL或AX，并根据DF的值及数据类型来调整SI中的内容。该指令的执行不影响标志位。

4. 串比较指令

指令格式：CMPS dst,src ;用于字串或字节串比较，由给定的数据类型确定
CMPSB ;字节串比较
CMPSW ;字串比较

该指令的操作功能为：完成两个字节数据或字数据的相减，结果不回送，只影响状态标志位，并根据DF的值及数据类型来修改DI的内容。设置SI指向被减数，DI指向减数，并设置DF值。

5. 串搜索指令

指令格式：SCAS dst,src ;用于字串或字节串搜索，由给定的数据类型确定
SCASB ;字节串搜索
SCASW ;字串搜索

该指令的操作功能为：将AL或AX中的内容减去字节数据或字数据，结果不回送，只影响状态标志位，并根据DF的值及数据类型来调整DI的内容。在该指令执行前，AL或AX中设置被搜索的内容，DI指向被搜索的字符串的首单元，并设置DF值。

6. 方向标志清除、设置指令

指令格式：CLD ;方向标志清除指令，使 DF=0，可使串操作地址自动增量
STD ;方向标志设置指令，使 DF=1，可使串操作地址自动减量

7. 重复操作前缀

指令格式：REP ;重复操作前缀
REPE/REPZ ;相等/为零时重复操作前缀
REPNE/REPNZ ;不相等/不为零时重复操作前缀

指令的操作功能为：

REP 用在 MOVS、STOS、LODS 指令之前，重复次数预先送入 CX 中，每执行一次串操作指令，CX 中的内容自动减 1，一直重复到(CX)=0，操作结束。

REPE/REPZ 用在 CMPS、SCAS 指令之前，每执行一次串操作指令，CX 中的内容自动减 1，并判断 ZF 是否为 0，当(CX)=0 或 ZF=0 时，重复操作结束。

REPNE/REPNZ 用在 CMPS、SCAS 指令之前，每执行一次串操作指令，CX 中的内容自动减 1，并判断 ZF 是否为 1，当(CX)=0 或 ZF=1 时，重复操作结束。

【例 3.17】已知两个字节串 STR1 和 STR2 存放在内存中，设串的长度为 10，试比较 STR1 和 STR2 是否相等，如果相等，将标志单元 DL 置“全 1”，否则置“全 0”。

程序段设计如下：

```
        LEA  SI,STR1          ;将源字符串首地址送 SI 指针寄存器
        LEA  DI,STR2          ;将目标字符串首地址送 DI 指针寄存器
        MOV  CX,10            ;字符串长度送 CX
        CLD                   ;将 DF 标志位清 0，按递增方式进行
        REPE  CMPSB           ;按字节重复进行比较
        JNZ   NEXT1           ;如果两个字符串不相等，则转至 NEXT1
        MOV   DL,FFH          ;否则，字符串相等，将 DL 单元置全 1
        JMP  NEXT2            ;跳转到 NEXT2
NEXT1:MOV  DL, 00H            ;字符串不相等，将 DL 单元置全 0
NEXT2:HLT                     ;暂停
```

【例 3.18】将内存区域 BUF1 开始存储的 100 个字节数据传送到从 BUF2 开始的存储区中。

（1）采用串传送指令的程序段如下：

```
      LEA  SI,BUF1              ;源数据区首址送 SI
      LEA  DI,BUF2              ;目标数据区首址送 DI
      MOV CX,100                ;串长度送 CX
      CLD                       ;清方向标志，按正向传送
 NEXT:MOVSB                     ;串传送一个字节
      DEC  CX                   ;计数器减 1
      JNZ  NEXT                 ;判断是否传送完毕，没完则继续
 DONE:HLT                       ;暂停
```

（2）采用重复传送指令的程序段如下：

```
      LEA  SI,BUF1              ;源数据区首址送 SI
      LEA  DI,UF2               ;目标数据区首址送 DI
      MOV CX,100                ;串长度送 CX
      CLD                       ;清方向标志，按正向传送
      REP  MOVSB                ;重复传送至（CX）=0 结束
      HLT                       ;暂停
```

3.3.5 控制转移类指令

程序的执行一般是按指令顺序逐条执行的，但有时需要改变程序的执行流程。控制转移类指令就是用来改变程序执行的方向，也就是修改 IP 和 CS 的值。通过控制转移指令可实现各种结构化程序设计，如分支结构程序、循环结构程序等。

按程序的转移位置可将转移指令分为段内转移和段间转移：

（1）如果指令给出改变 IP 中内容的信息，转移的目标位置和转移指令在同一个代码段，则称为段内转移；

（2）如果指令给出改变 IP 中内容的信息，又给出改变 CS 中内容的信息，转移的目标位置和转移指令不在同一个代码段，则称为段间转移。

根据转移指令的功能，可分为无条件转移指令、条件转移指令、循环控制指令、子程序调用和返回指令 4 类。下面分别进行讨论。

1. 无条件转移指令

无条件转移指令 JMP 用来控制程序转移到指定的位置去执行，指令中要给出转移位置的目标地址，通常有以下 5 种形式，如表 3-3 所示。

表 3-3 无条件转移指令及其功能

指令助记符	指令名称	指令操作功能
JMP SHORT opr	段内直接短转移	无条件转移到指定的目标地址 opr。opr 为当前的 IP 值与指令中给定的 8 位偏移量之和，在-128～+127 范围内转移，SHORT 为属性运算符
JMP NEAR PTR opr	段内直接近转移	无条件地转移到指定的目标地址 opr。该地址为当前 IP 值与指令中给定的 16 位偏移量之和，在-32768～+32767 范围内转移，NEAR PTR 是类型说明符
JMP WORD PTR opr	段内间接转移	无条件转移到指定的目标地址。寄存器寻址时，将寄存器中的内容送到 IP 中；存储器寻址时，按寻址方式计算出有效地址和物理地址，用物理地址去读取内存中的数据送给 IP 指针

续表

指令助记符	指令名称	指令操作功能
JMP FAR PTR opr	段间直接转移	转移到指定段内的目标地址。由操作数决定的段地址送 CS，段内偏移地址送 IP。汇编时 opr 所对应的偏移量和所在代码段的段地址放在操作码之后，需要 4 个字节的存储单元
JMP DWORD PTR opr	段间间接转移	完成段间转移，由 opr 的寻址方式计算出有效地址和物理地址，通过物理地址去读取内存中连续的两个字数据，其中低位字送给 IP，高位字送给 CS

【例 3.19】给定(IP)=0012H，(BX)=0110H，(DS)=2000H，(20110H)=50H，(20111H)=01H。

执行指令：JMP WORD PTR[BX]

分析指令的操作功能。

解：该指令为段内间接转移方式，目标地址为存储器寻址方式。

操作数的有效地址为：EA=(BX)=0110H

物理地址为：PA=DS×10H+EA=20110H

指令执行后：(IP)=0150H，即该指令将跳转到以 IP 指针为 0150H 单元的目标地址开始执行。

【例 3.20】给定(CS)=3000H，(IP)=0032H，(BX)=0100H，(DS)=2000H，(20120H)=80H，(20121H)=10H，(20122H)=20H，(20123H)=40H。

执行指令：JMP DWORD PTR[BX+0020H]，分析指令的操作功能。

解：该指令为段间间接转移方式，目标地址为存储器寻址方式。

操作数的有效地址为：EA=(BX)+0020H=0120H

物理地址：PA=DS×10H+EA=20120H

指令执行后，从 20120H 单元开始取出连续的 4 个字节数据，前两个单元的数据送 IP，后两个单元的数据送 CS。最后结果为：(IP)=1080H，(CS)=4020H。

2. 条件转移指令

8086 指令系统具有一系列的条件转移指令，以某些标志位的状态或有关标志位的逻辑运算结果作为依据来决定是否发生转移。条件转移指令是根据上一条指令所设置的条件码来测试，被测试的内容为状态标志位。满足测试条件则转移到指令中指定的位置去执行，如果不满足条件则顺序执行下一条指令。

条件转移指令都为短转移，即转移的相对地址位移范围在-128～+127。当满足转移条件时，将位移量与当前的指令寄存器 IP 的内容相加，由此形成所需的程序地址并开始执行。

条件转移指令的执行不会影响标志位。

条件转移指令根据判断的标志位不同，通常可以归纳为 3 类，即判断单个标志位状态、比较无符号数高低和比较带符号数大小。这 3 类指令在使用之前，应该有比较 CMP、测试 TEST、加减或逻辑运算等指令。

各类条件转移指令的助记符、指令名称及转移条件等列于表 3-4 中。

表3-4　条件转移指令

指令助记符	转移条件	指令含义	指令助记符	转移条件	指令含义
JZ/JE	ZF＝1	等于零/相等	JC/JB/JNAE	CF=1	进位/低于/不高于等于
JNZ/JNE	ZF＝0	不等于零/不相等	JNC/JNB/JAE	CF=0	无进位/不低于/高于等于
JS	SF＝1	符号为负	JBE/JNA	CF=1 或 ZF=1	低于等于/不高于
JNS	SF＝0	符号为正	JNBE/JA	CF=0 且 ZF=0	不低于等于/高于
JO	OF＝1	结果有溢出	JL/JNGE	SF≠OF	小于/不大于等于
JNO	OF＝0	结果无溢出	JNL/JGE	SF=OF	不小于/大于等于
JP/JPE	PF＝1	有偶数个“1”	JLE/JNG	ZF≠OF 或 ZF=1	小于等于/不大于
JNP/JPO	PF＝0	有奇数个“1”	JNLE/JG	SF=OF 且 ZF=0	不小于等于/大于

从表3-4中可知，判断转移条件共有16种，其中，用于判断单个标志位状态的指令有8种，它们是根据某一个状态标志是0或1来决定是否转移；用于比较无符号数高低的指令有4种，它们需要利用CF标志来确定高低、利用ZF标志来确定相等；用于比较带符号数大小的指令有4种，它们需要组合OF、SF标志、并利用ZF标志来确定相等与否。

【例3.21】已知在内存中有两个无符号字节数据NUM1和NUM2，找出其中的大数送到MAX单元保存。

程序段如下：

```
        MOV  AL,NUM1          ;取出数据NUM1送到AL中
        CMP  AL,NUM2          ;和数据NUM2进行比较
        JA   NEXT             ;NUM1＞NUM2时，转到NEXT
        MOV  AL,NUM2          ;否则取出NUM2数据送到AL中
   NEXT:MOV  MAX,AL           ;将AL中保存的大数送到MAX单元
        HLT                   ;暂停
```

本题若改为两个带符号数的比较，则程序中条件转移指令应为JG。

此外，在条件转移指令中，有时还会专门对CX寄存器的值进行测试，当(CX)=0时产生转移。该指令的格式为：JCXZ　opr；测试条件是：若(CX)=0，则转移到指定位置。JCXZ指令常用于循环程序中对循环次数进行控制。

3. 循环控制指令

将一段代码程序执行多次操作即为循环，采用循环控制指令实现。循环控制转向的目的地址是在以当前IP内容为中心的-128～+127的范围内，指令采用CX作为计数器，每执行一次循环，CX内容减1，直到为零后循环结束。

循环控制指令是根据标志位状态进行控制操作的，指令本身不影响标志位。8086指令系统中有以下三种循环控制语句。

（1）循环控制指令LOOP。

指令格式：LOOP　opr

LOOP指令用在循环次数固定的循环结构中，循环次数送入CX，语句标号opr为循环体的入口。该指令是以CX的内容作为计数控制，作(CX)←(CX)-1的操作，并进行判断，当CX≠0时，转移到由操作数指示的目的地址，即(IP)←(IP)+位移量，进行循环处理；当CX=0时，

结束循环。

一条 LOOP 指令相当于下面两条指令的作用：

```
DEC  CX          ;(CX)-1
JNZ   NEXT       ;不为零转移
```

（2）为零或相等时循环控制指令 LOOPZ/LOOPE。

指令格式：LOOPZ/LOOPE　opr

LOOPZ/LOOPE 指令可完成当 ZF=1 且 CX≠0 条件下的循环操作。在 LOOPZ 或 LOOPE 所做的控制循环操作过程中，除了进行(CX)←(CX) -1 的操作，还要判断 CX 是否为零。此外，还将判断标志位 ZF 的值。

（3）不为零或不相等时循环控制指令 LOOPNZ/LOOPNE。

指令格式：LOOPNZ/LOOPNE　opr

LOOPNZ 或 LOOPNE 指令可完成当 ZF=0 且(CX)≠0 的条件下控制循环操作。其操作过程类似于 LOOPZ 或 LOOPE 指令。

【例 3.22】用循环程序来实现 S=1+2+3+⋯+100 计算。

程序段如下：

```
      MOV    CX,100          ;数据长度送 CX 计数器
      XOR    AL,AL           ;将 AL 寄存器清零
      MOV    BL,1            ;对 BL 赋初值为 1
NEXT:ADD   AL,BL             ;（AL）←（AL）+（BL）
      INC    BL              ;BL 加 1
      LOOP   NEXT            ;（CX）-1≠0 转 NEXT 位置继续
      HLT                    ; 否则，累加完毕，结果保存在 AL 中，程序暂停
```

【例 3.23】在内存中有一个具有 N 个字节的数据串，首单元地址为 DATA-BUF，找出第一个不为 0 的数据的地址送到 ADDR 单元中。

程序段如下：

```
      LEA    SI,DATA-BUF     ;取数据串的首单元地址
      MOV    CX,N            ;数据串长度送 CX 计数器
      MOV    AL,0            ;对 AL 清零
      DEC    SI              ;循环初始化
NEXT:INC   SI                ;地址指针加 1
      CMP    AL,[SI]         ;将内存中的数据和 AL 中的内容进行比较
      LOOPZ  NEXT            ;为 0 且未比较到末尾转 NEXT 位置继续
      JZ   EXIT              ;判断 ZF=1，条件成立转 EXIT
      MOV   ADDR,SI          ;ZF=0，将 SI 中的内容送 ADDR 单元
EXIT:HLT                     ;程序暂停
```

本例中，有两种情况可以使循环结束：一种是经比较找到了第一个不为 0 的数据；另一种是 N 个数据全部比较结束后未找到数据 0，所以退出循环时要判断 ZF 是否为 1。

4. 子程序调用和返回指令

在复杂程序的设计过程中，通常把系统的总体功能分解为若干个小的功能模块。每一个小功能模块对应一个过程。在汇编语言中，过程又称为子程序。程序中可以由调用程序（称之为主程序）来调用这些子程序，子程序执行完毕后要返回主程序调用处继续执行下一条指令。子程序调用及返回指令是程序设计中常用的指令，在程序的执行过程中，它们可对某一个具有

独立功能子程序进行多次调用操作，由此可实现模块化的程序设计。

8086 指令系统提供了子程序调用 CALL 和返回指令 RET。

（1）子程序调用指令。

指令格式为：CALL NEAR PTR opr ;段内调用

CALL FAR PTR opr ;段间调用

其中，opr 为子程序名（即子程序第一条指令的符号地址）。

为了保证调用之后正确地返回，需要把 CALL 指令的下一条指令的地址（称为断点）压入堆栈进行保护。

下面分别讨论段内和段间的子程序调用指令所完成的操作：

- 对于段内的直接调用指令，其指令中的目的地址为一个 16 位目的地址的相对位移量。CALL 指令的操作可完成(SP)←(SP)-2，并将指令指针 IP 压入堆栈，然后修改 IP 的内容，即(IP)←(IP)+相对位移量。
- 对于段内的间接调用指令，指令中所指定的 16 位通用寄存器或存储单元的内容为目的地址的位移量。CALL 指令的操作可完成(SP)←(SP)-2，将指令寄存器 IP 压入堆栈，然后取出目的地址位移量送入 IP。
- 对于段间的直接调用指令，其目的地址不仅包括位移量还包括段地址，它们由指令直接给出。因此 CALL 指令的操作可完成(SP)←(SP)-2，将现行指令的段地址（CS 的内容）压入堆栈，然后作(SP)←(SP)-2，将现行的位移量（IP 的内容）压入堆栈。最后将指令中所指示的段地址及位移量分别送入 CS 及 IP 中。
- 对于段间的间接调用指令，其目的地址由指令的寻址方式所决定。将现行地址压入堆栈的操作同段间直接调用指令。段地址及段内位移量送入 CS 及 IP 将由寻址方式来决定。

（2）子程序返回指令 RET。

指令格式： RET

或 RET 表达式

RET 指令为子程序的最后一条指令。子程序操作完成之后，RET 指令使其返回主程序，该指令所完成的操作是从堆栈中弹出返回地址，送入指令寄存器 IP 和段寄存器 CS。

由于子程序调用分为段内调用和段间调用，因此返回指令也可分为段内返回和段间返回两种。

- 段内返回是指将 SP 所指示的堆栈顶部弹出一个字的返回地址，送入 IP 中。
- 段间返回是指从堆栈顶部弹出的返回地址为 2 个字的内容，其中一个字送入 IP，另一个字送入 CS 中，以表示不同的段。

此外，对于段内和段间返回都可带立即数，如 RET 0100H。

由于主程序在调用子程序之前利用堆栈进行参数传递，因此，利用带立即数的返回指令可以对堆栈指针 SP 进行调整，即(SP)←(SP)+立即数，使堆栈指针寄存器 SP 所指示的位置为调用之前的位置。

子程序调用和返回指令对标志位无影响。

【例 3.24】在主程序中执行一条子程序段内调用语句。

调用格式如下：

```
MAIN  PROC  FAR                          ;定义主程序
      MOV   AX,DATA                      ;DS 初始化
      MOV   DS,AX
        ……
      CALL  SUB1                         ;调用子程序 SUB1
        ……
SUB1  PROC  NEAR                         ;定义子程序
      PUSH   AX                          ;保护现场
      PUSH  BX
      ……
     RET                                 ;子程序返回
```

3.3.6 处理器控制类指令

这类指令主要用于修改状态标志位、控制 CPU 的功能，如使 CPU 暂停、等待、空操作等。其指令表示符号和功能如表 3-5 所示。

表 3-5 处理器控制类指令

指令名称	助记符	指令功能	指令名称	助记符	指令功能
进位标志设置指令	CLC	CF 位清 0	暂停指令	HLT	CPU 进入暂停状态，不进行任何操作。
	STC	CF 位置 1			
	CMC	CF 位求反	等待指令	WAIT	CPU 进入等待状态
方向标志设置指令	CLD	DF 位清 0	空操作指令	NOP	CPU 空耗一个指令周期
	STD	DF 位置 1	封锁指令	LOCK	CPU 执行指令时封锁总线
中断允许控制标志设置指令	CLI	IF 位清 0	交权指令	ESC	指令将处理器的控制权交给协处理器
	STI	IF 位置 1			

（1）对于各标志位的设置，可按照程序的要求选择相关指令进行处理。

（2）HLT 暂停指令可使机器暂停工作，处理器处于停机状态，以便等待一次外部中断到来，中断结束后，退出暂停继续执行后续程序。对系统进行复位操作也会使 CPU 退出暂停状态。

（3）WAIT 等待指令使处理器处于空转状态，也可用来等待外部中断发生，但中断结束后仍返回 WAIT 指令继续等待。

（4）NOP 空操作指令不执行任何操作，其机器码占一个字节单元，在调试程序时往往用这种指令占一定数量的存储单元，以便在正式运行时用其他指令取代；执行该指令花 3 个时钟周期，也可用在延时程序中拼凑时间。

（5）LOCK 是一个一字节的前缀，可放在任何指令的前面。执行时，使引脚 LOCK 有效，在多处理器具有共享资源的系统中可用来实现对共享资源的存取控制，即通过对标志位进行测试，进行交互封锁。根据标志位状态，在 LOCK 有效期间，禁止其他的总线控制器对系统总线进行存取。当存储器和寄存器进行信息交换时，LOCK 前缀指令非常有用。

【例 3.25】利用 LOCK 封锁指令，在多处理器系统中，实现对共享资源存取的控制。

解：根据题目要求，有如下的程序段。

```
CHECK:MOV   AL,1                    ;AL 置 1（隐含封锁）
       LOCK  SEMA,AL                ;测试并建立封锁
```

```
TEST  AL,AL             ;由 AL 设置标志
JNZ   CHECK             ;封锁建立则重复
MOV   SEMA,0            ;完成，清除封锁
```

（6）执行 ESC 指令时，协处理器可监视系统总线，并且能取得这个操作码。ESC 和 LOCK 指令用在 8086 最大工作方式中，分别处理主机和协处理器以及多处理器间的同步关系。

3.4　Pentium 微处理器新增指令和寻址方式

Pentium 微处理器以最先进的技术将 PC 机推向了一个崭新的发展阶段，Pentium 拥有全新的结构与功能，它采用了超标量体系结构，具有动态转移预测、流水线浮点部件、片内超高速缓冲存储器、较强的错误检测和报告功能、测试挂钩等新技术。

下面简要分析 Pentium 微处理器与 8086、80X86 系列芯片在指令及寻址方式等方面中的不同和特点。

3.4.1　Pentium 微处理器寻址方式

1. Pentium 微处理器内部寄存器和指令格式

由于 Pentium 微处理器采用 32 位指令，它的内部寄存器和指令格式与 16 位微处理器存在不同，主要有以下几方面：

（1）指令的操作数可以是 8 位、16 位或 32 位。

（2）根据指令的不同操作数字段可以是 0～3 个，三操作数时，最左边的操作数为目的操作数，右边两个操作数均为源操作数。

（3）在部分不存放结果的单操作数指令中，可以采用立即数作为操作数。

（4）部分指令对操作数的数据类型不是简单地要求一致，而是要有不同的匹配关系。

（5）立即数寻址方式中，操作数可以是 32 位的立即数；寄存器寻址方式中，操作数可以是 32 位通用寄存器。

（6）存储器操作数寻址方式中，操作数可达 32 位，寻址方式既可采用 16 位的地址寻址方式也可采用 32 位的扩展地址寻址方式。

（7）16 位微处理器原有的 4 个通用数据寄存器扩展为 32 位，更名为 EAX、EBX、ECX 和 EDX。

（8）原有的 4 个用于内存寻址的通用地址寄存器同样扩展为 32 位，更名为 ESI、EDI、EBP、ESP。

（9）指令指针寄存器扩展为 32 位，更名为 EIP，实地址方式下仍然可以使用它的低 16 位 IP。

（10）在原有的 4 个段寄存器基础上，增加了 2 个新的段寄存器 FS 和 GS，段寄存器长度仍然为 16 位，但是它存放的不再是“段基址”，而是代表这个段编号的 13 位二进制数，称为“段选择字”。

（11）32 位微处理器增加了 4 个系统地址寄存器，它们分别是存放“全局段描述符表”首地址的 GDTR，存放“局部段描述符表”选择字的 LDTR，存放“中断描述符表”首地址的 IDTR，存放“任务段”选择字的“任务寄存器”TR。

（12）标志寄存器也扩展为 32 位，更名为 EFLAGS，除了原有的状态、控制标志外，还

增加了 2 位，表示 IO 操作特权级别的 IOPL，表示进入虚拟 8086 方式的 VM 标志等。

（13）新增加了 5 个 32 位的控制寄存器，命名为 CR0～CR4，CR0 寄存器的 PE=1 表示目前系统运行在“保护模式”，PG=1 表示允许进行分页操作。CR3 寄存器存放“页目录表”的基地址。

（14）新增了 8 个用于调试的寄存器 DR0～DR7，2 个用于测试的寄存器 TR6 和 TR7。

2. Pentium 微处理器新增寻址方式

如前所述，8086 微处理器有固定寻址、立即数寻址、寄存器寻址、直接寻址、寄存器间接寻址、寄存器相对寻址、基址变址寻址和相对基址变址寻址等 8 种寻址方式，而 Pentium 微处理器有 11 种寻址方式。与 8086 相比新增加的 3 种寻址方式分别是比例变址寻址方式、基址加比例变址寻址方式和带位移量的比例变址寻址方式。

（1）比例变址寻址方式。

其有效地址为：EA=[变址寄存器]×比例因子+位移量

该方式下操作数有效地址是变址寄存器的内容乘以指令中指定的比例因子再加上位移量之和，所以有效地址由三种成分组成。乘比例因子的操作是在 CPU 内部由硬件完成的。

这种寻址方式与寄存器相对寻址相比，增加了比例因子，其优点在于：对于元素大小为 2、4、8 字节的数组，可以在变址寄存器中给出数组元素下标，而由寻址方式控制直接用比例因子把下标转换为变址值。

例如：

```
MOV  EAX,COUNT[ESI×4]
```

（2）基址加比例变址寻址方式。

其有效地址为：EA=[基址寄存器]+[变址寄存器]×比例因子

该方式下 EA 是变址寄存器的内容乘以比例因子再加上基址寄存器的内容之和，这种寻址方式与基址变址寻址方式相比，增加了比例因子。

例如：

```
MOV  ECX,[EAX][EDX×8]
```

（3）带位移量的基址加比例变址寻址方式。

其有效地址为：EA=[基址寄存器]+[变址寄存器]×比例因子+位移量

操作数的有效地址是变址寄存器的内容乘以比例因子，加上基址寄存器的内容，再加上位移量之和，所以有效地址由四种成分组成。在寻址过程中，变址寄存器内容乘以比例因子的操作也是在 CPU 内部由硬件来完成。

这种寻址方式比相对基址变址寻址方式增加了比例因子，便于对元素为 2、4、8 字节的二维数组的处理。

例如：

```
MOV  EAX,TABLE[EBP][EDI×4]
```

需要注意的是：

- Pentium 微处理器在实地址方式下，一个段的最大长度仍然为 64KB，段基址是 16 的倍数，用段寄存器存放段基址。
- Pentium 有 6 个段寄存器，在寻址内存操作数时，指令给出的内存操作数的地址均为有效地址。

- 内存操作数有效地址可由一个 32 位基址寄存器、一个可乘上比例因子 1、2、4、8 的 32 位变址寄存器和一个不超过 32 位的常数偏移量组成。
- 32 位寻址情况下，8 个 32 位通用寄存器均可作基址寄存器，其中 ESP、EBP 以 SS 为默认段寄存器，其余 6 个通用寄存器均以 DS 为默认段寄存器。
- 基址字段、变址字段、偏移量字段可任意省略其一或其二。
- 比例因子与变址字段联合使用，如省略了变址字段，则比例因子不能独立存在。

3.4.2 Pentium 系列微处理器专用指令

Pentium 系列处理器的指令集是向上兼容的，它保留了 8086 和 80X86 微处理器系列的所有指令，因此，所有早期的软件可直接在奔腾机上运行。

从微处理器的指令系统中可看出，自 1985 年 Intel 公司推出 32 位微处理器 80386 以来，始终使用着几乎一样的指令系统，只是每提高一代便追加很少几条指令。Pentium 微处理器的指令集与 80486 相比变化不大，Pentium 的主要特色是拥有能使系统程序员实现多路处理 Cache 一致性协议的新指令，以及一条 8 字节比较交换指令和一条微处理器识别指令。

Pentium 处理器指令集中新增加了以下 3 条专用指令。

1. 比较和交换 8 字节数据指令 CMPXCHG8B

指令格式：CMPXCHG8B　opr1,opr2

该指令执行 64 位数据的比较和交换操作。执行时将存放在 opr1（64 位存储器）中的目的操作数与累加器 EDX：EAX 的内容进行比较，如果相等，则 ZF=1，并将源操作数 opr2（规定为 EDX：EAX）的内容送入 opr1；否则 ZF=0，并将 opr1 送到相应的累加器。

例如：

```
CMPXCHG8B  mem,ECX:EBX
```

指令执行后，如果 EDX:EAX=[mem]，则 ECX:EBX→[mem]，ZF=1

否则[mem]→EDX:EAX 且 ZF=0

2. CPU 标识指令 CPUID

指令格式：CPUID

该指令执行后可以将有关 Pentium 处理器的型号和特点等系列信息返回到 EAX 中。在执行 CPUID 指令前，EAX 寄存器必须设置为 0 或 1，根据 EAX 中设置值的不同，软件会得到不同的标志信息。

3. 读时间标记计数器指令 RDTSC

指令格式：RDTSC

在 Pentium 处理器中有一个片内 64 位计数器，称为时间标记计数器 TSC。计数器的值在每个时钟周期都自动加 1，执行 RDTSC 指令可以读出计数器 TSC 中的值，并送入寄存器 EDX:EAX 中，EDX 保存 64 位计数器中的高 32 位，EAX 保存低 32 位。

一些应用软件需要确定某个事件已执行了多少个时钟周期，在执行该事件之前和之后分别读出时钟标志计数器的值，计算两次值的差就可得出时钟周期数。

3.4.3 Pentium 系列微处理器控制指令

Pentium 处理器指令集中新增加了以下 3 条系统控制指令。

1. 读专用模式寄存器指令 RDMSR

RDMSR 指令使软件可访问专用模式寄存器的内容，执行指令时在访问的模式专用寄存器与寄存器组 EDX:EAX 之间进行 64 位的读操作。

2. 写专用模式寄存器指令 WRMSR

WRMSR 指令执行时在访问的模式专用寄存器与寄存器组 EDX:EAX 之间进行 64 位的写操作。

Pentium 处理器有两个专用模式寄存器，即机器地址检查寄存器（MCA）和机器类型检查寄存器（MCT）。

如果要访问机器地址检查寄存器 MCA，指令执行前需将 ECX 置为 0；而为了访问机器类型检查寄存器 MCT，需要将 ECX 置为 1。

3. 恢复系统管理模式指令 RSM

Pentium 处理器有一种称为系统管理模式（SMM）的操作模式，这种模式主要用于执行系统电源管理功能。外部硬件的中断请求使系统进入 SMM 模式，执行 RSM 指令后返回原来的实模式或保护模式。

8086 指令系统和寻址方式是汇编语言程序设计的基础，应熟练掌握其具体内容、特点和应用场合。

8086CPU 指令按操作数类别分隐含操作数、单操作数和双操作数 3 种类型；按操作数存放位置分立即数、寄存器操作数、存储器操作数和 I/O 端口操作数 4 种类型。需要进行频繁访问的数据可放在寄存器中，这样能够保证程序执行的速度更快。批量数据的处理可使用存储器操作数。

在指令中寻找操作数有效地址的方式称为寻址方式，寻址的目的是为了得到操作数。8086 系统有立即数寻址、寄存器寻址、直接寻址、寄存器间接寻址、寄存器相对寻址、基址变址寻址、相对基址变址寻址 7 种基本寻址方式。I/O 端口的寻址方式有直接端口寻址和寄存器间接端口寻址两种。在学习时，要弄清各类寻址方式的区别和特点，结合 8086 存储器分段，重点掌握和理解存储器寻址方式中有效地址 EA 和物理地址 PA 的计算方法。

8086 指令系统按功能分为数据传送类、算术运算类、逻辑运算类、串操作类、控制转移类、处理器控制类等指令。状态标志是 CPU 进行条件判断和控制程序执行流程的依据，大多数指令的执行不影响标志位，某些指令的执行会按照规则影响标志位，还有一些指令会按特定方式影响标志位。

实际应用中，要正确理解和运用各种指令格式、功能和注意事项。有关 8086CPU 指令集可参见本书的附录 A。

一、单项选择题

1. 寄存器间接寻址方式中，要寻找的操作数位于（　　）中。

A．通用寄存器　　B．段寄存器　　C．内存单元　　D．堆栈区

2．下列传送指令中正确的是（　　）。

A．MOV　AL,BX　　B．MOV　CS,AX　　C．MOV　AL,CL　　D．MOV　[BX],[SI]

3．下列 4 个寄存器中，不允许用传送指令赋值的寄存器是（　　）。

A．CS　　B．DS　　C．ES　　D．SS

4．将 AX 清零并使 CF 位清零，下面指令错误的是（　　）。

A．SUB　AX,BX　　B．XOR　AX,AX　　C．MOV　AX,0　　D．AND　AX,0000H

5．指令 MOV　[SI+BP]，AX；其目的操作数的隐含段为（　　）。

A．数据段　　B．堆栈段　　C．代码段　　D．附加段

6．设(SP)=1010H，执行 PUSH　AX 后，SP 中的内容为（　　）。

A．1011H　　B．1012H　　C．100EH　　D．100FH

7．对两个带符号整数 A 和 B 进行比较，要判断 A 是否大于 B，应采用指令（　　）。

A．JA　　B．JG　　C．JNB　　D．JNA

8．已知(AL)=80H，(CL)=02H，执行指令 SHR　AL,CL 后的结果是（　　）。

A．(AL)=40H　　B．(AL)=20H　　C．(AL)=C0H　　D．(AL)=E0H

9．当执行完下列指令序列后，标志位 CF 和 OF 的值是（　　）。

```
MOV   AH,85H
SUB   AH,32H
```

A．0,0　　B．0,1　　C．1,0　　D．1,1

10．JMP BX 的目标地址偏移量是（　　）。

A．SI 的内容　　B．SI 指向内存字单元的内容
C．IP+SI 的内容　　D．IP+[SI]

二、填空题

1．计算机指令通常由__________和__________两部分组成；指令对数据操作时，按照数据的存放位置可分为__________。

2．寻址的含义是__________；8086 指令系统的寻址方式按照操作数的存放位置可分为__________；其中寻址速度最快的是__________。

3．若指令操作数保存在存储器中，操作数的段地址隐含放在__________中；可以采用的寻址方式有__________。

4．指令 MOV　AX,ES:[BX+0200H] 中，源操作数位于__________；读取的是__________段的存储单元内容。

5．堆栈是一个特殊的__________、__________，其操作是以__________为单位按照__________原则来处理；采用__________来指向栈顶地址，入栈时地址变化为__________。

6．I/O 端口的寻址有__________、__________两种方式；采用 8 位数时，可访问的端口地址为__________；采用 16 位数时，可访问的端口地址为__________。

三、判断题

1．各种 CPU 的指令系统是相同的。（　　）

2．在指令中，寻址的目的是找到操作数。（　　）

3．指令 MOV AX,CX 采用的是寄存器间接寻址方式。（ ）

4．条件转移指令可以实现段间转移。（ ）

5．串操作指令只处理一系列字符组成的字符串数据。（ ）

6．LOOP 指令执行时，先判断 CX 是否为 0，如果为 0 则不再循环。（ ）

四、分析设计题

1．设(DS)=2000H，(ES)= 2100H，(SS)= 1500H，(SI)= 00A0H，(BX)= 0100H，(BP)= 0010H，数据变量 VAL 的偏移地址为 0050H，请指出下列指令的源操作数字段是什么寻址方式？它的物理地址是多少？

(1) MOV AX,21H　(2) MOV AX,BX　(3) MOV AX,[1000H]
(4) MOV AX,VAL　(5) MOV AX,[BX]　(6) MOV AX,ES:[BX]
(7) MOV AX,[BP]　(8) MOV AX,[SI]　(9) MOV AX,[BX+10]
(10) MOV AX,VAL[BX]　(11) MOV AX,[BX][SI]　(12) MOV AX,VAL[BX][SI]

2．给定寄存器及存储单元的内容为：(DS) = 2000H，(BX) = 0100H，(SI) = 0002H，(20100) = 32H，(20101) = 51H，(20102) = 26H，(20103) = 83H，(21200) = 1AH，(21201) = B6H，(21202) = D1H，(21203) = 29H。试说明下列各条指令执行完后，AX 寄存器中保存的内容是什么？

(1) MOV AX,1200H　(2) MOV AX,BX　(3) MOV AX,[1200H]
(4) MOV AX,[BX]　(5) MOV AX,1100[BX]　(6) MOV AX,[BX][SI]

3．分析下列指令的正误，对于错误的指令要说明原因并加以改正。

(1) MOV AH,BX　(2) MOV [BX],[SI]
(3) MOV AX,[SI][DI]　(4) MOV MYDAT[BX][SI],ES:AX
(5) MOV BYTE PTR[BX],1000　(6) MOV BX,OFFSET MAYDAT[SI]
(7) MOV CS,AX　(8) MOV DS,BP

4．设 VAR1、VAR2 为字变量，LAB 为标号，分析下列指令的错误之处并加以改正。

(1) ADD VAR1,VAR2　(2) MOV AL,VAR2
(3) SUB AL,VAR1　(4) JMP LAB[SI]
(5) JNZ VAR1　(6) JMP NEAR LAB

5．写出能够完成下列操作的 8086CPU 指令。

(1) 把 4629H 传送给 AX 寄存器。
(2) 从 AX 寄存器中减去 3218H。
(3) 把 BUF 的偏移地址送入 BX 中。

6．根据以下要求写出相应的汇编语言指令。

（1）把 BX 和 DX 寄存器的内容相加，结果存入 DX 寄存器中。

（2）用 BX 和 SI 的基址变址寻址方式，把存储器中的一个字节与 AL 内容相加，并保存在 AL 寄存器中。

（3）用寄存器 BX 和位移量 21B5H 的变址寻址方式把存储器中的一个字和 CX 相加，并把结果送回存储器单元中。

（4）用位移量 2158H 的直接寻址方式把存储器中的一个字与数 3160H 相加，并把结果送回该寄存器中。

（5）把数 25H 与 AL 相加，结果送回寄存器 AL 中。

7．写出将首地址为 BLOCK 的字数组的第 6 个字送到 CX 寄存器的指令序列，要求分别使用以下几种寻址方式：

（1）以 BX 的寄存器间接寻址。

（2）以 BX 的寄存器相对寻址。

（3）以 BX、SI 的基址变址寻址。

第4章　汇编语言程序设计

本章简述汇编语言的基本组成，介绍汇编语言程序的书写规则、表达方法、伪指令、上机操作环境等相关知识，通过实例说明程序的基本结构，然后进一步分析汇编语言程序设计的基本方法及其应用。

通过本章的学习，重点理解和掌握以下内容：

- 汇编语言基本表达、伪指令语句功能及应用
- 汇编语言源程序的建立、汇编、连接、调试及运行
- 顺序、分支、循环、子程序的基本结构和设计
- DOS 功能调用和 BIOS 中断调用及其应用
- 宏汇编、重复汇编、条件汇编的基本特点及其应用

4.1　汇编语言简述

计算机可直接识别机器指令，用机器指令编写的程序称为机器语言程序。由于机器指令采用二进制编码来表示，既不直观又难以记忆，使得机器指令编写的程序在使用上受到了限制。为解决机器语言使用上的不便，人们采用了容易记忆和识别的符号指令作为编程用的语言——汇编语言。

使用汇编语言编写的程序，计算机不能直接识别和执行，必须经过“翻译”，将汇编语言程序“翻译”成机器语言程序，这个“翻译”是由汇编程序来完成的。汇编程序是系统提供的系统软件之一，它把源文件转换成二进制编码表示的目标文件（.OBJ），这个过程称为汇编。在汇编过程中对源程序进行语法检查，得到无语法错误的结果后还要经过连接程序处理，使目标程序成为计算机的可执行文件（.EXE）。

汇编语言程序转换成为计算机可运行程序的过程如图 4-1 所示。

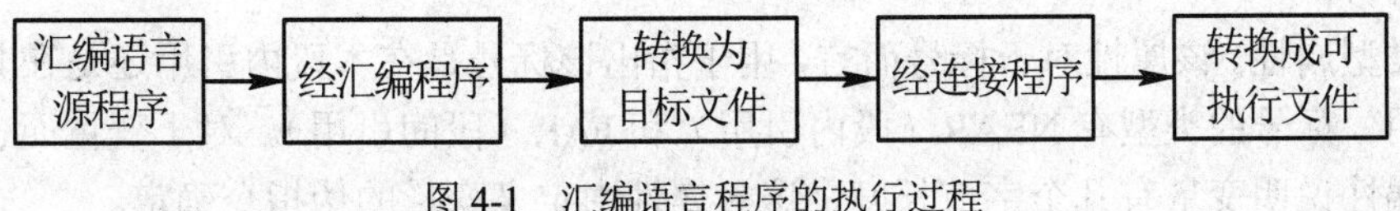

图 4-1　汇编语言程序的执行过程

4.1.1　汇编语言语句类型和格式

1. 汇编语言和汇编程序的基本概念

汇编语言是一种以微处理器指令系统为基础的低级程序设计语言，它采用助记符来表示

指令的操作码，采用标识符来表示指令的操作数，采用符号地址来表示操作数的地址。利用汇编语言编写的程序的主要优点是可以直接有效地控制计算机硬件，能够直接对位、字节、寄存器、存储单元、I/O 端口等进行处理，同时也能直接使用 CPU 指令系统和各种寻址方式编制出高质量的程序，这种程序不但占用内存空间少，而且执行速度快。

采用汇编语言编写的源程序输入计算机后，要将其翻译成目标程序后计算机才能执行，这个翻译过程称为汇编，完成汇编任务的程序称为汇编程序。汇编程序是将汇编语言源程序翻译成机器能够识别和执行的目标程序的一种系统程序。此外，汇编程序还能够根据用户的要求自动分配存储区域，包括程序区、数据区、暂存区等；自动把各种进制数转换成二进制数，把字符转换成 ASCII 码，计算表达式的值等；自动对源程序进行检查，给出错误信息等。具有这些基本功能的汇编程序一般称为基本汇编 ASM（Assembler）。

包含全部基本汇编 ASM 的功能，并且还增加了伪指令、宏指令、结构、记录等高级汇编语言功能的汇编程序称为宏汇编 MASM（MacroAssembler）。目前在 PC 机中大多采用 MASM 宏汇编程序。

MASM 宏汇编程序以汇编语言源程序文件作为输入，经汇编后产生目标程序文件和源程序列表文件。目标程序文件经连接定位后由计算机执行；源程序列表文件将列出源程序和目标程序的机器语言代码及符号表。符号表是汇编程序所提供的一种诊断手段，它包括程序中所用的所有符号和名字，以及这些符号和名字所指定的地址。如果程序出错，可以较容易地从这个符号表中检查出错误。在编写汇编源程序时要严格遵守汇编语言程序的书写规范，避免出现语法和逻辑结构上的错误。

2. 汇编语言语句格式

汇编语言源程序是由指令、伪指令及宏指令组成的。每条指令又可称为一条语句，汇编语言程序中一条完整的语句格式由以下 4 项内容组成：

[name] operation　operand [; comment]

（1）名字项（name）。名字通常为一符号序列，表示本条语句的符号地址。名字项可用作标号和变量，作为标号表示的是符号地址，其后跟冒号“:”；作为变量表示的是一个数据，在程序中可直接引用。

标号和变量具备以下 3 种属性：

- 段属性。该属性定义了标号和变量的段起始地址，其值必须在一个段寄存器中。标号的段是它所出现的对应代码段，由 CS 指示。变量的段通常由 DS 或者 ES 指示。
- 偏移属性。该属性表示标号和变量相距段起始地址的字节数，该数是一个 16 位无符号数。
- 类型属性。该属性对于标号而言，用于指出该标号是在本段内引用还是在其他段中引用。标号的类型有 NEAR（段内引用）和 FAR（段间引用）。对于变量而言，其类型属性说明变量有几个字节长度，这一属性由定义变量的伪指令确定。

（2）操作码项（operation）。为操作码助记符，可以是指令、伪指令及宏指令名。汇编程序可以将指令翻译成对应的机器码；伪指令是在汇编过程中完成相应的控制操作，又称为汇编控制指令；宏指令是采用有限的一组指令来定义的代号，汇编时将展开成相应的具体操作指令。

（3）操作数项（operand）。为操作码提供数据及操作信息，操作数项可以是常数、变量、表达式等数据，也可以是操作数的地址或地址表达式。当有两个或两个以上的操作数时，各操作数之间要用逗号隔开。

与操作数项有关的常数、标号和变量、表达式等分析如下：

- 常数：常数没有属性，它的值在汇编时已确定，在 8086 宏汇编中，可以采用二进制、八进制、十进制、十六进制常数和字符串常数。在指令中常数通常被称为立即数。
- 标号和变量：用于存储器操作，可作为源操作数或作为目标操作数，但不能同时作为源操作数和目标操作数。标号是可执行的指令性语句的符号地址，变量是指存放在某些存储单元中的数据，变量通过标识符来引用。
- 表达式：一般有数字表达式和地址表达式两种，汇编过程都将计算出具体的数值。在表达式中出现各种运算符时，汇编过程将按照它们的优先级别进行运算。

（4）注释项（comment）。为语句注释，说明所在语句行的功能，以“;”开头，是语句的非执行部分。通常，注释用来说明一段程序或几条语句的功能，一段完整的程序注释是很重要的，它可使程序思路显得更清楚，特别是在模块化程序设计中可通过注释将各模块的功能描述出来，大大增强了程序的可读性。

此外，语句格式中带方括号“[ ]”的部分表示任选项，可根据需要加以选择，汇编语言要求上面的 4 项内容之间必须留有空格，否则会被认为是错误的命令。

4.1.2　汇编语言的标识符、表达式和运算符

1. 汇编语言标识符

汇编语言语句格式第一个字段是它的名字项，名字可以是标号或变量，这两者又称为标识符。标号和变量可以用 LABLE 和 EQU 伪指令来定义，相同的标号或变量的定义在同一程序中只能允许出现一次。

2. 汇编语言的表达式和运算符

表达式中的运算符充当着重要的角色。8086 宏汇编有算术运算符、逻辑运算符、关系运算符、分析运算符和综合运算符共 5 种。如表 4-1 所示。

表 4-1 8086 汇编语言中的运算符

算术运算符	逻辑运算符	关系运算符	分析运算符	综合运算符
+（加）	AND（与）	EQ（相等）	SEG（求段基值）	LABEL（定义类型属性）
–（减）	OR（或）	NE（不相等）	OFFSET（求偏移地址）	PTR（修改类型属性）
×（乘）	NOT（非）	LT（小于）	TYPE（求变量类型）	THIS（特定类型操作数）
/（除）	XOR（异或）	LE（小于等于）	LENGTH（求变量长度）	SHORT（修饰地址属性）
MOD（取余）		GT（大于）	SIZE（求变量总字节数）	HIGH（取高字节）
SHL（左移）		GE（大于等于）		LOW（取低字节）
SHR（右移）				

（1）算术运算符。用于完成算术运算，加、减、乘、除运算都是整数运算，除法运算得到的是商的整数部分，求余运算是指两数整除后所得到的余数。

（2）逻辑运算符。对操作数进行按位操作，运算后产生一个逻辑运算值，供给指令操作数使用，不影响标志位。NOT 是单操作数运算符，其他 3 个为双操作数运算符。

（3）关系运算符。运算对象是两个性质相同的项目，其结果只能是两种情况：关系成立或不成立。当关系成立时，运算结果为 1，否则为 0。

（4）分析运算符。用于对存储器地址进行运算，它可以将存储器地址的段、偏移量和类型属性分离出来，返回到所在的位置作操作数使用。故又称为数值返回运算符。

（5）综合运算符。用来建立和临时改变变量或标号的类型以及存储器操作数的存储单元类型，也称为属性修改运算符。

如果一个表达式同时具有多个运算符，在计算时按照优先级从高到低进行处理；优先级相同时，按从左到右的顺序运算；括号可以提高运算的优先级。

各种运算符从高到低的优先级排列顺序如表 4-2 所示。

表 4-2 各类运算符的优先级别

优先级别	运算符
1	LENGTH、WIDTH、SIZE、MASK、( )、[ ]、<>
2	PTR、OFFSET、SEG、TYPE、THIS
3	HIGH、LOW
4	*、/、MOD、SHL、SHR
5	+、−
6	EQ、NE、LT、LE、GT、GE
7	NOT
8	AND
9	OR、XOR
10	SHORT

4.1.3 汇编语言的源程序结构

汇编语言源程序是由语句序列构成的，每条语句占一行，通常有用于表达机器指令的执行性语句和表达伪指令的说明性语句两种形式。

为方便分析汇编语言源程序的结构，先看下面给出的完整汇编语言源程序实例。

【例 4.1】已知在内存 BUF 区域中存放了 10 个无符号字节数据，要求从中找出最小数据并将其值保存在 AL 寄存器中。

按照本题要求的功能，可以编写如下的汇编语言源程序：

```
DATA  SEGMENT                                                  ;定义数据段
      BUF  DB  23H,16H,08H,20H,64H,8AH,91H,35H,2BH,0FFH ;定义数据区
DATA  ENDS
STACK SEGMENT                                                  ;定义堆栈段
      STA  DB  10 DUP(?)
      TOP  EQU $-STA
STACK ENDS
CODE  SEGMENT                                                  ;定义代码段
      ASSUME   CS:CODE,DS:DATA,SS:ATACK
```

```
START:MOV  AX,DATA
      MOV  DS,AX                    ;初始化 DS
      MOV  BX,OFFSET BUF
      MOV  CX,10                    ;设数据计数器 CX 初始值为 10
      DEC  CX
      MOV  AL,[BX]
      INC  BX
LP:   CMP  AL,[BX]                  ;两数比较
      JBE  NEXT                     ;结果小于转 NEXT
      MOV  AL,[BX]                  ;将小数存入 AL 中
NEXT: INC  BX
      DEC  CX
      JNZ  LP
      MOV  AH,4CH                   ;返回 DOS
      INT  21H
CODE  ENDS
      END  START                    ;汇编结束
```

从本例中可看出，汇编语言源程序的结构是分段结构形式。一个汇编语言源程序由若干个逻辑段组成，每个逻辑段以 SEGMENT 语句开始，以 ENDS 语句结束。整个源程序以 END 语句结束。每个逻辑段内有若干条语句，一个汇编源程序由完成某种特定操作功能的语句组成。

通常，一个汇编源程序一般由数据段、附加段、堆栈段和代码段 4 种逻辑段组成。

（1）数据段。在内存中建立一个适当容量的工作区，以存放常数、变量等程序需要对其进行操作的数据。

（2）附加段。同数据段类似，也是用来在内存中建立适当容量的工作区，以存放数据，比如串操作指令要求目的串必须在附加段内。

（3）堆栈段。在内存中建立一个适当的堆栈区，以便在中断、子程序调用时使用。堆栈段一般可以从几十个字节至几千字节。如果太小，则可能导致程序执行中出现堆栈溢出错误。

（4）代码段。包括了许多以符号表示的指令，其内容就是程序要执行的指令。

作为一个汇编源程序的主模块，下面几部分是不可缺少的：

- 必须用 ASSUME 伪指令告诉汇编程序，哪个段名和哪个段寄存器相对应，即建立逻辑关系。这样对源程序模块进行汇编时，才能确定段中各项的偏移量。

DOS 的装入程序在执行时，将把 CS 初始化为正确的代码段地址，在源程序中不需要再对它进行初始化。因为装入程序已经将 DS 寄存器留作它用，这是为了保证程序段在执行过程中数据段地址的正确性，所以在源程序中应该有以下两条指令，对它进行初始化。

```
MOV  AX,DATA
MOV  DS,AX
```

- 同样，若程序中用到了附加段，也需要用具体的指令语句对 ES 进行初始化。至于 SS 和 SP 的初始化有两种方式：一种是用具体的指令语句对 SS 和 SP 进行初始化；另一种方式是在伪指令 SEGMENT 的后面加上 STACK 指出组合类型，汇编时 SS 和 SP 会得到初始化，当然在 ASSUME 语句中仍然要有“SS:堆栈段名”。
- 在应用程序结尾应该有返回 DOS 的语句结束程序，最简单的方式是采用 DOS 的 4CH 号功能调用使汇编语言返回 DOS，即采用如下两条指令：

```
MOV  AH,4CH
INT  21H
```

如果不是主模块，则这两条指令可以不用。

由于 8086 的存储空间是分段管理的，汇编语言源程序存放在存储器中，无论是取指令还是存取操作数，都要访问内存。因此，汇编语言源程序的编写必须遵照存储器分段管理的规定，分段进行编写。

存储器的物理地址由段地址和偏移量经过转换而成。汇编语言源程序中的标号和变量等的段内偏移地址是在汇编过程中排定的，而段地址是在连接过程中确定的。汇编过程中形成的目标模块把源程序中由段定义语句提供的信息传递给连接程序，连接程序为各段分配段地址并把它们连成一体。

为了方便使用，将常见的汇编语言源程序分段架构归纳如下。

【例 4.2】汇编语言源程序的分段框架结构。

```
DATA    SEGMENT                          ;定义数据段，段名为 DATA
        ……                               ;定义数据
DATA    ENDS                             ;数据段结束
STACK   SEGMENT                          ;定义堆栈段，段名为 STACK
        ……                               ; 分配堆栈区域的大小
STACK   ENDS                             ; 堆栈段结束
CODE    SEGMENT                          ;定义代码段，段名为 CODE
   ASSUME   CS:CODE,DS:DATA,SS:ATACK     ;确定各个逻辑段的类型
START:MOV  AX,DATA                       ;汇编开始，初始化 DS
      MOV  DS,AX
      ……                                 ;程序代码
      MOV  AH,4CH                        ;返回 DOS
      INT  21H
CODE  ENDS                               ;代码段结束
      END  START                         ;汇编结束
```

4.2 伪指令

CPU 指令系统中提供的指令在运行时由 CPU 执行，每条指令对应 CPU 的一种特定的操作，例如传送、加、减法等，经汇编以后，每条 CPU 指令产生一一对应的目标代码。而伪指令是用来对相关语句进行定义和说明的，它不产生目标代码，所以又称伪操作。

宏汇编程序 MASM 提供了约几十种伪指令，主要有数据定义、符号定义、段定义、过程定义、模块定义、结构等。

下面介绍一些常用的伪指令。

4.2.1 数据定义伪指令

数据定义伪指令用来定义变量的类型，给变量分配存储单元。

数据定义伪指令的一般格式为：

[变量名] 伪指令 数据项 [;注释]

变量名为任选项，它代表所定义的第一个单元的地址。数据项可以有多个，每个数据之

间用逗号“,”分开。注释项可任选。

数据定义伪指令有以下 5 种形式：

（1）DB（Define Byte）：定义字节变量，每个数据占 1 个字节。

（2）DW（Define Word）：定义字变量，每个数据占 1 个字，即 2 个字节。

（3）DD（Define Double word）：定义双字变量，每个数据占 2 个字，即 4 个字节。

（4）DQ（Define Quadruple word）：定义 4 字变量，每个数据占 4 个字，即 8 个字节。

（5）DT（Define Ten byte）：定义 10 字节变量，每个数据占 10 个字节。

使用数据定义伪指令需要注意以下几点：

- 数据定义伪指令后面的数据项可以是常数、表达式或字符串，但每个数据项的值不能超过由伪指令所定义的数据类型限定的范围。例如，采用 DB 定义数据的类型为字节，无符号数的范围是 0～255，带符号数的范围是-128～+127。
- 给变量赋初值时，如果数据项为字符串，则要将其放在单引号中。
- 问号“？”也可以作为数据定义伪指令的数据项，此时仅给变量保留相应的存储单元，而不赋予变量某个确定的初值。
- 当需要对操作数据项重复多次时，可以采用重复操作符“DUP”来表示。格式为：n DUP(初值[,初值…])；n 为重复次数，圆括号中为重复的内容。如果用“n　DUP（？）”作为数据定义伪指令的唯一操作数，则汇编程序会产生一个相应的数据区，但不赋予任何初始值。此外，重复操作符“DUP”可以嵌套。

【例 4.3】在给定的数据段中，分析数据定义伪指令和重复操作符“DUP”的使用及存储单元的初始化。

```
DATA  SEGMENT                    ; 定义数据段
 A1  DB  23H,9AH                 ;定义 A1 为字节变量，分配两个字节 23H，9AH
 A2  DB  5+8                     ;定义 A2 为字节变量，将表达式的值 0DH 存入
 B1  DB  'ABCDE'                 ;定义 B1 为字节变量，存入 5 个字符
 C1  DW  0123H, 4567H            ;定义 C1 为字变量，分配两个字 0123H、4567H
 D1  DB  'AB'                    ;定义 D1 为字节变量，存入 A、B 的 ASCII 码 41H，42H
 BUF1  DB  ?                     ;定义字节变量存储单元，不赋初值
 BUF2  DB  10  DUP (0)           ;定义 10 个字节变量存储单元，赋初值为 0
 BUF3  DW  5  DUP (?)            ;定义 5 个字变量存储单元，不赋初值
 BUF4  DW  20  DUP (0,1,?)       ;定义字存储单元，对其初始化重复 20 次
DATA  ENDS                       ;数据段结束
```

4.2.2　符号定义伪指令

符号定义伪指令主要是为程序中的表达式赋予一个符号名，或定义新的类型属性等。它为程序的编写和使用带来了许多方便。

常用的符号定义伪指令有以下 4 种：

（1）EQU（等值）伪指令。其作用是将表达式的值或符号赋予 EQU 前面的一个名字，可以用这个名字来代替给定的表达式。需要注意的是，一个符号一经 EQU 伪指令赋值后，在整个程序中不允许再对同一符号重新赋值。

（2）=（等号）伪指令。其功能与 EQU 伪指令基本相同，主要区别在于它可以对同一个名字重复定义。

（3）LABLE（标号）伪指令。其用途是在原来标号或变量的基础上定义一个类型不同的新的标号或变量。变量的类型可以是BYTE、WORD、DWORD，标号的类型可以是NEAR、FAR。利用LABLE伪指令可以使同一个数据区兼有BYTE和WORD两种属性，程序中可根据不同的需要分别以字节或以字为单位存取其中的数据。

（4）PTR（属性修改）伪指令。用于临时指定或修改操作数的类型属性。

【例4.4】分析符号定义伪指令的作用。

```
DA1 EQU  1000                    ;DA1代替常数1000
VAL      EQU  TABLE-1            ;VAL代替变量TABLE-1
SUM      EQU  12+23×45           ;SUM代替数值表达式
ADR EQU  [SI+10]                 ;ADR代替地址表达式 [SI+10]
COUNT =10                        ;COUNT代替常数10
COUNT =10+20                     ;COUNT重新定义为常数30
VAL1   LABLE   BYTE              ;VAL1是字节型变量
ADR1  LAELE  FAR                 ;标号ADR1是FAR属性
DAT1  DB  12H,23H                ;DAT1为字节变量
DAT2  DW  1234H,5678H            ;DAT2为字变量
……
MOV  AX,WORD PTR DAT1            ;改变DAT1为字变量，其值送AX
MOV  BL,BYTE PTR DAT2            ;改变DAT2为字节变量，其值送BL
```

4.2.3 段定义伪指令

前面我们已经讨论过，在存储器的寻址过程中需要得到存储单元所在段及段内偏移地址。由于源程序或数据在存储器中分别存放在代码段或数据段中，因此对于任何一段程序，在其汇编过程中要求汇编程序将源程序转换为目标程序之前必须明确地定义并赋予一个段名，汇编时根据段名确定段的性质，汇编之后，连接程序可以通过目标模块的有关信息将其连接成一个可执行程序。

段定义伪指令可对代码段、数据段、堆栈段及附加段进行定义和赋名，并指明段的定位类型、组合类型及类别。代码段的内容主要是指令及伪指令，数据段、堆栈段及附加段主要是定义数据、分配存储单元等。

有以下两种段定义伪指令：

（1）SEGMENT/ENDS伪指令。

格式：　段名　[定位类型]　[组合类型]　['类别']

　　　　　　　…（段内语句系列）

　　　　段名　ENDS

SEGMENT段定义伪指令位于一个逻辑段的开始，用于定义一个逻辑段并赋予一个段名，其后面的任选项规定该逻辑段的其他特性。ENDS伪指令则表示一个逻辑段的结束。这两个伪操作总是成对出现，缺一不可，二者前面的段名必须一致。

SEGMENT伪指令后面的三个任选项必须符合格式中的规定。这些任选项是给汇编程序和连接程序的命令。

定位类型用于告诉汇编程序如何确定逻辑段的边界，有以下4种选择：

- BYTE：表示本段可以从任何地址开始，即起始地址为××××× H。

- WORD：表示本段从一个偶地址开始，最低一位必须是 0，为××××EH。
- PARA：表示本段从一个节（一节为 16 个字节）的边界开始，故本段的起始地址最低 4 位必须为 0，为××××0H。如果省略定位类型任选项，则默认其为 PARA。
- PAGE：表示本段从页（一页为 256 个字节）的边界开始，故本段的起始地址最低 8 位必须为 0，为×××00H。

组合类型告诉连接程序段与段之间如何进行连接与定位，有以下 6 种选择：

- NONE：表示本段与其他逻辑段无连接关系。这是任选项默认的组合类型。
- PUBLIC：表示本段与同名段连接在一起，只有一个起始地址。
- STACK：表示同名段的各段连接成为一个连续段，而且只有一个起始地址赋给堆栈寄存器 SS。
- COMMON：表示同名段的各段在同一个起始地址存放，形成一个覆盖段，连接以后段的长度以同名段中最长的段确定。
- MEMORY：表示本段在存储器中定位在被连接在一起的其他所有段之上。
- AT 表达式：表示本段根据表达式求值的结果定位段基址。例如 AT 2400H，表示本段的段基址为 2400H，则本段从存储器的物理地址 24000H 开始装入。

类别的作用是在连接时决定各逻辑段的装入顺序。当几个程序模块进行连接时，其中具有相同类别名的逻辑段被装入连续的内存区，类别名相同的逻辑段，按出现的先后顺序排列。没有类别名的逻辑段，与其他无类别名的逻辑段一起连续装入内存。类别必须放在单引号内。

（2）ASSUME 伪指令。

格式：ASSUME　段寄存器名:段名[,段寄存器名:段名[,…]]

ASSUME 段寻址伪指令放置在代码段的开始处，可以设定多个段与段寄存器之间的对应关系，中间用逗号分开。当汇编程序汇编一个逻辑段时，可利用相应的段寄存器寻址该逻辑段中的指令或数据。

4.2.4 过程定义伪指令

汇编语言中的子程序是以过程的形式出现的，过程的调用和返回采用 CALL 和 RET 指令来完成。过程定义伪指令的格式如下：

```
格式：过程名  PROC    [NEAR]/FAR
              …（过程中的语句系列）
                  RET
              …（过程中的语句系列）
      过程名    ENDP
```

PROC 伪指令用来定义一个过程，并指出该过程的属性为 NEAR 或 FAR 类型，默认时的过程类型是 NEAR。ENDP 伪指令标志过程的结束，使用时过程名必须一致。PROC 和 ENDP 必须成对出现，才能定义一个完整的过程。过程名是子程序入口的符号地址，它和标号一样，也有段属性、偏移量属性和类型属性。RET 是子程序返回主程序的出口语句，被定义为过程的程序段中可以有不止一条 RET 指令。但每一个过程最后执行的应为 RET 指令，来控制返回到原来调用指令的下一条指令。

4.2.5 结构定义伪指令

结构是将逻辑上相互关联的一组数据以某种形式组合在一起，形成一个整体以便进行数据处理。结构的使用需要经过结构定义、结构预置和结构引用等过程。

（1）结构的定义。

结构采用伪指令 STRUC 和 ENDS 进行定义，把相关数据定义语句组合起来，便构成一个完整的结构。其格式如下：

结构名　STRUC
…（数据定义语句序列）
结构名　ENDS

【例 4.5】将一个学生的姓名，学号，英语、数学、计算机等 3 门课程的成绩定义为一个结构，结构名为 STUDENT。程序段如下：

```
STUDENT  STRUC
    NAME1       DB 'ZHANGSAN'
    NUMBER      DB  ?
    ENGLISH     DB  ?
    MATHS       DB  ?
    COMPUTER    DB  ?
STUDENT  ENDS
```

数据定义语句序列中的变量名叫做结构字段名，此例中有 5 个字段。

（2）结构的预置。

结构定义完成以后，并没有对其分配存储单元，只有定义了结构变量才能分配实际的存储空间。这个过程称为结构的预置。其格式如下：

结构变量名　结构名　〈字段值表〉

此处的结构名是结构定义时用的名字，结构变量名是程序中具体使用的变量，它与具体的存储空间及数据相联系，程序中可直接引用它。字段值表用来给结构变量赋初值，表中各字段的排列顺序以及类型应该与结构定义时一致，各字段之间以逗号分开。

通过结构预置语句，可以对结构中某些字段进行初始化。

【例 4.6】对前面例 4.5 所定义的 STUDENT 结构，采用结构变量来代表学生的各项信息，进行结构的预置。假定有 3 个学生，每人的 5 个字段数据如下：

```
ST1   STUDENT <'ZHANG',1,92,85,99>
ST2   STUDENT <'WANG',2,76,81,90>
ST3   STUDENT <'YANG',3,69,86,75>
```

此处，ST1、ST2、ST3 均为 STUDENT 结构变量，其初值在尖括号中给出。该程序段意味着在存储器中为 3 个学生建立了姓名、学号以及 3 门课成绩的信息表。

（3）结构的引用。

在程序中引用结构变量可直接写出结构变量名。如果要引用结构变量中的某一字段，可采用的形式为：

结构变量名·结构字段名

或者先将结构变量起始地址的偏移量送到某个地址寄存器，再用如下格式进行引用：

[地址寄存器]·结构字段名

例如：如果要引用结构变量 ST1 中的 ENGLISH 字段，以下两种用法都是正确的。

```
MOV   AL,ST1·ENGLISH
```

或：

```
MOV   BX,OFFSET ST1
MOV   AL,[BX]·ENGLISH
```

4.2.6 模块定义伪指令

一个较大的汇编语言源程序，按任务分配可以由多个模块组成，每个模块都是具有独立功能的逻辑单位。为了实现模块之间的连接、调用、相互访问、变量传送等功能，通常使用以下几个伪指令。

（1）NAME 伪指令。

用于给源程序汇编以后得到的目标程序指定模块名，在汇编连接时使用。

（2）END 伪指令。

表示源程序结束，指示汇编程序停止汇编，END 后面的语句可以不予理会。

（3）PUBLIC 伪指令。

用于定义本模块中的某些符号是全局符号名，允许程序中的其他模块直接引用。

（4）EXTRN 伪指令。

指明本模块中所用的某些符号在程序的其他模块中已经定义，且出现在其他模块的 PUBLIC 伪指令中。

4.2.7 定位伪指令 ORG 和程序计数器$

（1）ORG 伪指令。

ORG 是起始位置设定伪指令，用来指定某条语句或某个变量的偏移地址。在程序设计中，如果需要将存储单元分配在指定位置，可以使用 ORG 伪指令来改变位置计数器的值。

（2）程序计数器$。

字符“$”出现在在程序中的表达式里，它的值为程序下一个所能分配的存储单元的偏移地址，称为程序计数器。“$”用来表示位置计数器的当前值。

【例 4.7】给定数据段中 DAT1 的偏移量为 2，占 3 个字节，初始数据为 10H、20H、30H；DAT2 的偏移量为 8，占 1 个字，初始数据为 2105H。DAT1 和 DAT2 之间有 4 个字节的距离，采用 ORG 伪指令完成数据段存储单元的分配任务。

该数据段定义如下：

```
DATA  SEGMENT                        ; 数据段定义
      ORG 2                          ;预置 DAT1 的偏移量为 2
  DAT1  DB  20H,30H,40H              ;定义 DAT1 的 3 个字节初始数据
      ORG  $+4                       ;预置 DAT2 的偏移量为 9
  DAT2  DW  2105H                    ;定义 DAT2 的 1 个字初始数据
DATA  ENDS                           ;数据段结束
```

4.3 汇编语言程序上机过程

4.3.1 汇编语言的工作环境

8086 汇编语言程序一般多在 IBM PC/XT 及其兼容机上运行，机器具有一些基本配置就可以了。

帮助建立汇编语言源程序和支持汇编语言程序运行的软件主要包括以下几个方面：

（1）DOS 操作系统。汇编语言源程序的建立和运行都是在 DOS 操作系统的支持下进行的。目前多采用 MS-DOS，因此，要先进入 MS-DOS 状态，然后开始汇编语言的操作。

（2）编辑程序。编辑程序是用来输入和建立汇编语言源程序的一种通用的系统软件，源程序的修改也可在编辑状态进行。编写程序时，程序员可选择任意自己喜欢的编辑软件，只要保证汇编语言源程序的后缀名为.ASM 即可。比较常用的编辑程序是 EDIT.COM。

（3）汇编程序。一般选用宏汇编 MASM.EXE，用于将源程序汇编成目标程序。

（4）连接程序。连接程序用于将目标程序连接成可执行文件。8086 汇编语言使用的连接程序是 LINK.EXE。

（5）调试程序。调试程序作为一种辅助工具来帮助编程者进行程序的调试，常采用动态调试程序 DEBUG.COM。

4.3.2 汇编语言上机操作步骤

一般情况下，在计算机上运行汇编语言程序的步骤如下：

首先进入 DOS 操作系统，从 Windows 进入 DOS 状态的方法有以下两种：

方法一：开始菜单→程序→附件→命令提示符→进入 DOS 命令窗口。

方法二：开始菜单→运行→输入命令 cmd→DOS 命令窗口。

注意：*DOS 命令分为内部命令和外部命令，内部命令随每次启动的 COMMAND.COM 装入并常驻内存，外部命令是单独可执行文件。内部命令在任何时候都可使用，外部命令需保证命令文件在当前目录中，或在 Autoexec.bat 文件已被加载了路径下。*

（1）用编辑程序（EDIT.COM）建立扩展名为.ASM 的汇编语言源程序文件。在 EDIT 状态下用<ALT>键可激活命令选项，用光标上下左右移动可选择相应命令功能，也可选择反白命令关键字进行操作，用<ESC>键可退出 EDIT。程序输入完毕退出 EDIT 前一定要将源程序文件存盘，以便进行汇编及连接。

（2）用汇编程序（MASM.EXE）将汇编语言源程序文件汇编成用机器码表示的目标程序文件，其扩展名为.OBJ。

（3）如果在汇编过程中出现语法错误，可根据错误的信息提示（如错误位置、错误类型、错误说明），用编辑软件重新调入源程序进行修改。

汇编错误分为警告错误（Warning Errors）和严重错误（Severe Errors）两种。警告错误指一般性错误，严重错误指无法进行正确汇编的错误。出错时要对错误进行分析，找出原因，然后调用屏幕编辑程序加以修改，修改后再重新汇编，一直到汇编无错为止。当所有错误都修改完毕后，汇编生成目标文件（.OBJ 文件）。

（4）汇编没有错误时采用连接程序（LINK.EXE）把目标文件转化成可执行文件，其扩展名为.EXE。

（5）生成可执行文件后，在 DOS 命令状态下直接键入文件名执行该文件，也可采用调试程序 DEBUG.COM 对文件进行相应处理。

上述操作过程如图 4-2 所示。

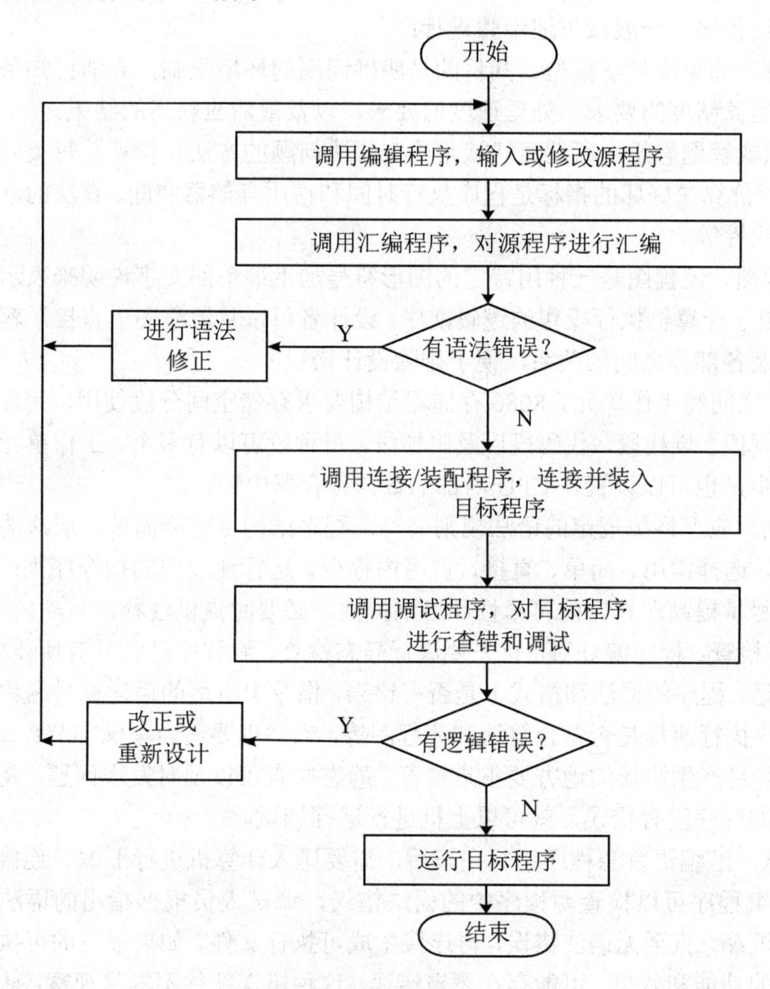

图 4-2　汇编语言源程序的建立、汇编和调试运行流程

4.4　基本程序设计

程序设计的目的是把解决实际问题的方法转化为计算机程序。设计一个良好的汇编语言程序应按照系统的设计要求，除了实现指定的功能和正常运行以外，还应满足：

（1）程序结构化，简明、易读和易调试。

（2）执行速度快。

（3）占用存储空间少（即存储容量小）。

在某些实时控制、跟踪以及一些诸如智能化仪器仪表、电脑化的家用电器等设备中编制的程序，一般都采用汇编语言来编写。以达到其功能强、执行速度快、程序简短、存储容量小的目的。

4.4.1 程序设计的步骤和程序基本结构

1. 程序设计的基本步骤

用汇编语言设计程序，一般按下述步骤进行：

（1）分析问题，抽象出数学模型。其目的是明确问题的环境限制，弄清已知条件、原始数据、输入信息、运算精度的要求、处理速度的要求，以及最后应获得的结果。

（2）确定算法或解题思想。所谓算法就是确定解决问题的方法和步骤。每类问题可以同时存在几种算法，评价算法好坏的指标是程序执行时间和占用存储器空间、算法的难易程度以及可扩充性和可适应性等。

（3）绘制流程图。流程图是一种用特定的图形符号加上简单的文字说明来表示数据处理过程的步骤。它指出了计算机执行操作的逻辑次序，设计者可以从流程图上直接了解系统执行任务的全部过程以及各部分之间的关系，便于排除设计错误。

（4）分配存储空间和工作单元。8086 存储器结构要求存储空间分段使用。因此，可以根据需要分别定义数据段、堆栈段、代码段以及附加段，每种段可以有多个。工作单元可以设置在数据段和附加段中，也可以设置在 CPU 内部的数据寄存器中。

（5）程序编制。应严格按规定的语法规则书写，程序结构尽可能简单、层次清楚，合理分配寄存器的用途，选择常用、简单、直接、占用内存少、运行速度快的指令序列；采用结构化程序设计方法；尽量提高源程序的可读性和可维护性，必要时提供注释。

（6）程序静态检查。程序编好后，首先要进行静态检查，看程序是否具有所要求的功能，选用的指令是否合适，程序的语法和格式上是否有错误，指令中引用的语句标号名称和变量名是否定义正确，程序执行流程是否符合算法和流程图等，当然也要适当考虑字节数要少，执行速度又快的因素。容易产生错误的地方要重点检查。静态检查可以及时发现问题，及时进行修改。静态检查编写的程序没有错误，就可以上机进行运行调试。

（7）上机调试。汇编语言源程序编制完毕后，需要送入计算机进行汇编、连接和调试。

系统提供的汇编程序可以检查源程序中的语法错误，调试人员根据指出的语法错误修改程序然后重新进行汇编，直至无语法错误，再连接生成可执行文件。如果最终的可执行文件的执行没有达到预期的功能和效果，可能存在逻辑错误，这种错误往往不容易观察，此时可利用 DEBUG 调试工具调试程序，根据程序的单步或部分执行得到的结果来定位错误。发现错误仍然需要回到编辑环境进行修改。

对于复杂的问题，往往要分解成若干个子问题，分别由几个人编写，而形成若干个程序模块，经过分别汇编后，最终通过连接把它们组装在一起形成总体程序。调试过程和单模块程序一样，只是需要定位有问题的语句在哪个模块。

2. 程序的基本结构

程序的基本结构通常可以分为顺序结构、分支结构和循环结构 3 种，如图 4-3 所示。每一个结构只有一个入口和一个出口，3 种结构的有机组合和嵌套可构成结构化程序。

（1）顺序结构。该结构是按照语句的先后次序执行一系列的顺序操作，没有分支和跳转，如图 4-3 的（1）所示。

（2）分支结构。也叫条件选择结构，可根据不同情况做出判断和选择，以便执行不同的程序段。分为双分支结构和多分支结构，如图 4-3 的（2）、（3）所示。

（3）循环结构。循环实际上是分支结构的一种扩展，循环是否继续是依靠条件判断语句来完成的。按照条件判断的位置，可以把循环分为“当型循环”和“直到型循环”。程序流程如图 4-3 的（4）、（5）所示。

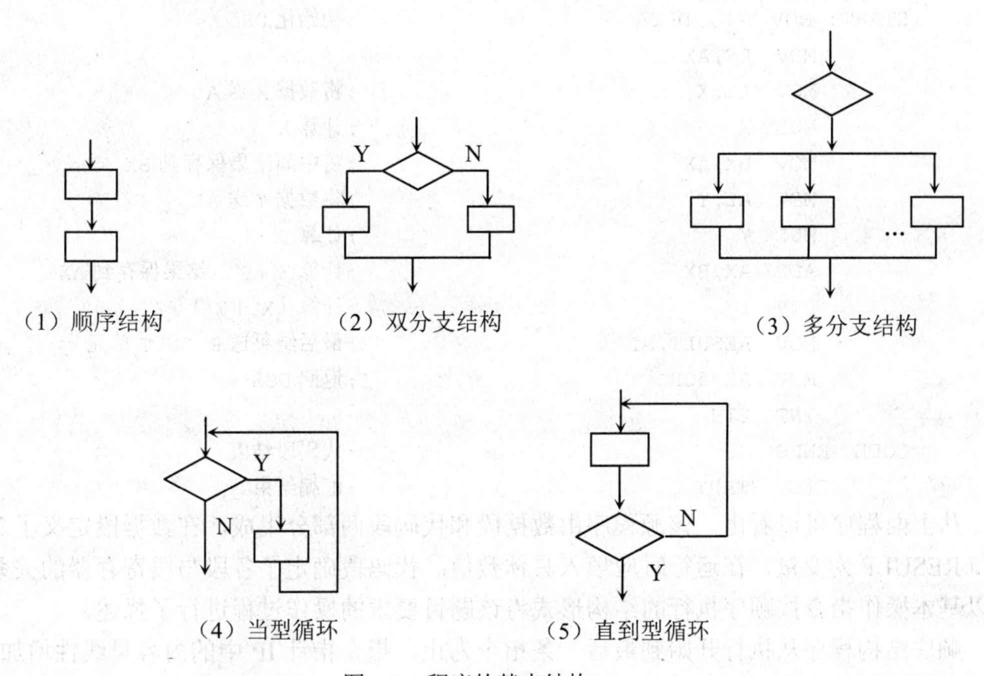

图 4-3　程序的基本结构

4.4.2　顺序程序设计

顺序结构是一种最简单的程序设计结构形式。顺序结构程序从开始执行到最后一条指令为止，指令指针 IP 中的内容呈线性增加。从流程图上看，顺序结构程序只有一个开始框，一至几个执行框和一个结束框。

顺序程序是一种十分简单的程序，设计这种程序的方法也很简单，只要遵照算法步骤依次写出相应的指令即可。在进行顺序结构程序设计时，主要考虑的是如何选择简单有效的算法，以及如何选择存储单元和工作单元。实际上，顺序结构程序多是各种其他程序结构中的局部程序段。分支程序就是在顺序程序的基础上加上条件判断构成分支流程，循环程序中的赋初值部分和循环体也都是顺序程序结构。

【例 4.8】用顺序结构来编程实现求 $S=(X^2+Y^2)/Z$ 的值，将最后结果放入内存 RESULT 单元保存。

解：本题中要定义 4 个变量，X、Y、Z 是计算表达式涉及到的数据，RESULT 单元是结果的存放单元。为方便数据的重复使用，采用寄存器来存放中间结果 X^2 和 Y^2。

本题目采用顺序结构，参考程序如下：

```
DATA  SEGMENT                              ;定义数据段
X  DB  5                                   ;给 X、Y、Z 赋初值
```

```
Y  DB  7
Z  DB  2
RESULT  DB  ?                          ;定义 RESULT 单元，预留空间
DATA  ENDS                             ;数据段结束
CODE  SEGMENT                          ;定义代码段
    ASSSUME  CS:CODE,DS:DATA
START: MOV  AX, DATA                   ;初始化 DS
       MOV  DS,AX
       MOV  AL,X                       ;将数据 X 送 AL
       MUL  X                          ;计算 X²
       MOV  BX,AX                      ;将中间结果保存到 BX
       MOV  AL,Y                       ;将数据 Y 送 AL
       MUL  Y                          ;计算 Y²
       ADD  AX,BX                      ;计算 X²+Y²，结果保存到 AX
       DIV  Z                          ;计算（X²+Y²）/Z
       MOV  RESULT,AL                  ;最后结果送 RESULT 单元
       MOV  AH,4CH                     ;返回 DOS
       INT  21H
CODE  ENDS                             ;代码段结束
      END  START                       ;汇编结束
```

从上面程序可以看出，该源程序由数据段和代码段两部分组成。在数据段定义了 X、Y、Z 和 RESULT 为变量，在运行时应填入具体数值。代码段确定了各段与段寄存器的关系，并且以基本操作指令按顺序执行的结构形式将该题目要求的操作过程进行了描述。

顺序结构程序从执行开始到最后一条指令为止，指令指针 IP 中的内容呈线性增加。在进行顺序结构程序设计时，主要考虑的是如何选择简单有效的算法、如何选择存储单元和工作单元，并且用相应的指令来实现。

4.4.3 分支程序设计

在解决某些实际问题时，采用的方法会随着某些条件的不同而不同，这种在不同条件下处理的程序称为分支程序，采用分支结构设计的程序结构上清晰，易于阅读及调试。

程序中所产生的分支是由条件转移指令来完成的。汇编语言提供了多种条件转移指令，可以根据使用不同的转移指令所产生的结果状态选择要转移的程序段，对给定问题进行处理。

1. 单分支程序设计

单分支结构是分支程序中最简单的一种形式，由它可组成其他复杂程序的基本结构。程序设计时要明确需要判断的条件，并选择合适的条件转移语句。

【例 4.9】编程实现将键盘输入的小写字母转换为大写字母显示出来。

解：本题由于直接从键盘接收数据，转换后由屏幕显示，故可以不定义数据段，只设代码段。从键盘接收数据后，在程序内要判断接收的是否是小写字母，是则进行转换，否则不予转换，这样就需要判断所输入字符是否在'a'和'z'的范围内，采用单分支结构即可实现。程序流程图如图 4-4 所示。

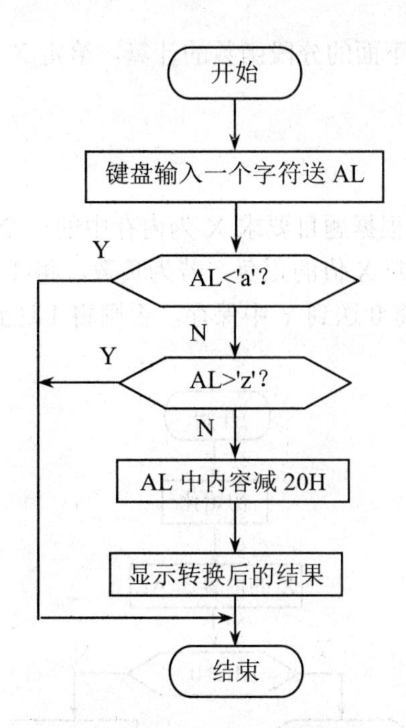

图 4-4　例 4.9 单分支程序框图

转换后结果的显示通过 DOS 功能调用的 02 号功能，将要显示字符的 ASCII 码放在 DL 中。

源程序设计如下：

```
CODE   SEGMENT
       ASSUME  CS:CODE
START:MOV  AL,01H                  ;采用 DOS 调用的 01 号功能，从键盘输入字符
       INT  21H
       CMP  AL,'a'                 ;与字符'a'进行比较
       JB   EXIT                   ;小于'a'，转向结束
       CMP  AL,'z'                 ;与字符'z'进行比较
       JA   EXIT                   ;大于'z'，转向结束
       SUB  AL,20H                 ;大小写字母间相差 20H
       MOV  DL,AL                  ;转换后，结果送 DL
       MOV  AH,02H                 ;DOS 调用 02 号功能，显示结果
       INT  21H
EXIT: MOV  AH,4CH                  ;返回 DOS
      INT  21H
CODE END                           ;代码段结束
      END  START                   ;汇编结束
```

该程序是采用了单分支结构来实现一个字母的转换，若要转换字符串，则可以采用分支和循环相结合的结构。

这里需要注意的是，因为 AL 中存放的是输入字符的 ASCII 码，所以比较的时候，也要用 ASCII 码，即用'a'或 61H、'z'或 7AH 来比较，而且是作为无符号数进行比较的。

2. *多分支程序设计*

当程序中需要根据不同判断条件进行多项操作时，就要用到多路分支结构形式。

【例 4.10】编写程序，完成下面的分段函数的计算，给定 X 为带符号的字节数据。

$$Y=\begin{cases}1 & X>0\\ 0 & X=0\\ -1 & X<0\end{cases}$$

这是 3 路分支的程序设计，根据题目要求 X 为内存中的一个带符号数。我们采用两重条件判断来处理：程序中首先要判断 X 值的正负，若为负数，将-1 送到 Y 中保存；若为正数，再判断 X 是否为 0，如果为 0，将 0 送到 Y 中保存，否则将 1 送到 Y 中保存。

程序的流程图如图 4-5 所示。

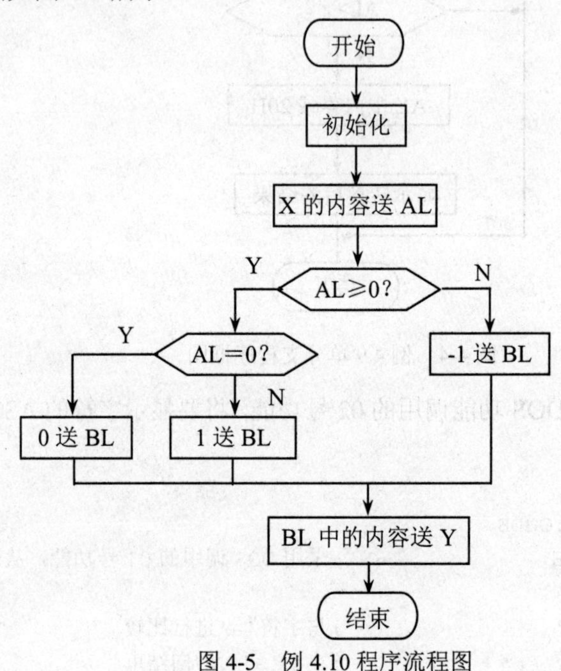

图 4-5　例 4.10 程序流程图

源程序设计如下：

```
DATA  SEGMENT
        X  DB  -10
        Y  DB  ?
DATA  ENDS
CODE SEGMENT
     ASSUME   CS:CODE,DS:DATA
START:  MOV  AX,DATA
        MOV  DS,AX                        ;初始化 DS
        MOV  AL,X                         ;X 取到 AL 中
        CMP  AL,0                         ;AL 和 0 比较
        JGE  BIG                          ;≥0，转 BIG
        MOV  BL,-1                        ;否则-1 送 BL
        JMP  EXIT                         ;转到结束位置
BIG:    JE   MIN                          ;AL=0 转 MIN
        MOV  BL,1                         ;否则 1 送 BL
```

```
        JMP  EXIT                    ;转到结束位置
MIN:    MOV  BL,0                    ;0 送 BL
EXIT:   MOV  Y,BL                    ;BL 中内容送 Y
        MOV  AH,4CH                  ;返回 DOS
        INT  21H
CODE  ENDS                           ;代码段结束
        END  START                   ;汇编结束
```

4.4.4 循环程序设计

1. 循环程序的基本结构

循环程序设计针对的是一些需要重复处理的操作。采用循环结构的程序可以缩短长度，既节省了内存，也使得程序的可读性大大提高。

设计循环结构程序时，通常将其划分为4个部分：

（1）初始化部分。对循环程序的初始状态进行设置，包括循环计数器初值、地址指针初始化、存放运算结果的寄存器或内存单元的初始化等。

（2）循环体。是完成循环工作的主要部分，要重复执行这段操作。不同程序要解决的问题不同，因此循环体的具体内容也有所不同。

（3）参数修改部分。为保证每次循环的正常执行，计数器值、操作数地址指针等相关信息要发生有规律的变化，为下一次循环作准备。

（4）循环控制部分。每个循环程序必须选择一个恰当的循环控制条件来控制循环的运行和结束。如果循环次数已知可使用计数器来控制，如果循环次数未知应根据具体情况设置控制循环结束的条件。

常见的循环结构有两种：一种是先执行循环体，然后判断循环是否继续进行；另一种是先判断是否符合循环条件，符合则执行循环体，否则退出循环。使用哪种方法由程序设计者预先选定。

2. 单重循环程序设计

此种情况下，在程序中只需要一个循环过程即可完成规定的操作。

【例 4.11】设计一个程序来完成求1～100的自然数累加和，结果送到SUM单元中。

解：该题目的循环次数是已知的，可以采用计数控制的方法。程序中用递增计数法来实现求累加和。流程图如图4-6所示。

源程序设计如下：

```
DATA    SEGMENT
        SUM DW  ?                    ;预留结果单元
        CN  EQU  100                 ;计数终止值
DATA    ENDS
CODE    SEGMENT
        ASSUME  DS:DATA,CS:CODE
START: MOV  AX,DATA                  ;初始化 DS
        MOV  DS,AX
        MOV  AX,0                    ;累加器清零
        MOV  CX,1                    ;置循环计数初始值
   LP: ADD  AX,CX                    ;求累加和
```

```
        INC  CX                          ;计数器加 1
        CMP  CX,CN                       ;CX 和终止值比较
        JBE  LP                          ;小于等于终止值，转循环入口处 LP
        MOV  SUM,AX                      ;超过计数终止值，结果送 SUM 单元
        MOV  AH,4CH                      ;返回 DOS
        INT  21H
CODE  ENDS
      END  START                         ;汇编结束
```

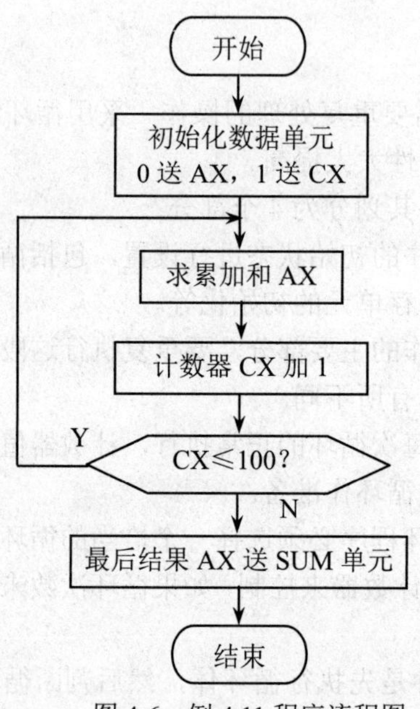

图 4-6 例 4.11 程序流程图

【例 4.12】在内存 NUM 单元起存有 10 个无符号字节数据，要求找出其中的最大数和最小数，分别存入 MAX 和 MIN 单元。

解：求 10 个无符号数的最大数和最小数，需进行多次比较。首先取出第一个数据，将它作为最大数和最小数分别存入 AH 和 AL 中，然后读取第二个数据，将它分别与最大数和最小数比较，如果它比 AH 中的内容大，将它送入 AH 中；若它比 AL 中的内容小，将它送入 AL 中。再读取第三个数，重复上述过程，共需比较 9 次。

源程序设计如下：

```
DATA   SEGMENT
       NUM  DB  15,23,12,28,100,10,7,1,45,67 ;设定 10 个无符号数
       MAX  DB  ?                            ;开辟最大数存放单元
       MIN  DB  ?                            ;开辟最小数存放单元
DATA   ENDS
CODE   SEGMENT
       ASSUME  DS:DATA,CS:CODE
START: MOV  AX,DATA
       MOV  DS,AX                            ;初始化 DS
       MOV  SI,0                             ;SI 指针初始化
       MOV  CX,10                            ;循环次数送 CX
```

```
        MOV  AH,NUM[SI]               ;寄存器相对寻址，第一个数送入 AH
        MOV  AL,NUM[SI]               ;寄存器相对寻址，第一个数送入 AL
        DEC  CX                       ;CX 值减 1
LP:     INC  SI                       ;指针调整
        CMP  AH,NUM[SI]               ;AH 中内容和下一个数比较
        JAE  BIG                      ;大于或等于转 BIG
        MOV  AH,NUM[SI]               ;否则将该数取至 AH 中
BIG:    CMP  AL,NUM[SI]               ;AL 中内容和下一个数比较
        JBE  NEXT                     ;小于或等于转 NEXT
        MOV  AL,NUM[SI]               ;否则将该数取至 AL 中
NEXT:   LOOP LP                       ;CX 中内容减 1 不为 0 转 LP
        MOV  MAX,AH                   ;保存最大数
        MOV  MIN,AL                   ;保存最小数
        MOV  AH,4CH
        INT  21H                      ;返回 DOS
CODE    ENDS
        END  START
```

如果循环程序中的循环次数预先是不确定的，可以通过测试某个条件是否成立来实现对循环的控制。

3. *多重循环程序设计*

如果在一个循环体中又出现另一个循环操作，即为多重循环程序，也称为循环嵌套。

在使用多重循环时要注意以下几个问题：

（1）内循环必须完整地包含在外循环中，循环可以嵌套和并列，但内外循环不能相互交叉。

（2）可以从内循环直接跳到外循环，但不能从外循环直接跳到内循环。

（3）无论是内循环还是外循环，都不要使循环回到初始化部分，否则将出现死循环。

（4）每次完成外循环再次进入内循环时，初始条件必须重新设置。

【例 4.13】在内存 BUF 单元开始的区域中存放有一组无符号的字节数据，试编程序将这些数据按从小到大的顺序排序，排序后的数据依然放在原来的存储区中。

将一组杂乱无序的数据进行排序，经常采用冒泡法来设计程序。设从地址 BUF 开始的内存缓冲区中有 N 个元素组成的字节数组，按照从小到大的次序排列，用冒泡法处理的过程叙述如下：

将第一个存储单元中的数与其后 N-1 个存储单元中的数逐一进行比较，如果数据的排列次序符合要求（即第 i 个数小于第 i+1 个数），不做任何操作；否则两数交换位置。这样经过第一轮的 N－1 次比较，N 个数据中的最小数放到了第一个存储单元中。

第二轮处理时，将第二个存储单元中的数据与其后的 N-2 个存储单元中的数据逐一比较，每次比较后都把小数放到第二个存储单元中，经过 N-2 次比较后，N 个数据中的第二小的数存入了第二个存储单元。依次类推，做同样的操作，当最后两个存储单元中的数据比较完毕后，就完成了 N 个数据从小到大的排序。

通过上述分析可以知道，该算法可用双重循环实现。

源程序设计如下：

```
DATA    SEGMENT
    BUF   DB  23H,09H,14H,53H,67H,89H,4FH,20H,0A5H,10H
```

```
    CN  EQU $-BUF
DATA     ENDS
CODE     SEGMENT
         ASSUME  CS:CODE, DS:DATA
START:   MOV   AX,DATA              ;初始化 DS
         MOV   DS,AX
         MOV   CX,CN-1              ;外循环次数送计数器 CX
LP1:     MOV   SI,0                 ;数组起始下标 0 送 SI
         PUSH  CX                   ;外循环计数器入栈
LP2:     MOV   AL,BUF [SI]          ;BUF [SI]取出送 AL
         CMP   AL,BUF [SI+1]        ;BUF [SI]和 BUF [SI+1]比较
         JLE   NEXT                 ;小于或等于转 NEXT
         XCHG  AL,BUF[SI+1]         ;否则 BUF [SI]和 BUF [SI+1]交换
         MOV   BUF[SI],AL
NEXT:    INC   SI                   ;数组下标加 1
         LOOP  LP2                  ;CX-1 不为 0 转 LP2
         POP   CX                   ;否则退出内循环，将 CX 出栈
         LOOP  LP1                  ;CX-1 不为 0 转 LP1
         MOV   AH,4CH               ;返回 DOS
         INT   21H
CODE     ENDS
    END  START                      ;汇编结束
```

冒泡法排序最大可能的扫描遍数为 N-1 次。但是也可能有的数据表在第 1 遍扫描后即已经成序。为了避免后面不必要的扫描比较，可在程序中引入一个交换标志，若在某一遍扫描比较中，一次交换也未发生，则表示数据已按序排列好，在这遍扫描结束时，就可以停止程序循环，结束排序过程。

4.4.5 子程序设计

在计算机的应用系统中，经常把一些常用的具有一定功能的程序段进行标准化，单独存放在某一存储区域中，需要执行的时候，再使用专门指令调用，这种程序段就称为子程序。在汇编语言中，子程序又称为过程，调用子程序的程序段称为主程序，主程序中 CALL 指令的下一条指令的地址称为返回地址。

子程序是模块化程序设计的重要手段。程序采用子程序结构具有以下优点：

（1）可以简化程序设计过程，大量节省程序设计时间。

（2）可缩短程序的长度，节省了汇编时间和程序的存储空间。

（3）增加了程序的可读性，便于对程序进行修改和调试。

（4）为程序的模块化、结构化和自顶向下的设计提供了方便。

1. 子程序的调用

我们在指令系统中已经讨论了主－子程序结构和 CALL-RET 指令的应用，下面通过实例来说明子程序的基本结构和主－子程序之间的调用关系。

【例 4.14】采用主程序调用子程序的结构形式，完成 N 个数据的累加和计算。该 N 个数据为字节型数据，存放在开始地址为 ADRR 的内存单元。

主程序段如下：

```
MAIN  PROC  FAR                          ;主程序开始
 START:PUSH  DS                          ;保护现场
        MOV  AX,0                        ;累加器清零
        PUSH  AX                         ;AX 内容入栈
       CALL  SUBP                        ;调用过程 SUBP
       RET                               ;返回
MAIN  ENDP                               ;主程序定义结束
```

子程序段如下：

```
SUBP  PROC                               ;子程序开始
        MOV  AX,DATA                     ;初始化 DS
        MOV  AX,DS
        LEA  SI,ADRR                     ;取数据的有效地址
        MOV  CX,N                        ;取数据个数
 NEXT: ADD  AL,[SI]                      ;数据累加
        ADC  AH,0                        ;带进位加
        INC  SI                          ;地址加 1
        LOOP  NEXT                       ;循环控制
        RET                              ;返回主程序
SUBP  ENDP                               ;子程序定义结束
```

从本例可以看出主一子程序的基本结构包括以下几个部分：

（1）主一子程序说明。用来说明主-子程序的名称、功能、入口参数、出口参数、占用工作单元的情况，明确调用方法。

（2）现场保护及恢复。通常主程序已经占用了一定的寄存器，子程序执行时也会用到相关寄存器，为了保证主程序按原有状态继续正常执行，需要对这些寄存器的内容加以保护。此外，子程序执行完毕后要恢复这些被保护的寄存器的内容。现场保护及恢复通常采用堆栈操作。

（3）子程序体。这一部分内容用来实现相应的子程序功能。

（4）子程序返回。返回语句 RET 和调用语句 CALL 是相互对应的。

【例 4.15】设计一个子程序，完成统计一组字数据中的正数和 0 的个数。

解：主程序中开辟数据存储区，保存一组字数据。然后调用子程序实现统计其中正数和 0 的个数，处理完毕后，将最终统计结果送指定单元。

源程序设计如下：

```
DATA  SEGMENT
      ARR  DW  -12,45,67,0,-34,-90,89,67,0,87      ;保存 10 个字数据
      CN   EQU  ($-ARR)/2            ;CN 的值为 ARR 的数据个数
      ZER  DW  ?
      PLUS DW  ?
DATA  ENDS
CODE  SEGMENT
      ASSUME  DS:DATA,CS:CODE
START:MOV  AX,DATA
      MOV  DS,AX                     ;初始化 DS
      MOV  SI,OFFSET ARR             ;数组首地址送 SI
      MOV  CX,CN                     ;数组元素个数送 CX
```

```
        CALL PZN              ;调用近过程 PZN
        MOV  ZER,BX           ;0 的个数送 BX
        MOV  PLUS,AX          ;正数的个数送 PLUS
        MOV  AH,4CH
        INT  21H              ;返回 DOS
        ;子程序名：PZN
        ;子程序功能：统计一组字数据中的正数和 0 的个数
        ;入口参数：数组首地址在 SI 中，数组个数在 CX 中
        ;出口参数：正数个数在 AX 中，0 的个数在 BX 中
        ;使用寄存器：AX、BX、CX、DX、SI 及标志寄存器
PZN     PROC  NEAR
        PUSH  SI
        PUSH  DX
        PUSH  CX              ;保护现场
        XOR   AX,AX           ;计数器清 0
        XOR   BX,BX
PZN0:   MOV   DX,[SI]         ;取一个数组元素送 DX
        CMP   DX,0            ;DX 中内容和 0 比较
        JL    PZN1            ;小于 0 转 PZN1
        JZ    ZN              ;等于 0 转 ZN
        INC   AX              ;否则为正数，AX 中内容加 1
        JMP   PZN1            ;转 PZN1
ZN:     INC   BX              ;为 0，BX 中内容加 1
PZN1:   ADD   SI,2            ;数组指针加 2 调整
        LOOP  PZN0            ;（CX）-1，若（CX）≠0 则继续循环
        POP   CX              ;恢复现场
        POP   DX
        POP   SI
        RET                   ;返回主程序
PZN     ENDP                  ;子程序定义结束
CODE    ENDS                  ;代码段结束
        END START             ;汇编结束
```

2. 子程序的参数传递

主程序在调用子程序之前，必须把需要加工处理的数据传递给子程序，这些被加工处理的数据称为输入参数；当子程序执行完毕返回主程序时，应把本次加工处理的结果传递给主程序，这些结果称为输出参数。我们把主程序向子程序传递输入参数以及子程序向主程序传递输出参数称为主程序和子程序间的参数传递。

汇编语言中实现参数传递的方法主要有寄存器传递、堆栈传递和存储器传递 3 种。下面分别加以说明。

（1）寄存器传递。这种方式适合于需要传递的参数较少的情况。具体操作是在调用子程序之前把参数放到规定的寄存器中，由这些寄存器将参数带入子程序，子程序执行结束后的结果也放到规定的寄存器中带回主程序。

（2）堆栈传递。主程序与子程序之间可以把要传递的参数放在堆栈中，这些参数既可以是数据，也可以是地址。具体操作是在调用子程序前将参数送入堆栈，在子程序中通过出栈方

式取得参数，执行完毕后再将结果依次压入堆栈。返回主程序后，通过出栈获得结果。由于堆栈具有后进先出的特性，所以在多重调用中各参数的层次很分明。堆栈的优点是不用寄存器，但存取参数时一定要清楚参数在堆栈中的具体位置。

（3）存储器传递。若主程序和子程序在同一个程序模块内，采用存储器传递参数是最简单的方法。把入口参数或出口参数都放在约定好的内存单元中。主程序和子程序之间可以利用指定的内存变量来交换信息。主程序在调用前将所有参数按约定好的次序存入该存储区中，进入子程序后按约定从存储区中取出输入参数进行处理，所得输出参数也按约定好的次序存入指定存储区。

以上对汇编语言程序设计中常用的 4 种基本结构进行了分析，利用这些程序结构形式上的特点，再结合汇编语言提供的各类指令，就可以设计出适合解决各类问题的汇编语言程序。

4 种程序设计的基本结构不仅可以单独使用来解决一些简单的问题，通常还将它们有机地结合起来解决一些复杂的实际问题。采用基本结构设计方法编写出来的程序称为结构化程序，这样的程序结构清晰，不仅容易阅读，也给修改和调试程序带来了方便。

4.5　系统功能调用

磁盘操作系统 DOS（Disk Operating System）是 PC 机上最重要的操作系统，DOS 功能调用可完成对文件、设备、内存的管理。对用户来说，这些功能模块就是几十个独立的中断服务程序，这些程序的入口地址已由系统置入中断向量表中，在汇编语言程序中可用中断指令直接调用。DOS 模块提供了更多更必要的测试，使 DOS 操作更简易，而且对硬件的依赖性更少。

8086 存储器系统 8K 的 ROM 中存放有基本输入输出系统 BIOS（Basic Input/Output System）例行程序。BIOS 给 PC 系列的不同微处理器提供了兼容的系统加电自检、引导装入、主要 I/O 设备的处理程序以及接口控制等功能模块来处理所有的系统中断。使用 BIOS 功能调用，给程序员编程带来极大方便。程序员不必了解硬件的具体细节，可直接使用指令设置参数，并中断调用 BIOS 例行程序，所以利用 BIOS 功能调用编写的程序简洁，可读性好，而且易于移植。

DOS 功能与 BIOS 功能都是通过软件中断来调用的。在中断调用前需要把功能号装入 AH 寄存器，把子功能号装入 AL 寄存器，除此之外，还需要在 CPU 的寄存器中提供专门的调用参数。

一般来说，调用 DOS 或 BIOS 功能时，有以下几个步骤：

（1）将调用参数装入指定的寄存器。

（2）如需功能调用号，把它装入 AH。

（3）如需子功能调用号，把它装入 AL。

（4）按中断号调用 DOS 或 BIOS。

（5）检查返回参数是否正确。

4.5.1　DOS 功能调用

1. 系统功能调用的方法

要完成 DOS 系统的功能调用，按如下基本步骤操作：

（1）将入口参数送到指定寄存器中。

（2）子程序功能号送入AH寄存器中。

（3）使用INT 21H指令转入子程序入口执行相应操作。

2. 常用的几种系统功能调用

下面针对几个常用的DOS功能调用进行说明，其余的功能调用可参见本书附录中给出的内容。

（1）AH＝01H：带显示的键盘输入。

（2）AH＝02H：从显示器上输出单个字符。

（3）AH＝05H：从打印机上输出单个字符。

（4）AH＝07H：不带显示的键盘输入，对Ctrl+Break组合键无反应。

（5）AH＝08H：不带显示的键盘输入，对Ctrl+Break组合键有反应。

（6）AH＝09H：在显示器上输出字符串。

（7）AH＝0AH：将字符串输入到内存缓冲区。

（8）AH＝4CH：程序退出并返回DOS。

上面给定的前5个功能调用都是单个字符的输入与输出操作：

从键盘上输入的字符是以ASCII码形式送入到AL寄存器中的，选择01H功能调用可以同时在屏幕上显示该字符；如果选择07H和08H功能调用，则不在屏幕上显示该字符。字符输出时，如果选择02H功能，则将DL寄存器中的字符从显示器上输出；如果选择05H功能，则将DL寄存器中的字符从打印机上输出。

01H功能调用的使用格式如下：

```
MOV    AH,01H
INT    21H
```

执行该指令段时，系统要扫描键盘并等待键盘的输入，当输入一个字符后，就将其ASCII码送到AL寄存器中，同时将该字符显示在屏幕上。要注意的是，输入一个字符后不需要回车，如果只按下回车键，则（AL）=0DH。

使用02H功能调用，在屏幕上显示字符“$”，有以下指令序列：

```
MOV    DL,'$'
MOV    AH,02H
INT    21H
```

该指令段执行时，先将要显示字符“$”的ASCII码24H送DL寄存器，然后调用02H功能从显示器上输出该字符。

字符串的输入与输出是通过09H和0AH功能调用来实现的。

09H功能调用是将指定的字符串送屏幕显示，字符串事先存放在内存的数据缓冲区中，字符串的首地址送入指定的DS:DX中，并要求字符串必须以'$'结束。

0AH功能调用是将键盘输入的字符串写入内存缓冲区中。字符串的长度不超过255个，当遇到回车键时停止接收字符。该功能调用在内存中建立一个缓冲区，缓冲区的第一个字节存放键入字符的最大数，第二个字节存放实际键入字符的数目，从缓冲区第三个字节开始依次存放输入字符串的ASCII码值。如果实际键入的字符不足以填满缓冲区，则其余字节补0；若输入的字符个数大于定义的长度，超出的字符将丢失，并且响铃警告。调用时DS:DX寄存器指向输入缓冲区的首地址。

下面通过几个应用实例来分析有关 DOS 调用的程序设计。

【例 4.16】在例 4.9 的基础上，实现将键盘输入的小写字母转换为大写字母并在屏幕上显示出来。要求连续转换及输出，小写字母与大写字母大之间用“—”号间隔，每输出一行要换行到下一行再次输出。

解：本例要求直接从键盘输入数据，可采用 DOS 的 01H 功能调用；经转换处理后在屏幕上显示出来，可采用 02H 功能调用。

程序内要判断接收的是否是小写字母，即需要判断所输入字符是否在'a'和'z'的范围内，是则进行转换，否则不予转换，转换后将要显示字符的 ASCII 码放在 DL 中，通过 02H 功能调用输出。为保证输出格式，每行显示完毕后加入回车换行功能。

由于本例没有使用内存数据区，故在程序中直接设计代码段指令。

源程序设计如下：

```
CODE   SEGMENT
       ASSUME CS:CODE
 START:MOV  AH,01H                  ;采用 DOS 调用 01H 功能，从键盘输入字符
       INT  21H
       MOV  BL,AL                   ;保存在 BL 中
       MOV  DL,'-'                  ;送'-'号到 DL
       MOV  AH,02H                  ;显示字符'-'
       INT  21H
       MOV  AL,BL                   ;取回键盘输入字符
       CMP  AL,'a'                  ;AL 与字符'a'比较
       JB  EXIT                     ;小于'a'转 NEXT
       CMP AL,'z'                   ;AL 与字符'z'比较
       JA EXIT                      ;大于'z'转 NEXT
       SUB AL,20H                   ;减法处理，大小写字母 ASCII 码间相差 20H
       MOV DL,AL                    ;转换后字符的 ASCII 码送 DL
       MOV AH,02H                   ;DOS 调用 02H 功能，显示结果
       INT 21H
       MOV DL,0AH                   ;调换行 ASCII 码 0AH
       MOV AH,02H                   ;输出换行
       INT 21H
       MOV DL,0DH                   ;调回车的 ASCII 码 0DH
       MOV AH,02H                   ;输出回车
       INT 21H
       JMP START                    ;无条件转 START
 EXIT:MOV AH,4CH                    ;返回 DOS
       INT 21H
CODE   ENDS
       END  START
```

注意：*AL 中存放输入字符的 ASCII 码，比较的时候也要用 ASCII 码，即用'a'或 61H、'z'或 7AH 来比较，而且是作为无符号数进行比较的。*

【例 4.17】要求从键盘输入 10 个字符，然后以与键入相反的顺序将这 10 个字符输出到屏幕上，设计该程序。

解：本题可采用堆栈处理，利用 01H 功能调用从键盘输入 10 个字符依次压入堆栈，再利用 02H 功能调用从屏幕输出，将 10 个数据按照“后进先出”的规则，从堆栈区域依次输出到

屏幕上。

源程序设计如下：

```
STACK SEGMENT PARA STACK 'STACK'          ;定义堆栈区
      DW 10 DUP(?)
STACK ENDS
CODE SEGMENT
      ASSUME CS:CODE,SS:STACK
START:MOV CX,10                           ;设定计数器初值，10个字符
      MOV SP,20                           ;设置堆栈指针，占20个堆栈区单元
LP1:  MOV AH,01H                          ;从键盘输入单个字符
      INT 21H
      MOV AH,0                            ;清AH
      PUSH AX                             ;保护现场（AL）
      LOOP LP1                            ;（CX）-1≠0转LP1
      MOV CX,10                           ;重新设定初始值
LP2:  POP DX                              ;恢复现场（DL）
      MOV AH,02H                          ;输出单个字符
      INT 21H
      LOOP LP2                            ;（CX）-1≠0转LP2
      MOV AH,4CH
      INT 21H
CODE ENDS
      END START
```

【例 4.18】在内存以 BUF 为首地址的存储区中存有若干个字节型数据，设计一个程序来实现从存储区中读取数据，并进行判断，如果该数据为奇数，则显示“Odd”；如果该数据为偶数，则显示“Even”。

解：该例中采用主－子程序结构，主程序完成取数和判断，用子程序实现输出结果。

源程序设计如下：

```
DATA    SEGMENT
    BUF  DB  10H,02H,35H,89H,11H,64H,0AH,B4H    ;给定字节数据
    CN   EQU $-BUF                              ;设定数据个数
    DA1  DB 'Odd',0DH,0AH,'$'                   ;初始化字符串
    DA2  DB 'Even',0DH,0AH,'$'
DATA  ENDS
CODE SEGMENT
       ASSUME  CS:CODE,DS:DATA
START:  MOV   AX,DATA                           ;初始化DS
        MOV   DS,AX
        LEA  SI,BUF                             ;取数据有效地址
        MOV   CX,CN                             ;数据个数送计数器CX
LP1:    MOV   AL,[SI]                           ;取数据SI
        TEST  AL,01H                            ;判断是否为奇数
        JZ    AV2                               ;为偶数转AV2
        LEA   DX,DA1                            ;是奇数，取显示内容
        CALL  SUB1                              ;子程序调用
```

```
        JMP   AV3
AV2:    LEA   DX,DA2                     ;是偶数，取显示内容
        CALL  SUB1                       ;子程序调用
AV3:    INC   SI                         ;地址加 1
        LOOP  LP1                        ;（CX）-1≠0 转 LP1
        MOV   AH,4CH                     ;返回 DOS
        INT   21H
        SUB1  PROC                       ;子程序定义
        MOV   AH,09H                     ;调用 DOS 的 09H 功能
        INT   21H
        RET                              ;子程序返回
        SUB1  ENDP                       ;子程序结束
CODE    ENDS
        END   START                      ;汇编结束
```

4.5.2　BIOS 中断调用

BIOS 为用户程序和系统程序提供主要外设的控制功能，如系统加电自检、引导装入及对键盘、磁盘、磁带、显示器、打印机、异步串行通信口等的控制。计算机系统软件就是利用这些基本的设备驱动程序，完成各种功能操作。

每个功能模块的入口地址都在中断矢量表中，通过中断指令 INT n 可以直接调用。n 是中断类型号，每个类型号 n 对应一种 I/O 设备的中断调用，每个中断调用又以功能号来区分其控制功能。

常用的 BIOS 中断调用主要有：

（1）INT 10H：显示器输出中断调用。

（2）INT 13H：低级磁盘输入输出中断调用。

（3）INT 14H：串行通信口输入输出中断调用。

（4）INT 16H：键盘输入中断调用。

（5）INT 17H：打印机输出中断调。

（6）INT 1AH：实时时钟服务中断调用。

下面通过两个实例来分析 BIOS 中断调用的应用情况。

【例 4.19】采用 BIOS 中断调用中的 INT 16H（AH＝0）实现键盘输入字符。

解：在 BIOS 中断功能中，INT 16H 类型的中断提供基本的键盘操作，其中断处理程序包括 3 个不同的功能，分别根据 AH 寄存器中的子功能号来确定。

（1）AH=00H 时，从键盘读入一个字符。

入口参数：00 送 AH。

出口参数：AL 中的内容为字符码，AH 中的内容为扫描码。

（2）AH=01H 时，读键盘缓冲区的字符。

入口参数：01 送 AH。

出口参数：如果 ZF＝0，则 AL 中的内容为字符码，AH 中的内容为扫描码。
　　　　　如果 ZF＝1，则缓冲区为空。

（3）AH=02H 时，读键盘状态字节。

入口参数：02 送 AH。

出口参数：AL 中的内容为键盘状态字节。

源程序设计如下：

```
DATA  SEGMENT
      BUFF   DB 100 DUP(?)
      MESS   DB 'NO CHARACTER!',0DH,0AH,'$'
DATA  ENDS
CODE  SEGMENT
      ASSUME CS:CODE,DS:DATA
START:MOV  AX,DATA
      MOV  DS,AX
      MOV  CX,100
      MOV  BX,OFFSET BUFF        ;设内存缓冲区首址
LOP1: MOV  AH,1
      PUSH CX
      MOV  CX,0
      MOV  DX,0
      INT  1AH                   ;设置时间计数器值为 0
LOP2: MOV  AH,0
      INT  1AH                   ;读时间计数值
      CMP  DL,100
      JNZ  LOP2                  ;定时时间未到，等待
      MOV  AH,1
      INT  16H                   ;判有无键入字符
      JZ   DONE                  ;无键输入，则结束
      MOV  AH,0
      INT  16H                   ;有键输入，则读出键的 ASCII 码
      MOV  [BX],AL               ;存入内存缓冲区
      INC  BX
      POP  CX
      LOOP LOP1                  ;数据未输完，转 LOP1
      JMP  EN
DONE: MOV  DX,OFFSET MESS
      MOV  AH,09H
      INT  21H                   ;显示提示信息
EN:   MOV  AH,4CH
      INT  21H
CODE ENDS
      END  START
```

【例 4.20】采用 BIOS 中断调用中的 INT 10H，编写一程序，让字符“梅花”（ASCII 码为 06H）在屏幕的左上角至右下角之间划一条斜线。

解：该程序是单个字符显示程序，选择 80×25 黑白文本方式，在程序中用到 INT 10H 的 4 种功能：AH=00H，选择 80×25 黑白文本方式；AH=02H，设置光标位置；AH=0AH，显示 1 个字符；AH=0FH，读显示页号。

源程序设计如下：

```
CODE  SEGMENT
      ASSUME   CS:CODE
START: MOV  AH,0FH                     ;读当前显示状态页号送 BH
      INT  10H
      MOV  AH,00H                      ;设置 80×25 黑白文本方式
      MOV  AL,2
      INT  10H
      MOV  CX,1                        ;要写的字符个数送 CX
      MOV  DX,0                        ;光标初始位置（0,0）
REPT1: MOV  AH,02H
      INT  10H
      MOV  AL,06H                      ;梅花字符 ASCII 码送 AL
      MOV  AH,0AH                      ;写字符
      INT  10H
      INC  DH                          ;光标行号加 1
      ADD  DL,3                        ;光标列号加 1
      CMP  DH,25                       ;若行号不等于 25，则转到 REPT1
      JNZ  REPT1
      MOV  AH,4CH
      INT  21H                         ;返回 DOS
CODE  ENDS
      END  START                       ;汇编结束
```

其余有关 BIOS 中断调用的类型号、功能、入口参数和出口参数等可参见本书的附录。

4.6　宏指令与高级汇编技术

在 MASM 宏汇编软件平台上，可以进行更高一层的程序设计，使程序的功能更强，技巧更灵活，为解决复杂问题及程序设计提供了强大的支撑。常用的有宏汇编、重复汇编、条件汇编等高级汇编技术。

4.6.1　宏指令

汇编语言程序设计过程中，有些程序段需要多次重复使用，不同的只是参与操作的对象有变化。为减少编程工作量，可采用宏指令来解决。宏指令实际上也是一种伪指令，比起前面介绍的伪指令功能更强，使用更灵活，在源程序中采用宏指令可简化程序。

可将需要多次使用的程序段定义为一条宏指令。对源程序进行汇编时，汇编程序将宏指令对应的程序段目标代码嵌入到该宏指令处。

宏指令本身并没有简化目标程序，也未缩短目标程序所占用的空间。但由于宏指令具有接收参量的能力，功能更灵活，对于那些程序较短的且要传送的参量较多的使用场合，采用宏指令更为合理。

1. 宏定义、宏调用和宏展开

宏指令是源程序中一段具有独立功能的程序代码，在源程序中只需定义一次，可以多次调用。因此，使用宏指令可以节省编程和查错的时间。

（1）宏定义。在宏汇编中，宏指令采用伪指令 MACRO/ENDM 来实现其功能定义。

其语句格式为：

说明：宏指令名是该宏定义的名称，调用时使用宏指令名对该宏定义进行调用；MACRO 须与 ENDM 成对出现，宏体除包含指令语句、伪指令语句外，还可以包含另一个宏定义或已定义的宏指令名，即可以宏嵌套；形式参数（简称形参）是可选项，带参数时，多个形参间用逗号分隔。

例如，若要多次实现在 BCD 码和 ASCII 码之间进行转换时，可以将 AL 中的内容左移或右移定义成宏指令。

假设左移 4 位，可以设定如下指令：

```
SHIFT   MACRO
  MOV  CL,4
  SAL  AL,CL
ENDM
```

其中，SHIFT 是宏指令名，它是调用时的依据，也是各个宏定义间区分的标志。在这个宏定义中没有形式参数。

（2）宏调用。经定义的宏指令可以在源程序中调用，称为宏调用。

其语句格式为：

宏指令名 [实参 1,实参 2,…,实参 n]

需要注意：宏指令名必须先定义后调用；实参表中的多个实际参数用逗号分隔，汇编时实参将替换宏定义中相应位置的形参；实参可以是常数、寄存器名、变量名、地址表达式及指令助记符的部分字符等。宏展开得到的实参代替形参形成的语句应该是有效的，否则汇编时将出错。

例如，前面定义宏指令，当需要 AL 中的内容左移 4 位时，只要写一条宏调用语句就可以完成。

```
  ⋮
SHIFT
  ⋮
```

（3）宏展开。是将宏指令语句用宏定义中宏体的程序段目标代码替换。在汇编源程序时，宏汇编程序将对每条宏指令语句进行宏展开，取调用提供的实参替代相应的形参，对原有宏体目标代码作相应改变。

2. *应用实例分析*

下面举例说明宏指令使用过程中的宏定义、宏调用和宏展开全过程。

【例 4.21】将两个用压缩 BCD 码表示的 4 位十进制数相加，结果存入 RESULT 单元中，将此功能定义为宏指令并进行调用。

源程序设计如下：

```
;对两数相加功能进行宏定义
BCDADD MACRO  VARX,VARY,RESULT
       MOV  AL,VARX
       ADD  AL,VARY
       DAA                                        ;低位相加、调整
       MOV  RESULT,AL
       MOV  AL,VARX+1
       ADC  AL,VARY+1
       DAA                                        ;高位相加、调整
       MOV  RESULT+1,AL
       ENDM
DATA   SEGMENT
       A1  DB  30H,11H
       A2  DB  79H,47H
       A3  DB  2 DUP(?)
       B1  DB  32H,23H
       B2  DB  71H,62H
       B3  DB  2 DUP(?)
DATA   ENDS
CODE   SEGMENT
       ASSUME CS:CODE,DS:DATA
START: PUSH  DS
       MOV  AX,0
       PUSH  AX
       MOV   AX,DATA
       MOV   DS,AX
       BCDADD   A1,A2,A3                          ;宏调用
       BCDADD   B1,B2,B3                          ;再次宏调用
       RET
CODE   ENDS
       END  START
```

源程序中有两次宏调用，经宏展开后：

```
      PUSH  DS
      MOV   AX,0
      PUSH  AX
      MOV   AX,DATA
      MOV   DS,AX
;对两数相加功能进行宏定义
1     MOV    AL,A1
1     ADD    AL,A2
1     DAA                                         ;低位相加、调整
1     MOV    A3,AL
1     MOV    AL,A1+1
1     ADC    AL,A2+1
1     DAA                                         ;高位相加、调整
1     MOV    A3+1,AL
```

```
;对两数相加功能进行宏定义
1     MOV   AL,B1
1     ADD   AL,B2
1     DAA                                    ;低位相加、调整
1     MOV   B3,AL
1     MOV   AL,B1+1
1     ADC   AL,B2+1
1     DAA                                    ;高位相加、调整
1     MOV   B3+1,AL
```

宏汇编程序在所展开的指令前标识以字符“1”以示区别。由于宏指令可以带形参，调用时可以用实参取代，灵活地传递数据，避免了子程序中变量传送的麻烦。

宏定义可以嵌套，即在宏定义中可以再次使用宏调用，但使用前必须先定义这个宏调用。

【例 4.22】有如下宏定义，分析其特点。

```
DIF     MACRO N1,N2
        MOV   AX,N1
        SUB   AX,N2
        ENDM
DIFCAL  MACRO OPR1,OPR2,RESULT
        PUSH  DX
        PUSH  AX
        DIF   OPR1,OPR2
        MOV   RESULT,AX
        POP   AX
        POP   DX
        ENDM
```

该段程序的宏调用为：

```
DIFCAL VAL1,VAL2,VAL3
```

经汇编后宏展开为：

```
1       PUSH  DX
1       PUSH  AX
1       MOV   AX,VAL1
1       SUB   AX,VAL2
1       IMUL  AX
1       MOV   VAL3,AX
1       POP   AX
1       POP   DX
```

在宏展开的结果中，第三行和第四行为宏定义 DIFCAL 调用宏定义 DIF 的宏展开，若要成功调用 DIF，则 DIF 必须先定义。

3. 宏指令与子程序的区别

从功能上看，宏指令与子程序有类似的地方，都可以简化源程序。

子程序不仅可简化源程序的书写，还节省了存储空间。因为子程序的目标代码只有一组，它不需要重复，当主程序中进行调用时，程序转去执行一次子程序的目标代码，然后再返回主程序继续执行；宏指令在书写源程序上也有简化，但在汇编过程中，汇编程序对宏指令的处理是把宏定义体的目标代码插入到宏调用处，宏展开有多少次调用，在目标程序中就需要有同样

次数的宏定义体的目标代码插入，所以宏指令没有简化目标程序。

此外，由于子程序在每次调用中需保护现场，返回主程序要恢复现场，因此子程序的执行时间长、速度慢；而宏指令在调用时不存在保护现场的问题，执行速度快。可以说宏指令是以占用存储空间来提高执行速度，而子程序是以降低执行速度来节省存储空间。

通常，在多次调用较短的程序时使用宏指令，在多次调用较长的程序时使用子程序。

4.6.2　重复汇编

编写汇编程序的过程中，有时需要重复编写相同或几乎完全相同的一组代码，为避免重复编写的麻烦，可使用重复汇编。重复汇编伪指令用来实现重复汇编，它可以出现在宏定义中，也可出现在源程序的任何位置上。

宏汇编语言提供的重复伪指令有以下 3 种。

（1）REPT/ENDM——定重复伪指令。REPT 和 ENDM 两者之间的内容是要重复汇编的部分，汇编次数由表达式的值表示。

（2）IRP/ENDM——不定重复伪指令。可重复执行所包含的语句，重复次数由参数表中的参数个数决定。

（3）IRPC/ENDM——不定重复字符伪指令。可重复执行相应的语句，重复次数等于字符串中字符的个数。

下面通过几个实例来说明重复汇编伪指令的应用。

【例 4.23】有下列重复汇编语句：

```
NUM=0
REPT    10
NUM=NUM+1
DB    NUM
ENDM
```

汇编后，该段程序将数据 1～10 分配给连续的 10 个字节单元，即宏展开为：

```
1     DB   1
1     DB   2
1     DB   3
1     DB   4
        ⋮
1     DB   10
```

【例 4.24】利用宏定义对存储单元赋初值：

```
ASSIGN  MACRO
    IRP  X,<1,3,5,7,9>
        DB  X
    ENDM
ENDM
```

该题中的参数表有 5 个参数，所以重复内容为 5 次。第一次执行用 1 取代 X，第二次用 3 取代 X，依次执行直到 X 被 9 代替，5 个数字分配给了连续的 5 个存储单元。

宏展开如下：

```
1       DB  1
1       DB   3
```

```
        1       DB   5
        1       DB   7
        1       DB   9
```

此伪指令重复执行重复块中所包含的语句，重复的次数由参数表中的参数个数决定。重复汇编时，依次用参数表中的参数取代形参，直到表中的参数用完为止。参数表中的参数必须用两个三角号括起来，参数可以是常数、符号、字符串等，各参数间用逗号隔开。

【例 4.25】要求多次将 AX、BX、CX、DX 等 4 个寄存器的内容压入堆栈，采用宏定义和不定重复汇编伪指令编写程序段如下：

```
    PUSHR  MACRO
           IRP    REG,〈AX，BX，CX，DX〉
           PUSH   REG
           ENDM
           ENDM
```

汇编后展开为：

```
    1      PUSH   AX
    1      PUSH   BX
    1      PUSH   CX
    1      PUSH   DX
```

【例 4.26】如例 4.25 可用 IRPC 实现。

```
    PUSHR  MACRO
           IRPC   REG，ABCD
           PUSH   REG&X
           ENDM
           ENDM
```

汇编后展开为：

```
    1      PUSH   AX
    1      PUSH   BX
    1      PUSH   CX
    1      PUSH   DX
```

4.6.3 条件汇编

条件汇编也是汇编语言提供的一组伪操作。伪操作指令中指出汇编程序所进行测试的条件，汇编程序将根据测试的结果有选择地对源程序中的语句进行汇编处理，即条件汇编是指汇编程序根据条件把一段源程序包括在汇编语言程序内或者排除在外的操作。条件汇编语句通常在宏定义中使用。

1. 条件汇编指令格式

条件汇编指令操作的一般格式为：

```
IF <表达式>
   [语句序列 1]
         [ELSE]
   [语句序列 2]
ENDIF
```

格式中的表达式是条件，满足条件则汇编后面的语句序列 1，否则不汇编；表达式值为零时表示不满足条件，表达式值非零时表示满足条件；ELSE 命令可对另一语句序列 2 进行汇编。

说明："条件"为 IF 伪指令说明符的一部分，ELSE 伪指令及其后面的语句序列 2 是可选部分，表示条件为假（不满足）时的情况。整个条件汇编最后必须用 ENDIF 伪指令来结束。语句序列 1 和语句序列 2 中的语句是任意的，也可为条件汇编语句。

2. 五组条件汇编指令

表 4-3 所示的为五组条件汇编指令的含义、格式及功能。该五组条件汇编指令均可选用 ELSE，以便汇编条件为假时执行语句序列 2，但一个 IF 语句只能有一个 ELSE 与之对应。

表 4-3 五组条件汇编指令的格式与功能

序号	指令含义	使用格式	操作功能
1	是否为 0	IF 表达式	表达式值非 0，则条件为真，执行语句序列 1
		IFE 表达式	表达式值为 0，则条件为真，执行语句序列 1
2	扫描是否为 1	IF1	汇编处于第一次扫描时条件为真
		IF2	汇编处于第二次扫描时条件为真
3	符号是否有定义	IFDEF 符号	符号已被定义或已由 EXTRN 伪指令说明，则条件为真
		IFNDEF 符号	符号未被定义或未由 EXTRN 伪指令说明，则条件为真
4	是否为空	IFB <参数>	参数为空则条件为真（尖括号不能省略）
		IFNB <参数>	参数不为空则条件为真（尖括号不能省略）
5	字符串比较	IFIDN <字符串 1>，<字符串 2>	字符串 1 与字符串 2 相同，则条件为真
		IFDEF <字符串 1>，<字符串 2>	字符串 1 与字符串 2 不相同，则条件为真

3. 条件汇编指令的应用

【例 4.27】将键盘输入单个字符及屏幕显示输出单个字符的 DOS 功能调用放在一个宏定义中，通过判断参数为 0 还是非 0 来选择是执行输入还是输出字符。

所编制的程序中含有条件汇编指令。

源程序设计如下：

```
INOUT  MACRO  X                     ;宏指令名为 INOUT
       IF X
          MOV AH,02H                ;输出单个字符
          INT  21H
       ELSE
          MOV  AH,01H
          INT  21H                  ;输入单个字符
       ENDIF
ENDM
```

当宏调用为 INOUT 0 时，表明传递给参数 X 的值为 0，此时 IF X 的条件为假，因此汇编程序只汇编 ELSE 与 ENDIF 之间的语句，对该宏调用来说，实际执行下面两条指令。

```
MOV  AH,01H
INT  21H
```

当宏调用为INOUT 1时，实际执行下面两条指令：

```
MOV AH,02H
INT  21H
```

【例4.28】用条件汇编编写一宏定义，能完成多种DOS系统功能调用。

源程序设计如下：

```
DOSYS   MACRO  N,BUF                              ;定义宏指令DOSYS
              IFE  N                              ;是否为0条件汇编指令
                EXITM                             ;退出宏体
         ENDIF                                    ;条件汇编结束
              IFDEF  BUF                          ;字符串比较条件汇编指令
                LEA  DX,BUF
                MOV  AH,N
                INT  21H
              ELSE
MOV   AH,N
      INT    21H
    ENDIF                                         ;条件汇编结束
    ENDM
DATA  SEGMENT                                     ;定义数据段
      MSG    DB 'INPUT  STRING:$'
      BUF    DB 81,0,80 DUP (0)
DATA  ENDS
STACK  SEGMENT  STACK                             ;定义堆栈段
      DB   200  DUP (0)
STACK  ENDS
CODE  SEGMENT                                     ;定义代码段
    ASSUME  DS:DATA,CS:CODE,SS:STACK
BEGIN: MOV  AX,DATA
       MOV  DS,AX
       DOSYS  09H,MSG                             ;调用宏指令DOSYS，输出字符串
       DOSYS  0AH,BUF                             ;调用宏指令DOSYS，输入字符串
       DOSYS  4CH                                 ;调用宏指令DOSYS，返回DOS
CODE  ENDS
      END  START
```

以上三条宏指令展开后的语句为：

```
:
:
1  LEA     DX,MSG
1  MOV     AH,09H
1  INT     21H
1  LEA     DX,BUF
1  MOV     AH,0AH
1  INT     21H
1  MOV     AH,4CH
1  INT     21H
:
:
```

汇编语言是面向机器的程序设计语言，它使用指令助记符、符号地址及标号编制程序，具有执行速度快、面向机器硬件等特点，在过程控制、软件开发等应用中得到了广泛的使用。由于汇编语言可充分利用和发挥计算机硬件的特性与优势，因此成为编写高性能软件最有效的程序设计语言。

汇编语言源程序采用分段结构，每个段都定义了相关工作环境和任务，应正确运用语句格式来书写程序段，掌握伪指令的功能和应用。通过上机操作熟悉编辑程序、汇编程序、连接程序和调试程序等软件工具的使用，掌握源程序的建立、汇编、连接、运行、调试等技能。

汇编语言源程序可采用顺序程序、分支程序、循环程序、子程序等基本结构组合而成。顺序结构是按照语句实现的先后次序执行一系列操作，是最简单的一种结构，常用于比较简单、直观、按顺序操作的场合；分支结构采用条件转移指令，是程序设计中常用结构之一，编写分支程序可利用比较指令或其他影响状态标志的指令提供测试条件，根据条件决定程序走向；循环结构可实现需要重复执行的操作，由初始化、循环处理、循环参数修改和循环控制 4 部分组成，在实际应用中，循环结构可以简化程序的设计，提高程序的效率，故在大多数场合都会使用；子程序可缩短程序的目标代码长度，节省存储空间，但需进行现场保护和恢复，会影响程序的执行速度。主－子程序之间需要传递参数，常用方法有寄存器传递、堆栈传递和存储器传递。

DOS 功能调用是为用户提供的常用子程序，可在程序中直接调用。这些子程序的主要功能包括设备管理（如键盘、显示器、打印机、磁盘等的管理）、文件管理和目录操作、其他管理（如内存、时间、日期）等。给用户编程带来很大方便。BIOS 是一组固化在微机主板 ROM 芯片上的子程序，主要功能包括驱动系统中所配置的常用外设（如显示器、键盘、打印机、磁盘驱动器、通信接口等）、开机自检、引导装入，提供时间、内存容量及设备配置情况等参数。

汇编语言宏指令具有接收参量的能力，功能灵活，对于较短且传送参量较多的功能段采用宏汇编更加合理。使用时要先进行宏定义，然后再宏调用和宏展开。汇编程序设计中，如果要连续重复相同的代码序列可采用重复伪指令，能够起到简化程序、提高执行速度的作用。条件汇编是指汇编程序根据某种特定条件对部分源程序有选择地进行汇编。使用条件汇编语句可使一个源文件产生几个不同的源程序，有不同的功能。采用高级汇编技术能减少程序员的工作量，降低程序出错的可能性。熟悉各种高级汇编的编程技巧对程序设计有着积极的促进作用。

一、填空题

1. 汇编语言是面向__________的程序设计语言，它使用__________、__________及__________来编制程序。

2. 完整的汇编语句由__________、__________、__________和__________4 个字段组成。

3. 汇编语言基本程序结构有__________、__________、__________。

4．循环程序组成部分包括__________、__________、__________、__________。

5．子程序的参数传递方式主要有__________、__________、__________。

6．DOS 功能调用与 BIOS 中断调用都通过__________实现。在中断调用前需要把__________装入 AH 寄存器。

7．宏指令是__________，其使用过程分为__________、__________、__________三个阶段。

8．重复汇编伪指令的作用是__________；常用的重复伪指令有__________、__________、__________3 种。

9．条件汇编是指__________；通常在__________场合使用。

10．为减少编程工作量可以将多次重复使用的程序段定义成__________或__________。

二、判断题

1．一个汇编源程序必须定义一个数据段。（　）

2．伪指令是在汇编中用于管理和控制计算机相关功能的指令。（　）

3．程序中的“$”可指向下一个所能分配存储单元的偏移地址。（　）

4．在 MASM 过程中能够发现汇编源程序所有的错误。（　）

5．连接后生成的可执行文件需要在 DEBUG 下通过命令执行。（　）

6．LOOP 指令可实现循环参数不固定的循环程序结构。（　）

7．子程序设计不能缩短程序的目标代码。（　）

8．现场的保护和恢复只能在子程序内进行。（　）

三、简答题

1．完整的汇编源程序应该由哪些逻辑段组成？各逻辑段的主要作用是什么？

2．简述在机器上建立、汇编、连接、运行、调试汇编语言源程序的过程和步骤。

3．汇编语言的语句标号和变量应具备哪 3 种属性？

4．什么是伪指令？程序中经常使用的伪指令有哪些？简述其主要功能。

5．什么是宏指令？宏指令在程序中如何被调用？

6．重复汇编和条件汇编有哪些应用特点？

7．比较宏指令与子程序，它们有何异同？它们的本质区别是什么？

四、程序功能分析题

1．已知数据区定义了下列语句，分析变量在内存单元的分配情况以及数据的预置情况。

```
DATA  SEGMENT
   A1  DB  20H,52H,2 DUP (0,?)
   A2  DB  2 DUP (2,3 DUP (1,2) ,0,8)
   A3  DB  'GOOD!'
   A4  DW  1020H,3050H
   A5  DD  A3
DATA  ENDS
```

2．执行下列指令后，AX 寄存器中的内容是什么？

```
TABLE  DB  10,20,30,40,50
ENTRY  DW  3
```

```
    ……
MOV   BX,OFFSET  TABLE
ADD   BX,ENTRY
MOV   AX,[BX]
AX=___________
```

3．下面是将内存中一字节数据高 4 位和低 4 位互换并放回原位置的程序，找出程序中的错误并加以改正。

```
DATA  SEGMENT
    DD1  DB  23H
DATA  ENDS
CODE  SEGMENT
    ASSUME  CS:CODE,DS:DATA
START: MOV  AX,DATA
        MOV  DS,AX
        LEA  SI,OFFSET DD1
        MOV  AL,[SI]
        MOV  CL,4
        RCR  AL,CL
        MOV  [SI],AL
        MOV  AH,4CH
        INT  21H
CODE  ENDS
        END  START
```

4．执行完下列程序后，回答指定的问题。

```
    MOV  AX,0
    MOV  BX,2
    MOV  CX,50
LP: ADD  AX,BX
    ADD  BX,2
    LOOP  LP
```

问：（1）该程序的功能是____。

（2）程序运行后：(AX)=（　　）；(BX)=（　　）；(CX)=（　　）。

五、程序设计题

1．已知用寄存器 BX 作地址指针，自 BUF 所指的内存单元开始连续存放着 3 个无符号数字数据，编写程序求它们的和，并将结果存放在这 3 个数之后。

2．已知内存数据区 BLOCK 单元起存放有 20 个带符号字节数据，分别找出其中正数、负数放入指定单元保存，并统计正数、负数的个数。

3．编写程序，计算下面函数的值。

$$s=\begin{cases}2x & (x<0)\\ 3x & (0<=x<=10)\\ 4x & (x>10)\end{cases}$$

4．利用 DOS 系统功能调用从键盘输入一系列字符，以回车符结束，编程统计其中非数字字符的个数。

5．从键盘接收一个两位的十六进制数，将其转换为二进制数后在屏幕上输出结果。

6．从键盘输入一个大写英文字母，将其转换为小写字母并显示出来，要求输入其他字符时，能够有出错提示信息。

7．试定义将一位十六进制数转换为ASCII码的宏指令。

8．试定义一个字符串搜索宏指令，要求文本首地址和字符串首地址用形式参数。

第5章　存储器系统

本章从存储器的分类及存储器体系结构着手，重点讨论随机存取存储器RAM和只读存储器ROM的特点及工作原理，从应用的角度介绍存储器及其与微处理器的连接，以及高速缓冲存储器和虚拟存储器技术。

通过本章的学习，重点理解和掌握以下内容：

- 存储器的分类和性能指标
- 存储器系统的层次结构
- RAM和ROM的特性、功能和原理
- 存储器与CPU的连接方法
- 高速缓冲存储器的原理和特点
- 虚拟存储器技术的应用

5.1　存储器概述

存储器是计算机硬件的重要组成部分，用来存储程序和数据。早期的计算机采用冯·诺依曼机结构方案，以运算器为中心。随着DMA（存储器直接存取）技术的引入，计算机结构改为以存储器为中心，目前存储器的中心地位得到进一步增强。计算机多处理器系统的实现，使单个CPU对系统的控制作用下降，内存成为多处理器共享的重要资源。计算机网络的开通，又使存储器特别是海量外存储器成为计算机之间进行数据交换、资源共享的重要手段。

存储器是计算机中用来存储信息的记忆部件，在运行程序时，CPU自动连续地从存储器中取出指令并执行指令规定的操作，计算机每完成一条指令，至少要执行一次访问存储器的操作，并把处理结果存储在存储器中。因此，存储器是微机系统不可缺少的组成部分，是计算机中各种信息的存储和交流中心。

5.1.1　存储器的分类

根据所采用的存储介质、存取方式、制造工艺及用途等把存储器进行分类。

1. 按存储介质分类

存储二进制信息的物理载体称为存储介质，目前常用的存储介质主要有半导体器件、磁性材料和光学材料。

（1）用半导体器件做成的存储器称为半导体存储器，按制造工艺可把半导体存储器分为双极型、CMOS型、HMOS型等。

（2）用磁性材料做成的存储器称为磁表面存储器，如磁盘存储器和磁带存储器等。

（3）用光学材料做成的存储器称为光表面存储器，如光盘存储器。

2. 按存储器的存取方式分类

存储器按照存取方式可分为只读存储器、随机存取存储器、顺序存取存储器和直接存取存储器等。

（1）只读存储器 ROM（Read Only Memory）。ROM 中所存储的内容固定不变，即只能读出不能写入，一般用来存放微机的系统管理程序、监控程序等。

（2）随机存取存储器 RAM（Random Access Memory）。RAM 中任意一个存储单元都可被随机读写，且存取时间与存储单元的物理位置无关，读写速度较快。主要用来存放输入、输出数据及中间结果并与外存储器交换信息。

（3）顺序存取存储器 SAM（Sequential Access Memory）。SAM 只能按照某种次序存取，即存取时间与存储单元的物理位置有关。由于按顺序读写的特点以及工作速度较慢，常用作辅助存储器，例如磁带就是一种典型的顺序存储器。

（4）直接存取存储器 DAM（Direct Access Memory）。DAM 在存取数据时不必对存储介质做完整的顺序搜索而可直接存取。如磁盘和光盘都是典型的直接存取存储器，磁盘的逻辑扇区在每个磁道内顺序排列，邻近磁道紧接排列，读取磁盘中某扇区的内容时先要寻道定位，然后在磁道内顺序找到相应扇区。

3. 按信息的可保存性分类

根据存储器信息的可保存性可将存储器分为易失性存储器和非易失性存储器。断电后信息将消失的存储器为易失性存储器，如 RAM。断电后仍保持信息的存储器为非易失性存储器，如 ROM、磁盘、光盘存储器等。

4. 按在微机系统中的作用分类

根据存储器在微机系统中所起的作用，可将存储器分为主存储器（内存）、辅助存储器（外存）和高速缓冲存储器（Cache）等。

（1）主存储器存放当前正在运行的程序和数据，位于主机内部。CPU 通过指令可直接访问主存储器。主存储器的存取速度要求和 CPU 的处理速度相匹配，但存储容量相对于辅助存储器可以小一些。现代微机大多采用半导体存储器。

（2）辅助存储器存放 CPU 当前操作暂时用不到的程序或数据，位于主机外部，CPU 不能直接用指令对外存储器进行读写操作。因此，其速度要求可以低一些，但存储容量相对于内存来说要大得多。主要有磁带、磁盘和光盘等。

（3）高速缓冲存储器是计算机系统中的一个高速小容量的存储器，位于 CPU 和主存之间。为加快信息传递速度和提高计算机的处理速度，常利用高速缓存来暂存 CPU 正在使用的指令和数据。高速缓存主要由高速静态 RAM 组成。

5. 按制造工艺分类

根据制造工艺的不同分为双极型（如 TTL）、MOS 型等存储器。双极型存储器集成度低，功耗大，价格高，但速度快；MOS 型存储器集成度高，功耗低，速度较慢，但价格低。MOS 型存储器还可进一步分为 NMOS（N 沟道 MOS）、HMOS（高密度 MOS）、CMOS（互补型 MOS）等不同工艺产品。其中，CMOS 电路具有功耗低、速度快的特点，在计算机中应用较广。

5.1.2　存储器的体系结构

1. *存储体系的组成*

计算机对存储器的基本要求是容量大、速度快和成本低，尽量少出错，平均无故障间隔时间要长。但要想在一个存储器中同时兼顾这些指标是很困难的，为解决存储器的容量、速度和价格之间的矛盾，人们除了不断研制新的存储器件和改进存储性能外，还从存储系统体系上研究合理的结构模式。

如果把多种类型的存储器有机地组成存储体系，体系组成如图 5-1 所示。

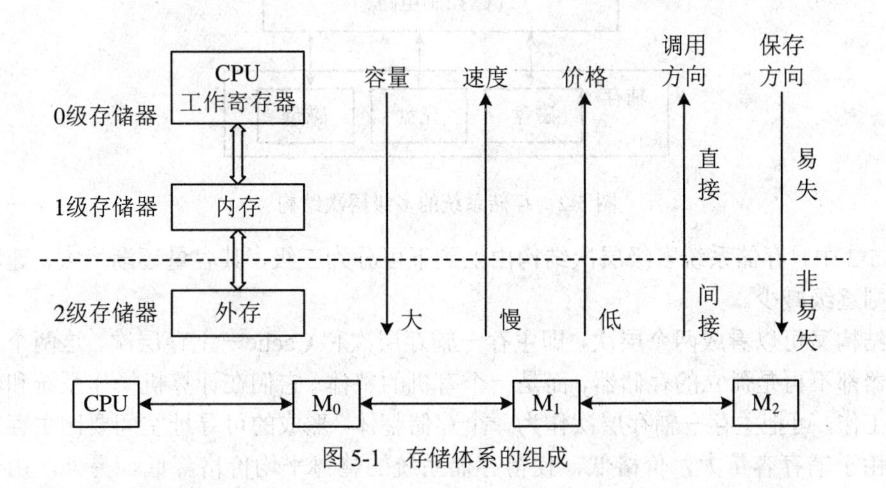

图 5-1　存储体系的组成

CPU 内部的工作寄存器可读、可写、可存，它实质上也是存储器。由于其位于 CPU 内部，并与 CPU 速度完全匹配，可以视为 0 级存储器。它们的功能很强，但价格高、数量不多。即使在精减指令集计算机 RISC 系统中它们的数量有较大增加，但充其量也只有几百个字节，离用户的要求相差甚远。

内存作为独立的存储器可称为 1 级存储器，它相对 0 级存储器容量要大得多，可作为 CPU 寄存器的后备支持。RAM 器件的容量可达整个内存的 90%以上，在计算机工作时为用户提供大量随机读写的空间，使用灵活方便。ROM 器件中固化了启动程序、基本 I/O 程序等。由于内存成本较高，数量不能很大，且 RAM 在断电后不能保留信息，所以必须有后援支持。

外存是独立的存储器，常由软盘、硬磁盘、磁带、光盘等构成，可称为 2 级存储器。相对内存有许多明显的优点，如存储容量大、成本低，断电后信息不丢失等。但它又有一些明显的缺点，如读写速度慢、CPU 不能直接访问其中的具体单元等。

这样构成的整个体系可以接近 CPU 的高速度，并获得大容量外存的支持，价格也为用户所能承受。

2. *存储系统的多级层次结构*

我们可以把各种不同存储容量、存取速度和价格的存储器按层次结构组成多层存储器，并通过管理软件和辅助硬件有机组合成统一的整体，使所存放的程序和数据按层次分布在各种存储器中，形成存储系统的多级层次结构。

目前，在计算机系统中通常采用三级层次结构来构成存储系统，主要由高速缓冲存储器、主存储器和辅助存储器组成，如图 5-2 所示。

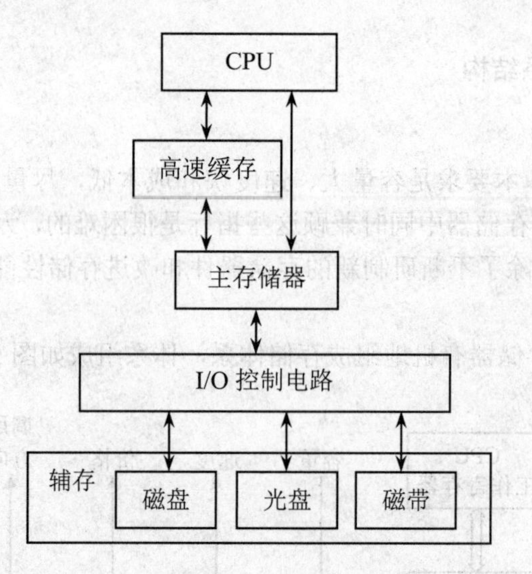

图 5-2 存储系统的多级层次结构

在图 5-2 中，存储系统多级层次结构由上到下可分为三级，其容量逐渐增大，速度逐级降低，成本则逐级减少。

整个结构又可以看成两个层次，即主存－辅存层次和 Cache－主存层次。这两个层次中的每种存储器都不再是孤立的存储器，而是一个有机的整体。它们在计算机操作系统和辅助硬件的管理下工作，可把主存－辅存层次作为一个存储整体，形成的可寻址空间要比主存空间大得多，而且由于辅存容量大，价格低，使得存储系统的整体平均价格降低。另外，由于 Cache 的存取速度和 CPU 的工作速度相当，故 Cache－主存层次可以缩小主存和 CPU 之间的速度差距，从整体上提高存储器系统的存取速度。

由上分析可知，计算机中采用的是一个具有多级层次结构的存储系统，该系统既有与 CPU 相近的速度，又有较大的容量，成本也较低。高速缓存解决了存储系统的速度问题，辅存解决了存储系统的容量问题，这样，就实现了有效解决存储器的速度、容量和价格之间矛盾的最终目的。

5.1.3 主要性能指标

存储器的主要性能指标反映了计算机对它们的要求，为了组成功能完善、高效运行、安全可靠、价格合理的机器，计算机一般对存储系统提出如下性能指标要求。

1. 存储容量

存储容量是指存储器可以存储的二进制信息总量。容量越大，意味着所能存储的二进制信息越多，系统处理能力就越强。目前使用的存储容量有 MB（兆字节）、GB（千兆字节）、TB（兆兆字节）或更大的存储空间。

存储容量通常以字节（Byte）为单位来表示，各层次之间的换算关系为：

$1KB=2^{10}B=1024B$

$1MB=2^{20}B=1024KB$

$1GB=2^{30}B=1024MB$

$1TB=2^{40}B=1024GB$

2. *存取速度*

存储器的存取速度可以用存取时间和存取周期来衡量。存取速度的度量单位采用 ns，存取时间越小，则存取速度越快。

（1）存取时间。指完成一次存储器读/写操作所需要的时间，又称读写时间。具体是指从存储器接收到寻址地址开始，到取出或存入数据为止所需要的时间。

（2）存取周期。是连续进行读/写操作所需的最小时间间隔。由于在每一次读/写操作后，都需有一段时间用于存储器内部线路的恢复动作，所以存取周期要比存取时间大。当 CPU 采用同步时序控制方式时，对存储器读、写操作的时间安排，应不小于读取和写入周期中的最大值。这个值也确定了存储器总线传输时的最高速率。

3. *价格*

存储器价格也是人们比较关心的指标。一般来说，主存储器的价格较高，辅助存储器的价格较低。

存储器总价格正比于存储容量，反比于存取速度。速度较快的存储器，其价格也较高，容量也不可能太大。因此，容量、速度、价格三个指标之间是相互制约的。

衡量存储器性能的其他指标还有制造工艺、体积、重量、功耗、品质等，要综合考虑这些因素，满足系统的主要要求并兼顾其他，尽量提高性能价格比。

5.2　随机存取存储器（RAM）

现代微机的主存储器普遍采用半导体存储器，其特点是容量大、存取速度快、体积小、功耗低、集成度高、价格便宜。半导体存储器分为随机存取存储器（RAM）和只读存储器（ROM）两大类。

随机存取存储器可以随机地对每个存储单元进行读写，但断电后信息会丢失。根据存储原理又可分为静态 RAM 和动态 RAM。静态 RAM 存放的信息在不断电的情况下能长时间保留不变，只要不断电所保存的信息就不会丢失。而动态 RAM 保存的内容即使在不断电的情况下隔一定时间后也会自动消失，因此要定时对其进行刷新。

5.2.1　静态 RAM（SRAM）

常用的典型 SRAM 芯片有 2114（1K×4）6116（2K×8）、6264（8K×8）、62128（16K×8）62256（32K×8）等多种。我们先讨论 SRAM 芯片的基本结构，然后再分析 Intel 6116 芯片的特点和工作原理。

1. *SRAM 的基本存储单元和电路结构*

图 5-3 是一种 SRAM 的基本存储结构，该电路由 6 个 MOS 管组成双稳态触发器电路，在这个电路中，T_1～T_6 构成一个基本存储单元，T_1、和 T_2 扭接，T_3 和 T_4 接成有源负载，电路左右对称。

由 T_1～T_4 构成的双稳态触发器，可以存储一位二进制信息。该电路有两个稳定状态：当 T_1 截止时，A 点为高电平，使 T_2 导通，B＝0 保证 T_1 可靠截止；当 T_1 导通，T_2 截止时，B 点为高电平，A＝0，这也是一种稳定状态。这样，可用 T_1 管的两种状态来表示“1”或“0”：T_1 截止 T_2 导通的状态为“1”状态，T_1 导通 T_2 截止的状态为“0”状态。

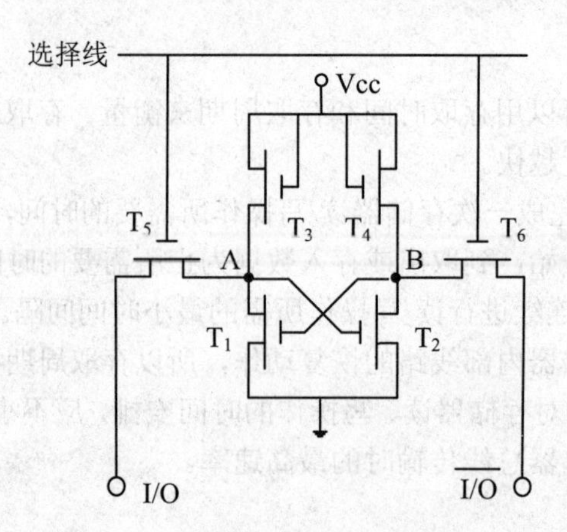

图 5-3 六管静态 RAM 存储电路

T_5、T_6管作为两个控制门，起两个开关的作用，对两个稳定状态进行控制。

该电路的工作原理为：当选择线输出为高电平时，门控管 T_5、T_6导通，触发器与 I/O 线接通，即 A 点接通 I/O 线，B 点接通$\overline{I/O}$。

（1）写入时，写入信号从 I/O 线和$\overline{I/O}$线输入。若要写入“1”，使 I/O 线为“1”，$\overline{I/O}$为“0”，通过 T_5、T_6管与 A、B 点相连，从而使 T_1截止，T_2导通，当写入信号和地址译码信号消失后，T_5、T_6截止，该状态仍能保持；若要写入“0”，使 I/O 线为“0”，$\overline{I/O}$为“1”，这使 T_1导通，T_2截止，只要不断电，这个状态会一直保持下去。

（2）读出时，先通过地址译码使选择线为高电平，T_5、T_6导通，A 点的状态送到 I/O 线上，B 点的状态送到$\overline{I/O}$线上，这样就读取了原来存储的信息。信息读出以后，原来存储内容仍然保持不变。

SRAM 的主要优点是工作稳定，不需外加刷新电路，可简化外部电路设计。SRAM 的缺点是集成度较低，功耗较大。

利用基本存储电路排成阵列，再加上地址译码电路和读写控制电路就可以构成读写存储器。下面以 4 行 4 列基本存储电路构成的 16×1 位 SRAM 为例来说明静态 RAM 的结构。

如图 5-4 所示，是一个有 16 个存储单元，每个存储单元仅有 1 个二进制位的存储器。由 16 个基本存储电路，行、列地址译码电路，4 套列开关管，读写控制电路等几部分组成。

该存储器的控制信号有两个：一个是片选信号$\overline{CS}$，低电平有效。$\overline{CS}$有效时，该存储芯片被选中，这时才能进行读写操作；另一个是写允许信号$\overline{WE}$，规定低电平时存储器进行写操作，高电平时存储器进行读操作。

当给定地址码如 $A_3A_2A_1A_0$=0000 时，A_1A_0经行地址译码使 0 行线为高电平，A_3A_2经列地址译码使 0 列线为高电平，于是 0 号存储电路被选中，在$\overline{CS}$有效的情况下，根据给定的读写控制电路对其进行相应的读出或写入操作。同理，当地址码为 $A_3A_2A_1A_0$=1000 时，则选中 8 号存储电路。这样，只要给定一个地址码，就会唯一地选中一个存储单元。

2. SRAM 芯片 Intel 6116

Intel 6116 的容量为 2K×8 位，有 2048 个存储单元，需 11 根地址线，其中 7 根用于行译码，4 根用于列译码，每条列线控制 8 位。

6116 的引脚及功能框图如图 5-5 所示。

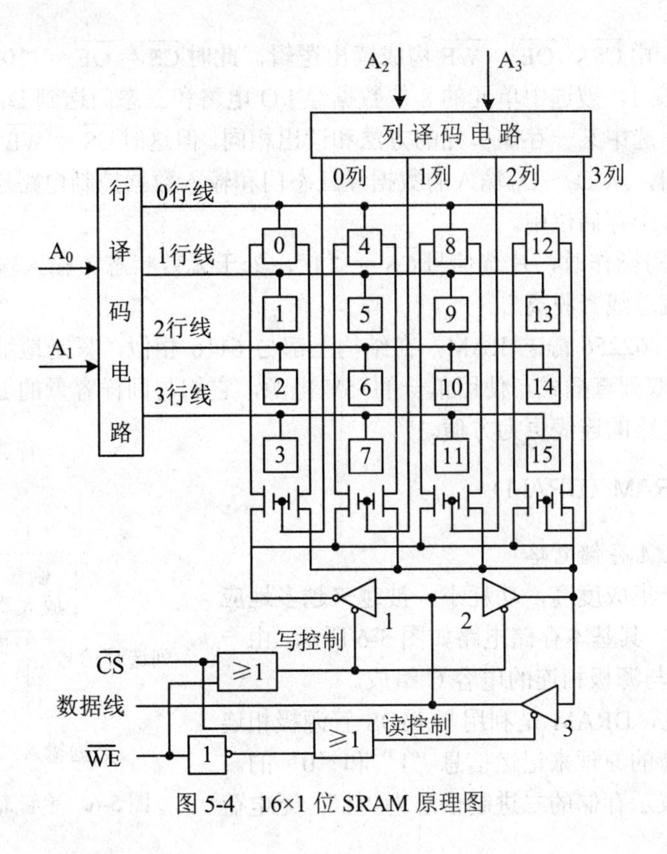

图 5-4　16×1 位 SRAM 原理图

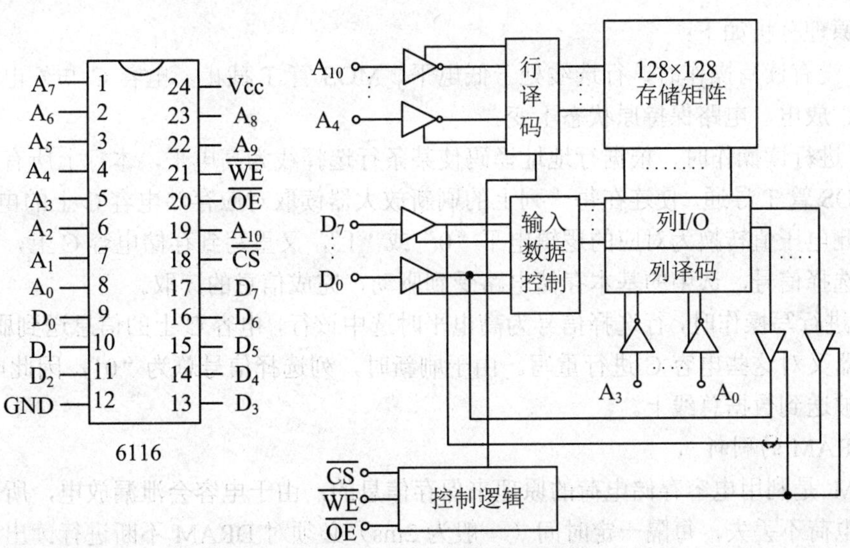

图 5-5　Intel 6116 的引脚及功能框图

图 5-5 中的 6116 有 24 条引脚，其中有主要的三条控制线：片选信号 $\overline{CS}$、输出允许 $\overline{OE}$ 和读写控制 $\overline{WE}$。

6116 存储器芯片的工作过程如下：

（1）读出时，地址输入线 A_{10}～A_0 输入的地址信号送到行、列地址译码器，经译码后选中一个存储单元，由 $\overline{CS}$、$\overline{OE}$、$\overline{WE}$ 构成读出逻辑，此时 $\overline{CS}$ = $\overline{OE}$ = “0”，$\overline{WE}$ = “1”，打开右面的 8 个三态门，被选中单元的 8 位数据经 I/O 电路和三态门送到 D_7～D_0 输出。

（2）写入时，选中某一存储单元的方法和读出相同，但这时 $\overline{CS}$ = $\overline{WE}$ =“0”，$\overline{OE}$ =“1”，打开左边的三态门，从 D_7～D_0 输入的数据经三态门和输入数据控制电路送到 I/O 电路，从而写到存储单元的 8 个存储位中。

（3）没有读写操作时，片选信号 $\overline{CS}$ = “1”，处于无效状态。输入输出三态门呈高阻，存储器芯片与系统总线“脱离”。

其他如 6264、62256 静态 RAM，在结构上都与 6116 相似，只是地址线不同。这两类芯片为 28 个引脚的双列直插式，使用单一的+5V 电源，它们与同样容量的 EPROM 引脚相互兼容，从而使接口电路的连线更为方便。

5.2.2 动态 RAM（DRAM）

1. 单管 DRAM 存储电路

单管电路由于集成度高，功耗小，被越来越多地应用在动态 RAM 中，其基本存储电路如图 5-6 所示，由一只 MOS 管和一个与源极相连的电容 C 组成。

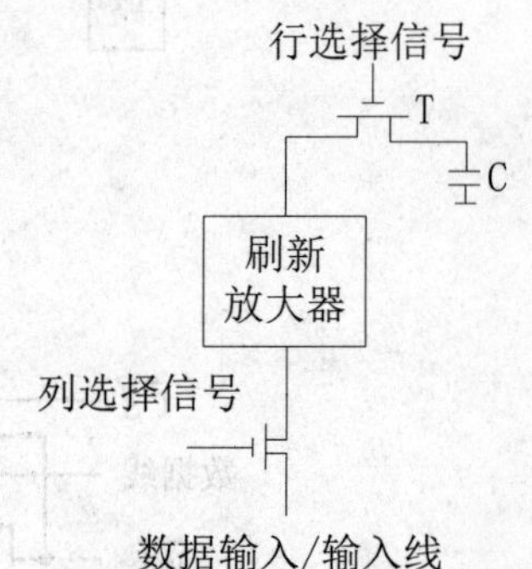

图 5-6 单管 DROM 存储电路

由图 5-6 可见，DRAM 是利用与 MOS 管源极相连的电容 C 存储电荷的原理来记忆信息“1”和“0”的。电容 C 上有电荷表示存储的二进制信息为“1”，无电荷时表示“0”。

工作原理分析如下：

（1）没有读写操作时，行选线处于低电平，MOS 管 T 截止，电容 C 与外电路断开，不能进行充、放电，电路保持原状态不变。

（2）进行读操作时，根据行地址译码使某条行选择线为高电平，本行上所有的基本存储电路中 MOS 管 T 导通，使连在每一列上的刷新放大器读取对应存储电容 C 上的电压值。刷新放大器将此电压值转换为对应的逻辑电平“0”或“1”，又重写到存储电容 C 上，而列地址译码产生列选择信号，选中的基本存储电路受到驱动，完成信息的读取。

（3）进行写操作时，行选择信号为高电平时选中该行，电容 C 上的信息送到刷新放大器，刷新放大器又对这些电容 C 进行重写。由于刷新时，列选择信号总为“0”，因此电容 C 上信息不可能被送到数据总线上。

2. DRAM 的刷新

DRAM 是利用电容存储电荷的原理来保存信息的，由于电容会泄漏放电，所以，为保持电容中的电荷不丢失，每隔一定时间（一般为 2ms）必须对 DRAM 不断进行读出和再写入，使原来处于逻辑电平“1”的电容上所泄漏的电荷得到补充，而原来处于电平“0”的电容仍保持“0”，这个过程称为动态 RAM 的刷新。

温度上升时，电容的放电速度会加快，所以两次刷新的时间间隔是随温度而变化的，一般为 1～100ms。由于读/写操作的随机性，不能保证在 2ms 内对 DRAM 的所有行都能遍访一次，所以要依靠专门的存储器刷新周期来系统地完成对 DRAM 的刷新。

在存储系统中，DRAM 的刷新常采用两种方法：一是利用专门的 DRAM 控制器实现刷新控制，如 Intel 8203 控制器；二是在每个 DRAM 芯片上集成刷新控制电路，使存储器件自身完成刷新，这种器件叫综合型 DRAM，如 Intel 2186/2187。

DRAM 的缺点是需要刷新电路，而且刷新操作时不能进行正常的读/写操作。但 DRAM 与 SRAM 相比具有集成度高、功耗低、价格便宜等优点，所以在大容量的存储器中普遍采用 DRAM。

3. DRAM 芯片 2164

Intel 2164 是一种典型的 DRAM 芯片，容量为 64K×1 位，片内有 65536 个存储单元，每个单元存放 1 位数据，用 8 片 2164 就可以构成 64K 字节的存储器。

Intel 2164 的内部结构如图 5-7 所示。

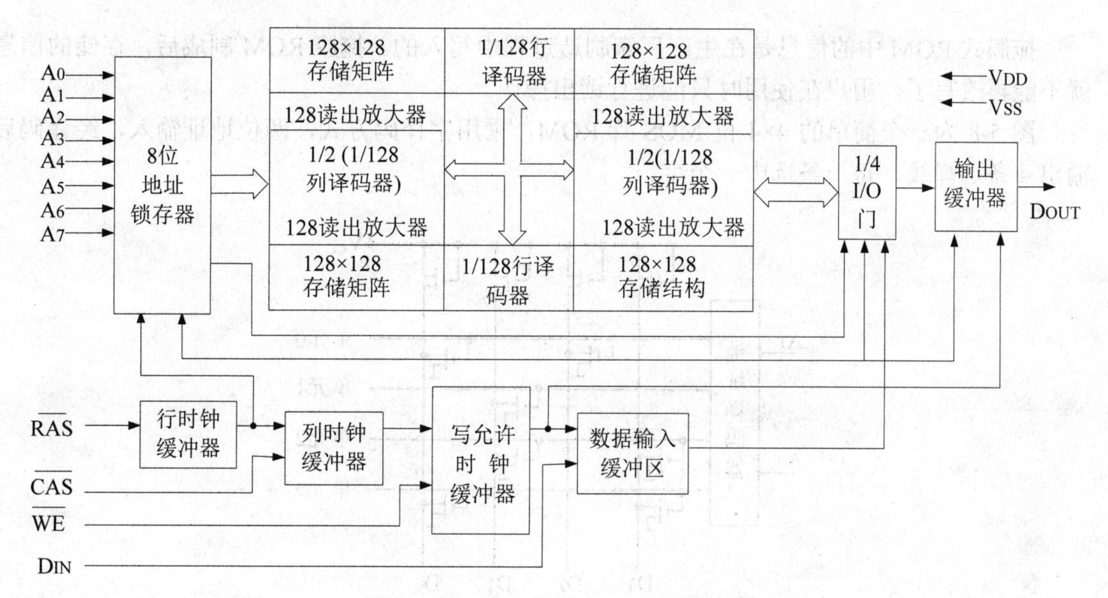

图 5-7 DRAM 芯片 2164 内部结构

该芯片利用多路开关由行地址选通信号 $\overline{RAS}$ 把先送来的 8 位地址送至行地址锁存器；由随后出现的列地址选通信号 $\overline{CAS}$ 把后送来的 8 位地址送至列地址锁存器。这 8 条地址线也用于刷新，刷新时地址计数，实现逐行刷新，2ms 内全部完成一次刷新。

图中 64K 存储体由 4 个 128×128 的存储矩阵组成，每个 128×128 的存储矩阵由 7 条行地址线和 7 条列地址线进行选择，在芯片内部经地址译码后可分别选择 128 行和 128 列。

锁存在行地址锁存器中的 7 位行地址同时加到 4 个存储矩阵上，在每个存储矩阵中都选中一行，共有 512 个存储电路可被选中，它们存放的信息被选通至 512 个读出放大器，经过鉴别后锁存或重写。

锁存在列地址锁存器中的 7 位列地址在每个存储矩阵中选中一列，共有 4 个存储单元被选中，然后经过 1/4 的 I/O 门控电路选中一个单元，可对该单元进行读写。

数据的输入和输出是分开的，由 $\overline{WE}$ 信号来控制读写 2164 芯片的数据。当 $\overline{WE}$ 为高电平时读出，即所选中单元的内容经过三态输出缓冲器在 D_{OUT} 引脚读出；当 $\overline{WE}$ 为低电平时写入，D_{IN} 引脚上的信号经输入三态缓冲器对选中单元进行写入。

5.3 只读存储器（ROM）

只读存储器是一种只能读出不能写入信息的存储器，所存储的信息可以长久保存，掉电后存储信息仍不会改变。一般存放固定程序，如监控程序、BIOS 程序等。

按存储单元的结构和生产工艺的不同，ROM 可分成掩膜只读存储器（ROM）、可编程只读存储器（PROM）、光可擦除可编程只读存储器（EPROM）、电可擦除可编程只读存储器（E^2PROM）等种类。

5.3.1 掩膜只读存储器（ROM）

掩膜式 ROM 中的信息是在生产厂家制造过程中写入的。掩膜 ROM 制成后，存储的信息就不能再改写了，用户在使用时只能进行读出操作。

图 5-8 为一个简单的 4×4 位 MOS 管 ROM，采用字译码方式，两位地址输入，经译码后输出 4 条选择线，每一条选中一个字。

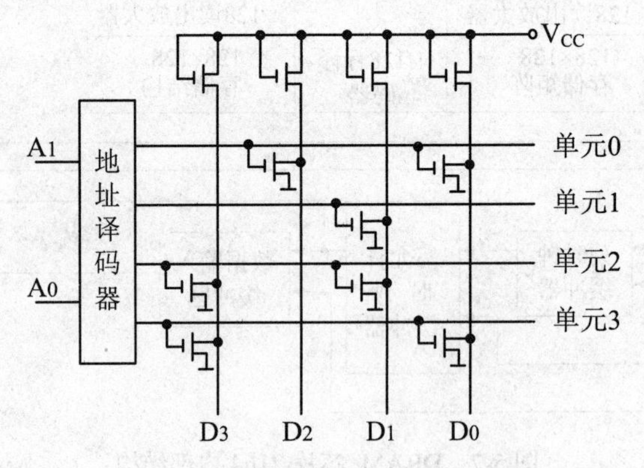

图 5-8 掩膜式 ROM 结构示意图

图中在行和列的交叉点上，有的没有跨接管，这是在制造时由二次光刻版的掩膜所决定的。如果某位存储的信息为“0”，就在该位制作一个跨接管；如果某位存储的信息为“1”，则该位不制作跨接管。

掩膜式 ROM 工作原理分析如下：

如果地址线 A_1A_0=00，经地址译码后选中 0 号单元，即字线 0 输出高电平，若有管子与其相连，如图中的 D_0 和 D_2，其相应的 MOS 管导通，输出为“0”；而 D_1 和 D_3 没有管子与字线 0 相连，则输出为“1”，故有 $D_3D_2D_1D_0$=1010。

5.3.2 可编程只读存储器（PROM）

图 5-9 所示是一种双极型 PROM 的基本存储结构，晶体管的集电极接 V_{CC}，基极连接行线，发射极通过一个熔丝与列线相连，所以也称为熔丝式 PROM。

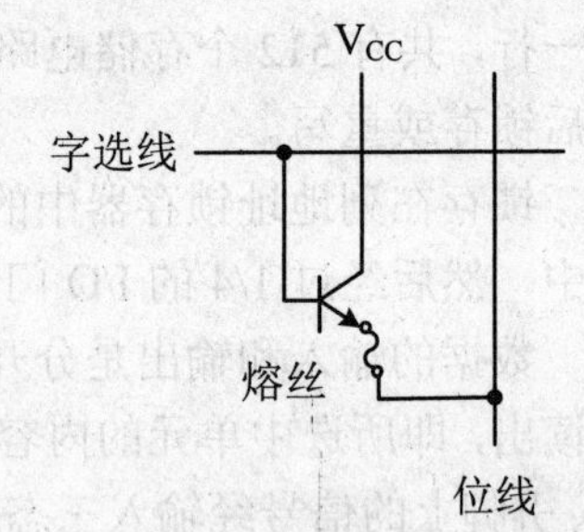

图 5-9 熔丝式 PROM 存储电路

PROM 在出厂时，晶体管阵列的熔丝均为完好状态。编程时，通过字线选中某个晶体管。当写入信息时，可在 V_{CC} 端加高电平。若某位写“0”，则向相应位线送低电平，此时管子导通，控制电流使该位熔丝烧断，即存入“0”；若某位写“1”，向相应位线送高电平，此时管子截止，使熔丝保持原状，即存入“1”。显然，熔丝一旦烧断，就不能再复原。因此，用户对这种 PROM 只能进行一次编程。

PROM 的电路和工艺要比 ROM 复杂，又具有可编程功能，所以价格较贵。

5.3.3　可擦除可编程只读存储器（EPROM）

PROM 由于其信息只能写入一次而受到限制，因此能够重复擦写的 EPROM 被广泛应用。这种存储器利用编程器写入后，信息可长久保持。

EPROM 的特点是：芯片的顶部开有一个圆形的石英窗口，通过紫外线的照射可将片内所存储的原有信息擦除。根据需要可利用 EPROM 的专用编程器（也称为“烧写器”）对其进行编程，因此这种芯片可反复使用。

如图 5-10 所示的 EPROM 存储电路是利用浮栅 MOS 管构成的，又称为浮栅 MOS EPROM 存储电路。该电路和普通 P 沟道增强型 MOS 管相似，只是它的栅极没有引出端，而被 SiO_2 绝缘层所包围，即处于浮空状态，故称为“浮栅”。

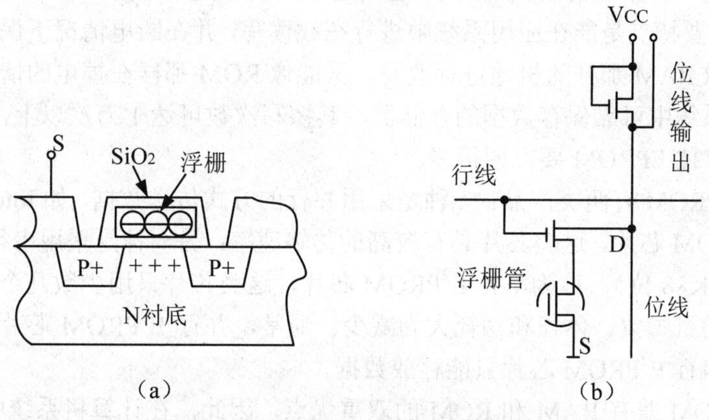

图 5-10　浮栅 MOS EPROM 存储电路

该电路的工作原理是：在原始状态，栅极上没有电荷，该管没有导通沟道，D 和 S 是不导通的，管子处于截止状态，此时存放信息“1”；如果设法向浮栅注入电子电荷，等效于栅极上加负电压，如果注入的电子电荷足够多，这些负电子在硅表面上感应出一个连接源、漏极的导电沟道，使管子呈导通状态，此时存放信息“0”。当外加电压取消后，积累在浮栅上的电子没有放电回路，因而信息可在室温和无光照的条件下长期地保存在浮栅中。

EPROM 的编程过程实际上就是对某些单元写入“0”的过程，也就是向浮栅注入电子的过程。采用的方法是：在管子的漏极加一个高电压，使漏区附近的 PN 结击穿，在短时间内形成一个大电流，一部分热电子获得能量后将穿过绝缘层，注入浮栅。

我们通过判断浮栅是否积存电荷来区别管子存储的内容是“0”还是“1”。若浮栅无积存电荷，则源、漏极是不导通的。当行选线选中该存储单元时，列线输出高电平，即读出信息“1”；若在浮栅中注入了电子，则 MOS 管就有导电沟道存在。当承受正偏压时源、漏极导通，可在列线上得到低电平，即读出信息“0”。

EPROM 在出厂时未经过编程，浮栅中没有积存电荷，位线上总是“1”，即存储内容均为“1”。

擦除的原理与编程正好相反，采用的办法是利用紫外线光照射，由于紫外线光子能量较高，从而可使浮栅中的电子获得能量，形成光电流从浮栅流入基片，使浮栅恢复初态。只要将 EPROM 芯片放入一个靠近紫外线灯管的小盒中，一般照射 15～20 分钟，即可将 EPROM 芯片内的信息全部擦除。编程后的芯片窗口要贴上不透光的封条，以保护其不受紫外线的照射。

EPROM 的优点是一块芯片可多次使用，缺点是整个芯片如果只写错一位，也必须从电路板上取下擦掉重写。

常用的 EPROM 有 2716（2K×8 位）、2764（8K×8 位）、27256（32K×8 位）、27512（64K×8 位）等典型芯片。

5.3.4 电可擦除可编程只读存储器（E^2PROM）

前面介绍的紫外线擦除的 EPROM，在使用时需从电路板上拔下，在专用紫外线擦除器中擦除，因此操作起来比较麻烦。一块芯片经多次拔插之后，可能会使外部管脚损坏。另外，EPROM 可被擦除后重写的次数也是有限的，一块芯片的使用时间往往不太长。

E^2PROM 是一种新型的 ROM 器件，也是近年来被广泛应用的一种可用电擦除和编程的只读存储器，其主要特点是能在应用系统中进行在线读写，并在断电情况下保存的数据信息不会丢失，它既能像 RAM 那样随机地进行改写，又能像 ROM 那样在掉电的情况下非易失地保存数据，可作为系统中可靠保存数据的存储器。其擦写次数可达 1 万次以上，数据可保存 10 年以上，使用起来比 EPROM 要方便得多。

当前的 E^2PROM 有两类产品：一种是采用并行的方式传送数据，如 Intel 2864（8K×8 位），称为并行 E^2PROM 芯片，这类芯片具有较高的传输速率；另一种是采用串行的方式传送数据，如 AT24C16（2K×8 位），称为串行 E^2PROM 芯片，这类芯片只用少数几个引脚来传送地址和数据，使芯片的引脚数、体积和功耗大为减少。通常，并行 E^2PROM 芯片既可存放程序又可存放数据，而串行 E^2PROM 芯片只能存放数据。

由于 E^2PROM 兼有 RAM 和 ROM 的双重优点，因此，在计算机系统中使用 E^2PROM 以后，可使整机的系统应用变得更加灵活和方便。

5.3.5 闪速存储器

闪速存储器（Flash Memory）是一种新型半导体存储器，其特点是既具有 RAM 的易读易写、体积小、集成度高、速度快等优点，又有 ROM 断电后信息不丢失等优点，是一种很有前途的半导体存储器。之所以称为“闪速”是因为它能快速地同时擦除所有单元。

闪速存储器在 EPROM 和 E^2PROM 制造技术基础上发展起来，并在 EPROM 沟道氧化物处理工艺中，特别实施了电擦除和编程次数能力的设计。对于需要实施代码或数据更新的嵌入式应用是一种理想的存储器，在固有性能和成本方面有较明显的优势。

与 EPROM 只能通过紫外线照射擦除的特点不同，闪速存储器可实现大规模电擦除，而且它的擦除、重写速度较快，一块 1MB 的闪速存储器芯片，其擦除和重写一遍的时间小于 5s，比一般标准的 E^2PROM 要快得多，但它只能整片擦除，不能像 E^2PROM 那样逐个字节进行擦除重写。

闪速存储器可重复使用。目前，商品化的闪速存储器已做到擦写几十万次以上，读取时间小于 90ns，在文件需要经常更新的可重复编程应用中是很重要的。闪速存储器的典型代表芯片是 28F256A（32K×8 位）。

闪速存储器展示了一种全新的个人计算机存储器技术，作为一种高密度、非易失的存储器，其独特的性能使其广泛地运用于各个领域，包括 PC 机外设、嵌入式系统、电信交换机、网络互联设备、仪器仪表和汽车器件，同时还包括新兴的语音、图像、数据存储类产品，如数码相机、数码摄像机和个人数字助理（PDA）。尤其是笔记本电脑和掌上袖珍电脑更是大量采用闪速存储器做成的存储卡来取代磁盘，这样可节约电能、减轻重量、降低成本。

总之，闪速存储器是一种低成本、高可靠性的可读/写非易失性存储器，它的出现带来了固态大容量存储器的革命。

5.4　存储器与 CPU 的连接

5.4.1　概述

CPU 与存储器的连接就是指地址线、数据线和控制线的连接。CPU 对存储器的读写操作首先是向其地址线发出地址信号，然后向控制线发出读写信号，最后在数据线上传送数据信息。每一块存储器芯片的地址线、数据线和控制线都必须和 CPU 建立正确的连接，才能完成正确的操作。

CPU 发出的地址信号必须实现两种选择，首先是对存储器芯片的选择，使相关芯片的片选端 CS 为有效，这称为片选；然后在选中的芯片内部再选择某一存储单元，这称为字选。片选信号和字选信号均由 CPU 发出的地址信号经译码电路产生。片选信号由存储器芯片的外部译码电路产生，这是需要自行设计的部分；字选信号由存储器芯片的内部译码电路产生，这部分译码电路不需要用户设计。

1. 存储器的地址分配及译码

（1）存储器的地址分配。存储器与 CPU 连接前，首先要确定内存容量的大小并选择存储器芯片的容量大小。选择好的存储器芯片如何同 CPU 有机地连接，并能进行有效地寻址，这就是需要考虑的存储器地址分配问题。

此外，内存又分为 ROM 区和 RAM 区，而 RAM 区又分为系统区和用户区，在进行存储器地址分配时，一定要将 ROM 和 RAM 分区域安排。例如 IBM PC/XT 的内存地址分配是将 ROM 安排在高端，而把 RAM 安排在低端。在多芯片组成的微型计算机内存储器中，往往是通过译码器来实现地址分配的。

（2）存储器的地址译码。设计存储器系统时，要将所选芯片与所确定的地址空间联系起来，即将芯片中的存储单元与实际地址一一对应，这样才能通过寻址对存储单元进行读写操作。每一个存储器芯片都有一定数量的地址输入端，用来接收 CPU 的地址输出信号。CPU 的地址输出信号，原则上每次只寻址到一个存储单元，到底能寻址到哪一个单元，则要由地址译码器来确定。

地址译码器会将 CPU 的地址信号按一定的规则译码成某些芯片的片选信号和地址输入信

号，被选中的芯片即为 CPU 寻址的芯片。

通过地址译码实现片选的方法通常有三种：

- 线选译码：在简单的微机系统中，由于存储容量不大，存储器芯片数也不多，可用单根地址线作片选信号，每个存储芯片只用一根地址线选通。这种方法的优点是连接简单，无需专门的译码电路；缺点是地址不连续，CPU 寻址能力的利用率太低，会造成大量的地址空间浪费。
- 全译码：这种方法除了将低位地址总线直接连至各芯片的地址线外，余下的高位地址总线全部参加译码，译码输出作为各芯片的片选信号。显然，这种方法可以提供对全部存储空间的寻址能力。
- 部分译码：该方法只对部分高位地址总线进行译码，以产生片选信号，剩余高位线可空闲或直接用作其他存储芯片的片选控制信号。

2. 存储器容量的扩展

单个存储芯片的存储容量是有限的。因此，常常需要将多片存储器按一定方式组成具有一定存储单元数的存储器。下面简要说明如何对存储器的容量进行扩充。

如图 5-11 所示，采用 2114 芯片组成 2K×8 位的 RAM，每两个芯片为一组，进行位扩展，形成 1K×8 位的存储容量，若要组成 2K×8 位还要进行字扩展，则需要两组共 4 片 2114。

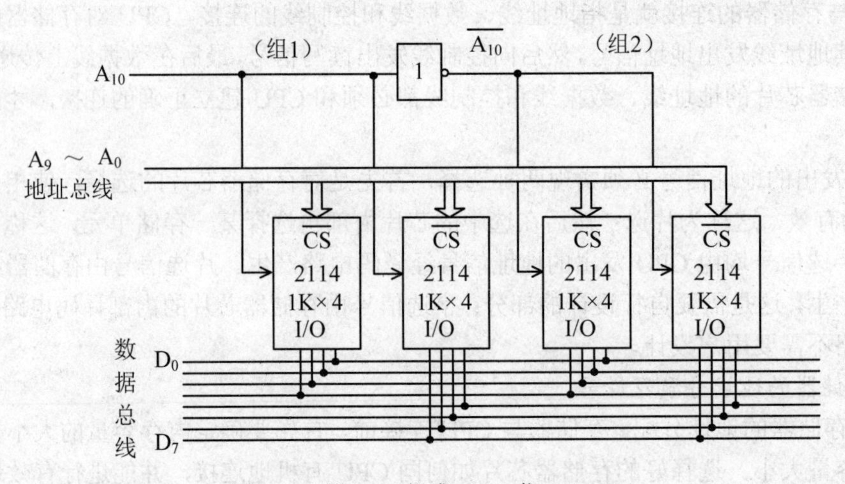

图 5-11 用 2114 组成 2K×8 位 RAM

由于寻址 2K 容量的 RAM 需要 11 根地址线，除了各组芯片的 10 根地址线直接与地址总线的 A_9～A_0 相连用作组内寻址外，还需要一根地址线 A_{10} 作组间寻址。同组芯片的 $\overline{CS}$ 端并接后，分别与地址总线的 A_{10} 或 $\overline{A_{10}}$ 相连。显然，组 1 是存储体的前 1K 单元，组 2 是存储体的后 1K 单元。

这样，经过组合后就形成了 2K×8 位的 RAM 存储器。以此类推，就可以得到容量更大的存储器结构。

5.4.2 典型 CPU 与存储器的连接

微机系统中，CPU 对存储器操作首先要由地址总线给出地址信号，然后发出读/写控制信号，最后才能在数据总线上进行数据读/写。所以，CPU 与存储器连接时应考虑以下问题。

（1）CPU 总线的负载能力。在小型系统中，CPU 总线的负载能力能直接驱动存储器系统，CPU 可直接与存储器相连。较大的系统中，当 CPU 和大容量标准 ROM、RAM 一起使用或扩展成一个多插件系统时，总线上挂接的器件超过规定负载就必须在总线上增加缓冲器或总线驱动器，来增加CPU总线的驱动能力，再与存储器相连。地址总线需接入单向驱动器，如74LS244，数据总线需接入双向驱动器，如 74LS245。

（2）存储器与 CPU 间的速度匹配。CPU 取指周期和对存储器读/写操作都有固定时序，决定了对存储器存取速度的要求。CPU 对存储器读操作时，CPU 发出地址和读命令后，存储器必须在限定时间内给出有效数据。而当 CPU 对存储器写操作时，存储器必须在写脉冲规定的时间内将数据写入指定存储单元，否则就无法保证迅速准确地传送数据。因此，当存储器速度跟不上 CPU 时序时，系统应考虑插入等待周期 T_W，以解决存储器与 CPU 之间速度匹配问题。

（3）存储器的地址分配和译码。确定存储容量和存储器芯片后，要将所选择芯片与确定的地址空间联系起来，即将芯片中的存储单元与实际地址一一对应，这样才能通过寻址对存储单元进行读/写操作。CPU 的地址输出线是有限的，不可能寻址到每一个存储单元，需要地址译码器按一定规则译码成某些芯片的片选信号和地址输入信号，被选中的芯片就是 CPU 要寻址的芯片。

1. 8086CPU 与只读存储器的连接

通常，ROM、PROM 或 EPROM 芯片均可以和 8086 系统总线连接，图 5-12 是采用两片 2732 EPROM 组成 8KB 存储器和 8086 系统总线的连接示意。使用时要注意 2732 EPROM 芯片是以字节宽度输出的，因此要用两片存储芯片组合才能存储 8086 的 16 位指令字。

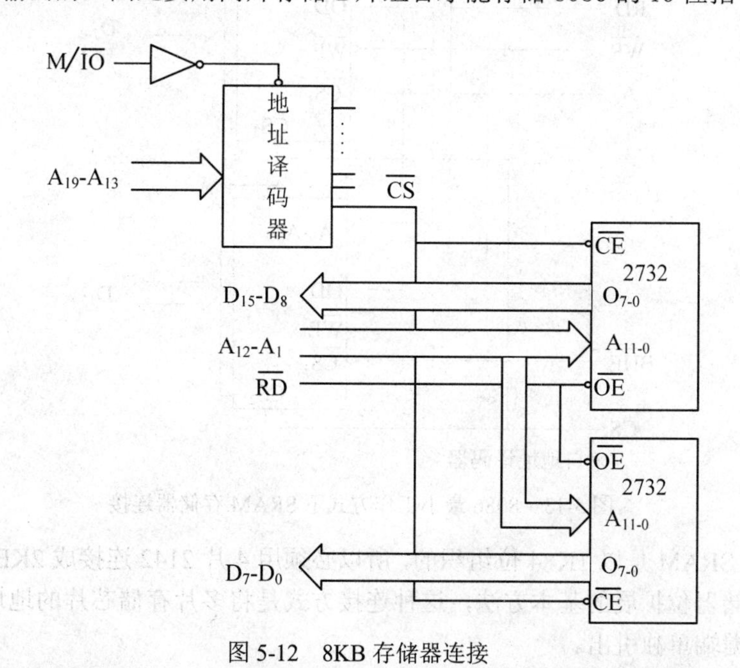

图 5-12　8KB 存储器连接

下面分析该存储器系统提供 8KB 存放指令代码的只读存储器的工作原理。

图 5-12 中，上面一片 2732 代表高 8 位存储体，下面一片 2732 代表低 8 位存储体。为了寻址 8KB 的存储单元共需 12 条地址线（A_{12}～A_1）。两片 2732 EPROM 在总线上是并行寻址

的。其余的 8086 高位地址线（A_{19}～A_{13}）用来译码产生片选信号 $\overline{CS}$。两片 2732 的 $\overline{CE}$ 端连接到同一个片选信号。

地址线 A_{12}～A_1 已作为 8KB ROM 的片内寻址，其余的 7 根地址线（A_{19}～A_{13}）经译码器可输出 128 个片选信号线。采用全译码方式时，128 个片选信号线全部用上，可寻址 128×8KB（即 1M 字节）的存储器。

当译码地址未用满时，可留作系统扩展。图中 M/$\overline{IO}$ 信号线的作用是可以确保只有当 CPU 要求与存储器交换数据时才会选中该存储器系统。

另外，当存储器系统较小时，可以采用地址的局部译码方式。局部译码方式只使用有限的高位地址线进行译码。可见，局部译码方式可以节省译码器，但比全译码方式的地址空间要小。

2. 8086CPU 与静态 RAM 的连接

如果微型计算机系统的存储器容量较小，则采用 SRAM 芯片要比采用 DRAM 芯片更加方便。因为大多数 DRAM 芯片是位片式，如 16K×1 位或 64K×1 位，而且 DRAM 芯片要求系统提供动态刷新支持电路，反而会增加存储器系统的成本。

图 5-13 为一个 2KB 的读写存储器系统。存储器芯片选用 2142 SRAM，该存储器系统工作在 8086 最小工作方式系统中。

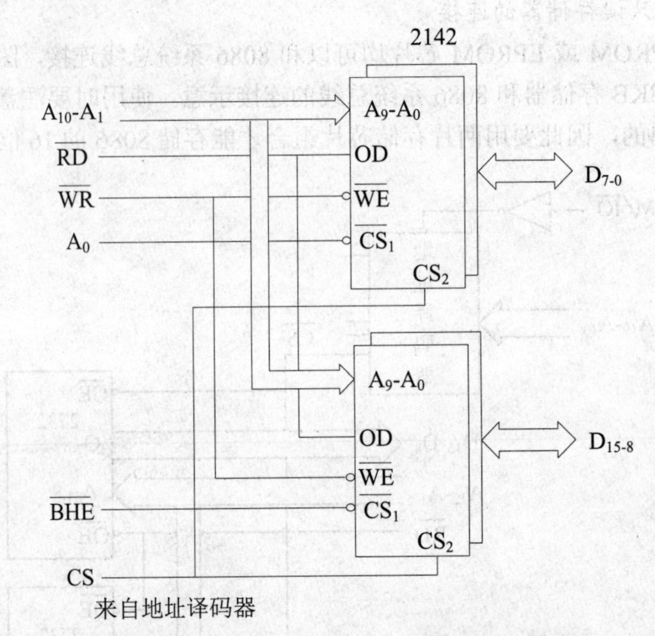

图 5-13 8086 最小工作方式下 SRAM 存储器连接

由于 2142 SRAM 是以 1K×4 位组织的，所以必须用 4 片 2142 连接成 2KB 的数据存储器。图中给出了存储器位扩展的基本方法，这种连接方式是将多片存储芯片的地址、片选、读/写端相并联，数据端单独引出。

如果要进行字扩展，应该把存储芯片的地址线、数据线、读/写控制线并联，而由片选信号区分各片地址，故片选端单独引出。

通常，存储器容量的扩展都把位扩展和字扩展的方法结合起来。

在图 5-13 中，经过位扩展的存储器系统每两片 2142 组成一个 lK×8 位的存储体。上面两片用作低8位RAM存储体，它们的I/O引线和数据总线D_7～D_0相连，代表了偶地址字节数据；下面两片2142用作高8位存储体，其I/O引线和数据总线D_{15}～D_8相连，代表了奇地址字节数据。

地址总线A_{10}～A_1并行地连接到4片2142的地址输入引线，实现片内寻址。高位地址A_{19}～A_{11}和M/$\overline{IO}$（高电平）经译码器译码产生CS_2的片选信号。要实现对这2KB存储单元的访问，高位地址部分必须使CS_2片选信号为逻辑高电平。

$\overline{WR}$信号（低电平）用来通知存储芯片在写总线周期时数据总线上的数据已经有效。$\overline{WR}$并行地加到4片2142的$\overline{WE}$输入引线上，使2142从总线上读取数据并写入所选中的存储单元。

8086输出的$\overline{RD}$信号送到2142的禁止输出信号OD的输入线上。当OD为高电平时禁止2142输出数据，OD为低电平时则允许2142输出数据到总线上。$\overline{RD}$信号为低电平时，允许2142在读总线周期时向数据总线输出数据。

A_0和$\overline{BHE}$信号的不同组合能确保同时选中奇、偶地址体或其中之一，从而实现在数据总线传送一个字或一个字节的目的。

8086最大工作方式系统中的存储器系统类似于上面所述的最小工作方式系统。其中的主要区别是在最大工作方式系统中，用8288总线控制器代替8086产生存储器读/写等控制信号。此外，系统中用8286总线收发器来缓冲数据总线。8288的DT/$\overline{R}$和DEN输出信号分别用作8286的T和$\overline{OE}$信号，用来在读/写总线周期时选择收发器的传送方向和允许数据传送。

如果8086微型计算机系统要求的存储容量大于16K字时，存储器系统通常使用DRAM芯片。8086CPU与DRAM的连接比较复杂，这里不再进行讨论，可以查看有关资料。

5.5　高速缓冲存储器（Cache）

高速缓存Cache是一种存储空间较小而存取速度却很高的存储器，它位于CPU和主存之间，用来存放CPU频繁使用的指令和数据。由于使用高速缓存后可以减少存储器的访问时间，所以对提高整个处理器的性能非常有益。

Cache的全部功能由硬件实现，并且对程序员来说是“透明”的，程序员不需要明确知道高速缓冲存储器的存在。Cache的存在，使得程序员面对一个既有Cache速度，又有主存容量的存储系统。CPU不仅和与Cache相连，而且和主存之间也要保持通路。

如果把正在执行的指令地址附近的一小部分指令或数据即当前最活跃的程序或数据从主存成批调入Cache，供CPU在一段时间内随时使用，就一定能大大减少CPU访问主存的次数，从而加速程序的运行。

5.5.1　Cache的工作原理

在存储系统的层次结构中引入Cache是为了解决CPU与主存之间的速度差异，以提高CPU工作效率。

在半导体存储器中，只有双极性SRAM的存取速度与CPU速度处于同一个数量级，但这种SRAM价格较贵，功耗大，集成度低，达到与DRAM相同的容量时体积较大且成本较高，因而不能使存储器都采用SRAM。于是就产生了一种分级处理方法，在主存和CPU之间加一个容量较小的双极性SRAM作为高速缓冲存储器。主存和Cache的存储区均划分成块，每块由多个信息字组成，两者之间以块为单位交换信息。

CPU 与主存之间的数据传输都必须经过 Cache 控制器，Cache 控制器将来自 CPU 的数据读写请求传递给高速缓冲存储器 Cache 进行相应的处理。

图 5-14 给出了 Cache 的逻辑结构。

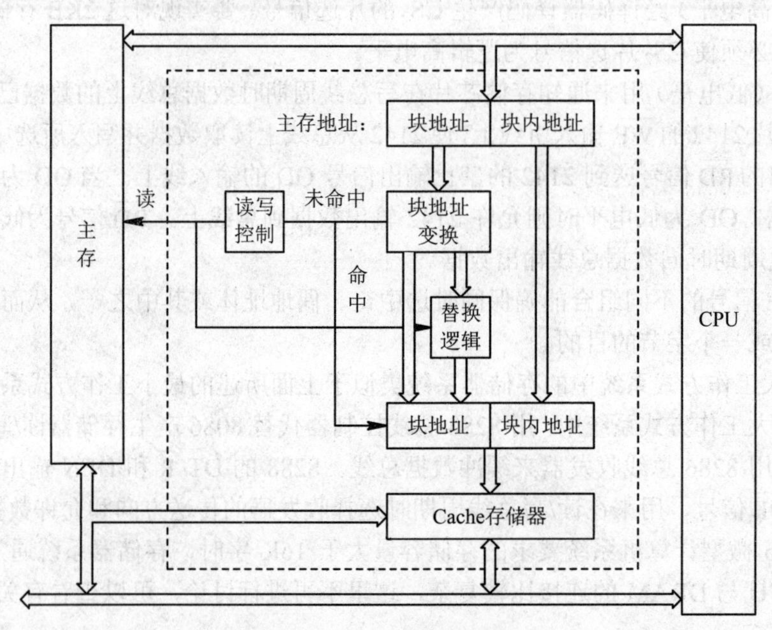

图 5-14 Cache 的逻辑结构

Cache 中应能容纳多个信息块，如果数据在 Cache 中，则 CPU 对 Cache 进行读写操作，称为“命中”。由于 Cache 与 CPU 速度相匹配，因此不需要插入等待状态，可实现同步操作。

Cache 的内容是在读写过程中逐步调入的，是主存中部分内容的副本。信息块调往 Cache 时的存放地址与它在主存时的地址不可能一致，两者之间有一定的对应关系，这种对应关系称为地址映象函数。将主存地址变换成 Cache 地址的过程一般是通过用硬件组成的地址变换机构按照所采用的地址映象函数自动完成的。

（1）要访问的数据在 Cache 中。读操作时，CPU 可直接从 Cache 中读取数据，不涉及主存。写操作时，需改变 Cache 和主存中相应两个单元的内容。有两种处理办法，一种是 Cache 单元和主存中相应单元同时被修改，称为“直通存储法”。另一种是只修改 Cache 单元内容，同时用一个标志位作为标志，当有标志位的信息块从 Cache 中移去时再修改相应主存单元，把修改信息一次写回主存，称为“写回法”。显然直通存储法比较简单，但对于需多次修改的单元来说，可能导致不必要的主存复写工作。

（2）要访问的数据不在 Cache 中。此时 CPU 直接对主存进行操作。读操作时，把主存中相应信息块送 Cache，同时把所需数据送 CPU，不必等待整个块都装入 Cache，这种方法称为“直通取数”。写操作时，将信息直接写入内存。

Cache 存储容量比主存容量小得多，但不能太小，太小会使命中率太低；也没有必要过大，过大不仅会增加成本，且当容量超过一定值后，命中率随容量增加将不会有明显增长。只要 Cache 空间与主存空间在一定范围内保持适当比例的映射关系，Cache 命中率还是相当高的。

一般规定 Cache 与内存的空间比为 4:1000，即 128KB Cache 可映射 32MB 内存；256KB Cache 可映射 64MB 内存。在这种情况下，命中率都在 90%以上。至于没有命中的数据，CPU 只好直接从内存获取。获取的同时也把它拷进 Cache，以备下次访问。

5.5.2 Cache 的基本结构

Cache 通常由相连存储器实现。相连存储器的每一个存储块都具有额外的存储信息，称为标签（Tag）。访问相连存储器时，将地址和每一个标签同时进行比较，对标签相同的存储块进行访问。

Cache 的 3 种基本结构分析如下：

（1）全相连 Cache。存储的块与块之间以及存储顺序或保存的存储器地址之间没有直接关系。可访问很多的子程序、堆栈和段，而它们位于主存储器的不同部位上。因此，Cache 保存着很多互不相关的数据块，Cache 必须对每个块和块自身的地址加以存储。当请求数据时，Cache 控制器要把请求地址同所有地址加以比较，进行确认。这种结构的主要优点是能够在给定时间内去存储主存储器中的不同的块，命中率高；缺点是每一次请求数据同 Cache 中的地址进行比较需要相当的时间，速度较慢。

（2）直接映像 Cache。由于每个主存储器的块在 Cache 中仅存在一个位置，因而把地址比较次数减少为一次。其做法是，为 Cache 中的每个块位置分配一个索引字段，用 Tag 字段区分存放在 Cache 位置上不同的块。直接映像把主存储器分成若干页，主存储器每一页与 Cache 存储器大小相同，匹配的主存储器偏移量可直接映像为 Cache 偏移量。Cache 的 Tag 存储器（偏移量）保存着主存储器的页地址（页号）。这种方法优于全相连 Cache，能进行快速查找，缺点是当主存储器组之间做频繁调用时，Cache 控制器必须做多次转换。

（3）组相连 Cache。介于全相连 Cache 和直接映像 Cache 之间。使用几组直接映像的块，对于某一个给定的索引号可允许有几个块位置，因而可以增加命中率和系统效率。

5.5.3 Cache 的替换算法

当新的主存页需要调入 Cache 而它的可用位置又被占用时，就产生了替换算法问题。一个好的算法首先要看访问 cache 的命中率如何，其次要看是否容易实现。其最终目标是使 Cache 获得最高的命中率，即让 Cache 总是保持使用频率高的数据，从而使 CPU 访问 Cache 的成功率最高。

替换算法通常采用以下 2 个：

（1）先进先出算法（FIFO）。这种算法是把最早进入 Cache 的信息块给替换掉。为了实现这种算法，需要在地址变换表中设置一个历史位，每当有一个新块调入 Cache 时，就将已进入 Cache 的所有信息块的历史位加 1。当需要进行替换时，只要挑选历史位中数值最大的信息块作为被替换块即可。这种算法比较简单，容易实现，但不一定合理，因为有些内容虽然调入较早，但可能仍需使用。

（2）近期最少使用算法（LRU）。这种算法是把最近使用最少的信息块替换掉。要求随时记录 Cache 中各信息块的使用情况。这样，要为每个信息块设置一个计数器，以便确定哪个信息块是近期最少使用的。LRU 算法还可用堆栈来实现，也称为堆栈型算法。当所设堆栈已满，又有一个信息块要求调入 Cache 时，首先检查堆栈中是否已经有这一块。如果有，则将这一信息块从堆栈中取出压入堆栈的栈顶；如果没有，则将该信息块直接压入栈顶。于是原来在栈底上的信息块就成为被替换的信息块而被压出了堆栈，这样就可以保证任何时候栈顶上的信息块总是刚被访问过的块，而栈底的块总是最近没有被访问过的块。这种算法与FIFO相比可以获得较高的命中率。

当然，为了进一步提高CPU访问Cache的命中率，还可采用适当加大Cache容量、进一步改善程序和数据结构、加强预测判断以及采用更好的优化调度算法等方法。高速缓冲存储器的设计，包括地址映像机构和替换算法均由硬件实现。主存则通常设计为多体交叉存取存储器，以提高主存和缓存之间的数据传输速率。

5.5.4 多层次 Cache

Pentium 微处理器的 Cache 大小规模可为 256KB 或 512KB，其中片内 Cache 的容量为16KB。这16KB中有8KB是数据Cache，另有8KB为指令Cache，Pentium CPU可以同时访问指令Cache和数据Cache。由于片内Cache存取速度非常快，同时由于程序访问的局部性，有可能要访问Cache同一位置许多次，这样就减少了Pentium对外部总线的访问次数和使用频率，极大地提高了存取速度。

Pentium 微处理器还可以使用二级 Cache（L2 Cache），二级 Cache 位于 Pentium CPU 芯片的外部。由于L2 Cache的存储密度更大，Cache行更宽，有效地改善了Pentium微处理器的性能。

在两级 Cache 中页的大小不同，显然二级 Cache 一次调度单元数量多，而且其页多，容量大。两级 Cache 间及 Cache 与主存的调度算法和读写操作，全由辅助硬件来完成，实现了Cache的高速处理功能。

5.6 虚拟存储器

虚拟存储器（Virtual Memory）是以存储器访问的局部性为基础，建立在“主存－辅存”物理体系结构上的存储管理技术。在存储系统中，由于主存容量不能满足用户的需要，因而引入辅存作为后援。在多道程序和多用户分时系统的运行情况下，往往会发生用户竞争存储空间的矛盾，编程时程序员必须熟悉机器硬件系统的组成。随着计算机系统规模的扩大和复杂程度的增加，为了使用户尽量扩大可使用的存储空间，并能对其自动管理和调度，使得在用户心目中，计算机系统好像只有一个大容量、高速度、使用方便的存储器，而没有主存、辅存之分，便产生了虚拟存储器的概念。

虚拟存储器可以使计算机具有辅存的容量，且用接近于主存的速度进行存取，计算机的程序员可以按比主存大得多的空间来编制程序，即可按虚拟空间编址。虚拟存储器地址是一种概念性的逻辑地址，并非实际物理地址。

5.6.1 虚拟存储原理

虚拟存储系统是在存储层次结构基础上，通过存储器管理部件 MMU 进行虚拟地址和实际地址自动变换而实现的，对每个编程者是透明的，编址空间很大。

主存可由两级容量远大于自己的辅存作为后援支持。在CPU访问主存命中率高的情况下，整机可达到接近主存的工作速度，并且享有大的存储容量。PC 系列机的实地址方式只允许使用 1MB 主存空间，而用户程序却越来越长，数据越来越多，大大降低了 CPU 访问主存的命中率。实际上 80X86 内存空间可达 4GB，大量的物理空间被闲置。另外计算机主频越来越高，功能越来越完善，用它服务于一个一般用户的普通任务，早已绰绰有余。如何充分利用高档 PC 机的资源，使它同时服务于多个用户，或者一个用户的多个任务，这一问题在虚拟存储技术引入 PC 机后得到了较好的解决。

虚拟存储器允许用户把主存、辅存视为一个统一的虚拟内存。用户可以对海量辅存中的存储内容按统一的虚址编排，在程序中使用虚址。在程序运行时，当 CPU 访问虚址内容时发现已存于主存中（命中），可直接利用；若发现未在主存中（未命中），则仍需调入主存，并存在适当空间，待有了实地址后，CPU 就可以真正访问使用了。上述过程虽未改变主存、辅存的地位和性质，但最重要的是原来由程序进行的调度工作改由计算机系统的硬件和操作系统的统一管理下自动进行，辅存相对用户来讲是透明的，大大方便了用户。用户在 PC 机虚拟保护工作方式下，允许使用高达 64TB 海量的存储器空间，可以多任务、多用户同时使用计算机。

在一个虚拟存储系统中，展现在 CPU 面前的存储器容量并不是实存容量加上辅存容量.而是一个比实存大得多的虚存空间，它与实存和辅存空间的容量无关，取决于机器所能提供的虚存地址码的长度。例如，某计算机系统中，存储器按字节编址，可提供的虚存地址码长 48 位，能提供的虚存空间为 2^{48}=256TB，这是任何计算机系统中主存储器所不可能达到的容量，在该机内运行的程序可达到 256T 字节。

"主存－辅存"层次的虚拟存储和"Cache－主存"层次有很多相似之处，但虚拟存储器和 Cache 仍有很明显的区别：

（1）Cache 用于弥补主存与 CPU 的速度差距，而虚拟存储器是用来弥补主存和辅存之间的容量差距；

（2）Cache 每次传送的信息块是定长的，只有几十字节，而虚拟存储器信息块可以有分页、分段等，长度很大，达几百或几千字节；

（3）CPU 可以直接访问 Cache，而 CPU 不能直接访问辅存；

（4）Cache 存取信息的过程、地址变换和替换算法等全部由辅助硬件实现，并对程序员是透明的，而虚拟存储器是由辅助软件（操作系统的存储管理软件）和硬件相结合来进行信息块的划分和程序的调度。

5.6.2　虚拟存储器的分类

CPU 以逻辑地址访问主存，由辅助硬件和软件确定逻辑地址和物理地址的对应关系，判断这个逻辑地址指示的存储单元内容是否已装入主存。如果在主存，CPU 就直接执行该部分程序或数据；如果不在主存，系统存储管理软件和辅助硬件就会把访问单元所在的程序块从辅存调入主存，并把逻辑地址转换成实地址。

在实际应用中，根据如何对主存空间与磁盘空间进行分区管理，虚实地址怎样转换，采取何种替换算法等，可以有 3 种方式：页式、段式和段页式虚拟存储器，下面简要进行讨论。

1. 页式虚拟存储器

以页为信息传送单位的虚拟存储器称为"页式虚拟存储器"。通常将虚拟空间和主存空间都分成大小固定的页。页的大小固定，一般为 512B 或几 KB 不等，这种划分是面向存储器物理结构的，有利于主存和辅存之间的调度和管理。

虚存空间中所划分的页称为“虚页”，而主存空间中所划分的页称为“实页”。页面由 0 开始顺序编号，分别称为虚页号和实页号。

虚拟地址由两部分组成：页号（页表索引）和页内地址（偏移地址）；高位字段为虚页号，低位字段为页内地址。

物理地址也分成实页号和页内地址两部分，页内地址的长度由页面大小决定，实页号的长度取决于主存的容量。因为虚存和实存的页面大小一致，所以信息由虚拟页向实际存储器中的物理页调入时，以页为单位，页边界对齐，页内地址无需修改就可以直接使用。

虚－实地址的转换主要是虚页号向实页号的转换，这个转换关系由页表给出，它是存储管理软件根据主存运行情况自动建立的。

虚拟存储模式中，每一个程序都有一个自己独立的虚存空间。程序运行时，存储管理软件要根据主存的运行情况，为每一个程序建立一张独立的页表，存放在主存的特定区域，在每个虚页中都有一个描述页表状况的信息字，称为“页表信息字”，其中存放该虚页对应到实页号的一些信息。

当一个虚页号向实页号转换时，首先应找到该程序的页表区的首地址，然后按虚页号顺序找到该页的页表信息字。由于页表被保存在内存的特定区域中，程序投入运行时，便由存储管理软件把这个程序的页表区首地址送到页表的基址寄存器中。

2. 段式虚拟存储器

段式虚拟存储器是以程序的逻辑结构所自然形成的段作为主存分配的单位来进行存储器管理。其中每个段的长度可不同，也可以独立编址，有的段还可以在执行时动态地决定大小。

程序运行时，以段为单位整段从辅存调入主存，一段占用一个连续的存储空间，CPU 访问时仍需进行虚－实地址的转换。它与页式虚拟存储器技术十分相似，每个程序都有一个段表，存放程序段装入主存的状态信息，主要有段号、段起点、装入位置、段长度等。运行时要先根据段表确定所访问的虚段是否已经存在于主存中。如果没有，则先将其调入主存；如果已在主存中，则进行虚－实转换，确定其在主存中的位置。

段式虚拟存储器配合了模块化程序设计，使各段之间相互独立，互不干扰。程序按逻辑功能分段，各有段名，便于程序段公用和按段调用，可提高命中率。缺点是由于各段长度不等，虚段调往主存时，主存分配比较困难。

3. 段页式虚拟存储器

如前所述，页式虚拟存储器的优点是每页长度固定且可顺序编号，页表设置很方便。虚页调入主存时，主存空间分配简单，开销小，页面长度较小，主存空间可以得到充分地利用，因而得到广泛应用。缺点是页的大小固定，这种划分无法反映程序内部的逻辑结构，这给程序的执行、保护与共享带来不便。

段式虚拟存储器的优点是面向程序的逻辑结构分段，段的大小、位置可变，模块可独立编址，便于同时编制、修改和调试，各段便于公用，按段调度可提高命中率。缺点是各段长度不等，不利于存储空间的管理和调度。

为充分发挥页式和段式虚拟存储器各自的优点，可把两者结合起来形成段页式虚拟存储器，即将存储空间仍按程序的逻辑模块分段，以保证每个模块的独立性和便于用户公用。每段又划分为若干个页，页面大小与实存页面相同。虚地址的格式包括段号页号、页号和页内地址三部分。实地址则只有页号和页内地址。虚存与实存之间信息调度以页为基本单位。每个程序有一张段表，每段对应有一张页表。CPU 访问时，由段表指出每段对应的页表的起始地址，而每一段的页表可指出该段的虚页在实存空间的存放位置（实页号），最后与页内地址拼接即可确定 CPU 要访问的信息的实存地址。

其特点表现为分两级查表实现虚实转换，以页为单位调进或调出主存，按段来共享与保护程序和数据。

存储器系统是微型计算机的重要组成部分，主要用来存储指令和各种数据，以便 CPU 的读取和写入。存储器按照所采用的存储介质、存取方式、制造工艺及用途等可以分为若干种，而微型计算机的主存一般采用半导体存储器，其特点是容量大、存取速度快、体积小、功耗低、集成度高、价格便宜。

存储器从使用功能上可分为随机存取存储器（RAM）和只读存储器（ROM）。RAM 中的信息可读出也可以写入，但断电后其中的信息会丢失。ROM 在使用过程中可以读取所存放的信息但不能重新写入，常用来保存固定的程序和数据。要熟悉 RAM 和 ROM 典型存储电路的组成和工作原理。

CPU 和存储器的连接包括存储器地址的分配和译码、存储器容量的扩充与寻址、典型 CPU 与存储器芯片的连接技术等。实际应用时要合理选择地址译码方法，如系统中不要求提供 CPU 可直接寻址的全部存储单元时可采用线选法或部分译码法，否则应采用全译码法。

存储器系统按层次结构来组合使用，要掌握高速缓存、主存、辅存的原理和结构特点，“高速缓存—主存”层次用于弥补主存与 CPU 的速度差距，“主存—辅存”层次构成的虚拟存储器主要用来弥补主存和辅存之间的容量差距。CPU 可直接访问 Cache，而不能直接访问辅存。Cache 存取信息的过程、地址变换和替换算法等全部由辅助硬件实现，对程序员透明，而虚拟存储是由操作系统的存储管理软件和硬件相结合来进行信息块的划分和程序调度。

微型计算机中常用的闪速存储器、高速缓冲存储器、虚拟存储器等新型存储器技术也为现代微型计算机结构的改进和功能的提高打下良好的基础。

一、单项选择题

1．存储器的主要作用是（　　）。

A．存放数据　　B．存放程序　　C．存放指令　　D．存放数据和程序

2．以下存储器中，CPU 不能直接访问的是（　　）。

A．Cache　　B．RAM　　C．主存　　D．辅存

3．以下属于 DRAM 特点的是（　　）。

A．只能读出　　B．只能写入

C．信息需定时刷新　　D．不断电信息能长久保存

4．某存储器容量为64K×16，该存储器的地址线和数据线条数分别为（　　）。

A．16，32　　B．32，16　　C．16，16　　D．32，32

5．采用虚拟存储器的目的是（　　）。

A．提高主存的存取速度　　B．提高辅存的存取速度

C．扩大主存的存储空间　　D．扩大辅存的存储空间

二、填空题

1．存储容量是指__________；容量越大，能存储的__________越多，系统的处理能力就__________。

2．RAM的特点是__________；根据存储原理可分为__________和__________，其中要求定时对其进行刷新的是__________。

3．Cache是一种__________的存储器，位于__________和__________之间，用来存放__________；使用Cache的目的是__________。

4．计算机中采用__________和__________两个存储层次，来解决__________之间的矛盾。

三、简答题

1．简述存储器系统的层次结构，并说明为什么会出现这种结构？

2．静态存储器和动态存储器的最大区别是什么？它们各有什么优缺点？

3．常用的存储器地址译码方式有哪几种？各自的特点是什么？

4．存储器在与微处理器连接时应注意哪些问题？

5．计算机中为什么要采用高速缓冲存储器Cache？

6．简述虚拟存储器的特点和工作原理。

四、分析设计题

1．已知某微机系统的RAM容量为4K×8位，首地址为2600H，求其最后一个单元的地址。

2．设有一个具有14位地址和8位数据的存储器，问：

（1）该存储器能存储多少字节的信息？

（2）如果存储器由8K×4位RAM芯片组成，需要多少片？

（3）需要地址多少位做芯片选择？

3．若用4K×1位的RAM芯片组成16K×8位的存储器，需要多少芯片？A_{19}～A_0地址线中哪些参与片内寻址？哪些作为芯片组的片选信号？

4．若用2114芯片组成2K RAM，地址范围为3000H～37FFH，问地址线应如何连接？（假设CPU有16条地址线、8条数据线）

第6章 总线技术

总线是微型计算机系统中传递各类信息的通道，也是系统中各模块间的物理接口，它负责在CPU和其他部件之间进行信息的传递。总线性能的好坏直接影响到微型计算机系统的整体性能。本章从总线的基本概念入手，分析常用的系统总线、局部总线和外部设备总线的内部结构、特点和功能。

通过本章的学习，重点理解和掌握以下内容：

- 总线的分类、特点和基本功能
- 常用系统总线的内部结构及引脚特性
- 常用局部总线的内部结构及引脚特性
- 常用外部设备总线的结构和特点

6.1 总线的基本概念

6.1.1 总线概述

微型计算机各组成部件之间相互传送着大量的信息，系统与系统之间、插件与插件之间以及同一插件的各个芯片之间需要用通信线路连接起来。衡量微型计算机系统的性能，除考察CPU 的性能外，还要考察计算机的通信线路设置和连接方式。一种最直观的方法是根据各功能部件的需要分别设置与其他部件通信的线路，进行专线式的信息传送。这种方式的传送速率可以很高，信息传送的控制也比较简单。但整个计算机系统所需要的信息传送线数量很大，增加了复杂性，加重了发送信息部件的负载。此外，这种方式不便于实现机器的模块化与积木化。另一种方法是设置公共的通信线路——总线。所谓总线是指计算机中多个部件之间公用的一组连线，是若干互连信号线的集合，由它构成系统插件间、插件的芯片间或系统间的标准信息通路。

在微型计算机系统中，总线是各个部件信息交换的公共通道，各部件之间的联系都是通过总线实现的，总线在计算机中起着重要的作用。微型计算机广泛采用总线技术，以便简化硬件、软件的系统设计。

从硬件角度看，接口设计者只需按总线的规范设计插件板，保证它们具有互换性与通用性，便于大批量生产，来支持计算机系统的性能及系列产品的开发。从软件角度看，接插件的硬件结构带来了软件设计的模块化。用总线连接的系统，结构简单清晰，便于扩充与更新。例如需要在系统规模上进行扩充时，只要往总线上多插几块同类型的插件即可；需要在系统功能上扩充时，只需插入符合该总线标准的所需插件即可；在系统更新时，一般只需要更换新的插件或系统板就可以了。

微型计算机的应用领域极为广泛，采用总线标准是应用的需要。因此，从用户角度看，希望微型计算机生产厂家除了以机箱方式提供整机系统外，还能以其他方式，如以插件方式向用户提供“原型”产品，由用户根据自己的要求构成所需的微机系统。借助于总线标准，可以帮助用户按其具体需要选择和获得适合自己需求的产品。

随着微型计算机的发展，总线技术也在不断地发展与完善，并且已经出现了一系列的标准化总线，这些标准化总线的广泛使用，对微型计算机系统在各个领域的普及和应用起到了积极的推动作用。为了使微型计算机应用系统朝模块化、标准化的方向发展，标准总线应具有以下特点：

（1）可以简化计算机软件和硬件的设计。

（2）可以简化系统的结构。

（3）易于系统的扩展。

（4）便于系统的更新。

（5）便于系统的调试和维修。

6.1.2 总线分类

在微型计算机系统中，按照总线的规模、用途及应用场合，可将总线分为以下三类。

（1）微处理器芯片总线。也称为元件级总线，这是在构成一块 CPU 插件或用微处理机芯片组成一个很小系统时常用的总线，常用于 CPU 芯片、存储器芯片、I/O 接口芯片等之间的信息传送。按所传送的信息类别不同，可将芯片总线分为传送地址、传送数据和传送控制信息等三组总线，分别简称为地址总线、数据总线和控制总线。

（2）内总线。也称为板级总线或系统总线，它是微型计算机系统内连接各插件板的总线，用以实现微机系统与各种扩展插件板之间的相互连接，是微机系统所特有的总线，一般用于模板之间的连接。在微型计算机系统中，系统总线是主板上微处理器和外部设备之间进行通讯时所采用的数据通道。

系统总线从性能上可以分为低端总线和高端总线。低端总线一般支持 8 位、16 位的微处理器，主要功能是进行 I/O 处理。高端总线可以支持 32 位、64 位微处理器，它提高了数据传输率和处理能力，对微处理器的依赖性减小，同时具备良好的兼容性、支持高速缓存 Cache、支持多微处理器、可自动配置等特点。

初期微型计算机的结构比较简单，它的总线连接了微处理器、存储器、接口电路和输入/输出设备，构成了完整的“计算机系统”，这样的总线称为“系统总线”。这种系统总线实际上就是微处理器芯片总线的延伸。由于微处理器芯片的总线驱动能力有限，因此，微处理器芯片与总线之间必须加驱动器，以提高总线的负载能力。

（3）外部总线。也称为通信总线，主要用于微机系统与微机系统之间或微机与外部设备（如打印机、硬盘设备）、仪器仪表之间的通信，常用于设备级的互连。这种总线的数据传输可以是并行的，也可以是串行的，数据传输速率低于系统内部的总线。

实际应用中有多种不同的通信总线标准，例如，串行通信的 RS-232C、USB 总线，用于硬磁盘接口的 IDE、SCSI 总线，用于连接仪器仪表的 IEE-488、VXI，用于并行打印机的 Centronics 总线等。

以上三类总线在微型计算机系统中的位置及相互关系如图 6-1 所示。

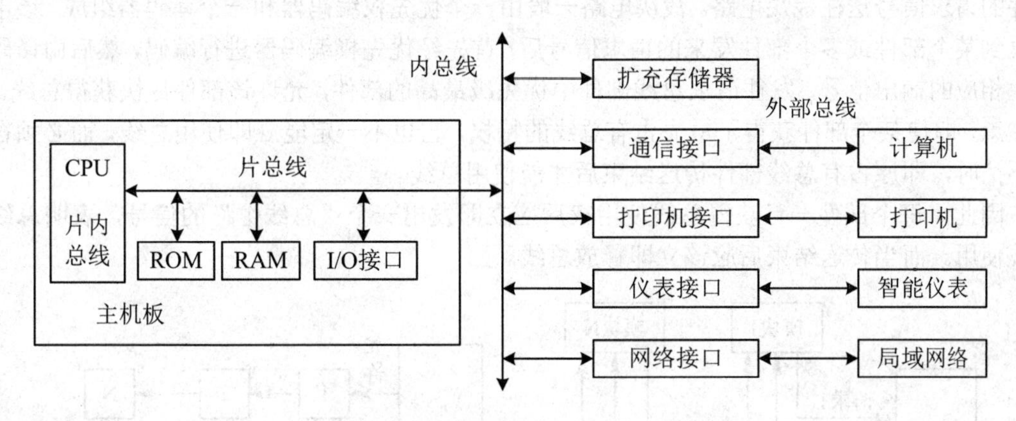

图 6-1　微型计算机的总线层次结构

表 6-1 所示是一些常见的微型计算机总线性能比较，从中可以了解到各种系统总线和局部总线的总体状况。

表 6-1　常见总线的性能比较

总线类型	通用机型	总线宽度（bit）	总线工作速率（MHz）	最大传输速率（Mb/s）
PC	8086	8	4	4
ISA	80286、386、486 系列	16	8	16
EISA	80286、386、586 系列	32	8.33	33.3
STD	V20、V40、IBM 系列	8	2	2
MCA	IBM PC、工作站	32	8	33
PCI	Pentium 系列 PC	32、64	33	132、264
AGP	Pentium 系列 PC	64	66 以上	264 以上

6.1.3　总线的裁决

总线是系统中各部件信息交换的公共通道，系统的整体性能与各部件的协同工作有关，而部件之间的联系是通过总线实现的。主板上有 CPU 总线、Cache 总线、内存总线、系统总线、局部总线和外设总线等。总线的性能通常以总线工作频率、总线传输率等指标来衡量。

总线由多个部件共享，为了正确地实现各部件之间的信息传送，必须对总线的使用进行合理地分配和管理。当总线上的某个部件要与另一个部件进行通信时，首先应该发出请求信号，有时会发生在同一时刻总线上有多个部件发出总线请求信号的情况，这就要求根据一定的总线裁决原则来确定占用总线的先后次序。只有获得总线使用权的部件，才能在总线上传送信息，这就是所谓的总线裁决问题。

通常，有并联、串联和循环等三种总线分配的优先级技术。

1．并联优先权判别法

并联优先权判别法如图 6-2（a）所示。当采用并联优先权判别法时，优先级别是通过一个优先权裁决电路进行判断的。共享总线的每个部件具有独立的总线请求线，通过请求线将各部件的请求信号送往裁决电路。裁决电路一般由一个优先权编码器和一个译码器组成。该电路接收到某个部件或多个部件发来的请求信号后，首先经优先权编码器进行编码，然后由译码器产生相应的输出信号，发往请求总线部件中优先级最高的部件，允许该部件尽快获得总线。但需注意，即使某个部件获得了最先占有总线的特权，它也不一定能立即使用总线，而必须在总线不忙时，即原占有总线部件传送结束后才能使用总线。

因此，每个部件一旦获得总线使用权后应立即发出一个“总线忙”的信号，表明总线正在被使用。而当传送结束后应该立即释放总线。

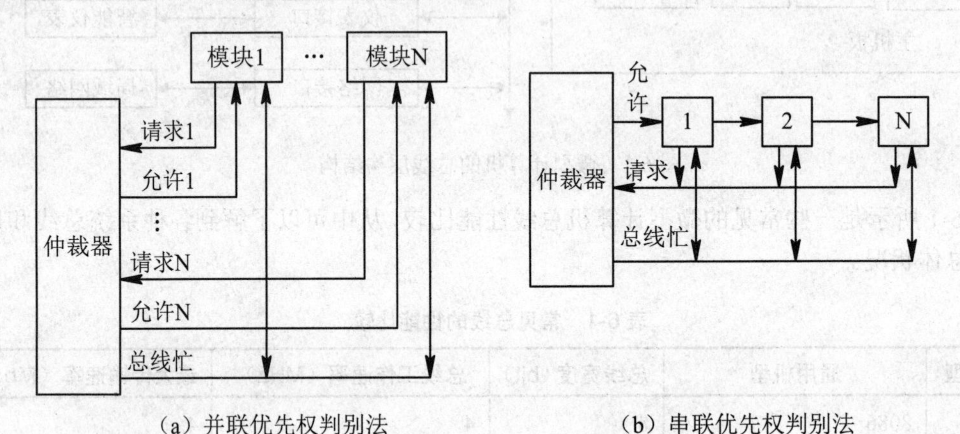

（a）并联优先权判别法　　（b）串联优先权判别法

图 6-2　总线优先权判别法

2. 串联优先权判别法

串联优先权判别法如图 6-2（b）所示。该判别法不需要优先权编码器和译码器，它采用链式结构，把共享总线的各个部件按规定的优先级别链接在链路的不同位置上。在链式结构中位置越前面的部件，优先级别越高。当前面的部件要使用总线时便发出信号，禁止后面的部件使用总线。通过这种方式，就确定了请求总线各部件中优先级最高的部件。显然，在这种方式中，当优先级高的部件频繁请求时，优先级低的部件很可能很长时间都无法获得总线使用权。

3. 循环优先权判别法

循环优先权判别法类似于并联优先权判别法，只是其中的优先权是动态分配的，原来的优先权编码器由一个更为复杂的电路代替，该电路把占用总线的优先权在发出总线请求的那些部件之间循环移动，从而使每个总线部件使用总线的机会相同。

以上三种优先权判别法各有优缺点，循环优先权判别法需要大量的外部逻辑才能实现。串联优先权判别法不需要使用外部逻辑电路，但这种方法中所允许链接的部件数目受到很严格的限制，因为部件太多，那么链路产生的延时就将超过时钟周期长度，总线优先级别的裁决必须在一个总线周期中完成。从一般意义上讲，并联优先权判别方法较好，它允许在总线上连接许多部件，而裁决电路又不太复杂。在实际使用时可根据具体情况决定采用哪种优先权判别方法。

6.1.4　总线数据的传送

1. 总线数据的传送方式

挂在总线上的模块，通过总线进行信息交换。信息是在两个或两个以上模块（或称为设备）之间传送的，传送信息的主动方称为主模块，传送信息的被动方称为从模块。除了特殊情况外，信息的传送都是在主模块与一个从模块之间进行。总线上同一时刻仅有一个主模块占用着总线。

要进行一次总线的传送，主模块首先要申请总线，以便取得总线的控制权。多个主模块同时申请总线使用权时，需要根据某种算法作出裁定，把总线的控制权赋予某个设备，这一任务由总线控制器完成。此外，总线控制器还要确保一个主模块只能占用有限的总线时间，以满足其他模块的传输需求。主模块取得总线控制权后，下一步由该主模块进行寻址（目的地址），通知被访问的从模块进行信息传输。从模块给出确认信号后，传输过程开始，根据读写方式确定信息流向，一次传输可以传送一个数据，也可以传送多个数据。

信息在总线上有三种传送方式：串行传送、并行传送和并串行传送。

（1）串行传送方式。当信息以串行方式传送时只使用一条传输线，而且采用脉冲传送。具体操作就是在传输线上按顺序传送表示一个数码的所有二进制位的脉冲信号，每次一位。通常第一个脉冲信号表示数码的最低有效位，最后一个脉冲信号表示数码的最高有效位。如图 6-3（a）中所示。

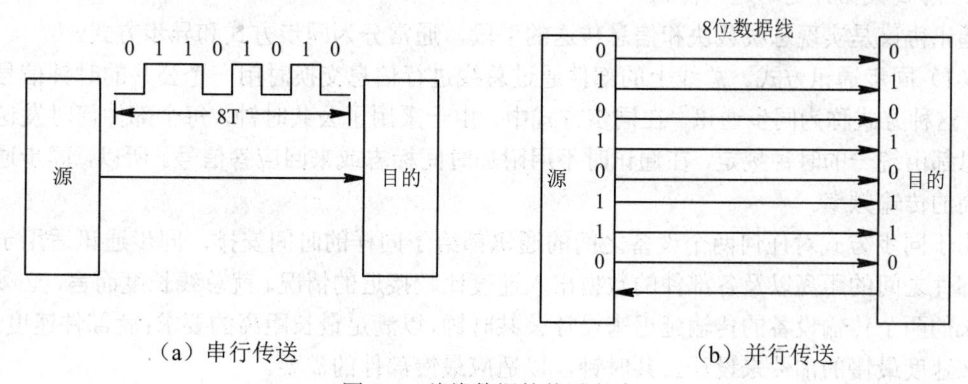

（a）串行传送　　（b）并行传送

图 6-3　总线数据的传送方式

当进行串行传送时，可能按顺序连续传送若干个“0”或若干个“1”，如果编码时用有脉冲表示“1”，无脉冲表示“0”，那么当连续出现几个“0”时，则表示在某段时间间隔内传输线上没有脉冲信号。

为了确定传送了多少个“0”，必须采用某种时序格式，以便使接收设备能加以识别。通常采用的方法是指定“位时间”，即指定一个二进制位在传输线上占用的时间长度。显然，“位时间”是由同步脉冲来体现的。假定串行数据是由“位时间”组成的，那么传送 8 位就需要 8 个位时间。如果接收设备在第 1 个位时间和第 5 个位时间分别接收到一个脉冲，而其余的 6 个位时间没有收到脉冲，那么就表示收到的二进制信息是“00010001”。

串行传送的主要优点是只需要一条传输线，这一特点对于长距离传输显得特别重要。不管传输的数据量为多少，都只需一条传输线，因此成本比较低廉。串行传送是外总线中常用的传送方式。

（2）并行传送方式。采用并行方式传送二进制信息时，每个数据位都需要一条单独的传输线。信息由多少个二进制位组成，机器就需要有多少条传输线，从而让二进制信息在不同的线上同时进行传送。

图 6-3（b）中给出了并行传送的示意图。如果要传送的数据由 8 位二进制数组成，那么就使用由 8 条线组成的扁平电缆，每条线分别传送二进制数的不同位。例如，假设图中最上面的线代表最高有效位，最下面的线代表最低有效位，那么图中的“0”或“1”表示正在传送的数据是“01010110”。

当进行并行传送时，所有的位同时传送，所以并行传送方式的速度比串行传送的速度要快得多。并行传送是微机系统内部常用的传送方式。

（3）并串行传送方式。该方式是并行传送方式与串行传送方式的结合。当信息在总线上以并串行方式传送时，如果一个数据字由两个字节组成，那么当传送一个字节时采用并行方式，而字节之间采用串行方式。

例如，有的微型计算机中 CPU 的数据用 16 位并行运算。但由于 CPU 芯片引脚数的限制，出入 CPU 的数据总线宽度是 8 位。因此，当数据从 CPU 中进入数据总线时以字节为单位，采用并串行方式进行传送。

显然，采用并串行传送信息是一种折中的办法。当总线宽度不是很宽时，采用并串行方式传送信息可以使问题得到很好地解决。

2. 总线数据传送的通讯协议

通讯协议是实现总线裁决和信息传送的手段，通常分为同步方式和异步方式。

（1）同步通讯方式。总线上的部件通过总线进行信息交换时用一个公共的时钟信号进行同步，这种方式称为同步通讯。在同步方式中，由于采用了公共时钟，每个部件何时发送或接收信息都由统一的时钟规定，在通讯时不用附加时间标志或来回应答信号。所以，同步通讯具有较高的传输频率。

由于同步方式对任何两个设备之间的通讯都给予同样的时间安排，同步通讯适用于总线上各部件之间的距离以及各部件的数据出入速度比较接近的情况。就总线长度而言，必须按距离最长的两个传输设备的传输延迟来设计公共时钟，以满足最长距离的要求；就部件速度来说，必须按速度最慢的部件来设计公共时钟，以适应最慢部件的需要。

（2）异步通讯方式。如果总线上各部件之间的距离和设备的速度相差很大，势必会降低总线的效率，在这种情况下往往采用异步通讯方式。异步通讯允许总线上的各个部件有各自的时钟，部件之间进行通讯时没有公共的时间标准，而是在发送信息的同时发出该部件的时间标志信号，用应答方式来协调通信过程。

异步通讯又分为单向方式和双向方式两种。单向方式不能判别数据是否正确传送到对方，故大多采用双向方式，即应答式异步通讯。

3. 总线数据传送的错误检测

由于外界或者自身存在着各种随机出现的干扰因素，总线上传输的信息可能产生错误。为此，需要采用错误检测电路来发现或纠正出现的错误，用专用的总线信号来报告出现的错误。

最常用也是最简单的错误检测方法是奇偶校验法。在地址、数据或控制信息传输的同时，将它的奇偶校验信息通过另一根总线传输到信号接收方，接收方通过查验接收的信号是否符合校验规则来判断收到信号的正确性。一旦发现奇偶校验的错误，则通过另一条总线告知信号发送方发生了错误，这时就可根据协定处理发现的错误。

总线进行高速和大批量信息传输时，常采用的错误校验方式是循环冗余校验 CRC（Cycle Redundancy Checking）。CRC 校验将传输的数据经过专门的电路，产生一个 16 位或 32 位的

CRC 码，加在数据的最后发送。在数据的接收端，采用相同的电路对接收到的数据进行处理。如果数据传输准确无误，则从线路上接收到的校验码应该与接收数据产生的校验码一致，否则就表示发生了传输错误。

CRC 校验方式对于成块数据传送中数据检错十分有效，但电路相对复杂一些，USB 总线就是采用的这个方法。

6.1.5　总线性能及标准

为使微型计算机应用系统朝模块化、标准化的方向发展，通常要求微机系统的总线结构应该具备标准化模式。标准总线具有简化系统设计，简化系统结构，易于系统扩展，便于系统更新以及便于系统调试和维修等特点。

1. 总线的特性

（1）机械特性。指总线在机械方式上的一些性能，如插头与插座使用的标准，它们的几何尺寸、形状、引脚的个数以及排列的顺序，接头处的可靠接触等。

（2）电气特性。指总线的每一根传输线上信号的传递方向和有效的电平范围。通常规定由 CPU 发出的信号叫输出信号，送入 CPU 的信号叫输入信号。总线的电平定义与 TTL 相符。如 RS-232C（串行总线接口标准）电气特性规定低电平表示逻辑“1”，并要求电平低于-3V；用高电平表示逻辑“0”，并要求高电平高于+3V，额定信号电平为-10V 和+10V。

（3）功能特性。指总线中每根传输线的功能，如地址总线用来传递地址信号，数据总线传递数据信号，控制总线发出控制信号等。

（4）时间特性。指总线中的任一根线在什么时间内有效。每条总线上的各种信号互相存在着一种有效操作时序的关系，一般用信号时序图来描述。

2. 总线标准

随着微型计算机的发展，总线技术也在不断地发展与完善，并且已经出现了一系列的标准化总线，这些标准化总线的广泛使用，对微型计算机系统在各个领域的普及和应用起到了积极的推动作用。

所谓总线标准可视为计算机系统与各模块、模块与模块之间一个互连的标准界面。这个界面对两端的模块都是透明的，即界面的任一方只需根据总线标准的要求完成自身一面接口的功能要求，而无需了解对方接口与总线的连接要求。因此，按总线标准设计的接口可视为通用接口。

标准总线不仅在电气上规定了各种信号的标准电平、负载能力和定时关系，而且在结构上规定了插件的尺寸规格和各引脚的定义。通过严格的电气和结构规定，各种模块可实现标准连接。各生产厂家可以根据这些标准规范生产各种插件或系统，用户可以根据自己的需要购买这些插件或系统来构成所希望的应用系统或者扩充原来的系统。

目前总线标准有两类：一类是 IEEE（美国电气及电子工程师协会）标准委员会定义与解释的标准，如 IEEE-488 总线和 RS-232C 串行接口标准等，这类标准现已有 20 多个。另一类是因广泛应用而被大家接受与公认的标准，如 S-100 总线、IBM PC 总线、ISA 总线、EISA 总线、STD 总线、PCI 总线接口标准等。不同的总线标准可以用于不同的微机系统或者同一微机系统的不同位置。

3. 总线的性能指标

（1）总线宽度。指可同时传送的二进制数据的位数，即数据总线的根数。位数越多，一次传输的信息就越多。如 EISA 总线宽度为 16 位，PCI 总线宽度为 32 位，PCI-2 总线宽度可达到 64 位。

（2）数据传输率。又称总线带宽，是指在单位时间内总线上可传送的数据总量，用每秒钟最大传送数据量来衡量。数据传输率=总线频率×（总线宽度/8 位），单位为 MB/s（每秒多少兆字节）。

（3）总线频率。总线通常都有一个基本时钟，总线上其他信号都以这个时钟为基准，这个时钟的频率也是总线工作的最高频率。时钟频率越高，单位时间内传输的数据量就越大。如 EISA 总线时钟频率为 8MHz，PCI 总线为 33.3MHz，PCI-2 总线可达 66MHz。总线频率是总线工作速度的一个重要参数，总线频率越高，传送速度越快。

（4）时钟同步/异步。总线上的数据与时钟同步工作的总线称同步总线，与时钟不同步工作的总线称为异步总线。

（5）总线复用。通常地址总线与数据总线在物理上是分开的两种总线。地址总线传输地址码，数据总线传输数据信息。为提高总线的利用率和优化设计，将地址总线和数据总线共用一条物理线路，只是某一时刻该总线传输地址信号，另一时刻传输数据信号或命令信号，称之为总线的多路复用。

（6）总线控制方式。包括并发工作、自动配置、仲裁方式、逻辑方式、计数方式等。

（7）其他指标。如负载能力问题等。

6.2 系统总线

系统总线是组成微机系统所用的总线。常用的系统总线有 8/16 位 ISA 和 EISA 两种。8 位 ISA 总线也称为 PC 总线，16 位 ISA 总线也称为 PC/AT 总线，80 年代末期出现了 32 位的 EISA 总线。由于早期总线的时钟频率和最大传输率受主板上的扩展槽数量、传输线长度及扩展卡电路负载的限制，系统总线传输速率较低，已成为限制计算机系统工作速度的一个瓶颈。随着芯片制造技术的不断提高，计算机结构的更新与工作速度也大幅度提高，全新一代的系统总线也在不断涌现。

6.2.1 PC 总线

PC 总线也叫做 PC/XT 总线，是早期 PC/XT 微机中采用的系统总线，它支持 8 位数据传输和 10 位寻址空间，最大通信速率为 5 MB/s。它有 62 根引脚，可插入符合 PC 总线的各种扩展板，以扩展微机的功能。其特点是把 CPU 视为总线的唯一总控设备，其余外围设备均为从属设备。具有价格低、可靠性好、兼容性好和使用灵活等优点。

PC 总线 62 条引脚信号通过一个 31 脚分为 A、B 两面连接插槽，其中 A 面为元件面，B 面为焊接面。这 62 条引脚信号分为地址线、数据线、控制线、状态线、辅助线与电源等 5 类接口信号线，下面分别进行讨论。

1. 地址线 A_{19} ~ A_0（20 条）

20 条地址总线为双向传输，其中 A_{19} 为最高位，A_0 为最低位，它们用来指出内存地址或 I/O 接口地址。在系统总线周期中由 CPU 驱动，在 DMA 周期中由 DMA 控制器驱动，采用地址允许信号 AEN 来确定。在存储器寻址时，利用这 20 条地址线可访问 1MB 的存储空间，在进行 I/O 端口寻址时，利用 16 条地址线 A_{15}～A_0 可访问 64K 个端口地址，此时 A_{19}～A_{16} 无效。

2. 数据线 D_7 ~ D_0（8 条）

数据线也是双向传输，其中 D_7 为最高位，D_0 为最低位。用于在 CPU、存储器及 I/O 端口之间传输数据信息及指令操作码，可采用相应的控制线来进行数据选通。

3. 控制线（21 条）

（1）AEN：地址允许信号，输出线，高电平有效，由 DMA 控制器 8237A 发出。当该信号有效时（AEN=1），表明切断 CPU 的控制，目前正在进行 DMA 总线周期，由 DMA 控制器行使总线控制权，来控制地址线、数据线和对存储器及 I/O 设备的读/写命令线；如果 AEN=0，表明目前正在进行 CPU 总线周期，由 CPU 行使总线控制权。

（2）ALE：地址锁存允许输出信号，高电平有效。它是由总线控制器 8288 提供的，以便把地址和数据分离。利用该信号可以将具有双重作用的地址/状态总线上送来的数据作为地址码进行锁存。当进行 DMA 操作时，ALE 为低电平，无效。

（3）$\overline{MEMR}$：存储器读信号，输出线，低电平有效。用于请求从存储器读取数据，该信号由总线控制器 8288 或 DMA 控制器 8237A 驱动，表明地址总线上有一个有效的存储器读地址，要将所选中的存储单元的数据读到数据总线。

（4）$\overline{MEMW}$：存储器写信号，输出线，低电平有效。用于将来自数据总线的数据写入存储器，信号由总线控制器驱动，表明地址总线上有一个有效的存储单元地址，数据总线上的数据要写入指定的存储单元。

（5）$\overline{IOR}$：I/O 端口的读信号，输出低电平有效。该信号指明当前的总线周期是一个 I/O 端口读周期，地址总线上的地址是一个 I/O 端口地址，被寻址端口的数据送上数据总线由 CPU 读取。此信号由总线控制器 8288 产生。当 DMA 操作时由 DMA 控制器 8237A 产生。

（6）$\overline{IOW}$：I/O 端口的写信号，输出线，低电平有效。该信号可由 CPU 或 DMA 控制器提供，由总线控制器驱动后送至总线。该信号的作用是把数据总线上的数据写入所选中的 I/O 端口中。

（7）IRQ_7～IRQ_2：6 级中断请求输入信号，高电平有效。这 6 个信号均由 I/O 设备发出，通知 CPU 要求中断服务，由 8259A 中断控制器接收，按优先级进行排队，优先级最高者将被响应，其中 IRQ_2 优先级最高，依次降低，IRQ_7 优先级最低。8259A 有 8 个中断请求输入端 IRQ_0～IRQ_7。其中 IRQ_0、IRQ_1 直接用在系统主板上，剩下的 6 个引到扩展槽，供 I/O 设备申请中断使用。

（8）DRQ_3～DRQ_1：3 条 DMA 请求信号，输入线，高电平有效。是 I/O 端口用来申请 DMA 周期的，这 3 个信号由申请 DMA 服务的 I/O 设备发到 DMA 控制器 8237。其优先权由高到低依次为 DRQ_1、DRQ_2、DRQ_3。当有 DMA 请求时，对应的 DRQ 为高电平，直到相应的 DACK 信号取低电平为止。

（9）$\overline{DACK_3 \sim DACK_0}$：4 条 DMA 响应信号，低电平有效。这 4 个信号由 DMA 控制器送往 I/O 外设接口，用来响应外设的 DMA 请求或者实现对动态 RAM 的刷新。

（10）T/C：计数结束信号，高电平有效。由 DMA 控制器发出，表示 DMA 的某一通道到达计数终点，该信号用来结束数据块的传送。

（11）RESET DRV：复位驱动信号，高电平有效。在加电或按复位按钮时，对接到总线上的电路和接口设备进行复位。

4. 状态线（2条）

（1）$\overline{\text{I/OCHCK}}$：I/O通道奇偶校验输入信号，低电平有效。此信号由插入扩展槽的存储器卡或I/O卡发出，用来向CPU提供关于I/O通道上的设备或存储器的奇偶校验信息。当其为低电平时，表明奇偶校验有错，会对微处理器产生不可屏蔽中断（NMI）。

（2）I/O CHRDY：I/O通道准备就绪信号，高电平有效。该信号由扩展槽中的存储器卡或I/O卡发出。在数据传送过程中，当一些慢速的外设跟不上CPU工作速度时，可将该信号变低来使CPU或DMA控制器插入适当的等待周期，从而延长I/O周期或存储周期。此信号为低电平的时间不应超过10个时钟周期。该信号主要用来解决慢速的外设与快速CPU或DMA控制器之间的矛盾。

5. 辅助线、电源和地线（11条）

（1）OSC：晶体振荡脉冲信号，振荡周期为70ns，主振频率为14.318MHz，占空比为50%。

（2）CLK：系统时钟信号，此信号是由OSC三分频得到的，周期为210 ns，频率为4.77MHz，占空比为33%，此信号用于总线周期同步。

（3）$\overline{\text{CARDSLCTD}}$：插件板选中信号，该信号只用于PC/XT主板上第8个扩展槽中的插件板。利用该信号向CPU表明插件板已被选中，可以进行读取数据的操作。

（4）电源线：62芯PC/XT总线有±5V、±12V电源，其中+5V电源线2条，其余电源线各1条。

（5）地线GND：有3条地线。

6.2.2 ISA总线

1. ISA总线的特点

PC总线仅适用于8位数据的传送，所以，从IBM PC/AT微机开始采用PC/AT总线，即ISA总线，该总线的数据传送速率最快为8MB/s，地址总线宽度为24位，可以支持16 MB的内存。

由IBM公司推出的这种总线已经成为8位和16位数据传输总线的工业标准，故命名为ISA（Industry Standard Architecture, 工业标准体系结构），是早期比较有代表性的总线。ISA总线既支持8位数据操作，也支持16位数据操作，总线中的地址、数据线采用非多路复用形式，使系统的扩展设计更为简便，可供选择的ISA插件卡品种也较多。

ISA总线在PC总线的62引脚的基础上增加了一个36引脚的插槽，形成前62引脚和后36引脚的两个插座，这样就构成了16位ISA总线。它可以利用前62引脚的插座插入与PC总线兼容的8位接口电路卡，也可以利用整个插座插入16位接口电路卡。除了数据和地址线的扩充外，16位ISA部分还扩充了中断和DMA请求、应答信号。

2. 引脚信号功能

16位ISA总线的前62引脚的信号分布及其功能与PC总线基本相同，16位总线中新增加的36引脚插槽信号扩展了数据线、地址线、存储器和I/O设备的读写控制线、中断和DMA控制线、电源和地线等。

新插槽中的引脚信号分为C（元件面）和D（焊接面）两列。下面对新增加的36条引脚中的主要信号功能分析如下。

（1）地址线LA_{23}～LA_{17}（7条）。为了提高速度，PC/AT总线新增加了不用锁存的7条高

位地址线 LA_{23}～LA_{17}。其中 4 条高位地址线 LA_{23}～LA_{20} 使原来的 1MB 寻址范围扩大到 16MB。

（2）数据线 SD_8～SD_{15}（8 条）。这是新增加的高 8 位双向数据线。

（3）总线高字节允许信号 $\overline{SBEH}$。表示数据总线传送的是高字节数据，16 位的设备利用该信号控制数据总线缓冲器接到数据线 SD_8～SD_{15}。

（4）IRQ_{10}～IRQ_{15} 中断请求信号（6 条）。这是 ISA 总线新增加的 6 条中断请求输入信号，其中的 IRQ_{13} 指定给数据协处理器使用。由于 ISA 总线上增加了外部中断的数量，在主板上由两块中断控制器 8259 级联实现中断优先级控制。中断请求优先级别低的一块中断控制器的中断请求接到主中断控制器的 IRQ_2 上面，这样原来 PC 总线定义的 IRQ_2 引脚，在 ISA 总线中就变成了 IRQ_9。此外 IRQ_8 接定时器 8254，用于产生定时中断。

（5）DMA 传送控制信号线。为实现 DMA 传送，在 PC/AT 机的主板上采用两块 DMA 控制器级联使用。其中，主控级的 DRQ_0 接从属级的请求信号 HRQ，这样就形成了 DRQ_0～DRQ_7 中间没有 DRQ_4 的 7 级 DMA 优先级安排。同时，在 PC/AT 机中不再采用 DMA 实现动态存储器刷新，故总线上的设备均可使用这 7 级 DMA 传送。除原 PC/XT 机总线上的 DMA 请求信号以外，其余的 DRQ_0、DRQ_5～DRQ_7 均定义在引脚号为 36 的插槽上。

（6）主控信号 $\overline{MASTER}$。利用该信号可使总线插件板上的设备变为总线主控器，以控制总线上的各种操作。CPU 或 DMA 控制器可以将 DRQ 信号送往 DMA 通道。在接收到响应信号 $\overline{DACK}$ 后，总线主控器可以使该信号变为低电平，并且在等待一个时钟周期后开始驱动地址和数据总线。

（7）读写信号控制线（2 条）。在 ISA 总线上定义了两条新的读写控制线，它们与前面 PC 总线上读写控制线不同，可在整个 16MB 范围内寻址。

$\overline{MEMCS16}$ 是存储器的 16 位片选信号，当总线上某一存储器卡要传送 16 位数据时，必须产生一个有效的低电平信号，该信号加到系统板上，通知主板实现 16 位数据传送，此信号由 LA_{23}～LA_{17} 高位地址经译码后产生。

$\overline{IOCS16}$ 是 I/O 端口的 16 位片选信号，它由接口地址译码信号产生，低电平有效，用来通知主板进行 16 位 I/O 端口的数据传送。

3. ISA 总线的体系结构

在利用 ISA 总线构成的微机系统中，当内存速度较快时，通常采用将内存移出 ISA 总线并转移到自己的专用总线——内存总线上的体系结构，如图 6-4 所示。

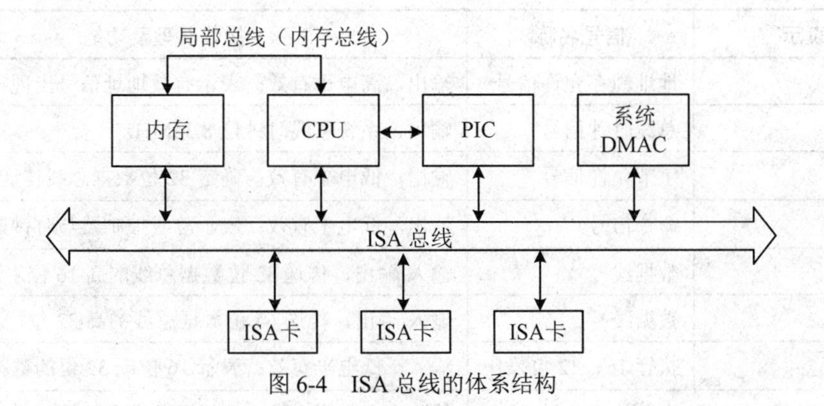

图 6-4　ISA 总线的体系结构

图 6-4 中，微机系统内部采用高速总线，DRAM 通过内存总线与 CPU 进行高速信息交换。中断通常由一对 8259A 可编程中断控制器处理，两个 8259A 采取级联方式连接，ISA 总线以扩展插槽形式对外开放，磁盘控制器、显示卡、声卡、打印机等接口卡均可插在 8MHz、8/16 位 ISA 总线插槽上，以实现 ISA 支持的各种外设与 CPU 的通信。

6.2.3 EISA 总线

EISA（Extended Industry Standard Architecture，扩展的工业标准体系结构）总线是扩展的 ISA 总线，引脚由原来 ISA 总线的 62 个加 36 个扩展到了 198 个，其数据总线被扩展到 32 位，但时钟速度仍维持在 8MHz，传输速率为 33 MB/s，由于 EISA 总线性能稳定，适用于网络服务器、高速图像处理、多媒体等领域，最常见的应用是作为磁盘控制器和视频图形适配器。由于 EISA 是兼容机厂商共同推出的，所以其技术标准是公开的。

与 ISA 总线相比，EISA 总线有如下特点：

（1）EISA 总线用于 32 位微型计算机中，支持 32 位的地址总线寻址，可寻址 4GB 的存储空间，也支持 64KB 的 I/O 端口寻址。

（2）它具有 32 位数据线，大大提高了数据传输能力，保证了系统性能的提高，使最大数据传输速率达 33 MB/s。

（3）EISA 总线支持多处理器结构，支持多主控总线设备，具有较强的 I/O 扩展能力和负载能力。

（4）具有自动配置功能，可以根据配置文件自动地初始化，配置系统板和多扩展卡。

（5）扩展了 DMA 的范围和传输速度，支持 7 个 DMA 通道，DMA 数据传输既可在 ISA 方式下进行，也可在 EISA 方式下进行。而且在 EISA 方式下进行 DMA 数据传输时，使用的数据总线和地址总线都是 32 位的。

（6）采用同步数据传送协议，可支持常规的一次传送，也可支持突发方式即高速分组传送。

EISA 插槽与 ISA 插卡和 EISA 插卡均兼容，采用了双层结构，上面一层包含了 ISA 的全部信号，信号的排列、引脚间的距离、信号的定义规定与 ISA 完全一致。下层包含全部新增加的 EISA 信号。

EISA 总线的主要信号及其功能如表 6-2 所示。

表 6-2 EISA 总线信号及功能

信号表示	信号名称	操作类型及功能
BALE	地址锁存允许信号	输出，高电平有效；表示有效地址信号出现在 I/O 通道
BCLK	总线时钟信号	输出，系统总线时钟位 8.33MHz
$\overline{BE_0}\sim\overline{BE_3}$	字节允许信号	输出，低电平有效；确定 32 位数据总线传送时的字节
$\overline{CMD}$	命令信号	输出，低电平有效；表示总线控制器与时钟的重新同步
$D_{16}\sim D_{31}$	数据线	输入/输出，传送 32 位数据总线的高 16 位
$D_{32}\sim D_{36}$	数据线	输入/输出，传送 64 位数据总线的高 32 位
$\overline{EX_{16}}$、$\overline{EX_{32}}$	执行 16、32 位操作	输入，低电平有效；表示 16 位或 32 位的数据总线操作
EXRDY	准备就绪信号	输入，高电平有效；表示系统准备就绪

续表

信号表示	信号名称	操作类型及功能
LA_2～LA_{16}，LA_{24}～LA_{31}	地址线	输出，用于快速 EISA 总线周期
$\overline{LOCK}$	锁定信号	输出，低电平有效；排斥对存储器的访问
$M/\overline{IO}$	存储器 I/O 信号	输出，高电平表示存储器访问，低电平表示 I/O 访问
$\overline{MACK}$	主控设备确认信号	输入/输出，低电平有效；表示超出总线使用时限
$\overline{MREQ}$	主控设备请求信号	输入/输出，低电平有效；表示请求对系统总线的控制
$\overline{MSBURST}$	主控设备成组信号	输入/输出，低电平有效；执行主控设备成组传送周期
$\overline{SLBURST}$	从属设备成组信号	输入，低电平有效；执行从属设备成组传送周期
$\overline{START}$	开始信号	输出，低电平有效；表明 EISA 总线上一个周期的开始
$W/\overline{R}$	读/写信号	输出，高电平表示执行写操作，低电平表示执行读操作

6.3 局部总线

随着对微型计算机系统性能要求的不断提高，特别是在 Microsoft 公司推出图形用户界面的 Windows 操作系统后，要求提供分辨率更高、颜色更丰富、色彩更艳丽的显示。此时，显示卡对带宽的要求以及对访问显示存储器的速度要求就成为微机系统的瓶颈，限制了微型计算机的进一步发展。此外，当有大量设备连接到系统总线上时，总线性能就会下降。某些具有高数据传输率的设备（如图形、视频控制器、网络接口等），尽管 CPU 有足够的处理能力，但总线传输不能满足它们高速率的传输要求。

为解决显示带宽的问题，满足一些要求高速传输的扩展卡的需要，于是就出现了一种专门提供给高速 I/O 设备的局部总线，它具有较高的时钟频率和传输率，在一定程度上克服了系统总线的瓶颈问题，提高了系统性能。

使用局部总线后，系统内有多条不同级别的总线，形成了“分级总线结构”。该体系中，不同传输要求的设备“分类”连接在不同性能的总线上，合理分配系统资源，满足不同设备的需要。此外，局部总线信号独立于 CPU，处理器的更换不会影响系统结构。

常见有 3 种局部总线：VESA 局部总线、PCI 局部总线、AGP 总线。下面分别讨论。

6.3.1 VESA 总线

1992 年推出的 VESA（Video Electronics Standards Association，视频电子标准协会）总线是一种 32 位接口的局部总线，也称 VL 总线。它基于 80486 微处理机的 32 位局部总线，支持 16MHz～66MHz 的时钟频率，其数据总线的宽度为 64 位，地址总线为 32 位，数据传输率可高达 267MB/s。

VESA 总线的引脚定义如表 6-3 所示。

由于 EISA 总线工作频率是 8MHz，而 VESA 总线工作频率可以达到 33MHz。因此，需要高速数据传输的系统可以采用 VESA 总线。它通常用于视频和磁盘到基于 80486 的 PC 机的接口。

表 6-3 VESA 总线引脚定义

引脚号	焊接面	元件面	引脚号	焊接面	元件面
1	D_0	D_1	30	A_{17}	A_{16}
2	D_2	D_3	31	A_{15}	A_{14}
3	D_4	GND	32	+5V	A_{12}
4	D_6	D_5	33	A_{13}	A_{10}
5	D_8	D_7	34	A_{11}	A_8
6	GND	D_9	35	A_9	GND
7	D_{10}	D_{11}	36	A_7	A_6
8	D_{12}	D_{13}	37	A_5	A_4
9	+5V	D_{15}	38	GND	$\overline{WBACK}$
10	D_{14}	GND	39	A_3	BE_0
11	D_{16}	D_{17}	40	A_2	+5V
12	D_{18}	+5V	41	NC	$\overline{BE_1}$
13	D_{20}	D_{19}	42	$\overline{RESET}$	$\overline{BE_2}$
14	GND	D_{21}	43	$D/\overline{C}$	GND
15	D_{22}	D_{23}	44	$M/\overline{IO}$	$\overline{BE_3}$
16	D_{24}	D_{25}	45	$W/\overline{R}$	$\overline{AD_5}$
17	D_{26}	GND	46	—	—
18	D_{28}	D_{27}	47	—	—
19	D_{30}	D_{29}	48	$\overline{RDYRTM}$	$\overline{LRDY}$
20	+5V	D_{31}	49	GND	$\overline{LDEV}$
21	A_{31}	A_{30}	50	IRQ_9	LREQ
22	GND	A_{28}	51	$\overline{BRDY}$	GND
23	A_{29}	A_{26}	52	BLAST	$\overline{LGNT}$
24	A_{27}	GND	53	ID_0	+5V
25	A_{25}	A_{24}	54	ID_1	ID_2
26	A_{23}	A_{22}	55	GND	ID_3
27	A_{21}	+5V	56	LCLK	ID_4
28	A_{19}	A_{20}	57	+5V	$\overline{LKEN}$
29	GND	A_{18}	58	$\overline{LBS_{16}}$	$\overline{LEADS}$

VESA 总线接口卡如图 6-5 所示。与 EISA 总线一样，VESA 总线也是 ISA 总线的扩展，不同之处在于 VESA 总线没有在 16 位 ISA 总线连接器上增加任何器件，而是在 16 位 ISA 总线连接器的后面增加了第 3 个连接器，即 VESA 连接器。

VESA 总线上的连线与 EISA 总线卡非常相似，此外，还包括一个 32 位地址和数据总线，用于将存储器和 I/O 设备连接到微处理器上。

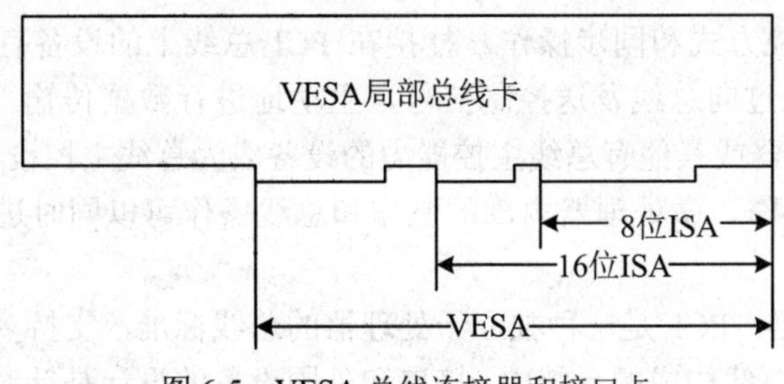

图 6-5　VESA 总线连接器和接口卡

VESA 总线虽然提高了计算机系统的整体性能，但也存在一定的局限性。

主要表现在：

（1）用户必须根据 CPU 的速度及系统采用的扩展总线来选用特定的 VESA 总线卡。

（2）系统中的一个 VESA 总线不能在多于两个 VESA 总线卡的情况下运行，否则将降低系统的性能。

（3）由于其设计思想是低价格，快速上市，因此设计简单，无缓冲器，当 CPU 主频大于 33 MHz 时会导致延时，会产生等待状态。

6.3.2　PCI 总线

为解决 VESA 局部总线存在的问题，1991 年下半年，Intel 公司首先提出了 PCI 总线（Peripheral Component Interconnect，外部设备互连）的概念。PCI 是一种同步且独立于处理器的 32 位或 64 位的局部总线，它允许外设与 CPU 进行智能对话，从而避免了中断请求（IRQ）、直接存储器存取（DMA）和 I/O 通道之间的冲突。其工作频率为 25、33、66MHz，最大传输率可达 528MB/s。

PCI 总线支持 64 位数据传输、多总线主控和线性突发方式，目前主要在 Pentium 等高档微机中使用。PCI 是高速外设与 CPU 间的桥梁。它在 CPU 与外设间插入了一个复杂的管理层，以协调数据传输，并提供了一个标准的总线接口。该管理层提供信号的缓冲，使 PCI 能支持 10 种外设，并在高时钟频率下保持高性能。

PCI 总线有 PCI 总线控制桥，即 PCI 芯片组，可以支持对内存、高速缓存、总线和输入/输出接口的控制功能，支持突发数据传输周期，可确保总线不断载满数据。可减小存取延迟，能够大幅度减少外围设备取得总线控制权所需的时间，以保证数据传输的畅通。PCI 总线所具有的主控和同步操作功能有利于提高 PCI 总线的性能，而且 PCI 总线不受处理器限制，兼容性强，适用于各种机型。

PCI 局部总线既符合当前的技术要求，又能满足未来技术的发展需要，已成为广泛使用的局部总线标准。PCI 的高性能、高效率，使其成为开发当今高性能 AGP 图形接口的基础。

1. PCI 总线的主要特点

（1）线性突发传输。PCI 能支持一种称为线性突发的数据传输模式，可确保总线不断满载数据。新型处理器在它的内部都配置了高速缓冲存储器 Cache，它们与内存之间的读写以“页”为单位进行。这种线性或顺序的寻址方式，意味着可以从某一个地址起读写大量数据，然后只需将地址自动增加，便可接收数据流内下一个数据。线性突发传输能够更有效地运用总线的带宽去传输数据，以减少无谓的寻址操作。

（2）支持总线主控方式和同步操作。挂接在 PCI 总线上的设备有“主控”和“从控”二类。主控设备可以通过向总线发送控制信号，主动地进行数据传输。PCI 总线允许多处理器系统中任何一个处理器或其他有总线主控能力的设备成为总线主控设备。PCI 允许微处理器和总线主控制器同时操作，微处理器内部的操作和总线操作可以同时进行，而不必等待后者的完成。

（3）独立于处理器。PCI 是一种独立于处理器的总线标准，支持多种处理器，适用于多种不同的系统。在 PCI 总线构成的系统中，接口和外围设备的设计是针对 PCI 而不是 CPU 的，所以，当 CPU 因为过时而更换时，接口和外围设备仍然可以正常使用。

（4）即插即用（Plug and Play）。PCI 具有即插即用、自动配置的功能。该总线的接口卡上都设有“配置寄存器”，系统加电时用程序给这些设备分配端口地址等系统资源，可以避免它们使用时发生冲突，Microsoft 公司把这一特性称为即插即用。新推出的 PCI 2.2 版还支持热插拔（Hot Plug），通信领域的设备出故障或增添设备时，热插拔是有实际意义的。

（5）适合于各种机型。PCI 局部总线不只是为标准的台式电脑提供合理的局部总线设计，同时也适用于便携式电脑和服务器。它可为便携式计算机及笔记本计算机提供台式计算机的图形功能，又可支持 3.3V 的电源环境，延长电池寿命，为计算机小型化创造了良好的实现条件。

（6）多总线共存。PCI 总线通过“桥”芯片进行不同标准信号之间的转换。例如，使用“Host-PCI”桥连接处理器和 PCI 总线，使用“PCI-ISA/EISA”桥连接 PCI 和 ISA/EISA。这一特点使得多种总线可以共存于一个系统中。

（7）预留发展空间。PCI 总线在开发时预留了足够的发展空间，这是它的一项重要特性。例如，它支持 64 位地址/数据多路复用，这是考虑到新一代的高性能外围设备最终将需要 64 位宽的数据通道。PCI 的 64 位延伸设计，可将系统的数据传输速率提高到 264MB/s。

（8）采用了数据线和地址线复用结构，减少了总线引脚数，从而可以节约线路空间，降低设计成本。其目标设备可用 47 引脚，总线主控设备可采用 49 引脚。提供两种工作信号环境，即 5V 和 3.3V，可在两种环境中根据需要进行转换，扩大了它的适应范围。总线对 32 位与 64 位总线的使用是透明的，它允许 32 位与 64 位器件相互协作。

2. PCI 总线信号的定义

PC 总线插槽外观如图 6-6 所示，包括地址线、数据线、接口控制线、仲裁线、系统线、中断请求线、高速缓存支持、出错报告等信号线。

图 6-6 PCI 局部总线插槽外观

PCI 总线规定了两种 PCI 扩展卡及连接器，一种称为长卡，另一种称为短卡。长卡提供 64 位接口，插槽 A、B 两边共定义了 188 个引脚；短卡提供 32 位接口，插槽 A、B 两边共定义了 124 个引脚。

除电源线、地线、未定义的引脚之外，其余信号线按功能分类如图 6-7 所示。

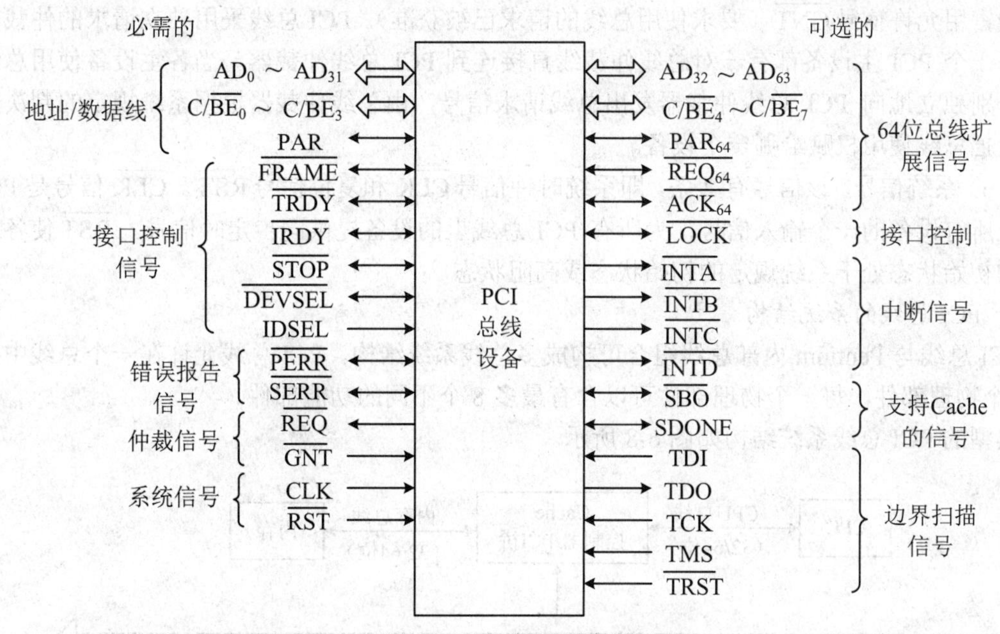

图 6-7　PCI 总线的引脚信号

PCI 总线引脚主要信号的名称及功能如下：

（1）地址与数据信号 AD_0～AD_{63}。双向三态信号，为地址与数据多路复用信号线。AD_0～AD_{31} 是分时复用的地址/数据总线，用于处理 32 位物理地址；AD_{32}～AD_{63} 是扩展的 32 位地址/数据总线的高端部分，两者组合后可处理 64 位地址的寻址操作。

（2）总线命令和字节允许信号 $C/\overline{BE_0}$ ～ $C/\overline{BE_7}$。双向三态信号，为多路复用信号线。前 4 条线在传输数据阶段指明所传输数据的各个字节的通路；在传送地址阶段决定总线操作的类型，这些类型包括 I/O 读写、存储器读写、存储器多重写、中断响应、配置读写和双地址周期等。后 4 条线用于 64 位总线的扩展信号。

（3）接口控制信号。接口控制信号有 7 条，即帧周期信号 $\overline{FRAME}$（一次访问的开始和持续时间）、主设备就绪信号 $\overline{IRDY}$（发起本次传输的设备能够完成的一个数据周期）、从设备就绪信号 $\overline{TRDY}$（从设备已做好完成当前数据传输的准备）、停止数据传输信号 $\overline{STOP}$（从设备要求主设备中止当前的数据传送）、初始化设备选择信号 $\overline{IDSEL}$（在参数配置读写期间用作片选信号）、资源封锁信号 $\overline{LOCK}$（驱动设备所进行的操作可能需要多个传输才能完成）和设备选择信号 $\overline{DEVSEL}$（驱动设备已成为当前访问的从设备）。

PCI 总线为主设备和从设备都定义了表示就绪的信号线，如果未准备就绪则在该数据阶段扩展一个时钟周期。整个突发方式传送的持续期由 $\overline{FRAME}$ 来标识。这个信号由主设备地址阶段开始处发出，保持到最后一个数据阶段。主设备通过取消这个信号来指明突发传送的最后一次数据传输正在进行当中，紧接着发出就绪信号，表示已准备好最后一次数据传输。当最后一次数据传输完毕后，主设备取消就绪信号，使 PCI 总线回到空闲状态。

（4）错误报告信号。该信号有 2 条，即数据奇偶校验错误报告信号 $\overline{PERR}$ 和系统错误报告信号 $\overline{SERR}$ 。这两条信号线用来保证各个设备在传送地址或数据信号时能够可靠、完整地传输。

（5）仲裁信号。该信号有 2 条，即总线占用请求信号 $\overline{REQ}$（驱动它的设备要求使用总线）

和总线占用允许信号 $\overline{GNT}$（要求使用总线的请求已被获准）。PCI 总线采用独立请求的仲裁方式。每一个 PCI 主设备都有一对总线仲裁线直接连到 PCI 总线仲裁器。当各主设备使用总线时，分别独立地向 PCI 总线仲裁器发出总线请求信号，由总线仲裁器根据系统规定的判决规则决定把总线使用权赋给哪一个设备。

（6）系统信号。该信号有 2 条，即系统时钟信号 $\overline{CLK}$ 和复位信号 $\overline{RST}$。$\overline{CLK}$ 信号是 PCI 总线上所有设备的一个输入信号，为所有 PCI 总线上的设备提供同步定时信号。$\overline{RST}$ 使各信号线的初始状态处于系统规定的初始状态或高阻状态。

3. PCI 总线的系统结构

PCI 总线与 Pentium 内部总线组合可构成多总线系统结构。PCI 总线允许在一个总线中插入 32 个物理部件，每一个物理部件可以含有最多 8 个不同的功能部件。

典型的 PCI 总线系统结构如图 6-8 所示。

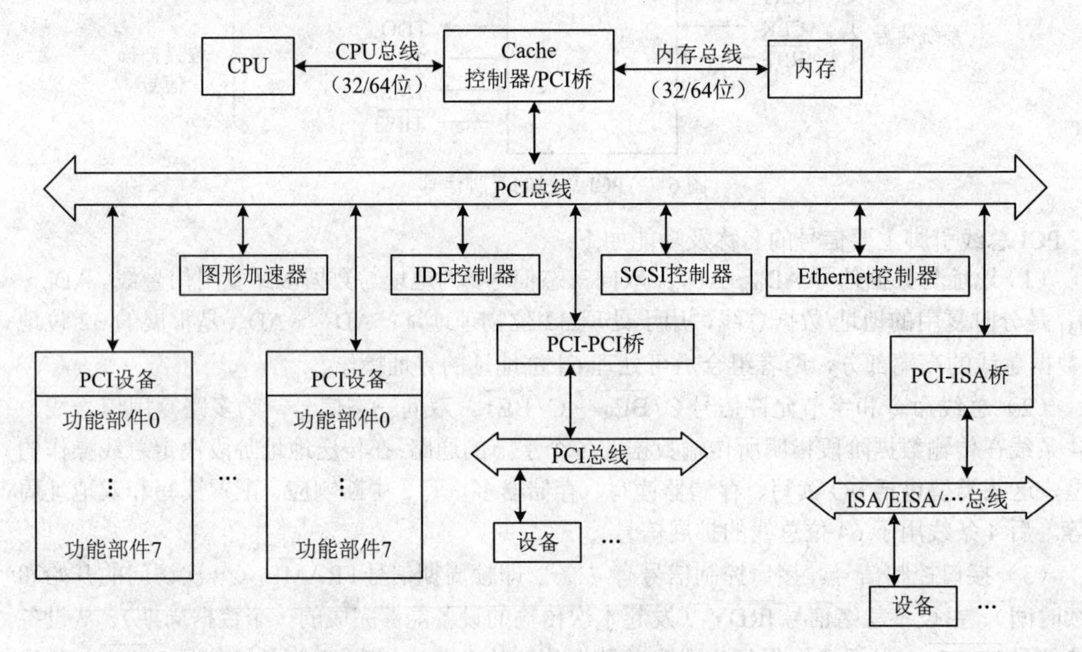

图 6-8 PCI 总线系统结构

在 PCI 总线系统中，处理器与 RAM 位于主机总线上，它具有 64 位数据通道和更宽以及更高的运行速度。指令和数据在 CPU 和 RAM 之间快速流动，然后数据被交给 PCI 总线。PCI 负责将数据交给 PCI 扩展卡或设备。如果需要，也可以将数据导向 ISA、EISA、MCA 等总线或控制器如 IDE、SCSI 以便进行存储。

驱动 PCI 总线的全部控制由 PCI 桥实现。PCI 桥实际是总线控制器，实现主机总线与 PCI 总线的适配偶合。它在与主机总线接口中引入了 FIFO 缓冲器，使 PCI 总线上的部件可与 CPU 并发工作。

PCI 桥的主要功能如下：

（1）提供一个低延迟的访问通路，从而使处理器能够直接访问通过低延迟访问通路映射于存储器空间或 I/O 空间的 PCI 设备。

（2）提供能使 PCI 主设备直接访问主存储器的高速通路。

（3）提供数据缓冲功能，可以使 CPU 与 PCI 总线上的设备并行工作而不必相互等待。

（4）可以使 PCI 总线的操作与 CPU 总线分开，以免相互影响，实现了 PCI 总线的全部驱动控制。

扩展总线桥电路的设置是为了能在 PCI 总线上接出一条标准 I/O 扩展总线，如 ISA、EISA、MCA 总线等，从而可以继续使用现有的 I/O 设备，以增加 PCI 总线的兼容性和选择范围。PCI 桥可以利用许多厂家开发的 PCI 芯片组实现。通过选择适当的 PCI 桥构成所需的系统，是构成 PCI 系统的一条捷径。

6.3.3　AGP 总线

Intel 公司为了实现高速视频或高品质画面的显示，在 1997 年又推出了一种以 66MHz PCI Revision 2.1 规范为基础的高速图形接口的局部总线标准——AGP（Accelerated Graphics Port，图形加速接口）总线。

1. AGP 总线的特点

AGP 总线是对 PCI 总线的扩展和增强，但 AGP 接口只能为图形设备独占，不具有一般总线的共享特性。采用 AGP 接口，允许显示数据直接取自系统主存储器，而无需先预取至视频存储器中，避免了经过 PCI 总线而造成的系统瓶颈，增加了 3D 图形数据的传输速度，而且系统主存可与视频芯片共享。目前，由于 3D 计算变得越来越重要，因此，新型主板几乎都已经加入了对 AGP 的支持。

AGP 总线的主要特点如下：

（1）具有双重驱动技术，允许在一个总线周期内传输两次数据，即在 AGP 时钟信号的上沿和下沿都进行 32 位的数据传输，从而将有效带宽提高 4 倍，能达到 512MB/s。

（2）采用带边信号传送技术，在总线上实现地址和数据的多路复用，从而把整个 32 位的数据总线留出来给图形加速器。

（3）采用内存请求流水线技术，隐含了对存储器访问造成的延迟，允许系统处理图形控制器对内存进行的多次请求。通过对各种内存请求进行排队来减少延迟，一个典型的排队可处理 12 个以上的请求，从而大大加快了数据传输的速度。

（4）通过把图形接口绕行到专用的适合传输高速图形、图像数据的 AGP 通道上，解决了 PCI 带宽问题。使 PCI 有更多的能力负责其他应用的数据传输，大大减轻了 PCI 总线的压力。

2. AGP 8X 简介

Intel 公司 2000 年 8 月推出了 AGP 8X 图形接口标准。作为新一代 AGP 并行接口总线，其数据传输频宽 32 位，总线频率 533MHz，数据传输带宽达 2.1GB/s，是原来 AGP 4X 的 2 倍。它的出现适应了现今 CPU 和 GPU（图形工作站）的飞速发展。

因为 AGP 8X 采取了一些新技术，所以它不能与前面版本的 AGP 接口板卡兼容，只能兼容到 AGP 4X 标准。这些新特性主要表现在其工作电压上，AGP 8X 的标准工作电压只有 0.8V，它只能向下兼容到 1.5V 标准，即在 1.5V 的电压下可正常运行，但在 3.3V 的电压下是无法工作的。在兼容性的另一方面是 AGP 8X 的显卡能用在老主板上。根据 AGP 8X 标准可知，在原来主板支持 1.5V 电压的情况下，AGP 8X 的显卡完全可在这些老主板上正常运行，不过 AGP 8X 的高数据带宽就用不上了。

AGP 8X 的主要特性体现在以下两方面。

（1）减少操作延时。在PCI总线时代，大的数据在通过PCI接口时由于带宽不够而经常会出现处理延时现象。进入AGP时代后，由于处理数据量的急剧增长，这种现象也时有发生。但在AGP 8X标准中针对上述问题专门做了优化处理，加入了数据同步传输设计。加入这一功能后，在处理大的数据时就可边处理边预先读取，从而有效减少了数据塞车现象，使系统的性能得以全面地发挥，而不会在数据读取上浪费太多的资源。

（2）支持多接口。AGP采用点对点接口设计，这也是主板上只有一个AGP插槽的原因。AGP 8X推出后，这种局面得以改变，因为AGP 8X中加入了一种新的设计——输出端数桥接（Fan-Out Bridge）技术，它使系统中安装多个AGP 8X设备成为可能。每个AGP 8X端口配置一个桥接模块，这些模块通过逻辑主 PCI 总线并且通过统一出口同芯片组中的控制模块通讯，每个模块可通过次级PCI总线（AGP 8X总线）链接至少两个AGP 8X设备，不过两个AGP 8X设备之间无法进行点对点传输。

目前几种PCI、AGP标准的主要参数比较如表6-4所示。

表6-4 几种PCI、AGP标准的主要参数比较

性能选项	PCI 2.2	AGP 1X	AGP 2X	AGP 4X	AGP 8X
数据宽度	32位	32位	32位	32位	32位
工作频率	33MHz	66MHz	66MHz	66MHz	533MHz
传输速率	133Mb/s	266Mb/s	533Mb/s	1.06Gb/s	2.1Gb/s

6.4 外部设备总线

6.4.1 IEEE1394总线

IEEEl394是一种新型的高速串行总线。应用范围主要是那些带宽要求超过100kb/s的硬盘和视频外设。它定义了数据的传输协议及连接系统，可用较低的成本达到较高的性能，以增强计算机与硬盘、打印机、扫描仪等外设，以及与数码相机、DVD播放机、视频电话等消费性电子产品的连接能力。

1. IEEE1394的系统结构及工作原理

IEEE1394可以进行同步传输，也可以支持异步传输，总线通过一根1394桥接器与计算机的外部设备相连。IEEE1394系统结构如图6-9所示。

IEEE1394具有以下显著的特点：

（1）采用基于内存的地址编码，具有高速传输能力。总线采用 64 位地址，将资源看做寄存器和内存单元，可以按照CPU与内存的传输速率进行读写操作，因此，具有高速传输能力。1394 总线的数据传输率最高可达 400Mb/s，能很好地满足实时图像数据传输，适用于各种高速设备。

（2）采用同步传输和异步传输两种数据传输模式。同步传输模式具有固定的带宽、比特间隔及起始时间，数据传输是在通信双方事先建立好的专有带宽上进行，该方式很适合传送语音及视频信号，可出色地完成对外设进行实时高速数据采集的任务；异步传输是在总线处于空闲时才得以实施，接收方通过向发送方返回确认应答包来保证数据传输的可靠性。

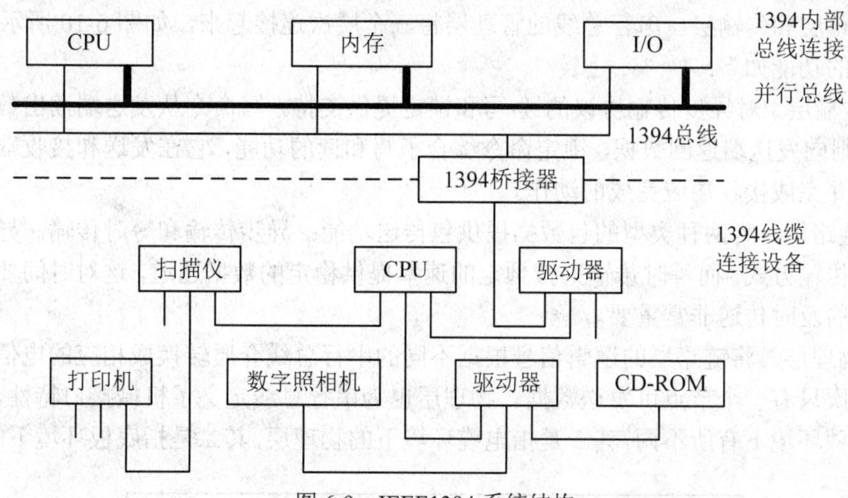

图 6-9　IEEE1394 系统结构

（3）可实现即插即用并支持热插拔。用户通过菊花链、树形等拓扑结构灵活连接各类设备。热插拔技术极大地简化了主机与外设的连接与初始化操作，只需接好连线，各设备节点可自动进行总线初始化及识别，之后就可进行高速数据采集和设备测试，取消连接也同样方便。Microsoft 从 Windows 2000 开始已经嵌入了对 IEEE1394 操作系统级的支持，从而确保 IEEE1394 各项出类拔萃的特性在桌面系统上可靠运用。

（4）采用“级联”方式连接各外部设备。IEEE1394 在一个端口上最多可以连接 63 个设备，设备间采用树形或菊花链结构。设备间电缆的最大长度是 4.5 米，采用树形结构时可达 16 层，从主机到最末端外设总长可达 72 米。

（5）能够向被连接的设备提供电源。IEEE1394 的连接电缆中共有六条芯线。其中两条线为电源线，可向被连接的设备提供电源。其他四条线被包装成两对双绞线，用来传输信号。电源的电压范围是 8～40V 直流电压，最大电流为 1.5A。像数码相机等一些低功耗设备可以从总线电缆内部取得动力，而不必为每一台设备配置独立的供电系统。由于 1394 能够向设备提供电源，即使设备断电或者出现故障也不影响整个网络的运转。

（6）采用对等结构（peer to peer）。任何两个支持 IEEE1394 的设备可以直接连接，不需要通过计算机控制，例如，在计算机关闭的情况下，仍可以将 DVD 播放机与数字电视机连接，直接播放光盘节目。

2. IEEE1394 的寻址

用 IEEE1394 总线连接起来的设备采用一种内存编址方法，各设备就像内存空间中的存储单元一样。设备地址有 64 位宽，占用 10 位作为网络 ID 号，6 位用作节点号，48 位用作内部编址。这样可得到总共 64 个节点，每个节点上有 1023 个网络 ID 号，每个 ID 号又具有 231TM 的内存编址。以往的 IDE 和 SCSI-2 等 I/O 结构采用的是通道模式，即对于每一控制器要求单独的 I/O 通道。内存编址显然优于通道编址，它可以把设备资源当作寄存器或内存，因而可以进行处理器到内存的直接传输。每一个总线段称作一个节点，可对节点分别编址、复位和校验，许多节点在物理上形成一个模块，多个端口又可以集中在一个节点上。

3. IEEE1394 总线协议

IEEE1394 协议是一种基于数据包的数据传输协议，该协议中实现了 OSI 七层协议的三层：

物理层、链路层和传输层。串行总线的管理层将三个层次连接起来，如图 6-10 所示。

各层次的功能如下：

（1）传输层。对异步传输协议的读/写和锁定提供支持，写命令从发送端读出数据到接收端，读命令则向发送端返回数据，锁定命令综合了写和读的功能，它在发送和接收端间建立了一条通道，并完成接收端应完成的动作。

（2）链路层。为两种类型的包数据提供包传送功能：异步传输和等时传输。异步传输是一种传统的传输方式，而等时传输则按预定的速率提供稳定的数据通道，这对时间要求严格的多媒体数据的及时传送非常重要。

（3）物理层。将链路层的逻辑信号根据不同的串行总线介质转换成相应的电信号，同时用来确保一次只有一个节点可发送数据。物理层也为串行总线定义了机械接口特性，实际上，物理层在两种环境下有所不同，其一是指电缆环境下的物理层，其二是指底板环境下的物理层。

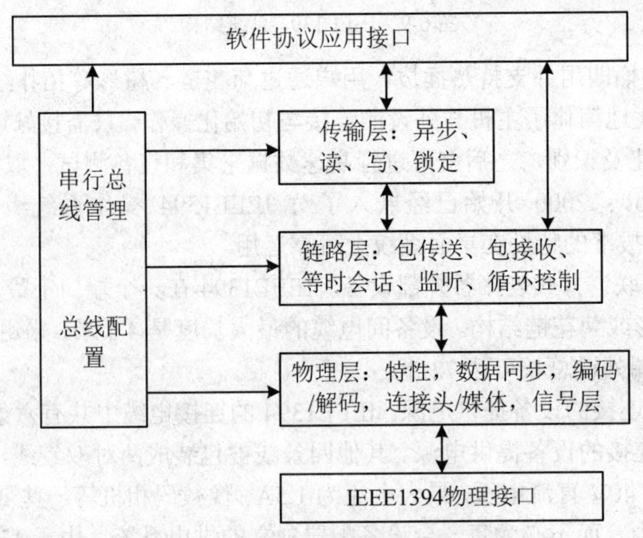

图 6-10 IEEE1394 串行总线协议图

串行总线管理单元可按时间仲裁最优化的形式实现对串行总线的配置，保证总线上所有的设备供电充足，确定循环传送的主设备，赋予等时传送时设备的 ID 通道号及简单的错误信息。

IEEE1394 标准是一种基于数据传输包的协议标准，它既可以用于内部总线传输，又可以用于设备间的线缆连接。计算机的基本功能单元（如 CPU、RAM 等）和外围设备都可以用它来并行连接。

6.4.2 I²C 总线

1. I²C 总线简介

I²C 总线（Inter IC Bus）是由 Philips 公司推出的一种芯片间的串行通信总线，广泛应用于单片机系统中。在单片机应用系统中推广 I²C 总线后将会大大改变单片机应用系统的结构性能，给单片机应用系统的开发带来如下好处：

（1）可最大限度地简化结构。二线制的 I²C 串行总线使得各电路单元之间只需最简单的连接，而且总线接口都已集成在器件中，不需另加总线接口电路。电路的简化省去了电路板上大量走线，减少了电路板面积，提高了可靠性，降低了成本。

（2）可实现电路系统的模块化、标准化设计。在 I^2C 总线上各单元电路除了个别中断引线外，相互之间没有其他连线，用户常用的单元电路基本上与系统电路无关，很容易形成用户自己的标准化、模块化设计。

（3）标准 I^2C 总线模块的组合开发方式大大缩短了新品种的开发周期，有利于新产品及时地推向市场。

（4）I^2C 总线各节点具有独立的电气特性，各节点单元电路能在相互不受影响的情况下以及在系统供电的情况下进行接入或撤除。

（5）I^2C 总线系统的构成具有最大的灵活性。系统改型设计或对已经加工好的电路板进行功能扩展时，对原有的设计及电路板系统影响是最小的。

（6）I^2C 总线系统可方便地对某一节点电路进行故障诊断与跟踪，有极好的可维护性。

2. I^2C 总线的性能特点

I^2C 总线的串行数据传送与一般的串行数据传送无论从接口电气特性、传送状态管理以及程序编制特点等方面都有很大的不同，I^2C 总线主要具有以下特性：

（1）二线传输。I^2C 总线上所有的节点，如主器件（单片机、微处理器等）、外围器件、接口模块等都连到同名端的双向数据线 SDA 和时钟线 SCL 上。

（2）当系统中有多个主器件时，在 I^2C 总线工作时任何一个主器件都可成为主控制器。多机竞争时的时钟同步与总线仲裁都由硬件与标准软件模块自动完成，无需用户介入。

（3）I^2C 总线传输时，采用状态码的管理方法。对应于总线数据传输时的任何一种状态，在状态寄存器中会出现相应的状态码，并且会自动进入相应的状态处理程序中进行自动处理，用户只需将 Philips 公司提供的标准状态处理程序装入程序存储器即可。

（4）系统中所有外围器件及模块采用器件地址及引脚地址的编址方法。系统中主控制器对任何节点的寻址采用纯软件寻址方法，避免了片选线的线连接方法。系统中若有地址编码冲突可通过改变地址引脚的电平设置来解决。

（5）所有带 I^2C 接口的外围器件都具有应答功能。片内有多个单元地址时，数据读、写都有地址自动加 1 功能。在 I^2C 总线对某一器件读写多个字节时很容易实现自动操作，即准备好读/写入口条件后，只需启动 I^2C 总线就可自动完成 N 个字节的读/写操作。

（6）I^2C 总线电气接口有严格的规范，在硬件结构上，任何一个具有 I^2C 总线接口的外围器件，不论其功能差别有多大，都具有相同的电气接口，各节点的电源都可以单独供电，并可在系统带电情况下接入或撤出。

3. I^2C 总线工作原理

（1）数据传输方式。

I^2C 总线上的器件之间通过串行数据线 SDA 和串行时钟线 SCL 相连接并传送信息。每一个器件由唯一的地址连接到总线上，可以根据地址来识别器件。发送器和接收器在进行数据传送时可以作为主器件，也可以作为从器件。主器件是用于启动总线上传送数据并产生时钟以开放传送的器件，此时，任何被寻址的器件均被认为是从器件。总线上主和从、发送和接收的关系不是永久的，而仅取决于此时数据传送的方向。I^2C 总线上的控制完全由竞争的主器件送出的地址和数据决定，在总线上，既没有中心机也没有优先机。

送到 SDA 线上的每个字节必须为 8 位，每次传送的字节数不限，但每个字节后面必须跟

1 个响应位。标准模式下总线上速率为 100kb/s，快速模式下总线上的速率为 400kb/s，高速模式下的总线速率可达到 3.4Mb/s。数据传送时先传最高位，如果接收器件不能接收下一个字节，则可以使时钟保持低电平，迫使主器件处于中断等待状态。当从机准备好接收下一个数据字节时，则释放 SCL 线后继续传送。数据传送过程中确认数据是必须的，认可位对应于主器件的 1 个时钟，在此时钟内发送器件释放 SDA 线，而接收器件必须将 SDA 线拉成低电平，使 SDA 在该时钟的高电平期间为稳定的低电平。通常被寻址的接收器件必须在收到每个字节后做出响应，若从器件正在处理 1 个实时事件不能接收而不对地址认可时，从器件必须使 SDA 保持高电平，此时，主器件产生 1 个结束信号使传送异常结束。

图 6-11 说明了一个完整的数据在 I^2C 总线上的传送过程。

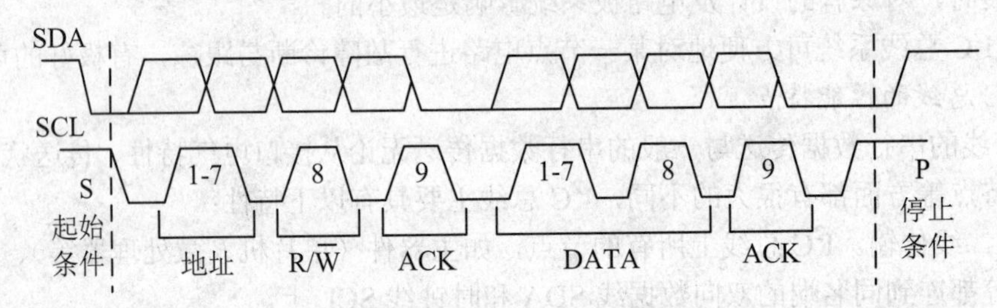

图 6-11 I^2C 总线上的数据传送

（2）I^2C 总线的寻址约定。

I^2C 总线采用了独特的寻址约定，规定了起始信号后的第一个字节为寻址字节，用来寻址被控器件，并规定数据的传送方向。

在 I^2C 总线标准规约中，寻址字节由被控器的七位地址位（它占据了 D_7～D_1 位）和一位方向位（为 D_0 位）组成。方向位 D_0=0 时表示主控器将数据写入被控器，D_0=1 时则表示主控器从被控器读取数据。

主控器发送起始信号后立即发送寻址字节，这时，总线上的所有器件都将寻址字节中的 7 位地址与自己器件地址相比较。如果两者相同，则该器件认为被主控器寻址，并根据读/写位确定是被控发送器或被控接收器。

I^2C 总线系统中，主器件单片机作为被控器时，其 7 位从地址在 I^2C 总线的地址寄存器中约定为纯软件地址。而非单片机类型的外围器件地址完全由器件类型与引脚电平给定，即器件的 7 位地址由器件编号地址（高 4 位 D_7～D_4）和引脚地址（低 3 位 D_3～D_0）组成。I^2C 总线上同一编号地址器件最大允许接入数量取决于可利用的地址引脚数。

目前 Philips 公司推出的 I^2C 总线器件，除带有 I^2C 总线的单片机、常用的通用外围器件外，在家电产品、电讯、电视、音像产品中已发展了成套的 I^2C 总线器件，在这些部门中 I^2C 总线系统已得到了广泛的应用。

本章小结

微型计算机系统采用总线结构，总线是系统的重要组成部分，它传递着 CPU 和其他部件之间的各类信息，以实现数据传输，使系统具有组态灵活、易于扩展等优点。应用广泛的微型计算机总线都实现了标准化，便于连接各个部件时遵守共同的总线规范。在应用时只需根据总线标准的要求来实现和完成接口的功能，形成了一种通用的总线接口技术。

微型计算机系统中的总线可以分为芯片总线、系统总线、局部总线、外部设备总线等类别。芯片总线常用于 CPU、存储器、I/O 接口等芯片之间的信息传送，有地址总线、数据总线和控制总线。系统总线是微型计算机系统内连接各插件板的总线，用于模板之间的连接，主要有 8/16 位 ISA 和 32 位的 EISA 总线。局部总线是一种专门提供给高速 I/O 设备的总线，它具有较高的时钟频率和传输率，常用的有 VESA、PCI、AGP 等总线。外部设备总线主要用于微机系统之间或微机与外部设备、仪器仪表之间的通信，这种总线的数据传输可以是并行的，也可以是串行的，数据传输速率低于系统内部的总线，如 IEEE1394、I^2C 等。

学习过程中，要理解总线的基本概念，熟悉微型计算机总线的组成结构，注意常用的系统总线、局部总线的内部结构及引脚特性，在各种不同的应用场合中要合理地选择和使用总线，为微型计算机的开发及应用打下坚实的基础。

习题 6

一、单项选择题

1．微型计算机中地址总线的作用是（　　）。

A．选择存储单元　　B．选择信息传输的设备

C．指定存储单元和 I/O 接口电路地址　　D．确定操作对象

2．微机系统中使用总线结构便于增减外设，同时可以（　　）。

A．减少信息传输量　　B．提高信息传输量

C．减少信息传输线条数　　D．增加信息传输线条数

3．可将微处理器、内存储器及 I/O 接口连接起来的总线是（　　）。

A．芯片总线　　B．外设总线

C．系统总线　　D．局部总线

4．CPU 与计算机的高速外设进行信息传输采用的总线是（　　）。

A．芯片总线　　B．系统总线

C．局部总线　　D．外部设备总线

5．要求传送 64 位数据信息，应选用的总线是（　　）。

A．ISA　　B．I^2C　　C．PCI　　D．AGP

二、填空题

1．总线是微机系统中__________一组连线，是系统中各个部件__________公共通道。

2．微机总线一般分为__________、__________、__________三类。用于板级互连的是__________；用于设备互连的是__________。

3．总线宽度是指__________；数据传输率是指__________。

4．AGP 总线是一种__________总线；其主要特点是__________。

5．IEEE1394 是一种__________总线；主要应用于__________。

三、简答题

1．在微型计算机系统中采用标准总线的好处有哪些？
2．PCI 总线有哪些主要特点？PCI 总线结构与 ISA 总线结构有什么不同？
3．什么叫 PCI 桥？有哪些主要功能？
4．什么是 AGP 总线？它有哪些主要特点？应用在什么场合？
5．简述 IEEE1394 总线的特点和工作原理。
6．简述 I^2C 总线的特点和工作原理。
7．定性讨论在开发和使用微机应用系统时应怎样合理地选择总线，需要注意哪些方面？

第7章　输入/输出接口技术

I/O接口位于总线和外部设备之间，起到信息的转换和数据传递的作用，是计算机外部设备与系统通信的控制部件或电路。本章主要讲解微型计算机系统中常用的基本输入输出接口技术，包括输入输出接口的概念、结构与功能、CPU与I/O接口之间传递的信息类型、I/O端口的编址方式以及输入输出控制方式。

通过本章的学习，重点理解和掌握以下内容：

- 输入/输出接口技术的概念
- 输入/输出接口的结构和功能
- CPU与I/O接口之间传递的信息类型
- I/O端口的编址方式
- CPU与外部设备之间数据传送方式的原理、特点及应用

7.1　输入/输出接口的概念与功能

微型计算机系统的输入和输出通常是指计算机与外部设备之间的信息交换，也称为通信。在微型计算机中，各种外部设备与计算机之间的通信是通过接口实现的。接口部件起着数据缓冲、隔离、数据格式转换、寻址、同步联络和定时控制等作用。那么，什么是接口？为什么要设置接口？接口应具备哪些功能?

下面就这些问题进行分析和说明。

7.1.1　输入输出接口的概念

I/O设备是计算机系统的重要组成部分，计算机通过I/O设备与外界进行数据交换。大家知道，计算机要处理的原始数据、现场采集到的信息以及程序等都是通过输入设备送入计算机的。计算机的计算结果和各种工业现场控制的信号要输出到各种输出设备，以便进行显示、打印和实现各种控制操作。

通常，一种外部设备与微型计算机相连接是需要一个接口电路的，通常称之为I/O接口。为什么一个外部设备与微型计算机连接需要一个接口电路呢?这是因为计算机的外部设备种类繁多，具备的功能不同，工作速度上也有较大的差异，因此，计算机的外部设备与CPU连接时，必然会带来一些问题。

归纳起来有以下4个方面：

（1）工作速度的匹配问题。由于计算机I/O设备的工作速度要比CPU的速度慢许多，而且由于种类的不同，它们之间的速度差异也很大，比如计算机硬盘的传输速度就要比打印机的

工作速度快很多。

（2）工作时序的配合问题。不同的 I/O 设备都有自己的定时控制电路，它们以自己特定的时序、速度来传输数据，很难与 CPU 的工作时序取得统一。

（3）信息表示格式上的一致性问题。由于不同的 I/O 设备存储和处理信息的格式不同，传输方式也有串行传输和并行传输的区别，数据的编码也分为二进制格式、ASCII 编码和 BCD 编码等，造成信息在格式上的表示不一致性。

（4）信息类型与信号电平的匹配问题。通常情况下，不同的 I/O 设备采用的信号类型不同，有些是数字信号，有些是模拟信号；采用的信号电平也不同，有些信号电平为 TTL 电平，有些为 RS-232C 电平等，因此计算机所采用的处理方式也会不同。

为解决上述问题，需要在 CPU 与外部设备之间连接接口设备。所谓接口是指 CPU 和存储器、外部设备或者两种外部设备之间，或者两种机器之间通过系统总线进行连接的逻辑部件（或称电路），它是 CPU 与外界进行信息交换的中转站。源程序和原始数据通过接口从输入设备（例如键盘）送入，运算结果通过接口向输出设备（例如 CRT 显示器、打印机）送出去；控制命令通过接口发出去（例如步进电机），现场信息通过接口取进来（例如温度值、转速值）。

要使这些外部设备正常工作，一是要设计正确的接口电路，二是要编制相应的软件，因此接口技术是采用硬件与软件相结合的方法来研究微处理器如何与外部世界进行最佳匹配，以实现 CPU 与外界高效、可靠的信息交换的一门技术。

7.1.2 输入/输出接口的结构

输入/输出接口的基本结构示意如图 7-1 所示。

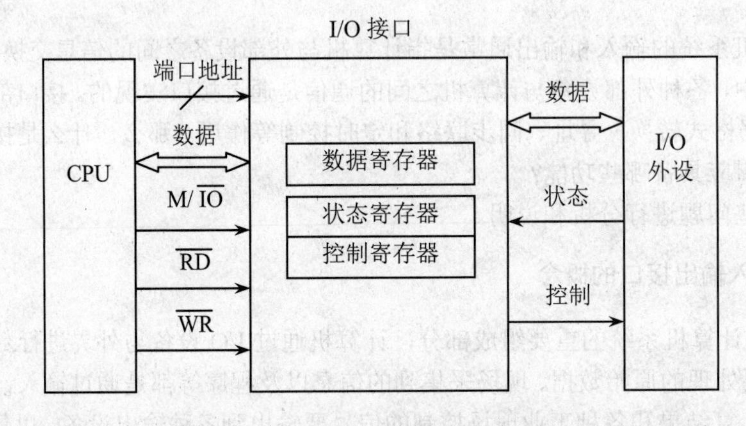

图 7-1 I/O 接口基本结构示意图

图 7-1 中各主要部件的作用分析如下：

（1）数据寄存器。起数据缓冲作用。输入时，保存外设向 CPU 发送的数据（称为数据输入寄存器）；输出时，保存 CPU 向外设发送的数据（称为数据输出寄存器）；有些数据寄存器具有输入和输出两种功能，由读/写控制决定输入还是输出。

（2）状态寄存器。反映外设或接口电路的工作状态，便于 CPU 及时了解外设的工作状态，通过查询方式实现信息传送。

（3）控制寄存器。确定接口电路的工作方式，选择数据传送方向（输入或输出）及交换信息方式（查询或中断方式）。

（4）命令译码、端口地址译码及控制电路。负责选择端口，对CPU送来的命令进行译码，能用中断方式传送信息。

接口电路的功能越强，内部寄存器的种类和数量就越多，电路结构就越复杂，使用接口时要发送的控制命令就越多，程序也就越复杂。

7.1.3 输入/输出接口的功能

一般情况下，计算机的输入输出接口应该具备下述功能：

（1）寻址功能。CPU要用M/$\overline{IO}$信号来区分是访问存储器还是访问I/O设备。接口电路接收到M/$\overline{IO}$信号后，就对这个信号作出解释，指明地址总线上的地址是访问存储器还是访问外部设备。若访问外部设备，会指明是访问哪一个具体设备，通常采用地址信号的高位通过地址译码器的输出信号来选择所需的接口芯片，并用地址信号的低位来指明是访问接口中的控制类寄存器还是数据类寄存器等类别。

（2）输入/输出功能。输入/输出接口要根据执行的是输入指令还是输出指令，也就是根据读信号还是写信号来决定当前执行的是输入操作还是输出操作。如果是输入操作，那么接口就将数据或状态信息送上数据总线，然后传送给 CPU。如果是输出操作，接口就将数据或控制字写入到接口中，然后送至外部设备。

（3）数据转换功能。接口不但能输入来自有关外部设备的数据，还要将数据变换成适合计算机要求的格式。例如，将串行数据变换成并行数据。反之，能将计算机输出的并行数据转换成串行数据，并传送给输出设备。

（4）联络功能。当接口从所连接的数据总线接收一个外部设备送来的数据或者将接口中的数据送给外部设备时，就发出一个联络信号通知CPU，将数据取入CPU或由CPU向指定接口送出下一个数据。

（5）中断管理功能。作为中断控制器的接口，它应具有接收中断源发来的中断请求的功能，根据所接收的中断请求进行优先级裁决，并向CPU发出中断请求以及接收中断响应信号，完成读类型码的中断管理功能。

（6）接收复位信号并对接口进行初始化。计算机中的接口应该具备接收复位信号并对接口进行初始化的功能。

（7）可编程功能。为使一个接口具有多种功能，如完全用硬件来实现，会使硬件变得很复杂，系统开销太大。如完全用软件来实现，尽管能节省硬件，但速度太慢，且有时难以实现。所以，为使一个计算机接口既具有硬件的快速性，又具有软件的灵活性，常常将其做成可编程接口。如并行接口 8255A，可以由程序来确定这个并行接口最终是作为输入接口还是输出接口。

（8）检测错误的功能。在接口中，通常设置对错误检测的功能。当前多数可编程接口中，一般都设有检测传输错误的功能和检测覆盖错误的功能。

传输错误是指数据在传输过程中，由于受到外界的干扰或其他原因，从而引起传输错误。接口中一般设有对传输的数据进行奇偶校验的电路，以检查是否发生了奇偶错。有些接口如串行通信接口中还设有对数据块传输进行循环冗余校验的功能。循环冗余校验是指在数据通信中用于检测传输错误的一种方法。在这种方法中，在发送端产生一个循环冗余校验码，和信息位一起传送到接收端。在接收端也按同样方法产生循环冗余码，并将这两个校验码进行比较，若不一致，则接收端要求再传送数据。循环冗余校验码产生的方法是将所传输的信息作为一个数，按模 2 除以一个固定的数，所得的余数即为循环冗余校验码（CRC 码）。循环冗余校验码可由特殊的循环移位电路产生。将所传输的数据块按位串行传输到此线路，当所有的信息位传送完毕时，就产生了这个数据块的循环冗余校验码。

覆盖错误是指在数据传输的过程中，输入或输出缓冲器前一个数据未被取走，而后一个数据就又进入缓冲器中，因而将前一个数据覆盖。

一旦发生奇偶错误和覆盖错误，接口电路就会将接口中的状态寄存器的相应位置位。所以，计算机的 CPU 通过将接口中状态寄存器的内容读入进行检查，就可以知道是否发生了某种错误。

7.2 CPU 与 I/O 接口间传递的信息类型及端口编址

7.2.1 CPU 与 I/O 接口间传递的信息类型

计算机 CPU 与一个输入/输出设备进行信息交换时，通常需要数据信息、状态信息和控制信息，这 3 类信息的具体内容分别叙述如下。

1. 数据信息

在微型计算机中，数据通常为 8 位、16 位或 32 位，大致可分为以下三种基本类型。

（1）数字量。数字量可以是二进制形式表示的数据，或以 ASCII 码表示的数据及字符。例如由卡片机、键盘、磁盘机等读入的信息或者从 CPU 送给打印机、磁盘机、显示器及绘图机的信息。

（2）模拟量。当微型计算机用于检测或过程控制时，传感器把现场大量的非电量如温度、压力、差压、流量、物质成分等信息转换成电信号，并经过放大器放大，然后经过采样器和模/数转换器变成数字信号才能被计算机接收。

（3）开关量。开关量是具有两个状态的量，如开关的闭合与断开，阀门的打开与关闭，电机的启动与停止等。这些量采用 1 位二进制数即可表示。8 个这样的量组成一个 8 位的数据被读入计算机，即可知道这 8 个设备的状态。如果由计算机输出一个 8 位的数据送给这样的设备，即可控制这些设备的打开或关闭、运行或停止等。

2. 状态信息

状态信息通常表示外部设备或接口部件本身的状态，是从接口送往 CPU 的信息。在输入时，通常用准备就绪（READY）信号来表示待输入的数据是否准备好；在输出时，通常用忙（BUSY）信号来表示输出设备是否处于空闲状态。如果为空闲状态，则 CPU 可以执行输出指令，向该外设传送数据信息，如果处于忙状态，则 CPU 等待。

3. 控制信息

控制信息是 CPU 通过数据总线传给接口中的控制寄存器的信息。最常见的控制信息主要有使外部设备启动或停止的控制信息。

状态信息、控制信息与数据信息是不同性质的信息，应该分别传送。为区别这些信息，须设置它们的专用端口。一个外设往往有几个端口，各端口有自己的地址，CPU 寻址的是具体的端口地址。

由于在大部分微型计算机中只有通用的输入指令和输出指令，广义上讲，控制信息、状态信息也被当做一种数据信息，都是通过数据总线进行传送。但这 3 种信息在 I/O 接口中占用的寄存器不同，具体地说，CPU 送往外设的数据或者外设送往 CPU 的数据使用 I/O 接口的数据寄存器或数据缓冲器；外设送往 CPU 的状态信息存放在 I/O 接口的状态寄存器中；而 CPU 送往外设的控制信息则送到接口的控制寄存器中。

7.2.2　I/O 端口的编址方式

每一个 I/O 接口部件都包含一组寄存器，通常有数据输入寄存器、数据输出寄存器、控制寄存器和状态寄存器等。在 CPU 与外部设备之间进行数据传输时，各类信息写入接口中相应的寄存器，或从相应寄存器读出。CPU 只能从数据输入寄存器和状态寄存器中读出数据和状态，而不能往这两个寄存器写入内容。数据输出寄存器和控制寄存器则正好相反，只能写入，不能读出。

外部设备通过 I/O 接口和系统的连接如图 7-2 所示。

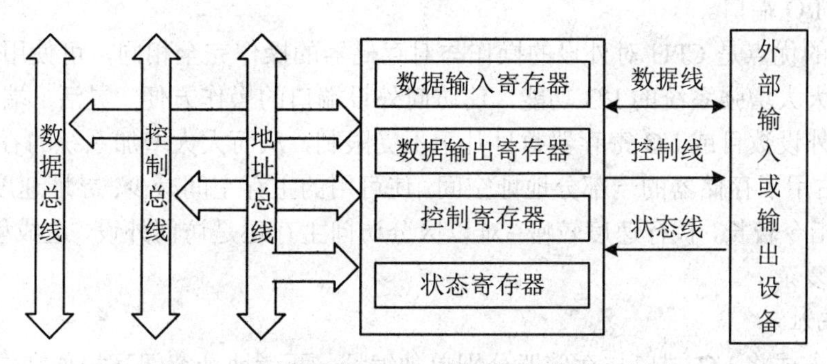

图 7-2　外设通过 I/O 接口与系统的连接示意图

接口中的寄存器又称为 I/O 端口，每一个端口有一个编号，叫做端口号，又叫端口地址。数据寄存器就是数据端口，用于对来自 CPU 和外设的数据起缓冲作用。状态寄存器就是状态端口，用来存放外部设备或者接口部件本身的状态。CPU 通过对状态端口的访问和测试，可以知道外部设备或接口本身的当前状态。控制寄存器就是控制端口，用来存放 CPU 发出的控制信息，以控制接口和外部设备的动作。也可以说，CPU 与外部设备之间传送信息都是通过数据总线写入端口或从端口中读出的，所以，CPU 对外部设备的寻址，实质上是对 I/O 端口的寻址。

在微型计算机系统中，I/O 接口的地址编排大都采用能够单独编址方式，其地址空间独立于存储器，不占用存储单元。该编址方式下，CPU 访问 I/O 端口必须采用专用的 I/O 指令，所以也叫专用 I/O 指令方式。

对 I/O 端口的访问取决于 I/O 端口的编址方式，通常有统一编址和独立编址两种。

1. 统一编址

统一编址是把每个端口视为一个存储单元，并赋予相应存储器地址，I/O 端口与存储单元在同一个地址空间中进行编址，故也称存储器映射编址，如图 7-3 所示。早期微机常采用这种方式。

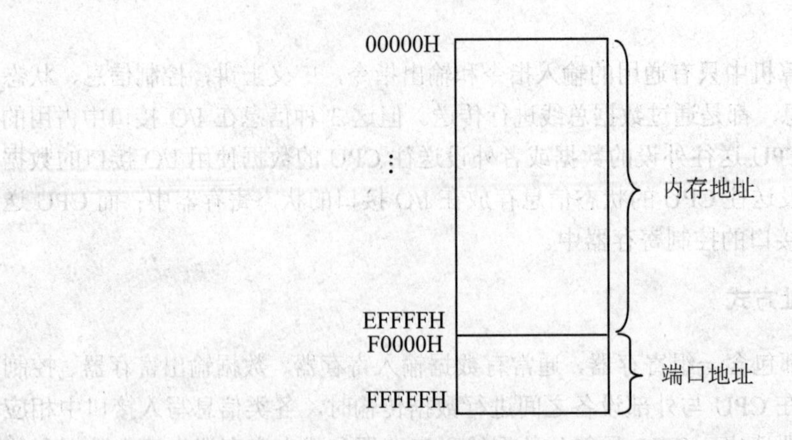

图 7-3 I/O 端口与内存单元统一编址

统一编址中，I/O 端口地址与存储单元地址形式完全相同，CPU 访问端口就如同访问存储器，只是地址编号不同。端口地址被映像到存储空间作为存储空间的一部分，所有访问内存的指令都适用于 I/O 端口。

统一编址的优点是 CPU 对外设的操作与对存储器的操作完全相同，可使用全部的存储器操作指令，可大大增强系统的 I/O 功能，使访问外设端口的操作方便、灵活；端口有较大的编址空间，可使外设数目或 I/O 寄存器数目几乎不受限制，从而大大增加系统的吞吐率。缺点是 I/O 端口地址占用了存储器的一部分地址空间，使可用的主存空间减少；寻址速度比专用的 I/O 指令慢，端口指令较长，执行速度较慢；难以区分访问主存还是访问外设，造成程序阅读困难；地址译码电路复杂。

2. 独立编址

独立编址方式将 I/O 端口与存储器分别单独编址，两者地址空间互相独立、互不影响。如 8086 系统内存地址范围为 00000H～FFFFFH，外设端口地址范围为 0000H～FFFFH，CPU 在访问内存和外设时，需提供不同控制信号来区分当前要进行操作的是内存还是外设。独立编址方式下 CPU 访问 I/O 端口需采用专用 I/O 指令。

独立编址的优点是 I/O 端口不占用内存单元地址，节省内存空间；由于系统需要的 I/O 端口寄存器一般比存储器单元要少得多，故 I/O 地址线较少，因此 I/O 端口地址译码较简单，寻址速度快。缺点是专用 I/O 指令类型少，远不如存储器访问指令丰富，使程序设计灵活性较差，且使用 I/O 指令一般只能在累加器和 I/O 端口交换信息，处理能力不如统一编址方式强。

7.3 CPU 与外设间的数据传送方式

计算机的外部设备通常有外存设备（如磁盘、光盘）、输入设备（如键盘、鼠标）、输出设备（如显示器、打印机）、办公设备（如扫描仪、绘图仪、数字化仪）、多媒体设备、通信设备以及总线设备等。计算机接上某种外部设备之后，计算机与外部设备之间就要进行数据交换。但由于外部设备与存储器不同，它们用各自不同的速度在工作，而且它们的工作速度相差很大，有些外部设备的工作速度极高，有些则很低。因此需要用某种方法调整数据传输时的定时，这种方法称为输入/输出控制。

输入/输出控制方式通常有 4 种方式，即程序传送方式、中断传送方式、DMA 传送方式和 I/O 处理机方式。其中程序传送方式又可分为无条件传送方式和条件传送方式两种。

7.3.1　无条件传送方式

如果程序员能够确认一个外部设备已经准备好，则在传送数据之前就不必查询外设的状态，直接执行输入指令或输出指令即可实现数据的传输。这就是无条件传送方式，也称为同步传送方式，主要用于外设的定时是固定的或已知的场合。在这种方式下，外部设备总被认为处于“待命”状态，可以根据其固定的或已知的定时，将输入/输出指令插入到程序中，当程序执行到该条 I/O 指令时，就开始输入或输出数据的操作。

对于这类外设，在任何时刻均已准备好数据或处于接收数据状态，因此程序可以不必检查外设的状态，就可以进行输入/输出操作。当 I/O 指令执行后，数据传送便立即进行。这是一种最简单的传送方式，所需要的硬件和软件都较少。

无条件传送方式的原理如图 7-4 所示。

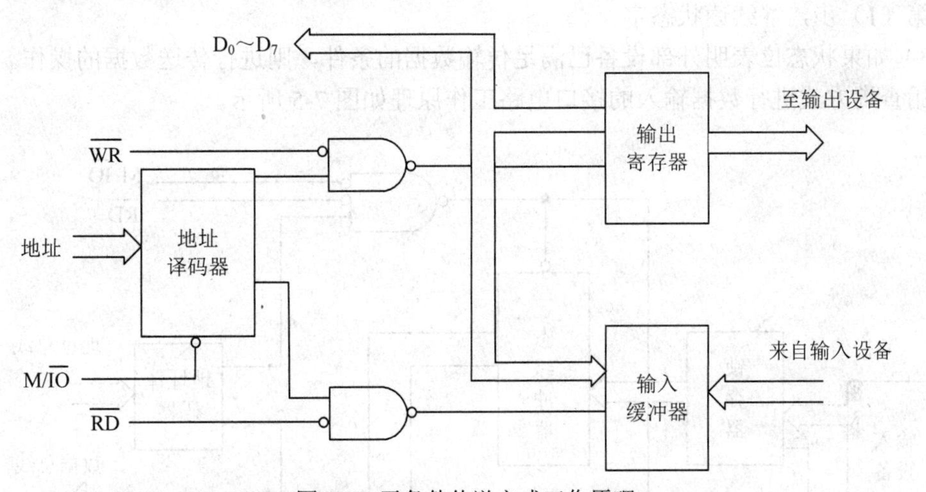

图 7-4　无条件传送方式工作原理

（1）对于输入设备：由于输入数据在数据总线上保持的时间比较长，所以可直接使用三态缓冲器，不必加锁存器。当微处理器执行输入指令时，先将地址送往地址总线，并从 M/$\overline{IO}$ 控制线送出低电平信号，指明微处理器访问的是 I/O 设备，接着，$\overline{RD}$ 读信号变成有效，将输入缓冲器选通。数据通过输入缓冲器沿数据总线进入微处理器。

（2）对于输出设备：要求微处理器送出的数据在接口的输出端保持一定的时间，即一般都需要锁存器。其原因在于外部设备速度比较慢，要求微处理器送到接口的数据能够保持和外部设备动作相适应的时间。微处理器执行输出指令时，先将地址送上地址总线，并从 M/$\overline{IO}$ 控制线送出低电平信号，指明微处理器将要访问的是 I/O 设备，数据也送上数据总线. 接着 $\overline{WR}$ 写信号变成低电平，将数据总线上的数据锁存到输出锁存器中，并保持这个数据，直到被外部设备取走。

无条件传送方式是所有传送方式中最简单的一种，它所需要的硬件和软件都是最节省的。但这种方式必须已知并确信外部设备已准备就绪或不忙的情况下才能进行数据传送，否则将会出现错误。

7.3.2 查询传送方式

查询传送方式也称为条件传送方式。采用该传送方式时，微型计算机在执行一个I/O操作之前，必须先对外部设备的状态进行测试。也就是微处理器在执行输入/输出指令读取数据之前，要通过执行程序不断地读取并测试外部设备的状态。

对于输入设备来说，如果输入设备处于就绪状态，则微处理器执行输入指令，数据从接口中的数据输入端口通过数据总线读入微处理器中，否则微处理器继续读状态，即等待数据准备就绪。

对于输出设备来说，如果输出设备处于空闲状态，则微处理器执行输出指令，数据通过数据总线输出到接口中的数据输出寄存器中，否则微处理器继续读状态。

查询传送方式中，完成一个数据传送的步骤如下：

（1）微处理器用输入指令从接口中的状态端口读取状态字。

（2）微处理器测试所读取的状态字的相应状态位是否满足数据传输的条件，如果不满足，则回到第（1）步，继续读状态字。

（3）如果状态位表明外部设备已满足传输数据的条件，则进行传送数据的操作。

采用查询方式进行数据输入的接口电路工作原理如图7-5所示。

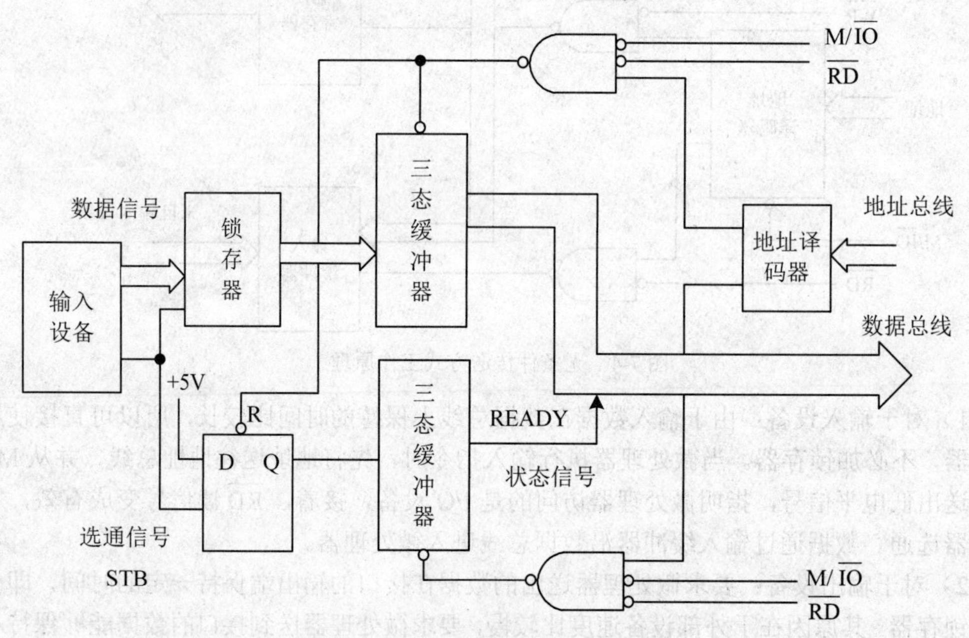

图7-5 查询方式数据输入的接口电路

其工作原理分析如下：

计算机的输入设备在数据准备好以后，就往接口发一个选通信号 STB，该选通信号将准备好的数据锁入锁存器，同时将接口中的D触发器置1，表明锁存器中有数据，它作为状态信息，使接口中三态缓冲器的READY位置1。数据信息和状态信息从数据端口和状态端口经过数据总线送入微处理器。

根据查询方式传送的三个步骤，微处理器从外设输入数据时，先读取状态字并检查状态字的相应位，查明数据是否准备就绪，即数据是否已进入接口的锁存器中，如果准备就绪，则执行输入指令，读取数据，此时将状态位清零，这样便开始下一个数据传输过程。

查询输入的参考程序如下：

```
POLL: MOV   DX,STATUS-PORT          ;状态端口号送 DX
      IN    AL,DX                   ;输入状态信息
      TEST  AL,80H                  ;检查 Ready 是否为高电平
      JE    POLL                    ;如果未准备好，进行循环检测
      MOV   DX,DATA-PORT            ;准备就绪，读入数据
      IN    AL,DX
```

采用查询方式进行数据输出的接口电路工作原理如图 7-6 所示。

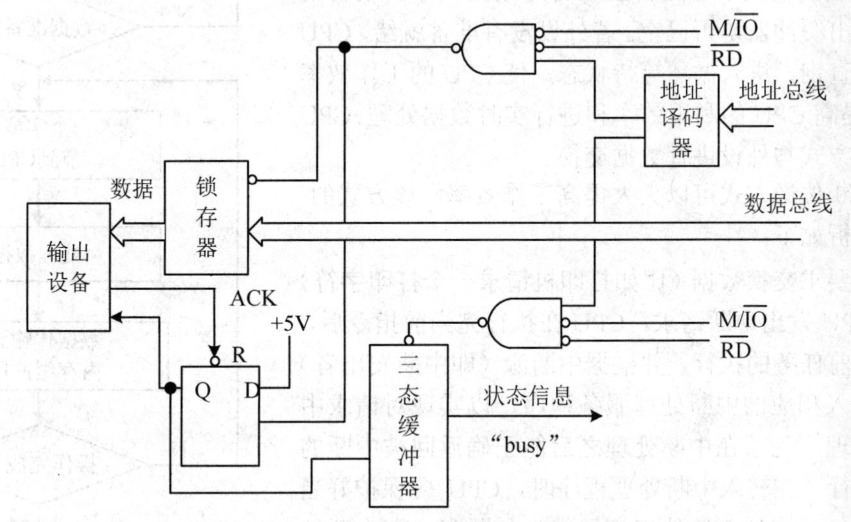

图 7-6　查询式数据输出的接口电路

其工作原理分析如下：

当微处理器要往一个输出设备输出数据时，先读取接口中的状态字，如果状态字表明输出设备不忙，则说明可以往输出设备输出数据，此时微处理器才执行输出指令，否则微处理器继续读取状态字并测试状态字，即微处理器处于等待状态。

如果满足输出条件，微处理器执行输出指令时，由选择信号 $M/\overline{IO}$ 为低电平和写信号 $\overline{WR}$ 为低电平产生的选通信号将数据总线上的数据锁入接口中的数据锁存器，同时使 D 触发器置 1。D 触发器 Q 端的输出信号有两个作用：一个作用是为外设提供一个联络信号，通知外部设备当前接口中数据输出锁存器已有数据可供提取；另一个作用是使状态寄存器的对应标志位置 1，以此告诉微处理器当前输出设备处于“忙”状态，从而阻止微处理器输出新数据。当输出设备从接口中取走数据后，通常会送一个回答信号 $\overline{ACK}$，它使 D 触发器清 0，从而使状态寄存器中的对应标志位置 0，当微处理器测试到该位为 0 时，就可以开始下一个输出过程。

查询输出的参考程序如下：

```
POLL: MOV   DX,STATUS-POPT          ;状态端口号送 DX
      IN    AL,DX                   ;输入状态信息
      TEST  AL,80H                  ;检查 BUSY 位
      JNE   POLL                    ;如果忙则等待循环
      MOV   DX,DATA-PORT            ;否则，准备输出数据
```

```
        MOV    AL,BUFFER                     ;从缓冲区取数据
        OUT    DX,AL                         ;输出数据
```

查询式操作的流程如图 7-7 所示。图中假定要输入 1 个字节串或 1 个字串，每个字节或者字被送到微处理器作适当处理，然后再送到内存缓冲区，当所有的数据都输入完毕并送到缓冲区后，再对缓冲区中的数据进行处理。

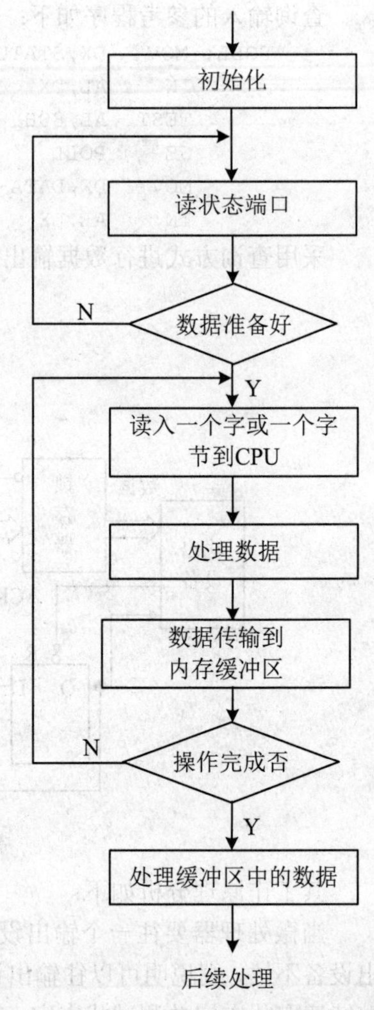

图 7-7　查询方式输入过程流程图

7.3.3　中断控制方式

在采用查询方式进行交换数据时，CPU 要不断地读取状态信息，检查输入设备是否已准备好数据，输出设备是否忙碌或输出缓冲器是否已空。若外设没有准备就绪，CPU 就必须反复查询，进入循环等待状态，使 CPU 的工作效率降低。为了提高 CPU 的利用效率和进行实时数据处理，CPU 常采用中断方式与外设进行数据交换。

采用中断传送方式可以大大提高工作效率，该方式的工作原理分析如下：

当外设要求交换数据（比如打印机请求一个打印字符）时，可向 CPU 发出中断请求，CPU 在执行完当前指令后，即可中断当前任务的执行，并根据中断源（即中断发出者）是谁，而转入相应的中断处理服务程序，以实现对请求中断外设的管理。为了在中断处理之后能正确返回被中断的程序继续执行，在转入中断处理程序时，CPU 应保护好当时的现场（如标志位、其他寄存器等）和断点。在中断结束返回时，再恢复现场和断点，继续执行原来的程序。

在中断传送方式下，CPU 与外设实现了同时（并行）工作，从而大大提高了 CPU 的工作效率。

由于在中断传送方式中，CPU 大部分时间是执行自己的程序和任务，只有在收到外设的中断请求并响应后，才转去执行相应的处理程序，之后再恢复被中断程序的执行。这种中断方法使 CPU 可同时管理多个外设的工作，CPU 能够进行多任务处理，并且能对外设的中断请求做出及时响应（实时处理）。所以中断管理（或称中断驱动）是一种广泛使用的重要技术。

CPU 采用中断控制方式后正常执行主程序，只有当输入设备将数据准备好了，或者输出端口的数据缓冲器变空时才向 CPU 发出中断请求。CPU 响应中断后会暂停执行当前的程序，转去执行管理外设的中断服务程序。在中断服务程序中，用输入或输出指令在 CPU 和外设之间进行一次数据交换。相应操作完成之后，CPU 又回去执行原来的主程序。

下面以打印机为例，介绍中断传送方式的工作过程。

（1）首先，CPU 启动打印机设备，然后继续自己的工作。

（2）当打印机准备好或已完成一个字符输出时，把设备的状态置为就绪状态。

（3）I/O 接口在设备就绪时向 CPU 发出中断请求，要求 CPU 服务。

（4）CPU 接到中断请求信号后暂停当前工作，响应中断并转入中断服务程序。中断服务程序发送下一个字符到 I/O 接口并选通到打印机。

（5）CPU 从中断服务程序返回，继续自己的工作。

重复上述各步，直至整个文件输出结束后关闭打印机。

当然，程序中断管理的实现有许多问题需要解决，主要有：中断请求、中断屏蔽、中断响应（或称中断识别）、中断判优和中断返回，还有中断嵌套等。

尽管中断方式有许多突出优点，但由于中断请求的发出是随机事件，中断管理程序的编制和调试要比程序查询方式复杂得多。而且从外设发出中断请求、CPU 完成当前指令、响应中断、保护现场到对外设管理，都有一定的时间延迟。另外从中断返回时要恢复现场也增加了 CPU 的开销。对于高速外设的数据传送，例如硬盘与内存间大块数据的传送，中断方式的上述开销将显得不可忽视甚至不能容忍。因此，人们又提出了新的解决方法，这就是 DMA 传送方式。

7.3.4　DMA 控制方式

DMA（Direct Memory Access）传送方式又称为直接存储器存取方式，实际上就是在存储器与外设间开辟一条高速数据通道，使外设与内存之间直接交换数据。这一数据通道是通过 DMA 控制器来实现的。在 DMA 传送期间，不需要 CPU 的任何干预，而是由 DMA 控制器控制系统总线，在其控制下完成数据传输任务。

对于高速传送或需要频繁进行 I/O 传送时，即便利用中断方式，CPU 的工作效率也将大为降低，甚至无法达到所需的传送速度。因为中断传送方式仍然是由 CPU 通过指令来传送的。每次中断都要进行保护现场、传送数据、存储数据以及最后恢复现场、返回主程序等操作，需要执行多条指令，使得传送一个字节（或字）要几十微秒以上的时间。这对于高速的外设（例如硬盘）与内存间的大批数据交换时，会造成中断次数过于频繁，这样不仅传送速度上不去，而且要耗费大量 CPU 的时间。

DMA 传送方式实际上是把外设与内存交换信息的操作与控制交给了 DMA 控制器，简化了 CPU 对输入输出的控制。但这种方式电路结构复杂，硬件开销大。

DMA 控制方式的传送过程如图 7-8 所示。

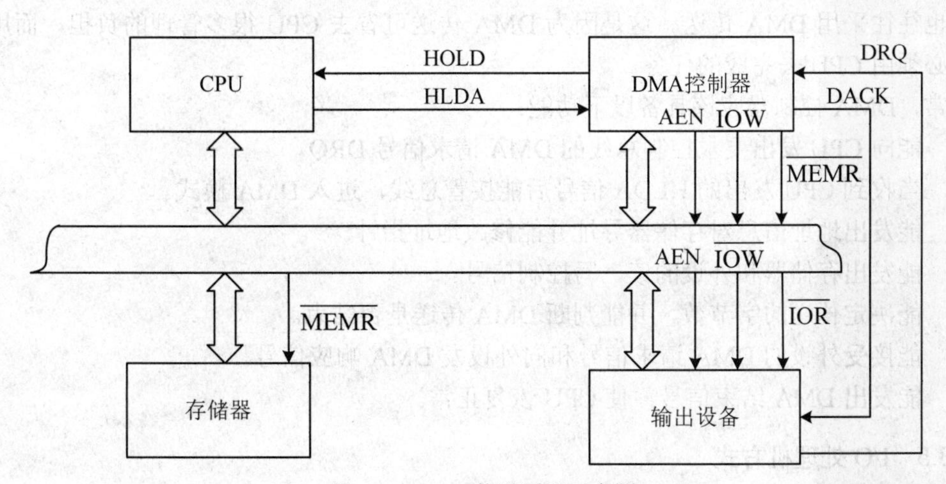

图 7-8　DMA 传送原理示意图

下面分析如何将内存中的一个数据块传送给一个外设（例如硬盘）。

首先，应由 CPU 告诉 DMA 控制器：DMA 传送的数据是由内存向外设传送、数据在内存的首地址、数据块长度，然后 CPU 启动 DMA 与外设。此后的传送完全由 DMA 控制器来管理，CPU 可去做其他工作（但不能访问系统总线）。

传送一个字节的过程如下：

（1）当外设可以接收下一个字符时，外设向 DMA 控制器（而不是 CPU）发出 DMA 请求信号 DRQ。

（2）DMA 控制器收到 DRQ 有效信号后，即向 CPU 发出总线请求信号 HOLD，请求 CPU 让出系统总线。

（3）CPU 在收到 HOLD 有效信号后，在当前总线周期（而不是指令周期）结束后，就使地址总线、数据总线和控制总线处于高阻状态（即 CPU 释放系统总线），发出 HLDA 信号来响应 DMA 控制器的请求，这时 CPU 中止程序的执行，只监视 HOLD 信号的状态。

（4）DMA 控制器检测到 HDLA 信号有效后，即获得了系统总线的控制权，并按如下方式开始 DMA 传送：在地址总线上给出存储器的地址，发出 $\overline{MEMR}$ 命令和 $\overline{IOW}$ 命令，同时向外设发出 DACK 和 AEN。于是，由地址和 $\overline{MEMR}$ 所选中的内存单元的数据就送到数据总线上，而由 DACK 和 $\overline{IOW}$ 选中的外设来接收数据总线上的数据。之后 DMA 控制器自动修改地址，字节计数器减 1。

（5）DMA 控制器撤消 HOLD，使系统总线浮空。CPU 检测到 HOLD 失效后，就撤消 HLDA，在下一时钟周期开始收回系统总线，继续执行原来的程序。

由以上过程可以看出：DMA 传送方式的响应时间短，省去了中断控制中 CPU 保护和恢复现场的麻烦，从而减少了 CPU 的开销。

DMA 控制器是一种专门设计的主要用于数据传送的器件，它免去了 CPU 取指令和分析指令的操作，只剩下指令中执行传输的机器周期，且 DMA 存取可在同一机器周期内完成对存储器和外设的存取操作（而 CPU 则必须在两个机器周期中分别进行），另外在大块数据的 DMA 传送中，地址修改与计数器减 1 都是由硬件直接进行的，这样就不难理解 DMA 传送为什么会速度快了。

了解了 DMA 传送的上述特点，也可进一步明白为什么在某些速度并不太高但很频繁存取的场合也往往采用 DMA 传送。这是因为 DMA 传送可省去 CPU 很多管理的负担，而用来进行其他必须由 CPU 去完成的任务。

通常，DMA 控制器应该具备以下功能：

- 能向 CPU 发出要求控制总线的 DMA 请求信号 DRQ。
- 当收到 CPU 发出的 HLDA 信号后能接管总线，进入 DMA 模式。
- 能发出地址信息对存储器寻址并能修改地址指针。
- 能发出存储器和外设的读、写控制信号。
- 能决定传送的字节数，并能判断 DMA 传送是否结束。
- 能接受外设的 DMA 请求信号和向外设发 DMA 响应信号。
- 能发出 DMA 结束信号，使 CPU 恢复正常。

7.3.5 I/O 处理机方式

随着微型计算机系统的扩大、外设的增多以及性能的提高，CPU 对外设的管理服务任务不断加重。为了提高整个系统的效率，CPU 需要摆脱对 I/O 设备的直接管理和频繁的输入/输出业务。于是专门用来处理输入/输出的 I/O 处理机（IOP）应运而生。如 Intel 8089 就是一种专门配合 Intel 8086 而使用的 I/O 处理芯片。

以 Intel 8089 为例，IOP 在完成任务时具备以下手段：

（1）拥有自己的指令系统。有些指令专门为 I/O 操作而设计，可以完成外设监控、数据拆卸装配、码制转换、校验检索、出错处理等任务。也就是说，它可以独立执行自己的程序。

（2）支持 DMA 传送。Intel 8089 内有两条 DMA 通道。在微型计算机系统中，IOP 与 CPU 的关系为：CPU 在宏观上指导 IOP，IOP 在微观上负责输入/输出及数据的有关处理，或者通过系统存储区（公共信箱）交换各种信息。包括命令、数据、状态以及 CPU 要 IOP 执行的程序的首地址。

图 7-9 表示了二者的信息联络情况。

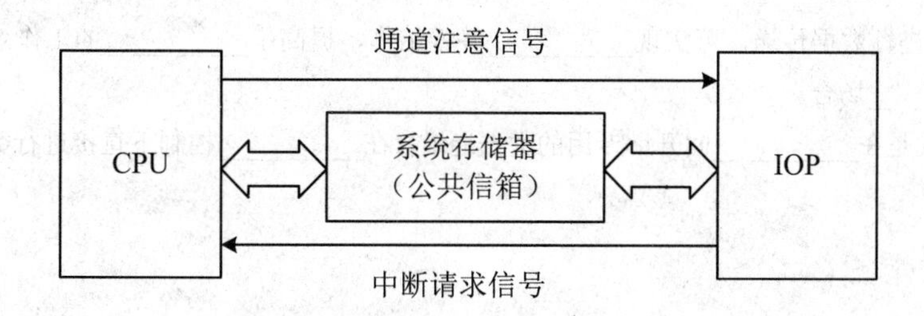

图 7-9 IOP 与 CPU 的信息联络关系

当 CPU 将各种数据放入公共信箱后，用“通道注意”信号通知 IOP 从信箱中获取参数并执行有关操作。一旦操作完成，IOP 可在公共信箱中设立状态标志，等待 CPU 查询；也可向 CPU 发送中断请求信号，通知它采取下一步行动。

从上面的讨论可知，IOP 和 CPU 基本上是并行工作的，都要对系统存储器进行读写操作，因而其并行程序受到系统总线的限制。

输入/输出接口技术是采用硬件与软件相结合的方法，研究微处理器如何与外部设备进行最佳匹配，以实现 CPU 与外界高效、可靠的信息交换的一门技术。接口是 CPU 与外设进行信息交换的中转站，主要由数据寄存器、状态寄存器、控制寄存器和命令译码、端口地址译码及控制电路组成。

CPU 与 I/O 设备之间要传送的信息包括数据信息、状态信息和控制信息。在微型计算机中，各种外部设备与计算机之间的通信通过接口实现。从硬件角度讲，CPU 是微机系统中运算与控制的中心，通过系统总线与存储器、各类外设的接口电路连接，并与外界进行信息交换。对 I/O 端口的访问取决于 I/O 端口的编址方式，常用的编址方式有统一编址和独立编址。

微机系统中可采用的 I/O 数据传送方式主要有无条件传送方式、查询传送方式、中断传送方式、DMA 传送方式以及 I/O 处理机方式。无条件传送方式和查询传送方式简单，方法灵活，但应用受限，CPU 要不断地执行指令并等待外设准备就绪，降低了 CPU 的工作效率。中断传送方式可提高 CPU 的利用效率，使 CPU 与外设实现并行工作。对于需要高速、频繁地进行外设与内存间大批量数据交换时，采用 DMA 传送和 I/O 处理机方式会得到更好的效果。实际应用中，要根据系统的条件和需求合理地加以选择。

一、填空题

1．接口是指__________，是__________中转站。

2．I/O 接口电路位于__________之间，其作用是__________；经接口电路传输的数据类别有__________。

3．I/O 端口地址常用的编址方式有__________和__________两种；前者的特点是__________；后者的特点是__________。

4．中断方式进行数据传送，可实现__________并行工作，提高了__________的工作效率。中断传送方式多适用于__________场合。

5．DMA 方式是在__________间开辟专用的数据通道，在__________控制下直接进行数据传送而不必通过 CPU。

二、简答题

1．什么是接口，其作用是什么？微机接口一般应具备哪些功能？

2．输入/输出接口电路有哪些寄存器，各自的作用是什么？

3．什么是端口，I/O 端口的编址方式有哪几种？各有何特点？

4．CPU 和外设之间的数据传送方式有哪几种，无条件传送方式通常用在哪些场合？

5．相对于条件传送方式，中断方式有什么优点？和 DMA 方式比较，中断传送方式又有什么不足之处？

6．简述在微机系统中，DMA 控制器从外设提出请求到外设直接将数据传送到存储器的工作过程。

7．I/O 处理机传送方式的工作特点有哪些？

8．在一个微型计算机系统中，确定采用何种方式进行数据传送的依据是什么？

第 8 章　中断控制技术

本章讲解中断的基本知识，包括中断技术概述、8086 的中断类型、中断优先权及其管理、中断矢量、中断处理过程、中断嵌套等，此外还介绍了可编程中断控制器 8259A 的内部结构、工作特点、主要功能及其应用。

通过本章的学习，重点理解和掌握以下内容：

- 中断的概念及中断处理过程
- 8086 中断结构和中断类型
- 8086 中断矢量
- 中断优先权及中断管理
- 可编程中断控制器 8259A 的结构、工作方式及编程应用

8.1　中断技术概述

中断技术是现代微型计算机系统中广泛采用的一种资源共享技术。随着计算机软、硬件技术的发展，中断技术也得到不断地发展和完善，中断系统功能的强弱已成为评价计算机系统整体性能的一项重要指标。

8.1.1　中断的概念

当计算机 CPU 正在执行程序时，由于内外部事件或程序的预先安排引起 CPU 暂时终止执行现行程序，转去执行该事件的特定程序（称为中断处理程序或中断服务程序），处理完毕后，能够自动返回到被中断的程序继续执行原来的程序，这个过程称为中断。

在微型计算机系统中，常利用中断机构来处理 CPU 与外部设备之间的数据传送，以最少的响应时间和内部操作来实现外设的服务请求。此外，中断也是处理来自内部异常故障的重要手段。

1. 中断技术的特点

现代微型计算机采用中断技术后具备以下主要特点：

（1）实现同步操作。CPU 的运行速度很快，而大多数计算机外部设备的工作速度却较慢，在 CPU 和外设传送数据时，CPU 要花费大量时间来等待，致使 CPU 利用率降低。中断技术的应用可实现 CPU 与外设之间的同步工作，在 CPU 执行程序过程中，如需和某个外设传送数据，则 CPU 先启动外设工作，然后继续执行现行程序，当外设做好传送数据的准备后，就向 CPU 发出中断请求信号，CPU 响应中断后会终止执行现行程序，转去执行中断服务程序以完成数据的输入或输出操作。中断服务程序执行完毕后 CPU 再恢复执行原来程序。可见，中断

方式不仅实现了 CPU 和外设间并行工作，而且可使各外设一直处于有效工作状态，从而大大提高了主机的使用效率，也加快了输入/输出的速度。

（2）进行实时处理。在实时控制系统中，现场产生的各种参数和信息都需要计算机及时作出分析和处理，以便对被控对象立即作出响应，使被控对象保持在最佳工作状态。中断技术能确保对实时信号的处理，收到中断请求后，CPU 可立即响应并进行处理。

（3）及时处理各种故障。由于计算机在运行过程中会随机出现一些无法预料到的故障，如电源掉电、数据存储和运算错误、执行非法指令、存储器超量装载、信息校验出错等。利用中断系统，CPU 可以根据故障源发出的中断请求，立即去执行相应的故障处理程序，将故障的危害降低到最低程度，提高了微型计算机系统工作的可靠性。

2. 中断源的种类

能引起中断的外部设备或内部原因称为中断源。对于不同的计算机系统中断源的设置有所不同，通常按照 CPU 与中断源的位置关系可分为内部中断和外部中断。

内部中断是 CPU 在处理某些特殊事件时所引起或通过内部逻辑电路自己去调用的中断。外部中断是由于外部设备要求数据输入/输出操作时请求 CPU 为之服务的一种中断。

通常，中断源可以有以下几种：

（1）外部设备请求中断。一般的计算机外部设备（如键盘、打印机、A/D 转换器等）在完成自身的操作后，向 CPU 发出中断请求，要求 CPU 为它服务。

（2）故障强迫中断。计算机在一些关键部位都设有故障自动检测装置。如电源掉电、运算溢出、存储器出错、外部设备故障以及其他报警信号等，这些装置的报警信号都能使 CPU 中断，进行相应的中断处理。

（3）实时时钟请求中断。在自动控制中常遇到定时检测和时间控制，为此常采用一个外部时钟电路控制其时间间隔。需要定时时，CPU 发出命令启动时钟电路开始计时，待定时时间到，就会向 CPU 发出中断申请，使时钟电路开始工作，由 CPU 转去完成检测和控制等工作。

（4）数据通道中断。数据通道中断也称直接存储器存取（DMA）操作，如磁盘、 磁带机或显示器等直接与存贮器交换数据所要求的中断。

（5）软件中断。如果 CPU 在处理程序的过程执行了中断指令，这种方式称为软件中断，主要是指当用户调试程序时，程序自愿中断来检查中间结果或者寻找错误所在而采用的检查手段，如断点中断、单步中断等。

3. 中断系统的功能

为实现中断而设置的各种中断控制逻辑以及管理相应中断的指令有机组合后称为中断系统。中断系统为了实现规定的中断控制，一般应具有以下功能：

（1）中断处理功能。当系统某个中断源发出中断请求时，CPU 要根据当前条件来决定是否响应该中断请求。若 CPU 正在处理的工作比发出请求的中断源更重要时，可暂时不响应中断。如需要响应该中断请求，CPU 必须在执行完主程序当前的第 K 条指令后，保护好断点和现场，然后转去执行相应的中断服务程序，中断处理完毕后再恢复现场和断点，实现中断返回，使 CPU 回到主程序继续执行第 K+1 条指令，其过程如图 8-1 所示。

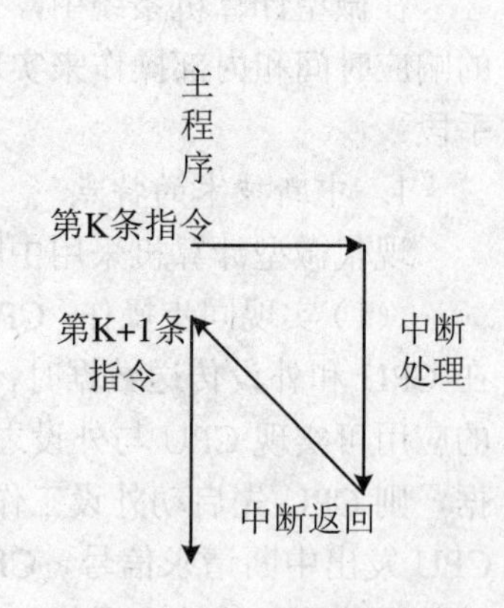

图 8-1 中断的执行过程

（2）中断优先权排队功能。微型计算机系统中会有多个中断源，如果出现两个或两个以上的中断源同时提出中断请求时，CPU 要确定先为哪一个中断源服务。采用的方法是给每个中断源确定一个中断优先级别，中断系统能够自动地对它们进行排队判优，首先处理优先级别高的中断请求，处理完毕后，再响应级别较低的中断请求。

（3）中断嵌套功能。中断嵌套是指当 CPU 正在响应某一中断请求并为其服务时，若有优先权更高的中断源发出了中断请求，CPU 会终止正在执行的中断服务程序，而响应级别更高的中断请求。在处理完高级别的中断请求服务后，再返回当前被终止的中断服务程序继续执行。

图 8-2 所示为 3 层中断嵌套结构，该系统中 3 个中断源的优先权安排为：中断 3 为最高，其次为中断 2，中断 1 为最低。

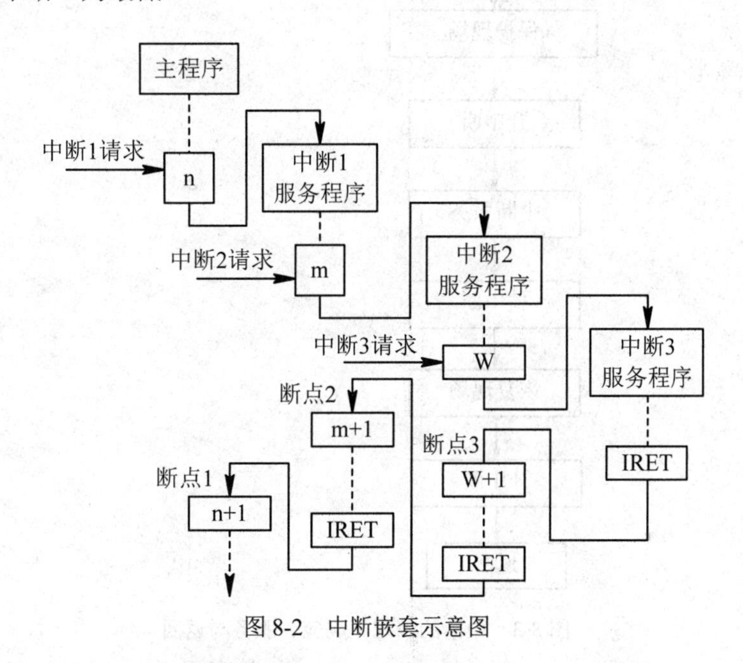

图 8-2　中断嵌套示意图

8.1.2　微机系统中的中断处理过程

CPU 正常工作时按照主程序的设定执行，当 CPU 接收到中断源发出的中断请求信号后，能不能立即响应并为其服务呢？这就与中断的类型有关。

如果是非屏蔽中断请求，则 CPU 执行完现行指令后立即响应该中断；如果是可屏蔽中断请求，能否响应中断，还取决于 CPU 内部的中断允许触发器的状态。

由于系统的中断请求是随机发生的，而大多数 CPU 都是在现行指令周期结束时，才检测有无中断请求信号，因此，系统中必须设置一个中断请求锁存器把随机输入的中断请求信号锁存起来，并保持到 CPU 响应这个中断请求后才被清除。

只有当中断允许触发器为“1”（允许中断），CPU 才能响应可屏蔽中断，若中断允许触发器为“0”（禁止中断），即使有可屏蔽中断请求信号 CPU 也不会响应。

CPU 响应可屏蔽中断请求时要满足三个条件：当前无总线请求，CPU 允许中断和 CPU 执行完现行指令。可采用开中断指令（STI）和关中断指令（CLI）来设置中断允许触发器的状态。

微机系统的中断处理从开始到结束包括以下几个主要步骤，如图 8-3 所示。

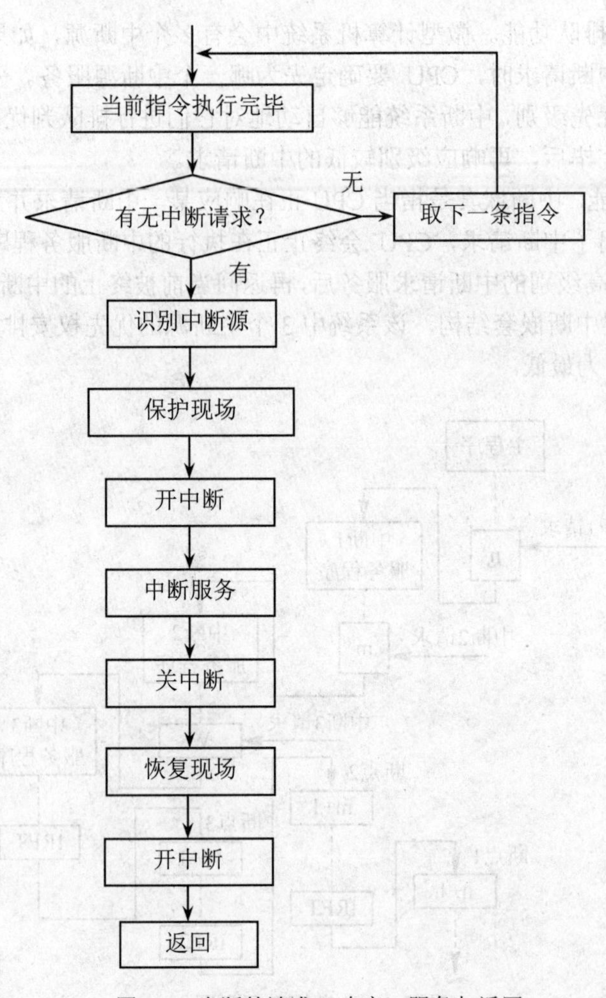

图 8-3 中断的请求、响应、服务与返回

（1）识别中断源。CPU 响应外部设备的中断请求时，必须识别出是哪一台外设请求中断，然后再转入对应于该设备的中断服务程序。

（2）保护现场。CPU 响应中断后，要自动完成寄存器 CS、IP 以及标志寄存器 FLags 的保护，通常采用入栈指令 PUSH 将这些寄存器的内容压入堆栈，保证中断服务程序执行完毕返回到主程序后能正确执行后续内容。

（3）开中断。某些情况下为能够实现中断嵌套，使系统可处理比当前中断优先级别更高的中断请求，需在适当位置安排一条开中断指令，使系统处于开中断状态，随时可对优先级别更高的中断作出响应和处理。

（4）中断服务。CPU 通过执行一段特定程序来完成对中断情况的处理。如传送数据、处理掉电故障、各种错误处理等。

（5）中断返回。中断服务程序的最后一条指令是中断返回指令 IRET。CPU 执行该指令时会自动把断点地址从堆栈中弹出到 CS 和 IP，原来的标志寄存器内容弹回 FLags，这样被中断的程序就可从断点处继续执行。

中断返回时要进行的操作有：关中断（使中断现场的恢复工作能顺利进行）、恢复现场（在返回主程序之前将用户保护的内容从堆栈中弹出）、开中断（与前面的关中断相对应，使 CPU 能够继续接收中断请求）。

8.1.3　中断优先级的排队及判别

当系统中有多个中断源时，其中断请求信号都送到 CPU 同一引脚上申请中断服务，这就要求 CPU 能识别出是哪些中断源在申请中断，同时比较它们的优先权，从而决定先响应哪一个中断源的中断请求。

另外，CPU 正在处理中断时，也可能要响应更高级的中断请求，并屏蔽同级或较低级的中断请求，这些都需要分清各中断源的优先权。

中断源的优先级判别一般可采用软件优先级排队和硬件优先级排队两种方法。

1. 软件优先级排队

软件优先级排队是指各个中断源的优先权由软件安排。图 8-4 所示电路是一种配合软件优先级排队使用的电路，图中各中断源的优先权不是由硬件电路安排，而是由软件安排。

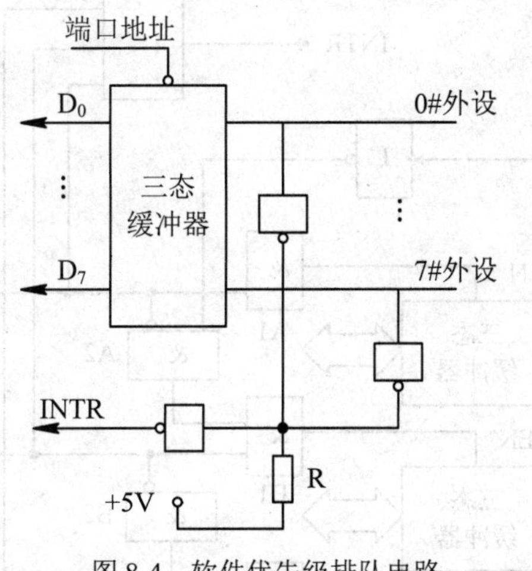

图 8-4　软件优先级排队电路

图 8-4 中，若干个外设的中断请求信号相“或”后，送至 CPU 中断接收引脚（如 INTR）。这样，只要任一外设有中断请求，CPU 便可响应中断。在中断服务子程序前可安排一段优先级查询程序，即 CPU 读取外设中断请求状态端口，然后根据预先确定的优先级级别逐位检测各外设的状态，若有中断请求就转到相应的处理程序入口。

查询流程如图 8-5 所示。查询的顺序反映了各个中断源的优先权的高低。显然，最先查询的外设，其优先权级别最高。这种方法的优点是节省硬件，优先权安排灵活；缺点是查询需要耗费时间，在中断源较多的情况下，查询程序较长，可能影响中断响应的实时性。

2. 硬件优先级排队

硬件优先级排队是指利用专门的硬件电路或中断控制器对系统中各中断源的优先权进行安排。

链式优先权排队电路是一种简单的中断优先权硬件排队电路，又称为菊花环式优先权排队电路，它是利用外设连接在排队电路的物理位置来决定其中断优先权的，排在最前面的优先权最高，排在最后面的优先权最低，电路如图 8-6 所示。

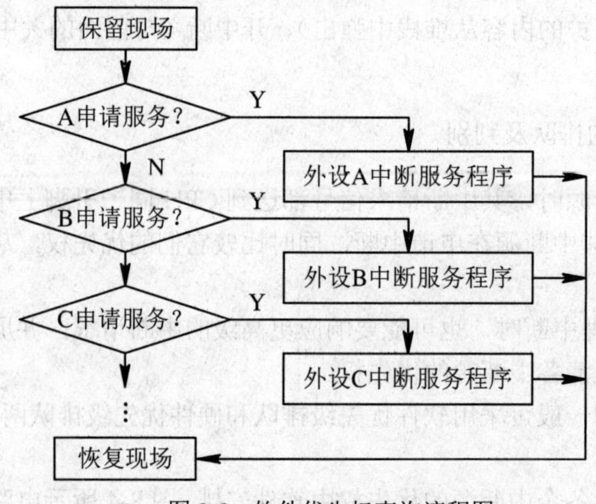

图 8-5 软件优先权查询流程图

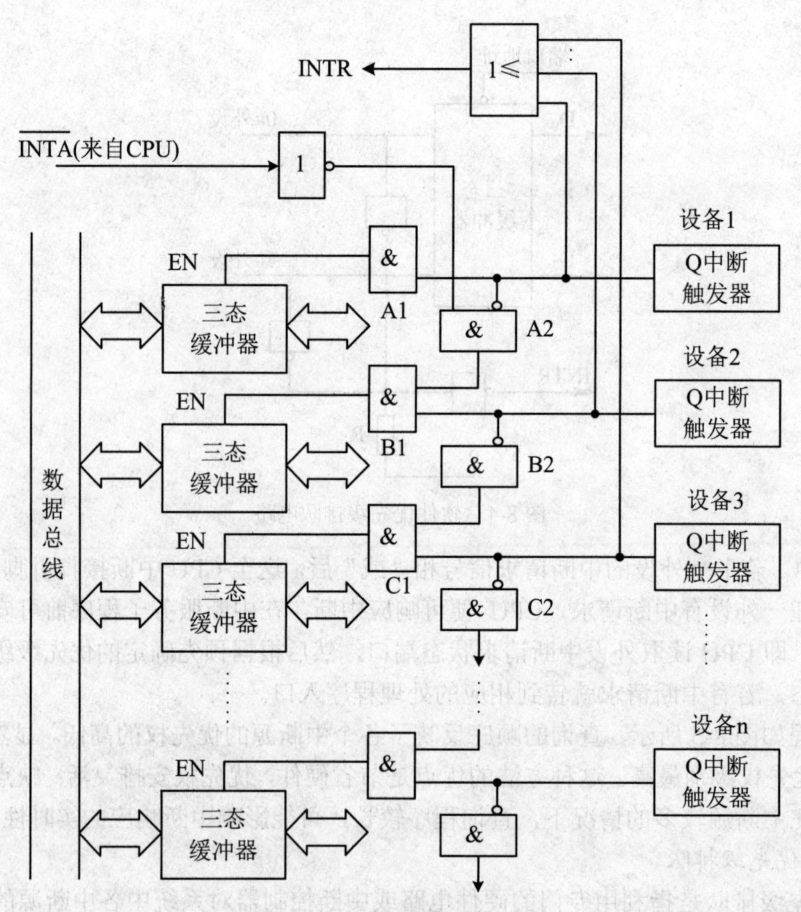

图 8-6 链式优先权排队电路

当有多个外设发出中断请求时，由中断请求信号或电路产生 INTR 信号送至 CPU。CPU 在现行指令执行完毕后响应该中断，发出中断响应信号 $\overline{\text{INTA}}$，该信号传送到优先权最高的设备 1。当设备 1 有中断请求时，中断触发器输出为高电平，与门 A_1 输出高电平，设备 1 的数据允许线 EN 变为有效，将中断类型码经数据总线送入 CPU，控制中断矢量 l 信号的发出。CPU 收到该信号后转至设备 1 的中断服务程序入口。同时 A_2 经反相器输出为低电平，中断响应信号在 A_2 处被封锁，使 B_1、B_2、C_1、C_2 等所有下面各级输出全为低电平，信号 $\overline{INTA}$ 不再下传，其余设备得不到 CPU 的中断响应信号，即屏蔽了所有的低级中断。

如果设备 1 没有中断请求，则中断触发器输出为低电平，此时 A_2 输出为高电平，中断响应信号可以通过 A_2 传给下一设备 2，其余各级依次类推。

在链式优先权排队电路中，如果上一级的中断响应输出信号为低电平，则屏蔽了本级和所有的低级中断。如果上一级的中断响应输出信号为高电平，在本级有中断请求时转去执行本级的中断服务程序，且使本级传递至下级的中断响应输出为低电平，屏蔽所有低级中断；若本级没有中断请求，则允许下一级中断。可见，在链式电路中排在最前面的中断源优先权是最高的。

3. 中断优先权的判别

多个中断源同时请求中断时，CPU 须先确定为哪一个中断源服务。采用软件查询中断方式时，中断优先权由查询顺序决定，最先查询的中断源具有最高的优先权。该方法的优点是电路比较简单，缺点是当中断源个数较多时，由逐位检测查询到转入相应的中断服务程序所耗费的时间较长，中断响应速度较慢，服务效率低。

采用可编程中断控制器（如 8259A）是当前微型计算机系统中解决中断优先权管理的常用方法。中断控制器包括中断优先权管理电路、中断请求寄存器、中断类型寄存器、当前中断服务寄存器以及中断屏蔽寄存器等部件。其中的中断优先权管理电路用来对所处理的各个中断源进行优先权判断，并根据具体情况预先设置优先权。实际上中断控制器也可以认为是一种接口，外设提出的中断请求经该环节处理后，再决定是否向 CPU 传送，CPU 接受中断请求后的中断响应信号也送给该环节处理，以便得到相应的中断类型码。有关 8259A 中断控制器及其应用可参见 8.3 节。

8.2　8086 中断系统

Intel 8086 微型计算机的中断系统简单而且灵活，最多可处理 256 种不同的中断类型，每个中断源都有相应的中断类型码（0～255）供 CPU 识别。中断可以由外部设备启动，也可以由软件中断指令启动，在某些情况下还可由 CPU 自身启动。8086 采用了矢量型的中断结构，这种中断结构响应速度快。

8.2.1　中断的类型

一般情况下，中断源可来自 CPU 外部，也可来自 CPU 内部，按引起中断事件所处的地点可分为外部中断和内部中断两种，如图 8-7 所示。

外部中断也称硬件中断，是由 CPU 外部中断请求信号触发的一种中断，分为非屏蔽中断 NMI 和可屏蔽中断 INTR。

内部中断也称软件中断，是为了处理程序运行过程中发生的一些意外情况或调试程序而提供的中断。通常有除法出错中断、INTO 溢出中断、INT n 指令中断、断点中断和单步中断等。

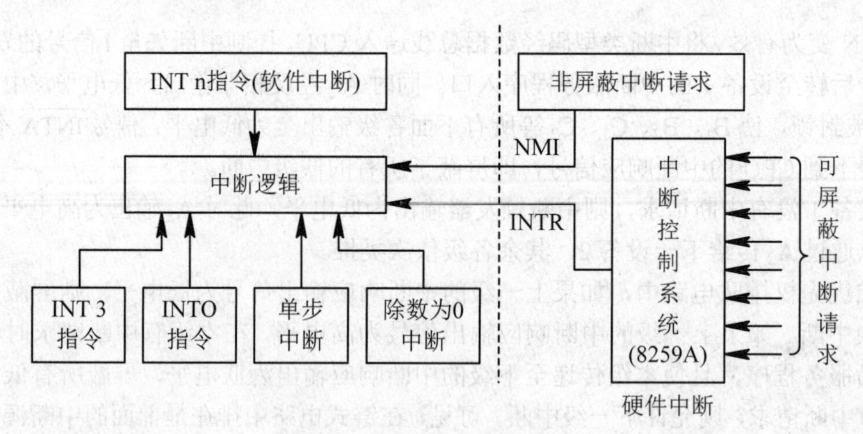

图 8-7　8086 系统中断的分类

1. 硬件中断

硬件中断由外部硬件产生，8086CPU 有 NMI 和 INTR 两条外部中断请求信号线，分别接收非屏蔽中断和可屏蔽中断请求信号。

（1）非屏蔽中断请求 NMI。NMI 信号不受中断允许标志位 IF 的影响，在 IF=0 关中断的情况下，CPU 也能在当前指令执行完毕后就响应 NMI 上的中断请求。

Intel 公司在设计 8086CPU 芯片时，已将 NMI 的中断类型码定为 2，所以 CPU 响应非屏蔽中断时，不要求中断源向 CPU 提供中断类型码，也不执行中断响应周期。CPU 接收到 NMI 提供的中断请求以后，将自动按中断类型码 2 转入相应的 NMI 中断服务程序。

实际系统中，非屏蔽中断通常用来处理系统中出现的重大事故和紧急情况，如系统掉电处理、紧急停机处理等。

（2）可屏蔽中断 INTR。INTR 信号采用电平触发方式，高电平有效。CPU 在当前指令周期的最后一个 T 状态采样 INTR 中断请求线，若发现有可屏蔽中断请求，CPU 将根据中断允许标志位 IF 的状态决定是否响应。如果 IF=0，表示 CPU 关中断，会屏蔽 INTR 线上的中断请求；如果 IF=1，表示 CPU 开中断，允许 INTR 线上的中断请求，CPU 执行完现行指令后会转入中断响应周期。

可用 STI 指令设置中断允许标志位 IF 的状态，使其置“1”，也可用 CLI 指令使其置“0”。因此，可由软件来控制可屏蔽中断请求。当系统复位后或当 8086 响应中断请求后，都会使 IF=0。

Intel 公司设计了专用的可编程中断控制器 8259A 用来管理多个外部中断。8259A 的 8 级中断请求输入端 IR_0～IR_7 依次接收需要请求中断的外部设备，这些设备请求中断时，请求信号输入 8259A 的 IR 端，由 8259A 根据优先权和屏蔽状态决定是否发出中断请求输出信号 INT 到 CPU 的 INTR 端。

2. 软件中断

软件中断是 CPU 根据某条指令或者对标志寄存器的某个标志位的设置而产生的，由于它与外部电路无关，故也称为内部中断。

在 8086 系统中，内部中断主要有以下几种：

（1）除法出错中断。执行除法指令时，若发现除数为 0 或商超过了目的寄存器所能表达的范围，则 CPU 会立即产生一个中断类型码为 0 的内部中断，该中断称为除法出错中断，一般该中断的服务处理都由操作系统安排。

（2）INTO 溢出中断。若算术运算结果使溢出标志位 OF="1"，则执行 INTO 指令后立即产生一个中断类型码为 4 的内部中断。与除法出错中断不同的是溢出状态不会自动产生中断请求，OF="1"仅是一个必要条件。

（3）INT n 指令中断。这是 8086 指令系统中的中断指令，其中 n 为中断类型码（范围为 0～255）。CPU 每执行一条这种指令就会发生一次中断。用户可以用 INT n 指令方便地调用不同类型码所代表的中断服务程序。

（4）断点中断。在 8086CPU 的指令系统中有一条用于程序调试的中断指令 INT 3。该指令会产生一个中断类型码为 3 的内部中断，可用它在程序中设置一个程序断点，当程序执行到该断点处时，CPU 就会转去执行一个断点中断服务程序，以进行某些特定的检查和处理。

（5）单步中断。当标志寄存器中的 TF="1"时，CPU 就处于单步工作方式。CPU 在每条指令执行完后自动产生中断类型码为 1 的内部中断，把标志寄存器的内容和断点压入堆栈，然后将 TF 和 IF 清零。单步中断过程结束时，由中断返回指令 IRET 从堆栈中将原来保存的标志内容弹出堆栈，恢复到标志寄存器中，此时 TF=1，使 CPU 返回单步工作方式，当下一条指令执行后又产生新的单步中断。单步中断是一种常用的调试工具，它可以提供逐条指令观察系统操作的"窗口"。

8086 指令系统中的 PUSHF 和 POPF 为程序员提供了置位或复位 TF 的手段。例如，若 TF=0，下列指令序列可使 TF 置位：

```
PUSHF
POP    AX
OR     AX,0100H
PUSH   AX
POPF
```

概括来讲，软件中断具有以下几方面特点：

- 中断由 CPU 内部引起，中断类型码的获得与外部无关，CPU 不需要执行中断响应周期去获得中断类型码，中断矢量号由 CPU 自动提供。
- 除单步中断外，内部中断无法用软件禁止，不受中断允许标志位的影响，即都不能通过执行 CLI 指令使 IF 位清零来禁止对它们的响应。
- 除单步中断外，任何内部中断的优先权都比外部中断高。8086CPU 的中断优先权顺序为：内部中断（除法出错中断、INT n 指令中断、INTO 溢出中断、断点中断）、NMI 中断、INTR 中断和单步中断。
- 内部中断没有随机性，这一点与调用子程序非常相似。

3. 中断调用和返回指令

在内部中断中，软件中断是通过专门的指令发生的，这种指令就是软中断指令，包括中断调用指令 INT n 和中断返回指令 IRET。

（1）中断调用指令 INT n。

该指令的执行操作为：

- 堆栈指针 SP 减 2，标志寄存器内容入栈，然后使 TF=0、IF=0，以屏蔽中断。
- 堆栈指针 SP 再次减 2，CS 寄存器内容入栈。
- 用中断类型码 n 乘 4，计算中断向量地址，将向量地址的高位字内容送入 CS。

- 堆栈指针 SP 再次减 2，IP 寄存器内容入栈。将向量地址的低位字内容送入 IP。
- CPU 开始执行中断服务程序。

其中，n 为中断类型码，是 0～255 的常数。

每执行一条软中断指令，CPU 就会转向一个中断服务程序，在中断服务程序的结束部分执行 IRET 指令返回主程序。

程序员编写程序时，也可以把常用的功能程序设计为中断处理程序的形式，用 INT n 指令调用。

【例 8.1】若设内存的 84H～87H 这 4 个单元中依次存放的内容为 02H、34H、C8H、65H。分析中断调用指令 INT 21H 的功能和操作过程。

解：该指令调用中断类型号 n 为 21H 的中断服务程序。

执行时，先将标志寄存器入栈，然后清标志 TF、IF，阻止 CPU 进入单步中断，再保护断点，将断点处下一条指令地址入栈，即 CS、IP 入栈。

计算向量地址：21H×4=84H，从该地址取出 4 个字节数据，分别送 IP 和 CS。

接着执行：（IP）←3402H，（CS）←65C8H。

最后，CPU 将转到逻辑地址为 65C8H:3402H 的单元去执行中断服务程序。

（2）IRET 中断返回指令。

该指令的执行操作为：

- 从堆栈中取出 INT 指令保存的返回地址偏移量送入 IP，然后使 SP 加 2。
- 从堆栈中取出 INT 指令保存的返回地址段地址送入 CS，然后使 SP 加 2。
- 从堆栈中取出 INT 指令保存的标志寄存器值送入标志寄存器，然后使 SP 加 2。

IRET 指令执行后，CPU 返回到 INT 指令后面的一条指令。

需要注意：INT n 指令位于主程序中，而 IRET 指令位于中断服务程序中。

8.2.2 中断的响应过程

8086 系统中各种中断响应和处理过程是不相同的，其主要区别在于如何获取相应的中断类型码。

1. 软件中断响应过程

对于专用中断，中断类型码是自动形成的，而对于 INT n 指令，其类型码即为指令中给定的 n。

在取得了类型码后的处理过程如下：

（1）把类型码乘 4，作为中断向量表的指针。

（2）把 CPU 的标志寄存器入栈，保护各个标志位。

（3）清除 IF 和 TF 标志，屏蔽新的 INTR 中断和单步中断。

（4）保存断点，即把断点处的 IP 和 CS 值压入堆栈，先压入 CS 值，再压入 IP 值。

（5）从中断向量表中取出中断服务程序的入口地址，分别送至 CS 和 IP 中。

（6）按新的地址指针执行中断服务程序。

在中断服务程序中，通常要保护现场，进行相应的中断处理，然后恢复现场，最后执行中断返回指令 IRET。IRET 的执行将使 CPU 按次序恢复断点处的 IP 和 CS 值以及标志寄存器，使程序恢复到断点处继续执行。

2. 硬件中断响应过程

（1）非屏蔽中断响应。当 CPU 采样到非屏蔽中断请求时，自动提供中断类型码 2，然后根据中断类型码查到中断向量表指针，其后的中断处理过程与内部中断一样。

（2）可屏蔽中断响应。当 INTR 信号有效时，如果中断允许标志 IF=“1”，则 CPU 就会在当前指令执行完毕后响应外部的中断请求，转入中断响应周期。

中断响应周期有两个，每个响应周期都由 4 个 T 状态组成。CPU 在每个响应周期都从 $\overline{\text{INTA}}$ 引脚上发出一个负脉冲的中断响应信号。

中断响应的第一个总线周期用来通知请求中断的外设，CPU 已准备响应中断，要准备好中断类型码。

在第二个总线响应周期中，要求请求中断的外设在接到第二个负脉冲以后（第二个中断响应周期的 T3 状态前），立即把中断类型码通过数据总线传送给 CPU。CPU 在 T4 状态的前沿采样数据总线，获取中断类型码，如图 8-8 所示。其后的中断响应过程和内部中断一样。

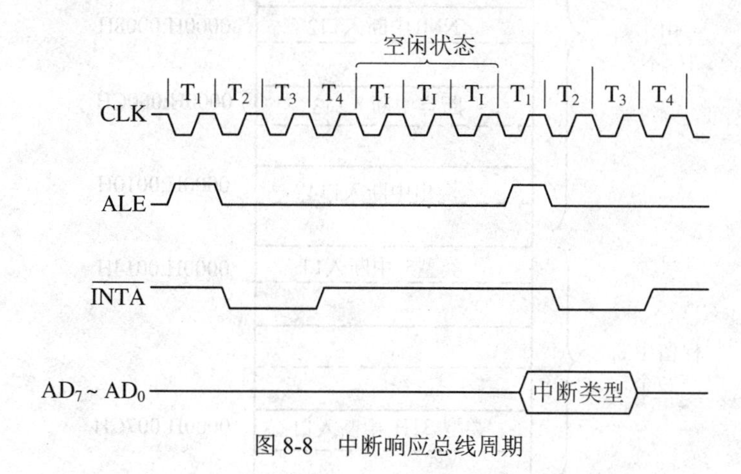

图 8-8　中断响应总线周期

当一个可屏蔽中断被响应时，CPU 实际执行的有 7 个总线周期：

（1）执行 2 个中断响应总线周期，CPU 获得相应的中断类型码，将它左移 2 位形成中断向量表指针，存入暂存器。

（2）执行 1 个写总线周期，把标志寄存器 FR 的内容压入堆栈。同时，置中断允许标志 IF 和单步标志 TF 为 0，以禁止中断响应过程中其他可屏蔽中断的进入，同时也禁止了中断处理过程中出现单步中断。

（3）执行 2 个写总线周期，把断点地址的内容压入堆栈。

（4）执行 1 个读总线周期，从中断向量表中取出中断处理子程序入口地址的偏移量送到 IP 寄存器中。

（5）执行 1 个读总线周期，从中断向量表中取出中断处理子程序入口地址的段基地址送到 CS 寄存器中。

8.2.3　中断向量表

所谓中断向量，实际上就是中断服务程序的入口地址。通常在内存的最低 1 KB 区域（00000H～003FFH）建立一个中断向量表，分成 256 个组，存放着 256 个中断服务程序入口地址（即中断向量），每个中断向量为 4 个字节，分别存放中断服务程序的段地址和段内偏移量。两个高字节用于存放中断服务程序的段地址，两个低字节用于存放中断服务程序的偏移量。

在执行 INT 指令时，CPU 对断点及现场状态进行保护之后，将中断指令中的中断类型号乘上 4，便为中断向量表的入口地址。取出相继的 4 个字节单元的内容，即为中断服务程序入口地址，并送入 IP 和 CS，以完成中断调用。

8086 中断向量表如图 8-9 所示。从图中可知，中断向量表分为专用中断、保留中断和用户中断三部分。

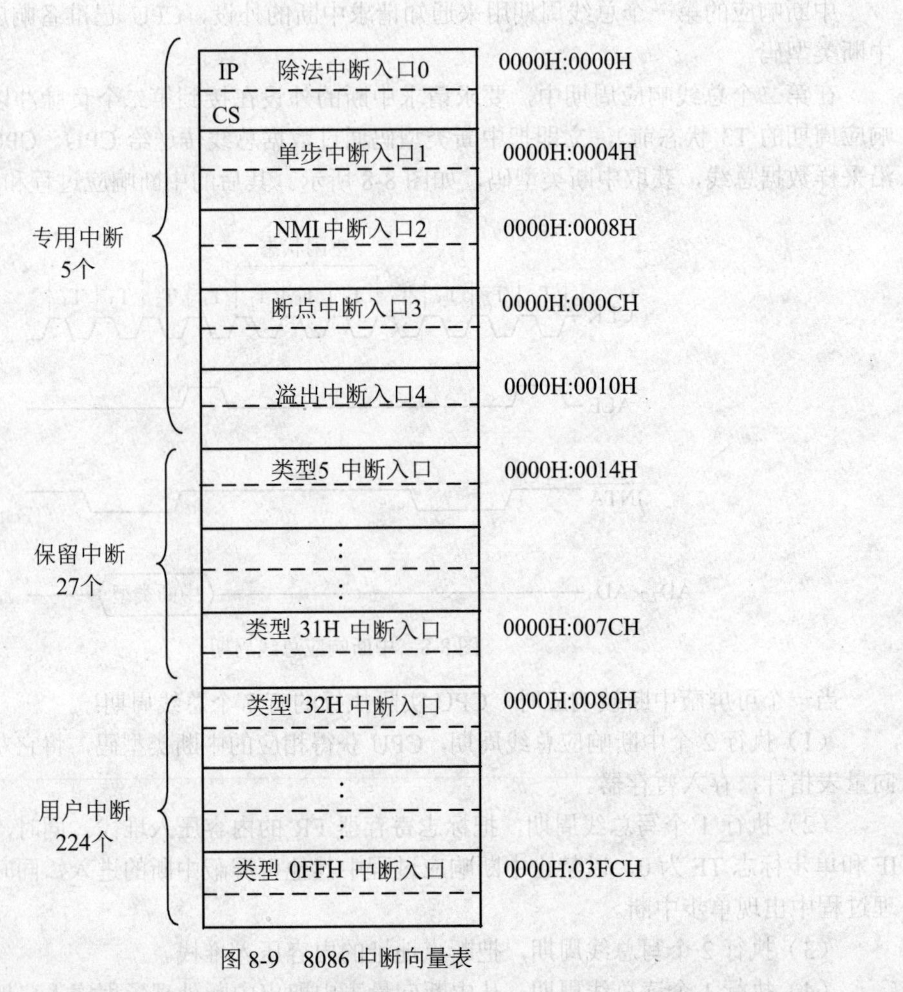

图 8-9　8086 中断向量表

（1）专用中断。类型 0～4，共有 5 种类型。其中断服务程序的入口地址由系统负责装入，用户不能随意修改。

（2）保留中断。类型 5～3FH，共有 27 种类型。是为软、硬件开发保留的中断类型，一般不允许用户改作其他用途。如类型 10H～1FH 为 ROMBIOS 中断，类型 21H 为 DOS 功能调用。

（3）用户中断。类型 40H～FFH，共有 224 种类型。是用户可用的中断，中断服务程序入口地址由用户程序装入。这些中断可由用户用 INT n 指令定义为软中断，也可通过 INTR 引脚或通过 8259A 引入可屏蔽中断。

8.2.4 中断管理

8086CPU 可管理 256 种中断。在 8086 中断系统中，无论是外部中断还是内部中断，系统都分配给每一个中断源一个确定的中断类型码，其长度为一个字节，故系统中最多允许有 256 个中断源。

每一种中断类型码都可以与一个中断服务程序相对应。中断服务程序存放在存储区域内，而中断服务程序的入口地址存放在内存储器的中断向量表内。当 CPU 处理中断时，就需要指向中断服务程序的入口地址。8086 以中断向量为索引号，从中断向量表中取得中断服务程序的入口地址。

1. 中断服务入口地址的确定

按照中断类型码的序号，对应的中断向量在中断向量表中按规则顺序排列，中断类型码与中断向量在向量表中的位置之间的对应关系为：

中断向量地址指针=4×中断类型码

当发生中断向量号为 n 的中断请求时，CPU 首先把向量号乘以 4，得到中断向量表的地址，然后把中断向量表 4n 地址开始的两个低字节单元内容装入 IP 寄存器，再把两个高字节单元内容装入 CS 寄存器，这样就把控制引导到类型 n 的中断服务程序的起始地址，开始类型 n 的中断处理过程。

【例 8.2】给定中断类型码为 20H 的中断源对应的中断向量存放在内存的 0080H 开始的 4 个单元中。这 4 个单元中存放的值分别为 10H、21H、32H、45H。确定中断调用指令 INT 20H 的中断服务入口地址。

解：执行中断调用指令 INT 20H，由于调用类型号为 n=20H，则 4×20H=80H，即中断向量存放在内存的 00080H～00083H4 个连续的存储单元中。

从两个低字节单元中取出字数据 2110H 装入 IP 寄存器，从两个高字节单元中取出字数据 4532H 装入 CS 寄存器。

所以，该系统中 20H 号中断所对应的中断向量即中断处理程序的入口地址为 4532H:2110H，即 CS=4532H，IP=2110H。

2. 中断和异常

80X86 及 Pentium 等高档微处理器不仅具有前面讲到的所有中断类型，而且大大丰富了内部中断的功能，把许多执行指令过程中产生的错误情况也纳入了中断处理的范围，这类中断称为异常中断，简称异常（Exception）。有时也将软中断指令 INT n 纳入异常中断的范围。

异常分为失效（Faults）、陷阱（Traps）和中止（Abort）三类。这三类异常的差别表现在两个方面：一是发生异常的报告方式，二是异常中断服务程序的返回方式。

（1）失效。若某条指令在启动之后，真正执行之前被检测到异常，产生异常中断，而且在中断服务完成后返回该指令，重新启动并执行完成，这类异常就是失效。例如，在读虚拟存储器时，首先产生存储器页失效或段失效，此时中断服务程序立即按被访问的页或段将虚拟存储器的内容从磁盘上转移到物理内存中，然后再返回主程序中重新执行这条指令，程序正常执行下去。

（2）陷阱。产生陷阱的指令在执行后才被报告，且其中断服务程序完成后返回到主程序中的下一条指令。例如用户自定义的中断指令 INT n 就属于此类型。

（3）中止。该类异常发生后无法确定造成异常指令的实际位置，例如硬件错误或系统表格中的错误值造成的异常。在此情况下原来的程序已无法执行，因此中断服务程序往往重新启动操作系统并重建系统表格。

3. 中断描述符表

为了管理各种中断，80X86 和 Pentium 等高档微处理器都设立了一个中断描述符表 IDT（Interrupt Descriptor Table）。表中最多可包含 256 个描述符项，对应 256 个中断或异常。描述符中包含了各个中断服务程序入口地址的信息。

当高档微处理器工作于实地址方式时，系统的 IDT 变为 80X86 系统中的中断向量表，置于系统物理存储器的最低地址区中，共 1KB。每个中断向量占 4 个字节，即 2 个字节的 CS 值和 2 个字节的 IP 值。当高档微处理器工作于保护方式时，系统的 IDT 可以置于内存的任意区域，其起始地址存放在 CPU 内部的 IDT 基址寄存器中。

有了这个起始地址，再根据中断或异常的类型码，即可取到相应的描述符项。每个描述符项占 8 个字节，其中包括 2 个字节的选择器和 4 个字节的偏移量，这 6 个字节共同决定了中断服务程序的入口地址；其余 2 个字节存放类型值等说明信息。得到中断服务程序的入口地址便可进行相应的中断处理。

8.3 中断控制器 8259A 及其应用

8259A 是 Intel 公司专为 8086CPU 配套的可编程中断控制器，可以管理输入到 CPU 的中断请求，实现中断优先权判别，提供中断矢量和屏蔽中断等功能。使用单一+5V 电源供电，具有多种工作方式，能适应各种系统要求。

8259A 协助 CPU 完成以下任务：

（1）接受外部设备中断请求，并能从多个中断请求信号中经优先级判别找出优先级最高的中断源，然后向 CPU 发出中断申请信号，或者拒绝外设中断申请给以中断屏蔽。一片 8259A 具有 8 级中断优先权控制，通过级联方式可扩展到 64 级中断优先权控制。

（2）每一级中断均可通过程序来单独屏蔽或允许。8259A 能对提出中断请求的外部设备进行屏蔽或开放，采用 8259A 可使系统硬中断管理无需附加其他电路，只需对 8259A 进行编程就可管理 8 级、15 级或更多的硬中断，并且还可实现向量中断和查询中断。

（3）为 CPU 提供中断类型号，在中断响应过程中能提供中断服务程序入口地址指针，这是 8259A 最突出的特点之一。CPU 在中断响应周期根据 8259A 提供的中断类型号找到中断服务程序的入口地址来实现程序转移。

8.3.1 8259A 的内部结构及引脚

1. 内部结构

8259A 的内部结构示意如图 8-10 所示，由中断服务寄存器、优先权电路、中断屏蔽寄存器、中断请求寄存器、中断控制逻辑、数据总线缓冲器、级连缓冲器/比较器和读/写控制逻辑等 8 个部分构成。

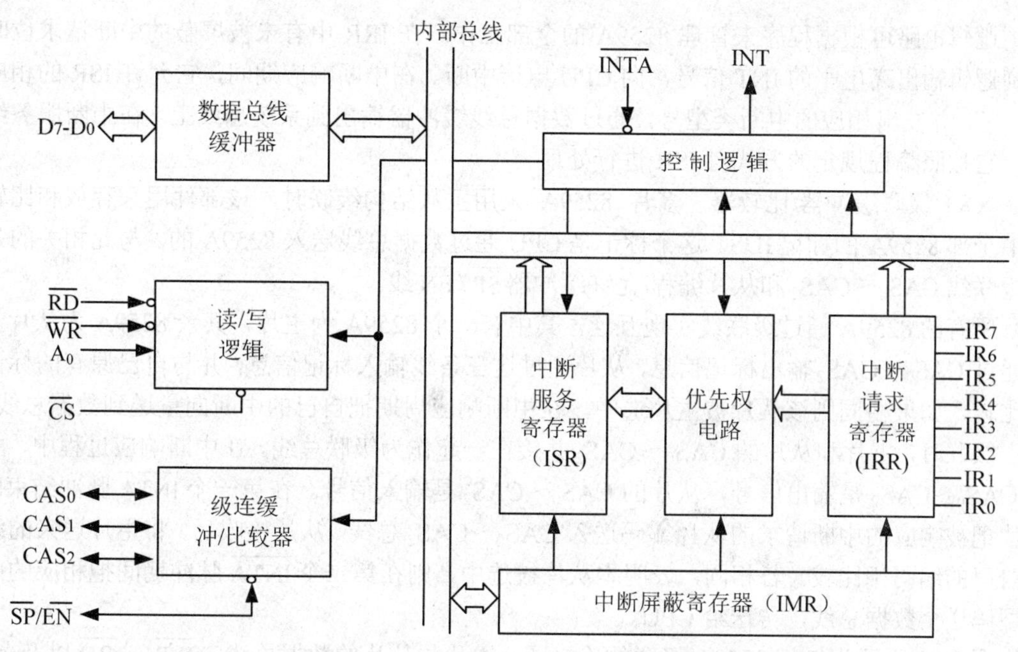

图 8-10　8259A 的内部结构示意框图

8259A 各主要部分的功能分析如下：

（1）数据总线缓冲器。8 位双向三态缓冲器，是 8259A 与系统数据总线的接口。8259A 通过它与 CPU 进行命令和数据的传送，如控制工作模式，接收传送的状态信息，在中断响应周期传送中断矢量等。

（2）读/写控制逻辑。接收来自 CPU 的读/写命令，配合 $\overline{CS}$ 端片选信号和 A_0 端的地址输入信号完成规定的操作。它把 CPU 送来的命令字传送到 8259A 中相应的命令寄存器中，再把 8259A 中控制寄存器的内容输出到数据总线上。

（3）中断屏蔽寄存器 IMR（Interrupt Mask Register）。用来存放中断屏蔽字，可由用户通过编程进行设置，对 8 级中断请求分别独立地加以禁止和允许。若某位置“1”，与之对应的中断请求被禁止。屏蔽优先权高的中断请求不影响优先权较低的中断请求线。

（4）中断请求寄存器 IRR（Interrupt Request Register）。IRR 与接口中断请求线相连，请求中断处理的外设通过 8 条外部中断请求信号 IR_0～IR_7 对 8259A 请求中断服务，每一条请求线有相应的触发器来保存请求信号，当某个输入信号为高电平时，该寄存器的相应位置“1”。

（5）中断服务寄存器 ISR（Interrupt Service Register）。用来存放所有正在进行服务的中断请求。若某位为“1”，表示正在为相应的中断源服务。在中断嵌套方式下，可将其内容与新进入的中断请求进行优先级比较，从而决定是否进行嵌套。

（6）优先权电路。用来识别各中断请求信号的优先级别。在中断响应期间，可根据控制逻辑规定的优先权级别和 IMR 的内容，把 IRR 中提出中断的优先权最高的中断请求位送 ISR。若有中断嵌套，则将后来的中断请求与 ISR 中正在被服务的优先级相比较，以决定是否向 CPU 发出中断请求。

（7）控制逻辑。8259A 控制逻辑电路中，有一组初始化命令寄存器（ICW_1～ICW_4）和一组操作命令字寄存器（OCW_1～OCW_3），这 7 个寄存器可由用户根据需要通过编程进行设置，控制逻辑电路可根据程序来管理 8259A 的全部工作。在 IRR 中有未被屏蔽的中断请求位时，控制逻辑输出高电平的 INT 信号，向 CPU 申请中断。在中断响应期间，它允许 ISR 的相应位置“1”，并发出相应的中断类型号，通过数据总线缓冲器输出到系统总线上。在中断服务结束时，它按照编程规定的方式对 ISR 进行处理。

（8）级联缓冲器/比较器。多片 8259A 采用主从结构级联时，该部件用来存放和比较系统中全部 8259A 的标记 IDS。这个标记是 CPU 通过数据总线送入 8259A 的。与此相关的是三条级联线 CAS_0～CAS_2 和从片编程/允许缓冲器 $\overline{SP}/\overline{EN}$ 线。

所有的 8259A 通过级联线实现互连，其中有一个 8259A 为主片，其余 8259A 为从片。主片通过 CAS_0～CAS_2 输出标记信息，从片通过这三条线输入标记信息，并与自己原有的标记进行比较，如果相同则该从片被主片选中，在中断响应周期把自己的中断向量送到数据总线上。

级联时，主片和从片的 CAS_0～CAS_2 并接在一起作为级联总线。在中断响应过程中，主片的 CAS_0～CAS_2 是输出信号，从片的 CAS_0～CAS_2 是输入信号。在第一个 $\overline{INTA}$ 脉冲结束时，主片把被响应的中断请求的从片编码送入 CAS_0～CAS_2 总线。从片接收后，将主片送来的编码与自己的编码相比较。若相同，表明本从片被选中，则在第二个 $\overline{INTA}$ 脉冲期间把相应的中断类型码送至数据总线，传送给 CPU。

图 8-11 所示为 3 片 8259A 级联的连接图。主片与从片的数据总线、$\overline{WR}$、$\overline{RD}$ 以及 A_0 线分别接到系统总线，片选信号 $\overline{CS}$ 分别接到对应的端口地址译码电路。

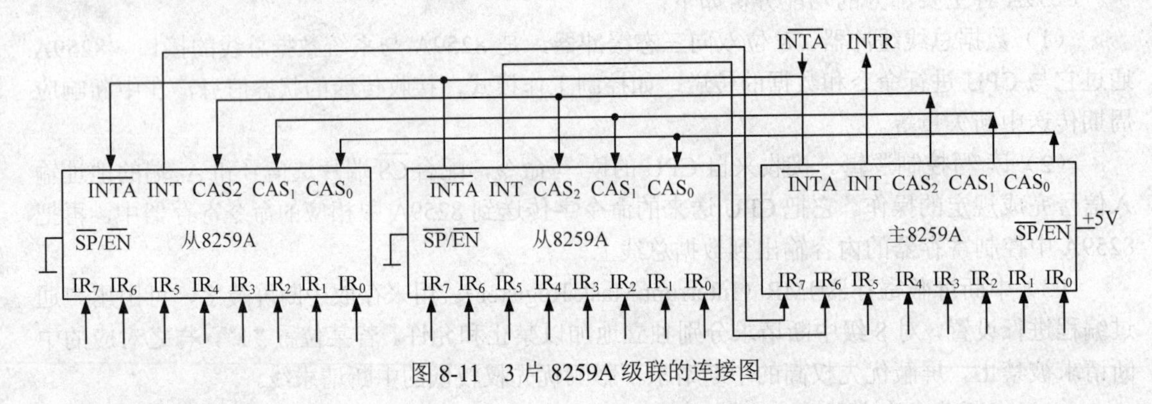

图 8-11　3 片 8259A 级联的连接图

2. 引脚说明

8259A 引脚如图 8-12 所示，各引脚功能说明如下：

（1）$\overline{CS}$：片选输入信号，低电平有效。$\overline{CS}$ 为低电平时，CPU 可以通过数据总线对 8259A 进行读/写操作。当进入中断响应时，该引脚状态与进行的中断处理无关。

（2）$\overline{WR}$：写控制信号，低电平有效。该信号有效时，CPU 可向 8259A 写入命令控制字。

（3）$\overline{RD}$：读控制信号，低电平有效。该信号有效时，8259A 将状态信息送至数据总线供 CPU 检测。

（4）D_0～D_7：双向三态数据线。直接与系统数据总线相接，用来传送控制、状态和中断类型码等信息。

（5）CAS_0～CAS_2：级联信号线。对于主片，这三个信号是输出信号，根据它们的不同组合 000～111，分别确定连在哪个 IR_i 上的从片工作。对于从片，这三个信号是输入信号，以此判别本从片是否被选中。

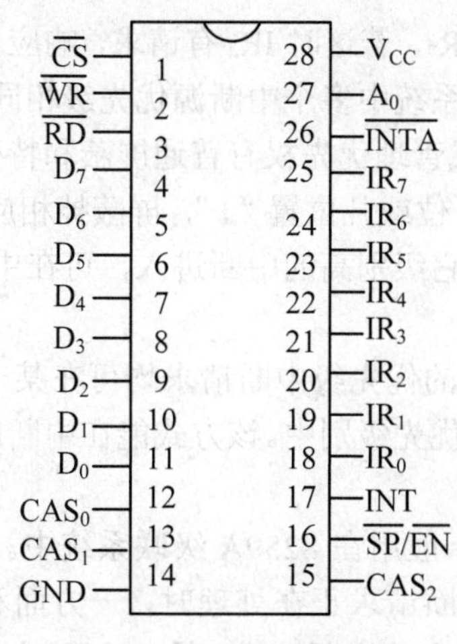

图 8-12　8259A 引脚图

（6）IR_0～IR_7：外设中断请求信号线。由外设传给 8259A。8259A 规定的中断优先级顺序为 IR_0＞IR_1＞ … ＞IR_7。

（7）$\overline{SP}/\overline{EN}$：从片编程/允许缓冲器，双向，低电平有效。这条信号线有两种功能：当工作在缓冲方式时，它是输出信号，用作允许缓冲器接收和发送的控制信号（$\overline{EN}$）；当工作在非缓冲器方式时，它是输入信号，用来指明该 8259A 是作为主片工作（$\overline{SP}/\overline{EN}=1$），还是作为从片工作（$\overline{SP}/\overline{EN}=0$）。

（8）INT：中断请求输出信号，与 CPU 的中断输入端 INTR 连接。由 8259A 传给 CPU，或由从片 8259A 传给主片 8259A。

（9）$\overline{INTA}$：中断响应输入信号，接收 CPU 送来的中断响应信号。

（10）A_0：内部寄存器选择控制信号。与 $\overline{CS}$、$\overline{WR}$、$\overline{RD}$ 一起用来对寄存器进行选择，表示正在访问 8259A 的哪个端口，通常接地址总线的 A_0。8259A 规定，当 A_0="0"时，对应的寄存器为 ICW_1、OCW_2 和 OCW_3；当 A_0="1"时，对应的寄存器为 ICW_2～ICW_4 和 OCW_1。

8.3.2　8259A 的中断管理

中断优先级的管理是中断管理的核心问题，而 8259A 具有非常灵活的中断管理方式，能够满足用户的各种不同要求。8259A 对中断的管理主要有对优先权的管理和对中断结束的管理。

1. 中断优先权的管理

8259A 对中断优先权的管理可分为以下 4 种情况：

（1）完全嵌套方式。是 8259A 最常用的工作方式，此方式下 8259A 的中断请求输入端引入的中断具有固定的优先权排队顺序，IR_0 为最高优先级，IR_1 为次高优先级，依次类推，IR_7 为最低优先级。CPU 响应中断时，8259A 把申请中断的优先权最高的中断源在 ISR 中的相应位置"1"，而且把它的中断类型码送数据总线。

在此中断源的中断服务程序完成之前，与它同级或优先权更低的中断源的申请就被屏蔽，只有优先权比它高的中断源的申请才会被允许。

（2）自动循环方式。这种方式下，从 IR_0～IR_7 引入的中断源轮流具有最高优先权，当任何一级中断被处理完后，它的优先级别就变为最低，而最高优先级分配给该中断的下一级中断。

如初始优先级队列为 IR_0、IR_1…IR_7，若这时 IR_4 有请求，响应 IR_4 后优先级队列变为 IR_5、IR_6、IR_7、IR_0…IR_4。该方式一般用在系统中多个中断源优先级相同的场合。

（3）中断屏蔽方式。该方式管理优先权有普通屏蔽和特殊屏蔽两种方法。

普通屏蔽是在 IMR 中将某一位或几位置“1”，屏蔽掉相应级别的中断请求。如 CPU 在执行某一级中断服务中，为禁止比它级别高的中断进入，可在中断服务程序中将 IMR 中相应位置“1”而加以屏蔽。

特殊屏蔽是指所有未被屏蔽的优先级中断请求均可在某个中断过程中被响应，即低优先级别的中断可进入正在服务的高优先级别中。该方式能在中断服务程序执行期间动态地改变系统的优先结构。

（4）特殊完全嵌套方式。一般用在 8259A 级联系统中。将主片 8259A 编程为特殊完全嵌套方式，当来自某一从片的中断请求正在处理时，一方面和普通完全嵌套方式一样，开放来自优先级较高的主片其他引脚上的中断请求；另一方面对来自同一从片的较高优先级请求也会开放。

特殊完全嵌套方式与完全嵌套方式的区别是：当处理某一级中断时如有同级中断请求也会给予响应，从而实现对同级中断请求的特殊嵌套；而在完全嵌套方式中，只有更高级的中断请求到来时才可中断嵌套，对同级中断请求则不会响应。

2. 中断结束（EOI）的管理

当 8259A 响应某一级中断而为其服务时，中断服务寄存器 ISR 的相应位置“1”，当有更高级的中断请求进入时，ISR 相应位又要置“1”。因此，中断服务寄存器 ISR 中可有多位同时置“1”。中断服务结束时，ISR 相应位应清零，以便再次接收同级别的中断。中断结束的管理就是用不同的方式使 ISR 相应位清零，并确定随后的优先权排队顺序。

8259A 中断结束的管理有以下 3 种方式：

（1）自动中断结束方式。此方式下，系统一进入中断过程，则在第二个中断响应信号 INTA 结束时，8259A 自动将 ISR 寄存器相应置“1”位清零。中断服务程序结束时，不需要向 8259A 送 EOI 命令，这是一种最简单的结束方式。

（2）普通中断结束方式。用在完全嵌套方式下，当 CPU 向 8259A 发出中断结束命令时，8259A 将 ISR 寄存器中级别最高的位复位，即当前正在进行的中断服务结束。该方式的设置很简单，只要在程序中给 8259A 的偶地址窗口输出一个操作命令字 OCW_2，并使 OCW_2 中的 EOI=“1”，SL=“0”，R=“0”即可。

（3）特殊中断结束方式。用于 8259A 有级联的情况，CPU 应发出两个 EOI 命令，一个送给主片 8259A，用来将主片 8259A 的 ISR 寄存器相应位清零；另一个送给从片 8259A，用来将从片 8259A 中的 ISR 寄存器相应位清零。

3. 连接系统总线的方式

8259A 与系统总线的连接分为缓冲方式和非缓冲方式。

（1）缓冲方式。在多片 8259A 级联的大系统中，8259A 通过总线驱动器与系统数据总线相连，这就是缓冲方式。该方式下，需考虑对总线驱动器的启动问题。为此，将 8259A 的 $\overline{SP}/\overline{EN}$ 端和总线驱动器的允许端相连。8259A 工作在缓冲方式时，会在输出状态字或中断类型码的同时，从 $\overline{SP}/\overline{EN}$ 端输出一个低电平，此低电平正好可作为总线驱动器的启动信号。

（2）非缓冲方式。当系统中只有单片 8259A 时，一般要将它直接与数据总线相连；在一些不太大的系统中，即使有几片 8259A 工作在级联方式，只要片数不多，也可将 8259A 直接与数据总线相连。上述两种情况下的 8259A 就工作在非缓冲方式。此时，8259A 的 $\overline{SP}/\overline{EN}$ 端作为输入端，当系统中只有单片 8259A 时，其 $\overline{SP}/\overline{EN}$ 端必须接高电平；当有多片 8259A 时，主片的 $\overline{SP}/\overline{EN}$ 端接高电平，从片的 $\overline{SP}/\overline{EN}$ 端接低电平。

4. 8259A 的中断响应过程

8086 系统中应用 8259A 进行中断控制时，其中断响应的过程如下：

（1）当中断请求线 IR_0～IR_7 中有 1 条或若干条变为高电平时，表示有中断请求，使中断请求寄存器 IRR 的相应位置位。

（2）当 IRR 的某一位被置“1”后，就会与 IMR 中相应的屏蔽位进行比较，若该屏蔽位为 1，则封锁该中断请求；若该屏蔽位为 0，则中断请求被发送给优先权电路。

（3）优先权电路接收到中断请求后，分析它们的优先权，把当前优先权最高的中断请求信号由 INT 引脚输出，送到 CPU 的 INTR 端。

（4）若 CPU 处于开中断状态，则在当前指令执行完后，发出 $\overline{INTA}$ 中断响应信号。

（5）8259A 接收到第一个 $\overline{INTA}$ 有效信号后，使最高优先级的 ISR 置位，对应的 I RR 位复位。

（6）8259A 在第二个 $\overline{INTA}$ 信号有效时，把中断类型号送上数据总线，供 CPU 读取。

（7）CPU 收到中断类型号，将它乘以 4 得到中断向量表地址，然后转至中断服务程序进行相应处理。如果 8259A 工作于自动中断结束方式，则第二个 $\overline{INTA}$ 结束时，相应 ISR 位被清零。在其他方式中，ISR 相应位由中断服务程序结束时发出的 EOI 命令来复位。

8.3.3　8259A 的编程及应用

8259A 是可编程中断控制器，其操作是用软件通过命令字进行控制的。

8259A 的编程包括两类：一类是初始化编程，称为初始化命令字（ICW），8259A 在进入操作前必须由初始化命令字 ICW_1～ICW_4 使它处于初始状态，对 8259A 的初始化编程是微机上电初始化时由 BIOS 完成的，用户一般不应改变；另一类是操作方式编程，称为操作控制字（OCW），在对 8259A 进行初始化之后，用这些控制字来控制 8259A 执行不同的操作方式。操作控制字可在初始化后的任何时刻写入 8259A。

1. 初始化编程

8259A 进入正常工作之前，必须将系统中的每片 8259A 进行初始化。初始化命令字用来设定 8259A 的初始状态。

8259A 有 4 个初始化命令字 ICW_1～ICW_4，它们必须按照一定的顺序输入，如图 8-13 所示。ICW_1 和 ICW_2 是必须输入的，ICW_3、ICW_4 是否要输入则由 ICW_1 的相应位来决定。当 SNGL=“0”时，需要 ICW_3 分别对主片和从片编程，其格式是不同的。当 ICW_1 的 IC_4=“1”时，需要输入 ICW_4。

CPU 向 8259A 写入命令时，A_0=0 和 D_4=1 标志着写入 ICW_1，初始化过程开始。随后写入的初始化命令字由 A_0=1 作为标志。初始化过程结束后，才能写入操作控制字。

对于初始化命令字来讲，需要完成以下几项任务：

- 设定中断请求信号的有效方式，是高电平有效还是上升沿有效。
- 确定 8259A 工作于单片方式还是工作于级联方式。

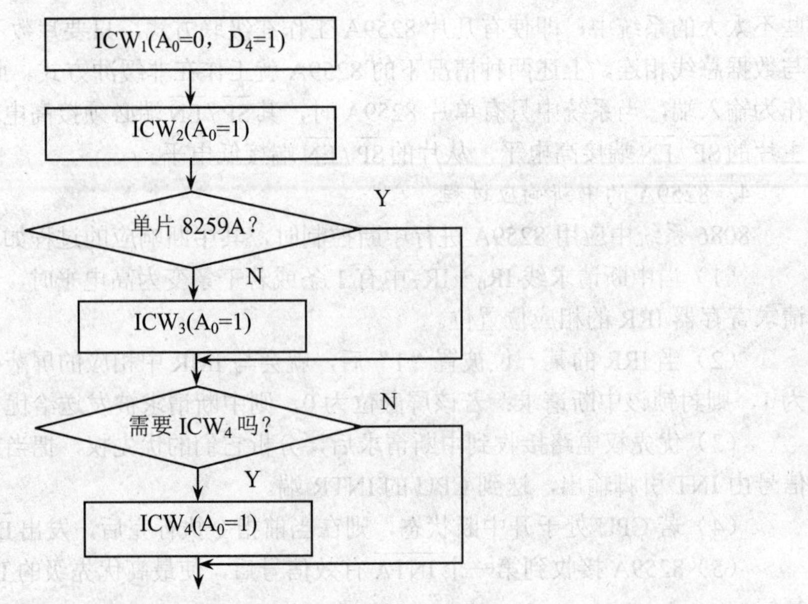

图 8-13　8259A 初始化流程图

- 若为级联工作方式，规定主片 8259A 中每个 IR 端是否带从片 8259A，从片 8259A 则要规定由主片 8259A 的哪个 IR 端引入。
- 设置中断类型码。
- 设定中断管理方式。

一旦初始化完成以后，若要改变某一个初始化命令字，则必须重新再进行初始化编程，不能只写入单独的一个初始化命令字。

8259A 中各初始化命令字的功能分析如下：

（1）ICW_1（芯片控制初始化命令字）：ICW_1 的格式如下所示，其特征是 $A_0=0$，并且控制字的 $D_4=1$。

A_0	D_7	D_6	D_5	D_4	D_3	D_2	D_1	D_0
0	A_7	A_6	A_5	1	LTIM	ADI	SNGL	IC_4

CPU 向 8259A 写命令字时，只要地址线 $A_0=0$、数据线 $D_4=1$ 时，就被 8259A 译码为 ICW_1。ICW_1 的各位定义如下：

- A_7～A_5：在 8088/8086 系统中不使用，可全写“0”。
- D_4、A_0：$D_4=1$ 和 $A_0=0$ 是 ICW_1 的标志。在初始化命令字设置完后，当 $A_0=0$ 时，$D_4=0$ 表示操作控制字 OCW_2 或 OCW_3。
- LTIM：用来设定中断请求信号的形式。如果 LTIM=0，则表示中断请求为边沿触发方式；如果 LTIM=1，则表示中断请求为电平触发方式。
- ADI：8088/8086 系统中不用，可为“0”。
- SNGL：用于指示单片或级联方式，当 SNGL=0 时为级联方式，这时在 ICW_1、ICW_2 之后要跟 ICW_3，以设置级联方式的工作状态。当 SNGL=1 时表示为单片方式，初始化过程中不需要 ICW_3。

- IC_4：用来指出初始化过程中是否设置 ICW_4。IC_4=0 表示不需要写 ICW_4；IC_4=1 表示要写 ICW_4。8088/8086 系统中 IC_4 必须置 1，即需要写 ICW_4。

（2）ICW_2（中断类型码初始化命令字）：用来规定中断类型号的字节数值。编程时规定 T_7～T_3 作为中断向量的高 5 位，低 3 位由 8259A 自动按 IR 的编码输入，即 IR_0 为 000、IR_1 为 001……IR_7 为 111，输入时地址线 A_0=1。

ICW_2 的格式如下：

A_0	D_7	D_6	D_5	D_4	D_3	D_2	D_1	D_0
1	T_7	T_6	T_5	T_4	T_3			

（3）ICW_3（主/从片初始化命令字）：是标志主片/从片的初始化命令字。只有在一个系统中包含多片 8259A 时，ICW_3 才有意义。当 ICW_1 中的 SNGL=0 时工作于级联方式，才需要写 ICW_3 设置 8259A 的状态，主片的 8259A 格式与从片的不同，对于主片，ICW_3 格式如下：

A_0	D_7	D_6	D_5	D_4	D_3	D_2	D_1	D_0
1	IR_7	IR_6	IR_5	IR_4	IR_3	IR_2	IR_1	IR_0

从上面格式可见，如果本片为主片，D_7～D_0 对应于 IR_7～IR_0 引脚上的连接情况。当某一引脚上接有从片，则对应位为 1，否则为 0。例如，当 ICW_3=F0H（11110000）时，表示 IR_7、IR_6、IR_5、IR_4 引脚上接有从片，而 IR_3、IR_2、IR_1、IR_0 引脚上没有从片。

对于从片，ICW_3 的格式如下：

A_0	D_7	D_6	D_5	D_4	D_3	D_2	D_1	D_0
1	0	0	0	0	0	ID_2	ID_1	ID_0

其中，D_7～D_3 不用，但为了和后期产品兼容，故使它们为 0。ID_2～ID_0 是从设备标志 ID 的二进制代码，其值取决于从片的 INT 脚连到主片哪个中断请求输入端。若从片 INT 接在主片的 IR_6 上，则 D_2～D_0 为“110”。主、从片的地址是不相同的，都占两个地址。

主从片的 CAS_0～CAS_2 同名脚连结在一起。主片的 CAS_0～CAS_2 作为输出。从片的 CAS_0～CAS_2 则作为输入。当第一个 $\overline{INTA}$ 到达时，主片经优先权处理后将最高优先级的从片的标识码送到 CAS_0～CAS_2 上。从片收到标识码，与自己的 ICW_3 规定的标识码比较，如果相等，则在第二个 $\overline{INTA}$ 到来时，将自己的优先权最高的中断类型号送上数据总线。

（4）ICW_4（方式控制初始化命令）：是在 ICW_1 的 IC_4＝1 时才使用，其格式如下：

A_0	D_7	D_6	D_5	D_4	D_3	D_2	D_1	D_0
1	0	0	0	SFNM	BUF	M/S	AEOI	μPM

ICW_4 的各位定义如下：

- μPM：指定 CPU 类型，μPM=0 表示 8259A 工作于 8080/8085 系统中，μPM=1 表示 8259A 工作于 8086/8088 系统中。
- AEOI：指定是否为自动中断结束方式。AEOI=1 时，为自动中断结束方式。指定这种方式时，在第二个 $\overline{INTA}$ 信号的后沿，8259A 自动使中断源在 ISR 中的相应位复位。

当 AEOI=0 时，为非自动中断结束方式。这时必须在中断服务程序结束前，由 CPU 向 8259A 发出 EOI 命令，使 ISR 中最高优先权的位复位。

- M/S：M/S=1 为主片，M/S=0 为从片。它与 BUF 配合使用，当 BUF=1 时，M/S 决定是主片还是从片；若 BUF=0，则 M/S 不起作用。
- BUF：指示 8259A 是否工作在缓冲方式，由此决定 $\overline{SP}/\overline{EN}$ 的功能。BUF=1 时，8259A 工作于缓冲方式，$\overline{SP}/\overline{EN}$ 用作允许缓冲器接收/发送的输出控制信号 $\overline{EN}$，此时，8259A 通过数据收发器与数据总线接通，进行数据传送。BUF=0 时，8259A 工作于非缓冲方式，$\overline{SP}/\overline{EN}$ 用作主片/从片的输入控制信号 $\overline{SP}$。从而决定本器件作为主片还是从片工作。$\overline{SP}$=1 时，8259A 为主片；$\overline{SP}$=0 时，8259A 为从片。
- SFNM：用来决定 8259A 在级联时是否工作于特殊完全嵌套方式。如果对主片设置 SFNM=1，就为特殊完全嵌套方式，SFNM=0，表示 8259A 工作于一般完全嵌套方式。

ICW_1～ICW_4 写入 8259A 后，IR_0 被指定为最高优先级，IR_7 最低，优先级别固定不变，8259A 的 ISR 和 IMR 被清零，处于普通屏蔽方式，对 A_0=0 的端口进行读操作时，读取的是 IRR 的状态。

8259A 在任何情况下从 A_0=0 的端口接收到一个 D_4 位为 1 的命令就是 ICW_1，后面紧跟的就是 ICW_2～ICW_4，8259A 接收完 ICW_1～ICW_4 后，就处于就绪状态，可接收来自 IR 端的中断请求。但在 8259A 工作期间，根据需要可随时利用操作命令字对 8259A 进行动态控制，以选择或改变初始化后设定的工作方式。

2. 操作控制字的编程

在对 8259A 用初始化命令字进行初始化后就进入工作状态，准备接收 IR 输入的中断请求信号。8259A 工作期间可通过操作控制字 OCW 按不同方式操作。操作控制字共有 3 个，即 OCW_1～OCW_3，它们可以独立使用。操作控制字是在应用程序内部设置的，其格式和功能分析如下：

（1）OCW_1（中断屏蔽操作控制字）。格式如下：

A_0	D_7	D_6	D_5	D_4	D_3	D_2	D_1	D_0
1	M_7	M_6	M_5	M_4	M_3	M_2	M_1	M_0

OCW_1 必须送到奇地址，即 A_0=1。用于设置 8259A 的屏蔽操作。M_7～M_0 对应着 8 个屏蔽位 IR_7～IR_0，用来控制 IR 输入的中断请求信号。M_i＝1 意味着屏蔽对应的 IR_i 输入，禁止它产生中断输出信号 INT；M_i＝0 则清除屏蔽状态，允许对应的 IR 输入信号产生 INT 输出，请求微处理器进行服务。中断屏蔽寄存器 IMR 的内容可以通过读 8259A 的奇地址得到，在写入 OCW_1 时，直接对中断屏蔽寄存器 IMR 的相应屏蔽位进行置位或复位操作。屏蔽某个 IR 输入，不影响其他的 IR 输入的操作。因此利用 OCW_1 屏蔽某些 IR 请求，可以禁止这些设备的中断请求，而其他的设备可以通过未屏蔽的 IR 去申请中断。

（2）OCW_2（中断结束和优先权循环的操作控制字）。格式如下：

A_0	D_7	D_6	D_5	D_4	D_3	D_2	D_1	D_0
0	R	SL	EOI	0	0	L_2	L_1	L_0

D_4D_3=“00”是 OCW_2 的标志。OCW_2 必须写入偶地址，故 A_0=0。OCW2 的各位含义如下：

- R：优先权循环位。R=1 为循环优先权，R=0 为固定优先权。
- SL：选择指定的 IR 级别位。SL=1 时，操作在 L_2～L_0 指定的 IR 编码级别上执行；SL=0 时，L_2～L_0 无效。
- EOI：中断结束命令位。在初始化 ICW_4 中定义为非自动中断结束方式（AEOI=0）时，就需要 OCW_2 来控制结束。EOI=1 表示中断结束命令。它使 ISR 中最高优先权的位复位；EOI=0 则不起作用。EOI 命令常用在中断服务程序中，中断返回指令前。

这三个控制位的组合格式所形成的命令和方式如表 8-1 所示。

表 8-1 OCW_2 中三个控制位的组合功能

R	SL	EOI	操作功能
0	0	1	一般 EOI 命令
0	1	1	特殊 EOI 命令
1	0	1	循环优先权的一般 EOI 命令
1	0	0	设置优先级自动循环方式的命令
0	0	0	结束优先级自动循环方式的命令
1	1	1	自动循环的特殊 EOI 命令
1	1	0	设置特殊优先权循环方式命令
0	1	0	无效

例如：若对 IR_3 中断源采用指定中断结束方式，则需编写如下程序：

```
MOV   AL,01100011B
OUT   20H,AL
```

若对 IR_3 中断源采用指定中断结束方式，且 IR_3 中断优先权为最低，则编写如下程序：

```
MOV   AL,11100011B
OUT   20H,AL
```

（3）OCW_3（屏蔽和读状态控制字）。OCW_3 具备三个方面功能：一是设置和撤消特殊屏蔽方式；二是设置中断查询方式；三是用来设置对 8259A 内部寄存器的读出命令。OCW_3 的格式和各位含义如下：

A_0	D_7	D_6	D_5	D_4	D_3	D_2	D_1	D_0
0	×	ESMM	SMM	0	1	P	RR	RIS

- ESMM：特殊屏蔽模式允许位，是允许或禁止 SMM 位起作用的控制位。当 ESMM=1 时，允许 SMM 位起作用；当 ESMM=0 时，禁止 SMM 位起作用。
- SMM：设置特殊屏蔽方式控制位。当 ESMM=1 和 SMM=0 时，选择特殊屏蔽方式；当 ESMM=1 和 SMM=1 时， 清除特殊屏蔽方式，恢复一般屏蔽方式；当 ESMM=0 时，SMM 位不起作用。
- P：查询命令位。当 P=1 时，8259A 发送查询命令；当 P=0 时，不处于查询方式。当 ESMM=0 时，这一位不起作用。OCW_3 设置查询方式后，随后送到 8259A 的 $\overline{RD}$ 端的读脉冲作为中断响应信号，读出最高优先权的中断请求 IR 级别码。

- RR：读寄存器命令位。当 RR=1 时，允许读 IRR 或 ISR；当 RR=0 时，禁止读这两个寄存器。
- RIS：读 IRR 或 ISR 选择位。如果 RR=1 和 RIS=1，则允许通过读偶地址读取中断服务寄存器 ISR 内容；如果 RR=1 和 RIS=0，则允许读中断请求寄存器 IRR；当 RR=0，则 RIS 位无效。

查询命令位 P、读寄存器命令位 RR、读 IRR 或 ISR 选择位 RIS 组合后的操作功能如表 8-2 所示。

表 8-2 OCW_3 中三个控制位的组合功能

P	RR	RIS	操作功能
0	0	×	无操作
0	1	0	下一个读指令读取 IRR 内容
0	1	1	下一个读指令读取 ISR 内容
1	×	×	下一个读指令读中断状态（查询命令）

3. 中断程序设计应用分析

如前所述，8086 微处理器可处理 256 种中断，分内部中断和外部中断。不同类型的中断处理过程略有差异，但基本上都是根据中断类型码在中断向量表中查找中断服务程序的入口地址，以便调用相应的中断服务程序。所以，进行中断服务程序设计时，需要首先设置中断向量表，把中断服务程序入口地址事先放入中断向量表的相应存储单元，然后才能允许中断。

下面以可屏蔽中断为例，介绍中断程序设计的一般过程。

（1）设置中断向量表。进入中断处理前，主程序应设置好中断向量，使其指向相应的中断服务程序。在 PC 系列微型计算机中，若利用 8259A 处理中断，则还需在设置中断向量表之前，先保存原中断向量的内容，以便在执行用户程序后恢复原状态。

设置中断向量表时，可利用数据传送指令直接访问中断向量表的相应存储单元写入中断向量，也可利用 DOS 系统功能调用 INT 21H 的 25H 和 35H 子功能调用修改中断向量。

【例 8.3】采用 PC/XT 微机中的 IRQ_3（0BH）响应外部中断，中断后要执行的子程序过程名为 INTPROC，则中断向量表的设置可用下面的程序段来实现。

保存原中断向量的内容：

```
……
INTSEG  DW ?
INTOFF  DW ?
……
MOV   AH,35H
MOV   AL,0BH                  ;利用 IRQ3（0BH）响应外部中断

INT   21H                     ;DOS 调用 35H 号功能修改中断向量
MOV   INTSEG,ES               ;保存原中断向量的段基址
MOV   INTOFF,BX               ;保存原中断向量的偏移量
```

重新修改中断向量的内容：

```
CLI                           ;关中断，设置中断向量新内容
```

```
PUSH  DS
MOV   AX,SEG INTPROC
MOV   DS,AX
MOV   DX,OFFSET INTPROC
MOV   AH,25H
MOV   AL,0BH                        ;利用 IRQ3 (0BH) 响应外部中断
INT   21H                           ;DOS 调用 25H 号功能修改中断向量
POP   DS
```

（2）设置中断控制器。响应可屏蔽中断前，需对中断控制器进行设置。利用 PC 微机的 8259A 处理中断，由于操作系统已对 8259A 进行过初始化及操作方式安排，所以只需对中断屏蔽寄存器 IMR 进行相应处理。采用 8259A 控制的硬件中断，必须使中断屏蔽寄存器 IMR 相应位置 0 才能允许中断请求。为了在应用程序返回 DOS 后恢复原状态，应在修改 IMR 之前保存原内容，并于程序退出前予以恢复。

【例 8.4】在程序中可以通过控制屏蔽位，随时允许或禁止有关中断的产生。假设允许 IRQ_3 响应外部中断，修改 IMR 的程序段可设计如下：

```
INTIMR   DB ?
......
IN    AL,21H                        ;读出 IMR
MOV   INTIMR,AL                     ;保存原 IMR 内容
AND   AL,0F7H                       ;允许 IRQ3，其他不变
OUT   21H,AL                        ;设置新 IMR 内容
```

恢复原先的 IMR 程序段如下：

```
MOV   AL,INTIMR                     ;取出保留的 IMR 原内容
OUT   21H,AL                        ;重写 OCW1
```

（3）设置 CPU 的中断允许标志 IF。硬件中断来自计算机的外部设备，它随时都可能提出申请，除利用 IMR 控制某一个或几个中断响应外，还可通过关中断指令 CLI 和开中断指令 STI 来控制所有可屏蔽中断的产生。当不需要中断或不能中断时，就必须关中断，防止不可预测的后果。而在其他时间则要开中断，以便及时响应中断，为外设提供服务。

例如，修改中断向量表和 IMR 时不能产生中断，所以这段时间里必须关闭中断。为中断服务程序提供初值等时间也不能响应中断，也应该关闭中断，在此之后应该开中断。另外，进入中断服务程序后，可以马上开中断，从而允许较高级的中断能够嵌套执行。

（4）设计中断服务程序。中断服务程序中通常需完成保护现场、中断服务、恢复现场、向 8259A 发送中断结束命令、中断返回等任务。

【例 8.5】某系统的中断服务子程序设计如下：

```
INTPROC PROC                        ;定义中断服务子程序
    PUSH  AX                        ;保护现场
    PUSH  BX
    ......
    STI                             ;开中断
    ......                          ;中断处理
    CLI                             ;关中断
    ......
    POP   BX                        ;恢复现场
```

```
    POP   AX
    MOV   AL,20H              ;向 8259A 发送 EOI 命令
    OUT   20H,AL
    IRET                      ;中断返回
INTPROC ENDP
```

上述中断程序的设计过程，除了对中断控制器 8259A 的操作外，其他均适合内部中断和非屏蔽外部中断。但非屏蔽中断在 PC 机中有特殊作用，一般不要改写其中断服务程序。

4. 8259A 应用举例

【例 8.6】可编程中断控制器 8259A 在 PC/XT 微机中的应用。

在 IBM PC/XT 微机中，只使用了一片 8259A 实现中断管理，将其设计为主片结构，可处理 8 个外部中断，如图 8-14 所示。

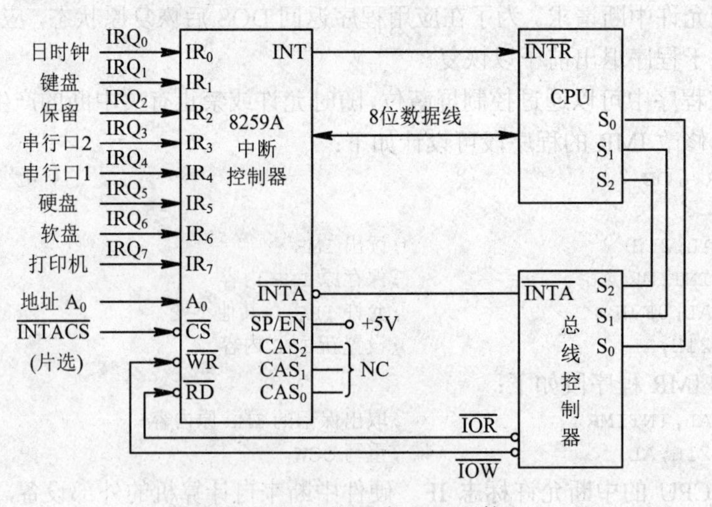

图 8-14 IBM PC/XT 与 8259A 接口

图 8-14 中，IRQ_0 接至系统板上定时器/计数器 Intel 8253 通道 0 的输出信号 OUT_0，用作微机系统的日时钟中断请求；IRQ_1 是键盘输入接口电路送来的中断请求信号，用来请求 CPU 读取键盘扫描码；IRQ_2 是系统保留的；另外 5 个请求信号接至 I/O 通道，由 I/O 通道扩展板电路产生。在 I/O 通道上，通常 IRQ_3 用于第 2 个串行异步通信接口，IRQ_4 用于第一个串行异步通信接口，IRQ_5 用于硬盘适配器，IRQ_6 用于软盘适配器，IRQ_7 用于并行打印机。在 I/O 地址空间中，分配给 8259A 的 I/O 端口地址为 20H 和 21H。

对 8259A 的初始化规定：边沿触发方式，缓冲器方式，中断结束为 EOI 命令方式，中断优先权管理采用全嵌套方式。

（1）8259A 初始化编程。

根据系统要求，8259A 初始化编程如下：

```
MOV AL,13H                ;ICW1 为边沿触发，单片 8259A 需要 ICW4
OUT 20H,AL
MOV AL,08H                ;设置 ICW2 中断类型号，起始中断号为 08H
```

（2）8259A 操作方式编程。

在用户程序中，允许用 OCW_1 来设置中断屏蔽寄存器 IMR，以控制各个外设申请中断允许或屏蔽。但注意不要破坏原设定工作方式。如允许日时钟中断 IRQ_0 和键盘中断 IRQ_1，其他

状态不变，则可送入以下指令。

```
IN  AL,21H                    ;读出 IMR
AND AL,0FCH                   ;只允许 IRQ0 和 IRQ1，其他不变
OUT 21H,AL                    ;写入 OCW1， 即 IMR
```

由于中断采用的是非自动结束方式 因此若中断服务程序结束，则在返回断点前，必须对 OCW_2 写入 00100000B，即 20H，发出中断结束命令。

```
MOV AL,20H                    ;设置 OCW2 的值为 20H
OUT 20H,AL                    ;写入 OCW2 的端口地址 20H
IRET                          ;中断返回
```

在程序中，通过设置 OCW_3，亦可读出 IRR、ISR 的状态以及查询当前的中断源。如要读出 IRR 内容以查看申请中断的信号线，这时可先写入 OCW_3，再读出 IRR。

```
MOV AL,20H                    ;写入 OCW3，读 IRR 命令
OUT 21H,AL
NOP                           ;延时，等待 8259A 的操作结束
IN  AL,20H                    ;读出 IRR
```

当 A_0=1 时，IMR 的内容可以随时方便地读出，如在 BIOS 中，中断屏蔽寄存器 IMR 的检查程序如下。

```
MOV AL,0                      ;设置 OCW1 为 0，送 OCW1 口地址，表示 IMR 为全 0
OUT 21H,AL
IN  AL,21H                    ;读 IMR 状态
OR  AL,AL                     ;若不为 0，则转出错程序 ERR
JNZ ERR
MOV AL,0FFH                   ;设置 OCW2 为 FFH，送 OCW1 口地址，表示 IMR 为全 1

OUT 21H,AL
IN  AL,21H                    ;读 IMR 状态
ADD AL,1                      ;IMR=0FFH?
JNZ ERR                       ;若不是 0FFH，则转出错程序 ERR
……
ERR
```

【例 8.7】可编程中断控制器 8259A 在 IBM PC/AT 微机中的应用。

PC/AT 微机中，由主、从两片 8259A 构成硬件的中断管理，共 15 级向量中断。主片 8259A 的端口地址为 20H 和 21H，中断类型码为 08H～0FH；从片 8259A 端口地址为 0A0H 和 0A1H，中断类型码为 70H～77H。主片和从片的中断请求信号均采用边沿触发，完全嵌套方式。对主片 8259A 和从片 8259A 进行初始化设计。

按照要求，我们将 2 片 8259A 构成的硬件中断控制电路设计为图 8-15 所示。

图 8-15 中的中断优先权排列顺序为 IRQ_0、IRQ_1、IRQ_8～IRQ_{15}、IRQ_3～IRQ_7。从片 8259A 的中断请求信号输出端 INT 与主片 8259A 的中断请求输入端 IR_2 相连，其中 IRQ_0～IRQ_7 对应的中断类型号为 08H～0FH，IRQ_8～IRQ_{15} 对应的中断类型号为 70H～77H。主片的 8 级中断已被系统用尽，从片尚保留 4 级未用。其中 IRQ_0 仍用于日时钟中断，IRQ_1 仍用于键盘中断。扩展的 IRQ_8 用于实时时钟中断，除上述中断请求信号外，所有的其他中断请求信号都来自 I/O 通道的扩展板。

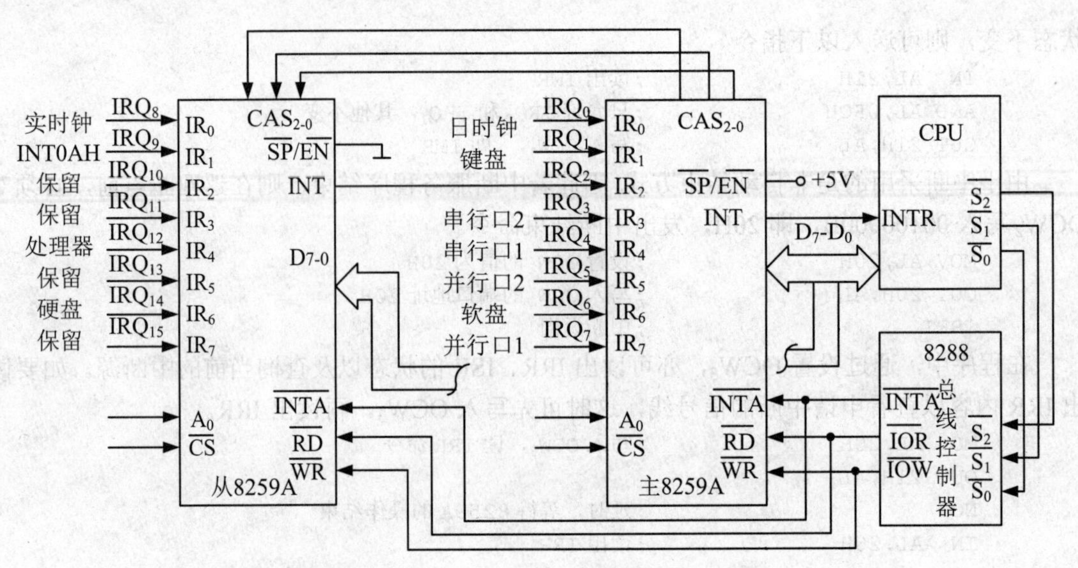

图 8-15 PC/AT 机中两片 8259A 硬件连接示意图

（1）8259A 的初始化编程。

对主片 8259A 的初始化编程如下：

```
        MOV AL,11H          ;写入ICW1，边沿触发，级联方式
        OUT 20H,AL
        JMP INTR1           ;延时，等待8259A操作结束
INTR1:  MOV AL,08H          ;写入ICW2，IRQ0的中断类型码为08H
        OUT 21H,AL
        JMP INTR2
INTR2:  MOV AL,04H          ;写入ICW3，主片IRQ2级联从片
INTR3:  MOV AL,11H          ;写入ICW4，特殊全嵌套方式，普通EOI方式
        OUT 21H,AL
```

对从片 8259A 的初始化编程如下：

```
        MOV AL,11H          ;写入ICW1，边沿触发，级联方式
        OUT 0A0H,AL
        JMP INTR5
INTR5:  MOV AL,70H          ;写入ICW2，从片IRQ8的中断类型码为70H
        OUT 0A1H, AL
        JMP INTR6
INTR6:  MOV AL,02H          ;写入ICW3，从片级联于主片的IRQ2
        OUT 0A1H,AL
        JMP INTR7
INTR7:MOV AL,01H            ;写入ICW4，全嵌套方式，普通EOI方式
        OUT 0A1H,AL
```

（2）级联工作编程。

当来自某个从片 8259A 的中断请求进入服务时，主片 8259A 的优先权控制逻辑不封锁这个从片，从而使来自从片的更高优先级的中断请求能被主片所识别，并向 CPU 发出中断请求信号。因此，当中断服务程序结束时必须用软件来检查被服务的中断是否是该从片中唯一的中断请求。先向从片发出一个 EOI 命令，清除已完成服务的 ISR 位，然后再读出 ISR 的内容检

查它是否为 0。如果 ISR 的内容为 0，则向主片发一个 EOI 命令，清除与从片相对应的 ISR 位；否则，就不向主片发 EOI 命令，继续执行从片的中断处理，直到 ISR 的内容为 0，再向主片发出 EOI 命令。读 ISR 的内容的程序如下：

```
MOV AL,0BH                ;写入 OCW3，读 ISR 命令
OUT 0A0H,AL
NOP                       ;延时，等待 8259A 操作结束
IN  AL,0A0H               ;读出 ISR
```

从片发 EOI 命令的程序如下：

```
MOV  AL,20H
OUT  0A0H,AL              ;写从片 EOI 命令
```

主片发 EOI 命令的程序如下：

```
MOV  AL,20H
OUT  20H,AL               ;写主片 EOI 命令
```

【例 8.8】对操作控制字 OCW 的编程。OCW 的编程由用户程序实现，分别讨论如下。

（1）对 OCW_1 的编程。

这是一个中断屏蔽寄存器操作控制字，直接写入中断屏蔽寄存器 IMR。由于地址用 A_0=1 寻址，故在 IBM PC/XT 机中，该控制字的写入是由端口 21H 写操作完成的。在 IBM PC/AT 中，主片 8259A 用端口 21H 写入，从片 8259A 用端口 0A1H 写入，在中断服务程序内部和其他子程序中，均可使用该命令。例如对主片屏蔽 IR_4～IR_7，对从片屏蔽 IR_{15} 和 IR_8，则应该向主片 21H 端口写入 11110000B=0F0H，向从片 0A1H 端口写入 10000001B=81H，程序设计如下：

```
MOV  AL,0F0H
OUT  21H,AL
MOV  AL,81H
OUT  0A1H,AL
```

（2）对 OCW_2 的编程。

在 IBM PC 计算机中，OCW_2 主要用来结束中断。ISR 中保存着当前正在服务的中断请求，如果该位不能复位为 0，则后续的同级和较低优先级的中断请求将不会被响应。在 PC/XT 机中，ICW_4 设置的中断结束方式是非自动中断结束，它必须在中断服务程序结束前，由 OCW_2 命令字来清除 ISR 中的最高优先权位。在 OCW_2 中，一般的 EOI 命令代码是 00100000B=20H。又因为 OCW_2 在写入时要求地址线 A_0=0，因此是通过端口 20H 写入的，所以中断结束命令由下列指令完成。

```
MOV   AL,20H
OUT   20H,AL
```

对于 PC/AT 机，要先通过端口 0A0H 向从片写结束命令，再通过端口 20H 向主片写结束命令，指令段为：

```
MOV   AL,20H
OUT   20H,AL
OUT   0A0H, AL
```

（3）对 OCW_3 的编程。

OCW_3 也是通过端口 20H 和 0A0H 写入的，不同之处在于 OCW_2 中 D_4D_3=00，而在 OCW_3 中 D_4D_3=01。8259A 通过 D_4D_3 判断是 OCW_2 还是 OCW_3，然后写入各自的寄存器。OCW_3 的编程指令段此处略。

中断是指 CPU 在正常执行程序时暂时终止执行现行程序，转去执行中断服务程序，待该服务程序执行完毕，又能自动返回到被中断的程序继续执行。这样就可实现 CPU 与外设的同步操作和故障实时处理，提高系统的工作速度。中断技术是微型计算机系统进行信息交换的一种重要技术。

能引起中断的内、外部原因称为中断源，按照 CPU 与中断源的位置关系可分为内部中断和外部中断。内部中断是 CPU 在处理某些特殊事件引起或通过内部逻辑电路去调用的中断；外部中断是由于外部设备要求数据输入/输出操作时请求 CPU 为之服务的一种中断。8086 外部中断有不可屏蔽中断 NMI 和可屏蔽中断 INTR 两种，内部中断有除法出错中断、INTO 溢出中断、INT n 中断、断点中断和单步中断等。不同的中断类型具有不同的中断类型码，可采用软件查询、硬件优先权排队电路等方法来确定中断优先权。

8086 采用中断矢量表来管理 256 种中断。8086 微处理器的中断处理过程可分为中断请求、中断响应、中断处理和中断返回。中断处理时要对断点进行保护，其方法是将指令寄存器 IP、段寄存器 CS 以及状态寄存器的内容压入堆栈。中断结束后，再将 IP、CS 和标志位内容弹出堆栈，继续执行被中断的程序。

可编程中断控制器 8259A 能够直接管理 8 级中断，实现中断优先权判别，提供中断矢量和屏蔽中断等功能。如采用级联方式，不需附加外部电路就能管理 64 级中断输入，具有多种工作方式。

8259A 的操作用软件通过命令字进行控制。8259A 编程包括初始化编程和操作方式编程两类，由初始化命令字 ICW_1 ~ ICW_4 对 8259A 进行初始化设置，由操作命令字 OCW 来规定 8259A 的工作方式。

一、填空题

1. 现代微机采用中断技术具备的主要特点是__________。

2. 中断源是指__________；按照 CPU 与中断源的位置可分为__________。

3. CPU 内部运算产生的中断主要有__________。

4. 中断源的识别通常有__________和__________两种方法；前者的特点是__________；后者的特点是__________。

5. 中断向量是__________；存放中断向量的存储区称为__________。

6. 8086 中断系统可处理__________种不同的中断，对应中断类型码为__________，每个中断类型码与一个__________相对应，每个中断向量需占用__________个字节单元；两个高字节单元存放__________，两个低字节单元存放__________。

7. 8259A 的编程包括__________和__________两类。

二、简答题

1．什么是中断？常见的中断源有哪几类？CPU 响应中断的条件是什么？

2．简述微机系统的中断处理过程。

3．软件中断和硬件中断有何特点？两者的主要区别是什么？

4．中断优先级排队有哪些方法？采用软件优先级排队和硬件优先级排队各有什么特点？

5．8086 的中断分哪两大类？各自有什么特点？中断向量和中断向量表的含义是什么？

6．简述 8086 的中断类型，非屏蔽中断和可屏蔽中断有哪些不同之处？CPU 通过什么响应条件来处理这两种不同的中断？

7．8259A 有几种结束中断处理的方式，各自应用在什么场合？在非自动中断结束方式中，如果没有在中断处理程序结束前发送中断结束命令，会出现什么问题？

8．已知 8086 系统中采用单片 8259A 来控制中断，中断类型码为 20H，中断源请求线与 8259A 的 IR_4 相连，计算中断向量表的入口地址。如果中断服务程序入口地址为 2A310H，则对应该中断源的中断向量表的内容是什么？

三、分析设计题

1. 已知对应于中断类型码为 18H 的中断服务程序存放在 0020H:6314H 开始的内存区域中，求对应于 18H 类型码的中断向量存放位置和内容。

2．在编写程序时，为什么通常总要用 STI 和 CLI 中断指令来设置中断允许标志？8259A 的中断屏蔽寄存器 IMR 和中断允许标志 IF 有什么区别？

3．8259A 对中断优先权的管理和对中断结束的管理有几种方式？各自应用在什么场合？

4．8259A 仅有两个端口地址，它们如何识别 ICW 命令和 OCW 命令？

5．在两片 8259A 级联的中断系统中，主片的 IR_6 接从片的中断请求输出，请写出初始化主片、从片时，相应的 ICW_3 的格式。

6．已知 8086 系统采用单片 8259A，中断请求信号使用电平触发方式，完全嵌套中断优先级，数据总线无缓冲，采用自动中断结束方式，中断类型码为 20H～27H，8259A 的端口地址为 B0H 和 B1H，试编程对 8259A 设定初始化命令字。

第 9 章　DMA 控制器

直接存储器存取方式（DMA）在 CPU 与外部设备数据传送中，体现出批量大、速度快的特点，该方式由硬件控制，本章介绍可编程 DMA 控制器 8237A 的结构、功能和初始化编程。

通过本章的学习，重点理解和掌握以下内容：

- 8237A 的内部结构及引脚功能
- 8237A 的工作方式
- 8237A 的内部寄存器及其功能
- 8237A 的初始化编程及应用

9.1　8237A 的内部结构及引脚

利用 DMA 方式传送数据时，数据的传送过程完全由硬件电路控制，这种电路称为 DMA 控制器（DMAC），它可以在 DMA 方式下起到 CPU 的作用。DMAC 可实现在存储器和 I/O 设备之间进行高速、成批的数据传输。8086 系统中，DMAC 选用的是可编程器件 Intel 8237A，可用来实现内存到接口、接口到内存及内存到内存之间的高速数据传送，此过程中 CPU 不再干预，大大减少了数据传送的中间过程，提高了数据的传送速度。

9.1.1　8237A 的主要功能

Intel 8237A 是一种 40 脚双列直插式的高性能可编程 DMA 控制器，采用+5V 工作电源，主频 5MHz 的 8237A 传送速度可达到 1.6MB/s。

8237A 的主要功能如下：

（1）在一个 8237A 芯片中有 4 个独立的 DMA 通道，每个通道均可独立地传送数据，可控制 4 个 I/O 外设进行 DMA 传送。

（2）每个通道的 DMA 请求都可以分别允许和禁止。每个通道的 DMA 请求有不同的优先权，优先权可以是固定的，也可以是循环的。

（3）每个通道均有 64KB 的寻址和计数能力，即一次 DMA 传送的数据最大长度可达 64KB。可以在存储器与外设间进行数据传送，也可以在存储器的两个区域之间进行传送。

（4）8237A 有 4 种 DMA 传送方式，分别为单字节传送、数据块传送、请求传送和级联传送方式。

（5）若需要更多的数据传送通道，可以把 8237A 级联，以扩展更多的通道。

9.1.2　8237A 的内部结构

8237A 的内部结构如图 9-1 所示，它主要由时序与控制逻辑、命令控制逻辑、优先级编码电路、数据和地址缓冲器组以及内部寄存器等 5 个部分组成。

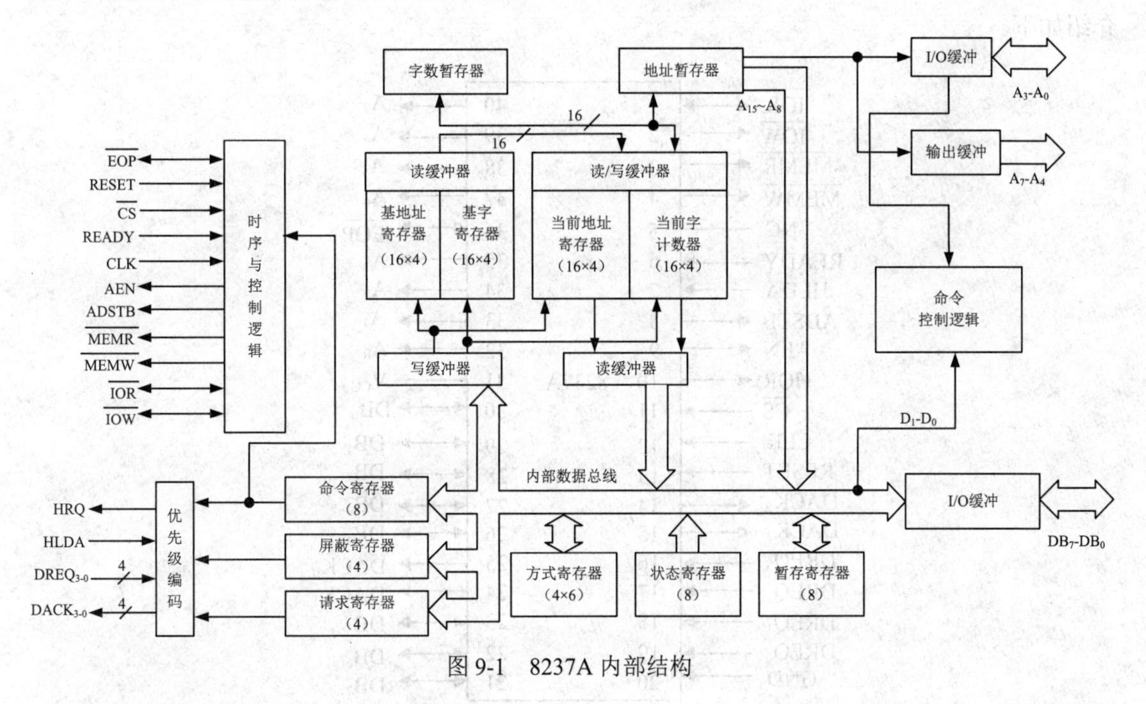

图 9-1　8237A 内部结构

图 9-1 中各主要部件的功能分析如下：

（1）时序与控制逻辑。8237A 处于从态工作方式时，时序与控制逻辑电路接受系统送来的时钟、复位、片选和读/写控制等信号，完成相应的控制操作；当 8237A 处于主态工作方式时则向系统发出相应的控制信号。

（2）命令控制逻辑。8237A 处于从态工作方式时，命令控制逻辑接收 CPU 送来的寄存器选择信号 A_3～A_0，选择 8237A 内部相应的寄存器；主态时，对工作方式寄存器的最低两位 D_1D_0 进行译码，以确定 DMA 的操作类型。寄存器选择信号 A_3～A_0 与 $\overline{IOR}$、$\overline{IOW}$ 配合可组成各种操作命令。

（3）优先级编码电路。该电路根据 CPU 对 8237A 初始化时送来的命令，对同时提出 DMA 请求的多个通道进行排队判优，来决定哪一个通道的优先级别为最高。对优先级的管理有固定优先级和循环优先级两种方式，无论采用哪种优先级管理，一旦某个优先级高的设备在服务时，其他通道的请求均被禁止，直到该通道的服务结束时为止。

（4）数据和地址缓冲器组。8237A 的引脚 A_7～A_4、A_3～A_0 为地址线；引脚 DB_7～DB_0 在从态时传输数据信息，在主态时传送地址信息。这些数据引线和地址引线都与三态缓冲器相连，因而可以接管或释放总线。

（5）内部寄存器。8237A 内部有 4 个 DMA 通道，每个通道都有一个 16 位的基地址寄存器、基字计数器、当前地址寄存器和当前字计数器，以及一个 6 位的工作方式寄存器。片内还各有一个可编程的命令寄存器、屏蔽寄存器、请求寄存器、状态寄存器和暂存寄存器，以及不可编程的字数暂存器和地址暂存器等。

9.1.3 8237A 的引脚

8237A 是一种具备 40 个引脚的双列直插式 DIP 封装的芯片，如图 9-2 所示。各引脚功能介绍如下。

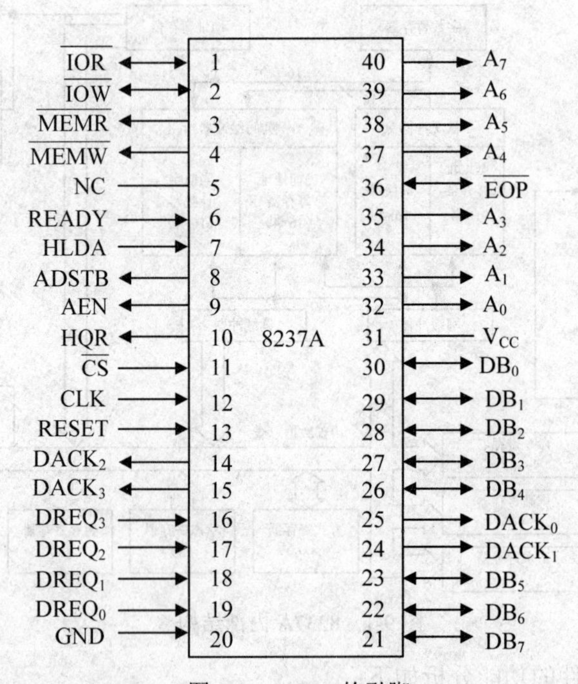

图 9-2 8237A 的引脚

（1）CLK：时钟信号，输入。用来控制 8237A 的内部操作和数据传送速率。

（2）$\overline{CS}$：片选信号，输入，低电平有效。在从态工作方式下，$\overline{CS}$有效时选中 8237A，这时 DMA 控制器作为一个 I/O 设备，可以通过数据总线与 CPU 通信。

（3）RESET：复位信号，输入，高电平有效。芯片复位时，屏蔽寄存器被置“1”，其他寄存器均清“0”，复位后 8237A 工作在空闲周期。

（4）READY：准备就绪信号，输入，高电平有效。当参与 DMA 传送的设备中有慢速 I/O 设备或存储器时，可能要求延长读/写操作周期，这时可使 READY 变成低电平，使 8237A 可在 DMA 周期中插入等待周期 T_W。当存储器或外设准备就绪时，READY 端变成高电平。

（5）ADSTB：地址选通信号，输出，高电平有效。此信号有效时，DMA 控制器把当前地址寄存器中的高 8 位地址锁存到外部锁存器中。

（6）AEN：地址允许信号，输出，高电平有效。AEN 信号使地址锁存器中锁存的高 8 位地址送到地址总线上，与芯片直接输出的低 8 位地址一起，构成 16 位内存偏移地址。AEN 信号也使与 CPU 相连的地址锁存器无效，这样就保证了地址总线上的信号来自 DMA 控制器，而不是来自 CPU。

（7）$\overline{MEMR}$：存储器读信号，三态，输出，低电平有效。主态时，可与$\overline{IOW}$配合把数据从存储器读出送外设，也可用于控制存储器之间的数据传送。从态时该信号无效。

（8）$\overline{\text{MEMW}}$：存储器写信号，三态，输出，低电平有效。主态时，可与$\overline{\text{IOR}}$配合把数据从外设写入存储器，也可用于存储器之间的数据传送。同样，从态时该信号无效。

（9）$\overline{\text{IOR}}$：输入/输出设备读信号，双向，三态，低电平有效。从态时，它作为输入控制信号送入 8237A，当信号有效时，CPU 读取 8237A 内部寄存器的值。主态时，它作为输出控制信号，与$\overline{\text{MEMW}}$相配合，控制数据由外设传送到存储器中。

（10）$\overline{\text{IOW}}$：输入/输出设备写信号，双向，三态，低电平有效。从态时，它是输入控制信号，当信号有效时，CPU 向 DMA 控制器的内部寄存器写入信息，对 8237A 进行初始化编程。在主态时作为输出控制信号，与$\overline{\text{MEMR}}$相配合，把数据从存储器传送到外设。

（11）$\overline{\text{EOP}}$：传输过程结束信号，双向，低电平有效。当外部向 DMAC 传送一个$\overline{\text{EOP}}$信号时，DMA 传输过程被外部强制性结束。此外，DMAC 任意通道中的计数结束时，$\overline{\text{EOP}}$引脚会输出一个低电平，作为 DMA 传送结束信号。不论是外部终止 DMA 过程，还是内部计数结束引起终止 DMA 过程，都会使 DMAC 的内部寄存器复位。

（12）$DREQ_3$～$DREQ_0$：通道 3～0 的 DMA 请求信号，输入。当外设请求 DMA 服务时，就向 8237A 的 DREQ 引脚送出一个有效的电平信号，有效电平的极性由编程确定。在固定优先权情况下，$DREQ_0$的优先级最高，$DREQ_3$的优先级最低。

（13）$DACK_3$～$DACK_0$：通道 3～0 的 DMA 响应信号，输出。其有效电平的极性由编程确定。当 8237A 收到 CPU 的 DMA 相应信号 HLDA，开始 DMA 传送后，相应通道的 DACK（DMA　Acknowledge）有效，将该信号输出到外部，通知外部电路现已进入 DMA 周期。

（14）HRQ：总线请求信号，输出，高电平有效。此信号送到 CPU 的 HOLD 端，是向 CPU 申请获得总线控制权的 DMA 请求信号。8237A 任何一个未被屏蔽的通道有 DMA 请求（DREQ 有效）时，都可使 8237A 的 HQR 端输出有效的高电平。

（15）HLDA：总线响应信号，输入，高电平有效。与 CPU 的 HLDA 端相连。当 CPU 收到 HRQ 信号后，至少必须经过一个时钟周期后，使 HLDA 变高，表示 CPU 已把总线的控制权交给 8237A 了，8237A 收到 HLDA 信号后，就开始进行 DMA 传送。

（16）A_3～A_0：低 4 位地址线，三态，双向。在从态时，它们是输入信号，用来寻址 DMA 控制器的内部寄存器，使 CPU 对各寄存器进行读写操作，即对 8237A 进行编程。在主态时，输出的是要访问内存的最低 4 位地址。

（17）A_7～A_4：高 4 位地址线，三态，输出。此 4 位地址线始终工作于输出状态或浮空状态。在主态时输出 4 位地址信息 A_7～A_4。

（18）DB_7～DB_0：8 位数据线，三态，输入/输出。它们被连到系统数据总线上。从态时，CPU 可用 I/O 读命令从数据总线上读取 8237A 的地址寄存器、状态寄存器、暂存寄存器和字计数器的内容，CPU 还可以通过这些数据线用 I/O 写命令对各个寄存器进行编程；在主态时，高 8 位地址信号 A_{15}～A_8 经 8 位 I/O 缓冲器从 DB_7～DB_0 引脚输出，并由 ADSTB 信号将 DB_7～DB_0 输出的信号锁存到外部的高 8 位地址锁存器中，它们与 A_7～A_0 输出的低 8 位地址线一起构成 16 位地址。

9.2　8237A 的工作方式

8237A 在系统中可工作在两种状态下，一种是系统总线的主控者，这是它工作的主方式，在取代 CPU 控制 DMA 传送时，它应提供存储器的地址和必要的读写控制信号，数据是在 I/O 设备与存储器之间通过数据总线直接传递；另一种是在成为主控者之前，必须由 CPU 对它编程以确定通道的选择、数据传送的模式、存储器区域首地址、传送总字节数等。在 DMA 传送之后，也有可能由 CPU 读取 DMA 控制器的状态。这时 8237A 如同一般 I/O 端口设备一样，是系统总线的从设备，这是 8237A 工作的从方式。

这里所指的工作方式是 8237A 经 CPU 编程后，作为系统总线的主控者所具有的特定工作方式。

9.2.1 8237A 数据传送的工作方式

1. 单字节传送方式

这种工作方式的特点是每申请一次只传送一个字节。数据传送后字节计数器自动减量（增量或减量取决于编程）。传送完这一个字节后 DMAC 放弃系统总线，将总线控制权交回 CPU。HRQ 信号变为无效，释放系统总线。若传送数据使字节数减为 0，总线计数结束发出信号，或终结 DMA 传送，或重新初始化。

该方式下，DRQ 信号必须保持有效，直至 DACK 信号变为有效，但是若 DRQ 有效的时间覆盖了单字节传送所需要的时间，则 8237A 在传送完一个字节后，先释放总线，然后再产生下一个 DRQ，完成下一个字节的传送。这样，就可以保证每传送一个字节，DMAC 将总线控制权交还给 CPU，以便 CPU 执行一个总线周期。可见，CPU 和 DMAC 在这种情况下是轮流控制系统总线的。

2. 数据块传送方式

该传送方式下，DMAC 一旦获得总线控制权便开始连续传送数据。每传送一个字节，自动修改地址，并使要传送的字节数减 1，直到将所有规定的字节全部传送完，或收到外部 $\overline{EOP}$ 信号，DMAC 才结束传送，将总线控制权交给 CPU。

该方式下，外设的请求信号 DREQ 保持有效，直到收到 DACK 有效信号为止。数据块传送完毕，或是终止操作，或是重新初始化。在对 8237 编程后，当传送结束时可自动初始化。数据块最大长度可以达到 64KB。利用该方式进行 DMA 传送时，CPU 可能会很长时间不能获得总线的控制权，这在有些场合是不利的。

3. 请求传送方式

请求传送方式下，8237A 可以进行连续的数据传送，只有出现以下三种情况之一时才停止传送。

（1）字节数计数器减到 0，产生一个终止计数 T/C 信号。

（2）由外界送来一个有效的 $\overline{EOP}$ 信号。

（3）外界的 DRQ 信号变为无效（外设来的数据已传送完）。

在第三种情况下使传送停下来时，8237A 释放总线，CPU 可以继续操作，而 8237A 的地址和字节数的中间值可以保持在相应通道的现行地址和字节数寄存器中。只要外设准备好了要传送的新数据，DRQ 信号再次有效就可以使传送继续下去。

4. 级联方式

采用这种方式可以将多个 8237A 级联起来，以扩展系统中的 DMA 通道数量。两块 8237A 级联情况如图 9-3 所示。

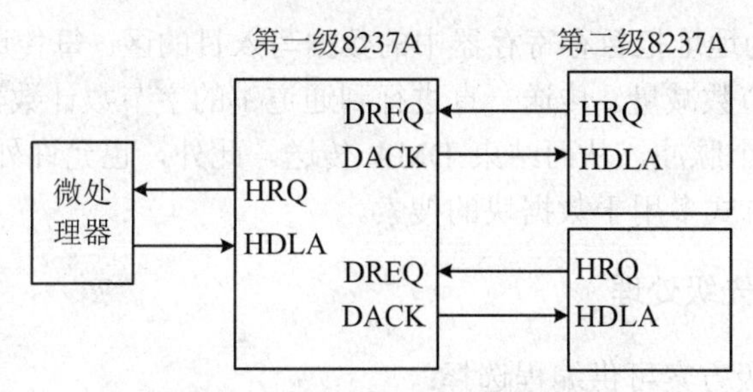

图 9-3 二级 8237A 的级联示意图

图 9-3 中，第二级的 HRQ 和 HLDA 信号连到第一级的 DRQ 和 DACK 上，第二级各芯片的优先权等级与所连的通道相对应。在这种工作情况下，第一级只起优先权网络的作用，除了由某一个二级的请求向 CPU 输出 HRQ 信号外，并不输出任何其他信号。实际的操作是由第二级的芯片来完成的。若有需要还可由第二级扩展到第三级等。

前三种工作方式下，DMA 传送分别有 DMA 读、DMA 写和 DMA 校验三种操作类型。

- DMA 读传送是把数据由存储器传送至外设，操作时由 $\overline{MEMR}$ 信号有效从存储器读出数据，而 $\overline{IOW}$ 信号有效则把数据传送给外设。
- DMA 写传送是把由外设输入的数据写至存储器中。操作时由 $\overline{IOR}$ 信号有效从外设输入数据，由 $\overline{MEMW}$ 信号有效把数据写入内存。
- 校验操作是一种空操作，8237A 本身并不进行任何校验，而只是像 DMA 读或 DMA 写传送一样地产生时序，产生地址信号，但是存储器和 I/O 控制线保持无效，所以并不进行传送，而外设可以利用这样的时序进行校验。

9.2.2 8237A 的传送类型

8237A 主要完成三种不同的传送：I/O 接口到存储器的传送、存储器到 I/O 接口的传送、存储器到存储器的传送。

1. *I/O 接口到存储器的传送*

当进行由 I/O 接口到存储器的数据传送时，来自 I/O 接口的数据利用 DMAC 送出 $\overline{IOR}$ 控制信号，将数据输送到系统数据总线 D_7～D_0 上，同时，DMAC 送出存储器单元地址及 $\overline{MEMW}$ 控制信号，将存放在 D_7～D_0 上的数据写入所选中的存储单元中。这样就完成了由 I/O 接口到存储器的一个字节的传送。同时 DMAC 内部进行地址修改（加 1 或减 1），字节计数减 1。

2. *存储器到 I/O 接口的传送*

与前一种情况类似，在进行这种传送时，DMAC 送出存储器地址及 $\overline{MEMR}$ 控制信号，将选中的存储单元的内容读出放在数据总线 D_7～D_0 上。同时，DMAC 送出 $\overline{IOW}$ 控制信号，将数据写到指定的（预选中）I/O 接口中，而后 DMAC 内部寄存器自动修改。

3. *存储器到存储器的传送*

利用 8237A 编程命令寄存器来选择通道 0 和通道 1 两个通道实现由存储器到存储器的传送。通道 0 的地址寄存器编程为源区地址，通道 1 的地址寄存器编程为目的区地址，字节数寄存器编程为传送的字节数。传送由一个设置通道 0 的软件启动，8237A 按正常方式向 CPU 发出 DMA 请求信号 HRQ，待 CPU 用 HLDA 信号响应后传送就可以开始。每传送一个字节要用 8 个时钟周期，其中 4 个时钟周期以通道 0 为地址从源区读数据送入 8237A 的暂存寄存器，另

4 个时钟周期以通道 0 为地址把暂存寄存器中的数据写入目的区。每传送一个字节，源地址和目的地址都要修改，字节数减量。传送一直进行到通道 1 的字节数计数器减到 0，产生 T/C 信号引起在 $\overline{EOP}$ 端输出一个脉冲，从而结束 DMA 传送。此外，也允许外部送来一个 $\overline{EOP}$ 信号停止 DMA 传送，这种方式多用于数据块的搜索。

9.2.3 8237A 的优先级处理

8237A 有两种优先级方案可供编程选择：

（1）固定优先级。规定每个通道的优先级是固定的，即通道 0 的优先级最高，依次降低，通道 3 的优先级最低。

（2）循环优先级。规定刚被服务的通道的优先级为最低，依次循环。这样，就可以保证 4 个通道都有机会被服务。若 3 个通道已被服务，则剩下的通道一定是优先级最高的。

9.2.4 8237A 的传送速率

一般情况下，8237A 进行一次 DMA 传送需要 4 个时钟周期（不包括插入的等待周期）。例如，PC 机的时钟周期约为 210ns，则一次 DMA 传送需要 210ns×4+210ns=1050ns，多加一个 210ns 是考虑到认为插入一个等待周期的缘故。

另外，8237A 为了提高传输速率，可以在压缩定时状态下工作。在压缩定时状态下，每一个 DMA 总线周期仅用 2 个时钟周期来实现，从而大大地提高了传送速率。

9.3 8237A 的内部寄存器

9.3.1 8237A 内部寄存器的种类

8237A 的内部有 10 种不同类型的寄存器。各类寄存器的名称、位数、寄存器个数及其主要功能如表 9-1 所示。

表 9-1 8237A 的内部寄存器

名称	位数	数量	功能
当前地址寄存器	16	4	保存在 DMA 传送期间的地址值，可读写
当前字节计数寄存器	16	4	保存当前字节数，初始值比实际值少 1，可读写
基地址寄存器	16	4	保存当前地址寄存器的初始值，只能写
基字节计数寄存器	16	4	保存相应通道当前字节计数器的初值
工作方式控制寄存器	8	4	保存相应通道的方式控制字，由编程写入
命令寄存器	8	1	保存 CPU 发送的控制命令
状态寄存器	8	1	保存 8237A 各通道的现行状态
请求寄存器	4	1	保存各通道的 DMA 请求信号
屏蔽寄存器	4	1	用于选择允许或禁止各通道的 DMA 请求信号
暂存寄存器	8	1	暂存传输数据，仅用于存储器到存储器的传输

9.3.2　8237A 内部寄存器的主要功能及格式

1. 当前地址寄存器

当前地址寄存器用于存放 DMA 传送的存储器地址值。每次 DMA 传送后该寄存器值自动加 1 或减 1，以指向下一个存储单元。在编程状态下，CPU 可用输入/输出指令对该寄存器写入初值或读出数值。若 8237A 编程设定为自动预置操作，则在每次 DMA 传送结束产生 $\overline{EOP}$ 信号后，当前地址寄存器将根据基地址寄存器的内容自动恢复为初始值。

2. 当前字节计数寄存器

当前字节计数寄存器保存当前 DMA 传送的字节数。初始时该寄存器的值与基字节计数寄存器相同，每次 DMA 传送后该字节计数器内容减 1，当其值减为零时，将发出 $\overline{EOP}$ 信号，表明 DMA 操作结束。CPU 也可以访问当前字节计数寄存器，是以连续两字节对其读出或写入。在自动预置方式时，当 $\overline{EOP}$ 有效后被重新预置成初始值。

3. 基地址寄存器

基地址寄存器用来存放对应通道当前地址寄存器的初值。该初值是在 CPU 对 DMA 控制器进行编程时，与当前地址寄存器的值一起被写入的，即两个寄存器有相同的写入端口地址，编程时写入相同的内容。但 CPU 不能通过输入指令读出基地址寄存器的内容。

4. 基字节计数寄存器

基字节计数寄存器用于存放对应通道当前字节计数器的初值。该初值也是由 CPU 在对 8237A 进行编程时写入的，该寄存器的内容不能被 CPU 读出，它主要用于自动预置操作时使当前字节计数器恢复初值。

5. 工作方式寄存器

如前所述，8237A 进行 DMA 传送时有 4 种传送方式：单字节传送方式、数据块传送方式、请求传送方式和级联传送方式，这 4 种传送方式可以通过工作方式寄存器来设定。工作方式寄存器是一个 8 位的寄存器，其格式如下所示：

D_7	D_6	D_5	D_4	D_3	D_2	D_1	D_0

- D_1D_0 位：用来进行 DMA 的通道选择

D_1D_0=00：选择通道 0；　D_1D_0=01：选择通道 1

D_1D_0=10：选择通道 2；　D_1D_0=11：选择通道 3

工作方式寄存器的 D_1 和 D_0 是通道的寻址位，由 CPU 在编程初始化时写入，来确定所采用的 DMA 传输通道。

- D_3D_2 位：用来进行传输类型的选择

D_3D_2=10：读传送。该方式将数据从存储器读出再写入 I/O 设备。此时 8237A 要发出 $\overline{MEMR}$ 和 $\overline{IOW}$ 信号。

D_3D_2=01：写传送。该方式将数据从 I/O 设备读出再写入存储器。此时 8237A 要发出 $\overline{IOR}$ 和 $\overline{MEMW}$ 信号。

D_3D_2=00：校验操作。由 8237A 产生地址信息，并影响 $\overline{EOP}$ 等信号，但不发出存储器和外部设备的读写控制信号，所以实际上不进行数据传送。但 8237A 仍将保持着它对系统总线的控制权，I/O 设备可以使用这些响应信号，在 I/O 设备内部对一个指定数据块的每一个字节进行存取，以便进行校验。设定校验方式时，要设定命令寄存器为禁止存储器至存储器的 DMA 操作方式。

- D_4位：用来设定通道是否进行自动预置

D_4=0：禁止自动预置；D_4=1：允许自动预置

8237A 进行 DMA 传输之前，应该先由 CPU 通过指令对其进行初始化操作，如果设定通道为自动预置方式时，在接受到$\overline{EOP}$信号后，该通道自动将基地址寄存器内容装入当前地址寄存器，将字节计数器内容装入当前字节计数器，而不必通过 CPU 对 8237A 进行初始化，就能执行另一次 DMA 服务。

- D_5位：用来设定地址的增减选择

D_5=0：地址增 1；D_5=1：地址减 1

在 DMA 传输过程中，每次传输后当前地址寄存器的内容会自动修改，以决定内存中存储数据或读数据的顺序。

- D_7D_6位：用来决定该通道 DMA 传送的方式

D_7D_6=00：请求传送方式；　D_7D_6=01：单字节传送方式

D_7D_6=10：数据块传送方式；　D_7D_6=11：级联传送方式

6. 命令寄存器

命令寄存器也是一个 8 位的寄存器，其作用是控制 8237A 的操作。在对 8237A 编程时由 CPU 对其写入命令字，采用复位信号（RESET）和软件清除命令可以清除它。命令寄存器的格式如下所示：

D_7	D_6	D_5	D_4	D_3	D_2	D_1	D_0

命令寄存器中各位的含义和功能分析如下：

- D_0位：允许或禁止存储器至存储器的传送操作

D_0=1：允许传送；D_0=0：禁止传送

这种传送方式能以最小的程序工作量和最短的时间，成组地将数据从存储器的一个区域传送到另一个区域。在允许进行传送时，规定通道 0 用于从源地址读入数据，然后将读入的数据字节存放在暂存器中，由通道 1 把暂存器的数据字节写到目的地址存储单元。一次传送后，两通道对应存储器的地址各自进行加 1 或减 1。当通道 1 的字节计数器产生终止计数 T/C 脉冲后，由$\overline{EOP}$引脚输出有效信号而结束 DMA 服务。每进行一次存储器至存储器的传送需要两个总线周期。通道 0 的当前地址寄存器用于存放源地址，通道 1 的当前地址寄存器和当前字节计数器提供目的地址和进行计数。

- D_1位：在存储器到存储器传送操作时决定源地址值是否保持不变

D_1=1：源地址值保持不变；D_1=0：源地址值改变

在存储器至存储器的传送方式下，DMA 操作每传送一个字节，通道 1 目的地址寄存器的值进行加 1 或减 1，字节计数器减 1。若此时 D_1=1，可以使通道 0 在整个传送过程中保持同一地址，即通道 0 中源地址寄存器的值将保持恒定不变，直到通道 1 字节计数器为零，传送结束。D_1=0 时禁止这种操作。

- D_2位：用来表示允许还是禁止 8237A 工作

D_2=0：允许工作；D_2=1：禁止工作

启动 8237A 工作的方法有两种，一种是硬件方式，8237A 完成初始化编程后，由各通道的 DREQ 来启动 DMA 的传输过程；另一种是软件方式，需要在编程时设置请求寄存器，使相应通道的 DMA 请求触发器置“1”，以此启动 DMA 的传输过程。

- D_3 位：用来设定 8237A 的工作时序

D_3=0：普通时序；D_3=1：压缩时序

8237A 的工作时序一般可以分为空闲状态、总线请求、修改存储单元、读数据、写数据、等待状态等 6 种形式。8237A 采用普通时序进行一次 DMA 传输时，用修改存储单元、读数据、写数据 3 个时钟周期就可以了；采用压缩时序进行一次 DMA 传输时，大多用修改存储单元、写数据 2 个时钟周期即可。

- D_4 位：用来设定通道的优先权结构

D_4=0：固定优先权；D_4=1：循环优先权

8237A 有 4 个 DMA 通道，每个通道可连接一个 I/O 设备。当 8237A 设定为固定优先权时，规定通道 0 的优先级最高，通道 1 次之，通道 3 最低。若为循环优先权，它使刚服务过的通道 i 的优先权变成最低，而让通道 i +1 的优先权变为最高，当 i +1= 4 时使通道号回 0。例如，若某次传输前优先权从高到底的次序为 2-3-0-1，那么在通道 2 进行一次传输后，优先级次序变成 3-0-1-2，通道 3 完成传输后优先级次序成为 0-1-2-3。随着 DMA 操作的不断进行，优先权也不断循环变化，这样可防止某一通道长时间占用总线。

- D_5 位：在进行写操作时的工作时序设定

D_5=0：正常写时序；D_5=1：扩展写时序

当外部设备速度比较慢，选用正常时序工作不能满足要求时，可采用扩展写时序方式，此时，$\overline{IOW}$和$\overline{MEMW}$信号被扩展到 2 个时钟周期。

- D_6 位：用来设定 DREQ 信号的有效电平

D_6=0：DREQ 为高电平有效；D_6=1：DREQ 为低电平有效

- D_7 位：用来设定 DACK 信号的有效电平

D_7=0：DACK 为高电平有效；D_7=1：DACK 为低电平有效

7. 状态寄存器

8237A 的内部有一个可供 CPU 读出的 8 位状态寄存器，用来存放状态信息。其中的低 4 位用来表示哪些通道已达到计数终点，哪些尚未达到，只要通道计数达到终点或外界送来有效的$\overline{EOP}$信号，相应位就被置“1”，否则清“0”；高 4 位用来表示 8237A 每个通道的 DMA 请求情况，有请求存在的那些位被置“1”，无请求的被清“0”。

状态寄存器各位的含义如下：

- D_0 位：D_0=1，通道 0 计数结束；D_0=0，通道 0 计数尚未结束
- D_1 位：D_1=1，通道 1 计数结束；D_1=0，通道 1 计数尚未结束
- D_2 位：D_2=1，通道 2 计数结束；D_2=0，通道 2 计数尚未结束
- D_3 位：D_3=1，通道 3 计数结束；D_3=0，通道 3 计数尚未结束
- D_4 位：D_4=1，通道 0 有 DMA 请求；D_4=0，通道 0 没有 DMA 请求
- D_5 位：D_5=1，通道 1 有 DMA 请求；D_5=0，通道 1 没有 DMA 请求
- D_6 位：D_6=1，通道 2 有 DMA 请求；D_6=0，通道 2 没有 DMA 请求
- D_7 位：D_7=1，通道 3 有 DMA 请求；D_7=0，通道 3 没有 DMA 请求

8. 请求寄存器

请求寄存器对应于每个通道的DMA请求触发器，用于启动DMA请求的设备。各通道的DMA请求可以由I/O设备发来DREQ信号，也可以由软件设置请求寄存器中对应于每个通道的请求位，并且该请求位是不可屏蔽的。当进行存储器到存储器的传送时，必须利用软件产生DMA请求。这种请求传送操作是成组传送方式，在传送结束后$\overline{EOP}$信号变为有效，该通道对应的请求标志位被清“0”，因此，每执行一次软件请求DMA传送，都要对请求寄存器编程一次，RESET信号可以清除所有通道的请求寄存器。

请求寄存器的命令格式如下所示。可使用D_2、D_1和D_0共3位，其余各位无意义。

×	×	×	×	×	D_2	D_1	D_0

- D_1D_0位：对DMA进行通道选择

D_1D_0=00：选择通道0；D_1D_0=01：选择通道1

D_1D_0=10：选择通道2；D_1D_0=11：选择通道3

- D_2位：用来设置或清除请求位

D_2=0：清除请求位；D_2=1：设置请求位

8237A接收到命令请求时，按D_1D_0所确定的通道，对该通道的请求标志执行D_2规定的操作。例如，若用软件设置的方法请求通道0进行DMA传送，则应向请求寄存器写入04H控制字。

9. 屏蔽寄存器

8237A内部的屏蔽寄存器对应于每个DMA通道的屏蔽触发器，当其设置为“1”时，禁止该通道的DREQ请求，即该通道的DMA请求不被响应。若某个通道规定不自动预置，则当该通道遇到有效的$\overline{EOP}$信号时，将对应的屏蔽标志位置1。RESET信号可以使所有通道的屏蔽标志位都置“1”，这时禁止所有通道产生DMA请求，直到用一条清除屏蔽寄存器的命令使之复位后才允许接收DMA请求。

8237A有以下两种屏蔽寄存器格式，两种屏蔽字需写入不同的端口地址中。

一种是通道屏蔽字，它只对单个屏蔽位进行操作，使之置位或复位。通道屏蔽字的格式如下所示。可使用D_2、D_1和D_0共3位，其余各位无意义。

×	×	×	×	×	D_2	D_1	D_0

- D_1D_0位：对DMA进行通道选择

D_1D_0=00：选择通道0；D_1D_0=01：选择通道1

D_1D_0=10：选择通道2；D_1D_0=11：选择通道3

- D_2位：用来设置或清除屏蔽位

D_2=0：清除屏蔽位；D_2=1：设置屏蔽位

另一种是主屏蔽字，用来设置所有通道的屏蔽触发器。主屏蔽字格式如下所示。可使用D_3～D_0共4位，其余各位无意义。

×	×	×	×	D_3	D_2	D_1	D_0

- D_0 位：设置通道 0

D_0=0：清除屏蔽位；D_0=1：设置屏蔽位

- D_1 位：设置通道 1

D_1=0：清除屏蔽位；D_1=1：设置屏蔽位

- D_2 位：设置通道 2

D_2=0：清除屏蔽位；D_2=1：设置屏蔽位

- D_3 位：设置通道 3

D_3=0：清除屏蔽位；D_3=1：设置屏蔽位

由上可见，D_3～D_0 位分别对应 DMA 的 4 个通道的屏蔽位，各个屏蔽位中，0 表示清除，1 表示置位，这样利用一条主屏蔽字命令就可一次完成对 4 个通道的屏蔽位的设置。

10. 暂存寄存器

暂存寄存器仅在存储器至存储器之间进行传送时使用，操作时用来暂存从源地址单元读出的数据。当数据传送完成后，最后传送的一个字节数据可由 CPU 编程从该寄存器中读出。在芯片复位时用 RESET 信号可以清除该暂存寄存器。

11. 软件命令

8237A 设置了 3 条软件命令，它们分别是总清除命令、清除字节指示器命令和清除屏蔽寄存器命令。用户只要对某个适当的地址进行写入操作就会自动执行这些清除命令。

- 主清除命令。也称为软件复位命令，其功能与硬件 RESET 信号相同。执行该命令会使 8237A 的控制寄存器、状态寄存器、DMA 请求寄存器、暂存寄存器和字节指示器清零，使屏蔽寄存器置“1”，使 8237A 进入空闲周期，以便进行编程。
- 清除字节指示器命令。字节指示器也称先/后触发器，用来控制写入或读出内部 16 位寄存器的高/低字节。因为 8237A 的数据总线为 8 位，对 16 位寄存器的操作要连续两次进行。当字节指示器为 0 时，CPU 访问 16 位寄存器的低字节；当字节指示器为 1 时，CPU 访问 16 位寄存器的高字节。为了按正确顺序分别访问高/低字节，CPU 首先用清除字节指示器命令使字节指示器为 0，实现第一次访问得到低字节；然后字节指示器自动置 1，实现第二次访问得到高字节。两次处理结束后字节指示器又自动恢复为 0。
- 清除屏蔽寄存器命令。该命令用来清除 4 个通道的全部屏蔽位，使各通道均能接受 DMA 请求。

9.4 8237A 的编程及应用

9.4.1 8237A 编程的一般步骤

在进行 DMA 传输之前，CPU 要对 8237A 进行初始化编程，设定工作模式及参数等。通常，其编程内容主要包括以下几步：

（1）输出总清除命令，使 8237A 处于复位状态，做好接收新命令的准备。

（2）根据所选通道，写入相应通道的基地址寄存器和当前地址寄存器的初始值。

（3）写入基字节计数寄存器和当前字节计数寄存器的初始值。

（4）写入方式控制寄存器，以确定 8237A 的工作方式和传送类型。

（5）写入屏蔽寄存器。

（6）写入命令寄存器，以控制 8237A 的工作。

（7）写入请求寄存器。

如果有软件请求，就写入指定通道，以便开始 DMA 传送过程。如果没有软件请求，则在完成前 6 步的编程后，由通道的 DREQ 启动 DMA 进行传送。

【例 9.1】已知某系统采用一片 8237A 来设计 DMA 传输电路，给定 8237A 的基地址为 00H。利用通道 0 从磁盘将一个 1K 字节的数据块传送到内存 06000H 开始的区域中，每传送一个字节，地址增 1，采用数据块连续传送方式，禁止自动预置，外设的 DMA 请求信号 DREQ 和响应信号 DACK 均为高电平有效。

对 8237A 的初始化程序如下：

```
DMA   EQU   00H             ;8237A 的基地址为 00H
OUT   DMA+0DH,AL            ;输出总清除命令
MOV   AX,6000H              ;设定基地址和当前地址寄存器
OUT   DMA+00H,AL            ;先写入低 8 位地址
MOV   AL,AH
OUT   DMA+00H,AL            ;后写入高 8 位地址
MOV   AX,0400H              ;总字节数
DEC   AX                    ;总字节数减 1
OUT   DMA+01H,AL            ;先写入字节数的低 8 位
MOV   AL,AH
OUT   DMA+01H,AL            ;后写入字节数的高 8 位
MOV   AL,10000100B          ;写入方式字：数据块传送，地址增量，禁止自动预置，
                            写传送，选择通道
OUT   DMA+0BH,AL
MOV   AL,00H                ;写入屏蔽字：通道 0 屏蔽位清 0
OUT   DMA+0AH,AL
MOV   AL,10000000B          ;写入命令字：DACK 和 DREQ 为高电平，固定优先级，
                            非存储器间传送
OUT   DMA+08H,AL
MOV   AL,04H                ;写入请求字：通道 0 产生请求，用软件启动 8237A
OUT   DMA+09H,AL
```

9.4.2 8237A 的应用

为了掌握 8237A 的编程方法，我们结合 IBM PC/XT 计算机系统中 8237A 的应用来进行说明。

【例 9.2】在 PC/XT 机中，8237A 的通道 0 用来对动态 RAM 进行刷新，通道 2 和通道 3 分别用来进行软盘驱动器和内存之间的数据传送以及硬盘和内存之间的数据传送，通道 1 用来提供其他传送功能，比如网络通讯功能。系统采用固定优先级，即动态 RAM 刷新的优先权最高。4 个 DMA 请求信号中，只有 $DREQ_0$ 是和系统板相连的，$DREQ_1$～$DREQ_3$ 几个请求信号都接到总线扩展槽的引脚上，由对应的软盘接口板和网络接口板提供。同样，DMA 应答信号 $DACK_0$ 送往系统板，而 $DACK_1$～$DACK_3$ 信号则送往扩展槽。

该例中的 8237A 对应端口地址为 0000H～000FH，在下面的编程中采用标号 DMA 来代表首地址 0000H。

对 8237A 的初始化及测试程序如下。

初始化程序段：

```
    MOV  AL,04               ;4 个 DMA 请求信号
    MOV  DX,DMA+8            ;DMA+8 为控制寄存器的端口号
    OUT  DX,AL               ;输出控制命令，关闭 8237A
    MOV  AL,00
    MOV  DX,DMA+0DH          ;DMA+0DH 为主清除命令端口号
    OUT  DX,AL               ;发送主清除命令
    MOV  DX,DMA              ;DMA 为通道 0 的地址寄存器对应端口号
    MOV  CX,0004
    MOV  AL,0FFH
    OUT  DX,AL               ;写入地址低位
    OUT  DX,AL               ;写入地址高位
    INC  DX
    INC  DX                  ;指向下一通道
    LOOP  WRITE              ;使 4 个通道地址寄存器均为 FFFFH
    MOV  DX,DMA+0BH          ;DMA+0BH 为模式寄存器的端口
    MOV  AL,58H
    OUT  DX,AL               ;设置通道 0：单字节传送，地址加 1，自动预置功能
    MOV  AL,42H
    OUT  DX,AL               ;设置通道 2 模式
    MOV  AL,43H
    OUT  DX,AL               ;设置通道 3 模式
    MOV  DX,DMA+8            ;DMA+8 为控制寄存器的端口号
    MOV  AL,0
    OUT  DX,AL               ;置控制命令：DACK 低电平有效，DREQ 高电平有效，固定优先级
    MOV  DX,DMA+0AH          ;DMA+0AH 为屏蔽寄存器的端口号
    OUT  DX,AL               ;通道 0 去除屏蔽
    MOV  AL,01
    OUT  DX,AL               ;通道 2 去除屏蔽
    MOV  AL,01
    OUT  DX,AL               ;通道 1 去除屏蔽
    MOV  AL,03
    OUT  DX,AL               ;通道 3 去除屏蔽
```

对通道 1～3 的地址寄存器的值进行测试：

```
    MOV  DX,DMA+2            ;DMA+2 为通道 1 地址寄存器端口
    MOV  CX,0003
READ:IN AL,DX                ;读字节低位
    MOV AH,AL
    IN  AL,DX                ;读字节高位
    CMP  AX,0FFFFH           ;比较读取的值和写入的值是否相等
    JNZ  STOP                ;不等，则转 STOPH
    INC  DX
    INC  DX                  ;指向下一个通道
    LOOP  READ               ;测试下一个通道
    ……                       ;后续测试
STOP:HLT                     ;出错则停机等待
```

在需要高速、频繁地进行外设与内存间大批量数据交换时，采用 DMA 传送方式会得到更好的效果。本章介绍了可编程 DMA 接口芯片 8237A 的内部结构、引脚功能、编程结构及其应用。

8237A 芯片中有 4 个独立的 DMA 通道，每个通道均可独立传送数据，每个通道的 DMA 请求有不同的优先权。有 64KB 寻址和计数能力。8237A 有单字节传送、数据块传送、请求传送和级联传送 4 种传送方式。进行 DMA 传输之前，CPU 要对 8237A 进行初始化编程，设定工作模式及参数。

DMA 控制器 8237A 有总线主模块和总线从模块两种不同的工作状态。在总线主模块下 DMA 控制器可直接控制系统总线，在总线从模块下和其他接口一样，接受 CPU 对它的读/写操作。

8237A 可用来实现内存到接口、接口到内存及内存到内存之间的高速数据传送。

一、填空题

1．8237A 用_________实现_________之间的快速数据直接传输；其工作方式有_________。

2．进行 DMA 传输之前，CPU 要对 8237A_________；其主要内容有_________。

3．8237A 设置了_________、_________和_________3 条软件命令，这些软件命令只要对_________就会自动执行清除命令。

二、简答题

1．DMA 控制器 8237A 有哪两种工作状态？其工作特点如何？

2．8237A 的当前地址寄存器、当前字计数寄存器和基字寄存器各保存什么值？

3．8237A 进行 DMA 数据传送时有几种传送方式？其特点是什么？

4．8237A 有几种对其 DMA 通道屏蔽位操作的方法？

三、设计题

1．设置 PC 机 8237A 通道 2 传送 1KB 数据，请给其字节数寄存器编程。

2．若 8237A 的端口基地址为 000H，要求通道 0 和通道 1 工作在单字节读传输，地址减 1 变化，无自动预置功能。通道 2 和通道 3 工作在数据块传输方式，地址加 1 变化，有自动预置功能。8237A 的 DACK 为高电平有效，DREQ 为低电平有效，用固定优先级方式启动 8237A 工作，试编写 8237A 的初始化程序。

第 10 章　定时/计数器接口

在计算机实时控制和处理系统中，计算机要定时对处理对象进行采样，系统时钟、动态存储器的刷新等操作也要用到定时/计数信号。本章介绍可编程计数/定时器接口芯片 8253 的基本结构和功能，以及 8253 在 PC 机上的具体应用。

通过本章学习，应重点理解和掌握以下内容：

- 8253 的内部结构和引脚功能
- 8253 的工作方式及其特点
- 8253 初始化编程
- 8253 在 PC 机上的具体应用

10.1　定时/计数器概述

在微机应用系统中经常会用到定时控制或计数控制，如定时中断、定时扫描、定时检测、各种计数等。

一般来讲，实现定时/计数控制大致可采用以下三种方法：

（1）采用数字逻辑电路实现定时或计数要求。

该方法由硬件电路实现定时/计数功能。如采用专用定时芯片或数字逻辑电路构成定时电路，采用简单的 RC 电路作定时电路等。这种电路一旦形成，若要改变定时/计数的要求，必须改变电路的参数。此方式的通用性和灵活性都比较差。

（2）采用软件设计实现定时和计数要求。

该方法可采用循环程序结构执行若干条指令，使程序段执行时占用一定的延时时间。其通用性和灵活性都比较好，但由于 CPU 在执行延时程序时并不做任何有意义的工作，这样就降低了它的利用率，此外，由于软件定时随机器频率的不同，延迟时间也不同，不适用于通用性和准确性要求较高的场合。

（3）采用可编程定时/计数器芯片实现定时和计数要求。

该方法的定时与计数功能可由芯片的初始化程序灵活设定，设定后与 CPU 并行工作，不占用 CPU 的时间，可以很好地解决以上两种定时存在的不足，这种方式广泛应用于各种定时或计数场合。应用较多的定时/计数器主要有 Intel 公司的 8253 和 8254 以及与其兼容的其他可编程定时/计数器芯片或模块。

在微机系统中，大都采用了与 8253 和 8254 兼容的定时/计数器模块，8253 芯片最高工作频率为 2.6MHz，而 8254 芯片为 10MHz。两者除工作频率不同外几乎没有区别。本章主要介绍 Intel 8253 可编程定时/计数器芯片的基本工作原理及其应用。

10.2　8253 的内部结构和引脚

10.2.1　8253 的内部结构

8253 内部可分为数据总线缓冲器、读/写逻辑电路、控制寄存器及三个独立的功能相同的计数器 0、计数器 1 和计数器 2。其内部结构如图 10-1 所示。

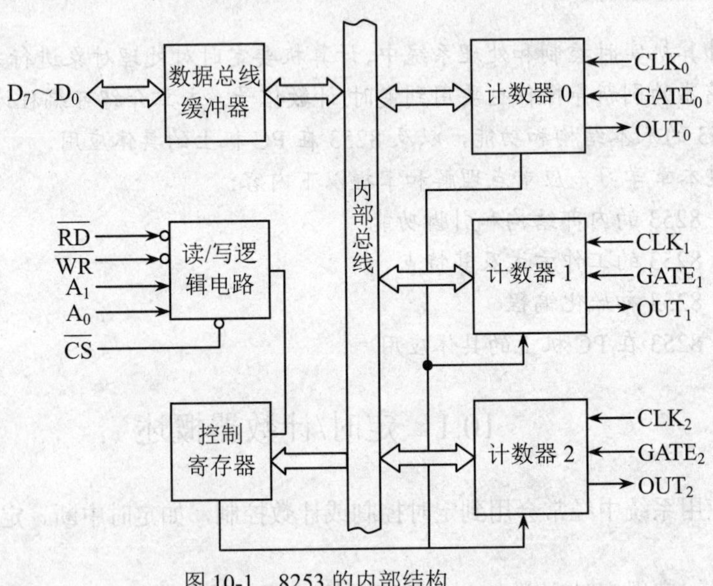

图 10-1　8253 的内部结构

图 10-1 中的各部件功能分析如下：

（1）数据总线缓冲器。8 位、双向、三态缓冲器。用于将 8253 与系统数据总线 $D_0 \sim D_7$ 相连。CPU 通过数据总线缓冲器向 8253 写入数据和命令，或从数据总线缓冲器读取数据和状态信息。

（2）读/写逻辑电路。该电路从系统总线接收输入信号，经过译码产生对 8253 各部分的控制。和读/写控制逻辑相关的引脚为地址线 A_1、A_0，片选线 $\overline{CS}$、读有效信号线 $\overline{RD}$ 和写有效信号 $\overline{WR}$ 。

（3）控制寄存器。用户对 8253 的控制是通过控制寄存器实现的，在 8253 初始化编程时，CPU 写入芯片的控制字就存放在控制寄存器中，该控制字规定了通道的工作方式。控制寄存器只能写入，不能读出。

（4）计数器 0～2。8253 有三个独立的计数通道，分别称作计数器 0、计数器 1 和计数器 2。每个计数通道的内部结构完全相同，主要由 16 位减 1 计数器、16 位的计数初值寄存器和 16 位输出锁存器组成。

8253 初始化时，首先向计数通道装入计数初值，将其先送到计数初值寄存器中保存，然后送到减 1 计数器。计数器启动后（GATE 信号有效），在时钟脉冲 CLK 作用下，进行减 1 计数，直至计数值减为 0，输出 OUT 信号，计数结束。计数初值寄存器的内容在计数过程中保持不变。因此，要了解计数初值，可以从计数初值寄存器中直接读出。但如果要想知道计数过程中当前的计数值，则必须将当前值锁存后，从输出锁存器读出，而不能直接从减 1 计数器中读出当前值。

10.2.2 8253 的引脚功能

8253 采用双列直插 DIP 封装，有 24 个引脚，其引脚排列如图 10-2 所示。

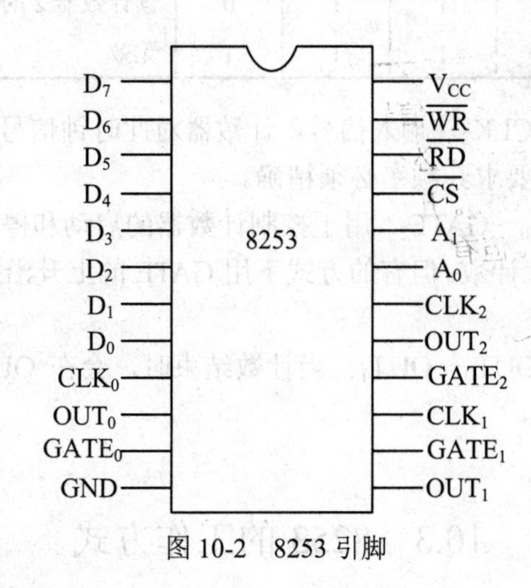

图 10-2 8253 引脚

8253 各引脚的功能分析如下：

（1）数据总线 D_7～D_0。8 位双向数据线。用于传送数据、控制字和计数器的计数初值。D_7～D_0 应和 CPU 数据总线的低 8 位相连。

（2）片选信号 $\overline{CS}$。输入信号，低电平有效。由系统送来的高位 I/O 地址译码产生，当它有效时，此定时芯片被选中。

（3）读信号 $\overline{RD}$。输入信号，低电平有效。其有效时表示 CPU 要对此芯片进行读操作。该信号应和系统总线中的 $\overline{RD}$（最小方式）或 $\overline{IOR}$（最大方式）相连。

（4）写信号 $\overline{WR}$。输入信号，低电平有效。当它有效时表示 CPU 要对此芯片进行写操作。该信号应和系统总线中的 $\overline{WR}$（最小方式）或 $\overline{IOW}$（最大方式）相连。

（5）地址译码线 A_1、A_0。高位地址信号经译码产生 $\overline{CS}$ 片选信号，决定了 8253 芯片所具有的地址范围。而 A_0 和 A_1 地址信号则经片内译码产生 4 个有效地址，分别对应芯片内部的 3 个独立计数器和一个控制寄存器。

片选信号 $\overline{CS}$、读/写有效信号 $\overline{RD}$ / $\overline{WR}$ 和地址信号 A_1、A_0 共同控制对 8253 内部寄存器的读、写操作。具体内容如表 10-1 所示。

表 10-1 8253 内部端口地址和操作功能

$\overline{CS}$	$\overline{RD}$	$\overline{WR}$	A_1	A_0	操作功能
0	1	0	0	0	设置计数器 0 的初始值
0	1	0	0	1	设置计数器 1 的初始值
0	1	0	1	0	设置计数器 2 的初始值
0	1	0	1	1	写方式控制字

续表

$\overline{CS}$	$\overline{RD}$	$\overline{WR}$	A_1	A_0	操作功能
0	0	1	0	0	读计数器 0 的当前值
0	0	1	0	1	读计数器 1 的当前值
0	0	1	1	0	读计数器 2 的当前值
0	0	1	1	1	无效

（6）时钟信号 CLK_0～CLK_2。输入信号，计数器对此时钟信号进行计数。CLK 信号是计数器工作的计时基准，因此要求其频率必须精确。

（7）门选通信号 $GATE_0$～$GATE_2$。用于控制计数器的启动和停止。多数情况下，GATE=1 时允许计数，GATE=0 时停止计数。但有的方式下用 GATE 的上升沿启动计数，启动后则 GATE 的状态不再影响计数过程。

（8）计数器输出信号 OUT_0～OUT_1。当计数结束时，会在 OUT 端产生输出信号，不同的方式会有不同的波形输出。

10.3 8253 的工作方式

8253 芯片的每个计数通道都有 6 种工作方式可供选择，区分这 6 种工作方式的主要标志有以下 3 点：

（1）OUT 端的输出波形不同。

（2）计数过程的启动方式不同。

（3）计数过程中门控信号 GATE 对计数操作产生的影响不同。

下面借助波形图来分别说明这 6 种工作方式的特点及编程方法。

10.3.1 计数结束中断

计数结束中断称为方式 0。当某一个计数通道设置为方式 0 后，其输出 OUT 信号随即变为低电平。在计数初值经预置寄存器装入减 1 计数器后，计数器开始计数，OUT 输出仍为低电平。以后 CLK 引脚上每输入一个时钟信号（下降沿），计数器中的内容减 1。当计数值减为 0 时，计数结束，输出变为高电平，并且一直保持到该通道重新装入计数值或重新设置工作方式为止。

方式 0 的工作时序如图 10-3（a）所示。

方式 0 中，门控信号 GATE 可用来控制计数的进程。当 GATE=0 时停止计数操作；当 GATE=1 时继续计数。GATE 信号电平的变化不影响 OUT 端的输出。如图 10-3（b）所示。

方式 0 允许在计数过程中改变计数初值，当新值写入时原计数过程终止，输出 OUT 仍为低电平。新值写入后经过一个时钟脉冲，减 1 计数单元接收到新的计数初值。计数器将按照新的初值开始计数，直至计数为 0，OUT 输出高电平。写入新值后的 OUT 波形如图 10-3（c）所示。

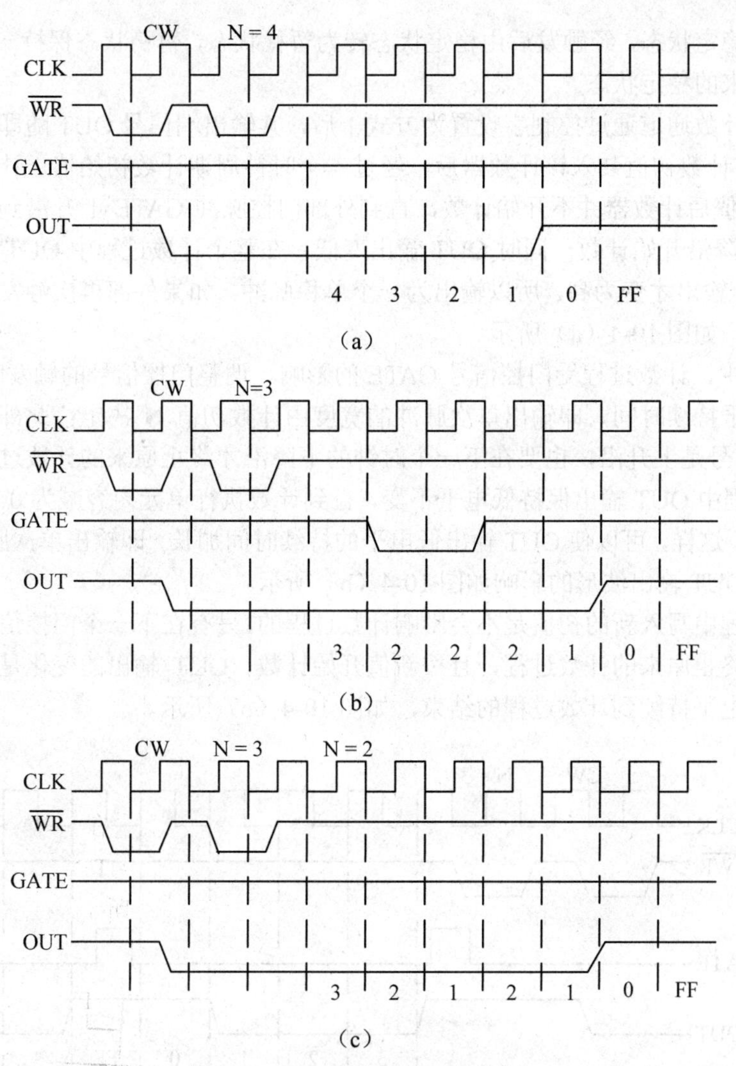

图 10-3　8253 工作方式 0 波形图

【例 10.1】使计数器 T_1 工作在方式 0，采用 16 位二进制计数，设 8253 的 3 个计数器及控制器的端口地址分别是 304H、305H、306H 和 307H。对其进行初始化设计。

解：按照题目要求，其初始化程序段可设计为：

```
MOV  DX,307H              ;设控制器端口地址
MOV  AL,01110000B         ;取方式字
OUT  DX,AL
MOV  DX,305H              ;设 T1 数据端口地址
MOV  AL,BYTEL             ;取计数值的低字节
OUT  DX,AL
MOV  AL,BYTEH             ;取计数值的高字节
OUT  DX,AL
```

10.3.2　可重复触发的单稳态触发器

可重复触发的单稳态触发器称为方式 1。单稳态是指只有一个稳定状态，在未加触发信号

前触发器处于稳定状态，经触发后由稳定状态转为暂稳状态，暂稳状态保持一段时间后，又会自动翻转回原来的稳定状态。

如果一个计数通道通过控制字设置为方式 1 后，其输出端信号 OUT 随即变为高电平。当用 OUT 指令将计数初值装入该计数器后，经过一个时钟周期计数初始值送计数执行部件。当 CPU 写完计数值后计数器并不开始计数，直到外部门控脉冲 GATE 上升沿到来后，在下一个 CLK 脉冲的下降沿开始计数，同时 OUT 输出变低。在整个计数过程中 OUT 端都维持为低，直到计数到 0，输出才变为高，所以输出为一个单稳脉冲。如果外部再次触发启动可以再产生一个单稳脉冲。如图 10-4（a）所示。

在方式 1 中，计数过程受门控信号 GATE 的影响，调整门控信号的触发时刻可调整 OUT 端输出的高电平持续时间，即输出单次脉冲的宽度由计数初值 N 决定；此外，在计数进行中如果 GATE 信号是上升沿，也要在下一个时钟的下降沿才终止原来的计数过程，从初值起重新计数。该过程中 OUT 输出保持低电平不变，直到计数执行单元内容减为 0 时，OUT 输出才恢复为高电平。这样，可以使 OUT 输出低电平的持续时间加长，即输出单次脉冲的宽度加宽。GATE 信号对 OUT 输出波形的影响如图 10-4（b）所示。

在计数过程中写入新的初值是不会影响计数过程的，只有在下一个门控信号到来后一个时钟的下降沿才终止原来的计数过程，且按新值开始计数。OUT 输出的变化是高电平持续到开始计数前，低电平持续到计数过程的结束，如图 10-4（c）所示。

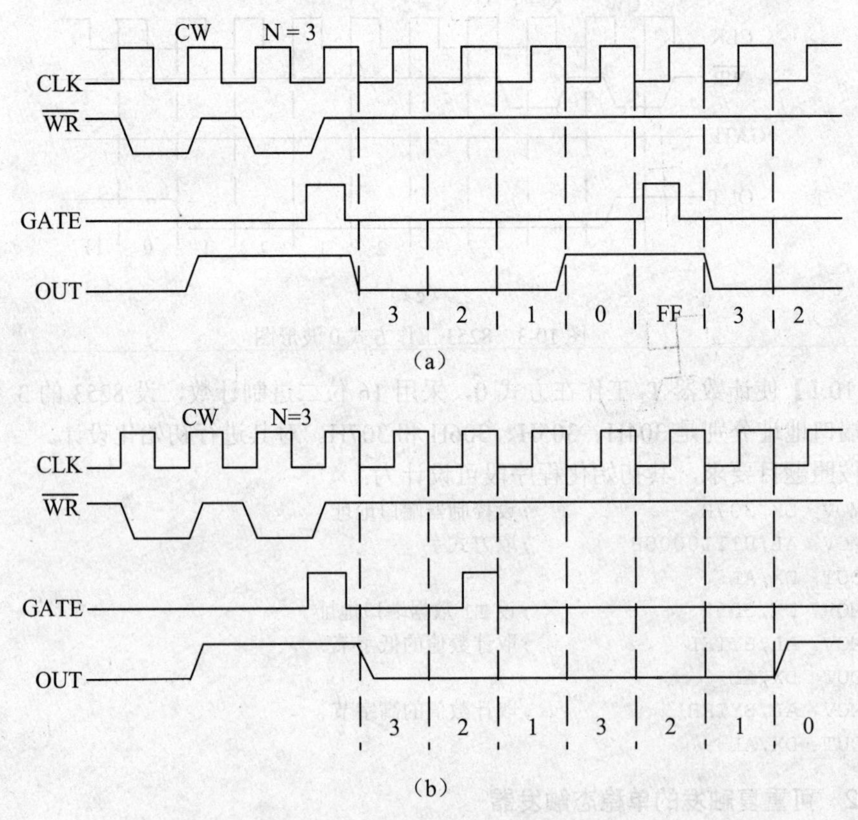

图 10-4 8253 工作方式 1 波形图

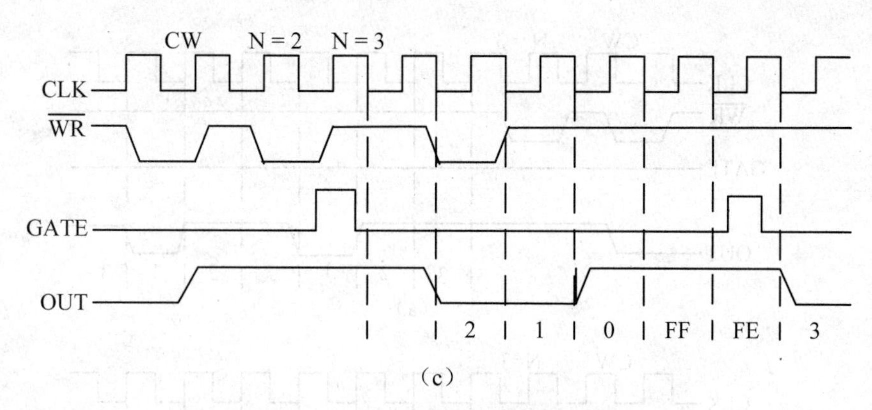

（c）

图 10-4　8253 工作方式 1 波形图（续）

【例 10.2】使计数器 T_2 工作在方式 1，进行 8 位二进制计数，设 8253 的三个计数器及控制器的端口地址分别是 304H、305H、306H 和 307H。对其进行初始化设计。

解：按照题目要求，其程序段可设计为：

```
MOV  DX,307H                    ;设控制端口地址
MOV  AL,10010010B               ;设方式字
OUT  DX,AL
MOV  DX,306H                    ;设 T1 数据端口地址
MOV  AL,BYTEL                   ;取计数值低字节
OUT  DX, AL
```

程序中把 T_2 设定成仅读/写低 8 位计数初值，高 8 位自动补零。

10.3.3　分频器

分频器称为方式 2。8253 工作在方式 2 下时，在控制字作用下，OUT 端输出将变高电平且在计数过程中始终保持为高电平，直到计数器减为 1 时输出变低电平。经过一个 CLK 周期，输出恢复为高电平，计数器开始重新计数。方式 2 的工作波形如图 10-5（a）所示。

在方式 2 下，计数器能够连续工作，当计数值为 N，则每输入 N 个 CLK 脉冲时 OUT 就输出一个负脉冲，该方式类似于一个频率发生器或分频器。

门控信号 GATE 为高电平时，如果在计数期间 GATE 变为低电平，则计数器停止计数，待 GATE 恢复为高电平后，计数器按原装入的计数值重新开始计数，工作时序如图 10-5（b）所示。

如果在计数过程中改变初值，当 GATE 一直维持高电平时新初值不影响当前的计数过程，在计数结束后，下一个计数周期将按新的初值计数，写入新值对 OUT 输出端的影响如图 10-5（c）所示。

10.3.4　方波发生器

方波发生器称为方式 3。该方式输出为方波，具有“初值自动重装”功能。向 8253 写入控制字后，OUT 输出变为高电平，在写完计数初值后计数器自动开始对输入时钟 CLK 计数，OUT 输出保持高电平。当计数到一半值时，输出变为低电平，直至计数到 0，再重新装入计数初值，OUT 端变高开始新一轮计数。

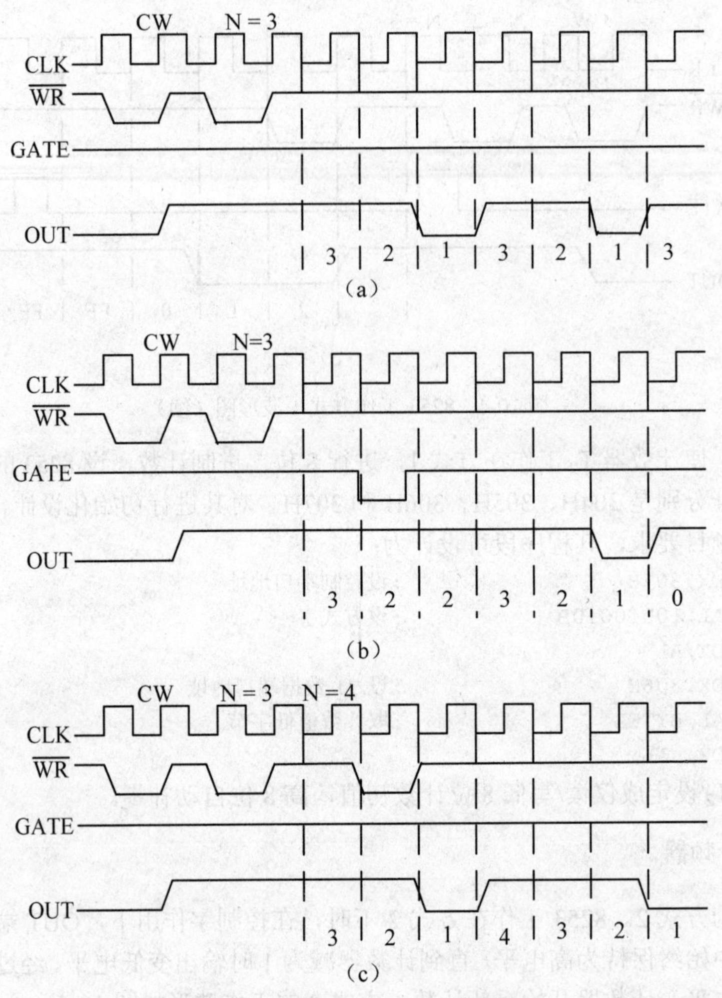

图 10-5　8253 工作方式 2 波形图

当计数初值为偶数时，经过一个时钟周期被送入计数执行单元，下一个时钟下降沿开始减 1 计数。减到 N/2 时，输出端 OUT 变为低电平，继续执行减 1 计数，当减到 0 时，OUT 又变成高电平，计数器重新从初值开始计数，只要 GATE 为 1，此过程一直重复下去，输出端就得到一方波信号。

初值为偶数时 OUT 端的波形如图 10-6（a）所示。当初值为奇数时，在 GATE 一直为高电平情况下，OUT 输出波形为连续的近似方波，高电平持续时间为（N+1）/2 个脉冲，低电平持续时间为（N-1）/2 个脉冲，OUT 波形如图 10-6（b）所示。

方式 3 的工作条件是 GATE 为高电平，如果在计数过程中，GATE 变为低电平，计数器停止计数，输出端 OUT 将立即变为高电平。当 GATE 变为高电平后，计数器将重新装入初值，并从初始值重新开始计数。GATE 信号对 OUT 端的影响如图 10-6（c）所示。

当 GATE=1 时，在计数执行过程中，新值写入并不影响现行计数过程，只是在下一个计数过程中，按新值进行计数。另一种是在计数执行过程中，GATE 端出现一个脉冲信号，停止现行计数过程，在门控信号上升后的第一个时钟周期的下降沿，将按新的初始值开始计数。写入新值对波形的影响如图 10-6（d）所示。

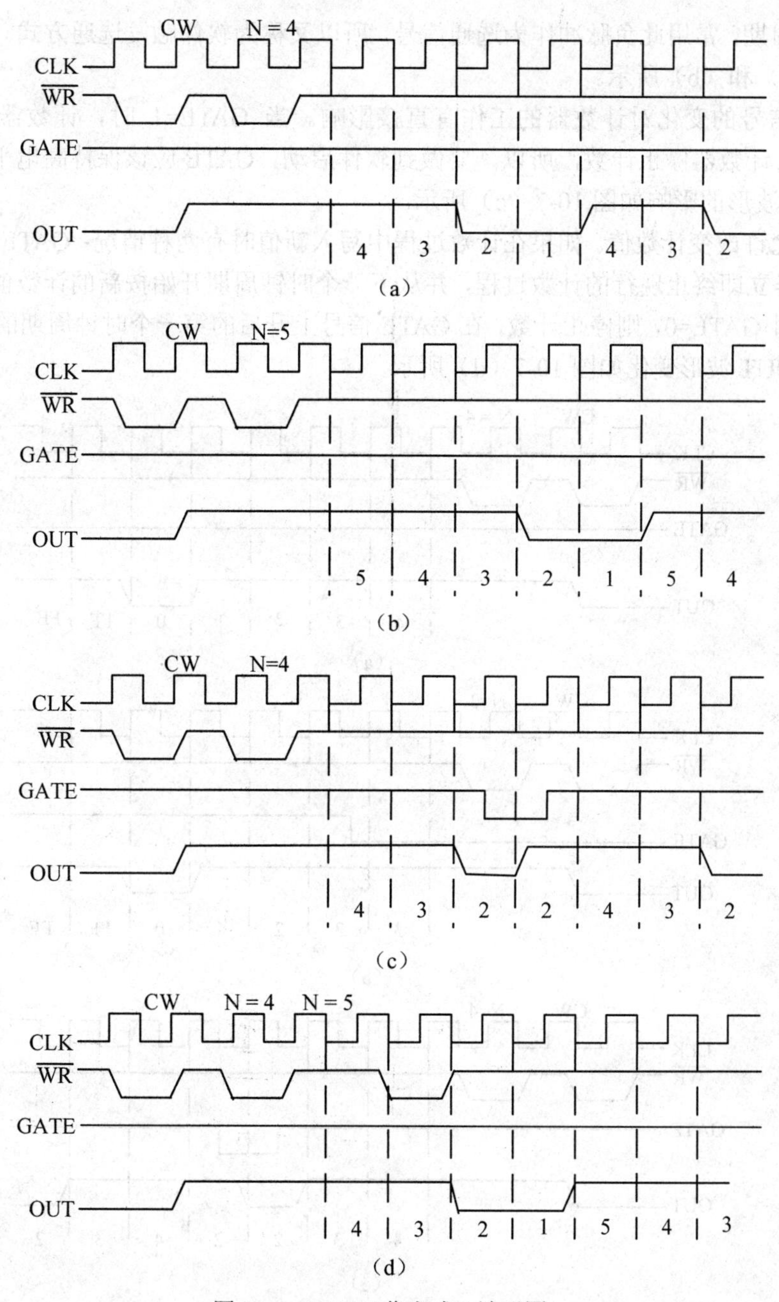

图 10-6　8253 工作方式 3 波形图

10.3.5　软件触发的选通信号发生器

软件触发的选通信号发生器称为方式 4。8253 工作在方式 4 下，当 GATE 为高电平，写入控制字后在时钟上升沿 OUT 变成高电平，将计数初值写入初值寄存器中，经过一个时钟周期，计数初值被移入计数执行单元，下一个时钟下降沿开始减 1 计数，减到 0 时，OUT 变低，持续一个时钟周期，然后自动恢复成高电平。下一次启动计数时，必须重新写入计数值。由于每进行一次计数过程必须重装初值一次，所以也称为软件触发。又由于 OUT 低电平持续时间为一个脉冲周期，常用此负脉冲作为选通信号，所以又称为软件触发选通方式。方式 4 的波形如图 10-7（a）和（b）所示。

GATE 信号的变化对计数器的工作有直接影响。当 GATE=1 时，计数器正常计数，当 GATE=0 时，计数器停止计数，所以，要做到软件启动，GATE 应该保持高电平。GATE 信号对 OUT 输出波形的影响如图 10-7（c）所示。

方式 4 允许改变计数值。如果在计数过程中写入新值时有两种情况：GATE=1 写入新的初值，则计数器立即终止现行的计数过程，并从下一个时钟周期开始按新的计数值重新计数；若在写入新值时 GATE=0，则停止计数，在 GATE 信号上升后的第一个时钟周期的下降沿按新值开始计数。OUT 波形变化如图 10-7（d）所示。

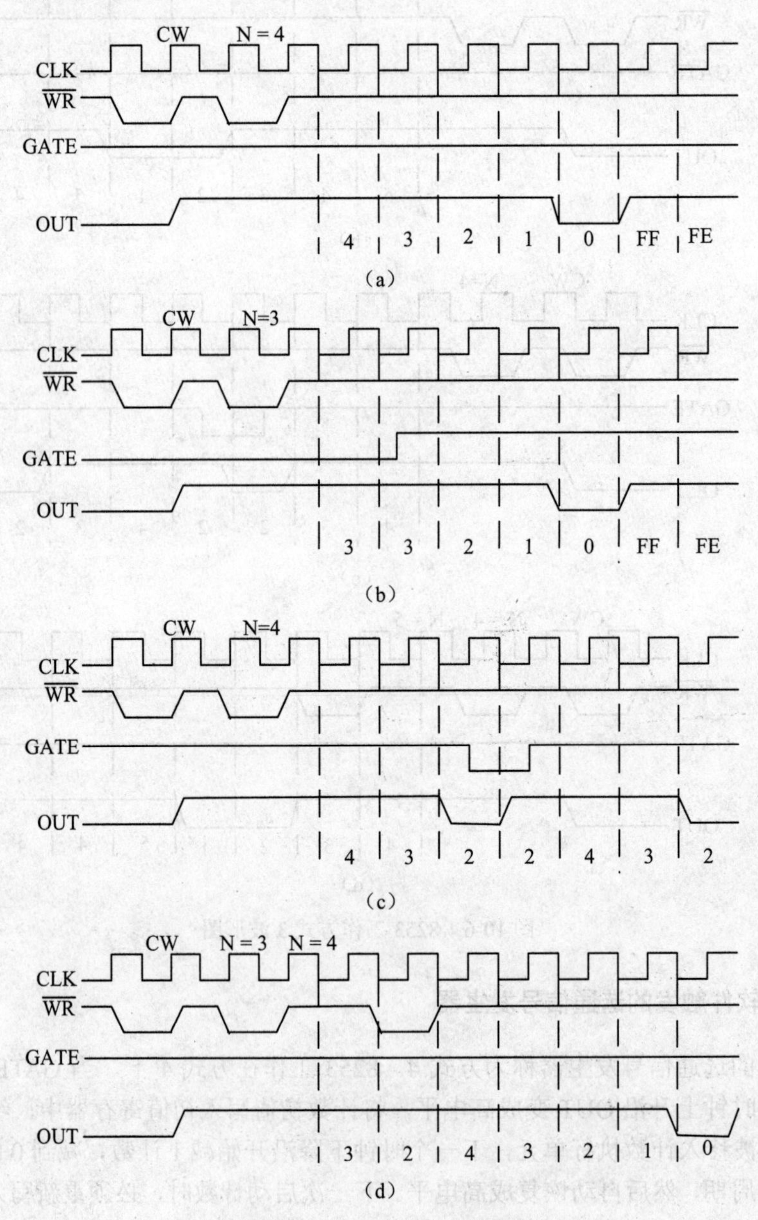

图 10-7　8253 工作方式 4 波形图

10.3.6　硬件触发的选通信号发生器

硬件触发的选通信号发生器称为方式 5。该方式完全由 GATE 端引入的触发信号来控制定时和计数。

写入控制字后，OUT 变成高电平，写入计数初值后计数器并不立即开始计数，而是由 GATE 的上升沿触发启动，开始计数。当计数到 0，OUT 变为低电平。持续一个时钟周期又变为高电平，并一直保持高电平，直至下一个 GATE 的上升沿的到来。所以，方式 5 可循环计数，并且计数初值可自动重装。由于计数过程的进行是靠门控信号触发的，因此称方式 5 为硬件触发。OUT 输出低电平持续时间仅一个时钟周期，可作为选通信号。方式 5 波形如图 10-8（a）所示。

方式 5 的门控信号对计数过程有影响。如果在计数的过程中又来一个 GATE 的上升沿，则立即终止现行的计数过程，在下一个时钟周期的下降沿，又从初始值开始计数。如果在计数过程结束后，出现一个 GATE 的上升沿，计数器也会在下一个时钟周期的下降沿从初值开始减 1 计数，不用重新写入初值。所以，方式 5 中计数过程是由 GATE 的上升沿触发的。GATE 的变化对 OUT 端输出的影响如图 10-8（b）所示。

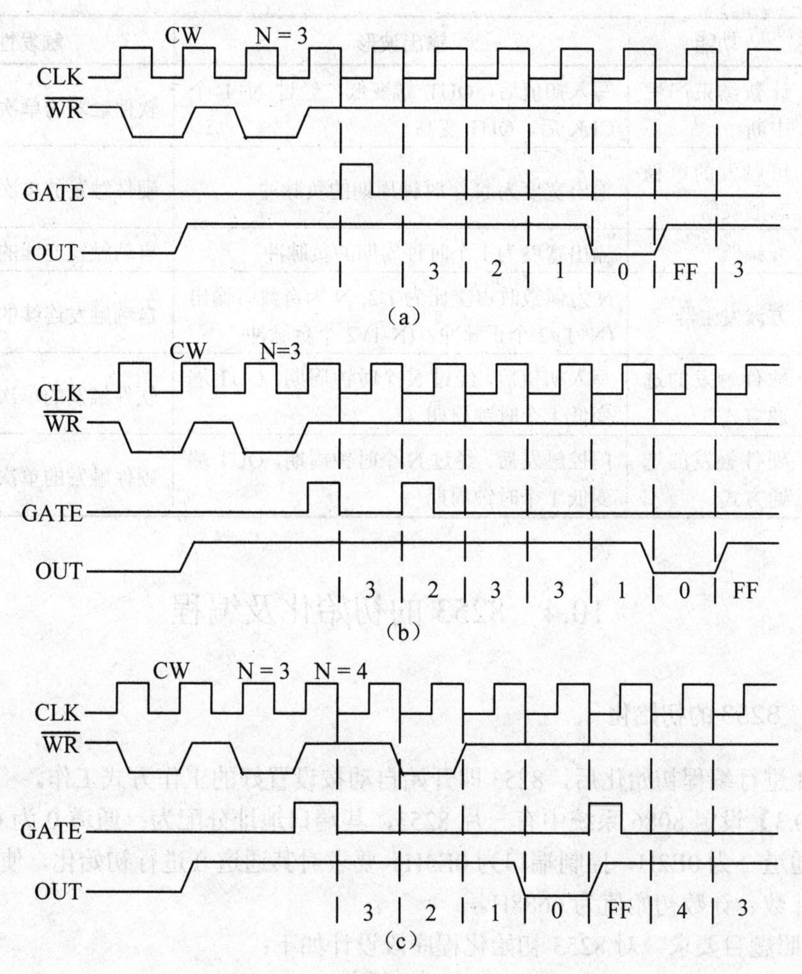

图 10-8　8253 工作方式 5 波形图

如果在减 1 计数期间置入新的初始值，当前计数过程不受影响，只是在下一个 GATE 的上升沿到来后，新的初始值装入计数执行单元，按新值开始计数。但如果新的初值写入后，当前计数过程未结束，就出现了 GATE 的上升沿，则在 GATE 上升沿出现后的第一个 CLK 时钟脉冲信号将新值装入开始新的计数。OUT 端波形如图 10-8（c）所示。

8253 的 6 种工作方式特点概括如下：

（1）CPU 将控制字写入 8253 后，控制逻辑电路复位，输出端 OUT 进入初始状态（高电平或低电平）。

（2）计数初值写入初值寄存器后，需经一个时钟的上升沿和一个下降沿才将初值写入计数执行单元并开始计数。

（3）时钟脉冲的下降沿到来，计数器作减 1 计数。

（4）在不同的工作方式下 OUT 端会有不同的输出波形。

（5）GATE 信号在不同的工作方式下也会有不同的作用。

8253 的 6 种工作方式功能、输出波形特点、触发性质等内容比较如表 10-2 所示。

表 10-2　8253 的 6 种工作方式特点比较

工作方式	功能	输出波形	触发性质
方式 0	计数结束产生中断	写入初值后，OUT 端变低，经过 N+1 个 CLK 后，OUT 变高	软件触发的单次负脉冲
方式 1	可触发的单稳态触发器	输出宽度为 N 个时钟周期的负脉冲	硬件触发的单次负脉冲
方式 2	分频器	输出宽度为 1 个时钟周期的负脉冲	自动触发连续的脉冲波
方式 3	方波发生器	N 为偶数时占空比为 1/2; N 为奇数时输出 (N+1)/2 个正脉冲，(N-1)/2 个负脉冲	自动触发连续的方波
方式 4	软件触发的选通方式	写入初值后，经过 N 个时钟周期，OUT 端变低 1 个时钟周期	软件触发的单次单拍负脉冲
方式 5	硬件触发的选通方式	门控触发后，经过 N 个时钟周期，OUT 端变低 1 个时钟周期	硬件触发的单次单拍负脉冲

10.4　8253 的初始化及编程

10.4.1　8253 的初始化

对 8253 进行编程初始化后，8253 即开始自动按设置好的工作方式工作。

【例 10.3】设定 8086 系统中有一片 8253，其端口地址分配为：通道 0 为 0E0H，通道 1 为 0E1H，通道 2 为 0E2H，控制端口为 0E3H。要求对其通道 0 进行初始化，使其工作于方式 0、二进制计数、计数初始值为 6688H。

解：按照题目要求，对 8253 初始化程序段设计如下：

```
MOV  AL,30H                     ;控制字送 AL
MOV  DX,0E6H                    ;控制端口地址送 DX
```

```
OUT  DX,AL                          ;向控制端口写入控制字
MOV  AL,88H                         ;低 8 位计数值 88H
MOV  DX,0E0H                        ;通道 0 端口地址送 DX
OUT  DX,AL                          ;向通道 0 写入计数初值的低 8 位
MOV  AL,66H                         ;高 8 位计数值 66H
OUT  DX,AL                          ;向通道 0 写入计数初值的高 8 位
```

10.4.2　8253 的编程

对 8253 芯片的初始化编程包括写入控制字和写入计数值两个步骤。

（1）写入控制字。任一通道的控制字都要从 8253 的控制口地址写入，控制哪个通道由控制字的 D_7D_6 位来决定。

（2）写入计数初始值。计数初始值经由各通道的端口地址写入。

若已知 8253 相应通道的 CLK 端接入的时钟频率为 f_{CLK}，周期为 $T_{CLK}=1/f_{CLK}$，要求产生的周期性信号频率为 F（周期为 T）或定时时间为 T（F=1/T）。

则所需计数初值 N 为：

$$N=T/t_{CLK}=f_{CLK}/F=T\times f_{CLK}$$

【例 10.4】设定 8253 的计数器 0 工作在方式 5，按二进制计数，计数初值为 100；计数器 1 工作在方式 1，BCD 码计数，计数初始值为 4000；计数器 2 工作在方式 2，按二进制计数，计数初始值为 600。8253 占用的端口地址为 200H 到 203H。

解：完成以上要求的 8253 初始化程序设计如下：

```
MOV  DX,203H                        ;控制寄存器地址送 DX
MOV  AL,00011010B                   ;计数器 0，写低字节，方式 5，二进制计数
OUT  DX,AL                          ;写控制字寄存器
MOV  DX,200H                        ;计数器 0 的地址送 DX
MOV  AL,100                         ;计数初始值为 100
OUT  DX,AL                          ;写入计数初始值
MOV  DX,203H                        ;控制寄存器地址送 DX
MOV  AL,01100011B                   ;计数器 1，写高字节，方式 1，十进制计数
OUT  DX,AL                          ;写控制字寄存器
MOV  DX,201H                        ;计数器 1 的地址送 DX
MOV  AL,40H                         ;计数初始值为 4000H，只写高 8 位即可
OUT  DX,AL                          ;写入计数初始值
MOV  DX,203H                        ;控制寄存器地址送 DX
MOV  AL,10110100B                   ;计数器 2，16 位初始值，方式 1，二进制计数
OUT  DX,AL                          ;写控制字寄存器
MOV  DX,202H                        ;计数器 2 的地址送 DX
MOV  AX,600                         ;计数初始值为 600
OUT  DX,AL                          ;先写低 8 位
MOV  AL,AH
OUT  DX,AL                          ;后写高 8 位
```

10.5　8253 在 PC 机上的应用

可编程定时/计数器 8253 可与各种微型计算机系统相连并构成完整的定时、计数或脉冲发

生器。使用 8253 时，要先根据实际应用要求，设计一个包含 8253 的硬件逻辑电路或接口，再对 8253 进行初始化编程，只有初始化后 8253 才可以按要求正常工作。

下面举例说明 8253 的实际应用。

10.5.1 定时中断控制

在微型计算机系统的应用中，经常会遇到隔一定的时间重复某一个动作的操作，这就是定时控制问题。

【例 10.5】设某微机应用系统中，系统提供一个频率为 10kHz 的时钟信号，要求每隔 10ms 完成一次扫描键盘的工作。为了提高 CPU 的工作效率，采用定时中断的方式进行键盘的扫描。

解题分析：该系统可采用 8253 定时/计数器的通道 0 来实现规定的要求。将 8253 芯片的 CLK_0 接到系统的 10kHz 时钟上，OUT_0 输出接到 CPU 的中断请求线上，8253 的端口地址为 10H～13H，如图 10-9 所示。

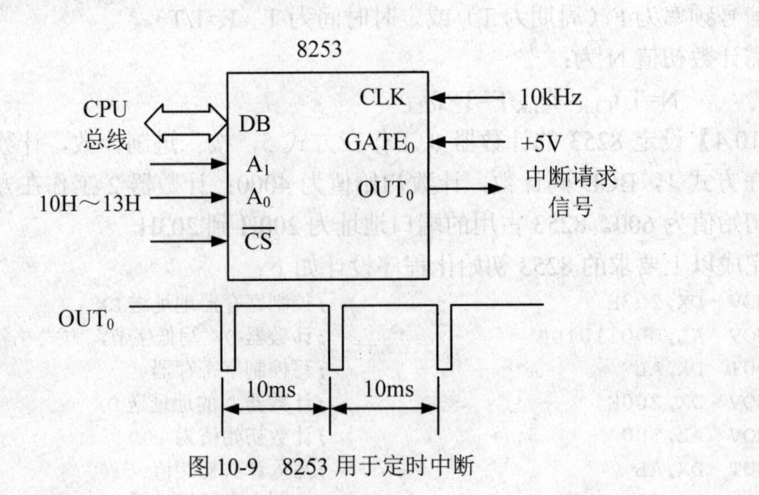

图 10-9 8253 用于定时中断

（1）工作方式的选择。

由于该系统每隔 10ms 完成一次动作，则扫描键盘的动作频率为 100Hz，可选用方式 2 来实现。

当 8253 工作在方式 2 时，在写入控制字与计数初值后，定时器就启动工作，每到 10ms 时间，即计数器减到 1 时，输出端 $0UT_0$ 输出一个 CLK 周期的低电平，向 CPU 申请中断，完成键盘扫描，同时按原设定值重新开始计数，从而实现计数值的自动重装。

（2）确定计数初值。

由给定可知，f_{CLK0}=10kHz，则 T_{CLK0}=0.1ms，所以计数初值为：

$N= T_{OUT0}/ T_{CLK0}$=10ms/0.1ms=100，即 64H。

（3）初始化编程。

根据以上要求，可确定 8253 通道 0 的方式控制字为 00010100B，即 14H。

初始化程序段如下：

```
MOV  AL,14H     ;通道 0，写入初值低 8 位，高 8 位置 0，方式 2，二进制计数
OUT  13H,AL     ;写入方式到控制字寄存器
MOV  AL,64H
OUT  10H,AL     ;写入计数初值低 8 位到通道 0
```

10.5.2 扬声器控制

IBM PC/XT 机中使用了 1 个 8253，系统中 8253 的端口地址为 40H～43H，3 个通道的时钟输入频率为 1.19318MHz（系统时钟 PCLK 的二分频）。其中计数器 2 用于扬声器的音调控制。

计数通道 2 的输出加到扬声器上控制其发声，作为机器的报警信号或伴音信号。门控信号 $GATE_2$ 接并行接口 8255 的 PB_0 位，用它控制通道 2 的计数过程。输出 OUT_2 经过一个与门，这个与门受 8255 的 PB_1 位控制。所以，扬声器可由 PB_0 或 PB_1 分别控制发声。由于 8255 还要控制其他设备，在控制扬声器发声的程序中要注意保护 PB 端口原来的状态，以免影响其他设备的工作。

【例 10.6】在 ROM BIOS 中有一个声响子程序 BEEP，它将计数器 2 编程为方式 3，作为方波发生器输出约 1kHz 的方波，经滤波驱动后推动扬声器发声。设计实现该功能的子程序。

解：按照题目要求，该子程序设计如下：

```
BEEP    PROC
        MOV  AL,10110110B      ;设定计数器 2 为方式 3，采用二进制计数
        OUT  43H,AL            ;按先低后高顺序写入 16 位计数值
        MOV  AX,0533H          ;初值为 0533H
        OUT  42H,AL            ;写入低 8 位
        MOV  AL,AH
        OUT  42H,AL            ;写入高 8 位
        IN   AL,61H            ;读 8255 端口 B 原输出值
        MOV  AH,AL             ;存于 AH 寄存器
        OR   AL,03H            ;使 PB1 和 PB0 位均为 1
        OUT  61H, AL           ;输出以使扬声器能够发声，61H 为 8255 端口 B 地址
        SUB  CX,CX
G7:     LOOP  G7               ;延时
        DEC  B1                ;B1 为发声长短的入口条件
        JNZ  G7                ;B1=6 为长声，B1=1 为短声
        MOV  AL,AH
        OUT  61H,AL            ;恢复 8255 的端口 B 值，停止发声
        RET
BEEP    ENDP
```

10.5.3 延时控制

采用软件实现延时功能，通常是编写一段循环控制程序，让 CPU 执行，循环次数一到，延时就结束。这种简单的办法带来的问题是：相同的软件延时程序，在不同主频的微机中运行时，因时钟周期不同，导致延时的差异比较大。

解决该问题的措施是：利用定时器每秒中断 18.2 次速率不变的特点，通过软中断 INT 1AH 的 0 号功能，读取定时器当前计数值，并把要求延时的时间（期望值）折合成计时单位与当前计数值相加，作为定时器的目标值。然后，再利用 INT 1AH 的 0 号功能不断读取定时器的计数值，并与目标值比较，当两值相等时，表明延时的“时间到”。这种延时与主机的频率无关，故延时时间稳定。

【例 10.7】利用系统的硬件定时器来实现延时 5 秒的功能。

解题分析：由于该题是利用微机系统的硬件定时器及中断资源，故硬件设计不需重新做，只要完成软件编程工作即可。

软件编程要利用 INT 1AH 功能调用。首先，将所要求的延时时间折算成计时单位（如54.945ms）的个数。5 秒所包含的定时单位个数=91（5000ms/54.945ms）。其次，把它加到当前的计数值中去，构成一个目标值。由于定时器 8253 的 OUT_0 每隔 54.945ms 申请 1 次中断，每 1 次中断在双字变量中加 1，随着时间的推移不断使双字变量中的计数值增大，与此同时，利用 INT 1AH 的 0 号功能不断地读取当前的计数值，当所读取的计数值达到目标值时，则延时已到，程序往下继续执行。

实现硬件延时的程序段设计如下：

```
        ……                        ;暂停止程序中的其他操作，等待延时
        MOV  AH,0H                ;读日时钟
        INT  1AH
        ADD  DX,91                ;加 5 秒延时（折合成 91 个计时单位）
        MOV  BX,DX                ;目标值→BX
    REP:MOV  AH,0H                ;再读日时钟
        INT  1AH
        CMP  DX,BX                ;与目标值比较
        JNZ  REP                  ;不相等，继续延时
        ……                        ;相等，延时结束，继续执行程序中的其他操作
```

该程序中的入口/出口参数只使用了 DX 寄存器，因为本例只定时 5 秒，可以满足要求。需要指出，利用日时钟做硬件延时，其延时时间不能太小，因为计时单位是 54.945ms。

10.5.4 LED 发光二极管的控制

【例 10.8】在 8086 系统中，8253 的各端口地址为 81H、83H、85H 和 87H。现提供时钟频率为 2MHz，要求用 8253 来控制一个 LED 发光二极管的点亮和熄灭，点亮 10s 后再让它熄灭 10s，并重复上述过程。

解题分析：因为计数频率为 2MHz，计数器的最大计数值为 65536，所以最大的定时时间为 0.5μs×65536=32.768ms，达不到 20s 的要求，因此需用两个计数器级联来解决问题。

将 2MHz 的时钟信号直接加在 CLK_0 输入端，并让计数器 0 工作在方式 2，选择计数初始值为 5000，则从 OUT_0 端可得到频率为 2MHz/5000=400Hz 的脉冲，周期为 0.25ms。再将该信号连到 CLK_1 输入端，并使计数器 1 工作在方式 3 下，为了使 OUT_1 输出周期为 20s（频率为 1/20=0.05Hz）的方波，应取时间常数 N1=400Hz/0.05=8000。

硬件连接图如图 10-10 所示。

初始化程序设计如下：

```
    MOV  AL,00110101B         ;计数器 0 控制字内容送 AL,先低后高,方式 2,BCD 计数
    OUT  87H,AL               ;写计数器 0 控制字
    MOV  AL,00H               ;计数器初始值低 8 位
    OUT  81H,AL
    MOV  AL,50H               ;计数器初始值高 8 位
    OUT  81H,AL
    MOV  AL,01110111B         ;计数器 1 控制字内容送 AL,先低后高,方式 3,BCD 计数
    OUT  87H,AL
```

```
    MOV  AL,00H                    ;计数器初始值低 8 位
    OUT  83H,AL
    MOV  AL,80H                    ;计数器初始值高 8 位
    OUT  83H,AL
```

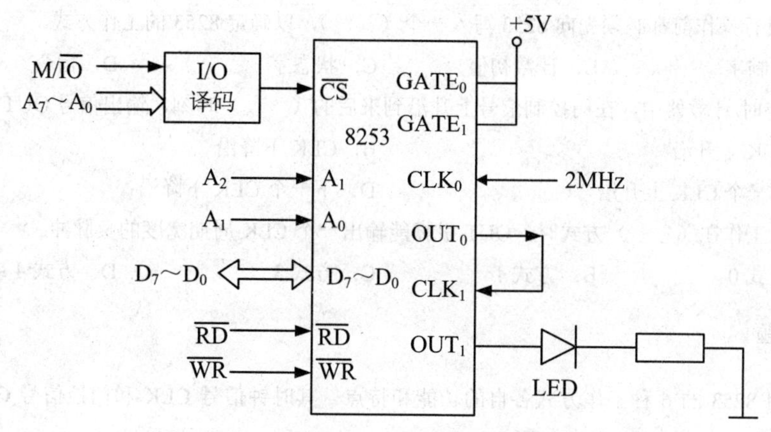

图 10-10　LED 发光二极管控制系统连接图

微机系统中经常用到定时信号或记录外部事件的产生次数，如系统日历时钟、动态存储器刷新等，外部执行机构控制时也需定时采样和系统控制等。定时的方法主要是采用程序控制的软件定时和定时/计数器芯片。可编程定时/计数器的可实现作为周期性定时中断信号、系统时钟基准的定时功能，也可实现作为中断计数或记录外部特定时间发生个数的计数功能。

可编程定时/计数器接口芯片 8253 有定时和计数功能，内部包含 3 个 16 位计数器，每个计数器可按二进制或十进制计数，有 6 种工作方式，可通过编程选择。在不同的工作方式下，计数过程的启动方式、OUT 端的输出波形都不一样。自动重复功能和 GATE 的控制作用以及写入新的计数初值对计数器的工作过程产生的影响是不一样的。

对 8253 的初始化要完成写各计数器的控制字和设置计数初始值两个方面的程序设计。

一、填空题

1．8253 具有 3 个独立的__________；每个计数器有__________种工作方式；可按__________编程。

2．8253 的初始化程序包括__________。完成初始化后，8253 即开始自动按__________进行工作。

3．8253 工作在某种方式时，需在 GATE 端外加触发信号才能启动计数，这种方式称为__________。

4．8253A 内部有__________个对外输入/输出端口，有__________种工作方式，方式 0 称为__________，方式 1 称为__________，方式 2 称为__________。

5．设 8253A 的工作频率为 2.5MHz，若要使计数器 0 产生频率为 1kHz 的方波，则送入计数器 0 的计数初始值为__________，方波的电平为__________ms。

二、选择题

1．8253 进行操作前都必须先向 8253 写入一个（　　），以确定 8253 的工作方式。

A．控制字　　B．计数初值　　C．状态字　　D．指令

2．8253 定时/计数器中，在门控制信号上升沿到来后的（　　）时刻，输出信号 OUT 变成低电平。

A．CLK 上升沿　　B．CLK 下降沿

C．下一个 CLK 上升沿　　D．下一个 CLK 下降沿

3．8253A 工作在（　　）方式时，OUT 引脚能输出一个 CLK 周期宽度的负脉冲。

A．方式 0　　B．方式 1　　C．方式 3　　D．方式 4 或方式 5

三、简答题

1．试说明 8253 的 6 种工作方式各自的功能和特点，其时钟信号 CLK 和门控信号 GATE 分别起什么作用？

2．对 8253 进行初始化编程要完成哪些工作？

四、设计题

1．设 8253 芯片计数器 0、计数器 1 和控制口地址分别为 04B0H、04B2H、04B6H。定义计数器 0 工作在方式 2，CLK_0 为 5MHz，要求输出 OUT_0 为 1kHz 方波；定义计数器 1 用 OUT_0 作计数脉冲，计数值为 1000，计数器减到 0 时向 CPU 发中断请求，CPU 响应请求后继续写入计数值 1000，开始重新计数，保持每一秒向 CPU 发出一次中断请求。编写 8253 初始化程序，并画出系统的硬件连接图。

2．将 8253 定时器 0 设为方式 3（方波发生器），定时器 1 设为方式 2（分频器）。要求定时器 0 的输出脉冲作为定时器 1 的时钟输入，CLK_0 连接总线时钟 2MHz，定时器 1 输出 OUT_1 约为 40Hz，试编写实现上述功能的程序。

第 11 章　并行接口

并行传输是微型计算机中常见的数据传输方式,适用于外部设备与微机之间近距离、大量和快速的信息交换，如微机与并行接口打印机、磁盘驱动器等的交换信息。系统板上各部件之间（CPU 与存储器，CPU 与外设接口等）、I/O 通道板上各部件之间的数据交换等也常采用并行数据传输方式。

本章主要讲解并行数据传输方式的基本概念和工作原理,介绍可编程并行接口芯片 8255A 的基本结构和编程方法。

通过本章的学习，重点理解和掌握以下内容：

- 并行输入/输出接口技术的概念和功能
- 8255A 的内部结构及引脚
- 8255A 的工作方式
- 8255A 初始化编程
- 8255A 应用实例分析

11.1　概述

并行输入/输出就是在计算机中把一个字符的几个位同时进行传输，它具有传输速度快、效率高的优点。由于并行通信所采用的电缆较多，考虑到串扰和成本问题，故不适合长距离传输。所以，并行通信通常用在数据传输率要求较高而传输的距离相对较短的场合。

实现并行输入/输出的接口就是并行接口。通常，一个并行接口可设计为输出接口，连接输出设备实现计算机数据的输出，如连接一台打印机；也可设计为输入接口，连接输入设备实现计算机数据的输入，如连接键盘；还可设计成双向通讯接口，既可作为输入接口又可作为输出接口，如连接像磁盘驱动器这样需要双向通路的设备。

典型的并行接口和外设连接的示意如图 11-1 所示。从图中可以看到，并行接口左边是与 CPU 连接的总线，右边用一个通道和输入设备相连，另一个通道和输出设备相连，输入和输出都有独立的信号。在并行接口内部用控制寄存器来接收 CPU 对它的相关要求，用状态寄存器反映工作状态供 CPU 查询，此外，还有供输出和输入数据用的输出数据锁存器和输入数据缓冲器。

并行接口协助外设进行数据输入或输出的大致过程如下：

（1）数据的输入过程。当外设把数据发送到数据输入线上时，通过“数据输入准备好”状态线通知接口取数。接口在把数据锁存到输入缓冲器的同时，把数据输入回答线置“1”，用来通知外设，接口的数据输入缓冲器“满”，禁止外设再送数据。同时把内部状态寄存器中“数据输入准备好”状态位置“1”，以便CPU对其进行查询或向CPU申请中断。在CPU读取接口中的数据后，接口将自动清除“数据输入准备好”状态位和“数据输入回答”信号，以便外设输入下一个数据。

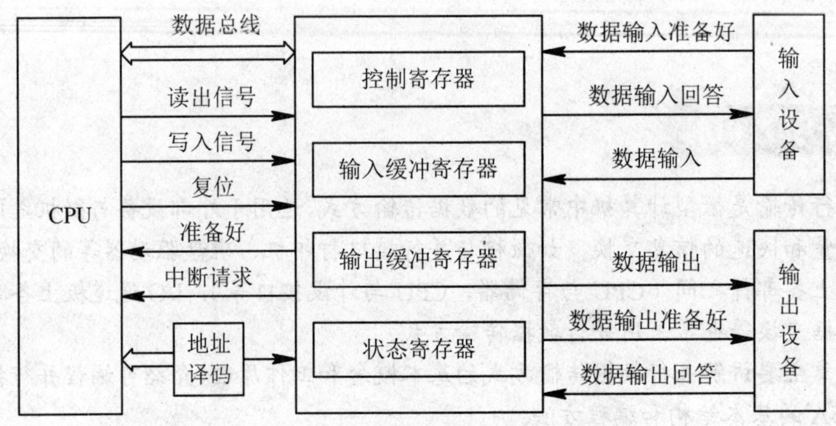

图 11-1　并行接口与外设连接示意图

（2）数据的输出过程。当数据输出缓冲器“空闲”时，接口中“数据输出准备好”状态位置“1”。在接收到CPU的数据后，“数据输出准备好”状态位复位。数据通过输出线送到外设，同时，由“数据输出准备好”信号线通知外设取数据。当外设接收一个数据时，回送一个“数据输出回答”信号，通知接口准备下一次输出数据。接口将撤消“数据输出准备好”信号并且再一次置“数据输出准备好”状态位为“1”，以便CPU输出下一个数据。

11.2　可编程并行接口芯片 8255A

8255A是Intel公司生产的通用可编程并行接口芯片，有3个8位并行输入/输出端口，即A口、B口和C口，可利用编程设置这3个端口分别作为输入端口或作为输出端口；有方式0、方式1、方式2三种工作方式；有无条件传送、查询式传送和中断传送3种数据传送方式。

8255A芯片的端口C可作为数据口也可作为控制口。当C口为数据口时，可输入/输出8位数据或分别作为两个4位数据口输入/输出，此外，还可对端口C每一位进行操作，如设置某一位为输入或输出，这样可以为位控方式提供便利条件。

11.2.1　8255A 内部结构及引脚特性

1. 8255A 内部结构

8255A芯片的内部结构如图11-2所示，包括数据缓冲器，读写控制逻辑，A组和B组控制电路以及端口A、B、C四个部分。

8255A将3个端口分为两组进行控制：端口A（8位）和端口C的高4位为A组；端口B（8位）和端口C的低4位为B组。

（1）数据缓冲器。是双向、三态的8位缓冲器，与CPU系统数据总线相连，是8255A与CPU之间传输数据的必经之路。输入/输出数据、控制命令字等都是通过数据缓冲器进行传送的。

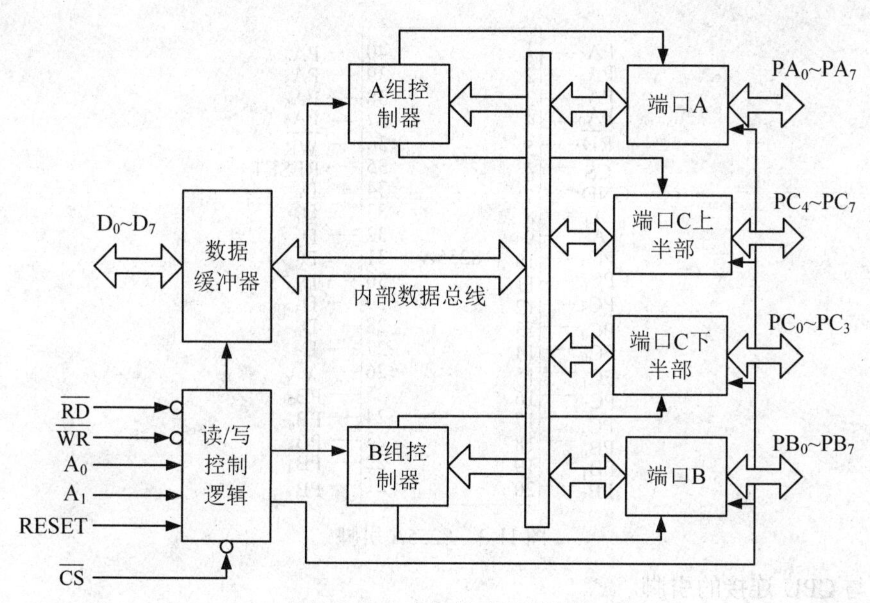

图 11-2　8255A 芯片内部结构

（2）读/写控制逻辑。接收来自 CPU 的地址信号和控制信号，并发出控制信号到两个控制组（A 组和 B 组），把 CPU 发出的控制字或输出的数据通过数据缓冲器送到相应的端口，或者把外设的状态或输入数据从相应的端口通过数据缓冲器送到 CPU 的数据总线。

（3）A 组和 B 组控制部件。端口 A 和端口 C 的高 4 位（PC_7～PC_4）构成 A 组，由 A 组控制部件对其进行控制；端口 B 和端口 C 的低 4 位（PC_3～PC_0）构成 B 组，由 B 组控制部件对其进行控制。这两个控制部件各有一个控制单元，接收来自数据总线的控制字，并根据控制字确定各端口的传送方向和工作方式等。

（4）数据端口 A、B 和 C。这是与外部设备相连接的端口，可用来与外设传递数据信息、控制信息和状态信息。

- 端口 A 包含一个 8 位数据输出锁存器/缓冲器和一个 8 位数据输入锁存器。用端口 A 作为输入端口或输出端口时，数据均可锁存。
- 端口 B 包含一个 8 位的数据输入缓冲器和一个 8 位的数据输出锁存器/缓冲器。端口 B 作为输入端口时不能对数据进行锁存，作为输出端口时可以对数据进行锁存。
- 端口 C 也包含一个 8 位数据输入缓冲器和一个 8 位的数据输出锁存器/缓冲器。端口 C 作为输入端口时不能对数据进行锁存，作为输出端口时可以对数据进行锁存。此外，端口 C 还可以分成两个 4 位端口，除了用于数据的输入或输出，还可定义为控制、状态端口，配合端口 A 和端口 B 的工作。

2. 8255A 引脚特性及其与外部的连接

8255A 并行接口芯片有 40 条引脚，如图 11-3 所示。这 40 条引脚可分为与外设连接和与 CPU 连接两类引脚。

（1）与外设连接的引脚。

8255A 与外设连接的引脚共有 3 组，即 PA_7～PA_0、PB_7～PB_0、PC_7～PC_0，每组 8 条，总共 24 条，分别对应 A、B、C 各端口，均为双向、三态的 I/O 总线。可以设定为单向的输入或输出方式，也可设定为输入/输出双向方式，由控制字决定。其中 B 口和 C 口通常作为输出端口。

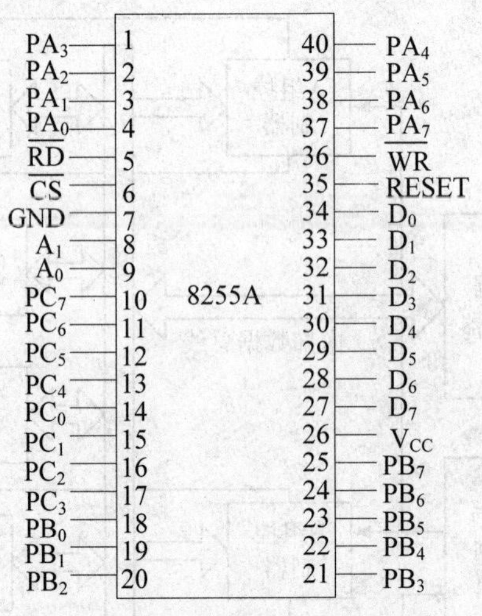

图 11-3　8255A 引脚

（2）与 CPU 连接的引脚。

8255A 与 CPU 连接的引脚有 8 条数据总线和 8 条输入控制引脚。各引脚功能分析如下：

8255A 与 CPU 连接的引脚有 8 条数据总线和 8 条输入控制引脚。各引脚功能分析如下：

- D_7~D_0：数据总线，用于传送计算机和 8255A 间的数据、命令和状态字。
- RESET：复位线，高电平有效。当 RESET 为高电平时复位芯片，清除控制寄存器，A、B、C 三端口均被置为输入方式。
- $\overline{CS}$：片选线，低电平有效。当 $\overline{CS}$ 有效时，8255A 才被 CPU 选中。
- $\overline{RD}$：读信号，低电平有效。当 $\overline{RD}$ 有效时，8255A 将数据信息或状态信息发往 CPU。
- $\overline{WR}$：写信号，低电平有效。当 $\overline{WR}$ 有效时，由 CPU 将数据或命令写到 8255A。
- A_0、A_1：地址线，用于选择 A 口、B 口、C 口及控制口。与片选信号 $\overline{CS}$ 一起构成 8255A 的各口的地址。A_1、A_0 的编码和 $\overline{RD}$、$\overline{WR}$、$\overline{CS}$ 各引脚电平的组合可以形成对 8255A 的基本读/写操作，详见表 11-1 所示。
- V_{CC}：电源，+5V。
- GND：地线。

表 11-1　8255A 的基本操作方式

$\overline{CS}$	$\overline{RD}$	$\overline{WR}$	A_1	A_0	基本操作方式
0	0	1	0	0	A 口数据送到数据总线
0	0	1	0	1	B 口数据送到数据总线
0	0	1	1	0	C 口数据送到数据总线
0	1	0	0	0	总线数据送 A 口
0	1	0	0	1	总线数据送 B 口
0	1	0	1	0	总线数据送 C 口
0	1	0	1	1	总线数据送控制口
0	1	1	×	×	数据总线高阻
0	0	1	1	1	非法条件
1	×	×	×	×	数据总线高阻

11.2.2　8255A 的工作方式

1．8255A 控制字

8255A 是可编程接口芯片，所谓可编程就是用指令的方法先对该芯片进行初始化，决定芯片的端口是处于输入数据状态还是处于输出数据状态，以及每个端口工作在何种方式下。数据传送方向和工作方式的建立是通过向 8255A 的控制口写入相应的控制字来完成的。

8255A 共有两个控制字，即工作方式控制字和对 C 口进行置位或复位的控制字，二者使用同一端口地址，靠最高位 D_7 进行区分。

（1）工作方式控制字。

8255A 的工作方式控制字格式和各位含义如图 11-4 所示。

工作方式控制字用来设定 A、B 和 C 口的数据传送方向是输入还是输出，设定各口的工作方式是 3 种方式的哪一种。

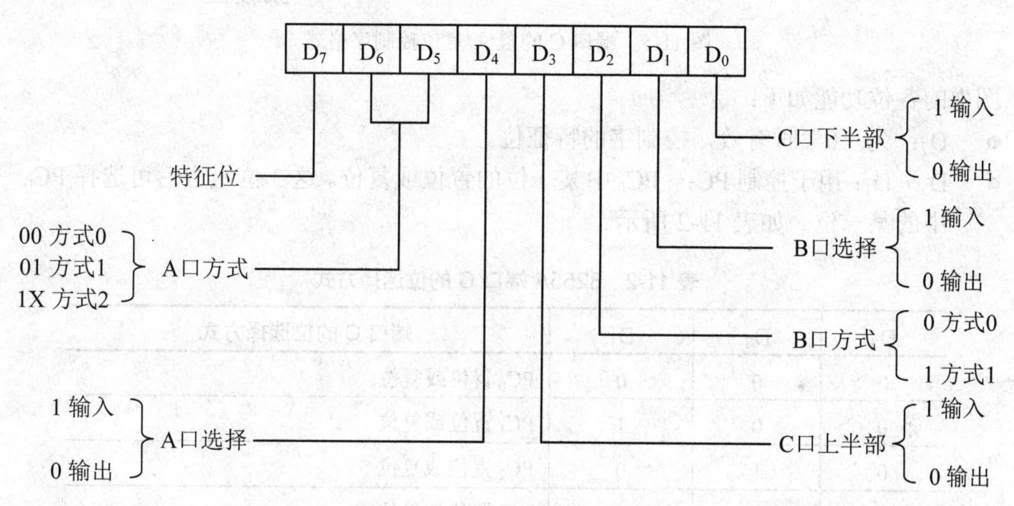

图 11-4　工作方式控制字格式

如前所述，8255A 的 3 种工作方式分别是方式 0、方式 1 和方式 2。A 口可以工作在 3 种方式中的任何一种，B 口只能用于前两种工作方式，C 口只能工作在方式 0。

下面分析各位控制字的作用：

- D_7：控制字标志位

D_7=1，为工作方式控制字；D_7=0，为 C 口的置位/复位控制字。

- D_6～D_3：A 组控制位，有以下几种形式：

D_6、D_5：A 组方式选择位。D_6D_5=00，设定方式 0；D_6D_5=01，设定方式 1；D_6D_5＝1×，设定方式 2。

D_4：A 口输入/输出控制位。D_4=0，PA_7～PA_0 用于输出数据；D_4=1，PA_7～PA_0 用于输入数据。

D_3：C 口高四位输入/输出控制位。D_3=0，PC_7～PC_4 为输出数据方式；D_3=1，PC_7～PC_4 为输入数据方式。

- D_2～D_0：B 组控制位，有以下几种形式：

D_2：方式选择位。D_2=0，B 组设定为方式 0；D_2=1，B 组设定为方式 1。

D_1：B 口输入/输出控制位。D_1=0，PB_7～PB_0 用于输出数据；D_1=1，PB_7～PB_0 用于输入数据。

D_0：C 口低四位输入/输出控制位。D_0=0，PC_3～PC_0 用于输出数据；D_0=1，PC_3～PC_0 用于输入数据。

（2）端口 C 的置位/复位控制字。

通过设置端口 C 的置位/复位控制字可实现对端口 C 的每一位进行控制。置位是使该位输出为“1”，复位是使该位输出为“0”。

控制字的格式如图 11-5 所示。

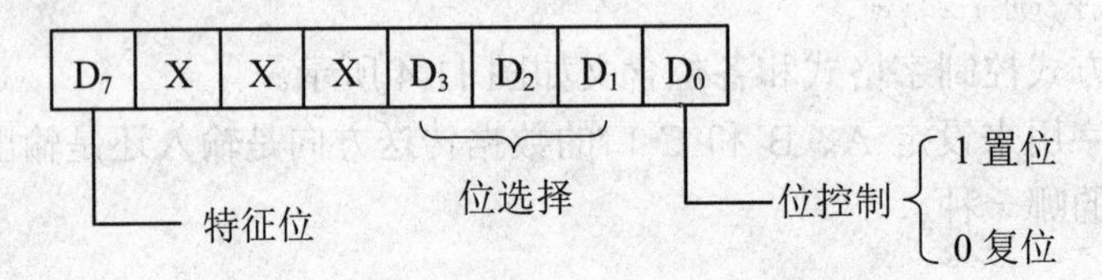

图 11-5　端口 C 的置位/复位控制字格式

图中的各位功能如下：

- D_7：为“0”时有效，控制字的特征位。
- D_3～D_1：用于控制 PC_7～PC_0 中某一位的置位或复位。这 3 位组合后可选择 PC_0～PC_7 中的某一位。如表 11-2 所示。

表 11-2　8255A 端口 C 的位选择方式

D_3	D_2	D_1	端口 C 的位选择方式
0	0	0	PC_0 置位或复位
0	0	1	PC_1 置位或复位
0	1	0	PC_2 置位或复位
0	1	1	PC_3 置位或复位
1	0	0	PC_4 置位或复位
1	0	1	PC_5 置位或复位
1	1	0	PC_6 置位或复位
1	1	1	PC_7 置位或复位

- D_0：置位/复位的控制位。D_0=0 时，使 C 口某位复位；D_0=1 时，使 C 口某位置位。

例如：若向控制口写入的值为 00001010B，即 D_7=0，$D_3D_2D_1$=101，D_0=0，该控制字为 C 口的置位/复位控制字，当该值写入后 PC_5 复位（清零）。

使用 8255A 芯片前必须先对其进行初始化。初始化的程序很简单，只要 CPU 执行输出指令，把工作方式控制字或 C 口的置位/复位控制字写入控制寄存器就可以了。其中工作方式控制字是初始化时必须要写入的，而 C 口的置位/复位控制字用在对 C 口的位控操作，根据需要进行初始化。

【例 11.1】按下述要求对 8255A 进行初始化：要求 A 口设定为输出数据，工作方式为方式 0；B 口设定为输入数据，工作方式为方式 1；C 口高 4 位输入，低 4 位输出（端口地址为

04A0H～04A6H）。

设计的程序段如下：

```
MOV  DX,04A6H          ;控制端口地址
MOV  AL,8EH            ;工作方式控制字
OUT  DX,AL             ;控制字送到控制端口
```

【例 11.2】要求通过 8255A 芯片 C 口的 PC_2 位产生一个方脉冲信号（端口地址为 04A0H～04A6H）。

所谓方脉冲信号即为从低电平变为高电平、维持一定宽度后再跳变为低电平的信号。可通过程序将 PC_2 位（起初是复位状态）置位并延时输出，然后再将 PC_2 位复位，即可得到 PC_2 位输出的方脉冲信号。程序段如下：

```
    MOV  DX,04A6H          ;控制端口地址
AA:MOV  AL,05H            ;对 PC2 置位的控制字
    OUT   DX,AL
    CALL  DELAY            ;用于延时的子程序
    MOV   AL,04H           ;对 PC2 复位的控制字
    OUT   DX,AL
    JMP   AA
```

2. 8255A 工作方式

8255A 的 3 种工作方式分别讨论如下：

（1）方式 0：基本输入/输出方式。

该方式下不需要应答式联络信号，不使用中断，有两个 8 位端口（A 口和 B 口）和两个 4 位端口（C 口的上半部和 C 口的下半部），任何一个端口都可作为输入或输出端口。输出数据可被锁存，输入数据不锁存。各端口的输入/输出方向可有 16 种不同的组合。

方式 0 下，任何一个端口都可由 CPU 用输入/输出指令进行读/写操作。因此，将它用于无条件传送方式接口电路十分方便，这时不需要状态端口，三个端口都可作为数据端口。方式 0 下的 8255A 也可作为查询方式接口电路，这时 A 口和 B 口分别作为数据端口，而取端口 C 的某些位作为这两个数据端口的控制位和状态位。

采用查询方式传送数据时，利用端口 C 的高 4 位和低 4 位能分别作为输入/输出的特点，配合端口 A 和端口 B 进行输入数据和输出数据的操作，即 A 口和 B 口传送数据，C 口的高 4 位和低 4 位分别用来传送控制外设的控制信息和采集外设的状态信息。

通常，方式 0 使用在无条件传送和查询式传送两种场合。无条件传送一般用于连接简单的外部设备。如键盘和开关状态输入，状态指示灯输出。进行无条件传送时，接口和外部设备之间不使用联络信号，CPU 可以随时对该外部设备进行读写。查询式传送时，端口 A 和端口 B 作为数据的输入输出口，端口 C 的若干位用作联络信号。把 C 端口的一组（4 位）设置为输出，用作端口 A 和端口 B 的控制信号输出。把 C 端口的另一组（4 位）设置为输入，用作端口 A 和端口 B 的外设状态信号输入。两个组中剩余的引脚信号还可以用于其他控制，例如控制指示灯或开关输入。这样，利用端口 C 的配合，可实现端口 A 和端口 B 的查询式数据传输。

（2）方式 1：选通输入/输出方式。

该方式下端口 A 和端口 B 为数据传输口，可通过工作方式控制字设定为数据输入或数据

输出。端口 C 的某些位作为控制端口，配合 A 口和 B 口进行数据的输入和输出。方式 1 通常用于查询方式或中断方式传送数据。

C 口的某些位作为控制和状态口时，输入和输出工作状态不同，各位所代表的意义也不同。下面按照输入和输出两种情况进行介绍。

- 方式 1 输入。端口 C 配合端口 A 和端口 B 输入数据时，各指定了 3 条线用做外部设备和 CPU 之间的应答信号，电路如图 11-6 所示。

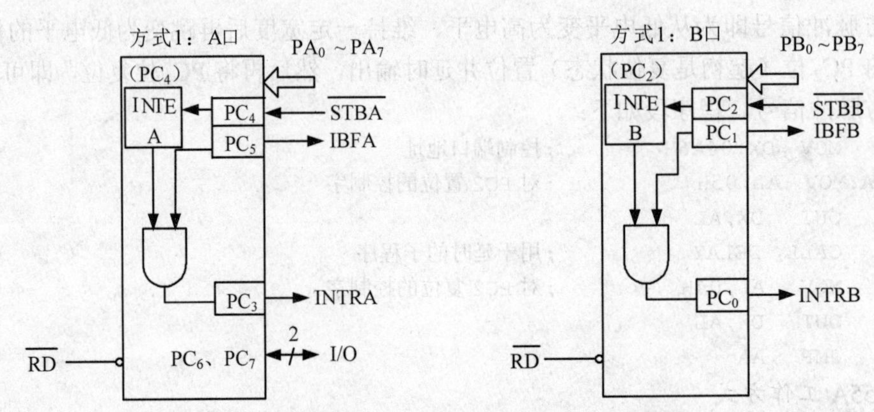

图 11-6　方式 1 输入数据时对应的控制信号

C 口的相应联络线定义如下：

$\overline{STB}$（PC_4、PC_2）：选通输入，低电平有效。由外设输入数据，并将数据送到输入锁存器。PC_4 对应 A 口，PC_2 对应 B 口。

IBF（PC_5、PC_1）：输入缓冲器满，高电平有效。当它为 1 时说明 CPU 还未读取上次输入的数据，通知外设不应送新数据。当它为 0 时通知外设可送新数据。PC_5 对应 A 口，PC_1 对应 B 口。

INTR（PC_3、PC_0）：中断请求，高电平有效。当中断允许位 INTR 置“1”时，若输入缓冲器满，则产生一个“高”有效的中断请求 1NTR 至 CPU，对外设送来的新数据以中断方式输入。PC_3 对应 A 口，PC_0 对应 B 口。

INTE：中断屏蔽信号，决定端口 A 和端口 B 是否允许申请中断。当 INTE=1 时，使端口处于中断允许状态；当 INTE=0 时，使端口处于禁止中断状态。INTE 的置位/复位是通过对 C 口置位/复位命令字实现的。具体地讲，INTEA 的置位/复位是通过 PC_4 的置位/复位控制字来控制的；INTEB 的置位/复位是通过对 PC_2 的置位/复位控制字来控制的。

在方式 1 输入时，端口 C 的 PC_6 和 PC_7 两位是空闲的，它们具有置位/复位功能，也可用作输入或输出数据，由方式选择控制字的 D_3 位为 1 还是为 0 来决定。

- 方式 1 输出。方式1输出时端口 C 各位的含义如图 11-7 所示。

C 口的各位定义如下：

$\overline{OBF}$（PC_7、PC_1）：输出缓冲器满信号，低电平有效。当数据写入该口的数据寄存器时，即启动该信号，以通知外设读取端口数据。PC_7 对应 A 口，PC_1 对应 B 口。

$\overline{ACK}$（PC_6、PC_2）：外部响应输入信号，低电平有效。当外设读取端口数据后，回发 1 个“低”有效信号作为回答。PC_6 对应 A 口，PC_2 对应 B 口。

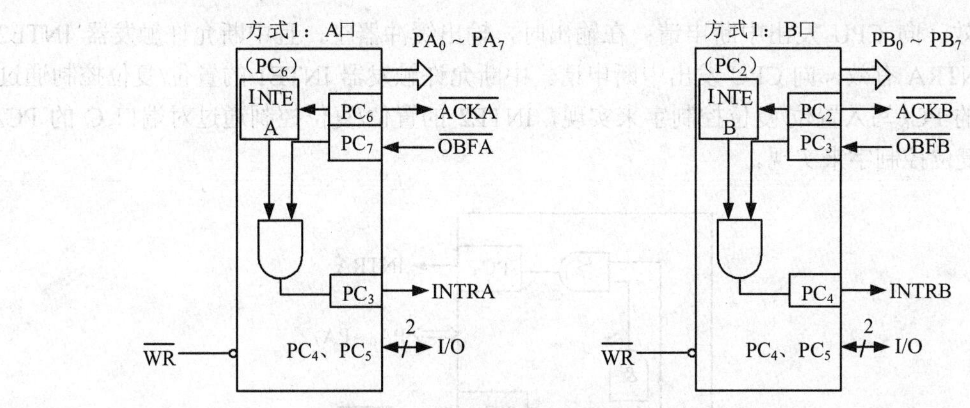

图 11-7　方式 1 输出数据时对应的控制信号

INTR（PC_3、PC_0）：中断请求信号，高电平有效。当中断允许位 INTR 置“1”时，若输出缓冲器空（$\overline{OBF}$=1），则产生一个“高”有效的中断请求 INTR 至 CPU，于是可在其中断处理程序中向该口输出新的数据。PC_3 对应 A 口，PC_0 对应 B 口。

INTE：中断屏蔽信号，与方式 1 输入数据时 INTE 的含义一样，但使 INTE 置位/复位的控制信号是 PC_6 和 PC_2。PC_6 是使端口 A 允许还是禁止中断申请的控制信号，PC_2 是使端口 B 允许还是禁止中断申请的控制信号。

在方式 1 输出时，端口 C 的 PC_4 和 PC_5 未使用，如果利用这两位进行数据的输入或输出可通过方式选择控制字的 D_3 位控制。它们也具有置位/复位功能。

选定方式 1，在规定一个端口的输入/输出方式的同时，就自动规定了有关的联络、控制信号和中断请求信号。如果外设能向 8255A 提供输入数据选通信号或输出数据接收应答信号，就可采用方式 1，方便又有效地传送数据。方式 1 的两种用法概括为：中断方式，将 INTE 置为 1，A 组和 B 组可以使用各自的 INTR 信号申请中断；查询方式，CPU 通过读 C 端口，可以查询 IBF、$\overline{OBF}$ 信号的当前状态，决定是否立即进行数据传输。

（3）方式 2：双向选通输入/输出方式。

只有 A 口可采用这种工作方式。该方式下，可使外部设备利用端口 A 的 8 位数据线与 CPU 之间分时进行双向数据传送，也就是说，可在单一的 8 位数据线上既输出数据给外部设备，也从外部设备输入数据。输入或输出的数据都是锁存的。工作时既可采用查询方式，也可采用中断方式传输数据。

当端口 A 工作在方式 2 时，使用 PC_3～PC_7 作为控制和状态信息，也就是把方式 1 输入数据和方式 1 输出数据的控制信号组合起来。端口 B 可工作在方式 0 或方式 1，如果工作在方式 1，可利用 PC_0～PC_2 作为控制和状态信号。

按方式 2 工作时，端口 C 各位的定义如图 11-8 所示。

各位分别定义如下：

- IBFA（PC_5）：输出缓冲器满信号，高电平有效。
- $\overline{STB}$（PC_4）：外设输入选通信号，低电平有效。
- $\overline{ACKA}$（PC_6）：外设接收到数据后回答信号，低电平有效。
- $\overline{OBFA}$（PC_7）：输出缓冲器满信号，低电平有效。

INTRA 信号有双重定义：在输入时，输入缓冲器满，且中断允许触发器 INTE1 为 1 时

INTRA 有效，向 CPU 发出中断申请；在输出时，输出缓冲器空，且中断允许触发器 INTE2 为 1 时，INTRA 有效，向 CPU 发出中断申请。中断允许触发器 INTE1 的置位/复位控制通过对端口 C 的 PC_6 写入置位/复位控制字来实现，INTE2 的置位/复位控制通过对端口 C 的 PC_4 写入置位/复位控制字来实现。

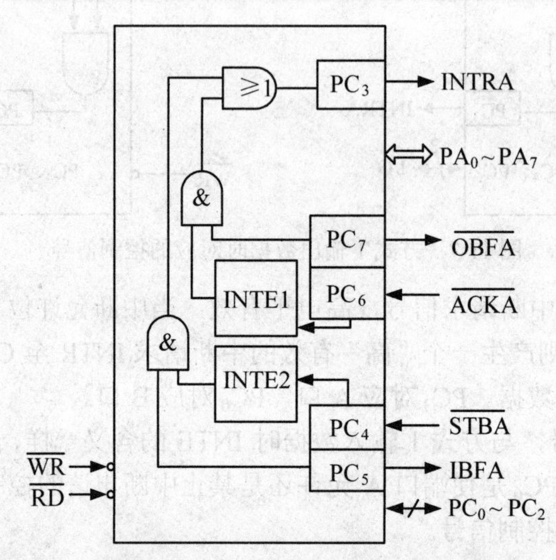

图 11-8　方式 2 对应的控制信号

方式 2 实际上是选通输入和选通输出方式的组合，因此，其各个控制线的功能类似。所不同的是，输出时 8255A 不是在 $\overline{OBF}$ 有效时向外设输出数据，而是在外设提供响应信号 $\overline{ACK}$ 时才送出数据，要注意这一点与方式 1 输出的区别。

方式 2 是一种双向工作方式，如果一个外设既是输入设备，又是输出设备，并且输入和输出是分时进行的，那么将此设备与 8255A 的 A 口相连，并使 A 口工作在方式 2 就非常方便。例如，磁盘就是一种这样的双向外设。CPU 既能对磁盘读，又能对磁盘写，并且读和写在时间上是不重合的。所以，可以将磁盘驱动器的数据线和 8255A 的 A 口相连，再使 PC_7～PC_3 与磁盘控制器的控制线和状态线相连，就可以进行双向的数据传输。

在 8255A 的 3 个数据端口中，C 口的用法比较特殊和复杂，为更好地理解这部分内容，对端口 C 总结如下：

从设置和控制角度来看，C 口被分成两个 4 位端口，这两个端口只能以方式 0 工作，但可分别选择输入或输出。在控制上，C 口上半部和 A 口编为一组，C 口下半部和 B 口编为一组，在方式字中用第 3、4 位来对它们的工作方式进行定义。

当准备将数据写入 C 口时，有两种办法：一是向 C 口直接写入字节数据，该数据被写进 C 口的输出锁存器，并从输出引脚输出，但对设置为输入的引脚无效；二是通过向控制口写入位控制字，使 C 口的某个输出引脚输出 0 或 1，或使内部的中断允许触发器复位。该操作每次只限定对一位进行操作，并通过写控制口实现。

读数据时，读到的数据有两种情况：一是对于未被 A 口和 B 口征用的引脚，在读 C 口时从定义为输入的端口读到引脚输入信息，从定义为输出的端口读到输出锁存器的信息，这一信息是用户上次送入的；二是对于被 A 口和 B 口征用做为联络线的引脚，此时将从 C 口读到反映 8255A 状态的状态字。

总体来说，与未被征用引脚对应的是该位的输入信息或输出锁存信息，与已被征用引脚对应的是端口状态及内部中断触发器的状态信息，具体如图 11-9 所示。

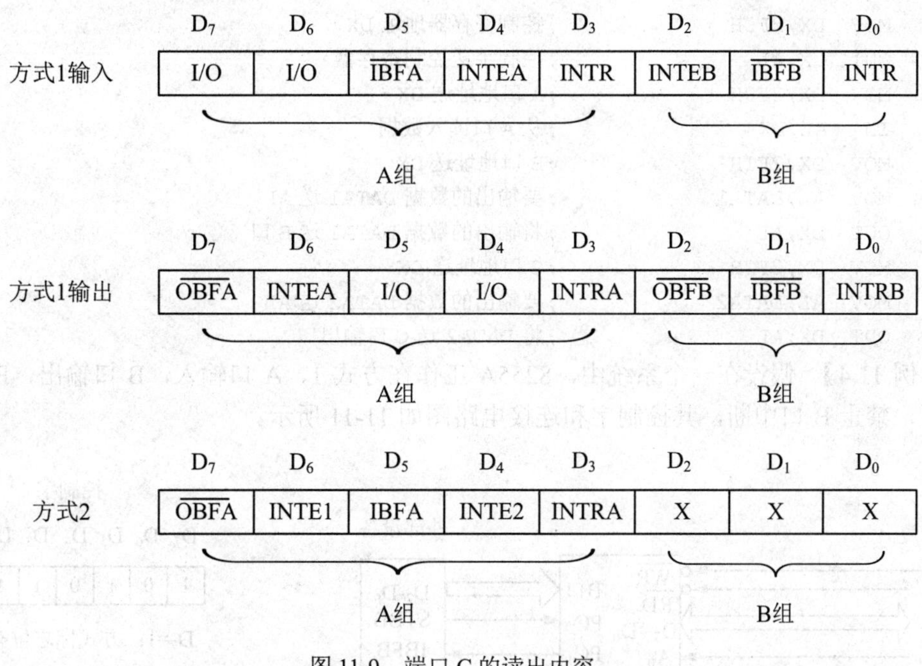

图 11-9 端口 C 的读出内容

11.2.3 8255A 的编程

8255A 工作时首先要初始化，即要写入控制字，来指定其工作方式，接着还要用控制字将中断标志 INTE 置“1”或置“0”，这样就可以编程将数据从数据总线通过 8255A 送出，或由外设通过 8255A 的某口将数据送至数据总线，由 CPU 接收。

通过下面的几个例子来说明如何对 8255A 进行编程。

【例 11.3】 假设在一个系统中，要求 8255A 工作在方式 0。且 A 口作为输入，B 口、C 口作为输出。控制字和连接电路如图 11-10 所示。

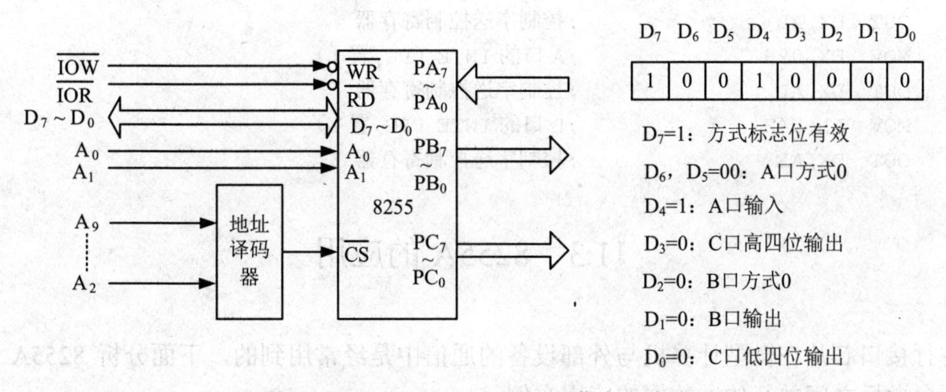

图 11-10 A 口、B 口、C 口工作在方式 0

设片选信号 CS 由 A_9～A_2 决定，设为 10111100B，当 A_1A_0＝11 时，控制字地址为 2F3E，其工作程序如下：

```
MOV  AL,90H          ;方式 0，A 口输入，B、C 口输出
MOV  DX,2F3H         ;控制寄存器地址 DX
OUT  DX,AL           ;控制字送控制寄存器
MOV  DX,2F0H         ;A 口地址送 DX
IN   AL,DX           ;从 A 口读入数据
MOV  DX,2F1H         ;B 口地址送 DX
MOV  AL,DATA1        ;要输出的数据 DATA1 送 AL
OUT  DX,AL           ;将输出的数据 DATA1 送 B 口
MOV  DX,2F2H         ;C 口地址送 DX
MOV  AL,DATA2        ;要输出的数据 DATA2 送 AL
OUT  DX,AL           ;将 DATA2 送 C 口输出
```

【例 11.4】 假设在一个系统中，8255A 工作在方式 1，A 口输入，B 口输出，PC_4、PC_5 为输入，禁止 B 口中断，其控制字和连接电路图如 11-11 所示。

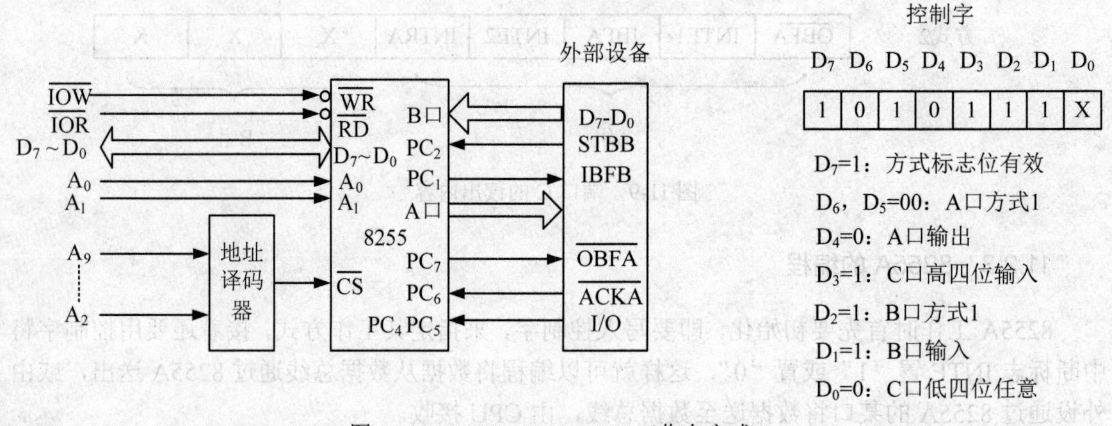

图 11-11 A 口、B 口、C 口工作在方式 1

设控制字地址为 2F3H，其初始化程序如下：

```
MOV  AL,0AEH         ;A 口输出，B 口输入
MOV  DX,2F3H         ;控制寄存器地址 DX
OUT  DX,AL           ;控制字送控制寄存器
MOV  DX,09H          ;A 口的 INTE（PC4 置 1）
OUT  DX,AL           ;控制字送控制寄存器
MOV  AL,04H          ;B 口的 INTE（PC2 置 1）
OUT  DX,AL           ;控制字送控制寄存器
```

11.3 8255A 的应用

并行接口芯片在微型计算机与外部设备的通信中是经常用到的，下面分析 8255A 与打印机及两台微机之间并行传送数据的应用实例。

11.3.1 8255A 与打印机接口

打印机可以打印计算机送来的 ASCII 码字符，由于 ASCII 码字符为 8 位，因此，可以用 8255A 来作打印机的接口。

【例 11.5】打印机工作时序如图 11-12 所示。用 8255A 设计打印机的接口电路和程序。

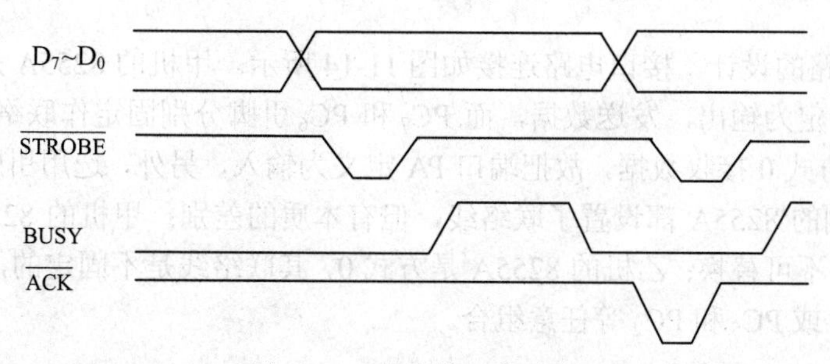

图 11-12 打印机工作时序

工作原理分析：数据接口将数据传送到打印机的数据端口，利用一个负脉冲启动锁存，然后由打印机处理。同时打印机送出高电平信号 BUSY，表示打印机忙。一旦 BUSY 变为低电平表示打印结束，即可接收下一数据。可利用 8255A 工作方式 0 实现上述打印控制。

硬件连接如图 11-13 所示，8255A 的地址线 A_1、A_0 与计算机的 A_1、A_0 连接，片选信号由 74LS138 译码器产生。

根据连线可知 8255A 的 A 口、B 口、C 口及控制口的地址为 1CH、1DH、1EH、1FH。

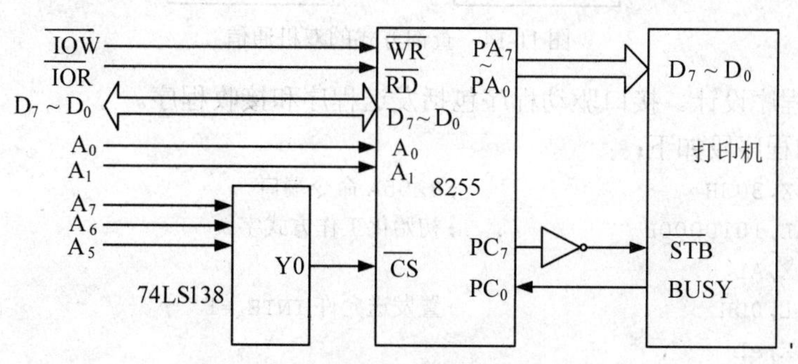

图 11-13 8255A 与打印机接口电路

接口的程序编制如下：

```
            MOV     AL,81H      ;控制字，方式 0，A、B、C 口（高 4 位）输出
                                ;C 口低 4 位输入
            OUT     1FH,AL      ;送控制字
WAITING:    IN      AL,1EH      ;读 C 口
            TEST    AL,01H      ;测试 PC0 是 1 否?
            JNZ     WAITING     ;是 1，打印机忙，等待
            MOV     AL,BL       ;是 0，送数据至打印机
            OUT     1CH,AL      ;
            MOV     AL,0FH
            OUT     1EH,AL      ;置 C 口高 4 位和低 4 位为 1
            MOV     AL,0F0H
            OUT     1EH,AL
```

11.3.2 双机并行通信

1. 查询方式双机并行通信

【例 11.6】假设甲乙两台微机之间并行传送 1KB 数据。甲机发送，乙机接收。甲机的 8255A 采用方式 1 工作，乙机的 8255A 采用方式 0 工作。两台微机的 CPU 与接口之间都采用查询方式交换数据。

（1）接口电路的设计。接口电路连接如图 11-14 所示。甲机的 8255A 是方式 1 发送，因此，把端口 PA 指定为输出，发送数据，而 PC_7 和 PC_6 引脚分别固定作联络线 $\overline{OBF}$ 和 $\overline{ACK}$。乙机的 8255A 是方式 0 接收数据，故把端口 PA 定义为输入，另外，选用引脚 PC_7 和 PC_3 作为联络线。虽然两侧的 8255A 都设置了联络线，但有本质的差别：甲机的 8255A 是方式 1，其联络线是固定的，不可替换；乙机的 8255A 是方式 0，其联络线是不固定的，可以选择。例如，可选择 PC_4 和 PC_1 或 PC_5 和 PC_2 等任意组合。

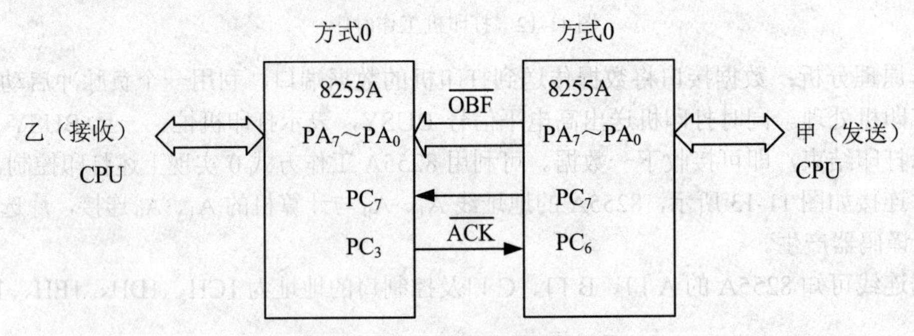

图 11-14 查询方式的双机通信

（2）接口程序设计。接口驱动程序包括发送程序和接收程序。

甲机发送的程序段如下：

```
      MOV  DX,303H                    ;8255A 命令端口
      MOV  AL,1010000B                ;初始化工作方式字
      OUT  DX,AL
      MOV  AL,0DH                     ;置发送允许 INTE_A=1
      OUT  DX,AL
      MOV  SI,OFFSET  BUFS            ;设置发送数据区的指针
      OUT  CX,3FFH                    ;发送字节数
      MOV  DX,300H                    ;向端口 A 写第 1 个数，产生第 1 个 OBF 信号
      MOV  AL,[SI]                    ;送给乙机，以便获取乙机的 ACK 信号
      OUT  DX,AL
      INC  SI                         ;内存地址加 1
      DEC  CX                         ;传送字节数减 1
 LOP: MOV  DX,302H                    ;8255A 状态端口(端口 C)
      IN   AL,DX                      ;接收状态
      AND  AL,08H                     ;查发送中断请求 INTRS_A=1
      JZ  LOP                         ;若无中断请求则等待；若有向端口 A 写数
      MOV  DX,300H                    ;8255A 端口 PA 地址
      MOV  AL,[SI]                    ;从内存取数
```

```
        OUT  DX,AL                         ;通过端口 A 向乙机发送第 2 个数据
        INC  SI                            ;内存地址加 1
        DEC  CX                            ;字节数减 1
        JNZ  LOP                           ;字节未完，继续
        MOV  AH,4CH                        ;已完，退出
        INT  21H                           ;返回 DOS
        BUFS DB  …                         ;定义 1024 个数据
```

在以上的发送程序中，是查询输出时的状态字的中断请求 INTR 位（PC_3）。实际上，也可以查询发送缓冲器满 OBF（PC_7）的状态，只有当发送缓冲器空时，CPU 才能发送下一个数据。

乙机接收的程序段如下：

```
        MOV  DX,303H                       ;8255A 命令端口
        MOV  AL,10011000B                  ;初始化工作方式字
        OUT  DX,AL
        MOV  AL,00000111B                  ;置 ACK=1(PC3=1)
        OUT  DX,AL
        MOV  DI,OFFSETBUFR                 ;设置接收数据区的指针
        MOV  CX,3FFH                       ;接收字节数
    L1: MOV  DX,302H                       ;8255A 端口 PC
        IN   AL,DX                         ;查甲机的 OBF=0?(乙机的 PC7=0)
        AND  AL,80H                        ;查甲机是否有数据发来
        JNZ  L1                            ;若无数据发来，则等待；若有数据，则从端口 A 读数
        MOV  DX,300H                       ;8255A 端口 PA 地址
        IN   AL,DX                         ;从端口 A 读入数据
        MOV  [DI],AL                       ;存入内存
        MOV  DX,303H                       ;产生 ACK 信号，并发回给甲机
        MOV  DX,00000110B                  ;P3 置“0”
        OUT  DX,AL
        INC  DI                            ;字节数减 1
        JNZ  L1                            ;字节未完，则继续
        MOV  AX,4C00H                      ;已完，退出
        INT  21H                           ;返回 DOS
        BUFR DB  1024  DUP(?)
```

2. 中断方式的双机并行通信

【例 11.7】给定主从两个微机进行并行传送，共传送 255 个字节。主机的 8255A 采用方式 2，并以中断方式传送数据。从机的 8255A 采用方式 0，以查询方式传送数据。

(1)接口电路设计。接口电路中使用中断控制器 8259A，利用 IBM PC 的中断系统将 8255A 的中断请求线 INTR 接到系统总线的 IRQ_2 上。

由于在方式 2 下输入中断请求和输出中断请求共用一条线，因此，需要在中断服务程序中用读取状态字的办法查询 IBF 和 OBF 状态位来决定执行输入还是输出操作。

接口电路的连接如图 11-15 所示。主机的 8255A 的端口 PA 双向传送，既输出又输入。它的中断请求线接到 8259A 的 IR_2 上。从机的 8255A 的端口 PA 和端口 PB 是单向传送，分别作为输出和输入。

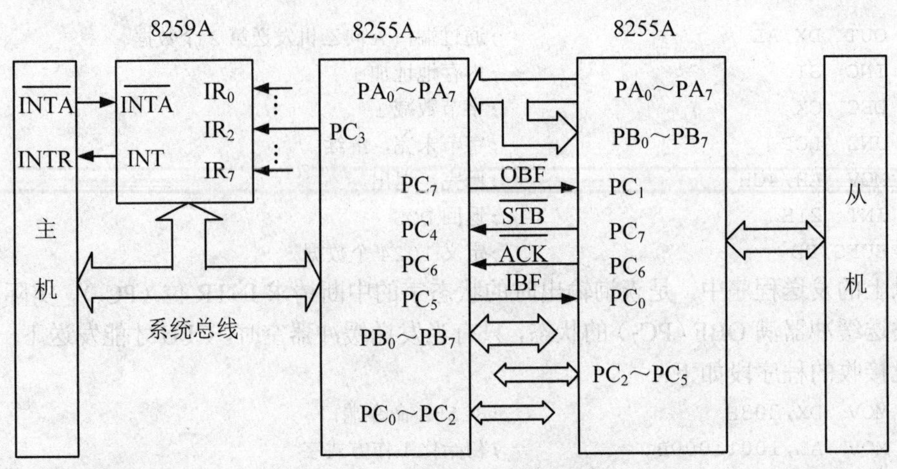

图 11-15 中断方式的双机并行通信

（2）接口程序设计。下面讨论主机的编程，包括初始化、主程序和中断服务程序。

8255A 初始化及主程序：

```
        MOV  DX,303H                ;8255A 控制端口
        MOV  AL,0C0H                ;方式字:端口 A 为 2 方式
        OUT  DX,AL
        MOV  AL,09H                 ;置位 PC4,设置 INTE2=1,输入中断允许
        OUT  DX,AL
        MOV  AL,0DH                 ;置位 PC6,设置 INTE1=1,输入中断允许
        OUT  DX,AL
        MOV  SI,300H                ;发送数据块首址
        MOV  DI,410H                ;接收数据块首址
        MOV  CX,0FFH                ;发送与接收字节数为 255
        ......
AGAIN:  STI                         ;开中断
        HTL                         ;等待中断
        DEC  CX                     ;字节数减 1
        JNZ  AGAIN                  ;未完,继续
        MOV  AX,4C00H
        INT  21H                    ;返回 DOS
```

中断服务程序：

```
        T_R    PROC    FAR          ;中断服务程序入口
        ASSUME  CS:CODE,DS:DATA,SS:STACK
        PUSH  AX                    ;保存现场
        PUSH  DX
        PUSH  DI
        PUSH  SI
        MOV  DX,303H                ;8255A 控制端口
        MOV  AL,08H                 ;复位 PC4,设置 INTE2=0,输入中断允许
        OUT  DX,AL
        MOV  AL,0CH                 ;复位 PC6,设置 INTE1=1,输入中断允许
        OUT  DX,AL
        CLI                         ;关中断
```

```
        MOV  DX,302H                ;8255A 状态端口
        IN   AL,DX                  ;查中断源,读状态字
        MOV  AH,AL                  ;保存状态字
        AND  AL,20H                 ;状态位 IBF=1,是输入中断
        JZ   OUTP                   ;不是,则跳输出程序 OUTP
  INP:  MOV DX,303H                 ;是,则从端口 A 读数
        IN   AL,DX
        MOV  [DI],AL                ;存入内存区
        INC  DI                     ;接收数据块内存地址加 1
        DEC  CX
 OUTP:  MOV  DX,303H                ;向端口 A 写数
        MOV   AL,[SI]               ;从内存取数
        OUT   DX,AL                 ;输出
        INC   SI                    ;发送数据块内存地址加 1
        DEC   CX
RETURN: MOV  DX,303H                ;8255A 控制端口
        MOV  AL,0DH                 ;允许输出中断
        OUT   DX,AL
        MOV  AL,09H                 ;允许输入中断
        OUT  DX,AL
        MOV  AL,62H                 ;OCW2,中断结束
        OUT  20H,AL
        POP  SI
        POP  DI
        POP  DX
        POP  AX
        STI
        IRET                        ;中断返回
        T_R    ENDP
```

本章小结

本章主要介绍了并行输入/输出接口的有关概念、工作原理和特点，对可编程接口芯片8255A的内部结构、引脚功能、编程结构和主要应用进行了讨论。

8255A为可编程的并行接口芯片，可为外设提供3个8位并行接口，即端口A、端口B和端口C，同时又可分为两组，工作在3种工作方式，即方式0（基本的输入/输出工作方式）、方式1（选通的输入/输出方式）和方式2（双向选通输入/输出方式）。8255A内部共有4个端口，占用4个连续的I/O地址。4个端口占用I/O端口从低到高的顺序为A口、B口、C口和控制寄存器。

8255A有两类控制字，一类用于定义各端口的工作方式，称为方式选择控制字；另一类用于对C端口的一位进行置位或复位操作，称为C端口置位/复位控制字。8255A各数据端口的工作方式由方式选择控制字进行设置。

对8255A进行初始化编程时，通过向控制字寄存器写入方式选择控制字，可让3个数据

端口以用户需要的方式工作。

一、单项选择题

1．8255A 实现 CPU 与外设数据传输时，双方可采用的数据传输方式不包括（　　）。

A．无条件传送　B．查询式传送　C．中断传送　D．DMA 传送

2．8255A 的 C 口作为输入输出数据端口时，能采用的工作方式是（　　）。

A．方式 0　B．方式 1　C．方式 2　D．以上 3 种都可以

3．8255A 的 A 口作为输入输出数据端口时，能采用的工作方式是（　　）。

A．方式 0　B．方式 1　C．方式 2　D．以上 3 种都可以

4．当 8255A 工作于方式 2 时，要占用联络信号线为（　　）条。

A．2　B．3　C．4　D．5

5．设 8255A 的 A 口工作于方式 1 输出，并与打印机相联，则 8255A 与打印机的联络信号为（　　）。

A．IBF、$\overline{STB}$　B．RDY、$\overline{STB}$　C．$\overline{OBF}$、$\overline{ACK}$　D．INTR、$\overline{ACK}$

二、填空题

1．可编程并行接口芯片 8255A 有__________工作方式，其中只有__________口可以工作在方式 2。

2．8255A 有 3 个数据端口，分为__________组进行控制，其中 C 口的高 4 位属于__________控制。

3．8255A 的编程主要涉及两个控制字的设置，分别为__________和__________。

三、判断题

1．8255A 可作为输入接口也可作为输出接口。（　　）

2．8255A 初始化时必须设置工作方式控制字和 C 口置位/复位控制字。（　　）

3．8255A 的工作方式控制字和 C 口置位/复位控制字使用同一端口地址。（　　）

4．8255A 介于外设和 CPU 之间，适合远距离传输。（　　）

5．8255A 中包括数据端口、状态端口和控制端口。（　　）

四、分析题

将键盘通过并口 8255A 进行连接。一般按一次键，CPU 通过程序可以判别是否有键按下，并识别具体的键值。若键扫描程序处理不当，可能会出现仅按一次键，但 CPU 识别为同一个键多次被按下的情况，分析发生这种情况的原因是什么？

五、设计题

1．某 8255A 的端口地址范围为 03F8H～03FBH，A 组和 B 组均工作在方式 0，A 口作为数据输出端口，C 口低 4 位作为状态信号输入口，其他端口未用。试画出该片 8255A 与系统的连接图，并编写初始化程序。

2．试按以下要求对 8255A 进行初始化编程。

（1）设端口 A、端口 B 和端口 C 均为基本输入/输出方式，且不允许中断。请分别考虑输入/输出。

（2）设端口 A 为选通输出方式，端口 B 为基本输入方式，端口 C 剩余位为输出方式，允许端口 A 中断。

（3）设端口 A 为双向方式，端口 B 为选通输出方式，且不允许中断。

3．采用 8255A 作为两台计算机并行通信的接口电路，请画出查询式输入/输出方式工作的接口电路，并写出查询式输入/输出方式的程序。

4．用 8255A 的端口 A 接 8 位二进制输入，端口 B 和端口 C 各接 8 只发光二极管显示二进制数。试编写一段程序，把端口 A 的读入数据送端口 B 显示，而端口 C 的各位则采用置 0/置 1 的方式显示端口 A 的值。

第12章　串行通信接口

微型计算机与一些常用的外部设备（如CRT终端、打印机等）之间经常采用串行通信方式，在远程计算机通信中，串行通信也是一种不可缺少的通信方式。本章介绍有关串行通信的基本知识，包括串行通信概述、串行通信接口标准RS-232-C、8251A可编程接口芯片、USB通用串行接口技术的应用等。

通过本章的学习，重点理解和掌握以下内容：

- 串行通信的基本概念
- 串行通信接口标准RS-232-C的引脚特性及其应用
- 可编程串行通信接口芯片8251A的结构、功能及应用
- 通用串行总线接口USB的规范、体系结构及应用

12.1　串行通信概述

12.1.1　串行通信的概念

串行通信是指将数据按照一位一位的顺序进行传送，它只占用一条传输线。可以采用两种方式来实现，一种是将8位数据通道中的一位通过软件来实现串行数据传送；另一种是通过专用的通信接口，将并行数据转换为串行数据进行传送。

在前一章所介绍的并行通信中，传送的数据有多少位就应该有多少条数据传输线，而串行通信只需要一条数据传输线，所以串行通信相对节约成本。在数据位数较多、传输距离较长的情况下，这个优点更为突出。例如，将微型计算机的信息传送到远方的终端或大型的计算中心，则经常采用串行通信线路（如电话线）进行传送。此外，串行通信也常用于速度要求不高的近距离数据传送，例如，同房间的微机之间、微机与磁带机之间、键盘和鼠标器与主机之间等，这类串行传送方式可以大大减少传输线，从而降低了成本，只是它的传送速度没有并行通信方式快。

12.1.2　串行通信的基本方式

通常情况下，串行通信可分为异步传送和同步传送两种方式，下面分别对这两种方式进行说明。

1. 异步传送方式

异步通信是指通信中两个字符之间的时间间隔是不固定的，而在一个字符内各位的时间间隔是固定的。异步通信规定字符由起始位（start bit）、数据位（data bit）、奇偶校验位（parity）

和停止位（stop bit）组成。起始位表示一个字符的开始，接收方可以用起始位使自己的接收时钟与数据同步，停止位则表示一个字符的结束。这种用起始位开始，停止位结束所构成的一串信息称为一帧（frame）。

在异步传送中，CPU 与外部设备之间的通信遵循以下两项规定：

（1）对字符格式的规定。字符格式是指字符的编码形式及其规定。例如，规定每个串行字符由 4 个部分组成：1 个起始位、5～8 个数据位、1 个奇偶校验位以及 1～2 个停止位。这种串行字符编码格式如图 12-1 所示。

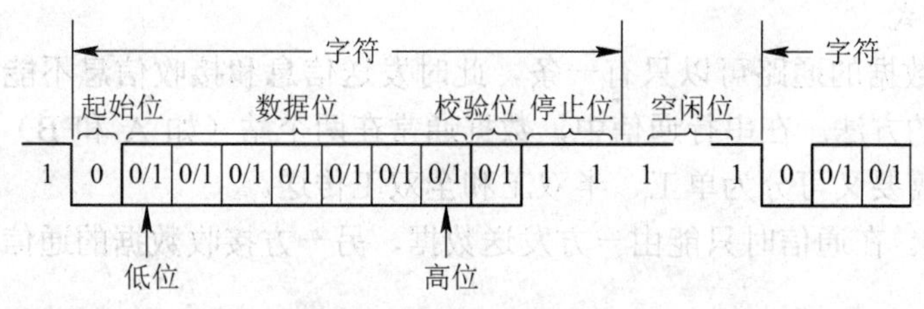

图 12-1　异步串行通信格式

在起始位的后面紧跟着要传送字符的最低位，每个字符的结束是高电平的停止位。相邻两个字符之间的间隔可以是任意长度的，以便使它有能力处理实时的串行数据。两个相邻字符之间的位叫空闲位，而下一个字符的开始是以高电平变成低电平的起始位的下降沿作为标志的。

（2）对波特率（Boud Rate）的规定。波特率是指每秒传输字符的位数。国际上规定了标准波特率系列，最常用的标准波特率是：110 波特、300 波特、600 波特、1200 波特、1800 波特、2400 波持、4800 波特、9600 波特和 19200 波特。

例如：在某个异步串行通信系统中，数据传送速率为 960 字符/秒，每个字符包括一个起始位、8 个数据位和一个停止位，则波特率为 10×960=9600（位/秒）=9600（波特）。

波特率是传送代码的速率，这与传送数据的速率有所区别。异步传送的传送速率一般为 50～9600 波特，常用于计算机到 CRT 终端和字符打印机之间的通信等。

在进行串行通信时，根据传送的波特率来确定发送时钟和接收时钟的频率。在异步传送中每发送一位数据的时间长度由发送时钟决定，每接收一位数据的时间长度由接收时钟决定，它们和波特率之间有如下关系：

$$时钟频率=n\times 波特率$$

式中的 n 叫做波特率系数或波特率因子，它的取值可以为 1、16、32 或 64。

2. 同步传送方式

异步传送中每一个字符都用起始位和停止位作为字符开始和结束的标志，占用了一些时间。在数据块传送时，为提高速度就要设法减少这些标志，可采用同步传送。

同步通信是指在约定的数据通信速率下，发送方和接收方的时钟信号频率和相位始终保持一致（同步），这就保证了通信双方在发送数据和接收数据时具有完全一致的定时关系。在有效数据传送之前首先发送一串特殊的字符进行标识或联络，这串字符称为同步字符或标识符。

此时，在数据块开始处，要用同步字符来指明，同步字符通常由用户自己设定，可用一个（或相同两个）8 位二进制码作为同步字符。

在传送过程中，发送端和接收端的每一位数据均保持同步。传送的信息组也称为信息帧。信息帧的位数几乎不受限制，通常可以是几个到几千个字节，甚至更多。同步通信采用的同步字符个数不同，存在着不同的格式结构，具有一个同步字符的数据格式称为单同步数据格式，有两个同步字符的数据格式称为双同步数据格式。

与异步传送的帧相比，同步传送由于同步字符在信息帧中占用的比例较低，效率较高，因此速度高于异步传送速度，但它要求由时钟来实现发送端及接收端之间的同步，所以，硬件电路比较复杂。通常用于计算机之间的通信，或计算机到CRT等外设之间的通信。

12.1.3 串行通信中的基本技术

1. 数据传送方式

串行通信传输数据的通路可以只有一条，此时发送信息和接收信息不能同时进行，只能采用分时使用线路的方法。在串行通信中，数据通常在两个站（如A和B）之间进行双向传送。这种传送根据需要又可分为单工、半双工和全双工传送。

（1）单工传送。在通信时只能由一方发送数据，另一方接收数据的通信方式，如图12-2（a）所示。

（2）半双工传送。在通信时双方都能接收或发送，但不能同时接收和发送的通信方式。该方式中，通信双方只能轮流进行发送和接收，即A站发送，B站接收；或B站发送，A站接收。如图12-2（b）所示。

（3）全双工传送。如在两个通信站之间有两条数据通路，则发送信息和接收信息就可同时进行。当A发送信息，B接收，B同时也能利用另一条通路发送信息而由A接收。这种工作方式称全双工通信方式，全双工方式需要两条传输线，如图12-2（c）所示。

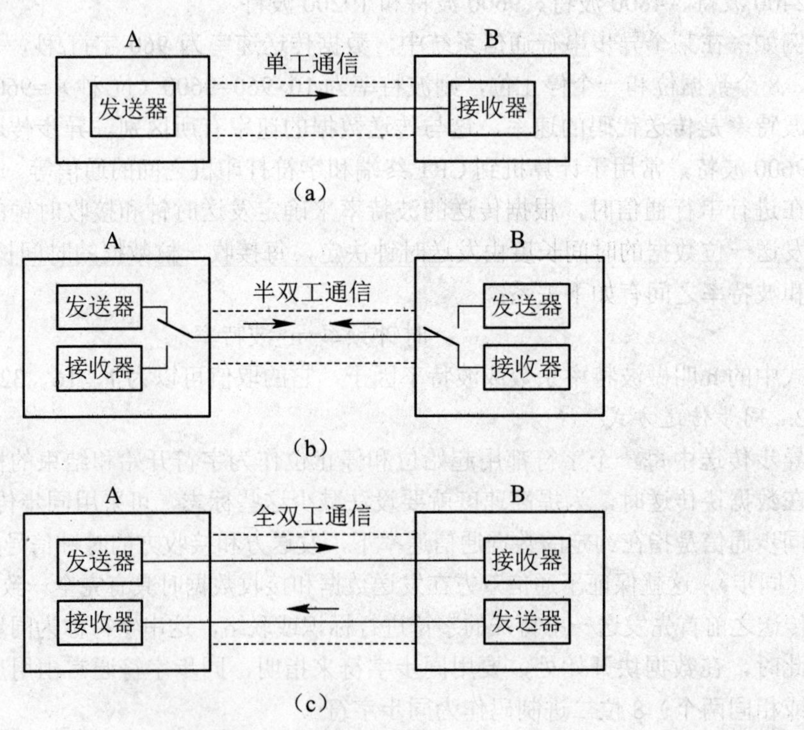

图12-2 数据传送方式

2. 信号的调制和解调

调制解调器（Modem）是计算机在远程通信中必须采用的一种辅助的外部设备。由于计算机通信是一种数字信号的通信，数字信号通信要求传送的频带是很宽的，而计算机在远程通信时，通常通过电话线传送，电话线不可能有这样宽的频带。如果用数字信号直接通信，那么经过电话线传送，信号便会产生畸变。

因此，在发送端必须采用调制器把数字信号转换为模拟信号；而在接收端又必须用解调器检测从发送端送来的模拟信号，再把它转换成为数字信号。由此可知，调制解调器在发送端相当于 D/A 转换器，而在接收端则相当于 A/D 转换器。

12.2　串行通信接口标准 RS-232C

12.2.1　RS-232C 概述

为了实现不同厂商的计算机和各种外围设备进行串行连接，国际上为此制定了一些串行物理接口的标准。其中最广泛采用的就是 RS-232C 接口标准。

RS-232C 是美国电子工业协会 EIA（Electronic Industry Association）于 1962 年公布，并于 1969 年修订的串行接口标准，它已经成为国际上通用的标准。1987 年 1 月，RS-232C 经修改后，正式改名为 EIA-232D。但由于标准修改得并不多，因此现在很多厂商仍用旧的名称。RS 是英文“推荐标准”的缩写，232 为标识号，C 表示修改次数。

RS-232C 总线标准设有 25 条信号线，包括一个主通道和一个辅助通道，在多数情况下主要使用主通道。对于一般的通信仅需几条信号线就可实现，如一条发送线、一条接收线及一条地线，最大通信距离为 15m。串行接口目前最普遍的用途是连接鼠标和调制解调器，常被称为异步通信适配器接口，串行端口插座分为 9 针或 25 针两种。串行接口被赋予专门的设备名 COM1 和 COM2。

目前 RS-232C 已成为数据终端设备 DTE（Data Terminal Equipment）与数据通信设备 DCE（Data Communication Equipment）的接口标准。不仅在远距离通信中要经常用到它，而且是两台计算机或设备之间的近距离串行连接也普遍采用 RS-232C 接口。

12.2.2　RS-232C 引脚

串行通信 RS-232C 是一种总线标准，这个标准仅保证硬件兼容而没有软件兼容。通常 RS-232C 接口有 9 针、25 针等规格，RS-232C 标准接口的引脚排列如图 12-3 所示，其引脚功能如表 12-1 所示。

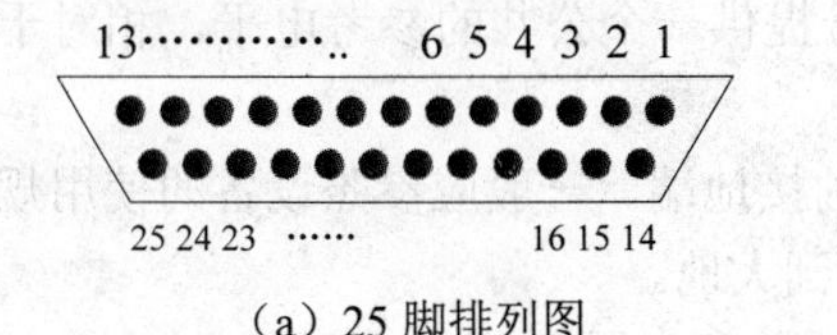

（a）25 脚排列图

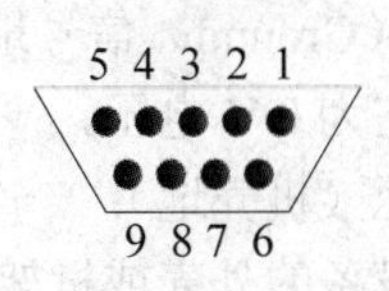

（b）9 脚排列图

图 12-3　RS-232C 引脚排列

表 12-1 RS-232C 引脚功能

25 脚引脚号（9 脚）	符号	方向	功能
2（3）	TXD	输出	发送数据
3（2）	RXD	输入	接收数据
4（7）	RTS	输出	请求发送
5（8）	CTS	输入	清除发送
6（6）	DSR	输入	数据通信设备准备好
7（5）	GND		信号地
8（1）	DCD	输入	数据载波检测
20（4）	DTR	输出	数据终端准备好
22（9）	RI	输入	振铃指示

RS-232C 的 25 个引脚中，20 个引脚作为 RS-232C 信号，其中有 4 条数据线、11 条控制线、3 条定时信号线、2 条地信号线。另外，还保留了 2 个引脚，有 3 个引脚未定义。

从表 12-1 中可知，RS-232C 接口中实际包括两个信道：主信道和次信道。次信道为辅助串行通道提供数据控制和通道，但其传输速率比主信道要低得多。除了速率低之外，次信道跟主信道相同，但通常较少使用。如果要用的话，主要是向连接于通信线路两端的 Modem 提供控制信息。

下面介绍主信道的信号定义：

- TXD（Transmitted Data）发送数据：串行数据的发送端。
- RXD（Received Data）接收数据：串行数据的接收端。
- RTS（Request To Send）请求发送：当数据终端准备好送出数据时，就发出有效的 RTS 信号，通知 Modem 准备接收数据。
- CTS（Clear To Send）清除发送（也称允许发送）：当 Modem 已准备好接收数据终端的传送数据时，发出 CTS 有效信号来响应 RTS 信号。所以 RTS 和 CTS 是一对用于发送数据的联络信号。
- DTR（Data Terminal Ready）数据终端准备好：通常当数据终端一加电，该信号就有效，表明数据终端准备就绪。它可以用作数据终端设备发给数据通信设备 Modem 的联络信号。
- DSR（Data Set Ready）数据装置准备好：通常表示 Modem 已接通电源连到通信线路上，并处在数据传输方式，而不是处于测试方式或断开状态。它可以用作数据通信设备 Modem 响应数据终端设备 DTR 的联络信号。
- GND（Ground）信号地：它为所有的信号提供一个公共的参考电平，相对于其他信号，它为 0 V 电压。
- 保护地（机壳地）：一个起屏蔽保护作用的接地端。一般应参照设备的使用规定，连接到设备的外壳或机架上，必要时要连接到大地。
- CD（Carrier Datected）载波检测：当本地 Modem 接收到来自远程 Modem 正确的载波信号时，由该引脚向数据终端发出有效信号，该引脚也可缩写为 DCD。

- RI（Ring Indicator）振铃指示：自动应答的 Modem 用此信号作为电话铃响的指示。在响铃期间，该引线保持有效。
- TXC（Transmitter Clock）发送器时钟：控制数据终端发送串行数据的时钟信号。
- RXC（Receiver Clock）接收器时钟：控制数据终端接收串行数据的时钟信号。
- 终端发送器时钟（引脚 24）：由数据终端向外提供发送时钟，在信号电平的中间跳变。它和发送时钟 TXC 都与发送数据 TXD 有关。
- 信号质量检测（引脚 21）和数据信号速率选择（引脚 23）：通常用于指示信号质量和选择传输速率。

12.2.3　RS-232C 的连接

通过 PC 机的串行接口可以连接串行传输数据的外围设备，如调制解调器、鼠标等。RS-232C 广泛用于数字终端设备，如计算机与调制解调器之间的接口，以实现通过电话线路进行远距离通信，如图 12-4 所示。

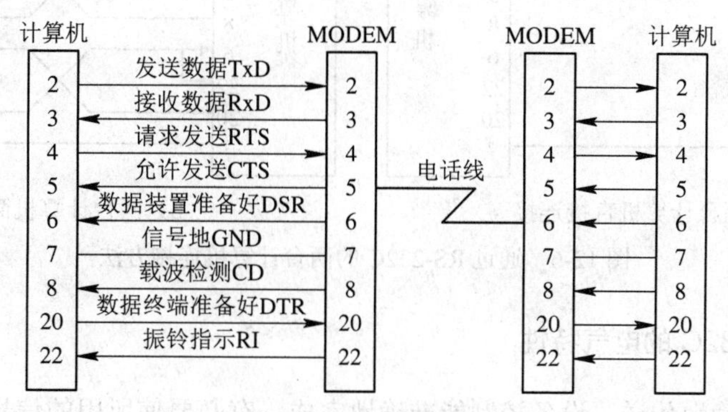

图 12-4　使用 Modem 的 RS-232C 接口

尽管 RS-232C 使用 20 个信号线，但在绝大多数情况下，微型计算机、计算机终端和一些外部设备都配有 RS-232C 串行接口。在它们之间进行短距离通信时，无需电话线和调制解调器就可以直接相连，如图 12-5 所示。

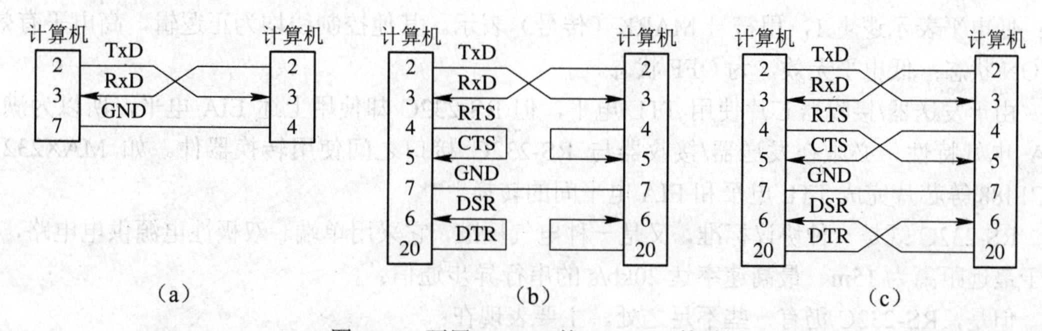

图 12-5　不用 Modem 的 RS-232C 接口

图 12-5（a）是最简单的只用三线实现相连的通信方式。从中可见，为了交换信息，TXD 和 RXD 交叉连接。因为不使用联络信号，所以程序中不必使 RTS 和 DTR 有效，也不必检测 CTS 和 DSR 是否有效。

图 12-5（b）中 RTS 和 CTS 互接，这是用请求发送 RTS 信号来产生允许发送 CTS 信号，以满足全双工通信的联络控制要求。当请求发送接到允许发送时，表明请求传送是允许的。DTR 和 DSR 互接，用数据终端准备好信号产生数据装置准备好信号。

图 12-5（c）是另一种利用 RS-232C 直接互连的通信方式，这种方式下的通信更加可靠，但所用连线较多。由于上述连接不使用调制解调器，所以也称为零调制解调器连接（Null Modem）。

对于图 12-5 的（b）和（c），在双方通信程序中可使用由系统 ROM BIOS 提供的异步通信 I/O 功能调用 INT 14H 实现双方所支持的数据通信功能。

此外，也可以在两台计算机之间采用 RS-232C 进行连接，其连接方法如图 12-6 所示。

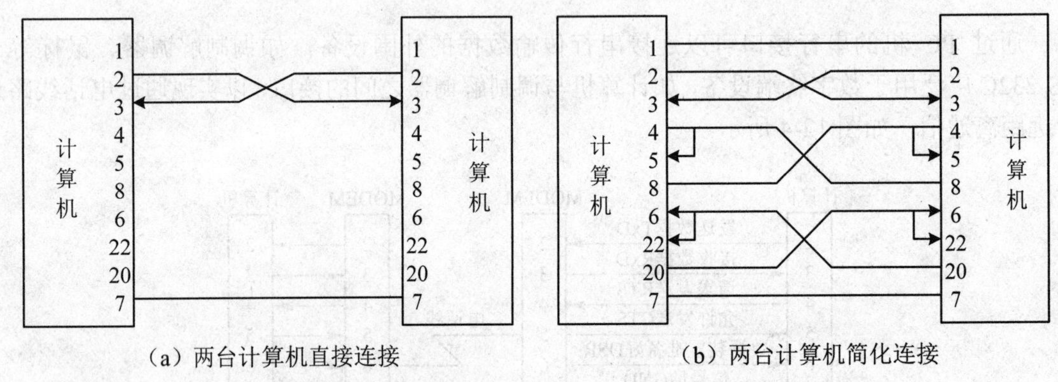

（a）两台计算机直接连接　　（b）两台计算机简化连接

图 12-6　通过 RS-232C 的两台计算机连接方法

12.2.4　RS-232C 的电气特性

为保证数据正确地传送，设备控制能准确地完成，有必要使所用的信号电平保持一致。为满足此要求，RS-232C 标准规定了数据和控制信号的电压范围。由于 RS-232C 是在 TTL 集成电路之前制定的，所以它的电平不是+5V 和地。它规定高电平为+3～+15V，低电平为-15～-3V。

实际应用中，常采用±12V 或±15V。RS-232C 可承受±25 V 的信号电压。另外，要注意 RS-232C 数据线 TXD 和 RXD 使用负逻辑，即高电平表示逻辑 0，用符号 SPACE（空号）表示；低电平表示逻辑 1，用符号 MARK（传号）表示。其他控制线均为正逻辑，高电平有效，为 ON 状态；低电平无效，为 OFF 状态。

由于发送器/接收器芯片使用 TTL 电平，但 RS-232C 却使用上述 EIA 电平，所以为满足 EIA 电气特性，必须在发送器/接收器与 RS-232C 接口之间使用转换器件。如 MAX232、MC1488 等芯片完成 TTL 电平和 EIA 电平间的转换。

RS-232C 既是一种协议标准，又是一种电气标准，它采用单端、双极性电源供电电路，可用于最远距离为 15m、最高速率达 20kb/s 的串行异步通信。

但是，RS-232C 仍有一些不足之处，主要表现在：

（1）传输速率不够快。RS-232C 标准规定最高速率为 20kb/s，尽管能满足异步通信要求，但不能适应高速的同步通信。

（2）传输距离不够远。RS-232C 标准规定各装置之间电缆长度不超过 50 英尺（约 15 m）。实际上，RS-232C 能够实现 100 英尺或 200 英尺的传输，但在使用前，一定要先测试信号的质量，以保证数据的正确传输。

（3）RS-232C 接口采用不平衡的发送器和接收器，每个信号只有一根导线，两个传输方向仅有一个信号线地线，因而电气性能不佳，容易在信号间产生串扰。

12.3　可编程串行通信接口芯片 8251A

进行微机数据串行通信时，需要并行到串行或串行到并行的转换，还要按照传输协议发送和接收每个字符或数据块，这些工作可由软件实现，也可由硬件电路实现。

可编程串行接口芯片有多种型号，常用的有 Intel 公司生产的 825lA，Motorola 公司生产的 6850、6952、8654，ZILOG 公司生产的 SIO 及 NSC 公司（美国国家半导体公司）生产的 8250 等，这些芯片的结构和工作原理大同小异。

下面介绍 8251A 可编程串行通信接口的基本结构、工作原理、编程方法及其应用。

12.3.1　8251A 基本性能

8251A 是高性能串行通信接口芯片，既是通用异步收发器也是同步收发器，能管理信号变化范围很大的串行数据通信，且可直接与多种微型计算机接口。

其基本性能有以下几点：

（1）可工作在同步通信或异步通信方式下。同步方式下波特率为 0～64kb/s；异步方式下波特率为 0～19.2kb/s。

（2）同步方式时，可设定为内同步或外同步两种方法，同步字符允许采用单同步字符和双同步字符，由用户选定。数据位可在 5～8 位之间进行选择。

（3）异步方式时，数据位仍可在 5～8 位范围内选用，用 1 位作为奇偶校验位或不设置奇偶位。此外，8251A 在异步方式下能自动为每个数据增加 1 位启动位及 1 位、1.5 位或 2 位停止位（由初始化程序选择）。

（4）具有奇偶校验、帧校验和溢出校验 3 种字符数据的校验方式，校验位的插入、检查和出错标志的建立均由芯片自动完成。

（5）能与 MODEM 直接相连，接收和发送的数据均可存放在各自的缓冲器中，以便实现全双工通信。

12.3.2　8251A 基本结构

1．8251A 的内部结构

8251A 内部结构如图 12-7 所示，有双缓冲结构的接收器（接收缓冲寄存器、接收移位寄存器）和发送器（发送保持寄存器、发送移位寄存器）；为发送器和接收器提供所需同步控制时钟信号的波特率发生器；实现与调制解调器连接的调制解调器控制逻辑；实现中断控制和优先权判断的中断控制逻辑；与 CPU 连接的数据缓冲器和选择控制逻辑等。

（1）数据总线缓冲器。是 CPU 与 8251A 之间的数据接口，包含 3 个 8 位缓冲寄存器，其中两个寄存器分别存放 CPU 从 8251A 读取的状态信息或数据和 CPU 向 8251A 写入的控制字或数据。数据总线缓冲器将 8251A 的 8 条数据线 D_7～D_0 和 CPU 的系统数据总线相连。

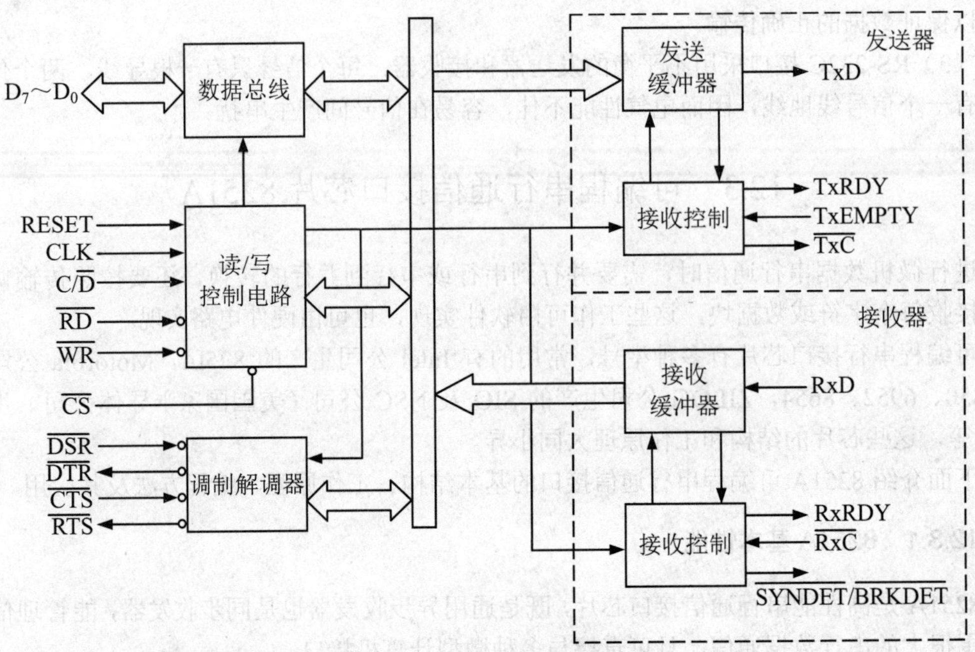

图 12-7　8251A 内部功能结构图

（2）发送器。由发送缓冲器和发送控制电路两部分组成。CPU 需要发送的数据经数据发送缓冲器并行锁入发送缓冲器中。如采用异步方式，则由发送控制电路在其首尾加上起始位和停止位，然后从起始位开始，经移位寄存器从数据输出线 T_xD 逐位串行输出，其发送速率取决于 T_xC 端上收到的发送的时钟频率。如采用同步方式，则在发送数据之前，发送器自动送出一个或两个同步字符，然后才逐位串行输出数据。

当发送器做好发送数据准备时，由发送控制电路向 CPU 发出 T_xRDY 有效信号，CPU 可立即向 8251A 并行输出数据。如果 8251A 和 CPU 之间采用中断方式交换信息，则 T_xRDY 信号可作为向 CPU 发出的中断请求信号。待发送器中的 8 位数据串行发送完毕，由发送控制电路向 CPU 发出 T_xEMPTY 有效信号，表示发送器中移位寄存器已空。因此，发送数据缓冲器和发送移位寄存器构成发送器的双缓冲结构。

（3）接收器。由接收缓冲器和控制电路组成。从外部通过数据接收端 R_xD 接收的串行数据逐位进入接收移位寄存器中。如是异步方式，则应识别并删除起始位和停止位；如是同步方式，则要检测到同步字符，确认已达到同步，接收器才开始接收串行数据，待一组数据接收完毕，可将移位寄存器中的数据并行写入接收数据缓冲器中，同时输出 R_xRDY 有效信号，表示接收器中已准备好数据，等待向 CPU 传送。接收数据的速率取决于 R_xC 端输入的接收时钟频率。

和接收器有关的是读/写控制电路和调制解调控制电路。读/写控制电路接收 CPU 送来的一系列控制信号，以实现对 8251A 的读/写功能；调制解调控制电路是 8251A 将数据输出端数字信号转换成模拟信号或将数据接收端模拟信号解调成数字信号的接口电路。8251A 要与调制解调器相连，它提供的接口信号一部分为与 CPU 接口的信号，另一部分为与外设或调制器的接口信号。

2. 8251A 的引脚功能

8251A 的引脚排列如图 12-8 所示，各类引脚功能分析如下。

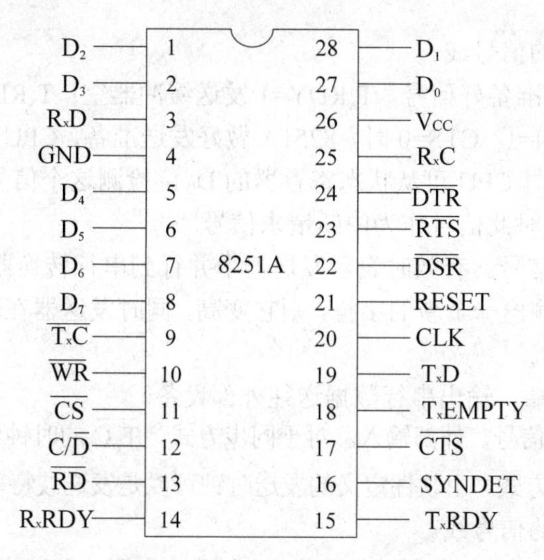

图 12-8　8251A 引脚排列图

（1）数据线、时钟信号线。

- DB_7～DB_0：三态双向数据线，可连接 CPU 数据总线。CPU 与 8251A 间命令信息、数据及状态信息都通过这组数据线传送。
- CLK：输入产生 8251A 内部时序。CLK 的频率在同步方式时必须大于接收器和发送器输入时钟频率的 30 倍；在异步方式时必须大于输入时钟的 4.5 倍。另外，规定 CLK 的周期要在 0.42～1.35μs 的范围内。

（2）读/写控制逻辑。

- $\overline{CS}$：片选信号，低电平有效。由 CPU 的 $IO/\overline{M}$ 及地址信号经译码后供给。
- $C/\overline{D}$：控制/数据端。为高电平时 CPU 从数据总线读入状态信息；为低电平时 CPU 读入数据。$C/\overline{D}$ 端为高电平时 CPU 写入命令；$C/\overline{D}$ 为低电平时 CPU 输出数据。$C/\overline{D}$ 与 CPU 的一条地址线相连。
- RESET：芯片复位信号。为高电平时 8251A 各寄存器处于复位状态。收、发线路上均处于空闲状态。通常该信号与系统的复位线相连。
- $\overline{RD}$：CPU 读 8251A 的控制信号，低电平有效，与 CPU 的 $\overline{RD}$ 端相连。
- $\overline{WR}$：CPU 向 8251A 写数据的控制信号，低电平有效，与 CPU 的 $\overline{WR}$ 端相连。

$\overline{CS}$、$C/\overline{D}$、$\overline{RD}$ 和 $\overline{WR}$ 信号相互配合可决定 CPU 与 8251A 间的各种操作，其功能如表 12-2 所示。

表 12-2　8251A 读/写功能表

$\overline{CS}$	$C/\overline{D}$	$\overline{RD}$	$\overline{WR}$	功能
0	0	0	1	CPU 从 8251A 读数据
0	1	0	1	CPU 从 8251A 读状态
0	0	1	0	CPU 向 8251A 写数据
0	1	1	0	CPU 向 8251A 写命令
1	×	×	×	数据总线浮空

（3）与发送器相关的信号线。

- T_xRDY：发送器准备好信号。$T_xRDY=1$ 发送缓冲器空；$T_xRDY=0$ 发送缓冲器满。当 $T_xRDY=1$、$T_xEN=1$、CTS=0 时，8251A 做好发送准备，CPU 可向 8251A 传输下一个数据。查询方式时 CPU 可从状态寄存器的 D_0 位检测这个信号，判断发送缓冲器所处状态。中断方式时此信号作为中断请求信号。
- T_xE：发送器空信号。有效时表示发送器中并行到串行转换器空。同步方式工作时，若 CPU 来不及输出一个新的字符，则它变高，同时发送器在输出线上插入同步字符，以填补传送空隙。
- T_xD：数据发送端，输出串行数据送往外部设备。
- $\overline{T_xC}$：发送时钟信号，外部输入。对于同步方式，$\overline{T_xC}$ 的时钟频率应等于发送数据的波特率。对于异步方式，由软件定义的发送时钟可以是发送波特率的 1 倍、16 倍或 64 倍。

（4）与接收器相关的信号线。

- R_xRDY：接收器准备好信号。$R_xRDY=1$ 表示接收缓冲器装有输入的数据，通知 CPU 取走数据。若用查询方式，可从状态寄存器 D_1 位检测该信号。若用中断方式，可用该信号作为中断申请信号，通知 CPU 输入数据。$R_xRDY=0$ 表示输入缓冲器空。
- SYNDET/BRKDET：双功能检测信号，高电平有效。对于同步方式，SYNDET 是同步检测信号。该信号既可工作在输入状态，也可工作在输出状态。SYNDET=1 表示 8251A 已监测到所要求的同步字符。若为双同步，此信号在传送第二个同步字符最后一位的中间变高，表明已达到同步。外同步工作时，该信号为输入信号。从 SYNDET 端输入一个高电平信号，接收控制电路会立即脱离对同步字符的搜索过程，开始接收数据。对于异步方式 BRKDET 为间断检出信号，表示 R_xD 端处于工作状态还是接收到断缺字符。BRKDET=1 表示接收到对方发来的间断码。
- R_xD：数据接收端，接收由外设输入的串行数据。
- R_xC：接收时钟信号，输入。同步方式时，R_xC 等于波特率；异步方式时，可以是波特率的 1 倍、16 倍或 64 倍。

（5）与调制解调器有关的引脚。

- $\overline{DTR}$：数据终端准备好信号，向调制解调器输出的低电平有效信号。CPU 准备好接收数据，DTR 有效，可由控制字中的 DTR 位置 1 输出该有效信号。
- $\overline{DSR}$：数据装置准备好信号，由调制解调器输出的低电平信号。当调制解调器已做好发送数据准备时，就发出 DSR 信号。CPU 可用 IN 指令读入 8251A 的状态寄存器，检测 $\overline{DSR}$ 位，当 $\overline{DSR}$ 位为 1 时，表示 $\overline{DSR}$ 信号有效。该信号实际上是对 $\overline{DSR}$ 信号的回答，通常用于接收数据。
- $\overline{RTS}$：请求发送信号，向调制解调器输出的低电平信号。CPU 准备好发送数据，由软件定义，使控制字中的 RTS 位置 1，输出 $\overline{RTS}$ 低电平有效信号。
- $\overline{CTS}$：准许发送信号，由调制解调器输出的低电平信号是对 $\overline{RTS}$ 的回答信号。将控制字中的 T_xEN 位置 1，$\overline{CTS}$ 为低电平有效，发送器可串行发送数据。如果在数据发送过程中使 $\overline{CTS}$ 无效，或控制字中 T_xEN 位置 0，发送器将正在发送的字符结束后停止继续发送。

8251A 与异步 MODEM 的连接如图 12-9 所示。

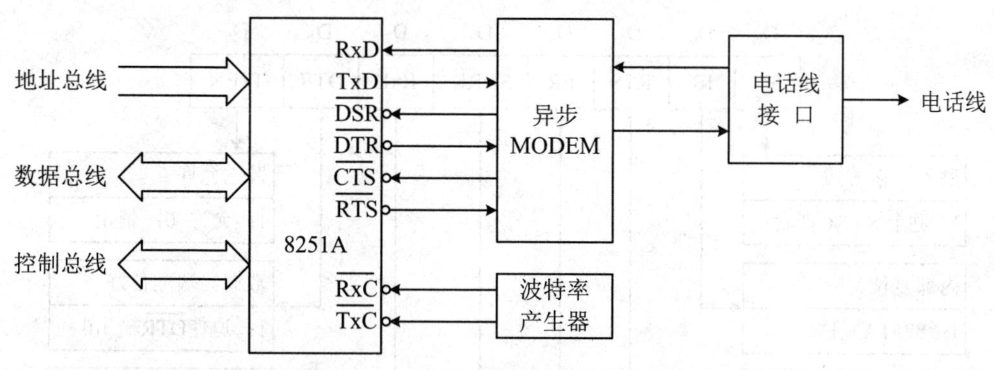

图 12-9　CPU 与异步 MODEM 的连接图

12.3.3　8251A 编程控制

8251A 是可编程串行接口，在使用前必须用程序对其工作状态进行设定（该过程称为初始化），包括设定同步方式还是异步方式、传输波特率、字符代码位数、校验方式、停止位位数等。

8251A 内部有数据寄存器、控制字寄存器和状态寄存器。控制字寄存器用于 8251A 的方式控制和命令控制，状态寄存器存放 8251A 的状态信息。

1．方式控制字

方式控制字用来确定 8251A 的通信方式（同步/异步）、校验方式（奇/偶校验、不校验）、数据位数（5、6、7 或 8 位）及波特率参数等。

方式控制字的格式如图 12-10 所示。

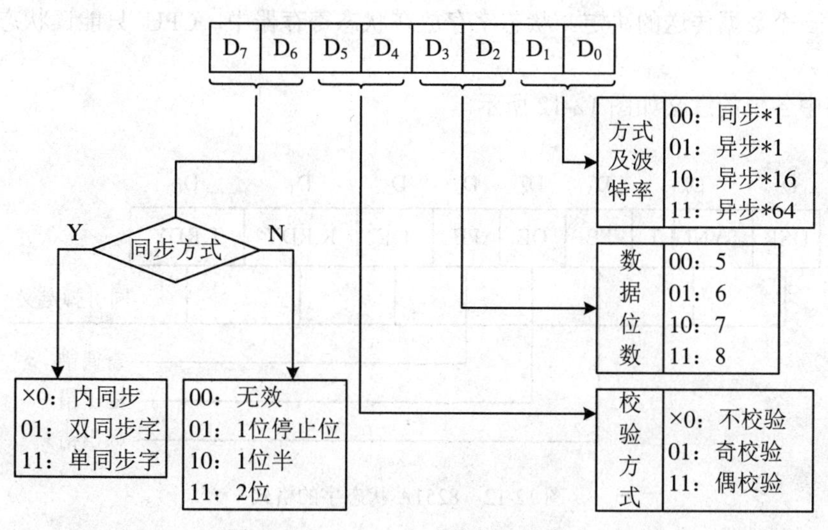

图 12-10　8251A 方式控制字的格式

2．命令控制字

命令控制字用于控制 8251A 的工作，使 8251A 处于规定的状态以准备发送或接收数据，应在写入方式控制字后写入。

命令控制字的格式如图 12-11 所示。

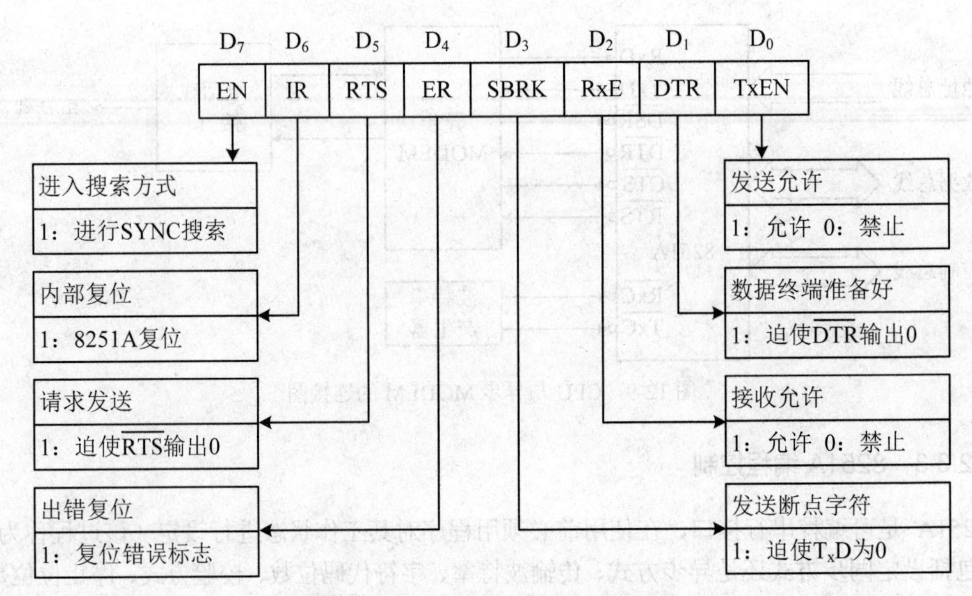

图 12-11 8251A 命令控制字的格式

方式控制字和命令控制字本身无特征标志，也没有独立的端口地址，8251A 根据写入先后次序来区分两者：先写入者为方式控制字，后写入者为命令控制字。所以，CPU 在对 8251A 初始化编程时必须按一定先后顺序写入方式控制字和命令控制字。

3. 状态字

CPU 通过输入指令读取状态字，了解 8251A 传送数据时所处状态，作出是否发出命令、是否继续下一个数据传送的决定。状态字存放在状态寄存器中，CPU 只能读状态寄存器，不能对它写入。

状态字中各位的意义如图 12-12 所示。

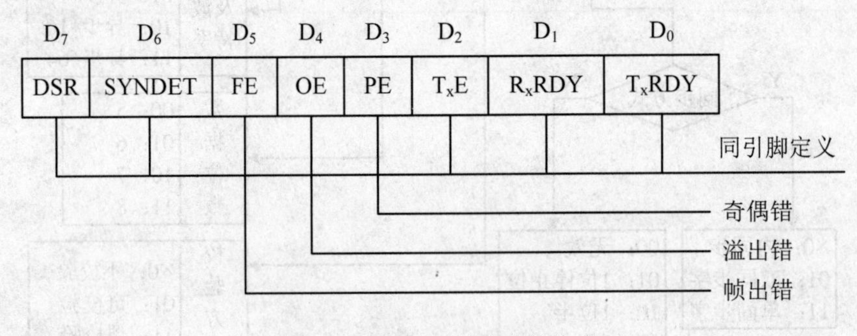

图 12-12 8251A 状态字的格式

图 12-12 中，帧出错 FE 标志只用于异步方式，当在任何一个字符的末尾没有检测到有效的停止位时，该标志位置 1，此标志位由命令指令字中的 ER 位清除；溢出错 OE 标志位由命令指令字中的 ER 位清除；奇偶校验错 PE 是当检测到奇偶错误时该标志位置 1，同样由命令指令字中的 ER 位清除。这 3 种出错并不禁止 8251A 的工作。

12.3.4　8251A 初始化和编程应用

1．8251A 初始化

传送数据前要对 8251A 进行初始化才能确定发送方与接收方的通信格式和通信的时序，从而保证准确无误地传送数据。由于 3 个控制字没有特征位，且工作方式控制字和操作命令控制字放入同一个端口，需按一定顺序写入控制字，不能颠倒。

正确写入顺序如图 12-13 所示。

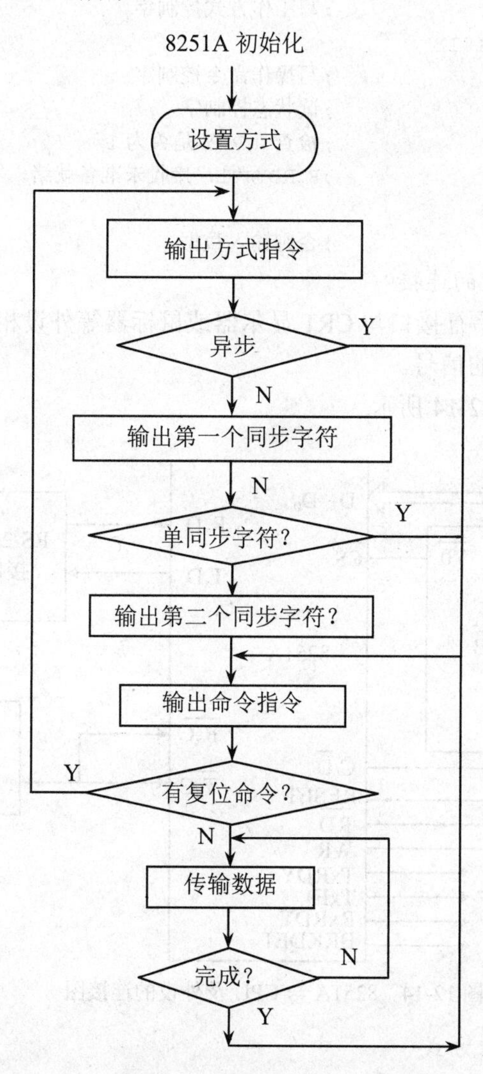

图 12-13　8251A 初始化流程图

需注意，工作方式控制字必须跟在复位命令之后。复位命令可用硬件的方法从 RESET 引脚输入复位信号，也可通过软件方法发送复位命令。这样 8251A 才可重新设置工作方式控制字，改变工作方式完成其他传送任务。

【例 12.1】设 8251A 控制口地址为 301H，数据口地址为 300H，按下述要求对 8251A 进行初始化。

（1）异步工作方式，波特率系数为 64（即数据传送速率是时钟频率的 1/64），采用偶校验，总字符长度为 11（1 位起始位，8 位数据，1 位偶校验，1 位停止位）。

（2）允许接收和发送，使错误位全部复位。

（3）查询 8251A 状态字，当接收准备就绪时从 8251A 输入数据，否则等待。

程序段设计如下：

```
        MOV  DX,301H            ;控制口地址
        MOV  AL,0111111B
        OUT  DX,AL              ;写工作方式控制字
        MOV  AL,00010101B
        OUT  DX,AL              ;写操作命令控制字
    LP: IN   AL,DX              ;读状态控制字
        AND  AL,02H             ;检查 RxRDY 是否为 1
        JZ   LP                 ;RxRDY≠1，接收未准备就绪，等待
        MOV  DX,300H
        IN   AL,DX              ;否则输入数据
```

2. 8251A 与 CPU 及外设的连接

假设采用 8251A 构成的串行接口与 CRT 显尔器或鼠标器等外设相连，工作于异步方式，不需用到上述控制 MODEM 的信号。

该系统的线路连接如图 12-14 所示。

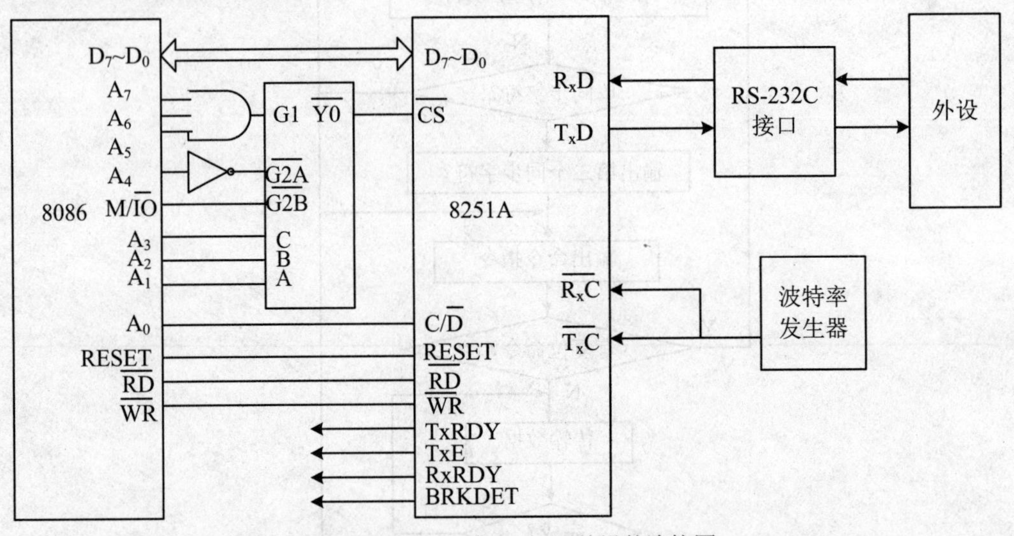

图 12-14 8251A 与 CPU 及外设的连接图

3. 8251A 和 CPU 的通信方式

8251A 和 CPU 通信可采用查询方式和中断方式，两种方式的应用分析如下。

（1）查询方式：该方式应用特点是发送数据的程序在初始化程序之后。

【例 12.2】采用查询方式发送数据。假定要发送的字节数据放在 TABLE 开始的数据区，且要发送的字节数放在 BX 中，数据端口地址为 04A0H，控制/状态寄存器端口地址为 04A1H。

发送数据的程序段设计如下：

```
START:  MOV  DX,04A1H
        LEA  SI,TABLE
```

```
WAIT:    IN   AL,DX
         TEST AL,1                    ;检查发送寄存器是否空
         JZ   WAIT                    ;若为空,则继续等待
         PUSH DX
         MOV  DX,04A0H
         LODSB
         OUT  DX,AL                   ;否则发送一个字节
         POP  DX
         DEC  BX
         JNZ  WAIT
```

同样，在初始化程序后可用查询方式实现接收数据。

【例 12.3】设计一个接收数据程序。假设接收后的数据送入 DATA 开始的数据存储区中。8251A 各寄存器地址安排同上。参考程序段如下（略去了初始化）：

```
RECV:    MOV  SI,OFFSET DATA
         MOV  DX,04A1H
WAIT:    IN   AL,DX                   ;读入状态寄存器
         TEST AL,38H                  ;检查是否有任何错误产生
         JNZ  ERROR                   ;有,转出错处理
         TEST AL,2                    ;否则检查数据是否准备好
         JZ   WAIT                    ;未准备好,继续等待检测
         MOV  DX,04A0H
         IN   AL,DX                   ;否则接收一个字节
         AND  AL,7FH                  ;保留低 7 位
         MOV  [SI],AL                 ;送数据缓冲区
         INC  SI
         MOV  DX,04A1H
         JMP  WAIT
```

（2）中断方式：利用中断方式可实现 8251A 和 CPU 的串行通信。

【例 12.4】设系统以查询方式发送数据，以中断方式接收数据。波特率系数为 16，1 位停止位，7 位数据位，奇校验。

程序段设计如下：

```
MOV      DX,04A1H
MOV      AL,01011010B                ;写工作方式控制字
OUT      DX,AL
MOV      AL,14H                      ;写操作命令控制字，只接收
OUT      DX,AL
```

当完成对 8251A 的初始化后，接收端便可进行其他工作，接收到一个字符后便自动执行中断服务程序。

【例 12.5】中断服务程序设计如下：

```
RECEIVE:PUSH AX
        PUSH BX
        PUSH DX
        PUSH DS
        MOV  DX,04A1H
        IN   AL,DX
        MOV  AH,AL                    ;保存接收状态
```

```
        MOV  DX,04A0H
        IN   AL,DX                    ;读入接收到的数据
        AND  AL,7FH
        TEST AH,38H                   ;检查有无错误产生
        JZ   SAVAD
        MOV  AL,'?'                   ;出错的数据用'?'代替
SAVAD:  MOV  DX,SEG BUFFER
        MOV  DS,DX
        MOV  BX,OFFSET BUFFER
        MOV  [BX],AL                  ;存储数据
        MOV  AL,20H
        OUT  20H,AL                   ;将EOI命令发给中断控制器8259A
        POP  DS
        POP  DX
        POP  BX
        POP  AX
        STI
        IRET
```

当8251A的接收数据寄存器满而产生中断时，此中断请求经过中断控制器8259A“筛选”发给CPU。CPU响应中断后，转向上述中断服务程序。该中断服务程序先进行现场保护，然后接收状态寄存器中的内容和数据，并检查有无错误。若有错则进行错误处理，无错将接收到的数据送到数据区中，然后恢复断点，开中断并返回。

要注意在中断服务程序结束前，必须给8259A一个中断结束命令EOI，使8259A能将中断服务寄存器的状态复位，使系统又能处理其他中断。

4. 8251A编程应用举例

【例12.6】通过串行总线将两台计算机的串行接口连接，两台PC（设编号为A和B）可实现互送数据。这里采用查询方式进行通信。其中A机首先向B机发送数据，B机接收数据并显示；接着B机向A机发送数据，A机接收并显示。

A机程序设计如下（控制字/状态字端口地址设为3FD，数据端口设为3F8）：

```
DATA   SEGMENT
DA     DB '123456789A'
DATA   ENDS
CODE   SEGMENT
   ASSUME  CS:CODE,ES:DATA,DS:DATA
       MOV    AX,DATA
       MOV    DS,AX
       MOV    ES,AX               ;程序初始化
CF:    MOV    DX,3FDH
       MOV    AL,03H              ;初始化工作方式控制字
       OUT    DX,AL
       MOV    AL,15H              ;初始化命令控制字
       OUT    DX,AL
       MOV    BX,OFFSET DA        ;BX指向发送数据区首单元
       MOV    CX,10               ;发送次数送CX
S:     MOV    DX,3FDH
       IN     AL,DX               ;读入状态寄存器值
       TEST   AL,2                ;接收数据缓冲寄存器是否准备好
```

```
        JZ      S           ;未准备好,转 S 继续等待
        MOV     DX,3F8H
        IN      AL,DX       ;准备好读入一个字符数据并显示
        MOV     DL,AL
        MOV     AH,02
        INT     21H
    F:  MOV     DX,3FDH
        IN      AL,DX       ;读入状态寄存器值
        TEST    AL,1        ;发送数据寄存器是否为空
        JZ      F           ;非空,转 F 继续等待
        MOV     DX,3F8H
        MOV     AL,[BX]     ;否则发送一个字符数据
        OUT     DX,AL
        LOOP    S
        MOV     AH,4CH
        INT     21H
  CODE  ENDS
        END
```

B 机的程序内容和 A 机程序内容类似，只要将发送和接收两个程序段对调即可，留给读者完成。

12.4 USB 通用串行总线

12.4.1 USB 总线概述

传统接口电路每增加一种设备，就需为其准备一种接口或插座，还要准备各自的驱动程序。这些接口、插座、驱动程序各不相同，给使用和维护带来了困难。由 Intel 等公司开发的 USB 总线采用通用连接器和热插拔技术以及相应的软件，使得外设的连接和使用大大地简化，受到普遍欢迎，目前已成为流行的外设接口。

1. USB 总线的特点

USB 的全称是通用串行总线（Universal Serial Bus），是一种支持即插即用的串行接口，USB 总线具有以下特点：

（1）USB 为所有的 USB 外设提供了单一的、易于操作的连接类型，简化了用户在判断哪个插头对应哪个插槽的任务。

（2）USB 排除了对鼠标、调制解调器、键盘和打印机不同接口的需求，采用四线电缆，两根作为数据传输线，其余两根用来为设备提供电源，从而减少了硬件设计的复杂性。

（3）USB 支持热插拔，在不关机情况下可安全地插上和断开 USB 设备。热插拔能力使 USB 更加安全、可靠和智能。其他普通的外部设备连接标准，如 SCSI 等必须在关掉主机的情况下才能增加或移走外围设备。

（4）USB 支持 PNP（Plag and Play），也就是即插即用。当插入 USB 设备的时候，主计算机设备检测该外设并已通过加载相关的驱动程序对该设备进行配置。

（5）USB 在设备供电方面提供了灵活性。USB 直接连接的设备可以通过 USB 电缆供电，USB 传输线中的两条电源线可以提供 5V 电源供 USB 设备使用。

（6）USB 传输线能够提供 100mA 的电流，而带电源的 USB Hub 使得每个接口可以提供 500 mA 的电流。

（7）USB V1.1 规范提供全速 12Mb/s 的模式和低速 1.5Mb/s 的模式，USB V2.0 规范提供高达 480Mb/s 的数据传输速率，可以适应各种不同类型的外设。

（8）针对突然发生的非连续传输设备，如音频和视频设备，USB 在满足带宽的情况下才进行该类型的数据传输。

（9）为适应各种不同类型外围设备的要求，USB 根供了四种不同的数据传输类型。

（10）USB 使得多个外围设备可以跟主机通信，最多支持 127 个设备。电脑的 USB 接口有限，必须使用 USB Hub 增加分支，根据 USB 规范，USB Hub 最多提供 7 个分支。

2. 数据传输类型

USB 总线上的每个设备都有一个由主机分配的唯一地址，由主机通过集线器在一个自动识别过程中分配。USB 总线上的数据传输是一种“主－从”式的传输，所有的传输都由 USB 主机发起，USB 设备仅仅在主机对它提出要求时才进行传输。根据 USB 设备自身的使用特点和系统资源的不同要求，在 USB 规范中规定了四种不同的数据传输方式。

（1）控制（Control）传输方式。是双向传输，传输的不是数据，而是控制信号，主要被 USB 系统软件用来进行查询、配置及给 USB 设备发送通用的命令。

（2）同步（Isochronous）传输方式。也叫等时传输，单/双向传输，用于连续实时的数据传输，时间性强，但出错无需重传，传输速率固定。如主机与数码相机间数据传输。

（3）中断（Interrupt）传输方式。单向输入主机，主要用于定时查询设备是否有中断数据要传输。采用查询中断方式，出错下一查询周期重传，如 USB 鼠标。

（4）批量（Bulk）传输方式。单/双向传输，用于大批数据传输，要求准确，出错重传，时间性不强，如主机与打印机间传输。

3. USB 总线的电气特性和机械特性

（1）电气特性。USB 总线通过一条四芯电缆传送电源和数据，电缆以点到点方式在设备之间连接。USB 接口的四条连接线是 V_{BUS}、GND、D_+和 D_-。

V_{BUS}和 GND 这一对线用来向设备提供电源。在源端，V_{BUS}通常为+5V。USB 主机和 USB 设备中通常包含电源管理部件。

D_+和 D_-是发送和接收数据的半双工差分信号线，时钟信号也被编码在这对数据线中传输。每个分组中都包含同步字段，以便接收端能够同步于比特时钟。

（2）机械特性。USB 连接器分为 A 系列和 B 系列两种。A 系列用于和主机连接，B 系列用于和 USB 设备的连接。这两种连接器有不同的结构，不会造成误连接。

USB 连接器的排列如表 12-3 所示。

表 12-3 USB 连接器引脚排列

端子号	信号	典型电缆颜色	端子号	信号	典型电缆颜色
1	V_{BUS}	红色	4	GND	黑色
2	D_-	白色	外皮	屏蔽	管线
3	D_+	绿色			

12.4.2　USB 总线拓扑结构

USB 设备和 USB 主机通过 USB 总线相连。USB 的物理连接是一个星型结构，集线器（HUB）位于每个星型结构的中心，每一段都是主机和某个集成器，或某一功能设备之间的一个点到点的连接，也可以是一个集线器与另一个集线器或功能模块之间的点到点的连接。

总线拓扑结构如图 12-15 所示，主要有以下几个部件。

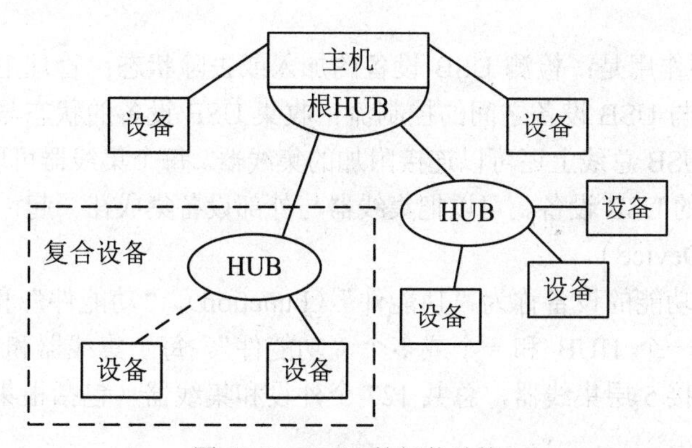

图 12-15　USB 的拓扑结构

（1）USB 主机。在整个 USB 系统中只允许有一个主机。主计算机系统的 USB 接口称之为 USB 主控制器。这里 USB 主控制器可以是硬件、固件或软件的联合体。而根集线器是集成在主机系统中的，它可以提供一个或更多的接入端口。

（2）USB 设备。USB 设备是 USB 协议的具体实现，这里从协议的角度再来讲述一下 USB 设备。

主要包括集线器：提供用以访问 USB 总线的更多的接入点；功能部件：向系统提供特定的功能，如 ISDN 连接设备、鼠标、显示器等。

12.4.3　USB 总线构成

1. USB 系统的构成

USB 规范将 USB 分为 5 个部分，即控制器、控制器驱动程序、USB 芯片驱动程序、USB 设备以及针对不同 USB 设备的驱动程序。

各部分的主要功能如下：

（1）控制器。主要负责执行由控制器驱动程序发出的命令。

（2）控制器驱动程序。在控制器与 USB 设备之间建立通信信道。

（3）USB 芯片驱动程序。提供对 USB 的支持。

（4）USB 设备。包括与 PC 相连的 USB 外围设备，分为两类：一类设备本身可再接其他 USB 外围设备，另一类设备本身不可再连接其他外围设备；前者称集线器，后者称设备。或者说，集线器带有连接其他外围设备的 USB 端口，而设备则是连接在计算机上用来完成特定功能并符合 USB 规范的设备单元，如鼠标和键盘等。

（5）USB 设备驱动程序。通常由操作系统或 USB 设备制造商提供，如平常所说的 MODEM 驱动程序和打印机驱动程序等。

2. USB 主控制器/根集线器

USB 主控制器和根集线器合称为 USB 主机（HOST）。USB 主控制器是硬件、固件和软件的联合体。主控制器负责 USB 总线上的数据传输，它把并行数据转换成串行数据以便在总线上传输，把收到的数据翻译成操作系统可以理解的格式。

根集线器集成在主系统中，可以提供一个或更多的接入端口。根集线器检测外设的连接和断开，执行主控制器发出的请求并在设备和主控制器之间传递数据。根集线器由一个控制器和中继器组成。

USB 主机的主要作用是：检测 USB 设备的加入或去除状态；管理主机与 USB 设备之间的数据流；管理主机与 USB 设备之间的控制流；收集 USB 设备的状态与活动属性。

除了根集线器，USB 总线上还可以连接附加的集线器。每个集线器可以提供 2 个、4 个或 7 个接入点，连接更多的 USB 设备。可以把集线器与外部设备集成在一起，更方便地扩充系统。

3. USB 设备（Device）

为主机提供单个功能的设备称为“功能件”（Function）。“功能件”和 HUB 都称为 USB 设备。复合的设备有一个 HUB 和一个或多个“功能件”。每个集线器和“功能件”都有唯一的地址。允许最多连接 5 层集线器，总共 127 个外设和集线器（包括根集线器）。

12.4.4 USB 设备的接入和开发

1. 操作系统对 USB 的支持

支持 USB 的操作系统应该满足以下三个要求：

（1）当一个设备连接到 USB 上或从 USB 中撤除，要能自动检测出来。

（2）与新连接的设备通信，找到如何与它们通信的方法。

（3）提供一种机制，使得软件驱动能与计算机的 USB 硬件以及访问 USB 的外设的应用程序通信。

2. 主机对 USB 的支持

当 USB 设备插上主机时，主机就通过一系列动作来对设备进行枚举配置，主要有以下几个方面：

（1）接入态（Attached）。设备接入主机后，主机通过检测信号线上的电平变化来发现设备的接入。

（2）供电态（Powered）。给设备供电，分为设备接入时的默认供电值，配置阶段后的供电值（按数据中要求的最大值，可通过编程设置）。

（3）缺省态（Default）。USB 在被配置之前，通过缺省地址 0 与主机进行通信。

（4）地址态（Address）。经过配置，USB 设备被复位后，就可以按主机分配给它的唯一地址来与主机通信，这种状态就是地址态。

（5）配置态（Configured）。通过各种标准的 USB 请求命令来获取设备的各种信息，并对设备的某些信息进行改变或设置。

（6）挂起态（Suspended）。总线供电设备在 3ms 内没有总线操作，即 USB 总线处于空闲状态的话，该设备就要自动进入挂起状态，在进入挂起状态后，总的电流功耗不超过 280μA。

以上这些状态都是一种暂态。每一个暂态都有一系列主机与设备之间的数据通信。只有经过这一系列的暂态后，USB 设备才能进入稳定状态，简而言之，设备只有按顺序经过除挂起态以外的所有暂态之后，才能算真正被主机配置成功，然后才可进行 USB 设备类所希望的各种数据传输。

3. USB 设备的热插拔

USB 总线协议支持热插拔功能。在运行 Windows 的过程中，可接入任何符合 USB 规范的 USB 设备。

一旦接入了一个 USB 设备，操作系统会自动检测到该硬件设备。如设备首次接入这个系统，则 Windows 还需定位驱动。

4. USB 设备的开发

USB 不像 PCI 协议，任何人开发 USB 产品都不需要注册。USB 规范和相关文档可以在网上在线获得，尽管协议很复杂，但开发商提供了各种处理 USB 通信细节的控制芯片。一些控制器是完整的微机，包括 CPU 和内存，内存中保存着在外设运行的代码。在一些芯片中，一些功能是以代码的形式固化在硬件上的，不需要编程。

串行通信是指计算机主机与外设之间以及系统与系统之间数据的串行传送。串行通信使用一条数据线将数据一位一位地依次传输，每位数据占据一个固定时间长度，适用于远距离通信。

串行通信分为同步通信和异步通信两类。同步通信按照软件识别同步字符实现数据的发送和接收，异步通信是指通信中两个字符之间的时间间隔不固定，而在一个字符内各位的时间间隔固定。异步通信在传送一个字符时，由一位低电平的起始位开始，接着传送数据位，数据位数为 5 ~ 8 位，传送时按低位在前高位在后的顺序传送。

RS-232C 是美国电子工业协会（EIA）异步串行通信总线标准，主要用来定义计算机系统的数据终端设备、数据通信设备等，CRT、键盘、扫描仪等与 CPU 的通信大都采用 RS-232C 总线。

可编程串行接口芯片 8251A 能够为 CPU 提供并/串行转换功能，同时为外设提供串/并行转换功能。8251A 的内部有可编程寄存器，要采用片选信号、读/写控制信号进行译码。8251A 进行初始化时要设置传输波特率、停止位位数、校验位、数据位位数以及是否允许中断等，8251 和 CPU 通信的方式主要有查询方式和中断方式。

USB 是一种支持即插即用的串行接口。USB 采用热插拔技术以及相应的软件，使得外设的连接和使用大大地简化，受到了普遍欢迎，目前已经成为流行的外设接口。

一、单项选择题

1. 下列说法错误的是（　　）。

A. RS-232C 既是一种协议标准，又是一种电气标准

B. RS-232C 是美国电子工业协会 EIA 公布的串行接口标准

C. RS-232C 只在远距离通信中经常用到

D. 在同一房间的两台计算机之间可采用 RS-232C 进行连接

2．Intel 8251A 编程时，以下哪一项不会涉及（　　）。

A．方式控制字　　B．中断屏蔽字　　C．命令控制字　　D．状态控制字

3．在 Intel 8251A 芯片中，实现并行数据转换为串行的是（　　）。

A．发送缓冲器　　B．接收缓冲器　　C．数据总线缓冲器　　D．MODEM 控制电路

4．若用 8251A 进行同步串行通信，速率为 9600 波特，问在 8251A 时钟引脚 $\overline{TxC}$ 和 $\overline{RxC}$ 上的信号频率应取（　　）。

A．2400Hz　　B．4800Hz　　C．9600Hz　　D．19200Hz

5．如果 8251A 设定为异步通信方式，发送器时钟输入端口和接收器时钟输入端口都连到频率为 19.2kHz 的输入信号，波特率为 1200，字符数据长度为 7 位，1 位停止位，采用偶校验，则 8251A 的方式控制字为（　　）。

A．6AH　　B．7AH　　C．6BH　　D．7BH

6．通用串行总线 USB 最多可连接外设装置（包括 HUB－转换器）的个数为（　　）。

A．16　　B．32　　C．127　　D．255

二、填空题

1．串行通信是指__________，其特点是__________，通常用于__________场合。

2．在串行异步数据传送时，如果格式规定 8 位数据位，1 位奇偶校验位，1 位停止位，则一组异步数据总共有__________位。

3．波特率是指__________，该指标用于衡量__________。

4．8251A 是一种__________，使用前必须对其进行__________设定，主要内容包括__________。

5．根据 USB 设备使用特点和系统资源的不同要求，在 USB 规范中规定了四种不同的数据传输方式，分别是__________、__________、__________及__________。

三、判断题

1．USB 是一种存储设备的类型。（　　）

2．8251A 为可编程并行接口，位于 CPU 与并行设备之间。（　　）

3．串行接口中“串行”的含意仅指接口与外设之间的数据交换是串行的，而接口与 CPU 之间的数据交换仍是并行的。（　　）

4．在接口信号中，状态信号是 CPU 向外设传递的信息。（　　）

四、分析题

1．某异步串行通信系统中，数据传送速率为 11520 字符/秒，每个字符包括一个起始位、8 个数据位和一个停止位，其传输信道上的波特率为多少？

2．试分析波特率和数据传输率的区别和联系。

3．简述在 RS-232C 接口标准中信号 TXD、RXD、RTS、CTS、DTR、DSR、DCD、RI 的功能。

五、设计题

以图 12-13 所示的系统连接形式为例，设该系统工作过程中以查询方式发送数据，以中断方式接收数据，数据位 8 位，偶校验，2 位停止位，波特率为 4800 波特，试编写程序段对 8251A 进行初始化，并编写相应的中断服务子程序。

第13章 人机交互接口技术

人机交互接口是指I/O设备同计算机连接时用到的接口电路。掌握这些外部设备接口的结构及其使用方法对于计算机应用系统开发是十分必要的。本章讨论几种常见的人机交互设备与系统接口的方法，以及对这些设备的硬软件设计基本思想。

通过本章的学习，重点理解和掌握以下内容：

- 键盘与鼠标的工作原理、与主机连接及编程方法
- 视频显示接口基本工作原理及编程方法
- 打印机的基本结构、工作原理及编程方法
- 扫描仪、数码相机和触摸屏的工作原理及应用

13.1 键盘与鼠标接口

人机交互是指人和计算机之间建立联系、交流信息的有关操作。人们通过输入/输出设备把要执行的命令和数据送给计算机，同时又从计算机中获得需要的信息。

连接在计算机上的人机交互设备主要有键盘、鼠标、显示器和打印机等。这些设备的输入/输出以计算机为中心，信息以二进制、十六进制或ASCII码的形式进行传送。

13.1.1 键盘及接口电路

键盘是微型计算机不可缺少的标准输入设备。一个标准通用键盘由排列成矩阵形式的按键、按键架、编码器和接口电路等主要部件组成，其基本功能是将人击键的机械动作转换成计算机能够理解的编码。键盘输入的信息包括文本、数据等文字信息以及程序、指令等控制信息。

1. 键盘的分类及其特点

（1）键盘的分类。计算机上使用的键盘根据按键本身的结构可分为机械触点式和电容式两类。

- 机械触点式按键。这类键盘每个按键的下部有两个触点，其功能是把机械上的通断转换成电气上的逻辑关系，平时两个触点没有接触，相当于断路，该键被按下后两触点导通。这种键盘手感差，易磨损，故障率较高，寿命短。
- 电容式按键。这类键盘的按键通过改变电容器电极之间的距离来产生电容的变化。每个按键内活动极、驱动极与检测极组成两个串联的电容器。有键按下时，上下两极片靠近，极板间距离缩短，来自振荡器的脉冲信号被电容耦合后输出；反之，则无信号输出。为避免电极间进入灰尘，电容式按键开关采用密封组装。电容式键盘不存在磨损、接触不良等问题，手感好，寿命长，灵敏度和稳定性也都比较好。目前使用的计

算机键盘大多为电容式无触点键盘。

此外，键盘按照其控制形态可分为编码键盘和非编码键盘两类：

- 编码键盘。带有相应的硬件电路，由专用控制器对键盘进行扫描，当有键按下时系统可自动检测并能提供按键对应的键值，将数据保持到新键按下为止，还有去抖动和防止多键、串键等保护装置。这种键盘接口简单，使用方便，但硬件电路复杂，价格较贵。
- 非编码键盘。主要采用软件来识别键的按下和释放，并给出相应的编码，去抖动等也由软件来解决，该类键盘可靠性高，扩充和更改方便灵活，是目前的主流键盘。

若按照键盘的用途还可分为通用键盘和专用键盘两类：

- 通用键盘。当今通用计算机都配置的键盘，如 PC 系列微机键盘。该键盘由一片单片机及相关输入/输出电路构成，单片机负责识别键的按下和释放，产生与键位置相对应的扫描码并送到键盘的接口。
- 专用键盘。通常用于单片机、单板机以及微机控制系统的小键盘，一般具有数字键、字符键和若干功能键。该类键盘的控制电路相对较简单，使用者可根据需要来设计或定义各功能键的功能。

（2）键盘的特点。通用 PC 系列微机采用的键盘具有两个基本特点：一是按键开关为无触点的电容开关；二是键盘属于非编码键盘。

PC 系列微机键盘有以下 3 种基本类型的按键：

- 字符数字键：26 个大、小写英文字母，数字 0～9 以及标点符号、运算符号和%、$、#等常用字符。
- 扩展功能键：Home、End、Backspace、Delete、Insert、PageUp、PageDown 以及 F1～F12 功能键等。
- 组合使用的控制键：如 Alt、Ctrl、Shift 等。

2. 键的识别

对于非编码键盘首先要考虑的问题是如何识别键盘矩阵中的闭合键，下面进行简要分析。

常用非编码键盘采用矩阵形式，可排列 M（行）×N（列）个按键，送往计算机的输入线为 M+N 条，如图 13-1 所示。这种结构适合于按键较多的场合。

图 13-1 矩阵键盘

采用硬件或软硬件结合的方法来识别键盘中的闭合键，常用的按键识别方法有行扫描法，行反转法和行、列扫描法。

（1）行扫描法。把 PC 系列键盘视为二维矩阵的行列结构，键盘的识别采用行扫描法，如图 13-2 所示，为 16 行×8 列的矩阵结构。键盘扫描程序周期性地对行列结构的按键进行扫描，然后根据回收的信息来确定当前的行、列位置码。

行扫描法工作原理：7 位计数器处于定时工作方式，计数器输出分别送至两个译码器（行译码和列译码），高 4 位译码形成 Y_0～Y_{15} 共 16 行扫描驱动线；低 3 位译码形成 X_0～X_7 共 8 列扫描驱动线。由于计数器的特点，列扫描驱动线随着时钟而步进 1 列，行扫描驱动线经过 8 个时钟而步进 1 行。

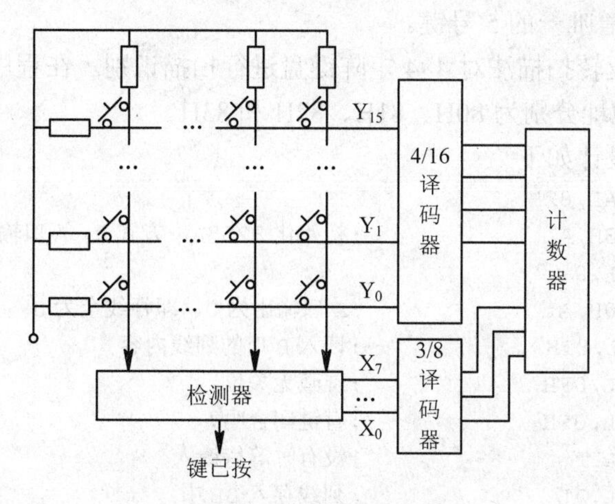

图 13-2　行扫描法识别按键

设定计数器的初始值为 0，则行译码 Y_0 为高电平，经反向为低电平。此时，随着计数器的步进，列扫描驱动线也随之步进 1 列，依次检查 X_0～X_7 这 8 列有无键按下。如果无键按下，经过 8 个时钟之后，行译码 Y_1 成为低电平，则检查 Y_1 行的 X_0～X_7 这 8 列有无键按下。依次重复上述过程，一旦发现有键按下，检测器便有信号输出，此时计数器的值即为键扫描码的值。

（2）行反转法。利用可编程并行接口（如 8255A）来实现，在硬件上要求键盘的行、列线分别连接到两个双向并行接口，如图 13-3 所示。

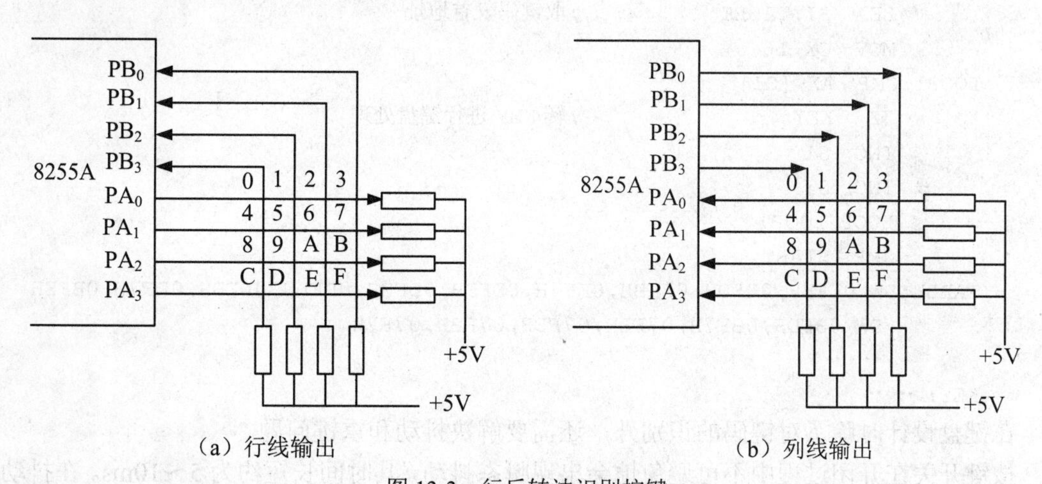

图 13-3　行反转法识别按键

行反转法工作原理：将行线接一个并口，先工作在输出方式，将列线接到另一个并口，先工作在输入方式。经初始化编程使 CPU 通过输出端口往各行线全部送低电平，然后读入列线的值。若有某个键被按下，则必有一条列线为低电平。然后进行线反转，通过编程对两个并行端口进行方式设置，使连接行线的端口工作在输入方式，并将刚才读到的列线值通过所连接的并行口再输出到列线，然后读取行线的值，那么闭合键所对应的行线必为低电平，这样当一个键被按下时，就可以读到一对唯一的列值和行值。

在图 13-3 中，如标号为 5 的按键被按下，则第一次向行线输出低电平后读出的列值为 1011B，第二次向列线输出 1011B 后会从行线上读到 1101B，这样行值和列值合并在一起为 11011011B，即 DBH，这个值对应着唯一的 5 号键。

【例 13.1】用行反转扫描法对 4×4 矩阵键盘进行扫描识别。在程序中设 8255A 的 A 口、B 口、C 口和控制口地址分别为 80H、81H、82H 和 83H。

解：本题的程序设计如下

```
START:MOV  AL,82H
      OUT  83H,AL          ;初始化 8255A，方式 0，A 口输出，B 口输入
      MOV  AL,0
      OUT  80H,AL          ;A 口输出为 0，即行线全为 0
 WAIT:IN   AL,81H          ;读入 B 口的列线内容
      AND  AL,0FH          ;屏蔽无关位
      CMP  AL,0FH          ;有键闭合吗？
      JZ   WAIT            ;没有时等待键入
      MOV  BL,AL           ;列线存入 BL 中
      CALL DELAY           ;延时消除抖动
      MOV  AL,90H
      OUT  83H,AL          ;8255A 初始化，A 口输入，B 口输出
      MOV  AL,BL
      OUT  81H,AL          ;读入列线的值再输出
      IN   AL,80H          ;读 A 口行线值
      MOV  AH,AL           ;行线值存入 AH
      MOV  AL,BL
      LEA  SI,TABLE        ;取键码表首地址
      MOV  CX,16
LOOP1:CMP  AX,[SI]
      JZ   KEY             ;转 KEY 进行键盘处理
      INC  SI
      INC  SI
      LOOP LOOP1
      JMP  START
TABLE:DW 0EFEH,0EFDH,0EFBH,0EF7H,0DFEH,0DFEH,0DFDH,0DFBH,0DF7H,0BFEH
        DW 0BFDH,0BF7H,07FEH,07FDH,07FBH,07F7H
        ……
KEY: ……
```

在键盘设计时除了对键码的识别外，还需要解决抖动和重键问题。

按键开关在开闭过程中不可避免地会出现瞬态抖动，其时间长短约为 5～10ms。在抖动时检测键盘状态是不可靠的，故要进行去抖动处理。去抖动可用硬件或软件实现，硬件去抖动电路通常由一个 R-S 触发器或单稳态电路构成，软件去抖动的方法是在检测到有键按下时，先延迟 10ms 再检测键是否仍保持闭合状态。

重键是指在同一时刻有两个或多个键同时按下的情况，此时存在着是否给予识别或识别哪一个键的问题。对重键的处理，一般可以不予理睬，认为重键是一次错误的按键。通常情况下则是只承认先识别出来的键，对同时按下的其他键不作识别，直到所有键都释放以后，才读入下一个键。这种方法称为“连锁法”。此外，还可采用“巡回法”，其基本思想是等被识别的键释放以后，才对其他闭合键作识别，该方法比较适合于快速键入操作。

3. PC 机键盘接口

PC 系列微机使用编码式键盘，它的内部由专门的单片机（如 Intel 8048）完成键盘开关矩阵的扫描、键盘扫描码的读取和发送等功能。

PC 机常用键盘接口有 3 种：

（1）标准接口。一般用于早期的 AT 主板上，所以也叫 AT 接口。标准接口为圆形，比 PS/2 接口要大，习惯上称之为大口。

（2）PS/2 接口。PS/2 接口为具有 6 针的圆形插座，PC 机上一般都具有连接键盘的 PS/2 接口。

（3）USB 接口。由于 USB 设备具有即插即用、支持热插拔等优点，很多设备都采用了 USB 接口，键盘也不例外。

键盘接口的功能主要有：接收键盘送来的扫描码；输出缓冲区满，产生键盘中断；接收并执行系统命令，对键盘进行初始化、测试、复位等操作。

4. 键盘中断调用

IBM-PC 机主板上的键盘接口收到一个字节数据后，通过机内 8259A 的 IRQ_1 向 CPU 请求中断，CPU 在中断允许的条件下（即 IF=1），响应类型码为 09H 的键盘中断，从而转入 BIOS 的键盘中断服务程序。

主要处理的功能如下：

（1）从键盘接口（8255A 的 PA 端口，地址为 60H）读取键盘扫描码，判断是否合法；为非法时结束中断，不予处理。

（2）如果是 8 个特殊键（如 CapsLock、Ins、Alt、Ctrl、Shift 等），将状态存入 BIOS 数据区的键盘标志单元。

（3）将扫描码转换成 ASCII 码或扩展码，判断转换后的 ASCII 码是否合法。

（4）判断 RAM 中的键盘缓冲区是否已满，如果已经存满，则中断结束，调用 BEEP 程序使扬声器鸣响一秒钟，然后返回。键盘缓冲区未满时，将键的 ASCII 码存入键盘缓冲区，并修改它的指针，结束中断，正常返回。

（5）对于系统复位组合键（Ctrl+A1t+Del），中止组合键（Ctrl+C 或 Ctrl+BreaK），暂停（Alt+NumLock），打印屏幕（Shift+Print）等则直接执行，完成其对应的操作功能。

读取键盘缓冲区中的内容可通过 BIOS 中断 INT 16H 或 DOS 中断功能调用来实现，下面分别讨论这两种键盘中断。

- 采用 BIOS 中断调用的方法。BIOS 键盘中断（INT 16H）提供了基本的键盘操作，它的中断处理程序包括了 3 个不同的功能，分别根据 AH 寄存器中的内容来进行选择。其对应关系如表 13-1 所示。

表 13-1　BIOS 键盘中断（INT 16H）

功能号	执行操作	特点
AH=00H	从键盘读入一个字符	AL 中的内容为字符码，AH 中的内容为扫描码
AH=01H	读键盘缓冲区的字符	ZF=0 时：AL 中的内容为字符码，AH 中的内容为扫描码；ZF=1 时：缓冲区空
AH=02H	读键盘状态字节	AL 中的内容为键盘状态字节

表中的功能 0 是获取键盘的字符码和扫描码，功能 1 是判断当前是否有键按下，功能 2 是查询一些特殊键的状态。由于 8 个功能键 Shift、Ctrl、Alt、Num Lock、Scroll、Ins 和 Caps Lock 不具有 ASCII 码，但能改变其他键所产生的代码，采用 AH=02H 功能可把表示这些键状态的字节，即键盘状态字节（KB-FLAG）回送到 AL 寄存器中。如下图所示，其中高 4 位表示键盘方式（Ins、Caps Lock、Num Lock、Scroll）是 ON 还是 OFF；低 4 位表示 Alt、Shift 和 Ctrl 键是否按下。

KB-FLAG

D_7	D_6	D_5	D_4	D_3	D_2	D_1	D_0

D_0=1：按下右 Shift 键　　D_4=1：Scroll Lock 键状态已改变

D_1=1：按下左 Shift 键　　D_5=1：Num Lock 键状态已改变

D_2=1：按下控制键 Ctrl　　D_6=1：Caps Lock 键状态已改变

D_3=1：按下 Alt 键　　D_7=1：Insert 键状态已改变

【例 13.2】要求采用 BIOS 键盘中断功能 INT 16H（AH=00H）调用来实现从键盘输入 100 个字符。

程序设计如下：

```
DATA   SEGMENT
       BUFF    DB 100 DUP(?)                    ;设置内存缓冲区
       MESS    DB 'NO CHARACTER!',0DH,0AH,'$'
DATA   ENDS
CODE   SEGMENT
       ASSUME CS:CODE,DS:DATA
START: MOV  AX,DATA                             ;初始化 DS
       MOV  DS,AX
       MOV  CX,100                              ;设初值为 100
       MOV  BX,OFFSET BUFF                      ;取内存缓冲区首址
LOP1:  MOV  AH,1
       PUSH CX
       MOV  CX,0
       MOV  DX,0
       INT  1AH                                 ;设置时间计数器值为 0
LOP2:  MOV  AH,0
       INT  1AH                                 ;读时间计数值
       CMP  DL,100
       JNZ  LOP2                                ;定时时间未到，等待
       MOV  AH,1
       INT  16H                                 ;判断有无键输入字符
       JZ   DONE                                ;无键输入，则结束
       MOV  AH,0
       INT  16H                                 ;有键输入，则读出键的 ASCII 码
       MOV  [BX],AL                             ;存入内存缓冲区
       INC  BX                                  ;地址加 1
       POP  CX
       LOOP LOP1                                ;100 个字符未输完，转 LOP1
```

```
        JMP  EN
DONE:   MOV  DX,OFFSET MESS
        MOV  AH, 09H
        INT  21H                        ;显示提示信息
  EN:  MOV  AH,4CH                      ;返回 DOS
        INT  21H
  CODE ENDS
        END  START
```

- 采用 DOS 功能调用的方法。DOS 系统功能调用都是通过 INT 21H 号中断调用实现的，和键盘有关的功能调用如表 13-2 所示。

表 13-2 DOS INT 21H 功能调用

功能号	执行操作	特点
AH=01H	键盘输入并回显	输入字符送 AL 保存
AH=06H	直接控制台输入输出字符	此调用的功能是从键盘输入或输出一个字符到屏幕
AH=07H	直接控制台输入，无回显	此调用同 1 号功能调用相似，不同的是输入不回显并且不检查 Ctrl+Break
AH=08H	键盘输入，无回显	此调用同 1 号功能调用相似，不同的是输入的字符不回显
AH=0AH	字符串输入到缓冲区	缓冲区首址送 DS:DX

【例 13.3】 利用 DOS 中断的 09H（字符串显示）和 0AH 号系统功能调用，实现人机对话功能。

程序段设计如下：

```
DATA   SEGMENT
   MESS   DB  'WHAT IS  YOUR NAME?',0AH,0DH,'$'
   IN_BUF DB  81
          DB  ?
          DB  81  DUP(?)
DATA   ENDS
STACK  SEGMENT
   STA    DB   100  DUP(?)
   TOP    EQU  $-STA
STACK  ENDS
CODE   SEGMENT
      ASSUME  CS:CODE,DS:DATA,SS:STACK
START:MOV   AX,DATA
      MOV   DS,AX
      MOV   AX,STACK
      MOV   SS,AX
      MOV   SP,TOP
 DISP:MOV   DX,OFFSET MESS
      MOV   AH,09H
      INT   21H
KEYI: MOV   DX,OFFSET IN_BUF
```

```
            MOV   AH,0AH
            INT   21H
            MOV   DL,0AH
            MOV   AH,02H
            INT   21H
            MOV   DL,0DH
            MOV   AH,02H
            INT   21H
      DISPO:LEA   SI,IN_BUF
            INC   SI
            MOV   AL,[SI]
            CBW
            INC   SI
            ADD   SI,AX
            MOV   BYTE  PTR [SI],'$'
            MOV   DX,OFFSET IN_BUF+2
            MOV   AH,09H
            INT   21H
            MOV   AH,4CH
            INT   21H
      CODE  ENDS
            END   START
```

13.1.2 鼠标及接口电路

鼠标是一种快速定位器，能方便地将光标准确定位在要指定的屏幕位置完成各种操作。Windows 操作系统中鼠标是计算机图形界面人机交互必不可少的输入设备。

1. 鼠标的结构和工作原理

（1）鼠标的结构。按照按键数目分为两键鼠标（MS MOUSE）和三键鼠标（PC MOUSE）。三键鼠标用中键来控制翻页操作。对鼠标的操作分为左击、右击、双击及拖动。

（2）鼠标的工作原理。鼠标通过微机中的串口与主机连接。在平面上移动鼠标时，把鼠标移动的距离和方向转换成两个脉冲信号传送给计算机，鼠标驱动程序将脉冲个数转换为鼠标水平方向、垂直方向的位移量，从而达到移动鼠标箭头的目的。

2. 鼠标的种类

根据结构和鼠标测量位移部件类型的不同，鼠标一般分为以下 3 类：

（1）机械式鼠标。构造简单，成本低廉，易于维修。此类鼠标底部有一个橡胶球，如图 13-4 所示。移动鼠标时，其底部橡胶球会随之移动，使两个转轴旋转，由编码器及相应电路可计算沿水平方向和垂直方向的偏移量，由此来传送信号。由于是一种机械传动，所以定位精度和灵敏度较差。

（2）光电式鼠标。利用发光二极管（LED）与光敏三极管的组合来测量位移，二者之间的夹角使 LED 发出的光照到光电板后，正好反射给光敏三极管，鼠标中电路将检测到光的强弱转变成表示位移的脉冲，如图 13-5 所示。特点是传送速率快，灵敏度和准确度高，可靠性好，价格较贵。

（3）光机式鼠标。光学和机械混合鼠标。有滚动橡胶球，用两个相互垂直的滚轴紧靠橡胶球，两个滚轴顶端都装一个边缘开槽的光栅轮。光栅轮两边分别装发光二极管和光敏三极管，用于光电检测。鼠标移动时，橡胶球滚动，带动滚轴及光栅轮转动。光线通过光栅轮的开槽照射到光敏三极管上时，光敏三极管阻值减少；光线被遮挡时，光敏三极管阻值增大，经过信号处理后使光敏三极管产生高低电平，形成脉冲信号。

从连线的角度来看，鼠标还分为有线式鼠标与无线式鼠标。

有线鼠标带有数据线，数据线另一端通过鼠标接口插在主机上，进行数据通讯。无线鼠标如图 13-6 所示，使用上更加方便和自由。

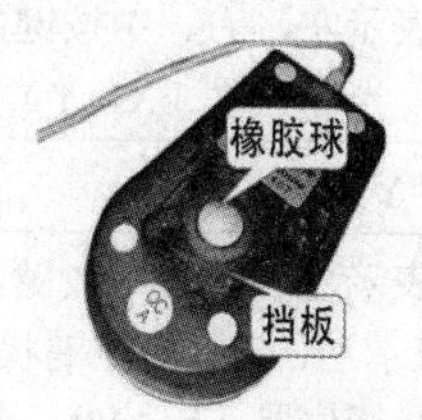

图 13-4　机械式鼠标

图 13-5　光电式鼠标

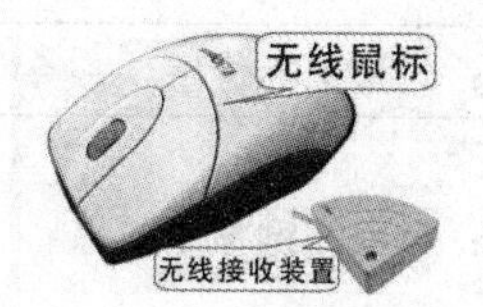

图 13-6　无线式鼠标

3. 鼠标接口

鼠标接口主要有串行通信口、PS/2 和 USB 鼠标接口三种类型。

（1）串行通信鼠标接口。9 针 D 型接口，采用 RS-232C 标准通信。这种鼠标不需专门电源线，由 RS-232C 串行通信接口线路中的 RTS 提供驱动，使用 TXD 发送数据，DTR 作为联络信号线。大多采用 7 位数据位、1 位停止位，无奇偶校验方式，以 1200～2400 b/s 的速率发送数据。串行通信鼠标控制板上配置有微处理器，其作用是判断鼠标是否启动工作，工作时组织输出 X、Y 方向串行位移数据。

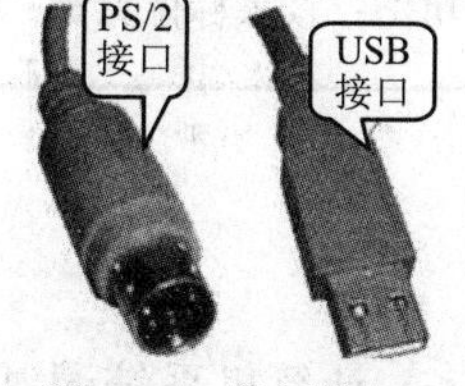

图 13-7　鼠标接口

（2）PS/2 接口鼠标。使用专用鼠标接插座（6 芯 D 型），安装灵活方便，不占用串口资源。PC 机主板有支持 PS/2 鼠标接口的插座。

（3）USB 接口鼠标。USB 设备具有即插即用，支持热插拔等优点，鼠标也采用了 USB 接口。

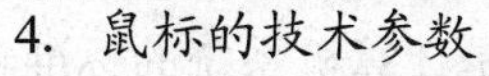

PS/2 接口和 USB 接口如图 13-7 所示。

4. 鼠标的技术参数

（1）分辨率。是指鼠标每移动一英寸能检测出的点数，分辨率越高，鼠标移动精度也越高，现在鼠标多为 400dpi 以上，某些高档产品分辨率可达 500dpi 甚至更高。

（2）采样率。Windows 操作系统确认鼠标位置的速率，采用 USB 接口的鼠标固定为 120 次/秒，PS/2 接口鼠标默认接口采样率比较低，只有 60 次/秒。

（3）扫描次数。是光学鼠标特有的指标，指每秒钟鼠标的光学接收器将接收到的光反射信号转换为电信号的次数，次数越高，鼠标在高速移动时屏幕指针不会由于无法判别光反射信号而“乱飘”。

5. 鼠标的编程应用

Microsoft 为鼠标提供了一个软件中断指令 INT 33H，只要加载支持该标准的鼠标驱动程序，在应用程序中可直接调用鼠标进行操作。INT 33H 有多种功能，可通过在 AX 中设置功能号来选择。

INT 33H 功能调用如表 13-3 所示。

表 13-3 INT 33H 功能表

AH 取值及操作功能	入口参数	出口参数	参数描述
00H：初始化鼠标		AX、BX	AX= -1，已安装鼠标；AX=0，未安装鼠标；BX=按键数目
01H：显示鼠标			
02H：关闭光标			
03H：读取按键状态及光标位置		BX（CX，DX）	B0、B1、B2 表示左、右、中按键，B1=1 表示某键按下，光标位置（X，Y）
04H：设置光标位置	CX，DX		光标位置（X，Y）
05H：读取按键按下信息	BX	AX、BX（CX，DX）	B0、B1、B2 表示左、右、中按键，A0、A1、A2 分别表示左、右、中按键状态、按键按下次数、光标位置（X，Y）
06H：读取按键释放信息	BX	AX、BX（CX，DX）	同 05H
07H：设光标横向移动范围	CX，DX		CX=X 最小值；DX=X 最大值
08H：设光标纵向移动范围	CX，DX		CX=Y 最小值；DX=Y 最大值
09H：定义图形光标形状	BX，CX ES：DX		光标基点 X，Y 坐标 光标图案首址（0～1FH：背景；20H～3FH：图案）
0BH：读鼠标位移量	CX，DX		X 方向位移量（-32768～32767） Y 方向位移量（-32768～32767）

13.2 视频显示接口

计算机系统通过显示设备以多种方式向外部输出各种信息，如字符、图形和表格等计算机数据处理的结果。CRT（Cathode Ray Tube，阴极射线管）显示器是计算机系统的标准输出设备，是人机交互必备的外设。大部分台式微机都使用 CRT 显示器，而便携式微机则使用 LCD 显示器。在单板机或单片机上，一般使用 LED 七段数码管或 LCD 液晶数码管显示数据，本节介绍 CRT、LCD 和 LED 的工作原理。

13.2.1 CRT 显示器

显示器可作为计算机内部信息的输出设备，又可与键盘配合作为输入设备。CRT 显示器依显像管颜色分为单色和彩色。实际使用中，人们以显示器所连接主机的显示卡来区分。如 MDA 单色显示器、CGA 彩色显示器、EGA 彩色显示器、VGA 彩色显示器、TVGA 彩色显示器等。

1. CRT 显示器性能指标

CRT 显示器是目前台式机中最常用的显示设备，其性能指标主要有以下几方面：

（1）尺寸。显像管大小通常以对角线长度来衡量，以英寸为单位（1 英寸=2.54cm），常见有 15 英寸、17 英寸、19 英寸、20 英寸等。

（2）显像管的形状。显示器的屏幕形状取决于使用的显像管，主要有球面、平面直角、柱面和纯平 4 种，以平面直角和纯平为常见。

（3）像素和分辨率。像素是组成图像的最小单位。每帧画面的像素数决定了显示器画面的清晰度。分辨率指整个屏幕每行每列的像素数，与具体显示模式有关。分辨率可用水平显示的像素个数×水平扫描线数表示，如 1024×768 是指每帧图像由水平 1024 个像素、垂直方向 768 条扫描线组成。分辨率越高，屏幕上能显示的像素个数也就越多，图像也就越细腻。

（4）垂直/水平扫描频率。垂直扫描频率指显示器在某一显示方式下所能完成的每秒从上到下刷新的次数，单位为 Hz。垂直扫描频率越高，图像越稳定，闪烁感越小。显示器使用垂直扫描频率在 60～90Hz 之间，较好的彩显垂直扫描频率可达 100 Hz。水平扫描频率指电子束每秒在屏幕上水平扫描的次数，单位为 kHz。行频范围越宽，可支持的分辨率越高。

（5）逐行/隔行扫描。受扫描频率的限制，隔行扫描显示器在低分辨率下逐行扫描，在高分辨率下改为隔行扫描。此时，对同一屏幕的图像先扫描奇数行，再扫描偶数行。扫描奇数行时，电子束可能因偏移扫描到偶数行，反之，扫描偶数行时的电子束可能扫描到奇数行，造成水平线上的抖动。采用逐行扫描后有效地避免了上述不足。

（6）点距。指显示器荧光屏上两个相邻的相同颜色磷光点之间对角线距离。点距决定了屏幕的最高分辨率，点距越小，分辨率越高。

（7）刷新频率。是每秒屏幕刷新的次数。刷新频率越低，图像闪烁就越明显。一般显示器要求在 1024×768 分辨率下能达到 75Hz 刷新频率。

（8）带宽。是指每秒钟电子枪扫描过的图像点个数，以 MHz 为单位，表明显示器电路可处理的频率范围。也是评价显示器性能的重要参数之一。不同分辨率和扫描频率需要不同的带宽。带宽越宽，表明显示控制能力越强，显示效果越好。如 15 英寸显示器带宽一般达到 64kHz，17 英寸显示器带宽标准为 75kHz。

2. CRT 显示器的基本结构

CRT 显示器主要由阴极射线管（电子枪）、视频放大驱动电路和同步扫描电路等 3 部分组成。彩色 CRT 显示器的组成如图 13-8 所示。

（1）电子枪。当阴极射线管的灯丝加热后，由视频信号放大驱动电路输出的电流驱动阴极，使之发射电子束，故俗称“电子枪”。

彩色 CRT 显示器由红（R）、绿（G）、蓝（B）三基色的阴极发射的三色电子束，经栅极、加速极（第一阳极）和聚焦极（第二阳极），并在高压极（第三阳极）的作用下，形成具有一定能量的电子束射向荧光屏。在垂直偏转线圈和水平偏转线圈经相应扫描电流驱动产生的磁场控制下，三色电子束被汇聚到荧光屏内侧金属荫罩板上的某一小孔中，并轰击荧光屏的某一位置。此时，涂有荧光粉的屏幕被激发而出现红、绿、蓝三基色之一或由三基色组成的其他各种彩色点。

荧光屏的发光亮度随加速级电压增加而增加。但通常是控制阴极驱动电流使亮度发生变化。另外，因三基色阴极由外界三个相应的视频信号放大驱动电路所驱动，因此，改变三基色的组合状态可获得色彩的变化。

利用三基色 R、G、B 和亮度信号 I 的组合可得到 16 种颜色，如表 13-4 所示。

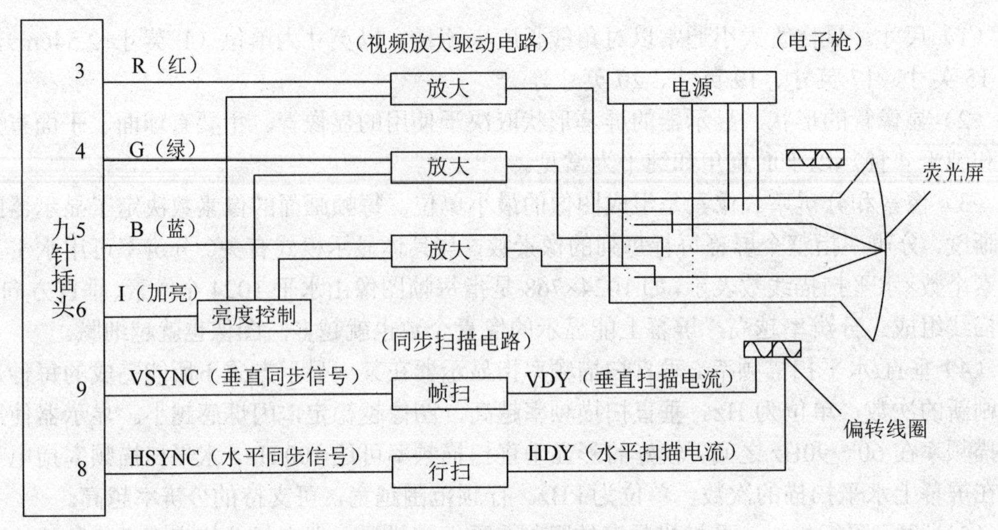

图 13-8 彩色 CRT 组成结构图

表 13-4 16 种颜色的组合选择

颜色	R	G	B	I	颜色	R	G	B	I
黑	0	0	0	0	灰	0	0	0	1
蓝	0	0	1	0	浅蓝	0	0	1	1
绿	0	1	0	0	浅绿	0	1	0	1
青	0	1	1	0	浅青	0	1	1	1
红	1	0	0	0	浅红	1	0	0	1
品红	1	0	1	0	浅品红	1	0	1	1
棕	1	1	0	0	黄	1	1	0	1
白	1	1	1	0	强白	1	1	1	1

（2）视频放大驱动电路。视频显示接口通过 9 针连接器的引脚 3～6 将 R、G、B、I 信号送到相应的放大驱动电路。R、G、B 放大驱动电路相同，采用前置放大和末级功率推挽电路输出电流驱动阴极。此外，这 3 个驱动电路的输出还送到一个白色调整电路去平衡。因为当 R、G、B 均为 1 时，出现的白色并非各占三分之一，而要经过白色平衡调整，使 R 占 30%、G 占 59%、B 仅占 11%。I 信号驱动电路的输出可控制上述 3 个前置放大级基极驱动电流。I=0 时，前置放大级驱动能力下降，使末级推挽驱动强度减弱，形成 8 种正常色彩；I=1 时，驱动强度增强，形成另 8 种加亮色彩。

（3）同步扫描电路。接收来自视频显示接口的垂直同步 VSYNC 和水平同步 HSYNC 信号，经各自振荡电路和输出电路的控制，最终产生垂直锯齿波扫描电流 VDY 与水平锯齿波扫描电流 HDY，分别驱动相应偏转线圈，使电子束在偏转磁场的作用下进行有规律的扫描。

3. 视频显示原理

CRT 显示器主要部分是阴极射线管。阴极射线管由阴极、栅极、加速极和聚焦极以及荧光屏组成。阴极发射的电子在栅极、加速极、高压极和聚焦极产生的电磁场作用下，形成具有一定能量的电子束，射到荧光屏上使荧光粉发光产生亮点，从而达到显示的目的。

为了在整个屏幕上显示出字符或图形，须采用光栅扫描方式。CRT 显示器中有水平和垂直偏转线圈，电子枪产生的电子束通过水平偏转线圈产生的磁场后从左到右做水平方向移动，到右端之后又立刻回到左端；通过垂直偏转线圈产生的磁场后从上到下做垂直方向移动，到底部之后又立刻回到上面。

由于电子束从左到右、从上到下有规律地周期运动，在屏幕上会留下一条条扫描线，这些扫描线形成了光栅。如果电子枪根据显示的内容产生电子束，就可在荧光屏上显示出相应的图形或字符。

4. 显示接口卡的种类和性能

视频显示器接口就是彩色图形显示器的适配器，简称显卡。常见显卡有以下几种。

（1）MDA（Monochrome Display Adaptor）标准。单色字符显示接口，支持 25 行×80 列单色字符显示，不支持图形方式，仅在早期的 PC 机中使用。

（2）CGA（Color Graphics Adapter）标准。彩色图形适配器，与 MDA 相比增加了彩色显示和图形显示两大功能，支持字符、图形两种方式，但分辨率不高，颜色种类较少，是最早的显示卡产品。

（3）EGA（Enhance Color Graphics Adaptor）标准。增强型图形适配器，其字符、图形功能比 CGA 卡有较大提高，显示分辨率也较高，显示方式也比 CGA 卡丰富，有 11 种标准模式。

（4）VGA（Video Graphics Array）标准。视频图形阵列彩色显示接口。颜色可达 256 色。分辨率为 800×600 时可显示 16 色，分辨率为 1024×768 时可显示 8 色。VGA 卡兼容上述各种显卡的显示模式，支持更高的分辨率和更多的颜色种类。

（5）SVGA（Supper Video Graphics Array）标准。是 VESA（Video Electronics Standards Association，视频电子标准协会）推荐的一种比 VGA 更强的显示标准。SVGA 标准模式是 800×600，新型显示器分辨率可达 1280×1024、1600×1200 等。

（6）TVGA 标准。全功能视频图形阵列显示接口，由 Trident 公司推出，兼容 VGA 全部显示标准，并扩展若干字符显示和图形显示的新标准，具有更高的分辨率和更多的色彩选择。当分辨率为 1024×768 时，可显示高彩色或真彩色。

视频显示标准反映了各种视频显示图形卡的性能、显示工作方式、屏幕显示规格、分辨率及显示色彩的种类。随着计算机技术的高速发展，特别是 GUI（User Graphic Interface，用户图形接口）方式操作系统（如 Windows 系列）的普及，对视频显示系统的要求也越来越高。显示适配器从早期文本显示方式到现在 3D 图形加速卡，在功能、显示速度等方面都有极大的提高。

显示卡性能主要有以下几个方面：

（1）显示分辨率。显示器上每个点的信号来自显示接口，显卡的分辨率不应低于显示器的分辨率。

（2）刷新速度。显卡的刷新频率与显示器的扫率频率相同时，才能得到满意的效果。

（3）颜色和灰度。除可显示的点数，每个点的色彩数也是一个重要指标。色彩数由显卡上每个像素使用的存储器位数决定。例如，每个点用 16bit 存储，可有 65536 种不同色彩，也称“16 位色”。彩色图形卡连接单色显示器时，用灰度等级代替颜色。

此外，总线性能对视频性能产生了很大的影响。采用 PCI 总线接口的显卡可满足一般应用需要。对于处理大量图形的工作，如 CAD、动画制作等，AGP 接口图形显示卡性能更佳。

13.2.2 CRT 显示器端口编程方法

显示适配器与 CRT 接口从其信号形式可分为数字信号接口和模拟信号接口两大类。数字信号接口是指显示适配器送往 CRT 显示器的信号为数字信号。如前所述的彩色显示适配器，用数字信号 R、G、B、I 来控制显示的色彩，只能显示 16 色。要增加显示的颜色数必须增加接口信号线，这使得接口信号不易规范。

目前，大部分显示系统采用模拟信号接口。在模拟信号接口中，显示适配器只需 3 路信号线向 CRT 显示器传送表征显示颜色的模拟信号，模拟信号幅值范围为 0～5V，不同幅值表示不同颜色深度。由于模拟信号的连续性，这 3 个信号可组合出多种颜色。目前的 VGA 和 TVGA 显示系统采用的就是这种 15 针模拟信号接口。

图 13-9 为模拟显示原理图。其中视频 DAC 把表示颜色的数字信号转换为模拟信号后向模拟显示器输出。下面介绍单色显示适配器 I/O 端口，重点讨论彩色图形适配器接口电路的编程方法。

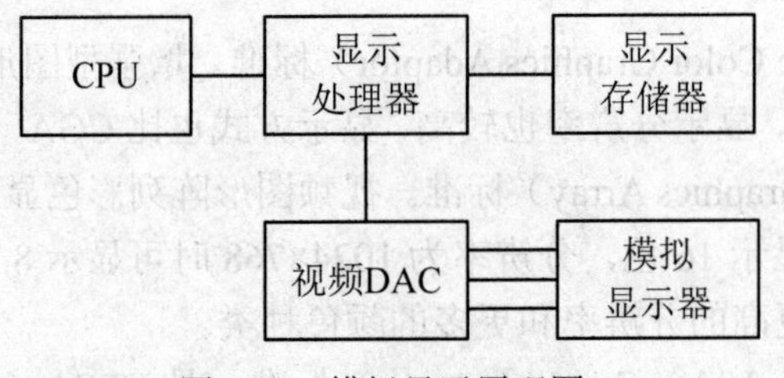

图 13-9 模拟显示原理图

1. 单色显示适配器 I/O 端口

IBM-PC 分配给单色显示适配器的输入/输出口地址为 3B8H、3BAH、3B4H 和 3B5H。对相应端口的操作可设定显示器工作方式以及工作参数。

（1）CRT 控制寄存器。用于控制显示器的工作方式，其端口地址为 3B8H。

（2）CRT 状态寄存器。用来保存显示器的工作状态信息，其端口地址为 3BAH，CPU 可以用输入指令读取 CRT 状态字。

2. 彩色图形适配器

（1）工作方式控制。采用工作方式选择寄存器来实现。IBM-PC 机中其端口地址为 3D8H。在彩色图形适配器支持下，彩色图形显示器有以下两种工作方式。

- 字符方式。以字符为单位在屏幕上显示字母和数字。低分辨率显示方式下屏幕显示 40×25 个字符，高分辨率显示方式下屏幕显示 80×25 个字符。
- 图形方式。通过控制各点亮度或颜色显示图形。IBM-PC 支持高分辨率和中分辨率两种图形显示方式。高分辨率方式下每屏显示 640（列）×200（行）点，每点可取黑白两种颜色；中分辨率方式下，每屏显示 320（列）×200（行）点，每点可取两类 4 种颜色。

图 13-10 为工作方式选择寄存器，低 6 位有效。除第 3 位用于表示视频信号输出的允许与否、第 5 位表示字符方式下的闪烁属性外，其余 4 位都用于表示显示器的工作方式。

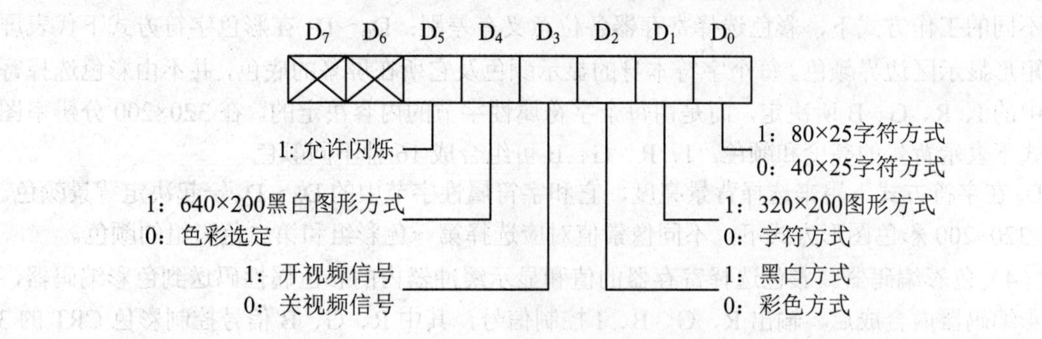

图 13-10 工作方式选择寄存器

（2）显示缓冲区。彩色图形适配器的显示缓冲区为 16KB，在 IBM-PC 机中，其起始地址为内存中的 B8000H。彩色字符方式下，其显示缓冲区结构与单色显示缓冲区类似，字符的 ASCII 码保存于偶地址单元，彩色属性字节保存于奇地址单元。彩色属性代码的含义如图 13-11 所示。其中背景亮度由彩色选择寄存器的 D_3 位决定。

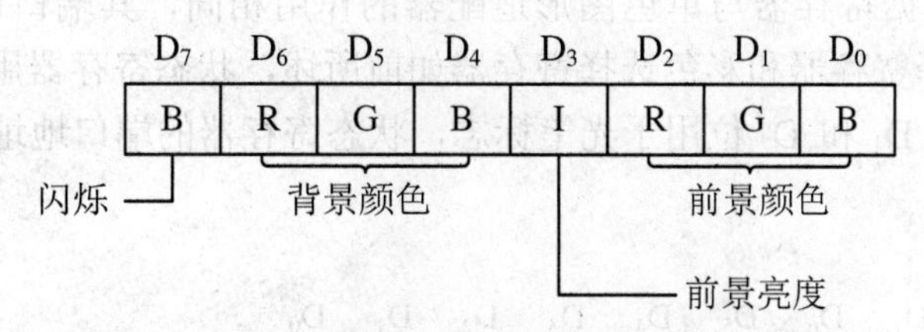

图 13-11 彩色属性代码的定义

图形方式下，显示缓冲区一个字节对应多个显示点图像。高分辨率方式下，每个字节对应 8 个显示点，即一个二进制位对应一个点，这个二进制位就是像素。像素值决定屏幕对应显示点的亮与不亮。亮为 1，不亮为 0。在中分辨率下，每个字节对应 4 个显示点，即两个二进制位对应一个点。两位二进制数可确定 4 种颜色，表示为 00～03，这样中分辨率下每个像素可具有彩色属性。当此二位为 00 时，像素颜色与背景色相同，为其他值时，分别对应两个色彩组中的一种颜色，色彩组选择由彩色选择寄存器中的 D_5 位确定。

（3）彩色选择。无论是字符显示还是图形显示都涉及彩色选择设定，彩色显示适配器中由彩色选择寄存器确定色彩。IBM-PC 机中，其端口地址为 3D9H，寄存器格式如图 13-12 所示。

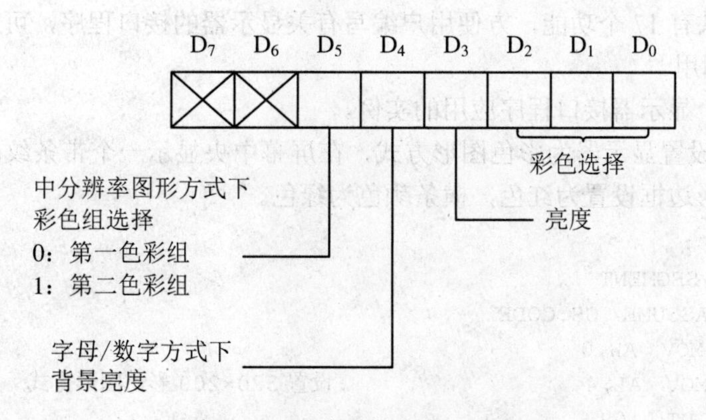

图 13-12 彩色选择寄存器格式

不同的工作方式下，彩色选择寄存器各位意义有差别：D_0～D_3 在彩色字符方式下代表屏幕上矩形显示区边界颜色。每个字符本身的显示颜色及它所在屏幕的底色，并不由彩色选择寄存器中的I、R、G、B 所决定，而是由每个字符属性字节的内容决定的。在 320×200 分辨率图形方式下表示背景的亮度和颜色。I、R、G、B 可组合成 16 种不同颜色。

D_4 在字符方式下用来选择背景亮度，它和字符属性字节中的 D_4～D_6 一起决定背景颜色。D_5 在 320×200 彩色图形方式下，不同像素值对应选择第一色彩组和第二色彩组的颜色。

（4）色彩编码器。彩色选择寄存器的值和显示缓冲器内的彩色属性码送到色彩编码器，在色彩编码器内合成后，输出 R、G、B、I 控制信号，其中 R、G、B 信号控制彩色 CRT 的 3 个控制栅极；I 信号控制 CRT 的亮度。

3. 彩色图形适配器的 I/O 端口

彩色图形适配器包括 5 个 I/O 寄存器，它们分别是索引寄存器、数据寄存器、工作方式选择寄存器、彩色选择寄存器和状态寄存器。CPU 通过输入/输出指令访问这些寄存器，以实现对彩色图形显示器的控制。

索引寄存器和数据寄存器与单色图形适配器的作用相同，其端口地址分别为 3D4H 和 3D5H。工作方式选择寄存器和彩色选择寄存器如前所述，状态寄存器用于标志彩色图形显示器的工作情况。其中 D_1 和 D_2 位用于光笔标志，状态寄存器的端口地址为 3DAH，格式如图 13-13 所示。

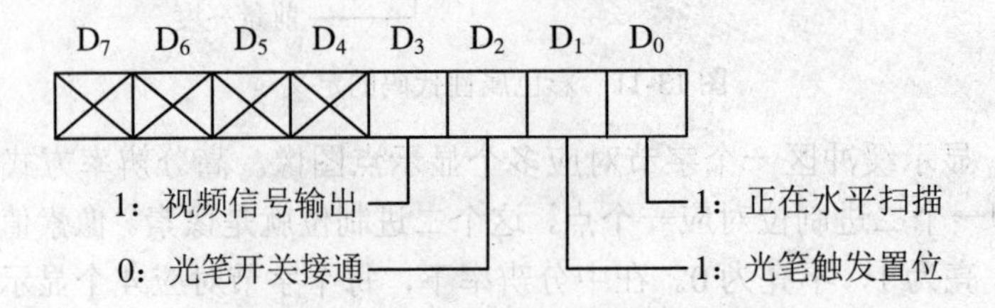

图 13-13 彩色图形适配器状态寄存器

图中 D_0 位用来指出 CRT 显示器是否处在水平扫描或垂直扫描的回扫期，若是，则 CPU 可向显示缓冲区中送入新的显示信息而不影响屏幕画面；D_3 位是字符显示时视频输出信号的瞬间状态，目的是检查是否有视频信号输出，以便系统的故障诊断与分析。

PC 系列机的 ROM BIOS 中有一组驱动 MDA 和 CGA 的显示 I/O 功能程序，显示器中断调用号为 10H，共有 17 个功能，方便用户编写有关显示器的接口程序，可参见本书附录中给出的 BIOS 功能调用。

下面给出两个显示器接口程序应用的实例。

【例 13.4】设置显示器为彩色图形方式，在屏幕中央显示一个带条纹的矩形。背景颜色设置为黄色，矩形边框设置为红色，横条颜色为绿色。

程序设计如下：

```
CODE    SEGMENT
        ASSUME  CS:CODE
START:  MOV  AH,0
        MOV  AL,4                        ;设置 320×200 彩色图形方式
        INT  10H
```

```
        MOV  AH,0BH
        MOV  BH,0                     ;设置背景颜色为黄色
        MOV  BL,0EH
        INT  10H
        MOV  DX,50
        MOV  CX,80                    ;行号送 DX，列号送 CX
        CALL LINE1                    ;调 LINE1，显示矩形左边框
        MOV  DX,50
        MOV  CX,240                   ;修改行号，列号
        CALL LINE1                    ;调 LINE1，显示矩形右边框
        MOV  DX,50
        MOV  CX,81                    ;置行号、列号
        MOV  AL,2                     ;选择颜色为红色
        CALL LINE2                    ;调 LINE2，显示矩形上边框
        MOV  DX,150
        MOV  CX,81
        CALL LINE2                    ;调 LINE2，显示矩形下边框
        MOV  DX,60
LP3:    MOV  CX,81                    ;置矩形内横线初始位置
        MOV  AL,1                     ;选择横条颜色为绿色
        CALL LINE2                    ;调 LINE2，显示绿色横线
        ADD  DX,10
        CMP  DX,150
        JB   LP3                      ;若行号小于 150，转 LP3 继续显示横线
        MOV  AH,4CH
        INT  21H                      ;否则返回 DOS
LINE1   PROC NEAR                     ;画竖线子程序
LP1:    MOV  AH,0CH                   ;写点功能
        MOV  AL,2                     ;选择颜色为红色
        INT  10H
        INC  DX                       ;下一点行号增 1
        CMP  DX,150
        JBE  LP1                      ;若行号小于等于 150，则转 LP1 继续显示
        RET
LINE1   ENDP
LINE2   PROC NEAR                     ;画横线子程序
        MOV  AH,0CH
LP2:    INT  10H
        INC  CX                       ;下一点列号增 1
        CMP  CX,240
        JB   LP2                      ;若列号小于等于 240，则转 LP2 继续显示
        RET
LINE2   ENDP
CODE    ENDS
        END  START
```

【例 13.5】在屏幕上以红底蓝字显示“WOLRD”，然后分别以红底绿字和红底蓝字相间地显示“SCENERY”。

程序设计如下：

```
DATA   SEGMENT
       STR1   DB  'WORLD'
       STR2   DB  'S',42H,'C',41H,'E',42H,'N',41H
              DB  'E',42H,'R',41H,'Y',42H
       LEN    EQU $-STR2
DATA   ENDS
CODE   SEGMENT
       ASSUME   CS:CODE,DS:DATA,ES:DATA
START:MOV  AX,DATA
       MOV  DS,AX
       MOV  ES,AX                          ;初始化
       MOV  AL,3
       MOV  AH,0                           ;设置 80×25 彩色文本方式
       INT  10H
       MOV  BP,SEG STR1
       MOV  ES,BP
       MOV  BP,OFFSET STR1                 ;ES：BP 指向字符串首地址
       MOV  CX,STR2-STR1                   ;串长度送 CX
       MOV  DX,0                           ;设置显示的起始位置
       MOV  BL,41H                         ;设置显示属性
       MOV  AL,1                           ;设置显示方式
       MOV  AH,13H                         ;显示字符串
       INT  10H
       MOV  AH,3                           ;读当前光标位置
       INT  10H
       MOV  BP,OFFSET STR2                 ;ES：BP 指向下一个串首地址
       MOV  CX,LEN                         ;长度送 CX
       MOV  AL,3                           ;设置显示方式
       MOV  AH,13H                         ;显示字符串
       INT  10H
       MOV  AH,4CH
       INT  21H                            ;返回 DOS
 CODE  ENDS
       END  START                          ;汇编结束
```

13.2.3 LED 显示与 LCD 显示

1. LED 显示器

在微机检测和控制系统的接口电路中，发光二极管 LED（Light Emission Diode）常常作为重要的显示手段，它可以显示系统的状态、数字和字符。LED 显示器的驱动电路简单，价格低廉，因此，由 LED 组成的显示屏被广泛应用于各种场合。

LED 是一种由半导体 PN 结构成的固态发光器件，在正向导电时能发出可见光，常用的 LED 有红色、绿色、黄色和蓝色。LED 的发光颜色与发光效率取决于制造材料与工艺，发光强度与其工作电流有关。其发光时间常数约为 10～200μs，工作寿命可长达十万小时以上，工作可靠性高。它具有类似于普通半导体二极管的伏-安特性，在正向导电时端电压近于恒定，

通常约为 1.6～2.4V，工作电流一般约为 10～200mA。适合于与低电压的数字集成电路器件匹配工作。

（1）LED 显示器的结构与工作原理。

LED 显示器常用的是七段 LED 显示器和点阵 LED 显示器。七段 LED 显示器由七条发光线组成，按“日”字形排列，每一段都是一个发光二极管，这七段发光管称为 a、b、c、d、e、f、g，有的还带有小数点，通过 7 个发光组的不同组合，可以显示 0～9 和 A～F 等 16 个字母数字。

表 13-5 列出了 7 段 LED 管显示 16 个十六进制数码对应的段码表。

表 13-5　7 段 LED 显示器字符段码表

显示字符	共阴极段码	共阳极段码	显示字符	共阴极段码	共阳极段码
0	3FH	C0H	8	7FH	80H
1	06H	F9H	9	6FH	90H
2	5BH	A4H	A	77H	88H
3	4FH	B0H	B（b）	7CH	83H
4	66H	99H	C	39H	C6H
5	6DH	92H	D（d）	5EH	A1H
6	7DH	82H	E	79H	86H
7	07H	F8H	F	71H	8EH

各个 LED 可按共阴极和共阳极连接，共阴极 LED 的发光二极管阴极共地，当某个二极管的阳极为高电平时，该发光二极管点亮，如图 13-14（a）所示；共阳极 LED 的发光二极管阳极并接，如图 13-14（b）所示。由于共阴极一般比共阳极亮，所以大多数场合使用共阴极方式。

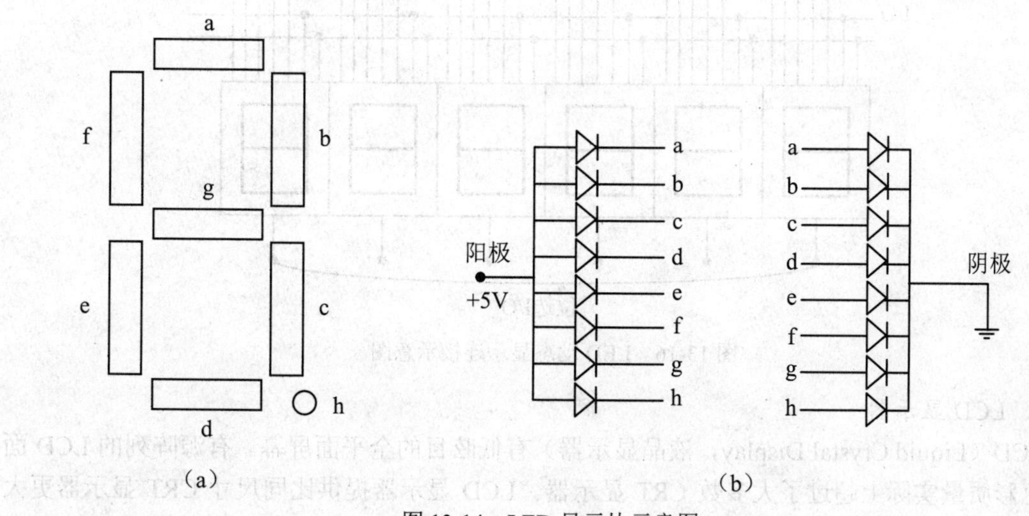

图 13-14　LED 显示块示意图

（2）LED 的显示方式。

LED 显示器有静态显示和动态显示两种方式。

在静态显示时，LED 共阴极方式下的阴极连在一起接地，这时用“1”选通被显示的段；共阳极方式下所有阳极连在一起接+5V 电压，用“0”选通即将显示的数码段。

每个 LED 的段选线分别与一个 8 位并行相连，如图 13-15 所示，为一个 4 位静态 LED 显示器电路。该电路每一位可独立显示，只要在该位的段选线保持段选码电平，该位就能保持相应的显示字符。由于每一位由一个 8 位输出口控制段选码，故在同一时间里每一位显示的字符可以各不相同。N 位静态显示器要求有 N×8 根 I/O 口线，占用 I/O 资源较多。故在位数较多时常采用动态显示方式。

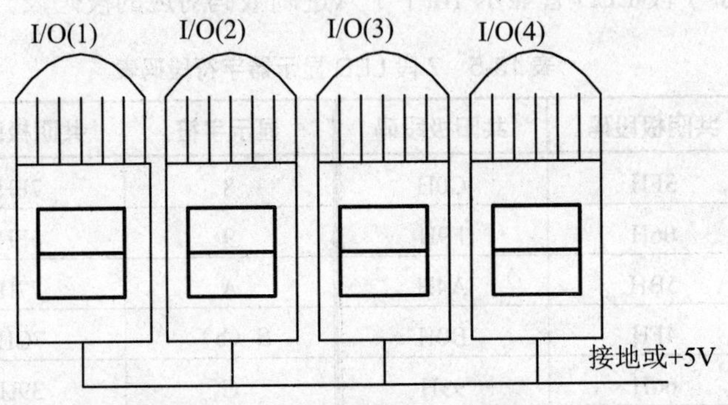

图 13-15　LED 静态显示连接图

在动态显示时，将多位 LED 的所有位段选线并联在一起，由一个 8 位 I/O 端口控制，而共阴极或共阳极点分别由相应的 I/O 端口线控制。

图 13-16 给出了 6 位 LED 显示连接示意图。

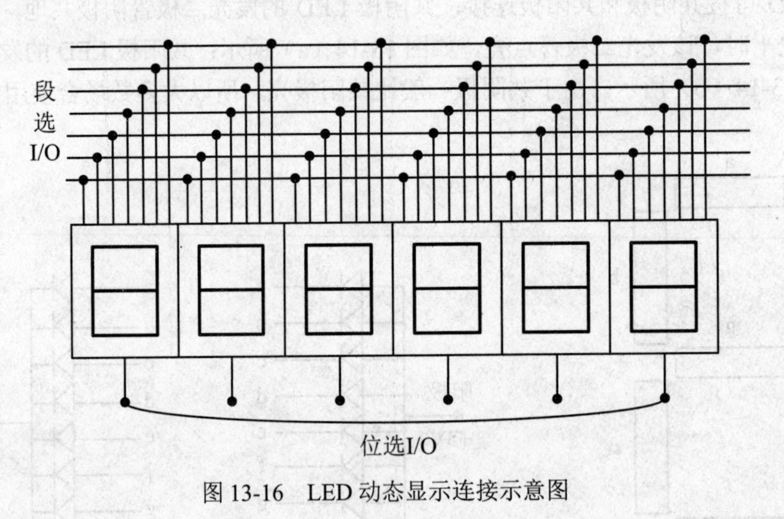

图 13-16　LED 动态显示连接示意图

2. LCD 显示器

LCD（Liquid Crystal Display，液晶显示器）有低眩目的全平面屏幕。有源阵列的 LCD 面板的色彩质量实际上超过了大多数 CRT 显示器。LCD 显示器提供比同尺寸 CRT 显示器更大的可视图像，有 4 种基本的 LCD 选择：无源阵列单色、无源阵列彩色、有源阵列模拟彩色和最新的有源阵列数字彩色。

与 CRT 显示器相比，液晶显示器的特点是体积小、外形薄、重量轻、功耗小、低发热、工作电压低、无污染、无辐射、无静电感应、显示信息量大、无闪烁，并能直接与 CMOS 集成电路相匹配，同时，它是真正的“平板式”显示设备，但价格高，分辨率稍低，产品的寿命受背灯影响。液晶显示器特别是点阵式液晶，已经成为现代仪器仪表用户界面的主要发展方向。

LCD 显示器的结构如图 13-17 所示。由于液晶的四壁效应，在定向膜的作用下，液晶分子在正、背玻璃电极上呈水平排列，但排列方向为正交，而玻璃间的分子呈连续扭转过度，这样的构造能使液晶对光产生旋光作用，使光偏振方向旋转 90。

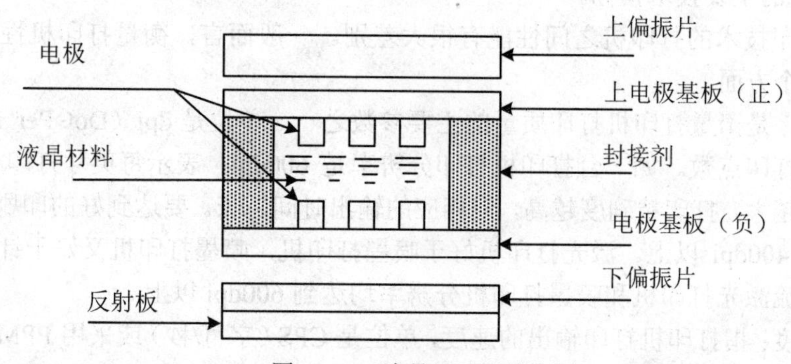

图 13-17　液晶显示器结构图

液晶显示器工作原理：当外部光线通过上偏振片后形成偏振光，偏振方向成垂直排列。当此偏振光通过液晶材料之后，被旋转 90°，偏振方向成水平方向，此方向与下偏振片的偏振方向一致，因此光线能完全穿过下偏振片而达到反射极，经反射后沿原路返回，从而呈现出透明状态。当液晶盒的上、下电极加上一定的电压后，电极部分的液晶分子转成垂直排列，从而失去旋光性。因此，从上偏振片入射的偏振光不被旋转，当此偏振光到达下偏振片时，因其偏振方向与下偏振片的偏振方向垂直，因而被下偏振片吸收，无法到达反射板形成反射，所以呈现出黑色。根据需要，将电极做成各种文字、数字或点阵，就可获得所需的各种显示。

LCD 显示屏是笔记本电脑的主要组件之一。随着液晶显示技术的迅速发展，各家厂商竞相推出各种专用的控制和驱动大规模集成电路 LSIC（Large Scale Integrated Circuit），使得液晶显示的控制和驱动极为方便，而且可由 CPU 直接控制，满足用户对液晶显示的多种要求。

13.3　打印机接口

13.3.1　常用打印机及工作原理

打印机是计算机中重要的输出设备，其主要功能是将计算机的运行结果及中间信息等打印在纸上，以便于长期保存。

1．打印机的分类及技术指标

（1）打印机的分类。

打印机种类比较多，按与微机接口的方式分类有并行输出和串行输出打印机；按打印机印字技术分类有击打式和非击打式打印机；按印字方式分类有行式和页式打印机等。

常见的打印机主要有以下几种：

- 针式打印机：是最早的一种机械式打印机，以针头撞击打印机色带将文字或图像打印在纸上。其价格便宜，经久耐用。
- 激光打印机：属于非击打式打印机，打印时噪音小、速度快、打印质量高，是目前市场的主流打印机。
- 喷墨打印机：按其工作原理可分为固体喷墨和液体喷墨两种，常见的大多是液体喷墨打印机，其字迹清晰、美观、速度快。

（2）打印机的主要技术指标。

采用不同打印技术的打印机之间性能有很大差别。一般而言，衡量打印机性能优劣的指标主要有以下几个方面。

- 分辨率：是衡量打印机打印质量的主要参数之一，单位是 dpi（Dot Per Inch），表示每英寸打印点数。如一台打印机打印分辨率是 600dpi，表示每英寸打印 600 个点。分辨率越大，打印精确度越高，但相应的输出时间越长。要达到好的印刷质量，分辨率应在 400dpi 以上。激光打印机好于喷墨打印机，喷墨打印机又好于针式打印机。目前主流激光打印机和喷墨打印机分辨率均达到 600dpi 以上。
- 打印速度：指打印机打印输出的速度，单位是 CPS（字符/秒）或采用 PPM（页/分钟）。打印速度在不同字体和文字下有较大区别，不同打印方式对打印速度影响较大。打印速度的大小关系到打印机的工作效率，也是衡量打印机性能优劣的重要指标之一。通常情况下，针式打印机平均速度是 50～200 汉字/秒，喷墨打印机为 2～4PPM，激光打印机 3～6PPM。
- 行宽：指每行中打印的标准字符数，分为窄行和宽行。窄行每行打印标准字符 80 个，宽行每行可打印 120 或 180 个标准字符。
- 颜色数目：颜色数目的多少意味着打印机色彩精确度的高低。原来传统的 3 色墨盒，即红、黄、蓝已被 6 色（红、黄、蓝、黑、淡蓝、淡红）墨盒替代，其图形打印质量效果较高。

此外，打印机的耗材及维护费用也要考虑，如针式打印机色带每打印 10 万次后须更换，喷墨打印机打印约 700 张左右需更换墨盒，激光打印机每打印 2500～6000 页后要更换硒鼓。

2. 打印机的工作原理

（1）针式打印机的结构和工作原理。

针式打印机的主要工作是接收外部送来的数据或控制命令，然后根据控制命令的格式要求，将要打印的数据变为打印头的动作，把数据记录在打印纸上，打印机还接收控制面板上的操作命令，根据面板上的操作命令完成相应的操作。

我们以 24 针打印机为例进行分析。针式打印机的结构框图如图 13-18 所示。

图 13-18 中，电源单元将交流电压转换成打印机所需要直流电压；主控逻辑电路是打印机的核心部件，以微处理器为主，包括 CPU、用来存储待打印汉字或字符点阵数据的行缓存 RAM、用于存储 CPU 的监控程序和固化点阵字库数据的 ROM 存储器、打印头驱动电路等；机械机构主要包括字车驱动机构、走纸机构、色带移动机构、用于纸尽检测和初始位置检测的检测器等；操作面板是实现人机对话的界面，其功能包括电源接通或断开、联机或脱机、自检、报警和走纸控制等。

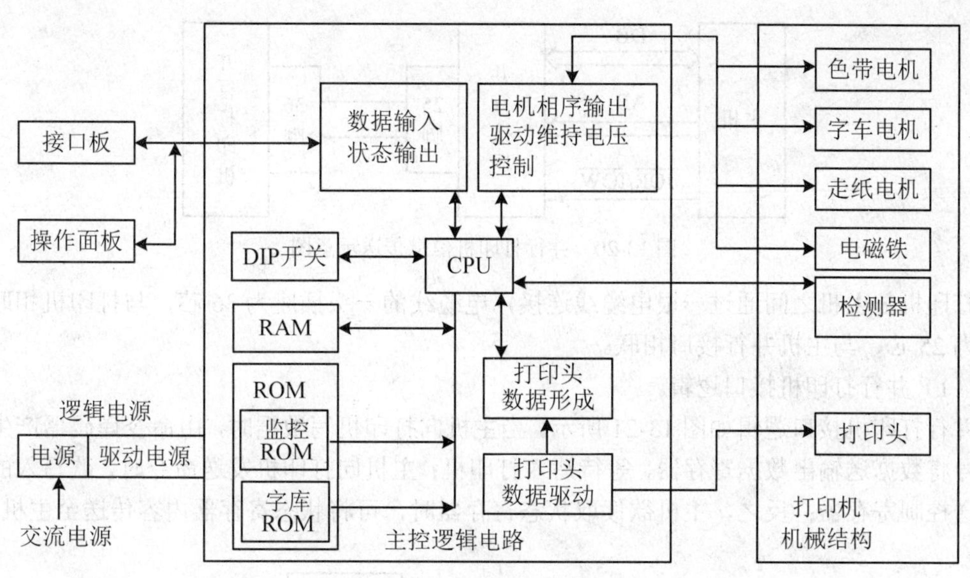

图 13-18　打印机功能结构图

（2）激光打印机的工作原理。

激光打印机通过激光技术和电子照相技术完成印字功能，是一种高精度、高速度、低噪声的非击打式打印机。其工作原理如图 13-19 所示，主要由激光扫描系统、电子照相系统和控制系统三部分组成。

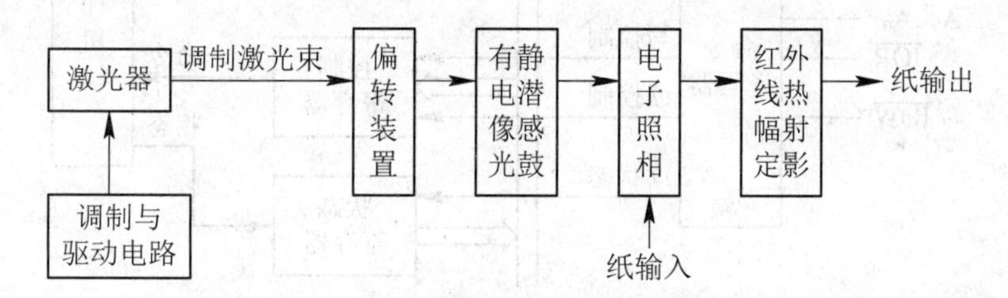

图 13-19　激光打印机工作原理

激光扫描系统主要作用是使激光器产生的激光经调制后，变成载有字符或图形信息的激光束，该激光束经扫描偏转装置在感光鼓上扫描，形成“静电潜像”。电子照相系统把带有“静电潜像”的感光鼓接触带有相同极性电荷的干墨粉，鼓面被激光照射的部位将吸附墨粉，来显影图像。该图像转印在纸上，经红外线热辐射定影后使墨分子渗透到纸纤维中。控制系统包括激光扫描控制、电子照相系统控制、缓冲存储器和接口控制等。控制系统完成接收和处理主机的各种命令和数据以及向主机发送状态。

13.3.2　主机与打印机的接口

计算机主机和打印机之间的数据传输既可用并行方式，也可用串行方式。

1．主机与并行打印机的接口

并行打印机常采用 Centronics 并行接口标准，该标准定义了 36 脚插头座。而 PC/XT 的并行接口通常采用 25 脚的口型插座，如图 13-20 所示。

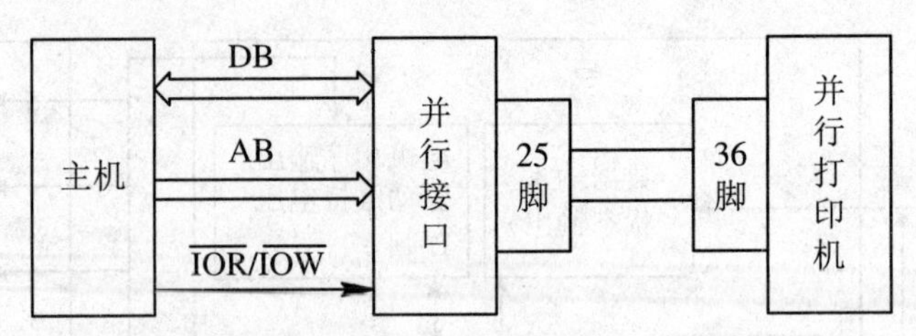

图 13-20 并行打印机信息传送示意图

打印机与主机之间通过一根电缆线连接，电缆线的一头插座为 36 芯，与打印机相联，另一头为 25 芯，与主机并行接口相联。

（1）并行打印机接口逻辑。

并行打印机接口逻辑如图 13-21 所示。当主机向打印机写数据时，由命令译码器产生的控制信号将数据送输出数据寄存器，等待写入打印机；主机向打印机发送命令时，欲写入的控制信号送控制寄存器；反之，主机欲读取状态寄存器时，可将状态寄存器内容传送至主机。

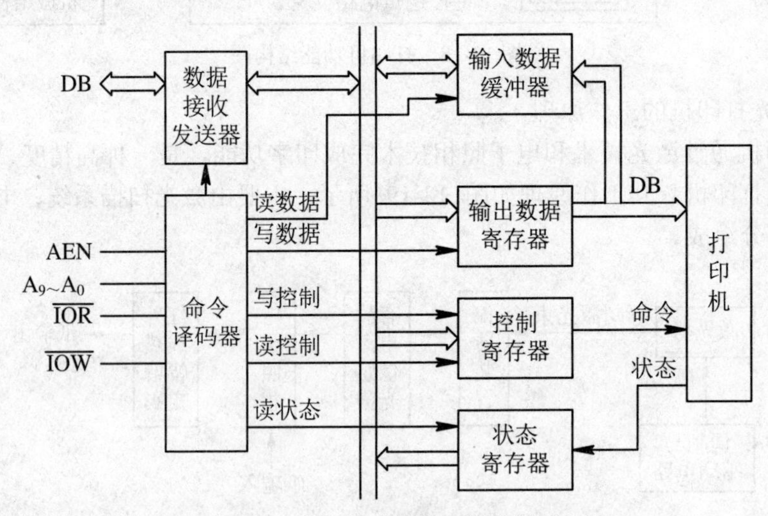

图 13-21 并行打印机接口逻辑框图

并行接口内部逻辑共设有数据寄存器、控制寄存器和状态寄存器 3 个寄存器端口。主机依据端口地址进行读/写数据寄存器、读/写控制寄存器和读状态寄存器 5 种操作。

主机可通过对数据端口的写操作将打印数据送至打印机，或通过该端口读操作将打印机的数据读到主机。此外，通过对控制端口的读/写操作完成对控制寄存器的访问。

（2）并行打印机的接口信号。

并行打印机接口采用 Centronics 并行接口标准来定义 36 脚插头座，并规定了 36 个引脚的含义，如表 13-6 所示。

表 13-6 并行打印机的接口信号

引脚号	引脚名称	方向	操作功能
1	$\overline{\text{STROBE}}$	输入	用于打印机接收数据的选通信号，负脉冲有效，脉冲宽度在接收端应大于 0.5μs
2～9	$DATA_0\sim DATA_7$	输入	主机向打印机发出的 8 位并行数据信号线

续表

引脚号	引脚名称	方向	操作功能
10	$\overline{\text{ACK}}$	输入	打印机接收一个数据字节后就送回给主机的应答信号，负脉冲有效，表示打印机已准备好接收新数据
11	BUSY	输出	打印机回送给主机的忙信号，打印机为下列状态时为忙：（a）接收数据；（b）正在打印；（c）脱机状态；（d）打印机出错
12	PE	输出	纸用完信号，为高电平时说明打印机缺纸
13	SLCT	输出	选中信号，该信号为高电平表示处于联机选中状态
14	$\overline{\text{AUTOFEEDXT}}$	输入	自动走纸信号，有效时打印机打印后自动换行
16、17	SGND、CGND		信号地、机壳地
18	+5V	输出	电源
19～30	GND		双绞线信号返回地
31	$\overline{\text{INIT}}$	输入	初始化信号，低电平有效，打印机被复位成初始状态，打印机的数据缓冲区被清除
32	$\overline{\text{ERROR}}$	输出	出错信号，低电平时表示打印机处于无纸、脱机或错误状态之一
33	GND		双绞线信号返回地
36	$\overline{\text{SLCTIN}}$	输入	选择信号，仅当该信号为低电平时，才能将数据输出到打印机

36 条信号线按功能可分为：8 条数据线、9 条控制和状态线、15 条地线、1 条+5V 电源线，其余 3 条不用。其中的 8 条数据线 $DATA_0$～$DATA_7$、打印机接收数据的选通信号 $\overline{\text{STROBE}}$、打印机回送给主机的忙信号 BUSY、打印机应答信号 $\overline{\text{ACK}}$ 以及地线是打印机和主机通信的基本信号线，必不可少，其他可视实际情况加以取舍。

打印机和主机通信操作原理为：主机在打印机空闲状态下向打印机发送 8 位数据 $DATA_0$～$DATA_7$，经过 0.5μs 的数据建立时间，发出选通信号 $\overline{\text{STROBE}}$，打印机在 $\overline{\text{STROBE}}$ 信号的上升沿接收数据，并将打印机回送给主机的忙信号 BUSY 置为高电平，通知主机暂停发送数据，当打印机将接收的数据处理完毕后，清除“忙”标志，并向主机发出打印机应答信号 $\overline{\text{ACK}}$，以便主机再次发送数据，进行下一轮的操作。

8 位数据的可靠输出通过 $\overline{\text{STROBE}}$、$\overline{\text{ACK}}$ 和 BUSY 三个联络信号来实现控制，其时序如图 13-22 所示。

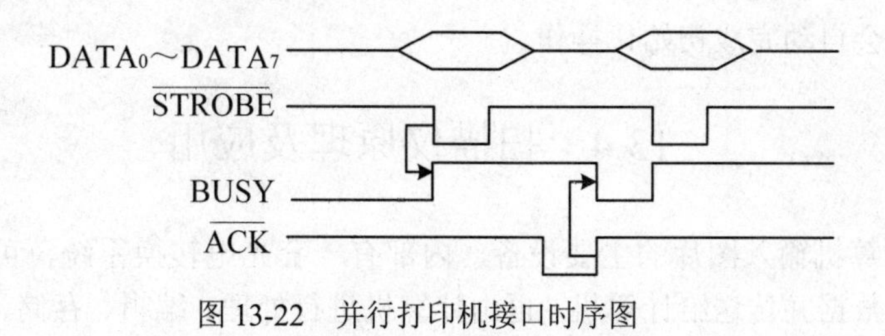

图 13-22 并行打印机接口时序图

2. 主机与串行打印机的接口

主机采用串行接口连接的打印机是串行打印机，由并行打印机再加上输入缓冲器和串行接口组成，如图 13-23 所示。

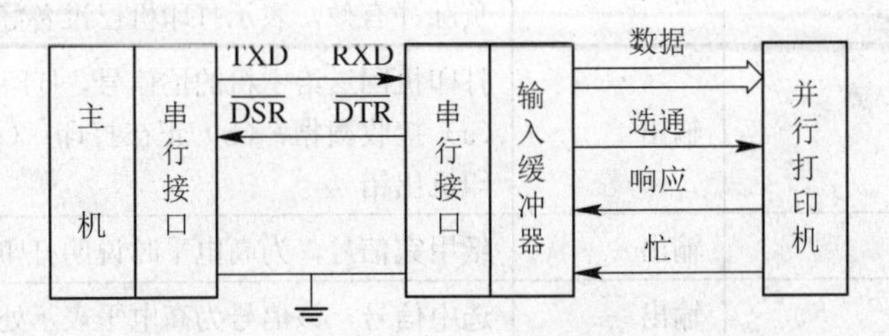

图 13-23 主机与串行打印机连接示意图

串行打印机在打印的同时主机仍可向打印机传送数据。为此，要求输入缓冲容量较大，但由于主机传送数据比打印数据的速度快，因此，会出现输入缓冲器满的现象。当输入缓冲器满时，由打印机的控制引脚发出未准备好信号，送至主机的串口 DSR 引脚，主机接到此信号便停止发送数据。

13.3.3 打印机的中断调用

IBM PC 系列微机的 ROM BIOS 中有一组打印机 I/O 功能中断调用程序，显示器中断调用指令为 INT 17H，共有 3 种不同的打印机操作，如表 13-7 所示。用户可利用中断调用方便地编写显示器的接口程序。

表 13-7 打印机 BIOS 中断调用 INT 17H 功能表

AH 取值	操作功能	入口参数	出口参数
00H	打印一个字符，并回送状态字节	（AL）= 打印字符的 ASCII 码 （DX）= 打印机号	（AH）= 打印机状态字节
01H	初始化打印机，并回送状态字节	（DX）= 打印机号	（AH）= 打印机状态字节
02H	取打印机状态字节回送	（DX）= 打印机号	（AH）= 打印机状态字节

INT 17H 的 01H 功能用来初始化打印机，并回送打印机状态到 AH 寄存器。如果把打印机开关关上然后又打开，打印机各部分就复位到初始值。

打印机的初始化指令序列如下：

```
MOV  AH,01H
MOV  DX,0
INT  17H
```

初始化操作时要发送一个换页符，该操作把打印机头设置在页的顶部。大多数打印机只要一接通电源就会自动完成初始化操作。

13.4 扫描仪原理及应用

扫描仪是计算机输入图片的主要设备，内部有一套光电转换系统，可把各种图片信息转换成计算机图像数据并传送给计算机，再由计算机进行处理、编辑、存储、打印输出或传送给其他设备。扫描仪按色彩可分单色和彩色，按操作方式可分为手持式和台式，按感光器件分为电荷耦合器（CCD）和接触式（CIS）扫描仪。不同类型的扫描仪结构不同，但工作原理大同小异，下面以应用最多的平台式 CCD 扫描仪为例进行分析。

13.4.1 扫描仪的结构和基本工作原理

平台式 CCD 扫描仪由顶盖、玻璃平台和底座等部件构成。玻璃平台放置被扫描的图稿，塑料上盖内侧有一黑色（或白色）胶垫，在顶盖放下时压紧被扫描文件，目前大多数扫描仪采用浮动顶盖，以适应扫描不同厚度的对象。

透过扫描仪的玻璃平台，能看到安装在底座上的机械传动机构、扫描头及电路系统。机械传动机构带动扫描头沿扫描仪纵向移动；扫描头将光信号转换为电信号；电路系统的功能是处理和传输图像。

扫描仪基本原理：通过传动装置驱动扫描组件，将各类文档、相片、幻灯片等稿件经过一系列光/电转换，形成计算机能识别的数字信号，再由扫描软件读出这些数据，并重新组成数字化图像文件，供计算机存储、显示、修改、完善，以满足各种需要。图像扫描的过程示意如图 13-24 所示。

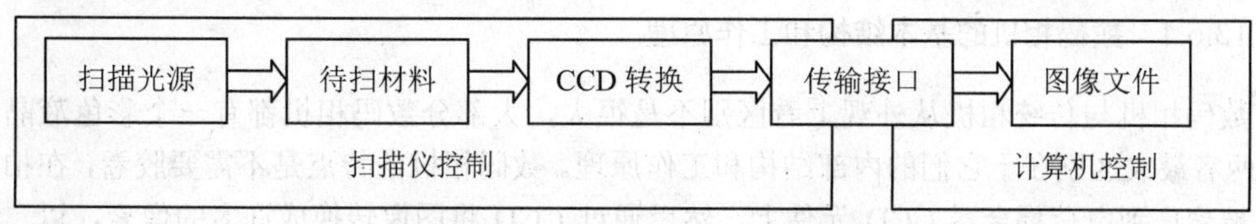

图 13-24 扫描仪扫描过程示意图

当被扫描图稿正面向下放置在扫描仪玻璃平台上开始扫描时，机械传动机构带动扫描头沿扫描仪纵向移动，扫描头上光源发出的光线射向图稿，经图稿反射的光信号进入光电转换器被转换为电信号，经电路系统处理后送入计算机。光电转换机构沿扫描头上横向放置，机械传动机构带动扫描头沿扫描仪纵向每移动一个单位距离，光电转换机构就采集扫描图稿上一条横线上的图形数据，当扫描头沿纵向扫过原稿以后，扫描仪就采集并传输了原稿上的全部图形信息。

13.4.2 扫描仪主要技术指标及其应用

衡量扫描仪性能好坏的指标主要有以下几种：

（1）分辨率。指每英寸上所能容纳的颜色点数量，用每英寸长度上扫描图像所含有像素点个数表示，单位为 dpi（dot per inch）。如 1200dpi 表示在 1 英寸之内包含 1200 个颜色点。扫描仪分辨率越高，能分析的图像画面越精细，扫描效果也越好。

（2）色彩深度。用来表现色彩的位数量，决定图像的细腻程度、层次和色彩动态范围。比如一台有 30 位色彩深度的扫描仪，能表现出 2^{30} 种（10 亿种）不同颜色。而拥有 42 位、48 位色彩深度的扫描仪能表现的颜色数就更多。

（3）灰度级。是指图像在无色彩情况下以通过不同的亮度表现出来的层次，常见的有 4096 级（12 位）和 16384 级（14 位）。灰度级与色彩位数成正比，其数值是前者的 1/3。灰度级数越大，说明扫描生成图像的亮度范围越大，层次越丰富，扫描效果也就越好。

（4）扫描幅面。常见扫描仪的扫描幅面有 A4、A4 加长、A3 等不同规格。大幅面的扫描仪其价位较高，一般家庭及办公用户可选择 A4 或 A4 加长扫描仪就可满足需求。

（5）扫描噪声。扫描仪在工作过程中会产生一些噪音，这也是衡量扫描仪机械结构的一个重要参数，还会直接关系到扫描图像的品质。一般在扫描仪的产品规格书中标有以 dB（分贝）为单位的噪声数据可供参考。

扫描仪作为计算机的重要输入设备，已被广泛应用于报刊、出版印刷、广告设计、工程技术、金融业务等领域中。它不仅能迅速实现大量的文字录入、计算机辅助设计、文档制作、图文数据库管理，而且能逼真地录入各种图像，特别是在网络和多媒体技术迅速发展的今天，扫描仪更有效地应用于传真、复印、电子邮件等工作。依靠特定软件的支持，扫描仪还可用于制作电子相册、请柬、挂历等许多个性鲜明和充满乐趣的作品。

13.5 数码相机原理与应用

随着信息技术的发展，计算机的功能越来越强大，与之关联的数码相机、数码摄像机、MP3 等数码产品也越来越多，它们能够把收集到的日常生活和工作的精彩瞬间转变为数字影像和声音保存到计算机里，还可自由编辑并轻松地发送给远方的亲朋好友。

13.5.1 数码相机的基本结构和工作原理

数码相机与传统相机从外观上看区别不是很大，大部分数码相机都有一个彩色液晶显示屏，两者最大区别在于它们的内部结构和工作原理。数码相机的特点是不需要胶卷，在拍摄时图像被聚焦到电荷耦合器 CCD 元件上，然后通过 CCD 将图像转换成许多的像素，以二进制数字方式存储于相机的存储器中。只要将存储器与电脑连接，即可在显示器上显示所拍摄的图像，并进行加工处理或打印机输出。

数码相机的基本结构如图 13-25 所示。

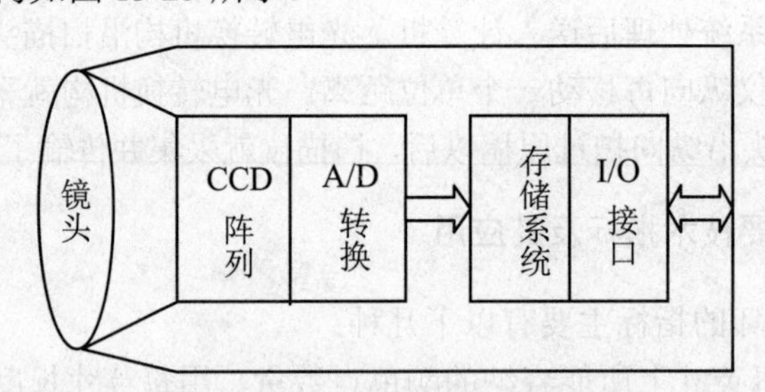

图 13-25 数码相机的基本结构

数码相机主要由以下几部分组成：

（1）镜头：是数码相机的核心部件，决定相机质量。目前数码相机感光部件主要有 CCD 和 CMOS 两种。

CCD 是一种感光半导体芯片，用于捕捉图形，被广泛应用于扫描仪、复印机等设备，是数字相机的核心器件，光线穿过镜头将图形信息投射到 CCD 上。但和胶卷不同的是 CCD 没有能力记录图形数据，也没有能力永久保存数据，甚至不具备“曝光”能力。所有图形数据都会不停留地送入一个“模/数”转换器、一个信号处理器以及一个存储设备。常见 CCD 有 1 英寸、1/4 英寸、1/3 英寸、1/2 英寸以及 18.4×27.6mm、6.4×20.5mm、9.2×13.8mm 等几种尺寸。

CMOS（Complementary Metal Oxide Semiconductor，互补型金属氧化物半导体）也是一种传感器，但它捕获的图像偏黑而且不够精细，在使用上不如 CCD 广泛。

（2）光圈（Aperture）：是一个用来控制光线透过镜头进入机身内感光面光量的装置，通常是在镜头内。表达光圈大小用 F 值，光圈的 F 值等于镜头的焦距除以镜头口径的直径。要达到相同的光圈 F 值，长焦距镜头的口径要比短焦距镜头的口径大。完整的光圈值系列有 F1、F1.4、F2、F2.8、F4、F5.6、F8、F11、F16、F22、F32、F44、F64 等种类。光圈 F 值越小，在同一单位时间内的进光量便越多，而且上一级的进光量正是下一级的一倍，例如，光圈从 F8 调整到 F5.6，进光量便多一倍，也可以说光圈开大了一级。对于消费型数码相机而言，光圈 F 值常常介于 F2.8～F16 之间。此外许多数码相机在调整光圈时，可以做 1/3 级的调整。

（3）焦距：传统相机上焦距指的是镜头中心点到感光胶卷之间的距离。数码相机上焦距是镜头中心点到图像传感器之间的距离。查看数码相机规格时，如 Nikon Coolpix 995 型，其焦距是 8～32mm，相当于传统 35mm 相机的 38～115mm 焦距。8～32mm 是镜头的实际物理焦距，因为数码相机的 CCD 面积比普通 135 相机所用的 35mm 胶片小得多，如使用相同镜头，35mm 胶片可记录 50 度视角范围内的景物，CCD 只能记录 10 度视角范围内的景物。反之，记录相同视角的景物，35mm 相机可能需用 70mm 镜头，数码相机也许用 7mm 的镜头就可以。

（4）快门及快门速度（Shutter Speed）：快门是数码相机的重要部件，用来控制相机的成像时间，通过调节快门速度可控制照片曝光程度。快门速度是数码相机的一个重要参数，各不同型号数码相机的快门速度是不一样的，因此，使用某型号数码相机拍摄景物时，一定要先了解其快门速度，因为按快门要考虑快门的启动时间，并且要掌握好快门的释放时机才能捕捉到生动的画面。通常普通数码相机快门大多在 1/1000 秒之内，基本上可应付大多数的日常拍摄。

（5）LCD 显示屏：数码相机通常有两个取景器，除与传统相机一样的光学取景器外，还有一块可供取景用的 LCD 显示屏（一般为 1.8 英寸或 2.0 英寸）显示镜头内的景像，用 LCD 显示屏取景不需把眼睛紧贴在相机上，使一些原本困难的取景工作变得十分轻松。

数码相机 LCD 显示屏还有照片回放功能，能随时显示出相机存储装置中记录的全部照片影像。不满意的照片可以删除，节省存储空间，再进行补拍。LCD 显示屏的不足之处是显示精度有限，不能观察被指摄体的细节，同时会消耗大量的电力。

（6）存储介质：数码相机中存储介质相当于普通相机中的胶卷。存储介质有多种规格，原则上互不兼容。

主流数码相机中主要的存储介质有以下几种：

- CF（Compact Flash）卡：随着数码存储媒体技术的不断发展，CF 闪存卡在数码相机中的应用越来越广。CF 卡带有一个适配器（也称转换卡），使之能适应标准的 PC 卡阅读器或其他 PC 卡设备。CF 卡的部分结构采用强化玻璃及金属外壳，采用 Standard ATA/IDE 接口界面，配备有专门的 PCMCIA 接口，笔记本电脑的用户可直接在 PCMCIA 插槽上使用，使数据很方便地在数码相机与电脑之间传递。
- SM（Smart Media）卡：SM 卡采用了 SSFDC/Flash 内存卡，具有超小、超薄和超轻等特性，体积是 37×45×0.76mm，重量是 1.8g，功耗低，容易升级。SM 卡也有 PCMCIA 接口，方便用户进行数据传送。
- 记忆棒（Memory Stick）：这是索尼专用存储介质，是一种新型的 IC 储存媒体。外形小巧，功能多元化，可帮助用户实现在任何时候和任何地方进行储存、传送及重播任何信息数据，包括影像、声音、音乐和电脑数据等。

- MMC（MultiMedia Card）卡：由美国 SANDISK 公司和德国西门子公司共同开发的多功能存储卡，可用于携带电话、数码相机、数码摄像机、MP3 等多种数码产品，具有小型轻量的特点，可反复进行读写记录 30 万次。
- SD（Secure Digital Card）卡：由日本松下公司、东芝公司和美国 SANDISK 公司共同开发研制的多功能存储卡，具有大容量、高性能和安全等多种特点，常用于 MP3、数码摄像机、电子图书、微型计算机、AV 器材等。大小尺寸比 MMC 卡略厚，容量则要大许多，另外此卡的读写速度比 MMC 卡要快 4 倍，达 2MB/s，与 MMC 卡兼容，SD 卡的插口大多都支持 MMC 卡。
- XD（XD-Picture）卡：由日本富士公司和奥林巴斯共同开发的新一代存储卡介质，最高容量可达 8GB。XD 卡主要是顺应数码相机的主流发展趋势，在满足小型数码相机的发展和更大存储容量需求的同时，使存储介质在数字介质和不同品牌的数码相机中拥有更强的兼容性。

此外，还有数码相机的取景器，用来帮助选取所要拍摄的景物；用来辅助照明的闪光灯，以达到所要求的拍摄效果。

13.5.2 数码相机主要技术指标及应用

一般情况下，在数码相机的性能介绍中，我们可看到以下的一些指标描述：

- 400 万 CCD 像素数，1/1.8 英寸 CCD 尺寸。
- 2048×1536 最高分辨率。
- 3 倍光学变焦，3.6 倍数字变焦。
- Compact Flash 卡 Microdrive 小硬盘存储卡类型，32MB 存储卡容量。
- 34mm～102mm 相当于 35mm 镜头尺寸，70cm～无穷远焦距范围。
- 15～1/1000 秒，1.3 秒或以上激活长时间曝光噪声减低系统快门速度。
- 8 英寸低温液晶显示屏。
- USB 接口，S-视频输出端子数据传输接口。
- 使用 AA 型电池。

上面所列的一些技术指标对了解数码相机可起到实际指导意义，它们的具体含义分析如下：

（1）CCD 像素。CCD 电荷耦合器件是数码相机的成像器件。用一种高感光度半导体材料制成，能把光线转变为电荷，通过模数转换器芯片转换成数字信号。数字相机的 CCD 内含晶体管数量越多，分辨率也越高。CCD 的分辨率（像素数）常被用作划分数码相机档次的主要依据。

（2）最大分辨率。决定了所拍摄影像能打印出高质量画面的大小，或在计算机显示器上所能显示画面的大小。数码相机分辨率的高低取决于相机中 CCD 芯片上像素的多少，像素越多，分辨率越高，图像越清晰，但生成的数据文件越大。

（3）光学变焦和数码变焦。光学变焦是真正的变焦，是依靠光学镜头结构来实现变焦的，达到了真正拉近的效果；数码变焦实际上是一种画面放大，把原来 CCD 上的一部分图像放大到整幅画面，以复制相邻像素点的方法补进一个中间值，在视觉上给人一种画面被拉近了的错觉。

（4）存储媒介。有内置式和可移动式存储媒介。内置存储媒介与数码相机固化在一起，优点是一旦想拍就可拍摄，不需另配存储媒介。可移动式存储媒介随时可装入数码相机或从数码相机中取出，存储满后可随时更换。Compact Flash 卡就属于可移动式存储媒介。另外，还有一种既有内置式存储媒介又有可移动式存储媒介的数码相机。

（5）镜头。数码相机成像面积和 CCD 面积有关，不同数码相机 CCD 面积不尽相等，所以其成像面积是不一样的。镜头焦距一定时，成像面积越小，镜头的视角也越小。因此，一个镜头在一种数码相机中是广角镜头，而在另一些数码相机中可能就是一般镜头。

大多数码相机都有光学变焦镜头，但其变焦范围非常有限，很少有超过 10 倍的，所以这类相机一般都安装附加的远距照相镜头和过滤器。前面提到的“34mm～102mm 相当于 35mm 镜头尺寸”指的就是该数码相机可提供 3 倍光学变焦，从 34 毫米到 102 毫米。

（6）快门。普通数码相机快门大多在 1/1000 秒之内，基本上可应付大多数日常拍摄。快门不单要看“快”还要看“慢”，就是快门的延时。如相机最长具有 15 秒的慢快门，用来拍夜景足够了，但快门太长会增加数码照片的“噪声”，就是照片中会出现一条条杂条纹。

（7）彩色液晶显示屏。用来预览或回放拍摄的图像。当发现拍摄得不太好的图像时，可立即删除，直观性是其最大的特点。

（8）输出接口。数码相机拍摄的图像一般需送至计算机中进行处理，因此数码相机都有输出接口。一般数码相机都采用 USB 接口输出，并几乎都带有视频输出接口，可在电视机上欣赏所拍摄的图片。

（9）电池。是数码相机的关键配置，一般使用 AA 型可充电或不可充电电池，由于数码相机的耗电量非常大，所以必须配备额外的电池。

数码相机可将图像数字化，具有高速数据传输、大容量存储、快捷方便等特点，且操作简便，特别是能与计算机直接连接，利用丰富且强大的图像处理软件对图像做各种平面处理，得到更好的艺术效果，因此，数码相机被广泛应用于新闻摄影、网页制作、电子出版、广告设计等领域。

13.6　触摸屏原理与应用

在一些公共场合及生产环境下，使用键盘并不方便，这时可采用触摸屏进行信息查询和输入。特别是目前计算机图形功能增强，Windows 软件大量采用图标，利用触摸屏就更加直观和方便，只要指点屏幕就可操作计算机。

由于触摸屏具备易用、坚固、快速和节省空间等优点，因此具有广泛的应用前景。

13.6.1　触摸屏的工作特点和分类

触摸屏是一种通过触摸屏幕进行人机交互的定位输入装置。在计算机显示屏幕上安装一层或多层透明感应薄膜，或在屏幕外框四周安装感应元件，再加上接口控制电路和软件之后，就可利用手指或笔等工具，通过触摸屏幕直接向计算机输入指令或图文消息，使信息的输入变得非常方便。

触摸屏可分为接触式和非接触式两大类，根据采用的技术还可分为红外线式、电磁感应式、电阻式、电容式及声控式 5 种类别。

下面以电阻式和红外线式触摸屏为例进行简要讨论。

（1）电阻式触摸屏。在屏幕上安装感应薄膜，触摸时，由于触摸点电阻受压发生阻值变化而感知触摸的位置，根据电阻大小就可求得触摸点的 X 和 Y 坐标。电阻式触摸屏可以防潮、防灰尘，适用于宾馆、饭店、医院和制造等行业。

（2）红外线式触摸屏。在屏幕外框四周安装一系列 LED 元件及光敏元件，使显示屏幕表面形成一个纵横交错的光线网络。不触摸时，X、Y 方向光线均不受阻；当手指触摸屏幕时就挡住了光线，与触摸点坐标对应的 X、Y 方向上的光敏元件就会接收不到某束水平方向和某束垂直方向的光线，由光电晶体管检测出 X 和 Y 坐标的位置，通过串行通信线传送给主机，这个坐标值经过处理就可得到与触摸位置相对应的操作功能。

电阻式触摸屏的分辨率较高，价格较贵；红外线式触摸屏分辨率虽然不高，但比较耐用，售价也低。

13.6.2 触摸屏的结构和应用

触摸屏由触摸检测装置、接口控制逻辑及控制软件等部分组成。接口控制器有的放在 CRT 内部，有的在 CRT 外部或插在主机箱内，通过 RS-232C 串口与主机通信。

其主要功能有以下几点：

（1）检测并计算触摸点的坐标，经缓冲后送给主机。

（2）接收和执行主机的命令。一般包括设定触摸模式（触入时数据有效，离开时数据无效，在行列位置信号变化的上沿或下沿报告，定时报告或连续报告坐标信息等触摸模式），设定行工作模式，设置屏幕窗口。

（3）触摸屏一般都提供一个标准程序，可交互地定义显示区的尺寸和位置，进行有效位置的校准或其他控制。

触摸屏具有界面直观、操作简单、伸手即得等特点，大大改善了人与计算机的交互方式，特别是给非计算机专业人员带来极大的方便，在信息查询、自动售货、电子游戏、医疗仪器、教育训练、自动控制、自动化航空等领域都有着广泛地应用。

本章小结

在计算机中，键盘、鼠标、CRT 显示器和打印机是必备的人机交互设备，它们能够完成各种常规信息的输入和输出。

大部分计算机都配置通用键盘，从结构上看多为电容式无触点键盘。键盘工作时要完成键开关状态的可靠输入、键的识别和将键值送给计算机等 3 项任务。鼠标是一种快速定位器，可方便地将光标准确定位在要指定的屏幕位置，是计算机图形界面人机交互必不可少的输入设备。显示器是计算机中用来显示各类信息以及图形和图像的输出设备，常用的有 CRT 显示器和 LCD 液晶显示器。CRT 显示器一般采用 15 芯 D 形插座作为与 CPU 联系的接口电路，再通过显卡与主机联接。

打印机是常用的输出设备，它将计算机中的各类信息打印到纸上，可长期保存。目前常见有针式打印机、喷墨打印机和激光打印机，其中激光打印机的打印速度可达每分钟 2000 行，是目前打印机中速度最快的一种。

扫描仪是采用光、机、电一体化的计算机外设产品，不仅能迅速实观大量的文字录入，而且能实时录入和处理各种图像信息，目前应用最多的是平台式 CCD 扫描仪。

数码相机的特点是不需要胶卷，在拍摄时图像被聚焦到 CCD 元件上，然后通过 CCD 将图像转换成许多像素，以数字方式存储于相机的存储器中，将存储器与电脑连接后可在显示器上显示所拍摄的图像，并进行加工处理或打印输出。

在计算机图形功能增强、Windows 软件大量采用图标的情况下，利用触摸屏可更加直观和方便地进行信息查询和输入。

一、填空题

1．非编码键盘一般需要解决的问题有__________、__________、__________、__________4 个。

2．根据结构和鼠标测量位移部件类型的不同，鼠标一般分为__________、__________、__________3 类。

3．常用的键盘按键识别方法有__________和__________。

二、单项选择题

1．PC 机的键盘向主机发送的代码是（　　）。

A．扫描码　　B．ASCII 码　　C．BCD 码　　D．扩展 BCD 码

2．设一台 PC 机的显示器分辨率为 1024×768，可显示 65536 种颜色，此时显卡上的显示存储器容量是（　　）。

A．0.5MB　　B．1MB　　C．1.5MB　　D．2MB

3．如果一台微机的显示存储器 VRAM 容量为 256KB，它能存放 80 列×25 行字符屏幕数为（　　）。

A．32　　B．64　　C．128　　D．256

三、判断题

1．目前计算机中使用的键盘分为编码键盘和非编码键盘。（　　）

2．触摸屏为输出设备。（　　）

3．采用 USB 接口连接的打印机比采用并行接口连接的打印机速度更快。（　　）

4．LED 显示器的显示方式是静态显示。（　　）

四、分析计算题

1．一个分辨率为 1024×768 的显示器，每个像素可以有 16 个灰度等级，那么相应的缓存容量应为多少？

2．在字符型显示器上，如果可以显示 40×80 个字符，显示缓存容量至少为多少？

3．与 PC 键盘发生关联的是哪两类键盘中断程序？它们各自的特点是什么？

4．鼠标有哪几种常用接口？如何利用中断调用对鼠标进行初始化编程？

五、设计题

1．试设计一个键盘中断调用程序，实现从键盘输入 10 个连续字符的功能。

2．设计显示器接口程序，要求显示器工作在彩色图形方式，在屏幕中央显示一个矩形方框，其背景颜色设置为绿色，矩形边框设置为黄色。

第 14 章　模拟量输入/输出接口技术

微机检测和控制系统中，许多被测数据往往是模拟量，它们经过预处理后，在进入计算机之前要进行 A/D 转换变成数字量；在微机内部对检测数据进行加工处理后输出的是数字量，需通过 D/A 转换将其变为相应模拟量以控制外设。本章主要分析模拟接口的基本概念、D/A 和 A/D 转换器原理及其应用技术。

通过本章的学习，重点理解和掌握以下内容：

- 模拟接口的基本概念
- D/A、A/D 转换器的基本结构及功能
- D/A、A/D 转换器的工作原理及特点
- D/A、A/D 转换器的初始化编程
- 模拟接口技术的应用

14.1　模拟接口概述

随着数字技术和自动化技术的飞速发展，计算机已广泛应用于自动控制和测量等领域。控制系统中采用计算机要加工处理的信号可分为模拟量（Analog）和数字量（Digit）。

大多数系统和工业生产过程中，传感器所检测的信号如温度、压力、流量、速度、湿度等物理量都是随时间连续变化的模拟量，而从键盘输入的字符代码、送往磁盘存储的文件信息是以二进制表示的数字量。

为了能用计算机对模拟量进行采集、加工和输出，需要把模拟量转换成便于计算机存储和加工的数字量（称 A/D 转换）；经过计算机处理后的结果输出为数字量，要对外部设备实现控制必须将其转换成模拟量（称 D/A 转换）。

微机测控系统的组成如图 14-1 所示。A/D 转换器位于微机控制系统的前向通道，D/A 转换器位于微机控制系统的后向通道。

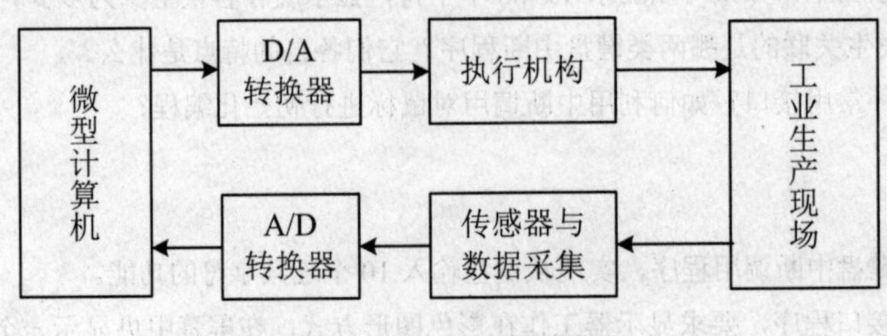

图 14-1　微机测控系统框图

A/D、D/A 转换器按照可处理数据的位数不同分为 8 位、10 位和 12 位转换器；按转换器的输出方式分为电流输出型和电压输出型两种。其中电流输出型的建立时间快，通常为几十纳秒，而电压输出型的建立时间则需要几百纳秒。

若将能实现 A/D 与 D/A 转换的相关器件集中做在一块接口电路板上，称为模拟量输入输出通道。

主要由以下几个部件组成：

（1）传感器（也称变送器）。其作用是把外部的物理量（如声音、温度、压力、流量等）转换成电流或电压信号。

（2）A/D 转换器（Analog Digit Converter，ADC）。是输入通道的核心部件，其作用是将电压表示的模拟量转换成数字量，并送计算机进行相应处理。A/D 转换器输入的模拟信号通常有单极性 0～5V、0～10V、0～20V，双极性±2.5V、±5V、±10V 等几种典型电压范围。

（3）信号处理部件。传感器输出的信号通常比较微弱，需要经过放大才能获得 ADC 所要求的输入电平范围。此外，安装在现场的传感器及其传输线路容易受到干扰信号的影响，因此，还需加入滤波电路，滤去干扰信号。完成上述功能的就是信号处理部件。

（4）多路开关（Multiplexer）。实际控制现场需要监测或控制的模拟量往往多于一个，许多模拟量变化缓慢，这时可以使用多路模拟开关，轮流接通其中的一路，使多个模拟信号共用一个 ADC 进行 A/D 转换。

（5）采样/保持器（Sample Holder）。进行 A/D 转换需要一定时间，同时模拟信号随时间也在不断地变化。如在一次转换期间，输入的模拟量有较大的变化，那么转换得到的结果会产生误差，甚至发生错误。

A/D 转换期间保持输入信号不变的电路称为采样/保持电路。转换开始之前，采样/保持电路采集输入信号（称为采样），转换进行过程中，它向 A/D 转换器保持固定的输出（称为保持）。如果处理的是缓慢变化的模拟量，采样/保持电路可以省去不用。

（6）D/A 转换器（Digit Analog Converter，DAC）。D/A 转换器的功能是将成数字量转换成模拟量输出。

14.2　典型 D/A 转换器芯片

14.2.1　D/A 转换器的工作原理和主要参数

D/A 转换是采用电阻解码网络，将 N 位数字量逐位转换成模拟量并求和，从而将 N 位数字量转化为模拟量。由于数字量不是连续的，其转换后的模拟量自然就不是连续的。同时由于计算机每次输出数据和 D/A 转换器进行转换需要一定的时间，因此实际上 D/A 转换器输出的模拟量随时间的变化曲线不是连续的，而是呈阶梯状。

1. D/A 转换器的工作原理

D/A 转换器进行一次数字量到模拟量的转换所需时间称为 D/A 转换时间，一般在 500ns 左右。为保存由计算机送来的数字信号，通常还需配置一个“数据寄存器”，向 D/A 转换器提供稳定的数字信号。

D/A 转换器的模拟量输出与参考量以及二进制数成比例。一般情况下可用下面的式子表示模拟量输出和参考量及二进制数的关系：

$$X = K \times V_{REF} \times B$$

式中X为模拟量输出，K为比例常数，V_{REF}为参考量（电压或电流），B为待转换的二进制数（通常为8位、12位等）。

通过D/A转换器进行D/A转换就是按一定的解码方式将数字量转换成模拟量。解码方式主要有以下两种。

（1）二进制加权电阻网络型D/A转换器。

二进制加权电阻网络型D/A转换器结构如图14-2所示。该电路由权电阻（产生二进制权电流的电阻网络）、位切换开关（K_1～K_n）、反馈电阻和运算放大器等组成。

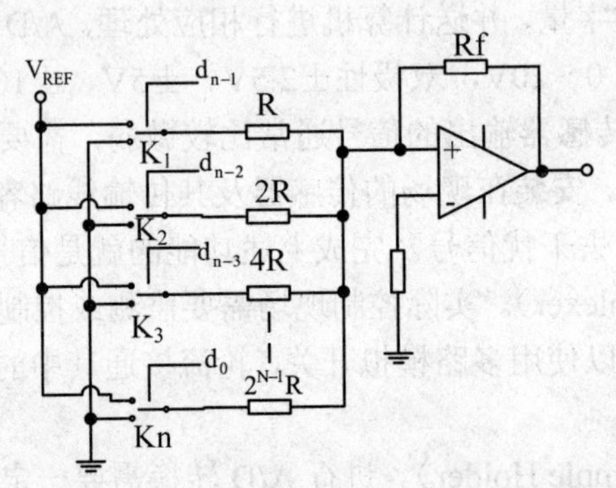

图14-2 二进制加权电阻网络型D/A转换器

图14-2中，d_0~d_{n-1}是被转换的二进制数字量，在DAC内部用来控制位切换开关，取“0”时位开关断开，该位无电流输入；取“1”时开关合上，该位有电流输入。

二进制加权电阻网络型D/A转换器的工作原理分析如下：

每一位切换开关由相应位的二进制数控制，当控制某一个切换开关的二进制数为“1”时，相应切换开关从接地方式转到闭合方式，参考电压接入电阻网络，该位的权电流流向求和点；而当控制某一位切换开关的二进制数为“0”时，切换开关保持接地或从闭合转到接地，该位无权电流流向求和点。这样，电阻网络就把参考电压转换成相应的电流，并将其求和后经放大器放大输出。

由权电流来表示每位的权，而权电流由权电阻限制其大小，如果最高位的权电阻为R，其余位依次为2R、4R、8R、…2^{N-1}R，这样权电流将分别是V/R、V/2R、V/4R、…。

当N位二进制数控制相应的模拟开关接向参考电压V_{REF}或地时，总输出电流是：

$$I_{OUT} = V_{REF}\sum_{i=1}^{N}\frac{D_i 2^i}{2^{i-1}R}$$

式中D_i2^i为第i位的二进制数。

通过以上分析可知，由二进制加权电阻网络可进行D/A转换，将二进制数表示的数字量转换成模拟量的电流输出。

二进制加权电阻网络实现的D/A转换适用于8位数字的处理。若二进制位数超过8位，会造成加权电阻阻值差别很大。如取R＝10kΩ，则第8位权电阻$2^7R = 2^7 \times 10k\Omega = 1.28M\Omega$，如选参考电压$V_{REF}$=10V，则该位二进制数为1时权电流为10V/1.28MΩ=7.8μA，这样小的电流变化通常早已被噪声所淹没。若选择R很小，将导致总电流太大，转换芯片的总体功耗过大，因此，对于位数较多的 D/A 转换，这种方法不太适用，可采用梯形电阻网络。

（2）梯形电阻网络 D/A 转换器。

梯形电阻网络 D/A 转换器结构如图 14-3 所示。该网络中仅有 R 和 2R 两种电阻，切换开关的工作原理与二进制加权电阻网络 D/A 转换工作原理相同。

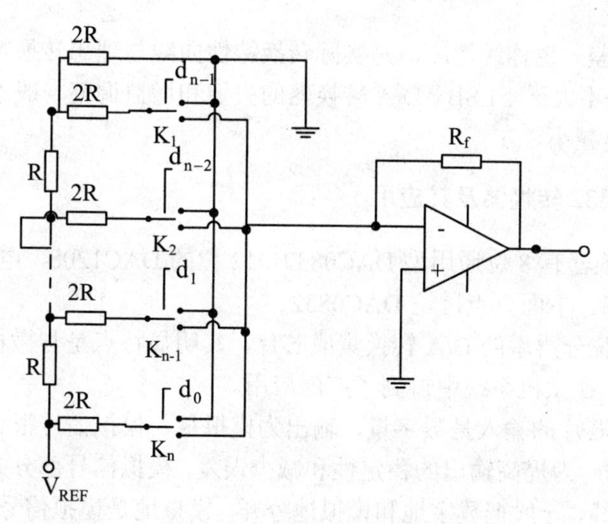

图 14-3　梯形电阻网络 D/A 转换器的结构

D/A 转换的输出总电流为：

$$I_{OUT} = -B \times \frac{V_{REF}}{R \times 2^n}$$

其中 B 为：

$$B = b_{n-1}2^{n-1} + b_{n-2}2^{n-2} + ... + b_0 2^0$$

$b_0.....b_{n-1}$ 为 N 位二进制数。

如果以电压形式输出（设 R_f=R）则有：

$$V_{OUT} = -B \times \frac{V_{REF}}{2^n}$$

2. D/A 转换器的主要参数

描述 D/A 转换器的主要性能指标通常采用以下的参数。

（1）绝对精度。D/A 转换器的实际输出与理论满刻度输出之间的差异，一般应低于最低有效位一半的电压即 1/2LSB（Least Significant Bit），它是由 D/A 的增益误差、失调误差（零点误差）、线性误差和噪声等综合引起的。精度反映了 D/A 转换的总误差。

（2）相对精度。在满量程已校准的情况下，在量程范围内，任意二进制数的模拟量输出与理论值输出的差值，一般用相当于数字量最低位数的多少来表示，如＞1LSB 或±1/2LSB 等。

（3）分辨率。当输入数字量发生单位数码变化（即最低有效位 1LSB）时所对应输出模拟量的变化量。实际应用中，分辨率通常用二进制位数来表示，如 8 位 DAC 能给出满量程电压的 $1/2^8$ 的分辨能力。LSB 表示 A/D 转换器的分辨能力。

（4）建立时间。当 D/A 转换器的输入数据发生变化后，输出模拟量达到稳定数值，即进入规定的精度范围内所需要的时间。也称电流建立时间，电流型的 D/A 转换较快，电压型的

D/A 转换器响应时间较慢。

（5）温度系数。D/A 转换器的各项性能指标一般在环境温度为25℃下测定。环境温度的变化会对 D/A 转换精度产生影响，这一影响分别用失调温度系数、增益温度系数和微分非线性温度系数来表示。这些系数的含义是当环境温度变化1℃时该项误差的相对变化率，单位是 $\times10^{-6}$/℃。

（6）非线性误差。也称线性度，是实际转换特性曲线与理想转换特性曲线之间的最大偏差。一般要求此误差不大于±LSB。D/A 转换器的失调和增益调整一般不能完全消除非线性误差，但可以使之显著减小。

14.2.2 DAC0832 转换器及其应用

典型的 D/A 转换器有 8 位通用型 DAC0832，12 位的 DAC1208，电压输出型 AD558 和多路输出型 AD7528 等。下面重点讨论 DAC0832。

DAC0832 是 8 位分辨率的 D/A 转换集成芯片，其明显特点是与微机连接简单、转换控制方便、价格低廉等，在微机系统中得到了广泛应用。

由于 D/A 转换芯片的输入是数字量，输出为模拟量，模拟信号很容易受到电源和数字信号的干扰而引起波动。为提高输出的稳定性和减少误差，模拟信号部分必须采用高精度基准电源 V_{REF} 和独立的地线，一般把数字地和模拟地分开。模拟地是模拟信号及基准电源的参考地，其余信号如工作电源地、数据、地址、控制等数字逻辑地的参考地都是数字地。D/A 转换器的输出一般都要接运算放大器，微小信号经放大后才能驱动执行机构的部件。

DAC0832 主要技术指标如下：

- 分辨率为 8 位。
- 输出电流稳定时间，即转换速度约为 1μs。
- 非线性误差为 0.20%FSR。
- 温度系数为 2×10^{-6}/℃。
- 工作方式为双缓冲、单缓冲和直通方式。
- 逻辑输入与 TTL 电平兼容。
- 功耗为 20mW。
- 单电源供电，电源范围为+5～+15V。

1. DAC0832 的内部结构

DAC0832 内部结构如图 14-4 所示，由 8 位输入锁存器、8 位 DAC 寄存器、8 位 DAC 转换器及转换控制电路构成，DAC 转换器采用梯型电阻网络。

2. DAC0832 引脚功能

DAC0832 的外部封装为 20 脚双列直插式，如图 14-5 所示。

各引脚功能分析如下：

- DI_0～DI_7：8 位数字量输入信号。
- $\overline{CS}$：输入寄存器的选择信号，低电平有效。
- ILE：数据锁存允许信号，高电平有效。
- $\overline{WR1}$、$\overline{WR2}$：前者为输入寄存器“写”选通信号，低电平有效。后者为 DAC 寄存器“写”选通信号。

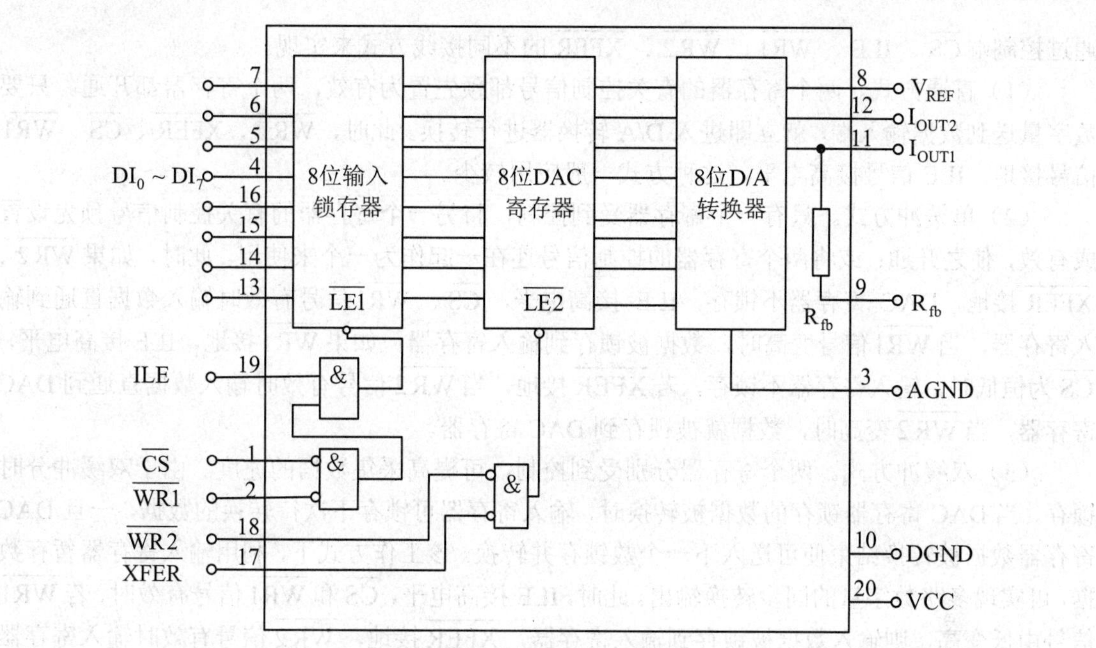

图 14-4 DAC0832 内部结构

引脚	引脚号	引脚号	引脚
$\overline{CS}$	1	20	VCC
WR1	2	19	ILE
AGND	3	18	$\overline{WR2}$
DI_3	4	17	$\overline{XFER}$
DI_2	5	16	DI_4
DI_1	6	15	DI_5
DI_0	7	14	DI_6
V_{REF}	8	13	DI_7
R_{fb}	9	12	I_{OUT2}
DGND	10	11	I_{OUT1}

DAC 0832

图 14-5 DAC0832 引脚

- $\overline{XFER}$：数据转移控制信号，用来控制 $\overline{WR2}$，低电平有效。
- I_{OUT1}：电流输出引脚 1 端，此电流输出端为是“1”的各位权电流汇集输出端。当 DAC 寄存器全为“1”时，此电流最大，当 DAC 寄存器全为“0”时，此电流为“0”。
- I_{OUT2}：电流输出引脚 2 端，此电流输出端为是“0”的各位权电流汇集输出端。当 DAC 寄存器各位全为“0”时，此电流最大，反之为“0”。
- R_{fb}：反馈信号输入端，芯片内已连接有反馈电阻。
- V_{REF}：基准电压输入端，可在-10～+10V 范围内选择。
- AGND、DGND：模拟地和数字地，为防止串扰，系统模拟地应共接于一点，系统数字地汇总于一点，然后两地再共接于一点。
- VCC：工作电源，可在+5V～+15V 间选择。

3. DAC0832 的工作方式

DAC0832 内部有两个寄存器，具有直通方式、单缓冲方式和双缓冲方式 3 种工作方式，

通过控制端 $\overline{CS}$、ILE、$\overline{WR1}$、$\overline{WR2}$、$\overline{XFER}$ 的不同接线方式来实现。

（1）直通方式。两个寄存器的有关控制信号都预先置为有效，两个寄存器都开通。只要数字量送到数据输入端，就立即进入 D/A 转换器进行转换。此时，$\overline{WR2}$、$\overline{XFER}$、$\overline{CS}$、$\overline{WR1}$ 信号接地，ILE 信号接高电平，这种方式一般应用较少。

（2）单缓冲方式。只有一个寄存器受到控制，将另一个寄存器的有关控制信号预先设置成有效，使之开通；或将两个寄存器的控制信号连在一起作为一个来使用。此时，如果 $\overline{WR2}$、$\overline{XFER}$ 接地，DAC 寄存器不锁存，ILE 接高电平，$\overline{CS}$、$\overline{WR1}$ 信号有效时输入数据直通到输入寄存器，当 $\overline{WR1}$ 信号变高时，数据被锁存到输入寄存器；如果 $\overline{WR1}$ 接地，ILE 接高电平，$\overline{CS}$ 为恒低时，输入寄存器不锁存，若 $\overline{XFER}$ 接地，当 $\overline{WR2}$ 信号有效时输入数据直通到 DAC 寄存器，当 $\overline{WR2}$ 变高时，数据就被锁存到 DAC 寄存器。

（3）双缓冲方式。两个寄存器分别受到控制，可提高采集数据的速度。由于双缓冲分时锁存，当 DAC 寄存器锁存的数据被转换时，输入寄存器可锁存下次待转换的数据，一旦 DAC 寄存器数据被转换结束便可送入下一个数锁存并转换。该工作方式下，利用输入寄存器暂存数据，可实现多路数字量的同步转换输出。此时，ILE 接高电平，$\overline{CS}$ 和 $\overline{WR1}$ 信号有效时，若 $\overline{WR1}$ 信号由低变高，则输入数据被锁存到输入寄存器，$\overline{XFER}$ 接地，$\overline{WR2}$ 信号有效时输入寄存器的数据直通 DAC 寄存器，当 $\overline{WR2}$ 信号变高时，DAC 寄存器就将直通数据进行锁存。

4. DAC0832 的输出

DAC0832 输出为电流形式，当需要输出电压形式时，必须外接运算放大器。如图 14-6 所示。

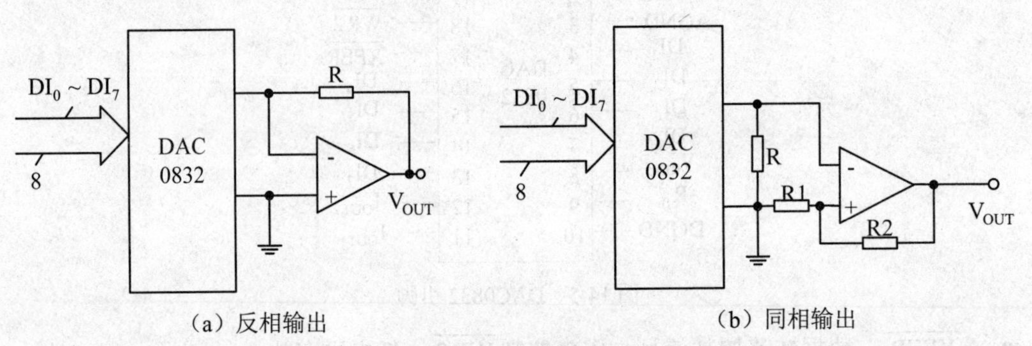

（a）反相输出 （b）同相输出

图 14-6 DAC0832 的输出

根据输出电压的极性不同，DAC0832 分为单极性输出和双极性输出两种方式。

（1）单极性输出。如图 14-7 所示，V_{REF} 可接±5V 或±10V 参考电压，当接+5V（或-5V）时，输出电压范围是-5～0V（或 0～+5V）；当接+10V（或-10V）时，输出电压范围是-10～0V 或（0～+10V）。

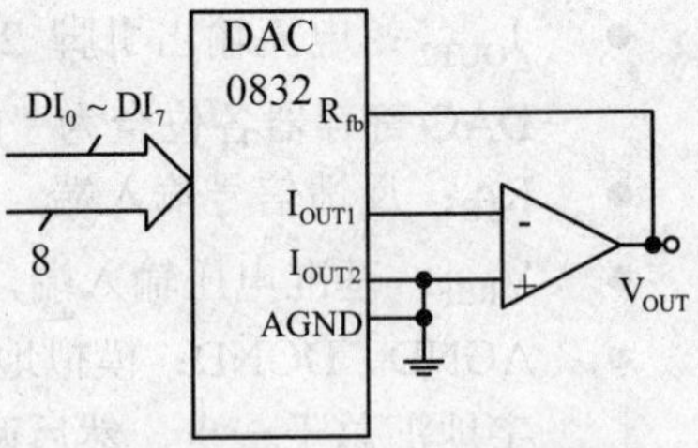

若输入数字为 0～255，则输出为：

$$V_{OUT} = -\frac{V_{REF} \times B}{256}$$

图 14-7 DAC0832 的单极性输出

式中 B 为输入的二进制数，范围为 0～255。D 为输入数字量十进制值。因为转换结果 I_{OUT1} 接运算放大器的反相端，所以式中有一个负号。若 V_{REF}=+5V，D=0～255（00H～FFH）时，V_{OUT}=-（0～4.98）V。

通过调整运算放大器的调零电位器，可对 D/A 芯片进行零点补偿。通过调节外接于反馈回路的电位器可调整满量程。

（2）双极性输出。如图 14-8 所示，输出电压表达式为：

$$V_{OUT} = -(128 - B) \times \frac{V_{REF}}{256}$$

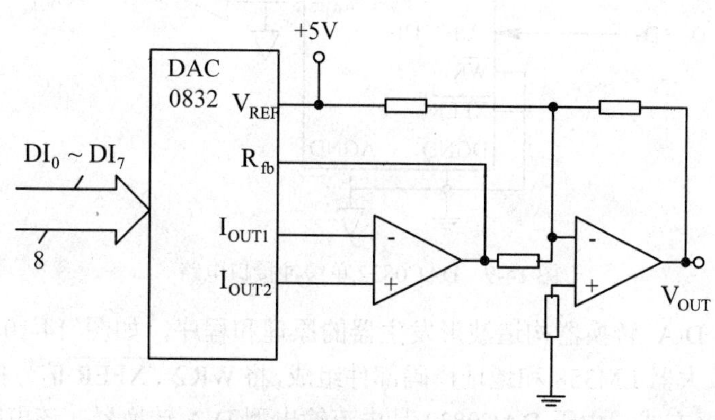

图 14-8　DAC0832 双极性输出

若 V_{REF}=+5V，当 D=0 时，V_{OUT1}=0，V_{OUT}=-5V；当 D=128（80H）时，V_{OUT1}=-2.5 V，V_{OUT}=0；当 D=255（FFH）时，V_{OUT1}=-4.98V，V_{OUT}=4.96。

5. DAC0832 芯片与微机接口电路的设计

选择和使用 D/A 转换器时要注意以下几点：

（1）合理选择 DAC 芯片，要满足系统要求的 D/A 转换器分辨率和工作温度范围；然后根据 DAC 芯片的结构和应用持性选择 D/A 转换器，使接口的外围电路简单、使用方便。

（2）设计和连接接口，具有三态输入数据寄存器的 DAC 芯片可直接与计算机 I/O 插槽上的数据总线相接，同时，要为 D/A 转换器配置一个端口地址。

（3）配置参考电源，若 D/A 芯片无参考电源，则需外接。参考电压工作应该稳定、可靠，温度漂移要小。

DAC 芯片作为一个输出设备接口电路，与主机的连接比较简单，主要是处理好数据总线的连接。

DAC0832 工作在直通方式时是一个不带锁存功能的 DAC 芯片，而工作在缓冲方式时带有一级或两级锁存器，图 14-9 为 DAC0832 在单缓冲工作方式下的一种连接电路图。

对应于图 14-9，要实现一次 D/A 转换可执行下面的程序段，该程序中假设要转换的数据存于 BUF 单元。

```
MOV   AL,BUF          ;取数字量
MOV   DX,端口地址
OUT   DX,AL           ;输出，进行 D/A 转换
```

若要求 DAC 有更高的分辨率时，应采用 10、12 甚至 16 位的 DAC 芯片。如果仍采用 8 位，则被转换的数据必须分几次送出。同时，还需要多个锁存器来锁存分几次送来的完整的数字量。

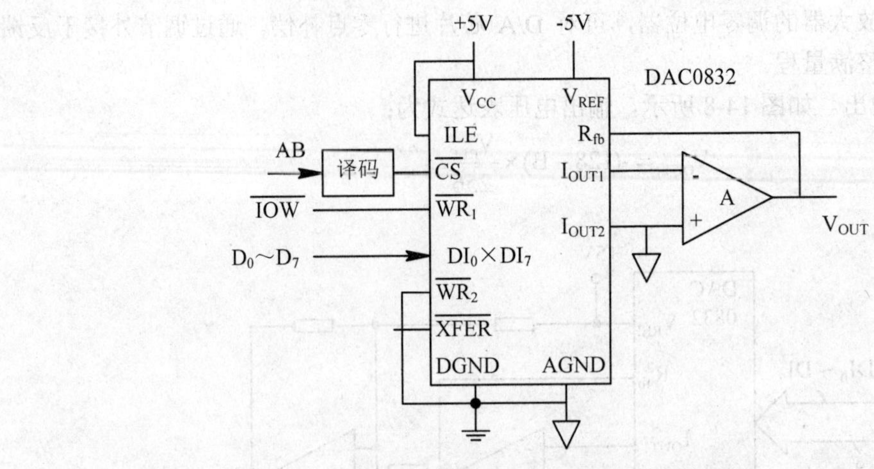

图 14-9 DAC0832 单缓冲接口电路

下面分析使用 D/A 转换器构造波形发生器的原理和程序，如图 14-10 所示。该电路由 DAC0832、双运算放大器 LM358 和地址译码部件组成，将 $\overline{WR2}$、$\overline{XFER}$ 信号接地，使 DAC0832 工作在单缓冲寄存器方式。由于 DAC0832 是电流输出型 D/A 转换器，该电路需要电压输出，故通过接入双运算放大器 LM358 将 D/A 转换后输出的电流转换为电压输出。

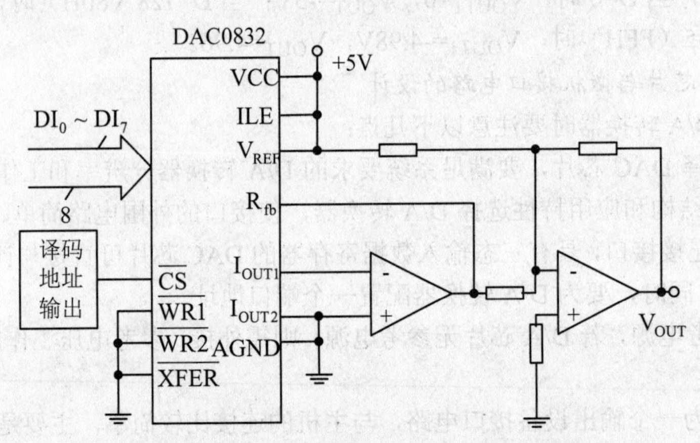

图 14-10 采用 DAC0832 构造的波形发生器

设定地址译码输出端口为 360H，该电路可输出 3 种波形，分别描述如下：

- 矩形波：在 DAC0832 的数据输入端持续 256 次送数据 0，然后 256 次送数据 FFH，依次重复处理，DAC0832 就可输出一个矩形波。
- 梯形波：给 DAC0832 持续 256 次送数据 0，然后逐次加 1 直到 255，然后持续 256 次，接着将 255 逐次减 1，依次重复处理，DAC0832 就可输出一个梯形波。
- 三角波：给 DAC0832 持续 256 次送数据 0，然后逐次加 1 直到 255，接着将 255 逐次减 1 到 0，依次重复，DAC0832 就可输出一个三角波。

产生以上 3 种波形的程序编制如下：

（1）输出矩形波的程序段如下：

```
      MOV   DX,360H                  ;设定地址译码输出端口
DD0: MOV   CX,0FFH
```

```
        MOV  AL,00
  DD1:  OUT  DX,AL                        ;向 D/A 转换器送数据 0
        LOOP  DD1                         ;循环 256 次,形成矩形波的低电平
        MOV  CX,0FFH
        MOV  AL,0FFH
  DD2:  OUT  DX,AL                        ;向 D/A 转换器送数据 255
        LOOP DD2                          ;循环 256 次,形成矩形波的高电平
        JMP  DD0                          ;重复上述的过程,形成多个矩形波
```

（2）输出梯形波的程序段如下：

```
        MOV  DX,360H                      ;设定地址译码输出端口
        MOV  CX,0FFH
        MOV  AL,00
  DD1:  OUT  DX,AL                        ;向 D/A 转换器送数据 0
        LOOP DD1                          ;循环 256 次,形成梯形波的下底
        MOV  CX,0FFH
  DD2:  INC  AL                           ;循环加 1,以形成上升斜波
        OUT  DX,AL                        ;送 D/A 转换器处理
        LOOP DD2
        MOV  CX,0FFH
  DD3:  OUT  DX,AL                        ;输出上底
        LOOP DD3
        MOV  CX,0FFH
  DD4:  DEC  AL
        OUT  DX,AL                        ;输出下降波
        LOOP DD4
        JMP DD1
```

（3）输出三角波的程序段如下：

```
        MOV DX,360H                       ;设定地址译码输出端口
  DD0:  MOV  CX,0FFH
        MOV AL,00
  DD1:  OUT  DX,AL                        ;向 D/A 转换器送数据 0
        INC  AL
        LOOP DD1                          ;循环形成上升斜波
        MOV  CX,0FFH
  DD2:  DEC  AL
        OUT DX,AL
        LOOP DD2                          ;循环形成下降斜波
        JMP  DD0
```

从上面程序可以看出，三角波、锯齿波的周期取决于每一位的输出时间，而每一位的输出时间决定于时间常数 N。

14.3 典型 A/D 转换器芯片

A/D 转换器可把模拟量电压转换为数字量电压。模拟信号的大小随时间不断变化，为了通过转换得到确定的值，对连续变化的模拟量要按一定规律和周期取出其中的某一瞬时值进行转

换，这个值称为采样值。香农定理规定：采样频率一般要高于或至少等于输入信号最高频率的2倍，实际应用中采样频率可达信号最高频率的4～8倍。对于变化较快的输入模拟信号，A/D转换前可采用采样保持器，使得在转换期间保持固定的模拟信号值。

相邻两次采样的间隔时间称采样周期。为了使输出量能充分反映输入量的变化情况，采样周期要根据输入量变化的快慢来决定，而一次A/D转换所需要的时间显然必须小于采样周期。

将模拟量表示为相应的数字量称为量化。数字量的最低位即最小有效位1LSB，与此相对应的模拟电压称为一个量化单位，如果模拟电压小于此值就不能转换为相应的数字量。量化得到的数值通常用二进制表示，对有正负极性（双极性）的模拟量一般采用偏移码表示，数值为负时符号位为0，为正时符号位为1。例如，8位二进制偏移码10000000代表数值0，00000000代表负电压满量程，11111111代表正电压满量程。

14.3.1 A/D转换器的工作原理和主要参数

1. A/D转换器的分类及工作原理

A/D转换器如果按照输入模拟量的极性分类，可以分为单极型和双极型两种；如果按照输出数字量分类，可以有并行方式、串行方式及串/并行方式；如果按A/D转换器的转换原理分类，可以分为积分型、逐次逼近型和并行转换型。

下面介绍最常用的逐次逼近型A/D转换器工作原理，如图14-11所示。

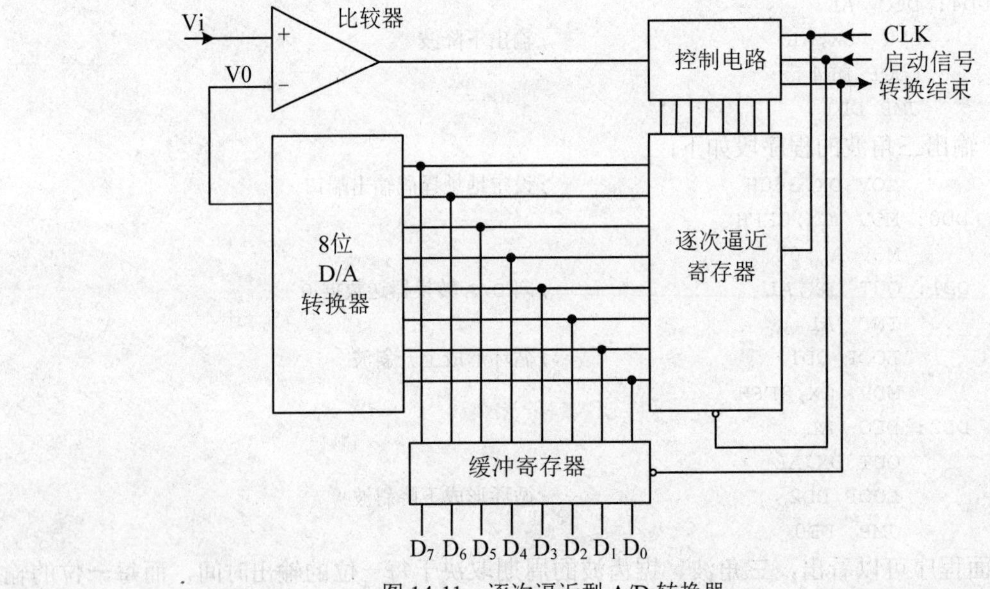

图14-11 逐次逼近型A/D转换器

其组成模块主要有D/A转换器、逐次逼近比较寄存器、比较器、置数选择逻辑电路和控制电路等。

工作时，置数选择逻辑电路给逐次逼近比较寄存器置数，经D/A转换器转换成模拟量并和输入的模拟信号比较，当输入模拟电压大于或等于D/A转换器的输出电压时，比较器置“1”，否则置“0”。置数选择逻辑电路根据比较器的结果修正逐次逼近比较寄存器的数值，使所置数据转换后得到的模拟电压逐渐逼近输入电压，经过 N 次修改后，逐次逼近比较寄存器中的数值就是 A/D 转换的最终结果。

逐次逼近型 A/D 转换器的主要特点是：

（1）转换速度较快，转换时间在 1～100μs，分辨率可达 18 位，特别适用于高精度和高频信号的 A/D 转换。

（2）转换时间固定，不随输入信号的大小而变化。

（3）抗干扰能力不如双积分型 A/D 转换器。模拟信号输入采样过程中，若在采样时刻一个干扰脉冲迭加在模拟信号上，则采样时，干扰信号被采样和转换为数字量，这就会造成较大的误差，所以需要采取适当的滤波措施。

这类典型芯片主要有 ADC0809、ADCl210、AD574 等，逐次逼近型 A/D 转换器是目前应用较多的 A/D 转换器芯片。

2. A/D 转换器的主要性能参数

A/D 转换器的主要性能参数有以下几个方面：

（1）分辨率。反映了 A/D 转换器对输入微小变化的响应能力，通常用数字量最低位（LSB）所对应的模拟输入电平值表示。由于分辨率直接与转换器的位数有关，所以也可简单地用数字量的位数来表示分辨率。习惯上以输出二进制位数或 BCD 码位数表示分辨率，如一个输出为 8 位二进制数的 A/D 转换器，称其分辨率为 8 位；还可用百分数来表示，如 8 位 A/D 转换器的分辨率百分数为(1/256)×100%=0.39%。

（2）精度。采用绝对误差和相对误差来表示。绝对误差等于实际转换结果与理论转换结果之差，常以数字量的最小有效位的分数值表示。如±1LSB、±1/2LSB、±1/4LSB 等；相对误差指整个转换范围内任一数字量所对应的模拟输入量实际值与理论值之差，用模拟电压满量程百分比表示。如满量程为 10V、10 位 A/D 芯片，若绝对精度为±1/2LSB，则量化单位△=9.77mV，其绝对精度为 1/2△=4.88mV，其相对精度为 4.88mV/10V=0.048%。

通常表示误差的指标还可分为以下几类：

- 失调误差。也称零点误差，指当输入模拟量从 0 逐渐增长使输出数字量从 0 跳至 1 时，输入模拟量实际数值与理想的模拟量数值（即 1LSB 的对应值）之差。反映了 A/D 转换器零点偏差，一定温度下的失调误差可通过电路调整来消除。
- 增益误差。当输出数字量达到满量程时，所对应的输入模拟量与理想的模拟量数值之差，称增益误差或满量程误差，一定温度下的增益误差也可通过电路调整来消除。
- 非线性误差。指实际转换特性与理想转换特性之间的最大偏差，可能出现在转换曲线的某处，此项误差不包括量化误差、失调误差和增益误差。它不能通过电路的调整来消除。
- 微分非线性误差。在 A/D 转换曲线上，实际台阶幅度与理想台阶幅度（即理论上的 1LSB）之差，称微分非线性误差。若此误差超过 1LSB 就会出现丢失某个数字码的现象。

上述几项误差中，如果失调误差和增益误差能得到完全补偿，那么只需考虑后两项非线性误差。精度所对应的误差指标中未包括量化误差，因此，实际总误差还要把量化误差考虑在内。

（3）转换时间。完成一次 A/D 转换所需的时间，即由发出转换命令信号到转换结束信号开始有效的时间间隔。转换时间的倒数称转换速率。如 AD574 的转换时间为 25μs，其转换速率为 40kHz。

（4）温度系数。表示 A/D 转换器受环境温度影响的程度，一般采用环境温度变化 1℃所产生的相对转换误差来表示，以（$\times 10^{-6}$/℃）为单位。

（5）量程。指所能转换的模拟输入电压范围，分单极性、双极性两种类型。单极性常见量程为 0～5V，0～10V，0～20V；双极性量程通常为-5～+5V，-10～+10V。

（6）逻辑电平及方式。多数 A/D 转换器输出的数字信号与 TTL 电平兼容，以并行方式输出。在考虑数字量输出与微处理器的数据总线接口时，应注意是否能够三态输出，是否需要对数据进行锁存等。

（7）工作温度范围。由于温度会对比较器、运算放大器、电阻网络等产生影响，A/D 转换器的工作温度范围一般为 0～70℃，军用品为-55℃～+125℃。

14.3.2 ADC0809 转换器及其应用

ADC0809 是 8 位、8 通道逐次逼近式 A/D 转换器，由美国 NS 公司生产。片内有 8 路模拟开关，可以同时连接 8 路模拟量，单极性，量程为 0～5V。典型的转换速度为 100μs。片内有三态输出缓冲器，可以直接与微机总线相连接。该芯片有较高的性能价格比，适用于对精度和采样速度要求不高的场合或一般的工业控制领域。由于其价格低廉，便于与微机连接，因而应用十分广泛。

1. ADC0809 的结构及工作原理

ADC0809 采用单一的+5V 电源供电，外接工作时钟为 500kHz 时，转换时间大约为 128ms，工作时钟为 640kHz 时，转换时间大约为 100ms。允许模拟输入为单极性，无需零点和满刻度调节，内部有 8 个锁存器控制的模拟开关，可以通过编程选择 8 个通道中的任一个。

ADC0809 的逻辑结构如图 14-12 所示，其内部由 256R 电阻分压器、树状模拟开关（这两部分组成一个 D/A 变换器）、电压比较器、逐次逼近寄存器、逻辑控制和定时电路组成。其基本工作原理是采用对分搜索方法逐次比较，找出最逼近于输入模拟量的数字量。电阻分压器需外接正负基准电源 VREF（+）和 VREF（-）。CLOCK 端外接时钟信号，A/D 转换器的启动由 START 信号控制，转换结束时控制电路将数字量送入三态输出锁存器锁存，并产生转换结束信号 EOC。

ADC0809 模拟输入部分由 8 选 1 多路开关、地址锁存与译码逻辑组成。从 IN_0～IN_7 引脚输入 8 路单端模拟信号，由三位地址输入 ADDA、ADDB、ADDC 译码选择 8 路中的 1 路输入，ALE 为高电平时，3 个地址信号被锁存。A/D 变换器部分由逐次逼近寄存器 SAR（8 位）、比较器、电阻网络等控制逻辑组成。基准电压输入有 VREF（+）和 VREF（-），它们决定了输入模拟电压的最大值和最小值。对转换精度要求不高时，可以简单地把 VREF（+）接到 Vcc（+5V）电源上，VREF（-）接 GND（地）。为避免数字脉冲信号对基准电源的干扰，应设置独立的 VREF（+）和 VREF（-），不连接到 Vcc 和 GND 上，但加在两个引脚的电压必须满足条件：

VREF（+）+VREF（-）=Vcc，偏差值≤±0.1V

Vcc≥VREF（+）≥VREF（-）≥0

三态门输出锁存器用来保存 A/D 转换结果，当输出允许信号 OE 有效时，打开三态门，输出 A/D 转换结果。由于输出有三态门，所以便于与微机总线连接。

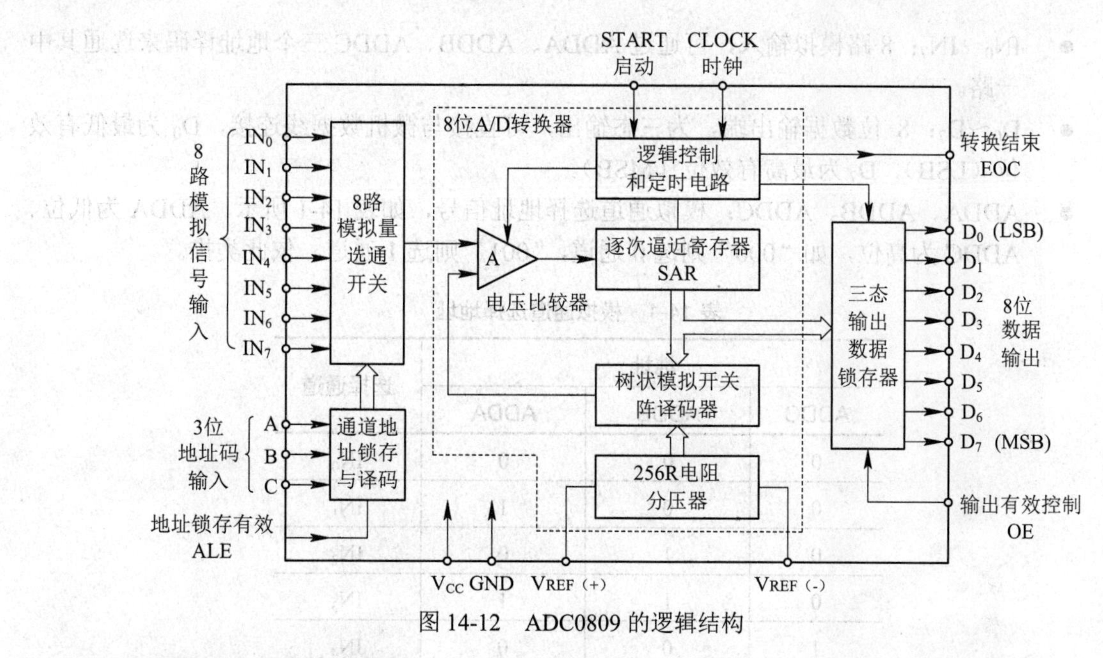

图 14-12　ADC0809 的逻辑结构

2. ADC0809 主要技术指标

（1）分辨率为 8 位。

（2）总的非调整误差为±1 LSB。

（3）增益温度系数为 0.02%。

（4）低功耗电量，为 20mW。

（5）单电源+5 V 供电，基准电压由外部提供，典型值为+5 V，此时允许模拟量输入范围为 0～5 V。

（6）转换速度约 1μs，转换时间为 100μs（时钟频率为 640 Hz）。

（7）具有锁存控制功能的 8 路模拟开关，能对 8 路模拟电压信号进行转换。

（8）输出电平与 TTL 电平兼容。

3. ADC0809 的引脚功能

ADC0809 引脚如图 14-13 所示。图中信号解释如下：

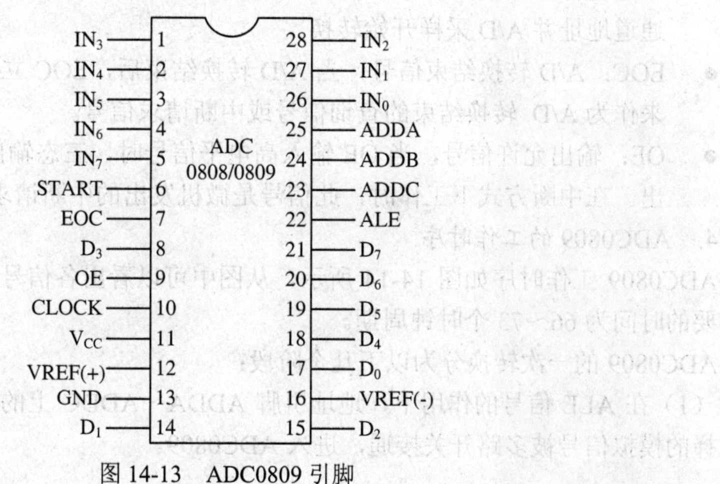

图 14-13　ADC0809 引脚

- IN_0～IN_7：8 路模拟输入，可通过 ADDA、ADDB、ADDC 三个地址译码来选通其中一路。
- D_0～D_7：8 位数据输出端，为三态输出，可直接与微机数据线连接，D_0 为最低有效位（LSB），D_7 为最高有效位（MSB）。
- ADDA、ADDB、ADDC：模拟通道选择地址信号，如表 14-1 所示。ADDA 为低位、ADDC 为高位，如“000”则选 0 通道，“001”则选 1 通道，依此类推。

表 14-1　模拟通道选择地址

地址			选择通道
ADDC	ADDB	ADDA	
0	0	0	IN_0
0	0	1	IN_1
0	1	0	IN_2
0	1	1	IN_3
1	0	0	IN_4
1	0	1	IN_5
1	1	0	IN_6
1	1	1	IN_7

- VREF(+)、+VREF(-)：正负基准电压输入端，电压的典型值分别为+5 V 和 0 V。
- VCC、GND：电源电压输入端和接地端。
- CLOCK：外部时钟输入端，时钟频率典型值 640kHz，允许范围 10～1280kHz。时钟频率降低时，A/D 转换速度也降低。
- START：A/D 转换启动信号，有效信号为正脉冲，在脉冲上升沿 A/D 转换器内部寄存器均被清零，在其下降沿开始 A/D 转换，最小宽度为允许地址锁存信号。
- ALE：地址锁存器允许信号输入端，为高电平时地址信号进入地址锁存器中，送入的通道选择地址便被锁存，使用时该信号可以和 START 信号连在一起，以便同时锁存通道地址并 A/D 采样开始转换。
- EOC：A/D 转换结束信号，当 A/D 转换结束后，EOC 立即输出一正阶跃信号，可用来作为 A/D 转换结束的查询信号或中断请求信号。
- OE：输出允许信号，当 OE 输入高电平信号时，三态输出锁存器将 A/D 转换结果输出。在中断方式下工作时，此信号是微机发出的中断请求响应信号。

4. ADC0809 的工作时序

ADC0809 工作时序如图 14-14 所示，从图中可以看出各信号的时序关系，完成一次转换所需要的时间为 66～73 个时钟周期。

ADC0809 的一次转换分为以下几个阶段：

（1）在 ALE 信号的作用下，地址引脚 ADDA～ADDC 上的信号被锁存，随后由地址引脚选择的模拟信号被多路开关接通，进入 ADC0809。

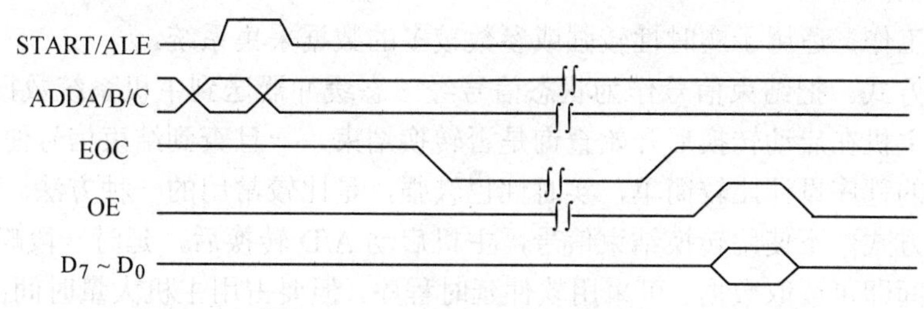

图 14-14　ADC0809 的工作时序

（2）在启动脉冲 START 的作用下，A/D 转换开始。

（3）转换完成后，ADC0809 转换结束信号 EOC 由低电平变为高电平，该信号可以作为状态信号由 CPU 查询，也可以作为中断请求信号通知 CPU 本次 A/D 转换已经完成。

（4）CPU 在查询式 I/O 程序或中断服务程序中执行读 ADC0809 数据端口的指令，该指令经地址译码电路产生高电平的 OE 有效信号，打开输出三态缓冲器，转换结果通过系统数据总线进入 CPU。

5. ADC0809 与微机接口

A/D 转换芯片一般都具有数据输出、启动转换、转换结束、时钟和参考电平等引脚。ADC 芯片与主机的连接就是处理这些引脚的连接问题。

（1）数据输出线的连接。模拟信号经 A/D 转换后向主机送出数字量，故 ADC 芯片相当于给主机提供数据的输入设备。能够向主机提供数据的外设很多，它们的数据线都要连接到主机的数据总线上。为防止总线冲突，任何时刻只能有一个设备发送信息。因此，这些外设的数据输出端必须通过三态缓冲器连接到数据总线上。由于有些外设的数据不断变化，如 A/D 转换的结果会随模拟信号变化而变化，所以，为了能够稳定输出，还必须在三态缓冲器之前加上锁存器，以保持数据不变。因此，大多数向系统数据总线发送数据的设备都设置了锁存器和三态缓冲器。

此外，随着位数的不同，ADC 与微处理机数据总线的连接方式也不同。对于 8 位 ADC，其数字输出端可与 8 位微处理机数据总线相连，然后用一条输入指令一次读出结果。但对于 8 位以上的 ADC 与 8 位微处理机连接必须增加读取控制逻辑，把 8 位以上的数据分两次或多次读取。

（2）A/D 转换启动信号。开始 A/D 转换时必须加一个启动信号，一般有脉冲启动信号和电平控制信号。脉冲信号启动转换时只要在启动引脚加一个脉冲即可，如 ADC0809、AD574 等芯片；电平信号启动转换是在启动引脚上加一个所要求的电平，且在转换过程中须保持这一电平不变。

此外，采用软件也可实现编程启动，通常是在要求启动 A/D 转换的时刻，用一个输出指令产生启动信号。还可利用定时器产生信号，方便地实现定时启动，该方法适合于固定延迟时间的巡回检测等应用场合。

（3）转换结束信号的处理方式。当 A/D 转换结束，ADC 输出一个转换结束信号，通知主机 A/D 转换已经结束，可以读取结果。

主机检查判断 A/D 转换是否结束的方法主要有四种：

- 中断方式。把结束信号作为中断请求信号接到主机的中断请求线上。当转换结束时向 CPU 申请中断，CPU 响应中断后在中断服务程序中读取数据。该方式下 ADC 与 CPU

同时工作，适用于实时性较强或参数较多的数据采集系统。

- 查询方式。把结束信号作为状态信号经三态缓冲器送到主机系统数据总线的某一位上。主机在启动转换后开始查询是否转换结束，一旦查到结束信号便读取数据。该方式的程序设计比较简单，实时性也较强，是比较常用的一种方法。
- 延时方式。不使用转换结束信号，主机启动 A/D 转换后，延时一段略大于 A/D 转换的时间即可读取数据。可采用软件延时程序，但要占用主机大量时间；也可用硬件完成延时。该方式多用于主机处理任务较少的系统中。
- DMA 方式。把结束信号作为 DMA 请求信号，转换结束即启动 DMA 传送，通过 DMA 控制器直接将数据送入内存缓冲区。该方式适合于要求高速采集大量数据的场合。

（4）时钟的提供。时钟是决定 A/D 转换速度的基准，整个转换过程都是在时钟作用下完成的。时钟信号可以由外部提供，用单独的振荡电路产生，或用主机时钟分频得到；也可由芯片内部提供，一般采用启动信号来启动内部时钟电路。

（5）参考电压的接法。当模拟信号为单极性时，参考电压 V_{REF}（-）接地，V_{REF}（+）接正极电源；当模拟信号为双极性时，V_{REF}（+）和 V_{REF}（-）分别接电源的正、负极性端。当然也可以把双极性信号转换为单极性信号再接入 ADC。

根据 A/D 转换芯片的数字输出端是否带有三态锁存缓冲器，与主机的连接可以分为两种方式：第一种是直接相连，主要用于输出带有三态锁存缓冲器的 ADC 芯片，如 ADC0809、AD574 等；第二种是用三态锁存器，如 74LS373/374，或通用并行接口芯片，如 Intel 8255，适用于不带三态锁存缓冲器的 ADC 芯片。

由于 ADC0809 的数据输出端为 8 位三态输出，故数据线可直接与微机的数据线相接，但因为无片选信号线，所以需要相关的逻辑电路与之相匹配。下面讨论 ADC0809 与 CPU 连接的两种方式。

（1）ADC0809 与 CPU 的直接连接。

ADC0809 与系统采用直接连接方法如图 14-15 所示。占用三个 I/O 端口，端口 1 用来向 0809 输出模拟通道号并锁存，端口 2 用于启动转换，端口 3 读取转换后的数据结果。

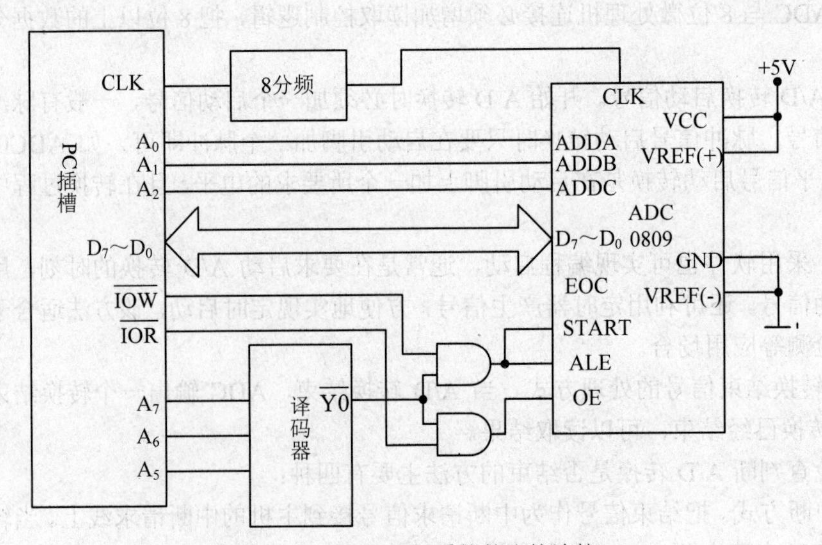

图 14-15 ADC0809 与系统的直接连接

转换程序如下：

```
MOV  AL,07H
OUT  1FH,AL
CALL DELAY 100
IN   AL,1FH
HLT
```

（2）系统通过并行接口芯片 8255A 与 ADC0809 连接。

硬件电路连接如图 14-16 所示。该系统可对 8 路模拟量分时进行数据采集。转换结果采用查询方式传送，除了一个传送转换结果的输入端口外，还需要传送 8 个模拟量的选择信号和 A/D 转换的状态信息。将 8255 的 A 口输入方式设定为方式 0，B 口的 PB_5～PB_7 输出选择 8 路模拟量的地址选通信号，PC_1 输出 ADC0809 的控制信号，PB_0 作为启动信号。由于 ADC0809 需要脉冲启动，所以通过软件编程让 PB_0 输出一个正脉冲，EOC 信号直接接 PC_1。

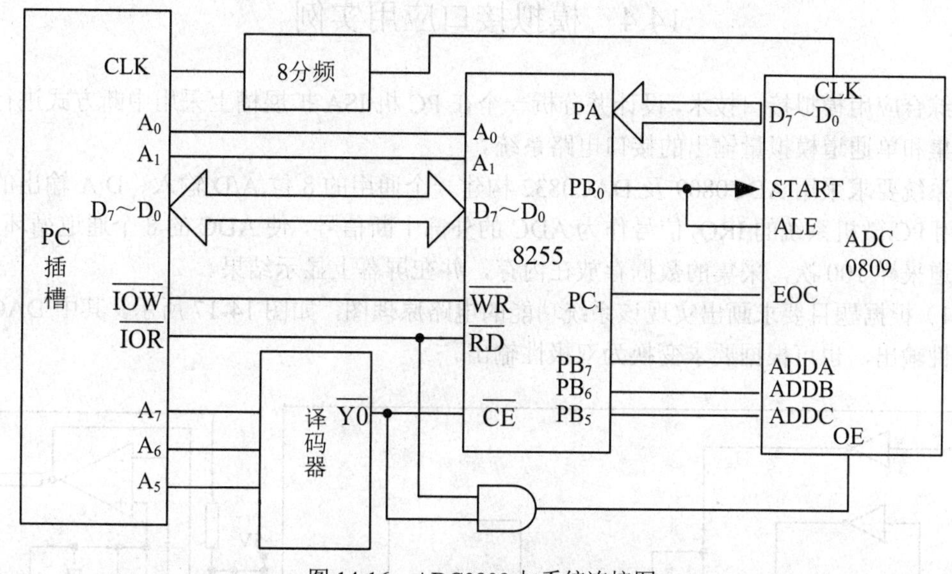

图 14-16　ADC0809 与系统连接图

设定 8255 的 A 口、B 口、C 口及控制口地址分别为 1CH、1DH、1EH 和 1FH，A/D 转换结果的存储区首地址设为 40H，采样顺序从 IN_0 到 IN_7。译码器输出 Y_0 选通 8255，Y_1 输出选通 ADC0809。8255A 可设定 A 口为输入，B 口为输出，均为方式 0。

以查询方式读取 A/D 转换后的结果，程序设计如下：

```
        MOV     DX,1FH              ;8255A 初始化
        MOV     AL,99H
        OUT     DX,AL
        MOV     SI,40H              ;保存数据存储地址
        MOV     CX,08H
        MOV     BH,00H
LOOP1:MOV       BH,08H
        MOV     AL,01H
        MOV     DX,1DH              ;启动 0809，送启动脉冲
```

```
        OUT     DX,AL
        MOV     AL,00H
        OUT     DX,AL
LOOP2:IN        AL,DX
        TEST    AL,1EH              ;查寻 EOC 信号
        JZ      LOOP2
        MOV     DX,1CH              ;读取数据
        MOV     AL,DX
        MOV     [SI],AL
        INC     SI                  ;存储单元加 1
        INC     BH                  ;循环寄存器加 1
        LOOP    LOOP1               ;8 路转换没有结束则继续循环
        HLT
```

14.4 模拟接口应用实例

为综合应用模拟接口技术，设计并分析一个在 PC 机 ISA 扩展槽上采用中断方式进行 8 路数据采集和单通道模拟量输出的接口电路系统。

该系统要求采用 ADC0809 及 DAC0832 构建一个通用的 8 位 A/D 输入、D/A 输出的采集卡，利用 PC 微机系统的 IRQ_2 信号作为 ADC 的外部中断信号，使 ADC 的 8 个通道循环采集，每个通道采样 100 次，采集的数据存放在内存，并在屏幕上显示结果。

（1）根据题目要求画出实现该系统功能的电路原理图，如图 14-17 所示。其中 DAC0832 为单极性输出，也可根据要求变换为双极性输出。

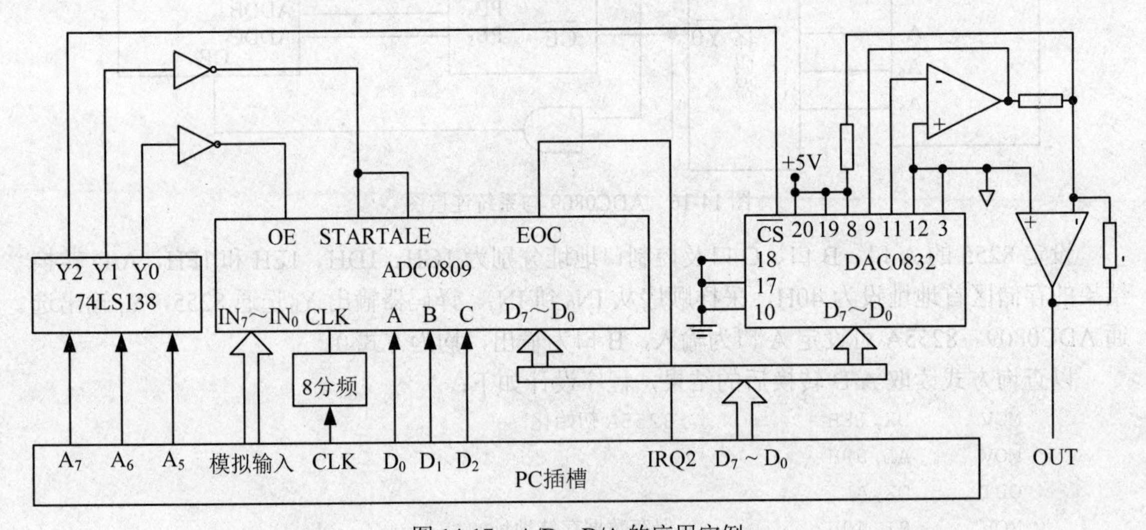

图 14-17 A/D、D/A 的应用实例

（2）设计中断控制位，用于控制 ADC0809 的 EOC 中断申请，CPU 写入中断口 9FH 的数据为 0（用数据总线 D_7 位控制）时，不允许 EOC 申请中断，写数据 80H 时允许 EOC 申请中断。（此部分电路图上省略，读者可自行考虑设计）。

（3）相关的控制端口地址设计为以下内容：

- ADC0809 输出允许（读数据）端口地址为 1FH。
- ADC0809 启动转换端口地址为 3FH。
- 通道地址由数据总线的低 3 位 D_2～D_0 编码产生，将通道选择和启动转换结合起来完成，所以口地址也为 3FH。
- DAC0832 使能地址为 5FH。
- 中断申请端口地址为 9FH。
- 地址译码功能由 74LS138 译码器和相关门电路完成。

（4）由于 D/A 变换程序比较简单，只需向 5FH 端口写一个数据就可以了，所以下面程序是为进行 A/D 变换的数据采集程序。程序中对 8 个通道采集数据，每个通道采集数据 100 个，数据放在 BUFF 开始的存储区。

程序设计如下：

```
      STACK SEGMENT STACK   'STACK'         ;堆栈段
          DW    200   DUP (?)
      STACK ENDS
      DATA  SEGMENT                         ;数据段
          INT0A_OFF  DW ?                   ;保存原中断向量的偏移地址
          INT0A_SEG  DW ?                   ;保存原中断向量的段地址
          BUFF       DB  1024 DUP(0)        ;数据缓冲区
          N=100                             ;每个通道采集次数
          ADCS       EQU 3FH                ;ADC 启动端口地址
          ADCD       EQU 1FH                ;ADC 数据端口地址
          DAC        EQU 5FH                ;DAC 启动端口地址
          INTE       EQU 9FH                ;中断申请端口地址
      DATA  ENDS
      CODE  SEGMENT
            ASSUME  DS:DATA,CS:CODE,SS:STSCK
   START: MOV  AX,DATA
          MOV  DS,AX
      INT:MOV   AX,350AH                    ;获取中断号为 0AH 的中断向量
          INT  21H
          MOV  INT0A_OFF,BX                 ;将返回向量 ES，BX 保存
          MOV  BX,ES
          MOV  INT0A_SEG,BX                 ;保存在双字变量中
          CLI                               ;关中断
          MOV  AX,250AH                     ;修改中断 0AH 中断向量
          MOV  DX,SEG NEWINT                ;DS，DX 指向新的中断服务程序
          MOV  DS,DX
          LEA  DX,NEWINT
          INT  21H
          IN   AL,21H                       ;打开 8259A 的 IRQ2
          AND  AL,0FBH
          OUT  21H,AL                       ;写入 OCW1
          MOV  AL,80H                       ;允许 EOC 申请中断（D7=1）
          OUT  INTE,AL
          MOV  DI,OFFSET  BUFF              ;内存首地址
          MOV  CL,08                        ;ADC 通道数为 8 个
```

```
BEGIN1:MOV  DH,00                  ;开始选择通道号 0
       MOV  CH,N                   ;每个通道采样次数
BEGIN: MOV  AL,DH
       MOV  DX,ADCS
       OUT  DX,AL                  ;启动 ADC 转换，并选择通道号
       STI                         ;开中断
       HLT                         ;等待中断
       CLI                         ;关中断
       DEC  CH                     ;次数减 1
       JNZ  BEGIN                  ;未完，继续
       INC  DH                     ;通道号加 1
       DEC  CL                     ;通道数减 1
       JNZ  BEGIN1                 ;不到 8 个通道，返回，继续下个通道采集
       MOV  AX,250AH               ;已完成 8 个通道采集，恢复原中断向量 0AH
       MOV  DX,INT0A_SEG           ;DS:DX 指向原中断向量
       MOV  DS,DX
       MOV  DX,INT0A_OFF
       INT  21H
       IN   AL,21H                 ;屏蔽 8259 的 IRQ2
       OR   AL,04H
       OUT  21H,AL                 ;写入 OCW1
       MOV  AL,00H                 ;禁止 EOC 申请中断
       MOV  DX,INTE
       OUT  DX,AL
       MOV  AH,4CH                 ;返回 DOS
       INT  21H
NEWINT PROC                        ;中断服务程序
       CLI                         ;关中断
       MOV  DX,ADCD
       IN   AL,DX                  ;从 ADC0809 数据口读取数据
       NOP
       MOV  [DI],AL                ;保存数据
       AND  AL,0F0H                ;显示高位数据
       SHR  AL,04H
       CMP  AL,09H
       JA   HEX
       ADD  AL,30H
       JMP  NEXT
  HEX: ADD  AL,37H
 NEXT: MOV  DL,AL
       MOV  AH,02H
       INT  21H
       MOV  AL,[DI]
       AND  AL,0FH                 ;显示低位数据
       CMP  AL,09H
       JA   HEX1
       ADD  AL,30H
       JMP  NEXT1
```

```
HEX1:  ADD  AL,37H
NEXT1: MOV  DL,AL
       MOV  AH,02H                        ;DOS 显示调用
       INT  21H
       MOV  DL,20H                        ;显示空格
       INT  21H
       MOV  DL,20H
       MOV  AH,02H
       INT  21H
       INC  DI                            ;内存地址加 1
       MOV   AL,62H                       ;中断结束
       OUT   20H,AL                       ;写入 OCW2
       STI
       IRET
       NEWINT ENDP
  CODE  ENDS
        END START
```

该程序执行完毕后所采集的 800 个数据存放在内存 BUFF 开始的数据区，同时在屏幕上显示结果。

DAC0832 是 CMOS 工艺制造的 8 位 D/A 转换器，由两级 8 位寄存器和一个 8 位 D/A 转换器组成。使用两级寄存器（输入寄存器和 DAC 寄存器）可以简化它的接口电路，使工作方式更加灵活。从输出信号来说，D/A 转换器的直接输出是电流量，若片内有输出放大器，则能输出电压量，并能实现单极性或双极性电压输出。D/A 转换器的转换速度较快，一般其电流建立时间为 1μs。

A/D 转换器是模拟信号源与数字设备、计算机或其它数据系统之间联系的桥梁，其任务是将连续变化的模拟信号转换为离散的数字信号以便于数字系统进行处理、存储、控制和显示。在工业控制系统和数据采集及许多其他领域中，A/D 转换器是不可缺少的重要部件。逐次逼近型 A/D 转换器其分辨率从 8 位到 16 位，转换时间从 100μs 到几微秒，精度有不同等级，有的转换器内部还带有多路模拟开关。该类转换器具有较快的转换速度、与微机接口方便等优点，适用于快速连续变化的物理量进行跟踪采集和记录等应用场合。

ADC0809 是逐次逼近型 8 位 A/D 转换芯片，片内有 8 路模拟开关，可同时连接 8 路模拟量，单极性，量程 0～5V，典型转换速度为 100μs，片内有三态输出缓冲器，可直接与 CPU 总线连接。该芯片有较高的性能价格比，适用于对精度和采样速度要求不高的场合或一般的工业控制领域。

实际应用中，A/D、D/A 转换器的选择要考虑转换精度和分辨率满足系统的需求；转换速率要根据被测对象的变化率及转换精度的要求来确定；为保证实时性和采样信号不失真，转换时间须满足由采样定理所确定的时间；要根据环境条件选择转换芯片的环境参数；在价格差别不大的情况下，应选取既能保证性能，接口设计又最简单的芯片。

一、填空题

1．模拟量输入输出通道中输入通道的核心部件是__________，输出通道的核心部件是__________。

2．DAC0832 的 3 种工作方式包括__________、__________及__________。

3．在实现 D/A 转换器和微机的接口中，要解决的关键问题是__________。

4．ADC0809 是 8 位、8 通道__________式 A/D 转换器。

二、单项选择题

1．下列不属于模拟量输入输出通道组成部件的是（　　）。

A．计算机　　B．传感器　　C．D/A 转换器　　D．A/D 转换器

2．一台 PC 机的扩展槽中已插入一块 D/A 转换器模块，其口地址为 280H，执行下面程序段后，D/A 转换器输出的波形是（　　）。

```
DAOUT: MOV  DX,280H
       MOV  AL,00H
LP:    OUT  DX,AL
       DEC  AL
       JMP  LP
```

A．三角波　　B．锯齿波　　C．方波　　D．正弦波

三、判断题

1．利用 D/A 转换器可输出矩形波、梯形波、三角波和锯齿等波形。（　　）

2．从 DAC0832 可以直接得到电压信号。（　　）

3．12 位的 D/A 转换器精度要比 DAC0832 要高。（　　）

4．从 ADC0809 可以得到 8 路的数字信号。（　　）

四、分析计算题

1．举例说明高于 8 位的 D/A 转换器如何与微机进行接口连接？

2．怎样用一个 A/D 芯片测量多路信息？

3．在实际应用中，怎样合理地选择 A/D 和 D/A 转换器？

4．如果一个 8 位 D/A 转换器的满量程（对应数字量 255）为 10V，分别确定模拟量为 2.0V 和 8.0V 所对应的数字量是多少？

5．若 ADC 输入模拟电压信号的最高频率为 100kHZ，采样频率的下限是多少？完成一次 A/D 转换时间的上限是多少？

五、设计题

1．试编写一个 8 通道 A/D 转换器的测试程序。

2．试画出 ADC0809 直接与 CPU 扩展槽的连接图，并编写采样程序。

附　　录

附录 A　8086 指令集

表 A-1　对 8086 指令符号的说明

符号	说明
r8	任意一个 8 位通用寄存器 AH、AL、BH、BL、CH、CL、DH、DL
r16	任意一个 16 位通用寄存器 AX、BX、CX、DX、SI、DI、BP、SP
reg	代表 r8、r16
seg	段寄存器 CS、DS、ES、SS
m8、m16	8 位存储器操作数单元；16 位存储器操作数单元
mem	代表 m8、m16
i8、i16	8 位立即数；16 位立即数
imm	代表 i8、i16
Dest、src	目的操作数；源操作数
label	代表标号

表 A-2　8086 的指令格式和功能

指令类型	指令格式	指令功能简介
传送指令	MOV　reg/mem,imm	dest←src
	MOV　reg/mem/seg,reg	
	MOV　reg/seg,mem	
	MOV　reg/mem,seg	
交换指令	XCHG　reg,reg/mem	Reg ←→ reg/mem
	XCHG　reg/mem,reg	
转换指令	XLAT　label	AL←[BX+AL]
	XLAT	
堆栈指令	PUSH　rl6/m16/seg	寄存器/存储器入栈
	POP　rl6/m16/seg	寄存器/存储器出栈
标志传送	CLC	CF←0
	STC	CF←1
	CMC	CF←～CF
	CLD	DF←0
	STD	DF←1

续表

指令类型	指令格式	指令功能简介
标志传送	CLI	IF←0
	STI	IF←1
	LAHF	AH←FLAGS 低字节
	SAHF	FLAGS 低字节←AH
	PUSHF	FLAGS 入栈
	POPF	FLAGS 出栈
地址传送	LEA r16,mem	r16←16 位有效地址
	LDS r16,mem	DS：r16←32 位远指针
	LES r16,mem	ES：r16←32 位远指针
输入	IN AL/AX,i8/DX	AL/AX←I/O 端口 i8/DX
输出	OUT i8/DX,AL/AX	I/O 端口 i8/DX←AL/AX
加法运算	ADD reg,imm/reg/mem	dest←dest+src
	ADD mem,imm/reg	
	ADC reg,imm/reg/mem	dest←dest+src+CF
	ADC mem,imm/reg	
	INC reg/mem	reg/mem←reg/mem+1
减法运算	SUB reg,imm/reg/mem	dest←dest-src
	SUB mem,imm/reg	
	SBB reg,imm/reg/mem	dest←dest-src-CF
	SBB mem,imm/reg	
	DEC reg/mem	Reg/mem←reg/mem-1
	NEG reg/mem	Reg/mem←0-reg/mem
	CMP reg,imm/reg/mem	dest-src
	CMP mem,imm/reg	
乘法运算	MUL reg/mem	无符号数乘法
	IMUL reg/mem	有符号数乘法
除法运算	DIV reg/mem	无符号数除法
	IDIV reg/mem	有符号数除法
符号扩展	CBW	把 AL 符号扩展为 AX
	CWD	把 AX 符号扩展为 DX:AX
十进制调整	DAA	将 AL 中的加和调整为压缩 BCD 码
	DAS	将 AL 中的减差调整为压缩 BCD 码
	AAA	将 AL 中的加和调整为非压缩 BCD
	AAS	将 AL 中的减差调整为非压缩 BCD
	AAM	将 AX 中的乘积调整为非压缩 BCD
	AAD	将 AX 中的非压缩 BCD 码扩展成二进制数

续表

指令类型	指令格式	指令功能简介
逻辑运算	AND reg,imm/reg/mem	dest←dest AND src
	AND mem,imm/reg	
	OR reg,imm/reg/mem	dest←dest OR src
	OR mem,imm/reg	
	XOR reg,imm/reg/mem	dest←dest XOR src
	XOR mem,imm/reg	
	TEST reg,imm/reg/mem	dest AND src
	TEST mem,imm/reg	
	NOT reg/mem	reg/mem←NOT reg/mem
移位	SAL reg/mem,1/CL	算术左移 1/CL 指定的次数
	SAR reg/mem,1/CL	算术右移 1/CL 指定的次数
	SHL reg/mem,1/CL	与 SAL 相同
	RCR reg/mem,1/CL	带进位循环右移 1/CL 指定的次数
串操作	MOVS[B/W]	串传送
	LODS[B/W]	串读取
	STOS[B/W]	串存储
	CMPS[B/W]	串比较
	SCAS[B/W]	串扫描
	REP	重复前缀
	REPZ/REPE	相等重复前缀
	REPNZ/REPNE	不等重复前缀
控制转移	JMP label	无条件直接转移
	JMP rl6/m16	无条件间接转移
	JCC label	条件转移
循环	LOOP label	CX←CX−1；若 CX≠0，循环
	LOOPZ/LOOPE label	CX←CX−1；若 CX≠0 且 ZF=1，循环
	LOOPNZ/LOOPNE label	CX←CX−1；若 CX≠0 且 ZF=0，循环
	JCXZ label	CX=0，循环
子程序	CALL label	直接调用
	CALL rl6/m16	间接调用
	RET	无参数返回
	RET il6	有参数返回
中断	INT i8	中断调用
	IRET	中断返回
	INTO	溢出中断调用

续表

指令类型	指令格式	指令功能简介
处理器控制	NOP	空操作指令
	SEG:	段超越前缀
	HLT	停机指令
	LOCK	封锁前缀
	WAIT	等待指令
	ESCi8，reg/mem	交给浮点处理器的浮点指令

表 A-3　指令对状态标志的影响（未列出的指令不影响标志）

指令	OF	SF	ZF	AF	PF	CF
SAHF	—	#	#	#	#	#
POPF/IRET	#	#	#	#	#	#
ADD/ADC/SUB/SBB/CMP/NEG/CMPS/SCAS	x	x	x	x	x	x
INC/DEC	x	x	x	x	x	—
MUL/IMUL	#	u	u	u	u	#
DIV/IDIV	u	u	u	u	u	u
DAA/DAS	u	x	x	x	x	x
AAA/AAS	u	u	u	x	u	x
AAM/AAD	u	x	x	u	x	u
AND/OR/XOR/TEST	0	x	x	u	x	0
SAL/SAR/SHL/SHR	#	x	x	u	x	#
ROL/ROR/RCL/RCR	#	—	—	—	—	#
CLC/STC/CMC	—	—	—	—	—	#

表中的状态符号说明如下：
—：标志位不受影响；0：标志位复位（置 0）；1：标志位置位（置 1）；x：标志位按定义功能改变；
#：标志位按指令的特定说明改变；u：标志位不确定（可能为 0，也可能为 1）

附录 B　DEBUG 调试命令

DEBUG.COM 是汇编语言程序调试的工具软件。可建立汇编语言源程序（*.ASM）并对其进行汇编，还可控制程序的执行，跟踪运行程序的踪迹，了解每条指令的执行结果和指令执行完毕后各个寄存器的内容，也可用于对接口操作和对磁盘进行读写操作等。

在编写汇编语言源程序时产生的错误，除了一般语法错误和格式错误可以用汇编和连接程序发现和指出外，逻辑上的错误都必须用调试程序来排除。

DEBUG 的主要命令按类别可以分为：设置断点和启动地址；单步跟踪；子程序跟踪；条件跟踪；检查修改内存和寄存器；移动内存以及读写磁盘；汇编和反汇编等。

如下表所示。

命令名	含义	使用格式	功能
D	显示存储单元命令	-D[address]	按指定地址范围显示存储单元内容
		-D[range]	按指定首地址显示存储单元内容
E	修改存储单元内容命令	-E address[list]	用指定内容表替代存储单元内容
		-E address	逐个单元修改存储单元内容
F	填写存储单元内容命令	-F range list	将指定内容填写到存储单元
R	检查和修改寄存器内容命令	-R	显示 CPU 内所有寄存器内容
		-R register name	显示和修改某个寄存器内容
		-RF	显示和修改标志位状态
G	运行命令	-G[=address1][address2]	按指定地址运行
T	跟踪命令	-T[=address]	逐条指令跟踪
		-T[=address][value]	多条指令跟踪
A	汇编命令	-A[address]	按指定地址开始汇编
U	反汇编命令	-U[address]	按指定地址开始反汇编
		-U[range]	按指定范围的存储单元开始反汇编
N	命名命令	-N filespecs [filespecs]	将两个文件标识符格式化
L	装入命令	-L address drive sector sector	装入磁盘上指定内容到存储器
		-L[address]	装入指定文件
W	写命令	-W address drive sector sector	把数据写入磁盘指定的扇区
		-W[address]	把数据写入指定的文件
Q	退出命令	-Q	退出 DEBUG

附录 C　DOS 系统功能调用表（INT 21H）

AH	功能	调用参数	返回参数
00	程序终止（同 INT 21H）	CS=程序段前缀 PSP	
01	键盘输入并回显		AL=输入字符
02	显示输出	DL=输出字符	
03	辅助设备（COM1）输入		AL=输入数据
04	辅助设备（COM1）输出	DL=输出字符	
05	打印机输出	DL=输出字符	
06	直接控制台 I/O	输入 DL=FF；输出 DL=字符	AL=输入字符
07	键盘输入（无回显）		AL=输入字符
08	键盘输入（无回显）		AL=输入字符

续表

AH	功能	调用参数	返回参数
09	显示字符串	DS:DX=串地址	
0A	键盘输入到缓冲区	DS:DX=缓冲区首址	
0B	检验键盘状态		输入 AL=00；无输入 AL=FF
0C	清除缓冲区并请求指定的输入功能	AL=输入功能号（1，6，7，8）	
0D	磁盘复位		清除文件缓冲区
0E	指定当前默认磁盘驱动器	DL=驱动器号	AL=系统中的驱动器数
0F	打开文件（FCB）	DS:DX=FCB 首地址	AL=00 文件找到 AL=FF 文件未找到
10	关闭文件（FCB）	DS:DX=FCB 首地址	AL=00 目录修改成功 AL=FF 目录中未找到文件
11	查找第一个目录项（FCB）	DS:DX=FCB 首地址	AL=00 找到匹配的目录项 AL=FF 未找到匹配目录项
12	查找下一个目录项（FCB）	DS:DX=FCB 首地址	AL=00 找到匹配的目录项 AL=FF 未找到匹配目录项
13	删除文件（FCB）	DS:DX=FCB 首地址	AL=00 删除成功 AL=FF 文件未删除
14	顺序读文件（FCB）	DS:DX=FCB 首地址	AL=00 读成功 AL=01 未读到数据 AL=02 边界错误 AL=03 文件结束
15	顺序写文件（FCB）	DS:DX=FCB 首地址	AL=00 写成功 AL=01 磁盘满或只读文件 AL=02 边界错误
16	建立文件（FCB）	DS:DX=FCB 首地址	AL=00 建文件成功 AL=FF 磁盘操作有错
17	文件改名（FCB）	DS:DX=FCB 首地址	AL=00 文件被改名 AL=FF 文件未改名
19	取当前默认磁盘驱动器	AL=00 默认的驱动器号	
1A	设置 DTA 地址	DS:DX=DTA 地址	
lB	取默认驱动器 FAT 信息		AL=每簇的扇区数
lC	取指定驱动器 FAT 信息		同上
1F	取默认磁盘参数块	DS:BX=磁盘参数块地址	AL=00 无错；AL=FF 出错

续表

AH	功能	调用参数	返回参数
21	随机读文件（FCB）	DS:DX=FCB 首地址	AL=00 读；AL=01 文件结束 AL=02 DAT 边界错误 AL=03 读部分记录
22	随机写文件（FCB）	DS:DX=FCB 首地址	AL=00 写成功 AL=01 磁盘满或只读文件 AL=02 边界错误
23	测文件大小（FCB）	DS:DX=FCB 首地址	AL=00 成功 AL=FF 未找到匹配的文件
24	设置随即记录号	DS:DX=FCB 首地址	
25	设置中断向量	DS:DX=中断向量	AL=中断类型号
26	建立程序段前缀 PSP	DX=新 PSP 段地址	
27	随即分块读（FCB）	DS:DX=FCB 首地址 CX=记录数 CX=读取的记录数	AL=00 读成功 AL=01 文件结束 AL=02 边界错误 AL=03 读入部分记录
28	随即分块写（FCB）	DS:DX=FCB 首地址 CX=记录数	AL=00 写成功 AL=01 磁盘满或只读文件 AL=02 边界错误
29	分析文件名字符串（FCB）	ES:DI=FCB 首地址 DS:SI=ASCII Z 串	AL=00 标准文件 AL=01 多义文件 AL=02 边界错误
2A	取系统日期	CX=年（1980～2099） DH=月（1～12）；DL=日（1～31）	AL=星期（0～6）
2B	置系统日期	CX=年（1980～2099） DH=月（1～12）；DL=日（1～31）	AL=00 成功 AL =FF 无效
2C	取系统时间	CH:CL=时:分	DH:DL=秒：1/100 秒
2D	置系统时间	CH:CL=时:分 DH:DL=秒:1/100 秒	AL=00 成功 AL=FF 无效
2E	设置磁盘检验标志	关闭 AL=00；打开 AL=FF	
2F	取 DAT 地址		ES：BX=DAT 首地址
30	取 DOS 版本号	BH=DOS 版本标志 BL:CX=序号（24 位）	AL=版本号 AH=发行号
31	结束并驻留	AL=返回号夹 DX=驻留区大小	

续表

AH	功能	调用参数	返回参数
32	取驱动器参数块	DL=驱动器号；DS:BX=驱动器参数块地址	AL=FF 驱动器无效
33	Ctrl-Break 检测	AL=00 取标志状态	DL=00 关闭；DL=01 打开
35	取中断向量	AL=中断类型号	ES:BX=驱动器参数块地址
36	取空闲磁盘空间	DL=驱动器号	成功：AX=每簇扇区数
39	建立子目录	DS:DX=ASCII Z 串	AX=错误代码
3A	删除子目录	DS:DX=ASCII Z 串	AX=错误代码
3B	设置目录	DS:DX=ASCII Z 串	AX=错误代码
3C	建立文件	DS:DX=ASCII Z 串 CX=文件属性	成功：AX=文件代号 失败：AX=错误代码
3D	打开文件	DS:DX=ASCII Z 串 AL=访问和文件的共享方式	成功：AX=文件代号 失败：AX=错误代码
3E	关闭文件	BX=文件代号	失败：AX=错误代码
3F	读文件或设备	DS:DX=ASCII Z 串 BX=文件代号；CX=读取的字节数	成功：AX=实际读入字节数 AX=0 已到文件末尾 失败：AX=错误代码
40	写文件或设备	DS:DX=ASCII Z 串 BX=文件代号；CX=写入字节数	成功：AX=实际写入字节数 失败：AX=错误代码
41	删除文件	DS:DX=ASCII Z 串	成功：AX=00 失败：AX=错误代码
42	移动文件指针	BX=文件代号 CX:DX=位移量	成功：DX:AX=新指针位置 失败：AX=错误码 AL=移动方式
43	置/取文件属性	DS:DX=ASCII Z 串地址 AL=00 取属性；AL=01 置属性	成功：CX=文件属性 失败：AX=错误码
44	设备驱动程序控制	BX=文件代号 AL=设备子功能代码（0～11H）	成功：DX=设备信息 AX=传送的字节数 失败：AX=错误码
45	复制文件代号	BX=文件代号 1	成功：AX=文件代号 2 失败：AX：错误码
46	强行复制文件代号	BX=文件代号 1；CX=文件代号 2	失败：AX=错误码
47	取当前目录路径名	DL=驱动器号 DS:SI=ASCII Z 串地址	成功：DS:SI=ASCII Z 失败：AX=错误码

续表

AH	功能	调用参数	返回参数
48	分配内存空间	BX=申请内存字节数	成功：AX=分配内存地址 失败：AX=错误码
49	释放已分配内存	ES=内存起始段地址	失败：AX=错误码
4A	修改内存分配	ES=原内存起始段地址 BX=新申请内存字节数	失败：AX=错误码 BX=最大可用空间
4B	装入/执行程序	DS:DX=ASCII Z 串地址	失败：AX=错误码
4C	带返回码终止	AL=返回码	
4D	取返回代码	AH=返回代码	AL=子出口代码
4E	查找第一个匹配文件	DS:DX=ASCII Z 串地址	失败：AX=错误码
4F	查找下一个匹配文件	DTA 保留 4EH 的原始信息	失败：AX=错误码
50	置 PSP 段地址	BX=新 PSP 段地址	
51	取 PSP 段地址		BX=当前运行进程的 PSP
52	取磁盘参数块		ES：BX=参数块链表指针
53	把 BIOS 参数块转换为 DOS 的驱动器参数块	DS:SI=BPB 的指针 ES:BP=DPB 的指针	
54	取写盘后读盘的检验标志		AL=00 关闭；AL=01 打开
55	建立 PSP	DX=建立 PSP 的段地址	
56	文件改名	DS:DX=当前 ASCII Z 串地址 ES:DI=新 ASCII Z 串地址	失败：AX=错误码
57	置/取文件日期和时间	BX=文件代号 AL=00 读取日期和时间 AL=01 设置日期和时间	失败：AX=错误码
58	取/置内存分配策略	AL=00 取策略代码 AL=01 置策略代码	成功：AX=策略代码 失败：AX=错误码
59	取扩充错误码	BX=00 BH=错误类型 BL=建议的操作	AX=扩充错误码 CH=出错设备代码
5A	建立临时文件	CX=文件属性 DS:DX=ASCII Z 串	成功：AX=文件代号 DS：DX=ASCII Z 串地址 失败：AX=错误代码
5B	建立新文件	CX=文件属性 DS:DX=ASCII Z 串地址	成功：AX=文件代号 失败：AX=错误代码
5C	锁定文件存取	AL=00 锁定文件指定的区域 AL=01 开锁	失败：AX=错误代码

续表

AH	功能	调用参数	返回参数
5D	取/置严重错误标志的地址	AL=06 取严重错误标志地址 AL=0A 置 ERROR 结构指针	DS：SI=严重错误标志的地址
60	扩展为全路径名	DS:SI=ASCII Z 串的地址 ES:DI=工作缓冲区地址	失败：AX=错误代码
62	取程序段前缀地址		BX=PSP 地址
68	刷新缓冲区数据到磁盘	AL=文件代号	失败：AX=错误代码
6C	扩充的文件打开/建立	AL=访问权限 BX=打开方式 CX=文件属性 DS:SI=ASCII Z 串地址	成功：AX=文件代号 CX：采取的动作 失败：AX=错误代码

附录 D　BIOS 功能调用表

INT	AH	功能	调用参数	返回参数
10	0	设置显示方式	=09　320×200　16 色图形（MCGA） =10　640×350　16 色图形 =11　640×480　黑白图形（VGA） =12　640×480　16 色图形（VGA） =13　320×200　256 色图形（VGA）	
	1	置光标类型		$(CH)_{0\sim3}$=光标起始行 $(CL)_{0\sim3}$=光标结束行
	2	置光标位置	BH=页号；DH/DL=行/列	
	3	读光标位置	BH=页号	CH=光标起始行 CL=光标结束行 DH/DL=行/列
	4	读光笔位置	AX=0 光笔未触发；=1 光笔触发	
	5	置当前显示页	AL=页号	
	6	屏幕初始化或上卷	AL=0　初始化窗口 AL=上卷行数；BH=卷入行属性	
	7	屏幕初始化或下卷	AL=0　初始化窗口 AL=下卷行数；BH=卷入行属性	
	8	读光标位置	BH=显示页	AH/AL=字符/属性
	9	在光标位置显示字符和属性	BH=显示页 AL/BL=字符/属性；CX=字符重复次数	

续表

INT	AH	功能	调用参数	返回参数
10	A	光标位置显示字符	BH=显示页；AL=字符	
	B	置彩色调色板	BH=彩色调色板 ID BL=和 ID 配套使用的颜色	
	C	写像素	AL=颜色值；BH=页号 DX/CX=像素行/列	
	D	读像素	BH=页号 DX/CX=像素行/列	AL=像素的颜色值
	E	显示字符	AL=字符；BH=页号；BL=前景色	
	0F	取当前显示方式	BH=页号	AH=字符列数 AL=显示方式
	10	置调色板寄存器	AL=0 BL=调色板号 BH=颜色值	
	11	装入字符发生器 （EGA/VGA）	AL=0～4 全部或部分装入字符点阵集 AL=20～24 置图形方式显示字符集 AL=30 读当前字符集信息	ES:BP=字符集位置
	12	返回当前适配器设置的信息	BL=10H（子功能）	BH=0 单色方式 =l 彩色方式
	13	显示字符串	ES:BP=字符串地址	AL=写方式（0～3）
11		取设备信息		AX=返回值（位映像）
12		取内存容量		AX=字节数（KB）
13	0	磁盘复位	DL=驱动器号	失败：AH=错误码
	1	读磁盘驱动器状态		AH=状态字节
	2	读磁盘扇区	AL=扇区数 （CL）$_{6\sim7}$（CH）$_{0\sim7}$=磁道号 （CL）$_{0\sim7}$=扇区号	读成功：AH=0 AL=读取的扇区数 读失败：AH=错误码
	3	写磁盘扇区	同上	写成功：AH=0 AL=写入的扇区数 写失败：AH=错误码
	4	检验磁盘扇区	AL=扇区数 （CL）$_{6\sim7}$（CH）$_{0\sim7}$=磁道号 （CL）$_{0\sim5}$=扇区号	成功：AH=0 AL=检验的扇区数 失败：AH=错误码
	5	格式化盘磁道	AL=扇区数 （CL）$_{6\sim7}$（CH）$_{0\sim7}$=磁道号	成功：AH=0 失败：AH=错误码

续表

INT	AH	功能	调用参数	返回参数
14	0	初始化串行口	AL=初始化参数 DX=串行口号	AH=通信口状态 AL=调制解调器状态
	1	向通信口写字符	AL=字符 DX=通信口号	写成功：（AH）=0 写失败：（AH）=1
	2	从通信口读字符	DX=通信口号	读成功：（AH）=0 读失败：（AH）=1
	3	取通信口状态	DX=通信口号	AH=通信口状态 AL=调制解调器状态
	4	初始化扩展 COM		
	5	扩展 COM 控制		
15	0	启动盒式磁带机		
	1	停止盒式磁带机		
	2	磁带分块读	ES:BX=数据传输地址；CX=字节数	AH=状态字节
	3	磁带分块读	DS:BX=数据传输区地址	AH=状态字节
16	0	从键盘读字符	AH=扫描码	AL=字符码
	1	取键盘缓冲状态	AH=扫描码	ZF=0；AL=字符码 ZF=1 缓冲区无按键等待
	2	取键盘标志字节	AL=键盘标志字节	
17	0	打印字符 回送状态字节	AL=字符	AH=打印机状态字节 DX=打印机号
	1	初始化打印机	DX=打印机号	AH=打印机状态字节
	2	取打印机状态	DX=打印机号	AH=打印机状态字节
18		ROM BASIC 语言		
19		引导装入程序		
lA	0	读时钟	CH:CL=时:分	DH:DL=秒:1/100 秒
	1	置时钟	CH:CL=时:分	DH:DL=秒:l/100 秒

附录 E　8086 中断向量表

I/O 地址	中断类型	功能
0～3	0	除法溢出中断
4～7	1	单步（用于 DEBUG）
8～B	2	非屏蔽中断（NMI）
C～F	3	断点中断（用于 DEBUG）

续表

I/O 地址	中断类型	功能
10～13	4	溢出中断
14～17	5	打印屏幕
18～1F	6、7	保留
40～43	10	视频显示 I/O
44～47	11	设备检验
48～4B	12	测定存储器容量
4C～4F	13	磁盘 I/O
50～53	14	RS-232 串行口 I/O
54～57	15	系统描述表指针
58～5B	16	键盘 I/O
5C～5F	17	打印机 I/O
60～63	18	ROM BASIC 入口代码
64～67	19	引导装入程序
68～6B	1A	日时钟
6C～6F	1B	Ctrl-Break 控制的软中断
70～73	1C	定时器控制的软中断
74～77	1D	视频参数块
78～7B	1E	软盘参数块
7C～7F	1F	图形字符扩展码
80～83	20	DOS 中断返回
84～87	21	DOS 系统功能调用
88～8B	22	程序终止时 DOS 返回地址（用户不能直接调用）
8C～8F	23	Ctrl-Break 处理地址（用户不能直接调用）
90～93	24	严重错误处理（用户不能直接调用）
94～97	25	绝对磁盘读功能
98～9B	26	绝对磁盘写功能
9C～9F	27	终止并驻留程序
A0～A3	28	DOS 安全使用
A4～A7	29	快速写字符
A8～AB	2A	Microsoft 网络接口
B8～BB	2E	基本 SHELL 程序装入
BC～BF	2F	多路服务中断
CC～CF	33	鼠标中断
104～107	41	硬盘参数块
118～11B	46	第二硬盘参数表
11C～3FF	47～FF	BASIC 中断

参考文献

[1] 裘雪红等. 微型计算机原理与接口技术（第二版）. 西安：电子科技大学出版社，2007.

[2] 陈建铎等. 微型计算机原理与应用. 北京：人民邮电出版社，2006.

[3] 史新福，冯萍. 32位微型计算机原理·接口技术及其应用（第2版）. 北京：清华大学出版社，2007.

[4] 颜志英. 微机系统与汇编语言. 北京：机械工业出版社，2007.

[5] 戴梅萼，史嘉权. 微型机原理与技术（第2版）. 北京：清华大学出版社，2009.

[6] 余春暄等. 80X86/Pentium微机原理及接口可技术（第2版）. 北京：机械工业出版社，2008.

[7] 刘永华，王成端等. 微机原理与接口技术. 北京：清华大学出版社，2006.

[8] 刘锋，董秀. 微机原理与接口技术. 北京：机械工业出版社，2009.

[9] 余朝琨. IBM-PC汇编语言程序设计. 北京：机械工业出版社，2008.

[10] 王保恒等. 汇编语言程序设计及应用（第2版）. 北京：高等教育出版社，2010.

[11] 杨立. 微型计算机原理与接口技术. 北京：中国水利水电出版社，2005.

[12] 杨立. 微型计算机原理与汇编语言程序设计（第2版）. 北京：中国水利水电出版社，2014.